天然有机化合物结构解析

——方法与实例

马国需　杨峻山　编著

化学工业出版社

·北京·

内容简介

本书首先概述了天然产物的研究发展历程、来源及常用的天然产物结构解析手段；全面总结了天然产物结构解析的步骤和具体的研究方法应用；重点以天然有机化合物结构类型分类进行结构解析，如木脂素类、倍半萜类、二萜类、三萜类、生物碱类、酮类、甾体类和混源萜类等。每种结构类型归纳了其结构特点及碳谱数据规律，并通过 6～9 个结构解析实例来介绍该类型化合物的结构鉴定方法，辅以波谱图为参考。

本书适合作为学习天然产物结构解析基本方法的课程教材，同时也可供相关专业研究生或技术人员作为提高天然产物结构鉴定能力的专业书籍。

图书在版编目（CIP）数据

天然有机化合物结构解析：方法与实例 / 马国需，杨峻山编著. —北京：化学工业出版社，2021.9（2022.2重印）

ISBN 978-7-122-39339-5

Ⅰ. ①天… Ⅱ. ①马… ②杨… Ⅲ. ①天然有机化合物-结构分析 Ⅳ. ①O629

中国版本图书馆 CIP 数据核字（2021）第 112350 号

责任编辑：李晓红　　文字编辑：任雅航　陈小滔
责任校对：杜杏然　　装帧设计：王晓宇

出版发行：化学工业出版社（北京市东城区青年湖南街 13 号　邮政编码 100011）
印　　装：北京建宏印刷有限公司
710mm×1000mm　1/16　印张 25¼　字数 470 千字　2022 年 2 月北京第 1 版第 2 次印刷

购书咨询：010-64518888　　售后服务：010-64518899
网　　址：http://www.cip.com.cn
凡购买本书，如有缺损质量问题，本社销售中心负责调换。

定　　价：158.00 元

前言

PREFACE

天然产物是中药或植物药发挥药效作用的物质基础，也是发现创新药物的重要源泉。随着科学技术的进步，科学家们从自然界中获得的天然产物日趋丰富，天然产物结构解析也越来越受到学者的重视。如何利用现代波谱技术鉴定出微量成分相应的结构，对于从事天然产物研究的人员来说变得尤为重要。为了与时俱进，使广大从事天然有机化合物结构解析相关的学生和技术人员及时了解和掌握天然有机化合物结构解析的特点、方法及思路，解决学生、老师在学习实践过程中遇到的种种问题，有必要编写一本从结构解析基础讲起的参考书目。

本书首先概述了天然产物的研究发展历程、来源及常用的天然有机化合物结构解析手段。然后通过实例参考，介绍了在早期核磁共振技术没有全面普及时，用单一紫外吸收光谱、红外吸收光谱和质谱技术进行结构鉴定的简单事例。随后重点介绍了常见天然有机化合物结构类型，如木脂素类、倍半萜类、二萜类、三萜类、生物碱类、酮类、甾体类和混源萜类的结构解析方法。对每种结构类型归纳了它的结构特点与碳谱数据规律，同时以3～9个结构解析实例为模板介绍了该类型化合物的结构鉴定方法，辅以波谱图为参考，以供读者查阅。

本书在编写过程中力求突出：内容的全面性和经典性，囊括了基本所有常见的天然有机化合物类型；体例、格式的规范性和适用性，图谱附在每个结构解析实例的后面，方便查阅；解析结构的新颖性和热点性，增加了近年来重点关注的聚酮类和混源萜类结构类型。本书可以作为天然产物专业本科生学习天然有机化合物结构解析基本方法的课程教材，也可供相关专业研究生或技术人员作为提高天然有机化合物结构鉴定能力的专业书籍，从而启迪智慧，开拓创新意识，促进该行业健康持续发展。

在本书的编写过程中，得到了中国医学科学院药用植物研究所领导和化学工业出版社的大力支持，在此表示感谢。由于本书涉及学科领域较多，加之作者水平有限，书中可能存在一些不妥之处，敬请广大读者指正，以便不断修订完善。

编著者

2021年8月

目录
CONTENTS

上篇

基础知识介绍

下篇

结构解析实例

上篇
基础知识介绍

第1章 绪论

1.1 天然产物的研究发展历史

天然产物是指动物、植物、昆虫及微生物体内的组成成分或其代谢产物以及人和动物体内内源性的化学成分，包括黄酮类、生物碱类、挥发油类、醌类、萜类、木脂素类、香豆素类、皂苷类、强心苷类、酚酸类，氨基酸与多肽、蛋白质、酶及糖类等[1]。天然产物由自然界中的生物历经千百万年的进化过程衍生而来，具有化学多样性、生物多样性和类药性等特点，有些可以直接作为药物，有些则可以作为药物半合成前体甚至先导化合物，如：紫杉醇、奎宁、马钱子碱、咖啡因、阿托品、番木鳖碱等活性成分均是从植物中提取分离得到的；局部麻醉药普鲁卡因是由从古柯叶中得到的可卡因作为先导化合物合成的；双丙氨膦是从土壤放射菌中分离的首个作为商品的抗生素除草剂等[2-7]。

1.1.1 天然产物历史沿革

人类使用天然来源的物质治疗疾病已有几千年的历史，人类的祖先通过日积月累的经验，能够识别出一些天然药物对人体和动物的作用[8]。我国从神农尝百草开始，著述《黄帝内经》，之后东汉时期的《神农本草经》、《名医别录》（陶弘景）、《肘后备急方》（葛洪）和《本草纲目》（李时珍）等中药学著作都记录了古代中国劳动人民对天然产物药用功效的探索和开发[9]。但天然药物作为有机体，其成分非常复杂，相互之间的作用也不同[8]。随着分离手段的提高和化学理论的建立，人们考虑到如果能够分离得到植物中的单一物质，也许对疾病的治疗会更加有效。

早在晋代，葛洪就总结了“炼丹术”，写出《抱朴子》，实为天然药物化学研究范畴的大胆尝试[10]。1575年，明代李梴的著作《医学入门》中就记载了使用发酵法从五倍子中得到没食子酸的过程，这是世界上最早从天然产物中分离得到的有机酸[11]。明代李时珍《本草纲目》中也详细记载了用升华法制备、纯化樟脑的过程[11]。1806 年，23 岁的德国药剂师 Sertürner 从罂粟中首次分离出单体化合物吗啡，开创了从天然产物中寻找活性分子的先河[12]。这一伟大功绩不仅是人类开始将纯单体天然化合物用作药物的一个标志，也意味着现代意义上的天然产物化学初级阶段拉开了序幕，并促成了第一家现代制药公司默克的诞生[9]。从此，人类对天然来源的生物活性物质的研究和开发，逐步深入到单体化合物水平。

1815 年发现蔗糖和酒石酸的光学活性；1820 年从金鸡纳树皮中分离出奎宁；1826 年从血液中分离出氯化血红素；1828 年从烟草中分离出烟碱；1832 年从人参中分离出胡萝卜素；1885 年从麻黄中分离出麻黄碱。到 19 世纪末，天然药物化学学科开始真正形成探索性发展，1901 年获得结晶性肾上腺素；1910 年发现维生素 B_1；1928 年发现青霉素；等等。在 20 世纪相当长的一段时期内，对天然产物的研究热点从最早的甾体化合物、抗坏血酸，再到吐根碱、士的宁、秋水仙碱、小檗碱、阿托品、可卡因等生物碱与多肽等，这一系列卓越贡献大大推进了天然产物化学研究的发展与科学体系的建立[10]。在此之后，天然产物研究更侧重于分离和鉴定具有生理学活性的有效成分。时至今日，经过 200 多年的科学发展，天然产物化学学科逐渐发展健全，大量天然来源的药物进入临床应用并对人类重大疾病的防治产生重要影响。

在我国，基于传统中药研究的药物化学最早称为中草药成分化学，有的也称为中药化学、植物化学，在 20 世纪八九十年代又称为天然药物化学或天然产物化学[11,12]。在改革开放的第一个 30 年，我国药物研发最初主要为仿制药，世纪交替之际转为模拟创新药，如今我国进入改革开放的第二个 30 年，国家提出“建设创新型国家”的战略，强调原始性创新，由模仿创新过渡到原始性创新[13]。而且随着我国经济的发展，国家在基础研究和应用开发方面的投入不断增加，各有关单位和部门研究平台建设力度加大，再加上我国有丰富的生物资源以及国家对生物产业（特别是生物药业）需求的推动，近 10 年来，我国从事天然产物化学研究的科技人员数量大为增加，研究水平有了显著的提高[14]。2015 年，诺贝尔生理学或医学奖授予了屠呦呦、大村智、William C. Campbell 等 3 位从传统中药和微生物中发现创新药物的科学家，也说明了全世界对源于中药和天然药物的新药研发途径的重视和肯定[15]。国家对创新药物研发给予了前所未有的重视和支持，必将有力推动我国基于中药和天然药物活性成分新药研发的进程，预示着我国创新药物研发成果的高潮即将到来。

1.1.2 天然产物的结构来源

1.1.2.1 植物

（1）陆生植物

天然药物化学的主要研究对象90%以上都是陆生高等植物，即所谓的植物药或草药，所以与药用植物学有着非常密切的相辅相成的关系。美国所述植物药涵盖植物材料、藻类、大型真菌及其组合产品[16]；欧洲所述植物药是指仅以一种或多种植物药物质、一种或多种植物药制剂、一种或多种植物药物质与一种或多种植物药制剂复方作为活性组分的任何一种药用产品[17]；日本的植物药主要指汉方药[18]。

2016年，在全球市场中天然药物销售额高达150亿～165亿美元，其中植物药的全球销量高达60亿美元，并以5%～15%的年增长率增长[19]。这些植物药大多用于治疗神经系统障碍、代谢性疾病和其他非致死性疾病。植物药通常具有较高的生物活性，对人类健康有益。目前在全世界范围内已发现的25万余种高等植物中，被研究和开发利用的植物仅占10%左右，但是却制成了超过4000种植物药，总产值达百亿元。据不完全估测，到2050年，全球常用的植物药将达到6000种之多[20]。据已有资料统计，对6万种植物进行筛选研究能开发出135个新药，而目前在地球上有24万～29万种植物，推算至少可开发出540～653个新药[19]。

我国是植物药生产大国，据1990年的统计共有中药资源12807种，其中植物药有11146种（分布在383科、2309属中），进行过系统的化学和药理研究的仅有300余种[21]。随着我国经济的发展，从植物中发现天然药物的开发潜力仍然巨大，天然药物市场逐渐国际化。天然药物市场拥有巨大的市场增长潜力，也是其他新式药剂的研究源泉，在未来相当长的时间内仍是产生新药的主要途径之一。因此，如何充分利用我国自身的优势来进行新药研究和开发，实现新药开发从以仿制为主迈向以创新为主的战略跨越，是摆在国人面前的严峻课题。

（2）海洋生物

在天然药物资源中，海洋生物是保留最完整、最具新药开发潜力的领域。其中研究最多的海洋植物主要包括红藻类、褐藻类、绿藻类、微藻类和红树林植物。这些海洋植物不仅是重要的食物来源，还含有许多丰富的生物活性物质，如卤代萜类、多酚类、脂类、多糖类和多肽类，这些物质大多数具有良好的抗氧化、抗肿瘤、抗炎、增强机体免疫力等功效，具有重要的药用价值，为新药开发提供了重要的来源，是天然药物开发的研究热点之一[22]。

红藻是大型海藻中种类最多的藻群，海洋红藻不仅是人们重要的食物来源，如为人所熟知的紫菜和龙须菜，而且部分红藻还具有重要的药用价值，如红藻中含有丰富的卤代单萜类化合物，其细胞毒活性是药理研究的热点之一[22]。同时，凹顶藻属中的多聚乙酰类化合物多为链状骨架，也有少量含三元、五元或六元碳环，分子中多存在含氧环，最大为十二元环，具有新颖的新骨架结构[23]。而且，红藻中的酚类化合物分子大多为溴取代，且苯环数一般不超过 4 个，该类化合物具有酶抑制和清除自由基的活性。除此之外，紫菜中含有多种多样的生物活性物质，如多糖、多酚、不饱和脂肪酸和蛋白质等，具有抗氧化、抗增殖、抗凝血、抗肿瘤、抗病毒、抗过敏和抗炎活性[24]。目前，尽管已有大量的海洋红藻天然产物结构被鉴定，但由于技术条件和研究水平的限制，其结构鉴定较多停留在相对构型的阶段，大量结构的绝对构型至今仍未能确定。此外，研究过程中应用的活性筛选模型相对较单一，较全面的活性评价报道较少。因此，绝对构型的确定和系统的活性筛选是进一步研究海洋红藻天然产物的重点。

褐藻富含褐藻酸、褐藻酸盐、褐藻胶、甘露醇、褐藻淀粉、碘和氯化钾等[22]。研究者从褐藻中发现具有优异生物活性的新次级代谢产物，且萜类化合物在褐藻中含量最丰富，而酚类化合物主要是以多酚类形式存在，其基本结构单元是间苯三酚[25]。

绿藻中的萜类物质主要集中于蕨藻属和石莼属中[26-28]。从生物合成的角度分析可以发现，由于绿藻中含有溴代过氧酶，这种酶可以在生物体内合成二溴甲烷和三溴甲烷，而溴代甲烷可以进一步取代苯酚上的氢，形成生物自身所必需的代谢产物[29]。该特点可以帮助预测、分离鉴定绿藻中的溴代化合物。在绿藻中，还含有多肽类化合物，该类化合物具有重要的生理活性。

红树植物是指自然生长在热带、亚热带的陆地与海洋交界处的海岸潮间带或海潮能到达的河流入海口，受周期性潮水浸淹的常绿灌木、乔木组成的木本植物群落，具有水陆两栖的特性，是海滩上特有的森林类型[30]。其能够抵抗潮汐和洪水冲击，保护堤岸，提供木材、食物、药材及化工材料的原料，塑造旅游城市中的自然和人文特色景观等，具很高的生态、经济和景观价值[31]。根据生活型可将红树林植物分为红树植物、同生植物和伴生植物 3 类。红树林中生长的木本植物为红树植物，其他草本植物或藤本植物列入红树林伴生植物。红树植物又可分为真红树植物和半红树植物两类。半红树植物是指可以在潮间带集群生长成优势种或共建种，又可在陆地非盐土上生长的两栖性植物。全世界共有 24 科 30 属 86 种红树植物，我国红树林在区系上属于东方群系，共有红树植物 20 科 26 属 37 种，占全世界红树植物种类的 43%，占东方群系的 50%。海南省有红树植物 20 科 37 种，是中国红树林植物种类最多、最全，保护面积最大的省份[32]。

红树植物具有巨大的药用价值，调查研究发现我国红树林资源绝大多数可以作为药用，在沿海民间广泛使用。鉴于红树植物所处的海陆交界滨海湿地特殊环境，红树植物中含有大量结构独特、活性显著的化合物，已引起现代药学研究的广泛关注。在中国存在的37种红树植物中，已有26种涉及了化学成分的研究[33,34]。从红树植物中发现的主要化合物结构类型有倍半萜、二萜、三萜、甾体、黄酮、木脂素和生物碱等，并有少量酚类、脂肪酸、芳香族化合物等，具有保肝抗炎、消肿利尿、止咳平喘等功效[33,34]。

海洋植物中丰富的天然次级代谢产物为新药开发中先导化合物的发现提供了重要的来源，但在开发过程中仍然存在以下种种问题，包括样品难以采集、样品分类不清晰、样品量稀缺、活性筛选模型的限制、因化合物量不足而导致药理学研究停止等，并且前期研究的不可预见性较大，后期研究也存在很大的风险。

1.1.2.2 动物

（1）陆生动物

动物类中药材（以下简称动物药）是指来源于动物整体、器官、生理或病理产物等供药用的中药材，其应用历史悠久，早在战国时期，中医始有运用动物药的文献记载，动物药是中药的重要组成部分[35]。早在中医经典著作《黄帝内经》和《伤寒论》中就有使用乌蝲骨、水蛭、牡蛎等动物药组方治病的记载。汉代《神农本草经》全书载药365种，收录了包括龙骨、白僵蚕、羚羊角、麝香、牛黄、熊脂、龟甲、桑螵蛸等在内的67种动物药。《新修本草》载有128种动物药，《本草纲目》和《本草纲目拾遗》共收载600多种动物药。现代的《中药大辞典》收载动物药740种，而《中华本草》一书收载动物药则多达1051种[36,37]。

中医临床常用的中药材有300余种，其中动物类中药约占10%。《中华人民共和国药典》（简称《中国药典》）2010年版一部收载动物药52种（其中36味另列有共61种饮片）、1种提取物及365种含动物药制剂，占全部2165个品种的19.3%[38]；《中国药典》2015年版一部收载动物药51种、1种提取物及458种含动物药制剂，占全部2598个品种的18.0%[39]；《中国药典》2020年版一部收载动物药49种、1种提取物及522种含动物药制剂，占全部2711个品种的21.1%[40]。近3版《中国药典》收载动物药的数量基本不变，但含有动物药的成方制剂数量呈现大幅度增加。由此可见，动物药历来受到医药学家和政府部门的重视，是中药体系的重要组成部分。同时，由于动物药富含蛋白质等生物信息大分子物质，这一性质与植物药富含次生代谢产物有很大的区别，是天然药物的重要来源之一。

但是，动物药占中药材的比例较小。中国中药材总计为12807种，植物药有11146种，占到87%；动物药1581种，仅占12%[41]。同时，常用动物药中有一部分物种由于多方面的原因，其种类和数量正在急剧减少，被列入《濒危野生动植物种国际贸易公约》，成为濒危的野生动物资源。

为解决这一问题，近年来通过人工合成的非天然产品替代，如体外培育牛黄、熊胆汁、人工麝香等动物药，取得了辉煌的成绩，如人工麝香研制及其产业化获2015年度国家科技进步一等奖，目前我国共有760家企业生产销售含麝香的中成药433种，其中431种已完全用人工麝香替代[42]。但多数动物药仍然依赖于野生动物资源，严重破坏了环境资源的平衡。因此，大多数天然药物学家将目光集中在植物资源的天然药物分子的研究与开发中，对动物药来源的天然化合物分子研究报道较少。

（2）海洋动物

中国作为海洋大国，有漫长的海岸线，横跨热带、亚热带和温带3个气候带，而且特殊、复杂的地理环境赋予了海洋生物的多样性，为海洋药物应用、研究和开发提供了独有的海洋生物资源。经过数千年的发展，海洋药物已成为传统中医药的重要组成部分。

目前，利用现代药理学及化学研究的科学手段，对我国潜在的海洋药用动物进行了研究与探讨的物种近1500种，主要来源于8门85科141属，其中脊索动物门最多，达550种，软体动物门次之，有480余种[43,44]。海洋动物药在药材市场流通的大宗品种主要有海马、海龙、海蛇、牡蛎、海参、海星、海胆以及海鞘等18种[45]。

海洋动物的物种多样性是寻找活性海洋天然产物、发现药物先导化合物、开发海洋药物的资源基础，海洋生物资源已成为药物学家研究的热点。

1.1.2.3 微生物

微生物资源可谓取之不尽用之不竭，在自然界中分布极为广泛，包括真菌、细菌、病毒，以及一些小型的原生生物、显微藻类等生物群体，其个体微小，但与人类关系十分密切[46]。

随着人类科学技术的进步与发展，从动植物资源寻找潜在药物远不能满足人类对疾病的治疗需求，从微生物（主要是真菌和细菌）中寻找新的活性天然产物成为重要的选择。20世纪初，青霉素的发现拉开了人类从微生物中寻找活性天然产物的序幕，微生物成为天然产物的一大来源，许多来自微生物的天然产物已被开发成药物，并用于治疗人类疾病，或作为兽药、农药等发挥了重要的作用[47]。在过去几十年间，诸如免疫抑制剂环孢菌素、血脂调节药洛伐他汀类等药物被发现，为天然产物化学的发展带来了机遇。来源于放线菌 *Streptomyces avermectinius* 的阿维菌素是第一个大环内酯类抗寄生虫药物，其半合成衍生物伊维菌素可用于治疗人类河盲症与象皮病，而研发阿维菌素和伊维菌素的两位科学家因作出巨大贡献获得了2015年度诺贝尔奖[48]。

天然产物具有结构多样性的特点，天然产物结构研究不仅是天然产物研究中必不可少的一部分，也为创新药物的研发提供了新思路。大自然蕴藏着无限可能，在无数高等植物（特别是以前未被重视的高大乔木）、低等植物、植物内生菌、海洋生物、数以万计的昆虫、微生物（尤其是极地地区的微生物）中，很可能存在着大量的具有超强生物活性的药物或药物先导化合物；原来没有触及的生物如深海和极地微生物、无脊椎动物以及微量的生物类毒素等，将会提供一些结构新颖、生物活性独特的次生代谢产物。自然界中数量庞大的生物永远是人类开发新药的源泉，探索新的天然产物的脚步不会停止。

1.2 天然产物结构研究的重要性

天然产物对人类最大的贡献之一就是成为药物，人类对天然产物的发现、采集、使用和加工并用于疾病的治疗贯穿于整个人类文明史，天然药物一直是人们防病治病的主要手段[9,49]。而且由于生物代谢的多样性和生态环境的复杂性，造就了天然产物的来源多样性、结构多样性、生物活性多样性和类药性，成为新药研究与开发的重点，临床上应用的大部分药物直接或间接来源于天然产物[50]。在科学技术飞速发展、化学合成药物占主导地位的今天，天然产物已成为发现先导化合物和防治重大疾病药物的主要源泉之一[51,52]。

上溯至远古时期，人类就已经开始从自然环境中发现和利用天然资源。这其中包括从动植物和微生物中提取和分离有用的天然物质，包括药物、食品和材料等，如何及时有效地分析鉴定其中的有用组分一直是引人关注的课题[53]。但是，天然产物结构分析以及来自环境和生物样品的天然产物或药物的分析鉴定是十分复杂且费时耗力的艰难过程[54]。努力寻找和发展新的分析技术来改善这些过程一直是天然药物化学所面临的重要挑战。

进入21世纪以来，天然产物的研究是科学家们特别关注的热点领域之一，尤其是天然产物的结构鉴定，从中可以发现和利用其重要的生物活性组分，是目前新药物研发的关键，是与人类健康密切相关的重大研究课题[53]。

天然产物数量巨大、结构类型繁多，特别是立体化学结构的测定尤为困难。在早期的研究中，天然产物的结构确定主要是通过各种化学反应如制备衍生物、化学降解甚至全合成方法对照等手段，最初一个复杂化合物的结构鉴定往往需要十几年、几十年甚至上百年的努力。

随着科学技术的迅猛发展，对天然产物结构的研究手段与方法也发生了巨大变化，研究工作者已经发展了一整套应用于天然产物的结构鉴定分析技术，其中四大波谱法是最重要的结构解析技术[55]。由于天然环境中物质成分的多样性和结构的复杂性，未知天然产物的结构解析仍然是充满挑战的复杂过程，特别是结构类型比较复杂的天然化合物，结构的准确鉴定对科技工作者是一大难题[53]。为了能够实现更为方便、快捷、准确和高效的分析目的，质谱和核磁共振新技术的发展和应用显得十分必要。

青蒿素的发现是天然产物结构研究的典型案例。20 世纪 60 年代，全球疟疾疫情仍难以控制，恶性疟原虫对第二次世界大战期间合成的氯喹等原喹啉类药物产生抗药性，使得重症疟疾患者陷入无药可治的境地，从而促使全球药物研究与开发人员对抗疟药开展了大量的工作[56,57]。仅美国，就曾投入巨额资金，为发展新型抗疟药所筛选的化合物就高达 20 万种，但没有找到理想的药物，所有这些研究也并未取得重大突破。

1972 年屠呦呦及其科研小组成员依据古方记载，从青蒿中成功分离出一种无色结晶，将其命名为青蒿素，后逐步累积有效单体，组织动物安全性实验和人体试服实验，并经临床证实此单体是青蒿抗疟的有效成分[58]。青蒿素的发现被国际社会认为是中国继麻黄素之后的第二大医学贡献，其突出贡献是突破了 60 多年来“抗疟药化学结构不含氮（原子）就无效”的传统医学观念，发现了迥异于以前的新型化学结构，其快速、高效、无抗药性、低毒的特征令全球医学界为之震惊和欢呼。

屠呦呦研究员由于在青蒿素的发现中作出重大贡献而获得 2011 年度美国拉斯克临床医学研究奖，并于 2015 年获诺贝尔生理学或医学奖。青蒿素挽救了数百万人的生命，它的发现被认为是中国对全球人类健康所作出的最重要的贡献之一。

青蒿素的发现极大地改变了人类与疟疾斗争的形势和抗疟药研发的模式，为全世界药物学家提供了新的研究思路。青蒿素是中国人的原创发现，但是当前的现实是中国在该项目上没有自主知识产权、国际领先的独特技术和国际市场的话语权，警示我国科研工作者要注重知识产权的保护和自主知识产权的研究与开发，不能一味地模仿和仿制。

目前，来自天然药物活性成分的新药已经在临床上大范围使用，全球药品市场中天然来源的药物制剂已经占临床药物的 30%，青蒿素、紫杉醇等已经成为临床不可或缺的一线药物[59]。据统计，从 1981 年到 2018 年，批准上市的小分子药物中，有 60%以上的药物直接或间接来源于天然产物或其衍生物[60]。而且，从 1940—2018 年的近 80 年间，批准的约 180 个新的抗癌药物中天然化合物或天然化合物衍生物药物共 130 余个，占到了 70%以上[61]。

综上看来，人类对天然药物的探索和发现从未停止，同时随着科学技术手段的迅速发展，从天然产物中筛选生物活性强的、有成药潜力的化合物作为先导化合物，经过结构修饰和改造，寻找疗效更高、结构更简单并且便于工业化生产、安全可控的候选药物，再经临床试验证明其是否能作为新药上市，是创新药物研究的重要途径。因此，天然产物的研究已经成为全世界新药发现和创制的重要来源和关注的焦点。

1.3　天然产物结构解析的技术手段

20 世纪是天然药物化学快速发展和科技技术的井喷时期，尤其是色谱技术用于天然化合物的分离、纯化，甚至是结构鉴定和生物活性筛选等普遍开展。1906 年俄国植物学家茨维特使用碳酸钙为吸附剂、石油醚为洗脱剂，通过柱色谱技术研究植物叶的化学成分，得到 3 种颜色的 6 个色带，首次提出了“色谱”的概念。20 世纪 60 年代末出现高效液相色谱法，80 年代初出现超临界流体色谱法，90 年代出现毛细管区带电泳法。色谱技术在 21 世纪的天然药物化学领域发挥其不可替代的重要作用[10]。

然而，通过色谱技术分离纯化得到的单体化合物的结构鉴定却是一大难题。20 世纪上半叶，天然产物的结构鉴定主要还是依靠化学手段，包括一系列官能团的化学反应、化学降解、制备衍生物、化学转换甚至全合成对照等，这些方法不仅费时耗力，而且对样品的需求量很大，还要求研究者有相当深厚的有机化学知识和丰富的想象力，因此被视为一项极其复杂且富有挑战性的艰苦工作[54]。如吗啡和马钱子碱，从分离获得单体到结构确定分别花费 118 年和 127 年，耗费了几代人的心血，整个结构研究过程跌宕起伏[62,63]。

进入 20 世纪下半叶，由于质谱（MS）和核磁共振（NMR）技术的成熟和普遍应用，在天然产物结构鉴定中，紫外（UV）光谱、红外（IR）光谱、MS 和 NMR（以下简称四大波谱）的联用技术越来越成熟，四大波谱法逐渐取代了化学法，大大加快了结构鉴定的速度与效率[54]。

特别是 20 世纪 80 年代以后，场解吸质谱（field desorption mass spectrometry，FDMS）技术的应用和高分辨率核磁共振技术的飞速发展，较好地解决了易分解、难挥发、中低极性等化合物的质谱测定，大大提高了质谱的应用范围，FDMS 也成为天然产物结构鉴定中常用的离子化手段，特别是二维核磁技术的应用，使天然产物的结构鉴定发生了颠覆性的技术革命。从此以后，四大波谱已经成为实验室的常规分析手段，结构鉴定也不再是“令人却步”的工作。

随着四大波谱技术在结构鉴定中的应用越来越普及、越来越重要，化学鉴定法已经基本处于辅助角色。光谱鉴定法在天然产物结构鉴定中的突出优势就是样品用量少，一般 2～3 mg 即可，省时、简便；除质谱外，其他方法无样品消耗，可回收再利用；高分辨 MS 还可以准确地确定化合物的分子式。特别是核磁共振仪，可以长时间处于待机工作状态，随时可以测定结构，而且操作简便[55]。需要注意的是，光谱法推断结构时的“一致性”非常重要：四大波谱要相互佐证、相互支持、相互吻合，如出现不一致或矛盾，说明推出的结构很可能存在问题。

同时，天然产物分离分析中各种联用技术的应用实现了在线检测和结构解析，在对复杂天然产物样品进行分析中展现了其中单一或非现场多步检测所无法比拟的优点，同时也极大地简化了分析过程。

（1）紫外光谱法

1801 年，德国科学家 Ritter 发现紫外光，但直到 20 世纪 30 年代，紫外光谱法（ultraviolet spectroscopy，UV；一般指 200～400 nm 的近紫外区）才真正意义上用于化合物的结构鉴定研究，特别是在甾体类化合物、维生素 D 等含有共轭双烯键、不饱和羰基（醛、酮、酸、酯）以及含有芳香环化合物的结构研究中的应用最为广泛[55]。不过这个时期主要还是停留在结构研究阶段，同时由于化学理论、仪器技术和实验方法的局限使得研究进展缓慢。

直到 20 世纪 40 年代，美国有机化学家 Woodward 首次将各种光谱手段用于天然产物的结构鉴定，这大大提高了对化合物结构的研究水平，其中鉴定的青霉素、士的宁（马钱子碱）、土霉素等著名天然产物的化学结构是天然产物化学的经典之作[12]；并在 1941—1942 年详细地描述了紫外光谱和分子结构之间的关系，证实了在研究有机化合物的结构时利用物理方法比化学方法更为有效。1945 年，他总结归纳出了 Woodward 规则（Woodward rules），即著名的酮规则（ketone rules），用来计算含有 α,β-不饱和羰基化合物生色团（chromophores）的紫外光最大吸收波长[64,65]，后经 Fieser 进行补充，形成了 Woodward-Fieser 规则（Woodward-Fieser rules）[66]；后来 Scott（斯科特）又发展了芳香羰基化合物最大吸收波长的计算规则即 Scott 规则（Scott rules）。这些经验规则可以对鉴定分子结构提供帮助，利用这些规则，可以预算烷基或羰基取代的共轭二烯或三烯等化合物的紫外吸收峰与化合物的关系，所得的结果与实验数据非常吻合，其准确度一般可在 2～3 nm 误差之内，改变了沿用已久的冗长繁琐的传统化学分析方法[55]。

（2）红外光谱法

在可见光区域红光末端之外还有看不见的其他辐射区域存在，由于这种射线存在的区域在可见光区末端以外而被称为红外线（infrared ray）。1881 年英国科学家 Abney 和 Festing 第一次将红外线引入化合物结构的研究。1889 年瑞典科学家 Angstrem 首次证实有机化合物的红外吸收是因为分子中原子间化学键的因素，最终在此基础上建立了分子光谱学。用不同波长的红外线照射有机化合物，分子吸收红外线后引起化学键的振动或转动能级跃迁而形成的光谱称为红外光谱法（IR）。IR主要是通过测定分子结构中化学键的振动频率来推测化合物中所含有的官能团，确定化合物的主要结构类型。有时IR还能提供关于化合物精细结构的一些信息，如直链、支链、链长、结构异构以及官能团之间的关系等。由于一个官能团会有多种振动方式，在IR中产生多组相应的吸收峰，即特征峰之外的相关吸收峰，相关吸收峰的存在是官能团存在与否的有力佐证。

1944年，美国Perkin-Elmer公司生产了世界上第一台红外光谱仪，并于20世纪50年代初，公司开始商业化生产名为Perkin-Elmer 21 的双光束红外光谱仪，开始广泛应用于天然化合物的结构研究，开创了现代谱学技术应用于天然化合物结构研究的第一个里程碑[55]。特别是Woodward在红外光谱鉴定有机物结构方面作出了重要的奠基工作，并首次将混合物进行红外光谱分析，纠正了当时许多化学家把红外光谱仪用于测定纯有机化合物的习惯[12]。现代红外光谱仪是以傅里叶变换为基础的仪器，具有快速、高信噪比和高分辨率等特点，使检测样品量少至微克级，它的产生也是一次革命性的技术飞跃。

（3）核磁共振波谱法

核磁共振（nuclear magnetic resonance，NMR）技术是一种基于具有自旋性质的原子核在核外磁场作用下吸收射频辐射而产生能级跃迁的谱学技术，是一门能够提供化合物结构信息的分析技术，具有高重现性和非选择性，作为一种功能强大的分子结构鉴定和各种动态过程（如扩散分子间相互作用和大分子折叠研究）研究手段，广泛应用于各个领域。NMR技术是天然产物结构解析最为主要的技术，利用该技术可以获得化合物丰富的分子结构信息。

美国物理学家Bloch和Purcell于1946年因分别首次独立观测到NMR信号而共同获得1952年的诺贝尔物理学奖。1953年，第一台核磁共振仪（Varian公司）诞生，但分辨率仅为30 MHz；1962年第一台220 MHz的超导核磁共振仪问世；1959年，全世界首次发现耦合常数（coupling constant）取决于邻位氢的二面夹角，并于1963年公布了计算耦合常数和邻位氢二面夹角关系的Karplus公式[67]。

1986年，科学家首次观测到了碳氢远程相关二维核磁共振谱。1987年600 MHz的超导核磁共振仪问世（Varian公司）。二维核磁共振谱是将化学位移、耦合常数等核磁共振参数展开在二维平面上，这样在一维谱中重叠在一个频率坐标轴上的信号分别在2个独立的频率坐标轴上展开，不仅减少了谱线的拥挤和重叠，而且提供了自旋核之间相互作用的信息，对推断一维核磁共振谱图中难以解析的复杂天然产物的结构具有重要作用。1992年，750 MHz的超导核磁共振仪被用于结构鉴定，至今已有900 MHz的超导核磁共振仪。目前，NMR已成为一门有完整理论体系的新学科，NMR 被誉为有机物的指纹，已在天然药物化学领域广泛应用，它的应用使天然产物的结构鉴定进入了全新时代，尤其适用于不能获得单晶的化合物或液态化合物的构型、构象的结构分析[55]。

（4）质谱

20 世纪初质谱仪诞生，从 EI、化学电离（CI）到快速原子轰击离子源（FAB）、电喷雾电离（ESI）、基质辅助激光解吸电离（MALDI）等软电离技术的出现及后两者与 TOF 检测的搭配，质谱仪对于测定天然有机化合物的分子量和分子组成表现出了明显的优势和不可替代性，成为天然产物结构研究的重要手段之一。

质谱仪是利用物理学科中的电磁学原理，通过测定分子或分子裂解成若干碎片的质核比（m/z）来推测分子的结构，不同结构的分子会裂解成不同的碎片。MS 最大的优点是灵敏度高、需要样品量极少——只要微克级甚至纳克级的样品即可得到分析结果，而且能够给出众多碎片，分析这些碎片离子可获得化合物的分子量以及结构特征、裂解规律和由单分子分解形成的某些离子间相互关系等信息。MS 是目前常用的能给出准确分子量甚至确定分子式的技术手段，特别是用于判断结构中是否含有杂原子、推算不饱和度进而判断化合物中含有双键、三键和环的数量以及结构的对称性等，这在天然产物的结构分析中非常重要。

目前，电子轰击质谱（EI-MS）是天然化合物结构测定中应用最多的 MS 方法，易出现分子离子峰，且重现性好，可以用于测定分子量、分子式、碎片离子的元素组成和分子的裂解方式等，其中裂解碎片离子峰在不少情况下对推断化合物的分子骨架很有用，可以确定某些特定类型化合物分子结构片段连接顺序。

（5）天然产物的绝对构型的测定方法

构型指分子的立体构型，即分子在三维空间的结构或分子中的原子、基团在三维空间的相对位置或排列方式。有机化合物的数量巨大、结构类型繁多，原因就在于其结构上的加合性（同系性）和异构性，而立体异构即构型的不同又是其中最主要的原因之一[11]。因此，正确地确定一个有机化合物的立体构型，是有机化学工作者尤其是药物研究工作者不可或缺的工作。

目前，天然产物构型的测定方法主要有化学法（chemical method）、旋光度法（optical rotation）、紫外光谱法（UV）、红外光谱法（IR）、核磁共振波谱法（NMR）、旋光色散光谱法（optical rotatory dispersion，ORD）、圆二色散光谱法（circular dichroism，CD）、X 射线衍射法（X-ray diffraction，XRD）等，其中只有 CD 法、ORD 法和 XRD 法是手性方法[68]。

但测定天然产物绝对构型的可靠方法还是 X 射线衍射法，然而 X 射线衍射法需要单晶，对于不易结晶或量很少的天然产物来说有很大的局限性[11]。20 世纪 50 年代，旋光色散光谱法和圆二色光谱法广泛用于天然产物绝对构型研究。但是这些方法需要专门的技术以及复杂的计算，给结构鉴定带来诸多不便和麻烦[11]。

现在 NMR 技术不仅可以确定天然产物的相对构型，还可以确定它们的绝对构型。Mosher 法就是在利用 NMR 技术来确定复杂天然产物绝对构型时所发明的一种巧妙方法[68]。

1.4　天然产物结构研究中的步骤程序

结构研究是天然产物研究的一项重要内容，从天然药物中分离纯化得到的单体如果不能解析出结构，则无法进行进一步的生物活性测试和构效关系分析。天然产物由于来源复杂，含量较少，一般难以单纯采用经典的化学方法进行结构研究，需要借助光谱和色谱的方法来判断和确认化合物的平面和立体结构。

1.4.1　化合物的纯度测定

较高的纯度是研究天然产物结构的必要前提，纯度低的化合物会增加解析其结构的难度和可信度。一般采用观察外形及测定熔点的方法来检测化合物的纯度。此外还可以借助各种色谱方法，例如薄层色谱法（TLC）或纸色谱法（PC）来检验化合物的纯度。应用 TLC 或 PC 进行纯度检验时需要采用三种以上展开系统，只有化合物在三种展开系统中均显示单一斑点时才可判定为单一化合物。气相色谱（GC）也是检查化合物纯度的常用方法，但是只适用于在高真空和加热条件下能气化而不被分解的化合物。随着学科的发展，高效液相色谱（HPLC）、超高效液相色谱（UPLC）、MS 及多种联用仪器也可用于化合物的纯度检测，而且这些仪器具有样品用量少、分析时间短、重现度高的优点，成为纯度检测的有力手段。

1.4.2　结构研究的主要步骤

（1）初步判定化合物的类型

由于同科、同属生物通常含有相似的化合物类型，所以可借助文献调研、DNP、SciFinder 搜索等方法结合化合物自身的理化性质（如颜色、状态、酸碱性、溶解度、极性等）初步判定化合物的类型。

（2）测定分子式

分子式的确定主要包括以下几种方法：

① 元素分析配合分子量测定　通常在进行元素定量分析前需要先进行元素

定性分析，一般委托专门的实验室进行分析。如果化合物只含 C、H、O 元素，通常只做 C、H 定量，O 则用扣除法求得。所用样品只需几毫克，通过元素分析，可以获得化合物中 C、H、O、N 和 S 等几种元素在化合物中所占的比例。结合分子量的测定结果就可以推定出化合物的分子式。

化合物尼莫地平（nimodipine）经 EI-MS 法测得的分子量为 418，元素分析法测得 C%为 60.68%，H%为 6.30%，N%为 6.75%，从 100%中扣除 C、H、N 后，得：

$$O\% = (100-60.68-6.30-6.75)\% = 26.27\%$$

分别以各元素的含量乘以测得的分子量，再除以该元素的原子量，即可求出四种元素在结构中所占的比例。

$$C\% = 0.6068\% \times 418 \div 12.01 = 21.12\%$$

$$H\% = 0.0630\% \times 418 \div 1.008 = 26.13\%$$

$$O\% = 0.2627\% \times 418 \div 16.00 = 6.863\%$$

$$N\% = 0.0675\% \times 418 \div 14.00 = 2.015\%$$

根据倍比定律，原子间的化合数一定是整数，故化合物的分子式可化约为 $C_{21}H_{26}O_7N_2$。

② 同位素丰度法　同位素丰度法测定分子式的原理如下：已知组成化合物的主要元素（氟、磷、碘除外）均由相对丰度比一定的同位素组成，且重元素一般比轻元素重 1～2 个质量单位，因此由重元素组成的分子将比轻元素组成的分子重 1～2 个质量单位。据此，在大多数有机化合物的 MS 图上，如能见到稳定的分子离子峰$[M]^+$，则在高出 1～2 个质荷比（m/z）外还会存在两个同位素峰$[M+1]^+$、$[M+2]^+$。对一定的化合物来说，其$[M]^+$、$[M+1]^+$、$[M+2]^+$峰的相对强度应为一定值。

③ 高分辨质谱法　高分辨质谱是目前确定分子式最常见的方法，可将物质的质量精确测定到小数点第四位，原理在于组成化合物的常见元素除 C 元素外，H 元素和 N 元素并不是一个原子质量单位，因此对于分子量相同的化合物，其精确质量并不相同，在高分辨质谱中很容易进行区别。该方法不仅能给出化合物的精确分子量，还可以直接给出化合物的分子式。

（3）计算不饱和度

分子式确定后，即可按式（1-1）确定分子的不饱和度：

$$U = \text{IV} - \text{I}/2 + \text{III}/2 + 1 \qquad (1\text{-}1)$$

式中，Ⅰ为一价原子（如 H）的数目；Ⅲ为三价原子（如 N）的数目；Ⅳ为四价原子（如 C）的数目。O、S 等二价原子与不饱和度无关，故不予考虑。

以化合物 $C_{21}H_{26}O_7$ 为例，不饱和度为：

$$U = 21-26/2+0/2+1 = 9$$

1.4.3　官能团、结构片段或基本骨架的确定

在确定了一个化合物的分子式后，就需要进行分子结构骨架和官能团的确定。一般首先根据化合物的不饱和度，推算出结构中可能存在的双键或环数，然后利用样品与某种试剂发生颜色反应或产生沉淀等化学定性实验对化合物类型进行初步判断。显色反应时需要进行平行实验，排除假阳性结果。采用沉淀实验判断结果时需要注意液体试剂的量。此外根据一种检识反应的结果尚不足以肯定或否定某种官能团的存在，最好用两种以上的检识实验。最后将化学定性实验结果与所测定的物理常数、波谱（UV、IR、NMR、MS）数据结合起来综合分析，以确定化合物中含有哪些官能团，具有何种母核，属于哪类化合物。

（1）推断并确定分子的平面结构

现在主要应用 NMR 数据进行化合物平面结构的确定，通过核磁共振氢谱（^{1}H-NMR）中化学位移（δ）、谱线的积分面积及裂分情况（耦合常数 J）可以确定分子中 ^{1}H 的类型、数目及相邻原子或原子团的信息。核磁共振碳谱（^{13}C-NMR）与氢谱一样是有机化合物结构解析的重要手段，但碳谱更具优越性。有机化合物的不同环境碳信号谱宽为$\Delta\delta$ 220 左右，比氢谱约大 20 倍，这意味着碳谱比氢谱更能表现出分子结构的微小差异，因此碳骨架信息对有机化合物结构解析至关重要。

（2）核磁共振氢谱的解析

在 ^{1}H-NMR 谱中，各吸收峰覆盖的面积与引起该吸收的氢核数目成正比。峰面积常以积分曲线高度表示。当知道元素的组成，即知道该化合物总共有多少个氢原子时，根据积分曲线即可确定谱图中各峰所对应的氢原子数目，即氢分布；如果不知道元素组成，但谱图中有能够判断氢原子的基团（如甲基、羟基、单取代芳环等），以此为基准也可以判断化合物中各种含氢基团的氢原子数目。在确定氢分布后，先解析孤立的甲基峰，例如 CH_3—O、CH_3—N、CH_3—Ar 等都是单峰。解析低场区的共振峰，醛基氢δ约为 10，酚羟基氢δ9.5～15，羧基氢δ11～12 及烯醇氢δ14～16。通过分析峰形和耦合常数，确定归属及耦合系统。例如查看δ7 左右是否存在芳氢的共振峰，如果存在则根据分裂图形确定自旋系统和取代位置。此外也可通过重水交换实验确定化合物中是否存在活泼氢。根据各组峰的化学位移和耦合关系，推导出若干结构单元，最后组合为几种可能的结构式。

（3）核磁共振碳谱的解析

碳谱和氢谱的基本原理相同，根据化合物的碳谱化学位移可以给出非等价碳原子个数，通过化学位移获知C取代类型。其中，伯碳：δ12～24；仲碳：δ20～41；叔碳：δ35～57；季碳：δ27～43；醇碳：δ65～91；烯碳：δ119～172；羰基碳：δ177～220。

（4）核磁二维相关谱的解析

在核磁二维相关谱中，HSQC（异核多量子）相关谱能够获取直接相连的碳氢关系，给出一键CH连接信号，而不能给出碳与季碳相连的信号，或隔碳相连的信号。因此通过HSQC相关谱，显示^{1}H核和与其直接相连的^{13}C核的相关峰，可以归属有机物中直接相连的CH信号，方便结构解析。^{1}H-^{1}H COSY（同核化学位移）相关谱能够发现（或归属）存在着相互耦合关系的^{1}H核，给出空间上间隔两到三个单键的氢间的相关，通过^{1}H-^{1}H COSY相关谱，可以把含有氢的直接相连的片段连接在一起。HMBC（^{1}H detected heteronuclear multiple bond correlation）为^{1}H的异核多键相关谱，将^{1}H核和远程耦合的^{13}C核关联起来，通常2～3个键的质子与碳的耦合信息较多。HMBC可以将各个独立的片段连接在一起，确定化合物的平面结构。

在确定了化合物的平面结构之后，对于存在手性碳的化合物，还需要确定化合物的相对构型与绝对构型。在NOESY（核欧沃豪斯效应）谱中，空间距离相近的点在NOESY谱中具有相关性，可以通过这一手段，确定化合物的相对构型。

以上为新化合物的结构解析全步骤，对于未知化合物，首先测试化合物的质谱数据，得到分子量和分子式；然后做化合物的^{1}H-NMR和^{13}C-NMR谱，如果存在特征信号则可以和已知化合物的谱图进行对比，看是否与已有的化合物结构相同。如果通过对比谱图的手段不能解析出化合物的结构，就将^{13}C-NMR谱整理后在维普检测系统进行检测，对检测结果进行分析。吻合度很高就可以解析出该化合物的结构，或者按照维普给出的结构，用专门的化学软件DNP或者SciFinder进行检索，进而确定化合物的结构。

参考文献

[1] 吴立军. 天然药物化学[M]. 6版. 北京：人民卫生出版社, 2011.

[2] 蔡恩钦，黄海金，赵树钢. 天然化合物在农药中的应用研究与进展[J]. 江西化工, 2010(04):16-20.

[3] 史清文，李力更，霍长虹，等. 天然药物化学学科的发展以及与相关学科的关系[J]. 中草药，2011, 42(08): 1457-1463.

[4] Southon I W, Buckingham J. Dictionary of alkaloids[M]. London: Chapman and Hall, 1989.

[5] 于德泉. 展望从天然产物创新药物研究[J]. 中国医学科学院学报, 2002(04): 335-338.

[6] 雍妍，王茹静，黄青，等. 天然药物化学成分结构修饰研究进展[J]. 中药与临床, 2015, 6(06): 55-60.

[7] 洪玉，周宇，王江，等．先导化合物结构优化策略(四)——改善化合物的血脑屏障通透[J]．药学学报，2014(6): 789-799.
[8] 田恬．取之于草，用之于药——植物中提取的药用天然产物[J]．科技导报，2015, 33(20): 46-52.
[9] 徐悦，程杰飞．基于天然产物衍生优化的小分子药物研发[J]．科学通报，2017, 62(9): 908-919.
[10] 杨秀伟．天然药物化学发展的历史性变迁[J]．北京大学学报(医学版)，2004, 36(1):9-11.
[11] 郭瑞霞，李力更，王于方，等．天然药物化学史话：天然产物化学研究的魅力[J]．中草药，2015, 46(14): 2019-2033.
[12] 王于方，付炎，吴一兵，等．天然药物化学史话：20 世纪最伟大的天然有机化学家——Robert Burns Woodward[J]．中草药，2017, 48(8): 1484-1498.
[13] 郭宗儒．新药创制刍议[J]．中国药物化学杂志，2015, 25(3): 163-167.
[14] 孙汉董．中国天然产物化学研究的进展[C]．第八届全国天然有机化学学术研讨会论文集，2010.
[15] 叶文才．中药及天然药物活性成分：新药研发的重要源泉[J]．药学进展，2016, 40(10): 721-722.
[16] Food and Drug Administration. Guidance for industry, botanical drug products [EB/OL]. Center for Drug Evaluation and Research (CDER), 2004.
[17] European Commission. Registration of traditional herbal medicinal products [EB/OL]. Official Journal of the European Union, 2004.
[18] 宋立平，金兆祥，徐晓阳，等．日本汉方药注册介绍[J]．中草药，2008, 39(11): 1754-1757.
[19] 汪巨峰，杨威，郭健敏，等．国际上对植物药的监管及新药的申报要求[J]．中国药理学与毒理学杂志，2018, 32(1): 51-57.
[20] 王辉．关于天然药物研究的现状及发展趋势[J]．中国实用医药，2014, 9(9): 255-256.
[21] 赵昱，胡季强．天然药物研究开发的未来发展趋势[J]．浙江大学学报(医学版)，2002, 31(6):479-483.
[22] 闫忠辉，李小平，刘煜．海洋植物来源的天然产物的研究进展[J]．药物生物技术，2017, 24(3):269-274.
[23] 苏永政，林利，杨欣欣，等．凹顶藻属海藻化学成分及生物活性最新研究进展[J]．中国海洋药物，2018, 37(3): 66-76.
[24] 吕钟钟，罗建光，管华诗．紫菜的生物活性研究进展[J]．中国海洋大学学报，2009, 39:47-51.
[25] 戴世城，徐晨，戈雨秋．藻类多酚的研究进展[J]．现代农业科技，2017, 17: 183-185.
[26] 程凡，周媛，吴军，等．海洋绿藻盾叶蕨藻的化学成分研究[J]．时珍国医国药，200, 19(4): 856-857.
[27] 刘定权，李佳，章海燕，等．中国南海总状蕨藻的脂肪酸类化学成分和生物活性研究[J]．中国海洋药物，2013, 32(6): 13-20.
[28] 房芯羽，周三，刘洋，等．绿藻孔石莼化学成分研究[J]．中草药，2017, 48(22): 4626-4631.
[29] 郭书举，李敬，苏华，等．海藻中溴酚化合物研究进展[J]．海洋科学，2010, 34 (4): 89-95.
[30] 王文卿，王瑁．中国红树林[M]．北京：海洋出版社，2007.
[31] 林鹏．中国红树林研究进展[J]．厦门大学学报(自然科学版)，2001, 40(2): 592-603.
[32] 辛欣，宋希强，雷金睿，等．海南红树林植物资源现状及其保护策略[J]．热带生物学报，2016, 7(4): 477-483.
[33] 傅秀梅，王亚楠，邵长伦，等．中国红树林资源状况及其药用研究调查 II.资源现状、保护与管理[J]．中国海洋大学学报，2009, 39(4): 705-711.
[34] 邵长伦，傅秀梅，王长云，等．中国红树林资源状况及其药用调查Ⅲ.民间药用与药物研究状况[J]．中国海洋大学学报，2009, 39(4): 712-718.
[35] 罗亚虹，张治军．动物类中药材质量控制研究新进展[J]．海峡药学，2016, 28(8): 55-57.
[36] 徐莹，陈晨，沈玉萍，等．动物类中药的发展概况[J]．中草药，2014, 45(5): 578-581.
[37] 陈世平，陈倩，李庆诒．动物类中药材的特殊性[J]．中医临床研究，2011, 3(3): 43.

[38] 国家药典委员会. 中华人民共和国药典（一部）[M]. 北京: 中国医药科技出版社, 2010.
[39] 国家药典委员会. 中华人民共和国药典（一部）[M]. 北京: 中国医药科技出版社, 2015.
[40] 国家药典委员会. 中华人民共和国药典（一部）[M]. 北京: 中国医药科技出版社, 2020.
[41] 张小波, 郭兰萍, 张燕, 等. 关于全国中药资源普查重点调查中药材名录的探讨[J]. 中国中药杂志, 2014, (8): 1345-1359.
[42] 张艳婉, 陈小平, 龙斌, 等. “一带一路”战略下动物药材保护和利用的伦理思考[J]. 世界科学技术—中医药现代化, 2017, 19(6): 1006-1011.
[43] 王长云, 邵长伦, 傅秀梅, 等. 中国海洋药物资源及其药用研究调查[J]. 中国海洋大学学报, 2009, 39(4): 669-675.
[44] 李晶峰, 张辉, 孙佳明, 等. 我国药用动物资源近三年研究进展与展望[J]. 中国现代中药, 2017, 19(5): 729-734.
[45] 张梦启, 白虹, 王毓, 等. 中国海洋中药材品种调查[J]. 中国海洋药物, 2014, 16(9): 717-723.
[46] 张勇慧. 微生物来源的活性天然产物的研究[J]. 药学进展, 2018, 42(1): 1-3.
[47] Katz L, Baltz R. H. Natural product discovery: Past, present, and future [J]. J. Ind. Microbiol. Biotechnol, 2016, 43(2): 155-176.
[48] 付炎, 王于方, 李力更, 等. 天然药物化学史话：阿维菌素和伊维菌素[J]. 中草药, 2017, 48(17): 3453-3462.
[49] 杨晓红, 曹凤勤. 《天然产物化学》绪论教学实践探索[J]. 教育教学论坛, 2018, 13: 167-168.
[50] 匡雪君, 邹丽秋, 李滢, 等. 天然产物合成生物学关键技术[J]. 中国中药杂志, 2016, 41(22): 4112-4118.
[51] 赵丽梅, 谭宁华. 国外天然产物化学成分实物库及数据库建设概况[J]. 中国中药杂志, 2015, 40(1): 29-35.
[52] 张永文. 关于中药、天然药物概念与范畴的思考[J]. 世界科学技术, 2011, 13(5): 925-928.
[53] 陈彬, 孔继烈. 天然产物结构分析中质谱与核磁共振技术应用新进展[J]. 化学进展, 2004, 16(6): 863-870.
[54] 许任生. 天然产物化学[M]. 北京: 科学出版社, 1993.
[55] 王思明, 付炎, 刘丹, 等. 天然药物化学史话: “四大光谱” 在天然产物结构鉴定中的应用[J]. 中草药, 2016, 47(16): 2779-2795.
[56] 张铁军, 王于方, 刘丹, 等. 天然药物化学史话: 青蒿素——中药研究的丰碑[J]. 中草药, 2016, 47(19): 3351-3361.
[57] 卢义钦. 青蒿素的发现与研究进展[J]. 生命科学研究, 2012, 16(3): 260-265.
[58] 王满元. 青蒿素类药物的发展历史[J]. 自然科学史, 2012, 34(1): 44-48.
[59] 叶阳, 李希强, 唐春萍. 2006 年我国天然药物化学研究进展[J].中国天然药物, 2008, 6: 70-78.
[60] Newman, D J, Cragg, G M J. Natural products as sources of new drugs from 1981 to 2014 [J]. J Nat Prod, 2016, 79: 629-661.
[61] 孙汉董. 天然产物化学的发展、现状及未来的机遇与挑战[C]//中国化学会第十一届全国天然有机化学学术会议论文集. 北京: 中国化学会, 2016.
[62] Todd L. Robert Robinson (1886-1975) [J]. Nat Prod Rep, 1987, 4(1): 3-11.
[63] Bentley K W. Sir Robert Robinson-his contribution to alkaloid chemistry [J]. Nat Prod Rep, 1987, 4(1): 3-23.
[64] Woodward R B. Structure and the absorption spectra of α, β-unsaturated ketones [J]. J Am Chem Soc, 1941, 63(4): 1123-1126.

[65] Woodward R B. Structure and absorption spectra IV: Further observations on α, β-unsaturated ketones [J]. J Am Chem Soc, 1942, 64(1): 76-77.

[66] Fieser L F, Fieser M, Rajagopalan S. Absorption spectroscopy and the structure of the diosterols [J]. J Org Chem, 1948, 13(6): 800-806.

[67] Karplus M. Vicinal proton coupling in nuclear magnetic resonance [J]. J Am Chem Soc, 1963, 85(18): 2870-2871.

[68] 李力更，王于方，付炎，等. 天然药物化学史话: Mosher 法测定天然产物的绝对构型[J]. 中草药, 2017, 48(2): 225-231.

第 2 章　天然产物结构研究方法与技术

2.1　化合物的颜色反应

天然产物根据其结构特点主要分为糖及其苷类、苯丙素类、醌类、黄酮类、萜类和挥发油、三萜及其苷类、甾体及其苷类和生物碱类化合物，每种骨架类型的化合物往往都具有自己独特的颜色反应。

2.1.1　糖及其苷类化合物

通常采用 Molish 反应来鉴别是否存在糖类化合物。Molish 反应是指当在含有糖类物质的溶液中加入 α-萘酚乙酸溶液和浓硫酸后，糖类化合物会脱水形成糠醛及其衍生物并与 α-萘酚作用形成紫红色复合物，在糖溶液和浓 H_2SO_4 的液面间形成紫环，因此又称紫环反应。一般情况下除氨基糖外，单糖、双糖、多糖都能发生 Molish 反应。除糖类外，各种糠醛衍生物、葡萄糖醛酸、丙酮、甲酸、乳酸等都可以出现近似的阳性反应。所以 Molish 反应为阴性可以确定溶液中无糖的存在，如果为阳性仅能说明样品中含有游离或者结合的糖，但不能判定是苷类还是游离糖或其他形式的糖。

2.1.2　苯丙素类化合物

苯丙素类化合物主要包括苯丙酸类、香豆素类和木脂素类三大类化合物。其中苯丙酸类化合物因含有酚羟基，故可以发生酚羟基的显色反应，而苯丙酸类化合物也会和 Molish 试剂发生反应，在紫外线照射下，呈现无色或具有蓝色荧光，用氨水处理后呈现蓝色或绿色荧光。

香豆素因其结构特征，可发生多种颜色反应，例如：

① 异羟肟酸铁反应　由于香豆素类具有内酯环，在碱性条件下可开环，与盐酸羟胺缩合成异羟肟酸，然后再在酸性条件下与三价铁离子络合成盐而显红色。

② 三氯化铁反应　具有酚羟基的香豆素类可与三氯化铁试剂发生颜色反应，通常是蓝绿色。

③ Gibb's 反应　Gibb's 试剂是 2,6-二氯（溴）苯醌氯亚胺，它在弱碱性条件下可与酚羟基对位的活泼氢缩合成蓝色化合物。

④ Emerson 反应　试剂是 4-氨基安替比林和铁氰化钾，它可与酚羟基对位的活泼氢生成红色化合物。此外，Gibb's 反应和 Emerson 反应都要求必须有游离的酚羟基，且酚羟基的对位要无取代才显阳性，如 7-羟基香豆素就呈阴性反应。判断香豆素的 C-6 位是否有取代基的存在，可先水解，使其内酯环打开生成一个新的酚羟基，然后再用 Gibb's 反应或 Emerson 反应加以鉴别，如为阳性反应则表示 C-6 位无取代。同样，8-羟基香豆素也可用此反应判断 C-5 位是否有取代。

⑤ Labat 反应　用于鉴定是否存在亚甲二氧基，该基团可以与 5%的没食子酸-浓硫酸溶液（Labat 试剂）反应，呈现绿色。

木脂素分子常含有醇羟基、酚羟基、甲氧基、亚甲二氧基、羧基及内酯等基团，因而也具有这些基团的性质和反应。如：三氯化铁试剂或重氮化试剂可用于酚羟基的检查；Labat 试剂或 Ecgrine 试剂（变色酸-浓硫酸溶液）可用于鉴定结构中是否存在亚甲二氧基。

2.1.3　醌类化合物

醌类化合物的颜色反应主要取决于其氧化还原性质以及分子中的羟基性质，主要发生以下几种颜色反应：

① Feigl 反应　醌类衍生物在碱性条件下加热与醛类、邻二硝基苯反应，生成紫色化合物。

② 无色亚甲蓝显色试验　无色亚甲蓝乙醇溶液（1 mg/mL）专用于检识苯醌及萘醌。样品在白色背景下呈现蓝色斑点，可与蒽醌类区别。

③ 博恩特雷格反应　在碱性溶液中，羟基醌类颜色改变并加深，多呈橙色、红色、紫红色及蓝色，如羟基蒽醌类化合物遇碱显红色至紫红色，称之为博恩特雷格反应。蒽酚、蒽酮、二蒽酮类化合物需氧化形成羟基蒽醌后才能呈色，其机理是形成了共轭体系。

④ Kesting-Craven 反应　当苯醌及萘醌类化合物的醌环上有未被取代的位置时，在碱性条件下与含活性次甲基试剂，如乙酰乙酸酯、丙二酸酯反应，呈蓝绿

色或蓝紫色。蒽醌类化合物因不含有未取代的醌环，故不发生该反应，可用于与苯醌及萘醌类化合物区别。

⑤ 与金属离子的反应　蒽醌类化合物如具有 α-酚羟基或邻二酚羟基，则可与 Pb^{2+}、Mg^{2+}等金属离子形成络合物。

2.1.4 黄酮类化合物

黄酮类化合物的颜色反应多与分子中的酚羟基及 β-吡喃环有关。主要发生以下几种颜色反应。

① 还原实验

a．盐酸-镁粉（或锌粉）反应：鉴定黄酮类化合物最常用的颜色反应。该方法是将样品溶于 1.0 mL 的甲醇或乙醇溶液中，加入少量镁粉或锌粉摇晃，滴加几滴浓硫酸，1～2 min 内即可显色。多数黄酮、黄酮醇、二氢黄酮类化合物显橙红至紫红色，少数显紫色至蓝色。当样品 B 环上有—OH 或—OCH_3 取代时，呈现的颜色亦随之加深。但查耳酮、儿茶素类则无该显色反应。异黄酮类除少数例外，也不显色。

b．四氢硼钠（钾）反应：$NaBH_4$ 是对二氢黄酮类化合物专属性较高的一种还原剂，与二氢黄酮类化合物反应产生红色至紫色。其他黄酮类化合物均不显色，可与之区别。

② 金属盐类试剂的络合反应

a．铝盐：常用试剂为 1%三氯化铝或硝酸铝溶液。生成的络合物多为黄色（λ_{max} = 415 nm），并有荧光，可用于定性及定量分析。

b．铅盐：常用试剂为 1%乙酸铅及碱式乙酸铅水溶液，可生成黄色至红色沉淀。

c．锆盐：用来区别黄酮类化合物分子中 3-OH 或 5-OH 的存在。把样品溶解在 2%二氯氧化锆（$ZrOCl_2$）甲醇溶液中，若黄酮类化合物分子中有游离的 3-OH 或 5-OH 存在时，均可反应生成黄色的锆络合物。但两种锆络合物对酸的稳定性不同。3-OH、4-酮基络合物的稳定性比 5-OH、4-酮基络合物的稳定性强。当向反应液中接着加入柠檬酸后，5-OH 黄酮的黄色溶液显著褪色，而 3-OH 黄酮溶液仍呈鲜黄色。

d．镁盐：常用乙酸镁甲醇溶液为显色剂，本反应可在纸上进行，二氢黄酮、二氢黄酮醇类可显天蓝色荧光，若有 5-OH，色泽更为明显。而黄酮、黄酮醇及异黄酮类等显示黄色—橙黄色—褐色。

e．氨性氯化锶：可用于检识具有邻二酚羟基的黄酮类化合物，所用试剂为氯化锶的甲醇溶液和氨气饱和的甲醇溶液，反应后可产生绿色—棕色—黑色沉淀。

f．三氯化铁反应：多数黄酮类化合物因分子中含有酚羟基，可呈蓝色。

③ 硼酸显色　具有5-OH黄酮和2′-OH的查耳酮类化合物在无机酸或者有机酸的存在下与硼酸反应生成亮黄色。但在柠檬酸丙酮存在的条件下，则只显黄色而无荧光。

④ 此外，黄酮类化合物也可能与碱性试剂显黄色、橙色和红色。

2.1.5　三萜类化合物

三萜类化合物在无水条件下，与强酸（硫酸、高氯酸等）、中等强酸（三氯乙酸、磷酸）或Lewis酸（氯化锌、三氯化铝、三氯化锑）作用，会有颜色变化或荧光。常见的显色反应如下所述：

① 乙酸酐-浓硫酸反应（Liebermann-Burchard 反应）　将样品溶于乙酸酐中，加浓硫酸-乙酸酐（体积比为1∶20），可产生黄—红—紫—蓝等颜色变化，最后褪色。

② 五氯化锑反应（Kahlenberg反应）　将样品三氯甲烷或醇溶液点于滤纸上，喷以20%五氯化锑的三氯甲烷溶液，干燥后于60～70℃下加热，显蓝色、灰蓝色、灰紫色等多种颜色。

③ 三氯乙酸反应（Rosen-Heimer 反应）　将样品滴在滤纸上，喷以25%三氯乙酸乙醇溶液，加热至100℃，生成红色渐变为紫色。

④ 三氯甲烷-浓硫酸反应（Salkowski反应）　将样品溶于三氯甲烷，加入浓硫酸后，在三氯甲烷层呈红色或蓝色，浓硫酸层会有绿色荧光出现。

⑤ 冰乙酸-乙酰氯反应（Tschugaeff 反应）　将样品溶于冰乙酸，加入乙酰氯数滴及氯化锌结晶数粒，稍加热，则呈现淡红色或紫红色。

此外，皂苷作为三萜的衍生物，也具有上述三萜化合物的显色反应。

2.1.6　甾体及其苷类化合物

该类化合物在无水条件下，与强酸会发生各种颜色反应，可发生与三萜类化合物相似的颜色反应，包括三氯乙酸反应、乙酸酐-浓硫酸反应、五氯化锑反应和三氯甲烷-浓硫酸反应。

此外，具有强心作用的甾体苷类化合物又称为强心苷，该类化合物除甾体母核所发生的显色反应外，还可因结构中含有不饱和内酯环和2-去氧糖而发生颜色反应。甲型强心苷在碱性醇溶液中，由于五元不饱和内酯环上双键由20（22）位转移到20（21）位而产生C-22活性亚甲基，能与活性亚甲基试剂作用而显色，某些反应产物在可见光区往往具有最大吸收，可用于定性定量分析。乙型强心苷在碱性醇溶液中不能产生活性亚甲基，无此类反应。所以利用此反应，可区别甲型和乙型强心苷。发生的反应主要包括：

① 与亚硝酰铁氰化钠试剂反应（Legal 反应）。

② 与间二硝基苯试剂反应（Raymond 反应）。

③ 与 3,5-二硝基苯甲酸试剂反应（Kedde 反应）：取样品的甲醇或乙醇溶液于试管中，加入 3,5-二硝基苯甲酸试剂（A 液：2% 3,5-二硝基苯甲酸甲醇或乙醇溶液；B 液：2mo1/L 氢氧化钾溶液，用前等量混合）3～4 滴，溶液呈红色或紫红色。

④ 与碱性苦味酸试剂反应（Baljet 反应）。

2-去氧糖的颜色反应主要包括：

① Keller-Kiliani（K-K）反应　强心苷溶于含少量 Fe^{3+}（三氯化铁或者硫酸铁）的冰乙酸，沿管壁滴加浓硫酸，观察界面和乙酸颜色变化，如果有 2-去氧糖存在，则乙酸层逐渐呈蓝色或蓝绿色。

② 呫吨醇（xanthydrol）反应　取强心苷固体样品少许，加呫吨醇（10 mg 呫吨醇溶于 100 mL 冰乙酸，加入 1 mL 浓硫酸）试剂，置于水浴上加热 3 min，如果有 2-去氧糖存在，则能显红色。

③ 对二甲氨基苯甲醛反应（Ehrlich 试剂）　将强心苷溶液滴在滤纸上，干后，喷以对二甲氨基苯甲醛试剂（1%对二甲氨基苯甲醛溶液-浓盐酸体积比为 4∶1），并于 90℃加热 30 s，如有 2-去氧糖存在，则显灰红色斑点。

④ 过碘酸-对硝基苯胺反应　过碘酸能与强心苷分子中的 2-去氧糖氧化生成丙二醛，再与对硝基苯胺缩合而呈现黄色。

2.1.7 生物碱类化合物

某些生物碱单体能与一些浓无机酸为主的试剂发生反应，呈现不同的颜色，这些显色剂常常用来检识和鉴别个别生物碱，称为生物碱显色剂。但显色反应受生物碱纯度的影响很大，生物碱越纯，颜色越明显。常用的生物碱显色剂有：

① 矾酸铵-浓硫酸溶液（Mandelin 试剂）　为含 1%矾酸铵的浓硫酸溶液。如遇阿托品显红色，遇可待因显蓝色。

② 钼酸铵-浓硫酸溶液（Frohde 试剂）　为 1%钼酸钠或 5%钼酸铵的浓硫酸溶液。如遇乌头碱显黄棕色，遇小檗碱显棕绿色，遇阿托品不显色。

③ 甲醛-浓硫酸试剂（Marquis 试剂）　为 0.2mL 30%甲醛溶液与 10mL 浓硫酸的混合溶液。如遇吗啡显橙色至紫色，遇可待因显蓝色。

④ 碘化铋钾试剂（Dragendorff’s 试剂）　与胺化合物反应产生橙色至橙红色络合物，是一种络合盐，其反应活性顺序为：3 级胺>2 级胺>1 级胺。

2.2　元素分析和质谱确定分子式

2.2.1　元素分析法

详见第 1 章“1.4.2　结构研究的主要步骤”。

2.2.2　质谱法

即用电场和磁场将运动的离子（带电荷的原子、分子或分子碎片；有分子离子、同位素离子、碎片离子、重排离子、多电荷离子、亚稳离子、负离子和离子-分子相互作用产生的离子）按它们的质荷比分离后进行检测的方法。分析这些离子可获得化合物的分子量、化学结构、裂解规律和由单分子分解形成的某些离子间存在的某种相互关系等信息。

有机化合物首先在离子源中气化变成气态，其分子受到高能电子轰击，失去 1 个电子形成不同质荷比的离子。在离子源中形成的离子受离子排斥电极的作用，经离子源出口狭缝离开离子化室，形成离子束，进入加速电场，进入质量分析器。利用电场和磁场使其发生相反的速度色散——各种离子由于其质量的不同而在固定的加速电场中所获得的运动速度不同，运动速度的平方与其质量成反比。且经加速后进入电分析器的带电离子受垂直于运动方向的电场作用而发生偏转，偏转的离心力与静电力平衡。与此同时，在磁场中还能发生质量的分离，这样就使具有同一质荷比而速度不同的离子聚焦在同一点上，不同质荷比的离子聚焦在不同的点上，将它们分别聚焦得到质谱图，从而确定其质量。质谱技术具有高灵敏度、高选择性、快速等特点。

随着质谱分析中新型电力分析技术的不断发展和完善，新的离子源不断被发现，其中应用最广的电离方法是电子轰击法，其他还有化学电离、场致电离、激光电离、场解吸电离和快原子轰击电离等。

以下是主要的电离方法及相应特点。

（1）气相电离方法

气相电离法是质谱仪中应用最早最广泛的，适合于在稳定的温度下最小蒸气压为 1.33×10^{-4} Pa 的化合物。可用于分析大量分子量小于 1000 的非离子型有机分子。

电子轰击电离（electron impact ionization，EI）：电子轰击电离源是一种非选择性的电离源，只要样品能够气化即可，气化的样品分子在高能电子轰击条件下，使得样品分子获得能量，失去一个电子形成分子离子并使分子离子中的共价键断裂形成碎片离子。

$$M + e^- \longrightarrow M^{z+} + (z+1)\ e^- \qquad (z \geqslant 1) \tag{2-1}$$

$$M + e^- \longrightarrow M^{-\bullet} \tag{2-2}$$

式中，M 为分子；$M^{-\bullet}$为自由基阴离子（常称为分子离子）。

化合物共价键断裂很广泛而又至关重要，具有可重复性和明显的化合物特征性。而且，其中的化学键断裂过程是可预测的，是质谱推测化合物结构的有力依据。但当样品分子量较大或者热稳定性较差的情况下，电子轰击电离常导致大量的碎片离子峰而看不到分子离子峰，进而不能测定这些样品的分子量。

（2）化学电离

化学电离（chemical ionization，CI）通过引入大量的反应气在电离源中电离生成分子离子，样品分子在 CI 源相对较高的压力下与其撞击，通过质子传递、亲电加成或者电荷交换生成离子，使样品分子实现电离，得到较强的准分子离子峰，即 $M\pm1$ 峰，从而确定分子量。除了上述优点之外，CI 源还易获得有关化合物基团的信息，一般仅涉及从质子化分子中除去基团或氢原子的开裂反应，并且适合做多例离子检测。但是由于 CI 源属于软电离源，电离能小，质谱峰谱数少，谱图简单，随着碎片峰的减少，图谱提供的离子结构信息也相应地减少，不适用于峰的匹配性比较及结构测定。此外，样品需要加热气化后才可以进行离子化，故不适用于热不稳定、难挥发物质的分析。

（3）解吸电离方法

解吸电离（desorption ionization）方法主要是使样品分子、从凝聚相直接发射为气相离子。主要作用于大分子、非挥发性或离子化合物。对于未知化合物，这种方法主要用于获取分子量，有时用来获得精确质量。还应用于难挥发性有机化合物的离子化，目前仍在石油化工等领域使用。

① 场解吸电离（field desorption，FD）：将样品放在拥有碳质微探针的金属发射器表面送入电子源，金属表面作为阳极通过微弱电流提供样品从发射器上解吸的能量，解吸后的样品扩散到高场强的场发射区域进行离子化。这些离子几乎没有获得额外的能量，所以碎片的产生量非常少，也就是说分子离子是能看到的唯一有效离子。该方法适用于难气化或者热稳定性差的固体样品分析。

② 快原子轰击电离（fast atom boambardment ionization，FAB）和液体二次电离质谱（liquid secondary ionization mass spectrometry，LSIMS）：以高能量的初级离子轰击溶解于低蒸气压液体中的样品，基质用来保护样品免受过多的辐射损

害。这两种技术差异仅在于初级高能量粒子不同，FAB 主要作用于高分子量非挥发性分子，适用于测定分子量，但其缺点是图谱中总是存在大量基质离子，灵敏度差，还可能掩盖重要的碎片离子。

③ 激光解吸电离（laser desorption ionization，LI）：将样品溶解于所用激光波长下有强吸收的基质中，利用脉冲激光来电离样品。由于这种电离方法是脉冲的，一般要与飞行时间质谱或傅里叶变换质谱仪联用，该方法对难挥发、热不稳定化合物及混合物的分析非常有用。

（4）蒸发电离法

蒸发电离（evaporative ionization）是通过蒸发掉离子或中性分子溶液中的溶剂，而同时又可以使电离的粒子进入质量分析器中的方法，现主要与液相色谱仪联用。

① 热喷雾质谱（thermospray mass spectrometry）：该技术是用加热的毛细管将样品溶液导入质谱仪中，随其溶剂的蒸发样品离子进入质量分析器，适用于难挥发、热不稳定的化合物及药物降解产物的分析，但现如今热喷雾电离已被电喷雾电离所取代。

② 电喷雾质谱（electrospray mass spectrometry）：电喷雾电离源（ESI）既是高效液相色谱仪和质谱仪的常用接口，也是一种离子化装置，是目前大多数联用仪器使用的离子源。分析物以有机溶剂（如乙腈或甲醇）水溶液为溶剂，酸度的调整用甲酸、乙酸或者挥发性的盐（如乙酸铵）。

电喷雾离子源是在大气压或接近大气压条件下工作的，样品溶液从毛细管（不锈钢毛细管安装于一个同轴的雾化器气喷腔中）喷出时由于针尖电极的作用而带上电荷，离子产生后，在一级真空区溶剂挥发，液滴发生裂分，形成单电荷或者多电荷的气体离子，借助喷嘴和截取锥孔间的点压穿过锥孔进入质量分析器，是一种使用强静电场的电离技术。ESI 是在待测物质气化前实现离子化的离子源，离子化发生在溶液状态，而且由于其能够产生多电荷离子，特别适用于测定高分子量的样品，因而扩大了一般质谱仪的测量范围。但 ESI 对溶剂中的杂质敏感，所以会经常在谱图中观察到$[M+Na]^+$、$[M+NH_4]^+$等加合离子峰。

（5）串联质谱

串联质谱（tandem mass spectrometry，MS/MS）可以研究母离子和子离子的关系，获得裂解过程的信息，用以确定前体离子和产物离子的结构。

质谱法还可以进行有效的定性分析，但对复杂有机化合物分析就无能为力了，而且在进行有机物定量分析时要经过一系列分离纯化操作，十分麻烦。而色谱法对有机化合物是一种有效的分离和分析方法，特别适合进行有机化合物的定量分析，但定性分析则比较困难，因此两者的有效结合将提供一个高效进行复杂化合物定性定量分析的工具。近十年来 LC-MS/MS 方法逐渐取代色谱分析手段应用于化合物的定量分析。

2.3 紫外、红外光谱考察分子中的官能团

2.3.1 紫外光谱法

紫外吸收光谱（ultraviolet absorption spectrum）是指分子吸收紫外光能、发生价电子能级跃迁而产生的吸收光谱，简称紫外光谱。紫外光的波长范围为 1～400 nm，可分为远紫外区（1～200 nm）和近紫外区（200～400 nm）。通常所说的紫外光谱是指近紫外区（波长范围为 200～400 nm）内的吸收光谱。紫外光谱是测定有机化合物分子结构的一种重要手段。在有机化合物结构解析中，紫外光谱能提供有机化合物的结构骨架（双键与未成键电子的共轭情况）及构型、构象（共轭体系周围存在的取代基的种类和数目）等信息。

2.3.1.1 分子轨道与电子跃迁的类型

有机化合物分子中存在着由不同原子的核外电子构成的化学键（即成键的分子轨道），主要为形成单键的 σ 电子，形成双键或三键的 π 电子以及未参与成键的仍存在于原子轨道的孤对 n 电子。分子轨道理论认为：两个原子轨道线性组合成两个分子轨道，其中一个分子轨道的能量比构成它的原子轨道能量低，称为成键轨道；另一个分子轨道能量比构成它的原子轨道能量高，称它为反键轨道并加“*”号标出。当分子吸收一定能量的光辐射，就会发生电子在不同能级间的跃迁。根据分子轨道理论的计算结果，分子轨道的能级高低排布次序见图 2-1。一般情况下，存在下列四种类型的电子跃迁。

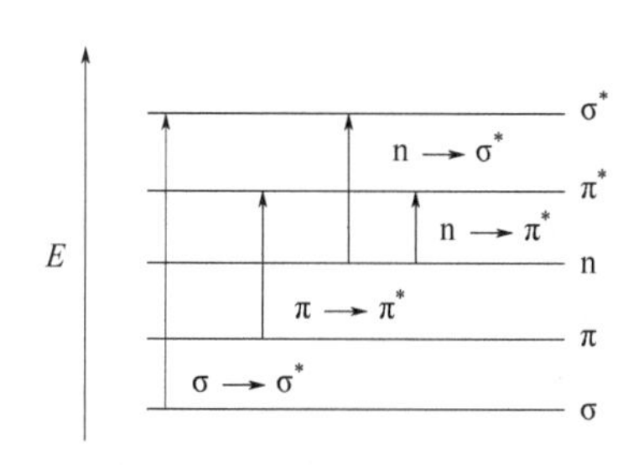

图 2-1 分子轨道电子跃迁能级图

① $\sigma\rightarrow\sigma^*$跃迁：这类电子跃迁需要较高的能量，一般其吸收发生在低于 150nm 的远紫外区。该跃迁在有机化合物紫外吸收光谱中一般不能测出。

② $\pi\rightarrow\pi^*$ 跃迁：分子中含有双键、三键的化合物及芳环和共轭烯烃可发生此类跃迁。孤立双键的最大吸收波长小于 200nm。随着共轭双键数增加，吸收峰向长波方向移动。

③ $n\rightarrow\pi^*$ 跃迁：分子中含有孤对电子的原子和 π 键同时存在并共轭时，会发

生 $n \to \pi^*$ 跃迁，吸收波长大于 200 nm，吸收强度弱。例如，饱和酮在 280 nm 出现的吸收就是由 $n \to \pi^*$ 跃迁所致。

④ $n \to \sigma^*$ 跃迁：分子中含有未用电子对的基团，如—OH、—NH_2、—SH、—Cl、—Br、—I 等可发生 $n \to \sigma^*$ 跃迁。$n \to \sigma^*$ 跃迁的大多数吸收峰一般仍低于 200 nm，通常仅能见到末端吸收。

各种电子跃迁的能级差 ΔE 存在下列次序：

$$\sigma \to \sigma^* > n \to \sigma^* \geqslant \pi \to \pi^* > n \to \pi^*$$

2.3.1.2　紫外吸收光谱

紫外吸收光谱又称紫外吸收曲线，是以波长（nm）为横坐标，以吸光度 A（或摩尔吸光系数 ε 或 $\lg\varepsilon$）为纵坐标所描绘的曲线。紫外吸收光谱的主要特征表现在吸收峰的位置和吸收强度上，常用最大吸收波长（λ_{max}）和最小吸收波长（λ_{min}）表示吸收峰位置。此外，还需要注意吸收曲线上的"肩峰"以及有无末端吸收。在化合物的紫外可见吸收光谱中，凡摩尔吸光系数 ε 大于 10^4 的吸收峰称为强带；ε 小于 10^3 的吸收峰称为弱带。

（1）吸收带

紫外吸收谱带并不是波长狭窄的吸收谱带，而是形成波长分布较宽的吸收谱带。由于价电子能级跃迁的能量高于分子振动或转动能级跃迁所需的能量，因而在价电子跃迁的同时，也伴随分子振动能级和转动能级的跃迁。吸收带出现的波长范围和吸收强度与化合物的结构有关。根据跃迁类型的不同，将吸收带（或称吸收峰）分为以下四种。

① R 带：由含杂原子不饱和基团（如 C═O、—NO_2 等生色团）的 $n \to \pi^*$ 跃迁所产生的吸收带。

② K 带：由共轭双键 $\pi \to \pi^*$ 跃迁所产生的吸收带。

③ B 带：由苯的 $\pi \to \pi^*$ 跃迁所引起的，一般出现在 230～270 nm 之间。

④ E 带：属于 $\pi \to \pi^*$ 跃迁，也是芳香族化合物的特征吸收带，苯的 E 带分为 E_1 带及 E_2 带。苯的 E_1 带吸收峰出现在 184 nm（ε 值约 60000）；E_2 带吸收峰出现在 204 nm（ε 值约 7900）。

（2）紫外光谱最大吸收波长的主要影响因素

化合物的最大吸收波长（λ_{max}）往往随取代基或介质的改变而改变，称为波长位移。引起波长位移的原因主要有五个。

① 共轭效应（conjugation effect）：该效应使 $\pi \to \pi^*$ 跃迁向长波方向移动（红移），且共轭体系越大向长波方向移动越大，且 ε 增加亦越大。例如，丁二烯吸收峰的波长（λ_{max} 217 nm）比乙烯吸收峰的波长（λ_{max} 175 nm）要长。共轭双键数

目越多，吸收峰红移越显著。某些含孤对电子（n 电子）的基团，如—OH、—NH_2，当基团被引入双键的一端时，将产生 p-π 共轭效应，使 λ_{max} 向长波方向移动。

② 超共轭效应（hyperconjugation effect）：烷基取代双键碳上的氢以后，通过烷基的 C—H 键和 π 体系电子云重叠引起的共轭作用，使 $\pi\rightarrow\pi^*$ 跃迁红移。

③ 立体效应（steric effect）：空间位阻、环张力、顺反异构、跨环共轭等影响因素可导致吸收光谱红移或蓝移，并常伴有增色或减色效应。

④ 溶剂的极性：溶剂极性增加对吸收峰波长位置和吸收峰强度都有影响，但对波长的影响比对强度的影响更大。通常情况下，$\pi\rightarrow\pi^*$ 跃迁所产生的吸收峰随着溶剂极性的增大而向长波方向移动。$n\rightarrow\pi^*$ 跃迁所产生的吸收峰随着溶剂极性的增大而向短波方向移动。

⑤ 溶液的 pH：在测定酸性、碱性或两性物质时，溶剂的 pH 对光谱的影响很大。pH 变化可引起共轭体系的延长或缩短，从而改变吸收峰位置。

（3）紫外吸收光谱的应用

① 确定未知不饱和化合物的结构骨架。紫外吸收光谱一般只能反映分子中的生色团和助色团，即共轭体系的特征，而不能反映整个分子的结构。若化合物在 215～800 nm 波长区没有吸收带，说明该化合物结构中不可能含有共轭链烯、α,β-不饱和羰基、苯基等生色团，很可能是脂肪族或环状烃、胺类、醇类等化合物。若在 210～250 nm 波长区有强吸收（ε 值为 10000 左右），则化合物结构中可能有两个双键的共轭体系，如共轭二烯类和 α,β-不饱和羰基。若在 230～270 nm 波长区有中等强度吸收带（ε 值为 200～1000 左右），结构中很可能还有苯环。

② 异构体的判断。有机化合物的构型不同，其紫外光谱的重要参数 λ_{max} 也不同。反式异构体一般较顺式异构体空间位阻小，共轭程度较完全，所以反式异构体的 λ_{max} 值较顺式异构体大。例如反式二苯乙烯的 λ_{max} 值为 295 nm，顺式二苯乙烯的 λ_{max} 值为 280 nm。

③ 确定某些官能团的位置。利用位移试剂（诊断试剂）对化合物紫外光谱特征吸收峰 λ_{max} 值的影响，确定化合物结构中某些官能团的位置。例如利用诊断试剂甲醇钠-甲醇液确定黄酮类化合物羟基取代位置。若加入试剂后，该化合物的带Ⅰ（300～400 nm）红移 40～60 nm，峰强不变，且带Ⅱ（240～285 nm）红移 5～20 nm，说明 4′位有—OH。

④ 对有机化合物进行定性定量分析。其定性分析的依据是：同一种吸光物质，浓度不同时，吸收曲线的形状不同，λ_{max} 不变，只是相应的吸光度大小不同。光吸收强度最大处的波长叫做最大吸收波长，用 λ_{max} 表示，最大吸收波长（λ_{max}）及吸光系数（ε_{max} 或 $E_{1cm}^{1\%}$）是鉴定物质常用的物理常数。对有机化合物定量分析的依据是朗伯-比尔（Lambert-Beer）定律：在稀溶液的实验条件下，当单色光通

过液层厚度一定的含吸光物质的溶液后，溶液的吸光度（absorbance，A）与溶液的浓度（c）和吸收池的厚度（L）成正比。

$$A = KcL \tag{2-3}$$

式中，K 为吸光系数，即单位浓度、单位液层厚度时的吸光度。吸光系数有两种表示方式，分别是摩尔吸光系数（ε）与百分吸光系数（$E_{1cm}^{1\%}$）。

2.3.2　红外光谱法

红外光谱是利用已知化合物作为标准品，用来鉴定未知化合物中官能团的一种手段。原理是利用化合物中分子吸收红外辐射，并将其转化为分子的转动能和振动能，由低能级向高能级跃迁，使分子中的官能团在特定的频率处产生吸收谱带。红外光谱图多以波数 v（cm^{-1}）为横坐标，以透过率 T（%）为纵坐标来表示。分子振动有两种方式，一种是沿键轴方向发生周期性振动的伸缩振动，伸缩振动又分为对称伸缩振动和不对称伸缩振动；另一种是键角发生周期性振动的弯曲振动，弯曲振动又分为面内弯曲振动和面外弯曲振动。因双原子的分子只能产生一种振动，故只产生一个基本振动吸收峰。而多原子的分子会产生复杂的振动，把复杂的振动分解为简单的振动，而简单的振动数目称为分子的振动自由度。原子可用（x, y, z）三个坐标表示其在三维空间的位置，对于含有 N 个原子的分子，分子的总自由度 $3N$ 由平动自由度、转动自由度和振动自由度构成。线性分子只有围绕 y 轴和 z 轴的旋转产生转动自由度，因而线性分子的振动自由度 $f = 3N - 5$，而非线性分子的振动自由度 $f = 3N - 6$。因多种原因的影响，分子的振动自由度产生的峰数往往少于基本振动的数目。

红外辐射指的是 400～33cm^{-1} 的远红外区、4000～400 cm^{-1} 的中红外区和 14290～4000 cm^{-1} 的近红外区，其中 4000～400 cm^{-1} 的中红外区是研究红外光谱的主要部分。红外光谱分为两个部分，特征区（4000～1300 cm^{-1}）和指纹区（1300～400 cm^{-1}）。特征区的吸收峰一般用于鉴定官能团，例如 1600～1450 cm^{-1} 是苯环骨架振动的特征吸收峰；2500～1600 cm^{-1} 是不饱和基团的特征吸收峰，而指纹区是一些单键振动产生的吸收峰，进而用于鉴定某些官能团的存在，有时也用于帮助确定化合物的取代类型和顺反异构等。此外还有相关峰，而相关峰是为某种官能团的存在提供有力依据。

红外光谱的吸收峰受多种因素的影响，使得官能团的谱带并不是很容易鉴定，因此了解影响因素有助于对分子结构的准确鉴定。对官能团的影响主要分为对吸收谱带位置和吸收带强度两方面的影响。

对吸收谱带位置的影响分为内部因素和外部因素，内部因素主要是：

① 电子效应。电子效应分为诱导效应、共轭效应和诱导效应与共轭效应的共同影响。诱导效应是指由带有负电的基团产生的静电诱导作用。共轭效应是指双键共轭体系中的电子云密度变化引起双键的键强发生改变，引起谱带的位置发生改变。

② 空间效应。空间效应分为场效应和空间位阻。场效应通常发生在立体空间上相互靠近的基团之间，主要是因为空间作用引起基团的电子云密度发生改变。空间位阻通常发生在共轭体系中，共轭体系的电子云密度是均衡的，若有体积庞大的基团或与共轭体系距离太近，使得共轭体系的均衡电子云密度发生改变，从而引起官能团的谱带位置发生改变。

③ 跨环共轭效应。跨环共轭效应一般发生在化合物内存在多个共轭体系和不饱和键的情况下，共轭体系使得不饱和键的位置发生改变。

④ 环张力。环张力是当分子内的键结形成不正常角度时存在的不稳定类型。环张力会影响到环内环外各键的强度：当环张力增加时，环外各键强度增强，其振动频率增强，使得官能团位移发生改变；而环内各键强度减弱，振动频率减弱，也使得官能团的位移发生改变。

⑤ 氢键效应。氢键效应分为分子内氢键和分子间氢键。氢键是一种化学键之间产生的相互作用，氢键的形成使得参与形成的化学键的力常数发生改变，使得官能团的位置发生改变，对于谱峰强度和谱峰宽度也有所影响。

⑥ 互变异构。分子发生互变异构，使得红外谱图上的吸收峰位移发生改变。

⑦ 振动耦合效应。两个相同的基团在其红外谱图的特征吸收峰处发生分裂，形成两个峰，此现象称为振动耦合效应。常见的振动耦合有含有两个羰基的酸或酯类化合物、伯胺或伯酰胺类化合物、费米共振等。

外部因素主要有：

① 溶剂效应。溶剂的极性对极性基团的振动有一定的影响。

② 制样方法的影响。同一样品在不同制样方法下，得到的红外光谱图会有所差别。

③ 仪器差异。不同仪器存在一定的差异，因而同一样品用不同仪器得到的谱图也有所不同。

影响吸收谱带强度的因素分为偶极矩变化的影响和能级跃迁概率的影响。偶极矩变化的影响主要从原子的电负性、振动形式和分子对称性等方面对吸收带的强度有一定影响。

红外光谱主要应用于：①鉴定是否为某一已知化合物；②对化合物构型和立体构象的研究；③检验反应进行程度；④未知化合物的结构确定。

不同结构类型的化合物具有不同的红外吸收光谱，通过对比各类化合物的典型光谱，有助于化合物的结构解析。

（1）脂肪烃类化合物

烷烃的主要特征峰为 ν_{C-H}（3000～2850 cm^{-1}）、δ_{C-H}（1480～1350 cm^{-1}）。其中碳氢伸缩振动（ν_{C-H}）：甲基的 ν^{as} 为（2962±10）cm^{-1}，ν^{s} 为（2872±10）cm^{-1}；亚甲基的 ν^{as} 为（2926±10）cm^{-1}，ν^{s} 为（2853±10）cm^{-1}；环烷烃、与卤素等相连接的次甲基，其 ν_{C-H} 向高频区移动；次甲基的 ν_{C-H} 常被甲基和亚甲基的信号掩盖。在碳氢弯曲振动中，甲基的 δ^{as} 为（1450±10）cm^{-1}，δ^{s} 为（1380±10）cm^{-1}，环烷烃、与卤素等相连的亚甲基的 δ_{C-H} 向高频区移动；亚甲基的 δ 为（1465±10）cm^{-1}。

烯烃的主要吸收峰为 $\nu_{=C-H}$（3100～3000 cm^{-1}）、$\nu_{C=C}$（约 1650 cm^{-1}）、$\gamma_{=C-H}$（1100～650 cm^{-1}）。其中 $\nu^{as}{}_{=CH_2}$ 3095～2075 cm^{-1} 峰为烯烃的重要特征峰之一；并且 $\nu_{C=C}$ 峰的位置和取代情况有关，一般是随着双键上取代基数目的增多，$\nu_{C=C}$ 向高频区移动（可高 50 cm^{-1} 左右）。峰的强度也和取代情况有关，乙烯或者具有对称中心的反式烯烃和四取代烯烃的 $\nu_{C=C}$ 峰消失。环烯中，随着环元素的减少，环张力增加，环烯双键振动频率减小，环丁烯最小。$\gamma_{=C-H}$ 峰是烯烃最特征的吸收峰，其位置主要取决于双键上的取代类型。

炔烃的主要特征峰为 $\nu_{\equiv C-H}$（3333～3267 cm^{-1}）、$\nu_{C\equiv C}$（2260～2100 cm^{-1}）。$\nu_{\equiv CH}$ 峰很强，且比 ν_{OH} 和 ν_{NH} 峰要窄，易于与 ν_{OH} 和 ν_{NH} 区别开，此外 $\nu_{C\equiv C}$ 峰是高度特征峰。

（2）芳香烃类化合物

芳香烃类化合物的特征峰：芳氢伸缩振动 $\nu_{=C-H}$（3100～3000 cm^{-1}，w～m）、泛频峰（2000～1667 cm^{-1}，vw）、苯环骨架振动 $\nu_{C=C}$（1650～1430 cm^{-1}，w）、芳氢面内弯曲振动 $\beta_{=C-H}$（1250～1000 cm^{-1}，w）、芳氢面外弯曲振动 $\gamma_{=C-H}$（910～665 cm^{-1}，s）（vs：很强；s：强；m：中等；w：弱；vw：很弱）。由于泛频峰强度较弱，$\beta_{=C-H}$ 常与该区域的其他峰重叠而不好辨认，因此芳烃的主要特征峰是 $\nu_{=C-H}$、$\nu_{C=C}$、$\gamma_{=C-H}$。

（3）醇、酚和醚类化合物

醇和醚类化合物都有 ν_{OH}、ν_{O-H} 及 β_{OH} 峰，但 β_{OH} 的特征性差。酚类化合物还具有芳香结构的一组相关峰，可用于区别酚与脂肪醇。其中游离的醇和酚 ν_{OH} 在 3640～3610 cm^{-1}（s，尖），聚合物的 ν_{OH} 在 3600～3200 cm^{-1}（s，稍宽）。ν_{OH} 的峰位和峰强度受温度、浓度和聚集状态等因素影响很大。游离的 ν_{OH} 峰及形成分子内氢键的 ν_{OH} 峰峰形较尖锐，而形成分子内氢键的 ν_{OH} 峰较宽，并且随浓度的增加，向低波数方向移动亦越大。饱和伯醇的 ν_{O-H} 峰位于 1085～1050 cm^{-1}（s），饱和仲醇的 ν_{O-H} 峰位于 1124～1087 cm^{-1}（s），饱和叔醇的 ν_{O-H} 峰位于 1205～1124 cm^{-1}（s），酚的 $\nu_{=C-O}$ 峰位于 1260～1170 cm^{-1}（s），羟基面内弯曲振动（β_{OH}）的峰位于 1420～1330 cm^{-1}。

醚类化合物的主要特征峰为 ν^{as}_{C-O-C} 和 ν^{s}_{C-O-C} 峰，如果化合物结构对称则 ν^{s}_{C-O-C} 峰消失或减弱。醚和醇类化合物的主要区别在于醚没有 ν_{OH} 峰。脂肪醚的 ν^{as}_{C-O-C} 峰位于 1150～1070 cm^{-1}（vs）；正构烷基醚的 ν^{as}_{C-O-C} 峰位于 1140～1110 cm^{-1}，为强吸收峰，带有支链的醚在 1125 cm^{-1} 和 1110 cm^{-1} 附近可能有两个吸收峰；烷基芳香醚 ν^{as}_{C-O-C} 峰位于 1275～1200 cm^{-1}（vs），ν^{s}_{C-O-C} 峰位于 1075～1020 cm^{-1}（s）；乙烯基醚 ν^{as}_{C-O-C} 峰位于 1225～1200 cm^{-1}（vs），$\nu^{s}_{=C-O-C}$ 峰位于 1075～1020 cm^{-1}（s）。后面两种醚均因氧与双键共轭，使═C═O 键力常数 K 增大，故频率升高。

（4）羰基类化合物

由于羰基类化合物中的 $\nu_{C=O}$ 偶极矩变化大，在 1800～1540 cm^{-1} 区域出现位置相对稳定的、强度大的吸收峰，而且此区域干扰较少，所以 $\nu_{C=O}$ 是红外吸收光谱中最易识别的吸收峰。

通常饱和脂肪酮的 $\nu_{C=O}$ 出现在 1715 cm^{-1}（vs），$\nu_{C=O}$ 的二倍频峰出现在 3430 cm^{-1}（vm）附近。改变羰基周围的环境，可使峰位变化。α-β-不饱和酮及芳香酮由于共轭 $\nu_{C=O}$ 峰向低波数方向移动，出现在 1685～1665 cm^{-1}（s）。环酮随环张力增大，$\nu_{C=O}$ 频率增大，出现在 1815～1715 cm^{-1}（s）。

醛类化合物的 $\nu_{C=O}$ 峰位于 1725 cm^{-1} 及醛基氢的 ν_{C-H} 峰位于约 2820 cm^{-1}、2720 cm^{-1}，这些峰是鉴定醛类化合物的主要特征峰。当醛基与双键或芳环共轭时，由于共轭效应的影响 $\nu_{C=O}$ 向低频方向移动至 1710～1685 cm^{-1}。当 C═O 的 α 位由电负性基团取代时，峰振动频率向高频方向移动。由于醛基的 ν_{C-H} 与其 δ_{C-H}（1390 cm^{-1}）的第一倍频峰发生费米共振，在 2830～2965 cm^{-1} 区域出现两个（约 2820 cm^{-1}、2720 cm^{-1}）中等强度醛基氢 ν_{C-H} 峰，2820 cm^{-1} 处的吸收峰有时易被分子中脂肪烃基的 ν_{C-H} 吸收峰掩盖，2720 cm^{-1} 处的吸收峰特征性较强。

饱和酰氯的 $\nu_{C=O}$ 约位于 1800 cm^{-1}，不饱和酰氯的 $\nu_{C=O}$ 位于 1780～1750 cm^{-1} 区间。脂肪酰氯的吸收峰在 965～920 cm^{-1}，芳香酰氯的吸收峰在 890～850 cm^{-1}。芳香酰氯还在 1200 cm^{-1} 处有一个吸收峰。

羧酸的主要特征峰有 ν_{O-H}（3400～2500 cm^{-1}）、$\nu_{C=O}$（1740～1650 cm^{-1}）、γ_{OH}（955～915 cm^{-1}）等。其中单体羧酸的 ν_{OH} 约为 3550 cm^{-1}，峰形尖锐，聚合体 ν_{O-H} 峰位于 3400～2500 cm^{-1} 区间，峰形宽而钝。饱和脂肪酸单体的 $\nu_{C=O}$ 峰出现在 1760 cm^{-1} 处，饱和与不饱和羧酸二聚体的 $\nu_{C=O}$ 峰一般出现在 1710～1700 cm^{-1}，芳香酸因其共轭作用 $\nu_{C=O}$ 峰向低频移至 1705～1685 cm^{-1}。羧酸二聚体的 γ_{OH} 峰出现在 955～915 cm^{-1} 处，常用于确认—COOH 的存在。

饱和脂肪酸酯（甲酸酯除外）的 $\nu_{C=O}$ 峰位于 1750～1725 cm^{-1}，甲酸酯、α,β-

不饱和酸酯和芳香酸酯的峰位于 1730～1715 cm^{-1}。酯羰基峰的强度位于酮羰基和羧酸羰基之间。此外，酯在 1300～1000 cm^{-1} 区间表现出 ν^{as}_{C-O-C} 和 ν^{s}_{C-O-C} 两个吸收峰，其中 ν^{as}_{C-O-C} 峰位于 1300～1150 cm^{-1}，ν^{s}_{C-O-C} 峰位于 1150～1000 cm^{-1}。ν^{as}_{C-O-C} 峰强度大而宽，ν^{s}_{C-O-C} 峰强度较小。

酸酐在 $\nu^{as}_{C=O}$ 1850～1800 cm^{-1}（s）和 $\nu^{s}_{C=O}$ 1780～1740 cm^{-1}（s）处出现两个强的特征吸收峰，这是酸酐的两个羰基伸缩振动耦合的结果。

酰胺类化合物的主要特征峰为 1680～1630 cm^{-1}（s）、ν_{NH} 3500～3110 cm^{-1}（s）、β_{NH} 1670～1510 cm^{-1}（s）及 ν_{C-N} 1400～1250 cm^{-1}（s）。因此伯、仲酰胺能形成分子间氢键，所以在较浓溶液和固态样品中常见到的是缔合 ν_{NH} 峰和 $\nu_{C=O}$ 峰。

（5）含氮类化合物

胺的主要特征峰有 ν_{NH} 3500～3300 cm^{-1}（m，尖）、δ_{NH} 1650～1510 cm^{-1}（m～s）及 ν_{C-N} 1360～1020 cm^{-1}（m）。

硝基化合物的特征峰为 $\nu^{as}_{NO_2}$ 1590～1500 cm^{-1}（vs）和 1390～1330 cm^{-1}（vs）两峰，强度大，易辨识。

腈类化合物的特征峰为 $\nu_{C\equiv N}$ 2260～2215 cm^{-1}（w～m），其中饱和脂肪腈位于 2260～2240 cm^{-1}（w～m）。

2.4 核磁共振谱相关知识

在适宜强度的外磁场中，样品受到垂直于外磁场的交变磁场照射时，能够吸收交变磁场的能量并产生对于特定磁性原子核能级的跃迁。核磁共振（nuclear magnetic resonance，NMR）谱是以不同化学环境磁性原子核的化学位移或吸收频率为横坐标，以吸收峰相对强度为纵坐标所作的图谱。

2.4.1 基本原理

2.4.1.1 原子核的基本性质

（1）原子核的自旋现象和自旋角动量

所有元素的同位素中，约一半的原子核具有自旋现象。量子力学用自旋量子数 I（$I = 0, 1/2, 1, 3/2, 2, \cdots$）描述原子核的自旋，自旋量子数 I 不同，核电荷分布的形状不同，自旋特征不同。自旋量子数 I 的值与原子量和原子序数相关，如表 2-1 所示。

表 2-1 自旋量子数 I 的取值

I	原子质量数	原子序数	常见的同位素
半整数	奇数	奇数	${}_{1}^{1}H$，${}_{1}^{3}H$，${}_{7}^{15}N$，${}_{9}^{19}F$，${}_{15}^{31}P$
半整数	奇数	偶数	${}_{6}^{13}C$，${}_{8}^{17}O$，${}_{14}^{29}Si$
整数	偶数	奇数	${}_{1}^{2}H$，${}_{7}^{14}N$，${}_{5}^{10}B$
零	偶数	偶数	${}_{6}^{12}C$，${}_{8}^{16}O$，${}_{16}^{34}S$

自旋运动的原子核具有自旋角动量 P，自旋量子数 I 和自旋角动量 P 的关系如下：

$$P=\sqrt{I(I+1)}\times\frac{h}{2\pi} \tag{2-4}$$

式中，h 为普朗克常数，$h=6.624\times10^{-34}\,\mathrm{J\cdot s}$。

（2）原子核的磁矩

任何带电物体的旋转运动都会产生磁场，因此可将自旋的原子核看作一个小的磁矩 μ，磁矩的方向可用右手定则确定。

（3）原子核的磁旋比

不同的自旋核产生的磁矩 $\boldsymbol{\mu}$ 不同，与自旋角动量 $\boldsymbol{P}$ 具有如下关系：

$$\boldsymbol{\mu}=\gamma\boldsymbol{P} \tag{2-5}$$

式中，γ 为磁旋比，是原子核的基本属性之一。核的磁旋比 γ 越大，核的磁性越强，检测灵敏度高，其信号在核磁共振实验中易被观察。

只有具有磁矩 μ 的原子核在磁场中才能与磁场相互作用而发生核磁共振现象，因此，自旋量子数 $I=0$ 的原子核，无核磁共振现象。自旋量子数 $I\neq0$ 的原子核有核磁共振现象，特别是 $I=1/2$ 的原子核（${}_{1}^{1}H$，${}_{6}^{13}C$，${}_{7}^{15}N$，${}_{9}^{19}F$，${}_{15}^{31}P$，…），其电荷具有均匀的球形分布，核磁共振谱线窄，最适宜于核磁共振检测，是核磁共振研究的主要对象；而 $I>1/2$ 的原子核电荷分布不均匀，呈现不同形状的椭圆形，称为电四极矩核，对核磁共振产生较为复杂的影响，不利于结构解析。

另外，在天然同位素中，氢原子核的磁旋比 γ 最大，检测灵敏度最高，因而氢原子首先被选择为核磁共振实验的研究对象。

2.4.1.2 原子核在磁场中的运动状态

（1）原子核的进动

当原子核处于一个均匀的磁场 H_0 中时，由于其自旋轴与外加磁场的方向成一定的角度，所以其受到一定的外力矩，这种外力矩使得原子核绕磁场进动，称为拉莫尔进动（Larmor precession）。原子核绕磁场进动有一定的角速度 ω，角速度 ω 和外加磁场的磁场强度 H_0 成正比，并有如下关系式：

$$\gamma = \frac{\omega}{H_0} = \frac{2\pi\nu}{H_0} \tag{2-6}$$

式中，γ 为磁旋比；H_0 为外加磁场的磁场强度；ω 为原子核的进动角速度；ν 为原子核的进动频率。

（2）原子核的自旋取向和能级分裂

当自旋核置于外加磁场中时，由于磁矩与磁场的相互作用，核磁矩相对于外加磁场可有$(2I+1)$个自旋取向，每个取向各代表原子核特定的能级状态，可用磁量子数 m 描述。例如，${}^{1}_{1}H$、${}^{13}_{6}C$ 的自旋量子数 $I = 1/2$，其在外加磁场中有 2 个相反的自旋取向，分别为 $m = +1/2$ 和 $m = -1/2$；自旋量子数 $I = 1$，相应的磁量子数 m 有 1、0、−1 三种取向。

氢原子核在磁场中的两种取向代表了两个能级，$m = -1/2$ 的取向，由于与磁场方向相反，能量较 $m = +1/2$ 高。根据量子力学的理论，两种取向的能级差 ΔE 可用下式表示：

$$\Delta E = \frac{\mu}{I} H_0 = 2\mu H_0 \tag{2-7}$$

式中，H_0 为磁场强度；μ 为核磁矩在 H_0 方向上的分量。

由此可知，原子核由低能级向高能级跃迁时需要的能量 ΔE 与外加磁场强度 H_0 及核磁矩 μ 成正比，即外加磁场强度越大、核磁矩越大，则原子核能级跃迁时所需要的能量也越大。

（3）核磁共振的产生

当氢原子核处在磁场 H_0 中时，则发生能级分裂，处在两种能级状态；同时，氢原子核由于受磁场的作用而绕磁场进动，具有一定的进动角速度 ω 或进动频率 ν。在 H_0 的垂直方向上加以一个适宜大小的交变磁场，设交变磁场的频率为 f。那么，当 $f = \nu$ 时，低能态的氢原子核吸收交变磁场的能量，跃迁到高能态，这种现象被称为核磁共振。

因此，核磁共振的基本公式如下：

$$f = \nu = \frac{\omega}{2\pi} = \frac{\gamma}{2\pi} H_0 \tag{2-8}$$

式中，f 为交变磁场的频率；ν 为进动频率；H_0 为磁场强度。

由此可知，在式中仅 f、ν 和 H_0 为变量，当固定外加磁场强度 H_0，改变交变

磁场频率 f，这种方法称为扫频；当固定交变磁场频率 f，改变磁场强度 H_0，这种方法称为扫场。两种方法均能够实现核磁共振，目前多用扫场法。

2.4.2　核磁共振氢谱

氢原子核在核磁共振谱测定时，具有高灵敏度、易测得，并能够提供丰富的结构信息，因此，核磁共振氢谱（^{1}H-NMR）在有机化合物结构鉴定中得到了广泛的应用。

2.4.2.1　化学位移

质子或其他种类的磁性核，由于在分子中所处的化学环境不同而使得其出峰位置相对于基准物质的出峰位置产生一定程度的移动，叫做化学位移，用 δ 表示。

最常用的基准物质是四甲基硅烷（TMS），在氢谱中呈现出一个单峰，并且其受到的屏蔽效应比大多数其他化合物中的质子更大，不易与样品信号重叠。国际纯粹与应用化学联合会（IUPAC）规定：四甲基硅烷单峰的 δ 值为零，在它左边的峰的 δ 值为正值，右边的峰的 δ 值为负值。

化学位移的产生（电子的屏蔽效应）：当分子处于外加磁场中时，电子运动被限制在与外加磁场垂直的平面上循环，因此，电子环流就产生与外加磁场方向相反的感应磁场 H_i，这种核外电子环流对抗外加磁场的作用，称为屏蔽效应。不同化学环境的磁性原子核受到不同的屏蔽效应，因而产生化学位移。

一般来说，任何使出峰位置向右移动（高场，化学位移数值减小）的作用称为屏蔽效应，反之，任何使出峰位置向左移动（低场，化学位移数值增大）的作用称为去屏蔽效应。

在 ^{1}H-NMR 中，原子或基团对化学位移的影响取决于质子受到的屏蔽程度，如质子周围电子云密度、额外感应磁场的改变，从而引起化学位移的改变。这些影响因素可分为内部因素，如诱导效应、共轭效应和磁各向异性效应等，以及外部因素，如溶剂效应和氢键的形成等。

（1）诱导效应

若在与氢相连的碳原子上连有电负性原子或吸电子基团，如卤素、硝基、胍基等，具有强烈的吸电子能力，使氢核周围电子云密度减小，称为吸电子诱导效应，即产生去屏蔽效应，共振峰向低场移动，化学位移值增大；若连有供电子基团，如烷基等，具有推电子效应，使氢核周围电子云密度增大，称为斥电子诱导效应，即屏蔽效应增大，共振峰向高场移动，化学位移值减小。

相连的电负性基团越多，吸电子诱导效应的影响越大，化学位移值越大。

诱导效应通过成键电子传递，氢核与电负性取代基相隔的化学键越多，诱导效应的影响越小。

（2）共轭效应

共轭效应又称离域效应，是指在共轭体系中，由于原子间的相互影响而使体系内的 π 电子或 p 电子的分布发生变化的一种电子效应。以 $H_2C=CH_2$ 为例，其 π 键的两个 π 电子的运动范围局限于两个碳原子之间，而在 $H_2C=CH-HC=CH_2$ 中，π 电子的运动范围被扩充到四个碳原子之间，这一现象被称为电子的离域。

与诱导效应相似，共轭效应通过改变氢核周围电子云密度而影响其化学位移。在共轭体系中，含饱和杂原子的基团一般通过其未成键电子对和 π 电子的相互影响而产生供电子 p-π 共轭效应，体系内某些质子周围电子云密度增加，屏蔽作用增强，共振峰移向高场，化学位移值减小；含不饱和杂原子的基团是由于两个以上双键或三键以单键相连时造成 π 电子的离域而产生吸电子 π-π 共轭效应，体系内某些质子的电子云密度降低，屏蔽作用减弱，共振峰移向低场，化学位移值增大。

但与诱导效应不同的是，共轭效应是通过 π 电子的运动而沿共轭链传递的，不受距离的影响。

（3）磁各向异性效应

化学键（尤其是 π 键）在外磁场的作用下，环电流所产生的感应磁场的强度和方向在化学键周围具有各向异性，使得分子中不同位置的质子受到的屏蔽或去屏蔽效应可能不同，这一现象被称为磁各向异性效应，又称为远程屏蔽效应。磁各向异性效应与局部屏蔽效应不同的是，局部屏蔽效应是通过化学键作用的，磁各向异性是通过空间作用的，其特征是具有方向性，大小和正负与距离和方向相关。

芳环的磁各向异性效应：以苯环为例，苯环的 6 个 π 电子形成大 π 键（Π 键），在外磁场的作用下产生环电流和感应磁场，在苯环内及平面上下方的磁力线方向与外加磁力线相反，而在苯环外侧的磁力线方向与外加磁力线相同。处于苯环平面外侧的芳香氢受到去屏蔽作用，因此，其化学位移值较烯烃氢大。大环芳香化合物与苯环类似，环内及平面上下方为屏蔽区，环平面外侧为去屏蔽区。

双键的磁各向异性效应：双键如—C═C—、—C═O 的 π 电子形成结面，结面电子在外加磁场的作用下形成电子环流，从而产生感应磁场，结面上下为两个锥形的屏蔽区，结面周围的空间为去屏蔽区。烯烃氢位于结面上，处于—C═C— π 电子云的去屏蔽区域，因此其共振峰移向低场，化学位移值较烷烃氢大。醛基氢与前者类似，处于—C═O π 电子云的去屏蔽区域，但同时还受到相连氧原子强烈的吸电子诱导效应影响，因此其共振峰移向更低场，化学位移值在 9.4～10。

三键的磁各向异性效应：碳碳三键的 π 电子以键轴为中心呈对称分布，键轴平行于外加磁场，在外加磁场的诱导下，π 电子绕键轴形成电子环流，产生的感应磁场在键轴方向上下为屏蔽区，与键轴垂直方向为去屏蔽区。炔氢受 sp 杂化的诱导效应影响，其周围电子云密度较低，但由于三键的各向异性效应占主导地位，因此其共振峰的化学位移值较烯烃氢更小。

单键的磁各向异性效应：碳碳单键的 σ 电子也能产生各向异性效应，但远小于 π 电子环流引起的效应影响。其中，—C—C—为一个去屏蔽区的轴，两个碳原子外侧为两个锥形去屏蔽区，中部碳碳单键周围为屏蔽区。在椅式构象的环己烷中，直立键上的氢处于屏蔽区，平伏键上的氢处于去屏蔽区，因此，直立键上的氢比平伏键上的氢受到的屏蔽作用大，化学位移值略小。

（4）范德华效应

当两个质子在空间结构上非常靠近时，具有负电荷的电子云会相互排斥，从而使得这些质子周围的电子云密度降低，屏蔽效应减弱，共振峰移向低场，这种现象被称为空间效应，又称范德华效应。由此，^{1}H-NMR 可以用来确定相关基团的立体位置。

（5）氢键影响

氢键的形成将氢核拉向形成氢键的给予体，从而使氢核周围电子云密度降低，受到去屏蔽作用。多数情况下，分子内氢键和分子间氢键的形成都使氢核受到去屏蔽作用，其去屏蔽作用的大小主要与氢键的强弱有关。但分子间氢键的形成与溶液浓度、pH、温度和溶剂都相关，因此，化学位移值受测试条件的影响较大而在较大的范围内变化；分子内氢键受环境影响较小，受样品浓度的影响较大。

（6）溶剂效应

溶剂效应的产生是由于溶剂的磁各向异性效应，或是由于不同溶剂的极性不用，与溶质形成氢键的强弱不同。在核磁共振实验中，溶剂分子在空间上接近溶质分子，从而使样品分子的质子外电子云形状发生改变，产生去屏蔽作用；溶质分子的极性基团可以产生诱导电场而对样品分子中部分质子产生屏蔽效应；溶剂分子的磁各向异性还能够对样品分子的不同部位产生屏蔽和去屏蔽作用。

有机化合物常见官能团氢谱的化学位移范围见图 2-2 和表 2-2。

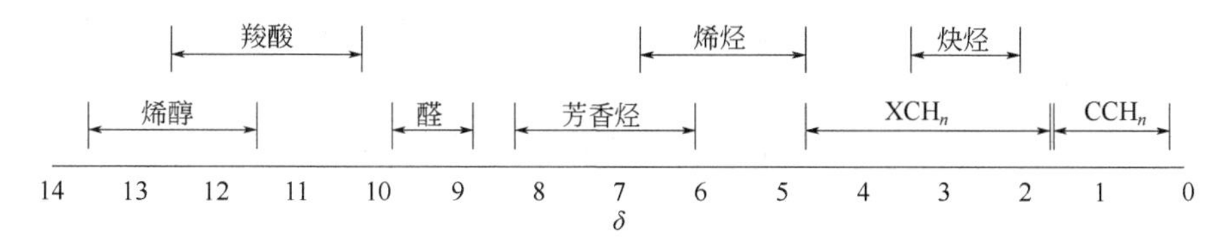

图 2-2 有机化合物中各类质子的化学位移分布范围

X 为杂原子；$n = 1 \sim 3$

表 2-2　有机化合物中常见官能团（质子）化学位移数值范围

官能团（质子）	化学位移	官能团（质子）	化学位移
—$(CH_2)_n$—CH_3*	0.87	—CH=CH—	4.5～8.0
—C=C—CH_3*	1.7～2.0	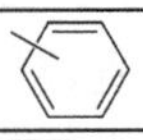 苯环—H	6.5～8.0
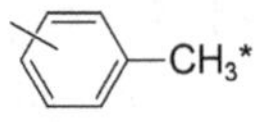 苯环—CH_3*	2.1～2.4	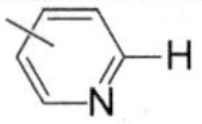 吡啶环 2-H	8.0～8.8
—C(=O)—CH_3*	2.1～2.6	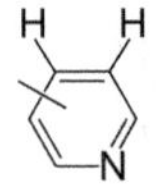 吡啶环 3-H、4-H	6.5～7.3
—N—CH_3*	2.2～3.1	R—NH_2	0.5～3.0
—O—CH_3*	3.5～4.0	R—NH— Ar—NH_2 Ar—NH—	3.0～4.8
>C—CH_2—C<	1.2～1.4	R—OH	0.5～5.0
>C—CH_2—N<	2.3～4.5	Ar—OH	4.0～10.0
>C—CH_2—O—	3.5～4.5	—C(=O)—H	9.5～10.0
—C≡CH	2.2～3.0	—C(=O)—OH	9.0～12.0
>C=CH_2	4.5～6.0		

2.4.2.2　峰面积与氢核数目

在 ^{1}H-NMR 中，各共振峰的峰面积与对应的处于某种化学环境中的氢核数目成正比。通过比较共振峰的峰面积，能够推断出各种类型质子的相对数目，当化合物分子式已知，能够计算出各种类型质子的绝对数目。

2.4.2.3　自旋耦合与自旋裂分

在 ^{1}H-NMR 中，共振峰有的表现为单峰，有的表现为双峰、三重峰、四重峰或多重峰，这种现象是由于临近的氢核间存在着相互干扰。磁性原子核间的相互干扰作用叫做自旋耦合，由自旋耦合引起的谱线增多的现象叫做自旋分裂。

（1）耦合机理

原子核间的自旋耦合起源于磁性核所具有的不同的自旋取向，是通过其间化学键的电子传递的。

以邻耦系统 CH_A—CH_X为例，与未耦合时 H_X的两种能态相比，H_A的 α 自旋态使 H_X的 β 自旋态能量降低（稳定），使 H_X的 α 自旋态能量升高（不稳定），因此，H_A的 α 自旋态使 H_X的两种能态间的能量差减小，共振频率降低；H_A的 β 自旋态使 H_X的 α 自旋态能量降低（稳定），使 H_X的 β 自旋态能量升高（不稳定），因此，H_A的 β 自旋态使 H_X的两种能态间的能量差升高，共振频率增大。由于 H_A的两种自旋态的概率几乎相等，结果 H_X的共振吸收峰受到 H_A的影响而裂分为两个强度相等的峰（双峰）。

（2）裂分规律

① CH_A—CH_X 的自旋裂分：H_X 有两种自旋取向，它们分别经价电子传递而在 H_A 处产生两种局部磁场（ΔH，$-\Delta H$），影响 H_A 共振时的外磁场强度。因此，H_A 实际上受［$H_0(1-\sigma)-\Delta H$］和［$H_0(1-\sigma)+\Delta H$］两种外磁场的作用，H_A 的核磁共振条件应满足以下关系式：

$$\nu_1 = \frac{\gamma}{2\pi}[H_0(1-\sigma)+\Delta H] \tag{2-9}$$

$$\nu_2 = \frac{\gamma}{2\pi}[H_0(1-\sigma)-\Delta H] \tag{2-10}$$

与无耦合时的共振频率 ν 相比，$\nu_1>\nu_2$，向低场位移 $J/2$，$\nu_2<\nu$，向高场位移 $J/2$。这样，H_A 的共振峰由无耦合时共振频率为 ν 的单峰分裂为共振频率分别为 ν_1 和 ν_2 的两个等强度的峰。

② CH_A—CH_{X2} 的自旋裂分：H_A 与两个 H_X 相邻，每个 H_X 有两个自旋取向，分别用↑和↓表示，两个 H_X 的自旋取向的组合形成↑↑、↑↓（或↓↑）、↓↓ 3 种情况，分别经价电子传递在 H_A 处产生 3 种局部磁场（$2\Delta H$，0，$-2\Delta H$），影响 H_A 共振时的外磁场强度。因此，H_A 实际上受 $H_0(1-\sigma)+2\Delta H$、 $H_0(1-\sigma)$ 和 $H_0(1-\sigma)-2\Delta H$]三种外磁场的作用，H_A 的核磁共振条件应满足以下关系式：

$$\nu_1 = \frac{\gamma}{2\pi}[H_0(1-\sigma)+2\Delta H] \tag{2-11}$$

$$\nu_0 = \frac{\gamma}{2\pi}[H_0(1-\sigma)] \tag{2-12}$$

$$\nu_2 = \frac{\gamma}{2\pi}[H_0(1-\sigma)-2\Delta H] \tag{2-13}$$

H_A 的共振峰由无耦合时共振频率为 $\nu=\nu_0$ 的单峰分裂为共振频率分别为 ν_1、ν_0、ν_2 的三重峰，峰间距为 $\nu_1-\nu_0=\nu_0-\nu_2=J$，峰面积比为 1∶2∶1。

综上所述，裂分峰的数目和强度与相邻等价和的数目有关，遵循 $n+1$ 规律：

当某基团上的氢有 n 个相邻的氢时，它将显示 $n+1$ 个峰，当这些相邻的氢处在不同的环境中时，如一种环境中的氢为 n 个，另一种环境中的氢为 n'个，……，则将显示$(n+1)(n'+1)$……个峰，如果这些不同环境的相邻氢与该氢的耦合常数相同，则可把这些不同环境的氢令其总数为 n，仍按 $n+1$ 规律计算分裂峰的总数。

（3）耦合常数

由自旋裂分产生的多重峰谱线之间的距离称为耦合常数，以 J 表示，单位为 Hz，其大小为裂分峰每个小峰化学位移值之差乘以所用核磁共振仪器的共振频率。耦合常数的本质是核磁共振中两种不同跃迁的能量差，反映磁性核之间相互作用的强弱。

① 耦合类型：根据相互耦合的氢核之间间隔的化学键数，耦合可以分为偕耦、邻耦及远程耦合。在耦合常数符号的左上角用数字表示耦合核间的化学键数目，右下角表示其他信息，如：$^3J_{ab}$。

偕耦也称同碳耦合，是指同一碳原子上质子之间的耦合，耦合作用通过两个键传递，用 ^2J 或 J_{gem} 表示。

邻耦是指相邻碳上质子的耦合，耦合作用通过三个键传递，用 ^3J 或 J_{vic} 表示。

远程耦合是指相隔四个及四个以上键的质子之间的耦合，用 $J_{长}$表示。远程耦合的值一般很小，在饱和化合物中常忽略不计。

② 影响因素：耦合常数的大小与耦合核之间化学键的数目、分子成键的类型（单键、双键、三键）、取代基的电负性、分子的立体结构等因素有关。

一般情况下，两核间相隔三个或少于三个价键时，才有显著的自旋耦合作用。

a. 相隔化学键的数目。自旋耦合是通过化学键进行电子传递的，因此，耦合常数随着两个自旋核之间化学键数目的增加而迅速下降，一般 $^4J< 0.5$。此外，耦合与原子核的几何排列也具有相关性，在某些特殊的排列下能够观察到 ^4J 甚至是 ^5J，这种两个氢核相距四个键以上即难以存在的耦合作用（但 $J\neq0$），则被称为远程耦合或长程耦合，其与立体化学密切相关。

例如，芳香族化合物邻位耦合常数（^3J）为 5～8 Hz，间位耦合常数（^4J）为 1～3 Hz，对位耦合常数（^5J）小于 0.5 Hz。

b. 取代基的电负性。强电负性的原子如氧、氮等取代基会造成耦合常数的改变。取代基电负性增加，^2J、^3J 的数值减小。例如，CH_4、CH_3Cl、CH_2Cl_2 的 ^2J 分别为−12.4 Hz、−10.8 Hz、−7.5 Hz。

c. 键长 l、键角 α 和二面角 φ。对于 ^3J 而言，C—C 键的键长 l 越长，^3J 越小；C—H 键的键角 α 越大，^3J 越小。此外，^3J 还与邻碳上两氢核所处平面的夹角，即二面角 φ 有关，它们之间有如下关系：

$$^3J = 4.22 - 0.5\cos\varphi + 4.5\cos2\varphi \quad (2\text{-}14)$$

式（2-14）为 ^3J 与二面角 φ 的 Karplus 关系式。由图 2-3 可知，当 φ = 0°或 180°时，^3J 具有极大值；当 φ =90°时，^3J 具有极小值。

由于双键的反式二氢的二面角为 180°，顺式为 0°，因此，反式二氢的耦合常数较大，为 15～17 Hz，而顺式二氢的耦合常数稍小，为 10～11 Hz。另外，在饱和六元环中，邻碳上的两个氢原子都处于直立键位置时，二面角接近 180°，耦合常数 J_{aa} 较大；两个氢原子分别处于直立键和平伏键或都在平伏键时，二面角接近 60°，耦合常数 J_{ae} 和 J_{ee} 较小，因而 $J_{aa}>J_{ae}\geqslant J_{ee}$。

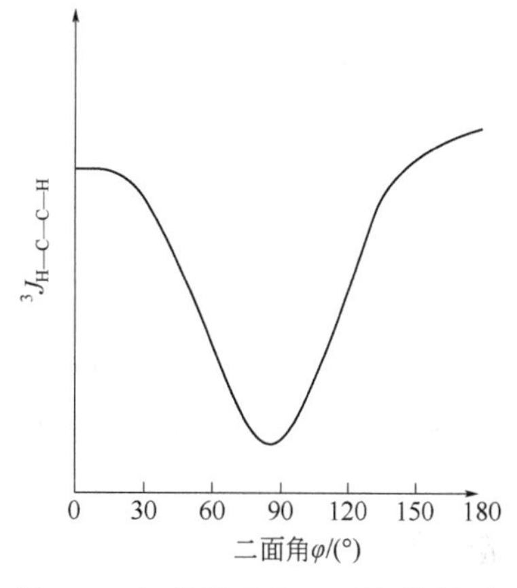

图 2-3 邻碳耦合与二面角的关系

2.4.2.4 自旋系统

（1）原子核的等价性质

① 化学等价。在分子中，如果通过对称操作或快速旋转，一些质子可以互换，则这些质子称为化学等价质子。化学等价可分为对称化学等价和快速旋转化学等价。

对称化学等价：在分子构型中找出所存在的对称性（对称轴、对称面、对称中心等），通过对称操作后，可以相互交换位置的质子称为对称化学等价质子。

快速旋转化学等价：如果分子的内部运动（如 C—C 单键的旋转）相对于核磁共振跃迁所需的时间是快的，则分子中本来不是化学等价的原子核，由于处在一个平均化的化学环境中而表现为化学等价，这种现象称为快速旋转化学等价。

② 磁等价。对于化学等价的原子核，能以相同的耦合常数与分子中其他的原子核相耦合，只表现一个耦合常数，则这些化学等价的原子核称为磁等价核。

③ 磁不等价。化学不等价的原子核，一定磁不等价；化学等价的原子核也有可能磁不等价。

（2）自旋系统的分类

几个或几组相互耦合的氢核可以按照耦合作用强弱，分成不同的自旋系统，系统内部的原子核互相耦合。自旋耦合系统可按 $\Delta\nu/J$ 分类：$\Delta\nu>J$，一般 $\Delta\nu/J\geqslant 10$，为一级耦合（一级分裂）；$\Delta\nu$ 与 J 数值接近，一般 $\Delta\nu/J<10$，为二级耦合（二级分裂）或高级耦合。

自旋系统的命名规则如下：

a. 等价氢核构成一个核组，用一个大写英文字母表示，若组内的核为磁全同核，则将组内核的数目用阿拉伯数字标记在右下角；

b. 一个自旋耦合体系内的几组不同的氢核分别用不同的字母表示，若系统中相互耦合的氢核化学位移相近，用相邻的字母如 A、B、C 表示，若系统中相互耦合的氢核化学位移差 $\Delta\nu$ 远大于耦合常数 J，用相隔较远的字母如 A、M、X 表示；

c. 若组内的质子化学等价而磁不等价，则在相同的大写英文字母右上角加“′”，如 AA′、BB′。

① 一级耦合。两组相互耦合的氢核之间的化学位移差比耦合常数大得多时，受到的干扰较弱，因此谱图简单，较易解析。

AX 系统：系统有 4 条谱线，A、X 各为双峰；两峰之间裂距为耦合常数 J_{AX}；双峰的中点为该核的化学位移；4 条谱线强度相等。

AX_2 系统：系统有 5 条谱线，A 受两个 X 质子的耦合裂分为三重峰，X 受 A 的耦合裂分为双峰；双峰及三重峰的裂分峰之间的裂距为耦合常数 J_{AX}；裂分峰的对称中心为化学位移；A 组三重峰强度比为 1∶2∶1，X 组双峰强度比为 1∶1。

AMX 系统：系统有 12 条谱线，A、M、X 各为四重峰；12 条谱线具有 J_{AM}、J_{AX} 和 J_{MX} 三种裂距，每个质子的 4 条谱线有两种裂距对应该质子与另两个质子的耦合常数；四重峰的对称中心为化学位移。

A_2X_2 系统：系统有 6 条谱线， A_2、X_2 各为三重峰；三重峰裂分峰之间的裂距为耦合常数 J_{AX}；三重峰的对称中心为化学位移；三重峰强度比为 1∶2∶1。

AX_3 系统：系统有 6 条谱线，A 为四重峰，X 为双峰；四重峰两条相邻谱线的间距等于双峰两条谱线的间距，为 J_{AX}；裂分峰的对称中心为化学位移；四重峰强度比为 1∶3∶3∶1，双峰强度比为 1∶1。

A_2X_3 系统：系统有 7 条谱线，A 为四重峰，X 为三重峰；各裂分峰中相邻两条谱线的间距为 J_{AM}；裂分峰的对称中心为化学位移；四重峰强度比为 1∶3∶3∶1，三重峰强度比为 1∶2∶1。

② 高级耦合。两组相互干扰的核之间化学位移差较小时，表现为高级耦合，如 AB 系统、AB_2 系统、A_2B_2 系统等。在高级耦合谱图中，谱线的裂分不遵循 n+1 规律，裂分后的谱线强度不再符合二项式展开式的各项系数比，且耦合常数需要进一步计算得出。

2.4.2.5　核磁共振氢谱解析的一般步骤

未知化合物的结构推测，通常除核磁共振谱图的解析之外，还需要结合其他谱图如 UV、IR、MS 及物理常数进行综合分析。而对于结构不太复杂的化合物，仅用核磁共振氢谱和碳谱就可能推测其结构。

核磁共振氢谱的主要参数有化学位移、峰的裂分、耦合常数、峰面积。其中横坐标为化学位移，表示化合物官能团的出峰位置；纵坐标为谱峰强度，以谱峰面积的积分数值度量峰的大小。通常 ^{1}H-NMR 图谱可按以下步骤进行解析：

（1）计算不饱和度

知道化合物分子式之后可以计算其不饱和度，由不饱和度可以推测分子中含有双键、三键、环等的数目。不饱和度的计算公式如下：

$$\Omega = \frac{2n_C + 2 - n_H + n_N - n_X}{2} \tag{2-15}$$

式中，n_C 为化合物中碳原子的数目；n_H 为化合物中氢原子的数目；n_N 为化合物中氮原子的数目；n_X 为化合物中卤素原子的数目。

（2）区分溶剂峰与杂质峰

氢谱峰组具有定量关系，一般杂质的含量较样品少，因此杂质的峰面积和样品的峰面积相比较小且相互之间没有整数比关系，从而能够区分杂质峰。

另外，大部分氘代试剂的氘代率为 99.0%～99.8%，因此在谱图中会出现溶剂残留峰。常用氘代溶剂的化学位移值见表 2-3。

表 2-3　常用氘代溶剂的化学位移值

溶剂	氢谱			碳谱	
	δ_H	峰型	水峰	δ_C	峰型
$CDCl_3$	7.26	单峰	1.56	77	三重峰
DMSO-d_6	2.49	五重峰	3.30	39.5	七重峰
$(CD_3)_2CO$	2.04	五重峰	2.84	29.8、206	七重峰
CD_3OD	3.25	五重峰	4.87	49	七重峰
D_2O	4.8	单峰	—	—	—
C_5D_5N	7.19、7.55、8.71	三重峰	5.0	149.9、135.5、123.5	三重峰
CD_3CN	1.94	五重峰	2.5	1.3、118.2	单峰
C_6D_6	7.16	单峰	0.4	128	单峰

（3）确定峰组对应的氢原子数目

基于核磁共振氢谱的定量性，各峰组的峰面积与其包含的氢原子数目成正比。因此，对于分子式已知或结构较简单的化合物，能够根据氢原子总数计算出各峰组所对应的氢原子数。然而，对于结构复杂、氢原子数目多的化合物，氢谱的峰组往往发生重叠，导致难以准确积分，则可能需要进一步利用核磁共振二维谱进行解析。

（4）确定官能团

根据各组峰对应的氢原子数目以及其化学位移值，可以推断出相应的官能团信息以及相连的基团信息。例如，从氢谱的苯环区存在多少个氢的数目来确定苯环的取代类型，从邻位、间位、对位氢的化学位移值来确定取代基为第一类、第二类或第三类。

（5）分析峰组的耦合裂分

由于邻近的氢核间存在着相互干扰，在氢谱中，共振峰多表现为裂分的双峰、三重峰、四重峰或多重峰，用 n+1 规律分析峰组的裂分，能够确定峰组相邻的不同环境氢的数目。同时，耦合作用是相互的，产生耦合作用的两个峰组的耦合常数相等，通过裂分间距乘以仪器共振频率获得具体数值，能够进一步确定其连接关系。常见结构单元的耦合常数如表 2-4 所示。

表 2-4　常见结构单元的耦合常数

结构	耦合常数 J_{AB}/Hz
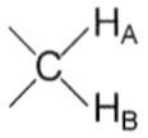 C H_A H_B	−10～15
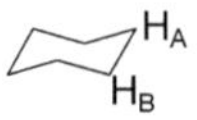 H_A H_B	ax-ax 8～11 ax-eq 2～3 eq-eq 2～3
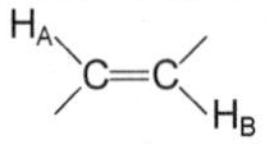 H_A C=C H_B	15～17
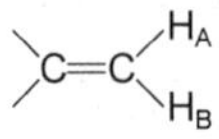 C=C H_A H_B	0～2
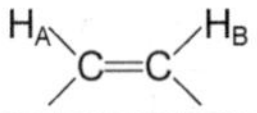 H_A C=C H_B	10～11
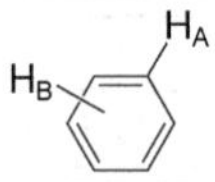 H_A H_B	$J_{邻}$ = 8 $J_{间}$ = 2 $J_{对}$ = 0.3

注：ax 为直立键，eq 为平伏键。

（6）计算剩余的结构单元与不饱和度

利用分子式减去已知基团的组成原子，能够获得剩余的结构单元；利用总不饱和度减去已知基团的不饱和度，能够获得剩余的不饱和度。由此可以确定一些不含氢的基团信息，如羰基、氰基等。

（7）组合可能的结构

根据化学位移和耦合关系将各个结构单元连接起来，对于结构简单的化合物，可能只有一种组合方式，而对于较复杂的化合物将获得多种可能的结构式。

（8）指认推导的结构

每组氢均应在谱图上找到相应的峰组。峰组的化学位移值可根据相应的经验公式计算，但是当化合物结构中具有多取代时，不排除计算值与实测值之间可能存在较大误差的情况；峰组的耦合裂分情况也应与推导的结构式相符。

2.4.3 核磁共振碳谱

有机化合物分子骨架是由碳原子组成的，掌握碳原子的信息，可了解分子骨架信息，与 ^{1}H-NMR 所提供的骨架外围结构信息相互补充，有利于未知化合物结构解析。

2.4.3.1 碳谱的基本特点

（1）灵敏度低

在自然界中，^{12}C 的丰度约为 98.9%，但 ^{12}C 的自旋量子数 $I=0$，无核磁共振现象；^{13}C 的自旋量子数 $I=1/2$，但天然丰度低（1.1%）、磁旋比 γ 小（^{1}H 的四分之一），且核磁共振实验的灵敏度与 γ^3 成正比，因此与氢谱相比，碳谱信号强度较低、检测的时间较长、需要的样品量较大。

（2）化学位移范围宽、分辨率高

^{13}C-NMR 的化学位移范围一般在 0～250，谱峰很少重叠，分辨率高，通常能够观察到每一个不等价碳的共振信号，更有利于鉴定分子结构。

（3）多种测定方法

在 ^{13}C-NMR 中，由于碳氢间的耦合导致碳谱呈现复杂的多重峰，因此需要用质子噪声去耦或偏共振去耦技术等多种手段消除氢的耦合，简化谱图，以免信号的减弱和相互交叉。

（4）弛豫时间长

^{13}C 的弛豫时间比 ^{1}H 慢得多，使得测定纵向弛豫时间（T_1）、横向弛豫时间（T_2）更方便，同时，不同类型碳原子的弛豫时间不同，因此能通过弛豫时间来获得更多的结构信息。

2.4.3.2 ^{13}C 的化学位移

不同的官能团具有不同化学位移数值变化范围，其化学位移的影响也不同。与分子结构相关的影响化学位移的因素包括：碳的杂化类型、诱导效应、共轭效应、空间效应、重原子效应等。

（1）常见官能团的化学位移数值变化范围

表 2-5 为常见官能团的化学位移数值变化范围。

（2）影响 ^{13}C 化学位移的因素

① 杂化状态：碳核的化学位移主要受杂化的影响，sp^3 杂化在最高场，其次为 sp 杂化，sp^2 杂化在最低场。

表 2-5 有机化合物中常见官能团化学位移数值范围

官能团	δ	官能团	δ
$-(CH_2)_n-CH_3^*$	10～15	苯环	110～150
$>C-CH_3^*$	25～30	吡啶环	125～155
$-C=C-CH_3^*$	15～28	$-C\equiv N$	110～130
$C_6H_5-CH_3^*$	15～25	$-C(=O)-OR$	165～175
$>N-CH_3^*$	25～45	$-C(=O)-Cl$	165～180
$-O-CH_3^*$	45～60	$-C(=O)-OH$	172～185
$-CH_2^*-C<$	23～37	$-C=C-C(=O)-H$	165～180
$>N-CH_2^*-$	41～60	$-C(=O)-H$	200～205
$-CH_2-O-$	45～75	$-C=C-C(=O)-R$	195～205
$-C\equiv C-$	70～100	$R-C(=O)-R'$	205～220
$-CH=CH-$	110～150		

② 诱导效应：电负性取代基能使相邻碳的化学位移值增加，增加的大小与取代基电负性大小、数目和相隔化学键数目相关。诱导效应对直接相连的 α-碳原子化学位移影响最大，对 β-碳原子化学位移影响较小。

③ 共轭效应：杂原子基团参与的共轭效应对 π 电子云分布有很大的极化作用，从而显著影响体系中碳核的化学位移。供电子基团取代将使苯环的邻位、对位碳原子电子云密度增加，化学位移值减小；吸电子基团取代则使苯环邻位、对位碳原子电子云密度降低，化学位移值增大。取代基对间位影响较小，化学位移值变化小。

④ 空间效应：取代基和空间位置非常靠近的碳原子上的氢之间相互排斥而存在范德华力，使相应 C—H 键上的价电子移向碳原子，碳原子核受到的屏蔽效应增加，化学位移值减小，称为空间效应。除此之外，由于空间效应作用，取代基“挤压” γ-碳原子，使相应 C—H 键上的价电子移向 γ-碳原子，碳原子核外电子云密度增加，化学位移值减小，称为 γ-旁氏效应。

⑤ 重原子效应：由于重原子（碘或溴）的核外有众多电子，原子半径大，对

与重原子相连的碳原子具有强烈的供电子效应，因此碳的化学位移值显著减小。

⑥ 氢键效应：分子内氢键与羰基上的非成键电子相关，导致羰基碳带更多的正电荷，因而可观察到去屏蔽效应。

2.4.3.3 碳谱的类型

根据脉冲序列的不同，可以采集多种 ^{13}C-NMR 谱图。

（1）质子耦合碳谱

在质子耦合碳谱中，每个碳信号被相连的氢耦合裂分，裂分的峰数与连接的氢核数目有关，符合 $2n+1$ 规律。由于大耦合常数的裂缝，使碳谱变得复杂，难以分辨，同时也降低了信噪比，延长了测定时间。

（2）质子全去耦碳谱

也叫质子宽带去耦，在记录碳谱的同时，用一个强的去耦场对全部质子进行照射，使质子对碳的耦合全部去掉。每个碳原子均为单峰，分辨率增加，信噪比增加，信号增强，结果去耦谱的信号是非去耦谱信号强度的 3 倍。在去耦的同时，质子对碳产生了 NOE 效应，使碳信号增强，因此，不能定量地反映碳原子的数量。

（3）偏共振质子去耦碳谱

偏共振去耦是采用一个频率范围很小、偏离所有氢核的共振频率，使碳原子在一定程度上去耦。偏共振质子去耦碳谱中碳氢远程耦合消失，而保留了碳氢直接耦合，其特点在于保留耦合裂分信息，但又不至于多重峰重叠。

（4）反门控去耦碳谱

在傅里叶变换核磁共振谱仪中有发射门（用以控制射频脉冲的发射时间）和接收门（用以控制接收器的工作时间）。门控去耦是指用发射门及接收门来控制去耦的实验方法，反门控去耦是加长脉冲间隔，增加延迟时间，尽可能抑制 NOE 效应，使谱线强度能够代表碳原子的数目，因此反门控去耦碳谱又称为定量碳谱。

（5）DEPT 谱

随着现代脉冲技术的发展，出现了多种能够确定碳原子级数的方法，目前最常用的是无畸变极化转移技术（DEPT）。DEPT 谱图上不同类型碳原子信号均呈现单峰形式，分别朝上或朝下伸出或消失，以取代在偏共振去耦谱（OFR）中朝同一方向伸出多重谱线，因此信号之间很少重叠。一般有以下三种谱图：

① DEPT45 谱：CH、CH_2、CH_3 都出现朝上的正相峰；

② DEPT90 谱：只有 CH 出现朝上的正相峰；

③ DEPT135 谱：CH、CH_3 出现朝上的正相峰，CH_2 出现朝下的负相峰。

（6）APT 谱

连接质子测试谱（APT 谱），是以次甲基、亚甲基和甲基这些不同级数的碳氢耦合为基础，通过调整脉冲序列的时间间隔，使得 CH、CH_3 呈现朝上的正相峰，季 C、CH_2 呈现朝下的负相峰。

2.4.3.4 核磁共振碳谱解析的一般步骤

核磁共振碳谱是化合物结构解析中很重要的手段,其主要参数是化学位移值，从而进一步获得化合物的骨架信息。通常 ^{13}C-NMR 图谱可按以下步骤进行解析：

（1）区分溶剂峰与杂质峰

溶剂峰：氘代试剂中的碳原子均有相应的峰，故而需要了解氘代试剂峰的形状和位置。

杂质峰：由于杂质的含量远低于样品量，因此杂质峰易与样品峰区分开。

（2）计算不饱和度

与氢谱解析步骤中的方法一致。

（3）判断是否具有对称性

在宽带去耦谱中，每条谱线都表示一种类型的碳原子，当谱线数目与分子式中碳原子数目相等时，则化合物没有对称性；当谱线数目少于分子式中碳原子数目时，则化合物可能具有对称性。

（4）确定碳原子类型

基于碳谱谱峰的化学位移值，能够大致确定官能团类型，一般可分为下列三个区域：

① 饱和原子区（$\delta_C < 100$）：饱和碳原子如不直接与杂原子相连，其化学位移值一般小于 55。

② 不饱和碳原子区（δ_C 65～160）：炔碳原子的化学位移值一般在 65～95 范围内；烯碳原子和芳香碳原子的化学位移值一般在 100～140 范围内，与杂原子相连后化学位移值一般大于 140。

③ 羰基区（δ_C 150～220）：酸、酯等羰基碳原子的化学位移值在 160～180 范围内，酮、醛的一般在 190 以上。

（5）确定碳原子级数

碳原子级数一般由 DEPT 谱图确定。碳原子级数确定后，可以计算连接在碳原子上的氢原子数，如果计算数目小于分子式中氢原子数目，其差值为化合物中活泼氢的数目。

（6）推测可能的结构

根据上述步骤，可以确定分子的对称性、碳原子的类型和级数，由此能够大致推测出化合物的结构式。根据碳原子的化学位移值经验计算公式进行验证，排除矛盾较大的结构式。查阅文献，与报道的波谱数据进行对比，确定正确的结构式。或者结合 IR、UV、MS、^{1}H-NMR、2D-NMR（二维核磁共振谱）所提供的信息相互印证。

2.4.4 二维核磁共振谱

2D-NMR 是以两个独立的时间变量进行一系列的实验，得到信号 $S(t_1, t_2)$，经两次傅里叶变换得到两个独立变量的信号函数 $S(\omega_1, \omega_2)$。一般将第二个时间变量 t_2 作为采样时间，第一个时间变量 t_1 是与 t_2 无关的独立变量，是脉冲序列中某一变化的时间间隔。通常实验中的时间轴如下：

① 预备期 t_d：为时间轴上一个较长的时期，使实验前体系能恢复平衡状态；

② 发展期 t_1：由一个或多个脉冲激发体系构成，使之处于非平衡状态；

③ 混合期 t_m：建立信号检出的条件；

④ 检测期 t_2：以通常方式检出 FID 信号。

2D-NMR 的显示与记录方法一般有堆积图、等高线图和剖面图三种，其中等高线图最为常用。等高线图类似于等高线地图，最中心的圆圈表示峰的位置，圆圈的数目表示峰的强度。

2.4.4.1 二维核磁共振谱的分类

根据实验使用的脉冲序列和结构信息的不同，可将 2D-NMR 分为三类。

（1）*J* 分辨谱

又称 2D-*J* 分辨谱或 δ-*J* 谱，能够将化学位移 δ 和自旋耦合常数 *J* 在两个频率轴上展开，使重叠在一起的一维谱的 δ 和 *J* 分解在平面上，便于解析，包括同核 *J* 谱和异核 *J* 谱。

（2）化学位移相关谱

又称 δ-δ 谱，表明共振信号的相关性，根据不同核磁化之间转移的不同，可分为同核耦合/异核耦合、NOE 和化学交换三种位移相关谱。

（3）多量子谱

通常所测定的核磁共振谱线为单量子跃迁（$\Delta m = \pm 1$），而发生多量子跃迁时 Δm 为大于 1 的整数。用脉冲序列可以检测出多量子跃迁，得到多量子跃迁的二维谱图。

2.4.4.2 常用的二维核磁共振谱

2D-NMR 谱在推断分子结构中起到了至关重要的作用，不同的二维谱能够提供的结构信息有一定程度的区别。

（1）同核化学位移相关谱

在二维核磁共振实验中，具有一定化学位移的同种类磁性核之间的相互作用谱被称为同核化学位移相关谱（^1H-^1H COSY 谱）。^1H-^1H 化学位移相关是指同一自旋耦合系统内氢核之间的耦合相关，从一个确定的氢出发，通过耦合相关峰可以确定其化学位移以及氢核之间的耦合关系和连接顺序。

^1H-^1H COSY 谱在 ω_2（f_2，水平轴）和 ω_1（f_1，垂直轴）方向上的投影均为样品的氢谱，谱图中有对角线峰和交叉峰两类峰，交叉峰有两组，分别在对角线两侧并以对角线为对称轴呈对称关系。对角线两侧的交叉峰与相应的对角线峰连成正方形，两对角线峰即表示有耦合关系。^1H-^1H COSY 谱一般只反映 ^2J、^3J 的耦合关系，可以用来确定同碳质子或邻碳质子之间的耦合关系。

（2）异核化学位移相关谱

常见的异核位移相关谱有碳氢直接相关谱（HETCOR，即 ^{13}C-^1H COSY 谱）、远程碳氢相关谱（COLOC，即远程 ^{13}C-^1H COSY 谱）和异核接力相干转移谱（^{13}C-^1H RELAY 谱），通过异核化学位移相关谱可以获得碳氢之间的连接信息，在有机化合物的结构解析中起到重要的作用。

① HMQC 和 HSQC 谱：HMQC 是质子的异核多量子相干相关谱，HSQC 是质子的异核单量子相干相关谱。二者谱图的 f_2 轴（水平轴）为 ^1H 化学位移，f_1 轴（垂直轴）为 ^{13}C 化学位移，直接相连的碳氢，即碳氢以 $^1J_{CH}$ 相耦合，将在谱图对应的 ^{13}C 化学位移和 ^1H 化学位移的交点处出现相关信号。

② HMBC 谱：HMBC 是质子的异核多键相关谱，它能够将氢核和远程耦合的碳核关联起来，能够反映跨越两三个化学键甚至是杂原子的 ^{13}C 和 ^1H 之间的耦合关系。

与 HMQC 和 HSQC 谱类似，在 HMBC 谱中，f_2 轴（水平轴）为 ^1H 化学位移，f_1 轴（垂直轴）为 ^{13}C 化学位移，可能出现三种峰：

a．远程耦合相关峰，从该峰出发，作水平线和垂线分别与碳谱的某个峰和氢谱的某个峰相交，反映跨越多个化学键的碳原子和氢原子的相关；

b．在谱图水平方向出现一对峰，两峰中心对准氢谱的某个峰组，这样的一对峰反映 ^1J 相关，可作为对于 HMQC（或 HSQC）结果的验证；

c．在谱图水平方向出现一对峰，两峰中心仍有一个峰，且对准氢谱的某个峰组，这样的一组峰也是 ^1J 耦合相关的表现形式。

（3）NOE 类相关谱

在核磁共振中，两组不同类型的质子若空间距离较接近，照射其中一组质子会使另一组质子的信号强度增强，这种现象称为核欧沃豪斯效应（nuclear Overhauser effect，NOE)。检测 NOE 可以采用一维或二维方式，若要求对某些特定的基团或谱峰均进行选择性照射，则将通过 NOE 类二维谱表示出所有基团间的 NOE。

① NOESY 谱：NOESY 谱是一种同核相关二维谱，表示质子的 NOE 关系。谱图与 ^{1}H-^{1}H COSY 谱类似，f_1、f_2 两个轴均为 ^{1}H 化学位移，若对角线两侧的相关峰能与相应的对角线峰构成正方形，则两对角线峰所代表的质子间有 NOE，能够用来确定质子间的空间关系。

② ROESY 谱：ROESY 谱是旋转坐标系中的 NOESY。在 NOESY 实验中，小分子的 NOE 呈现正信号，即交叉峰与对角峰是反相的，而随着化合物分子量的增大，NOE 的增益可能为零，即无法获得相关信息。然而在 ROESY 中，ROE 始终能够呈现正信号，因此能够为复杂的天然产物结构解析提供有效的空间和立体化学信息。

③ HOESY 谱：HOESY 谱是异核间的 NOE 谱，反映空间位置相近的两个不同类型的核。

（4）全相关谱

全相关谱是接力谱的发展，灵敏度高，能够提供多级耦合的接力谱信息，得到二、三、四、五键的相关峰。全相关谱有同核总相关谱（TOCSY）和同核 Hartmann-Hahn 谱（HOHAHA）两种谱图。

① TOCSY 谱：TOCSY 谱的形式与 COSY 谱类似，谱图中 f_1、f_2 两个轴均为 ^{1}H 化学位移；与 COSY 谱不同的是，其相关峰的数目大大增加，从任一谱峰出发，能够找到多个处于同一自旋体系的相关峰，因此，TOCSY 谱可被用作 COSY 谱的验证和补充，有利于解析具有多个耦合键、氢核信号重叠严重的复杂化合物，如糖苷类、肽类和大环内酯类等有机化合物。

② HOHAHA 谱：HOHAHA 是通过交叉极化产生 Hartmann-Hahn 能量转移，从而观察低磁旋比核的一种方法，与 TOCSY 不同的是其脉冲序列的混合期时间增加，使质子的磁化矢量重新分布到同一耦合系统的所有质子，从而得到多重的接力信息。选择适当的参数，能够通过一次实验得到独立自旋体系中所有质子的相关信息，多用于肽类、蛋白质等的结构鉴定。

2.5 旋光光谱和圆二色谱研究化合物的构型与构象

旋光光谱（ORD）和圆二色谱（CD）均属于手性光谱，能够用来确定手性小分子的绝对构型与构象、生物大分子的空间结构与相互作用。尤其在药学研究中，天然和半合成药物中绝大多数为手性化合物，因此手性光谱对这些药物的分析起着至关重要的作用。

2.5.1　手性光谱的基本理论

（1）偏振光

自然光的振动沿各个方向均匀分布，当其射入偏振片时，晶片吸收振动面与晶轴垂直的光波，只允许振动平面平行于晶轴的光波通过，因此通过晶片的光变为只在一个固定平面内沿相应方向振动的光，即平面偏振光，又称线偏振光。平面偏振光可以看作两束频率和相位相同、旋转方向相反的左、右旋圆偏振光的矢量和，迎光传递的方向看，按逆时针方向旋转的为左旋圆偏振光，按顺时针方向旋转的为右旋圆偏振光。

（2）旋光现象与圆二色性

当平面偏振光在非手性介质中传播时，其分解出的左、右圆偏振光的传播速度相同，折射率也相同，左、右旋圆偏振光的矢量和保持在原来的偏振面上。当平面偏振光在手性介质中传播时，左、右圆偏振光的传播速度不同，折射率不同，使平面偏振光的偏振面发生偏转，这就是旋光现象，偏振面所旋转的角度称为旋光度 α。迎光传递的方向看，按逆时针方向旋转的为左旋，用“−”表示，按顺时针方向旋转的为右旋，用“+”表示。在实际工作中，常常可以用不同长度的旋光管和不同的样品浓度测定某物质溶液的旋光度 α，并按下式进行换算得出该物质的比旋光度$[\alpha]$：

$$[\alpha]_{\lambda}^{t}=\frac{\alpha}{lc} \tag{2-16}$$

式中，t 为检测温度，℃；λ 为光源波长，nm；l 为样品池长度，dm；c 为样品浓度，g/mL。

平面偏振光在手性介质中传播时，左、右圆偏振光的吸光系数也不同，强度变化不均一，迎光传递的方向看，二者的传播速度和强度均不同，其矢量和为一个椭圆形轨迹，形成椭圆偏振光，这就是手性化合物的圆二色性。

（3）旋光光谱与 Cotton 效应

以比旋光度［α］或摩尔旋光度［φ］为纵坐标，以波长为横坐标，获得的谱线即为旋光光谱（ORD）。ORD 是非吸收光谱，不具有紫外吸收的手性化合物也可测定 ORD。化合物无生色团时，对旋光度为负值的化合物，ORD 谱线从紫外到可见光区呈单调上升；而旋光度为正的化合物是单调下降，这类 ORD 谱线称为正常的或平坦的旋光谱线（图 2-4）。

若分子中有一个简单的生色团，其 ORD 谱线将在紫外光谱最大吸收波长 λ_{max} 处越过零点，进入另一个相区，形成一个峰和一个谷组成的 ORD 谱线，这种在接近所测化合物的紫外最大吸收波长处出现异常 S 曲线的现象被称为 ORD 光谱的 Cotton（科顿）效应。

（4）圆二色谱与 Cotton 效应

以摩尔椭圆度[θ]或吸光度差 $\Delta\varepsilon$ 为纵坐标，以波长为横坐标，获得的谱线为圆二色谱（CD）。CD 是吸收光谱，只有具有紫外吸收的手性化合物才能测定 CD。由于吸光度差 $\Delta\varepsilon$ 具有正值和负值，因此 CD 谱线也有向上的正性谱线和向下的负性谱线，这些平滑曲线在所测化合物的最大吸收波长 λ_{max} 处出现的异常峰状或谷状的现象被称为 CD 谱的 Cotton 效应。

ORD、CD、UV 的关系如图 2-5 所示。

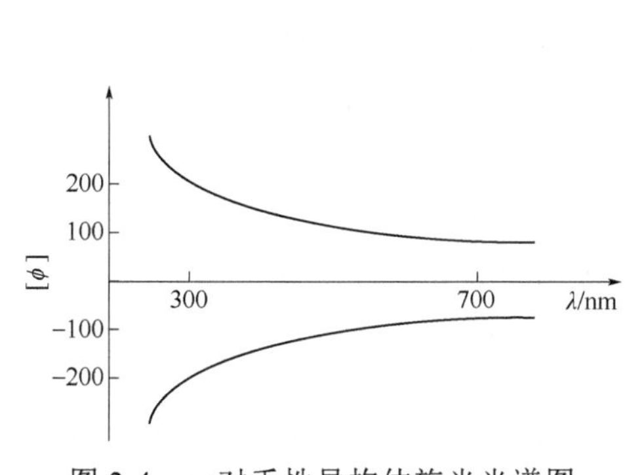

图 2-4 一对手性异构体旋光光谱图

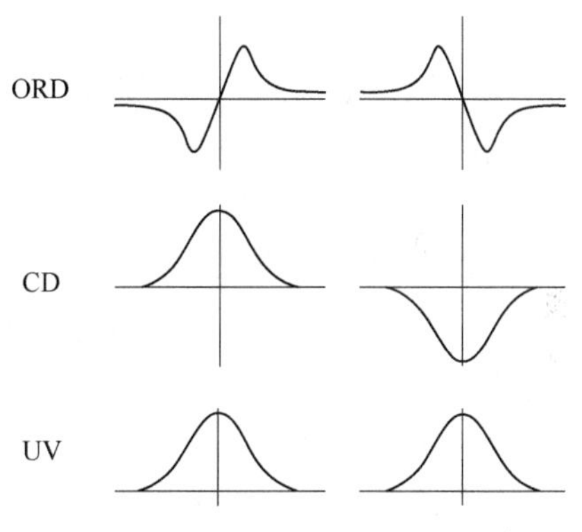

图 2-5 ORD、CD、UV 的关系

2.5.2 圆二色谱的解析方法

多年来相关学者经过大量的研究，建立了解析手性化合物构型、构象的一些经验规则和半经验方法，主要包括八区律、扇形规则、螺旋规则以及激发态手征性法。

（1）八区律

八区律（图 2-6）是通过饱和环酮中羰基生色团的 Cotton 效应，解析与其附近手性中心的绝对构型的经验规则。利用三个相互垂直交叉的平面，将周围的空间分割成八个区域，将羰基置于三个平面交叉的中心，氧原子处于中心的前方。在平面上的原子对 Cotton 效应贡献为 0，在前四区和后四区的原子对 Cotton 效应的贡献具有加合性，且贡献大小与生色团的距离和取代基的性质有关。

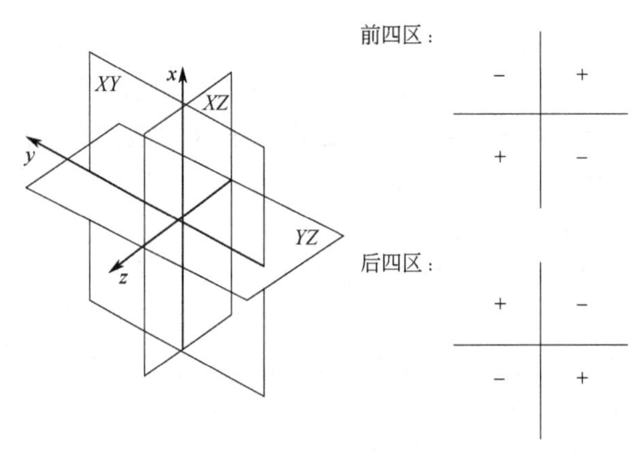

图 2-6　八区律

（2）螺旋规则

螺旋规则是判断结构不对称生色团 Cotton 效应符号的一般规则，可应用于不饱和酮、二烯、螺（扭曲）烯、二硫化物等绝对构型的分析。

（3）激发态手征性法

激发态手征性方法（ECCD）灵敏而简单，并广泛用于微量、溶液状态下研究有机化合物绝对构型和构象。但要求测定的样品必须具有两个带 $\pi\rightarrow\pi^*$跃迁的生色团，且两生色团必须处于相互有关的环境中，才可以产生电子跃迁偶极矩间的激发态耦合图谱。

激发态手征性 CD 光谱中，在生色团紫外最大吸收波长处裂分为两部分符号相反的吸收，即裂分的圆二色谱。波长较长的吸收称为第一 Cotton 效应，波长较短处的吸收为第二 Cotton 效应。第一 Cotton 效应为正，第二 Cotton 效应为负，称为正的手征性；第一 Cotton 效应为负，第二 Cotton 效应为正，称为负的手征性。

2.6　X 射线单晶衍射

1895 年，德国物理学家伦琴在进行阴极管射线研究时，发现了一种具有穿透作用的射线，命名为 X 射线。随后，1912 年，德国物理学家劳厄证实了 X 射线通过晶体后能够产生衍射效应。次年，英国的布拉格父子研制出世界上第一台 X 射线光谱仪，并测定了氯化钠及矿物的晶体结构，展示了排列在空间的分子立体结构，对于分子结构认识步入微观世界。

目前，X 射线衍射分析是对晶体结构研究最有效的分析手段，除对小分子结构分析外，还能对生物大分子的三维结构进行测定，成为一种常规的物理分析方法。

在常规分析方法中，四谱综合分析方法可以给出化合物的立体结构信息，推导出可能的分子骨架、取代基位置，构建出分子的立体结构模型。但是分析结果不是定量的，而是定性的，分析结果获得需要用一些已知化合物图谱作为参照物。相比之下，X射线单晶衍射分析研究的对象必须是固体，分析结果是定量的。

2.6.1 晶体学基本理论

（1）晶体与非晶体

固态物质分为晶体和非晶体两大类。晶体是分子、原子、离子按一种确定的方式在空间做严格的周期性排列规律（即相隔一定的距离周期重复出现）的物质，如食盐、糖等；非晶体是由分子、原子、离子在空间散乱堆积而成，不具有周期性排列规律，如塑料、玻璃等。

（2）晶体的性质

晶体与非晶体的区别是晶体具有规律的周期排列的内部结构，因此，晶体具有以下性质：

① 熔点确定。在晶型确定的情况下，有确定的熔点值。

② 在合适的结晶条件下可以形成结晶多面体。各种天然有机分子的结晶常常表现为块状、柱状、片状、针状等结晶多面体形式，反映了在微观状态下的分子、原子、离子的排列规则与宏观状态下的晶体外形的相容性，即几何对称性质是晶体的一种基本属性。

③ 各向异性。在晶体的不同方向上可以表现出不同的物理性质，如光学性质、力学性质等。

④ 均匀性质。同一颗晶体，其各个部分的宏观性质相同，这是由分子的周期性排列性质决定的。

⑤ 衍射效应。晶体与X射线可以发生衍射效应，是非晶体不具备的性质。

（3）晶胞

晶胞（图2-7）是晶体组成的最小重复单位，由具有一定体积的平行六面体组成，沿着晶胞的三个方向密堆积形成整个晶体，以 a、b、c（单位：Å）作为平行六面体的三个轴长，以 α、β、γ（单位：°）作为三个轴的夹角，并将 a、b、c 和 α、β、γ 定义为晶胞参数。

（4）晶体的对称性质

对称是晶体的特有性质，具有复杂多样的对称性是由于晶体内部结构的三维周期性质，晶体外形的对称性是内部微观空间结构对称的反映。

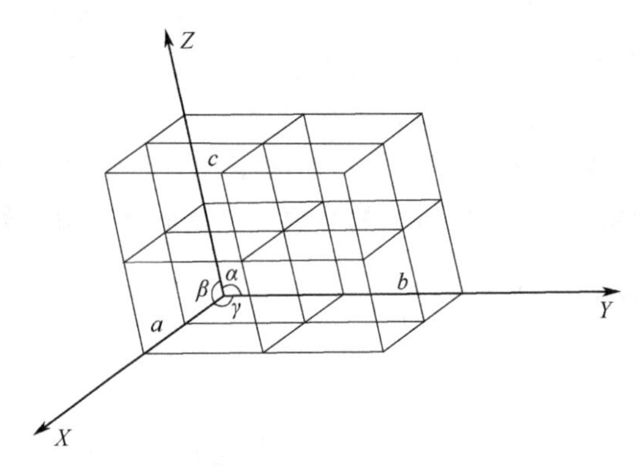

图 2-7　晶胞空间点阵图

对称：物体或物体各个部分借助一定的操作而有规律地重复。

对称操作：一个几何图形在完成某种操作后，其结果是图像自身的重复，这种操作被称为对称操作，该几何图形被称为对称图形。对称操作前后不改变等同部分内部任何两点间的距离，如正三角形、正方形、正四面体等。

对称元素：实施对称操作时必须凭借一定的几何要素（点、线、面）。

（5）晶体的特征对称元素

平移。由于晶体本身具有内部结构周期性排列的特性，因此，平移对称元素是晶体的特征对称元素，分为四种平移方式（图 2-8）：

① P 点阵沿着三个轴方向做晶胞的整平移，即取与轴大小等量平移；

② C 面心点阵包含一个沿 $(a+b)/2$ 的平移矢量；

③ I 体心点阵包含一个沿 $(a+b+c)/2$ 的平移矢量；

④ F 面心点阵包含三个沿 $(a+b)/2$、$(a+c)/2$、$(b+c)/2$ 的平移矢量。

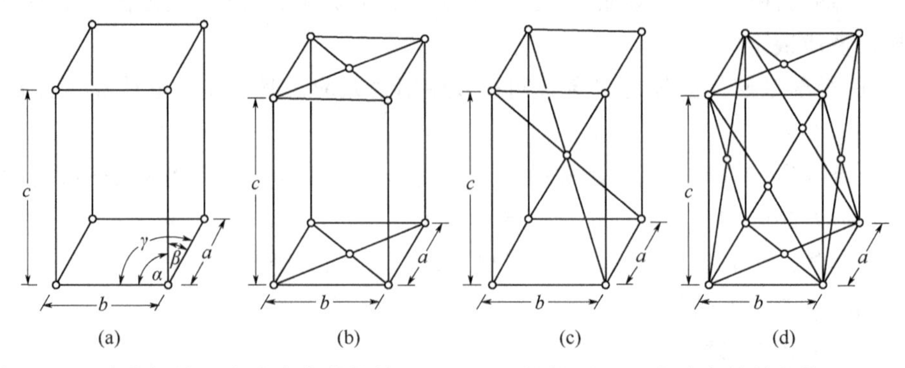

图 2-8　晶体的初基 P 点阵中的单位格子（a），晶体的面心 C 点阵中的单位格子（b），晶体的体心 I 点阵中的单位格子（c）和晶体的面心 F 点阵中的单位格子（d）

（6）晶体的宏观对称元素

① 对称中心 $\bar{I}$：倒反。设通过一个几何点做任意直线，在直线上距离该点等距离的两端可以找到性质完全相同的两个对称等效点，则该几何点为对称中心。

对称操作：(x, y, z), $(-x, -y, -z)$。

② 对称面 m：反映。设在对称图形中有一几何平面，将对称图形中任一点作为初始点，向该平面作垂线，并向平面的另一个方向反向延伸等距离，此端点与初始点的性质完全相同，则该几何平面为对称面。

对称操作：(x, y, z), $(-x, y, z)$, $(x, -y, z)$, $(x, y, -z)$。

③ 对称轴 N：旋转。设一条几何直线通过对称图形，以图形中任意点作为初始点，围绕直线旋转一个角度之后与另一点重合，此点与起始点的性质完全相同，且再经过 n 次上述操作之后，此点恢复到原来的初始点位置，则该几何直线为 n 次旋转对称轴，简称 n 次旋转轴。

晶体的对称轴受空间点阵规律的制约，因此只有 1 次、2 次、3 次、4 次和 6 次旋转轴。

④ 反轴 $-N$：对称轴（旋转）+对称中心（倒反）。反轴操作时首先围绕对称轴旋转一个角度，再通过轴上的一个点进行倒反操作。

由于一次反轴是对称中心，二次反轴是对称面，因此反轴只有 3 次、4 次、6 次反轴三种：

3 次反轴包含 2 个 3 次轴和对称中心的对称操作；

4 次反轴包含 2 个 2 次轴的对称操作；

6 次反轴包含 1 个 3 次轴和 1 个对称面的对称操作。

（7）晶体的微观对称元素

① 滑移面 m_t：对称面+平移。滑移面包含两步操作，首先是对称面操作，其次是平行于对称面的一个平移。晶体中存在五种滑移面，区别在于滑移分量的不同：

a 滑移面滑移分量为 $a/2$，即沿 a 轴存在 1/2 的滑移分量。

b 滑移面滑移分量为 $b/2$，即沿 b 轴存在 1/2 的滑移分量。

c 滑移面滑移分量为 $c/2$，即沿 c 轴存在 1/2 的滑移分量。

n 滑移面滑移分量为 $(a+b)/2$ 或 $(a+c)/2$ 或 $(b+c)/2$，即沿 3 个轴均存在 1/2 的滑移分量。

d 滑移面滑移分量为 $(a+b)/4$ 或 $(a+c)/4$ 或 $(b+c)/4$，即沿 3 个轴均存在 1/4 的滑移分量。

② 螺旋轴 N_t：对称轴+平移。螺旋轴包含两步操作，首先围绕对称轴旋转一

个角度，然后沿晶胞的轴方向平移一个分量。同样，由于受到对称轴的制约，晶体的螺旋轴只有 11 种。

（8）晶体对称操作分类

第一类对称操作：对称操作图形为叠合相等，存在绝对构型（只存在一种手性分子），包含平移、对称轴、螺旋轴。

第二类对称操作：对称操作图形为对映相等，没有绝对构型（存在两种手性分子），包含对称中心、对称面、反轴、滑移面。

（9）晶系

根据分子的排列规律，可将晶体分为 7 个晶系，即低级晶系（三斜晶系、单斜晶系、正交晶系）、中级晶系（三方晶系、四方晶系、六方晶系）和高级晶系（立方晶系）。

2.6.2 X 射线衍射基础知识

2.6.2.1 X 射线的产生与 X 射线光谱

X 射线是一种电磁波，波长范围在 0.1～100 Å（1 Å = 10^{-6} m），属于短波长的电磁波，其运动规律符合麦克斯韦的电磁方程。

用于晶体结构测定实验使用的是 X 射线的特征谱，其波长一般在 0.5～2.5 Å，与晶体点阵的间距大致相等（C—C 单键 1.5 Å，C—H 键 1.0 Å，C—O 单键和 C═O 双键 1.2～1.4 Å）。若波长太长，实验样品和空气对 X 射线的吸收过大；若波长太短，衍射线过于集中在低角度区域，不易分辨，只能得到低分辨数据。

X 射线的产生：晶体结构测定使用的 X 射线是利用高压发生器、高真空管、阴极灯丝、阳极靶材料产生的。将直流高电压加载在真空管中的阴极灯丝上，产生和加速高速运动的电子轰击阳极靶面，电子流在运动过程中遇到阳极靶面后受阻，产生负加速度，此时，电子周围磁场急剧变化，产生大量的热能（99%）和电磁波（1%），即产生 X 射线。

其中高速电子撞击阳极靶面所产生的X射线强度分布以和靶面约成6°角为最强处。

X 射线光谱：X 射线光谱包括含有波长不等的 X 射线的连续谱，呈现白光，以及含单一波长的 X 射线的特征谱，呈单色光。

X 射线单晶衍射结构分析使用的 X 射线一般为特征谱，其波长值由靶材料决定。通常选择 Cu 靶或 Mo 靶作为测定的阳极靶材料，Cu 靶波长值为 1.54178 Å，Mo 靶波长值为 0.71073 Å，符合晶面点阵间距。

2.6.2.2 X射线的性质

由于X射线为短波长的电磁波，因而具有电磁波与物质相互作用的普遍性质。

吸收效应：当X射线通过物体时，其强度逐渐衰减，一部分被物体吸收，组成物体的各种化学元素的原子序数越大，吸收的X射线越多。例如采用含铅物质可制成X射线的辐射防护隔离装置。

电离作用：通过气体时可以引起电离。

光电效应：照射到光电材料上时可以产生光电效应，由此制得X射线衍射仪器的各种计数装置。

感光效应：照射到感光乳胶底片上时可以使其感光。

荧光效应：照射到荧光物质上时可以激发荧光。X射线衍射仪器调光时，是利用其荧光效应来观察X射线的斑点位置。

散射效应：电磁波与物质作用的最普遍现象。

不同原子具有不同的散射因子，原子序数越大，原子衍射因子 f 值越高，原子对X射线的散射能力越强。

2.6.2.3 劳厄方程和布拉格方程

劳厄方程：晶体是由三维周期排列的原子组成，每个原子都能散射X射线，来自每个原子的散射波是相干的。

布拉格方程：把具有点阵结构的晶体看做一些原子平面簇，它们是一组相互平行、间距相等的晶面网，以 h、k、l 表示其指标，相邻晶面间距表示为 d_{HKL}，称为晶面间距。当波长 λ 的X射线投射到原子平面上，每一个平面都对X射线产生反射，即散射效应。

$$2d_{HKL}\sin\theta = \lambda \tag{2-17}$$

式中，$HKL = n_{\mathrm{H}}n_{\mathrm{K}}n_{\mathrm{L}}$。

X射线通过晶体时会产生衍射现象，由不同晶面产生的衍射线构成一幅衍射谱图，将由衍射线组成的空间称为“衍射空间”或“倒易空间”，以区别晶体存在的“正空间”。

X衍射实验的实质是完成两次傅里叶变换的过程。第一次是在X射线衍射实验中完成，目的是获得衍射谱图数据；第二次是在结构计算中完成，目的是获得分子的三维结构模型。

2.6.2.4 X射线衍射分析的主要结构信息

X射线衍射分析能提供晶体内原子坐标（相对坐标或绝对坐标）、原子间化学键长值（成键原子间）、原子间化学键角值（相邻原子间）、原子扭角值（相邻4

个原子间)、氢键值（分子内、分子间氢键的关系），以及分子平面性质（二面角、成环原子的平面性质）等结构信息。将这些结构数据有机联系起来，能够描绘出电子密度图、晶胞构造图和分子结构图。

X射线单晶衍射分析方法作为一种独立的结构分析方法，能够提供丰富的分子三维立体结构信息，易获得手性分子的绝对构型，还能够定量测定结晶样品中结晶水或溶剂的数目。

第3章 紫外、红外、质谱实例解析应用介绍

紫外、红外、质谱、核磁共振并称四大光谱，为结构解析常用工具，四大光谱相互辅佐，相互印证，从而最终确定结构。但早期核磁共振技术尚未成熟时，也有用单一工具如紫外显示的官能团特征、红外对应的官能团波数、质谱提供的离子碎片进行结构推导鉴定。鉴于核磁共振技术已经高度普及，目前用单一技术进行结构推导已不常见，故本章仅列举少量解析实例，以供参考。

3.1 紫外光谱的应用

紫外光谱法的应用广泛，不仅可以用来对有机化合物进行定性及结构分析，而且还可以进行定量分析及测定有些化合物的物理化学数据等。

3.1.1 定性分析

紫外吸收光谱曲线的形状、吸收峰的数目以及最大吸收波长的位置和相应的摩尔吸光系数，是进行定性鉴定的依据。其中最大吸收波长及相应的最大摩尔吸光系数是定性鉴定的主要参数。可以通过比较法和计算最大吸收波长两种方式来对有机化合物进行定性分析。比较法是在相同的测定条件（仪器、溶剂、pH 等）下，比较未知试样与已知标准物的吸收光谱曲线。若二者的吸收光谱曲线完全等同，则说明二者具有相同的共轭体系。其次，通过 Woodward-Fieser、Fieser-Kuhn、Scott 等经验规则计算化合物的最大吸收波长，通过与实测值比较，进而确定化合物的结构。

例如《中国药典》关于马来酸氯苯那敏（图 3-1）的性状项下通过吸光系数对其进行定性的描述：取本品，精密称定，加盐酸溶液（稀盐酸 1 mL 加水至 100 mL）

溶解并定量稀释制成每 1 mL 中约含 20 μg 的溶液，照紫外-可见分光光度法，在 264 nm 的波长处测定吸光度，吸光系数（$E_{1cm}^{1\%}$）为 212～222。

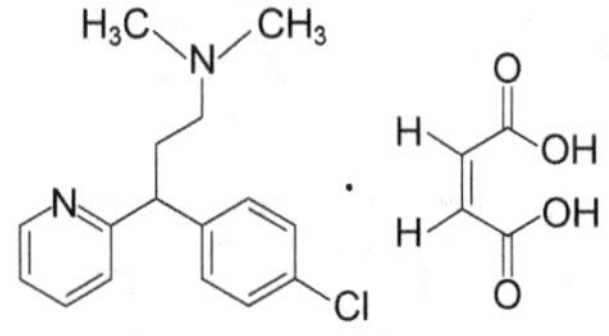

图 3-1　马来酸氯苯那敏

例如紫罗兰酮异构体的确定：用其他分析方法得知紫罗兰酮有两种异构体（A 和 B），但不知结构中哪种为 α 异构体（简称 α 体），哪种为 β 异构体（简称 β 体），这个问题可以通过紫外吸收光谱技术得以解决。具体方法是：先取 α 体及 β 体的纯晶体，测得紫外吸收光谱，λ_{max}（α 体）= 228 nm，λ_{max}（β 体）= 296 nm；通过不饱和酮紫外吸收最大波长的计算方法，最终确定其结构。如下所示：

A　　　　B

解：	A		B	
	A 基值	215 nm	B 基值	215 nm
	β位环基	12 nm	γ 位烷基	18 nm
			δ 位烷基(18×2)	36 nm
			共轭双键	30 nm
	λ_{max}=	227 nm	λ_{max} =	299 nm

比较计算值与实测值可知：结构 A 应为 α 体，而结构 B 应为 β 体。

3.1.2　有机化合物的结构推测

紫外吸收光谱是研究不饱和有机化合物结构骨架的常用方法之一，其一般只能反映分子中的生色团和助色团[1]。若化合物在 200～400 nm 区间没有吸收峰，则说明该化合物结构中无共轭双键系统，或为饱和的有机化合物。若化合物在 270～350 nm 区间有一个很弱的吸收峰（ε_{max}=10～100），且在 200 nm 以上无其他吸收，说明该化合物结构中含有带孤对电子的未共轭的生色团，例如 C═O、C═C—O、C═C—N 等。若化合物在 210～250 nm 有强吸收带，表明其含有共轭双键。若 ε 值在 10000～20000 之间，则为二烯或不饱和酮。若在 260～350 nm 有强吸收带，则化合物可能有 3～5 个共轭单位或稠芳环等。若化合物在 260～300 nm，ε 值在 200～1000 之间有吸收峰，可能为苯系物。以上规律对于确定分子中是否含有生色团有重要的意义。

此外，紫外吸收光谱对于具有相同官能团和类似骨架的各种异构体包括位置异构体和顺反异构体，共轭二烯类化合物围绕其单键旋转生成的构象异构体以及互变异构体的确定都具有重要的意义。

例如，反式二苯乙烯的最大吸收波长 λ_{max} 与顺式二苯乙烯相比较大（图 3-2），这是由于反式双键与两个苯环共平面发生共轭，故 λ_{max} 为 295.5 nm，ε_{max} 为 29000，二者数值均较大。而顺式二苯乙烯，由于存在立体位阻，苯环与乙烯双键未能完全共平面，因此共轭程度比反式异构体小，故顺式二苯乙烯的 λ_{max} 为 280 nm，ε_{max} 为 10500，二者数值较反式二苯乙烯均较小。

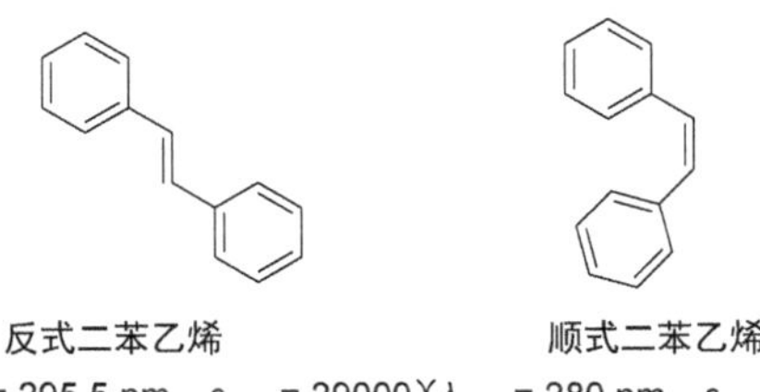

图 3-2 二苯乙烯异构体

例如，反式双环共轭二烯（*trans*-S）和顺式双环共轭二烯（*cis*-S）两种构象的区分（图 3-3）。两个环状二烯化合物的紫外吸收光谱说明顺式异构体比反式异构体的吸收波长增加，但吸收强度减弱。

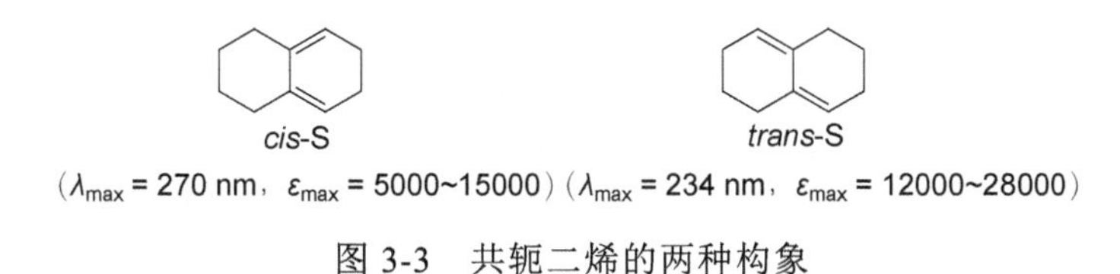

图 3-3 共轭二烯的两种构象

3.1.3 定量分析

定量分析的依据是朗伯-比尔定律：在稀溶液的实验条件下，当单色光通过液层厚度一定的含吸光物质的溶液后，溶液的吸光度（A）与溶液的浓度（c）和吸收池的厚度（L）成正比。

$$A = KcL$$

式中，K 为吸光系数，即单位浓度、单位液层厚度时的吸光度。吸光系数有两种表示方式，分别是摩尔吸光系数（ε）与百分吸光系数（$E_{1cm}^{1\%}$）。

由于物质在一定波长处的吸光度与浓度成正比关系，可以通过测定待测物质的吸光度与标准曲线比较求得含量，或者是将待测物质的溶液与标准物质的溶液在 λ_{max} 处测得的吸光度值进行比较，根据 $c_{待} = c_{标}A_{待}/A_{标}$ 求得其含量。

【例】维生素 B_{12} 的含量测定。精密吸取维生素 B_{12} 注射液 2.50 mL，加水稀释至 10.00 mL；另配制对照液，精密称定对照品 25.00 mg，加水稀释至 1000 mL。在 361 nm 处，用 1 cm 吸收池，分别测定维生素 B_{12} 注射液与对照液的吸光度为 0.508 和 0.518，求维生素 B_{12} 注射液的浓度。

解： $c_{注} \times \dfrac{2.50}{10.00} = \dfrac{25.00}{1000} \times 1000 \times \dfrac{0.508}{0.518}$

得 $c_{注} = 98.1\ \mu g/mL$

特别值得注意的是上述朗伯-比尔定律有一定的适用条件：入射光为平行单色光且垂直照射；吸光物质为均匀非散射体系；吸光物质之间无相互作用；辐射与物质之间的作用仅限于光吸收，无荧光和光化学现象发生；物质的吸光度在 0.2～0.8。

3.1.4　纯度检查

若一化合物在紫外-可见光区没有吸收峰，而其中的杂质有较强的吸收，就可方便地检出化合物的痕量杂质。例如要检定甲醇或乙醇中的杂质苯等（图 3-4），可利用苯在 230～270 nm 处的 B 吸收带，而甲醇或乙醇在此波长处几乎没有吸收。

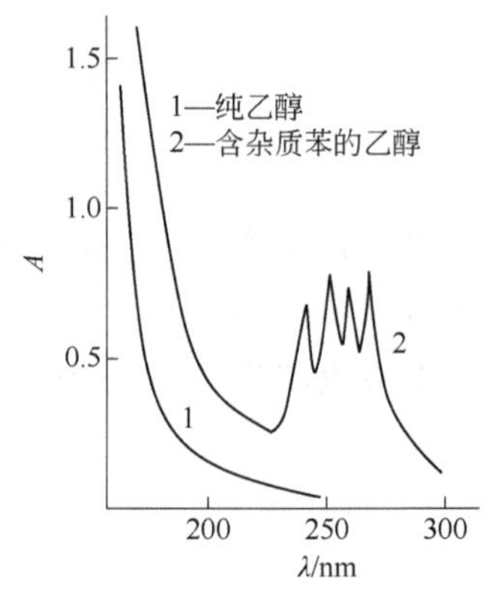

图 3-4　乙醇的紫外吸收光谱图

3.2　红外光谱的应用

3.2.1　已知化合物的结构鉴定

将试样的谱图与标准的谱图进行对照，或者与文献上的谱图进行对照。如果两张谱图各吸收峰的位置和形状完全相同，峰的相对强度一样，就可以认为样品是该种标准物。如果两张谱图不一样，或峰位置不一致，则说明两者不为同一化合物，或样品有杂质。在谱图比较过程中需要注意试样的来源、物态、结晶状态、溶剂、测定条件以及所用仪器类型均应与标准谱图相同。若样品的来源不同，其红外光谱往往有微小差别，例如不同植物来源的山柰酚（图 3-5），其在 NMR、MS 和 TLC 中的 R_f 值（比移值）均相同，但在红外光谱中却不完全相同。

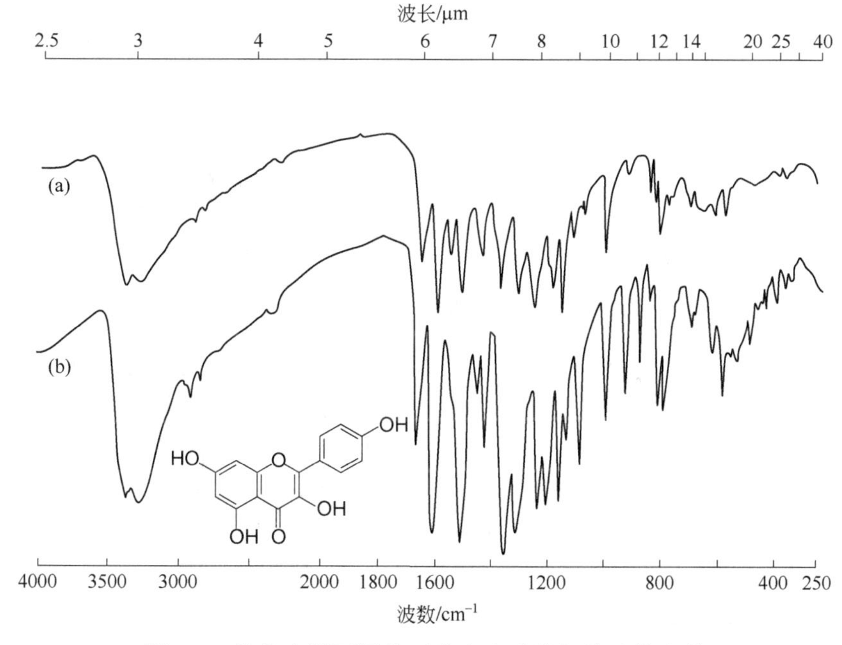

图 3-5 植物来源不同的两种山柰酚的红外吸收光谱

3.2.2 立体构型的确定

（1）鉴别光学异构体

化合物的红外光谱图与立体化学构型之间存在着一定的关系。对映异构体的左旋体与右旋体的红外光谱是完全一样的，如(*R*)-氨基酸和(*S*)-氨基酸的红外光谱完全相同，故用红外光谱不能鉴别对映体。但对映异构体和外消旋体由于晶格分子排列不同，故红外光谱不同[1]。

例如，(−)-樟柳碱氢溴酸盐（左旋体）和(±)-樟柳碱氢溴酸盐（消旋体）的红外光谱不同，如图 3-6 所示。

（2）几何（顺、反）异构体和构象异构体的区分

顺式碳氢键面外弯曲振动在 740～690 cm^{-1} 之间，而反式的对应 $\nu_{C=C-H}$ 则位于 950 cm^{-1} 左右，且具有强吸收峰。依据两者的差别可以区分双键的顺反异构体。

例如，甾体化合物（图 3-7）17 位侧链上的双键有反式与顺式两种形式。反式异构体在 980～965 cm^{-1} 处显示一个强吸收峰，而顺式异构体在 770～750 cm^{-1} 及 750～725 cm^{-1} 处有两个吸收峰。

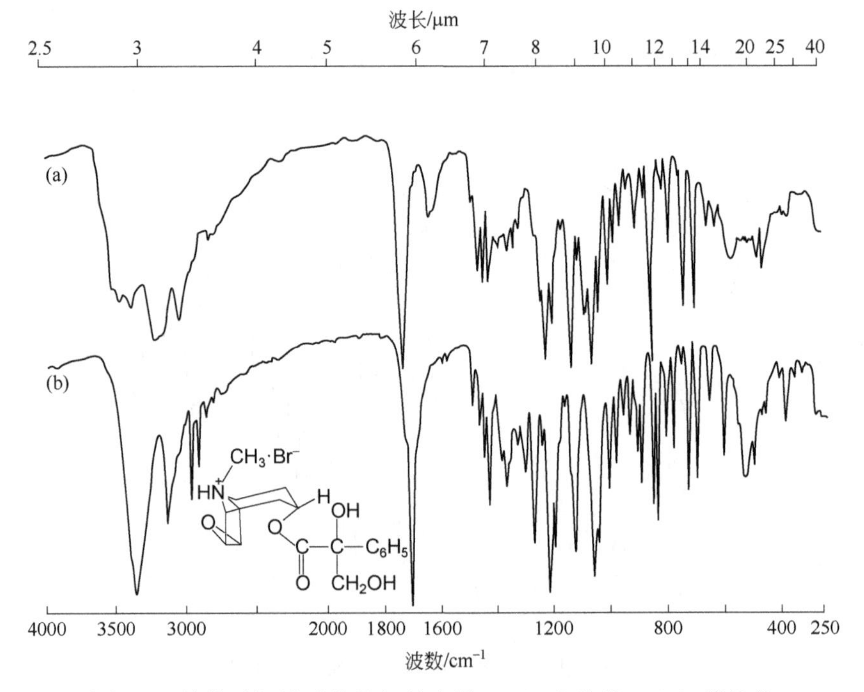

图 3-6　樟柳碱氢溴酸盐的红外光谱：（a）左旋体；（b）消旋体

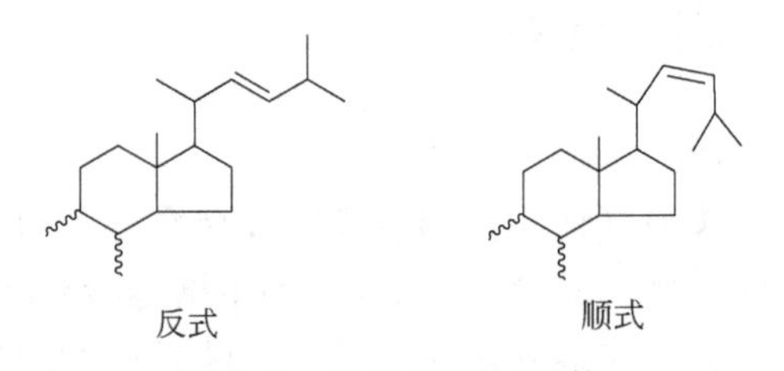

图 3-7　甾体的顺反异构

同一化学键在不同构象中伸缩振动频率不同，例如处于 e 键的取代基伸缩振动频率高，因 C—R_e 键伸缩，整个环扩张，复位力大；处于 a 键的取代基垂直于环平面，复位力小，C—R_a 键的伸缩振动频率低（图 3-8）。

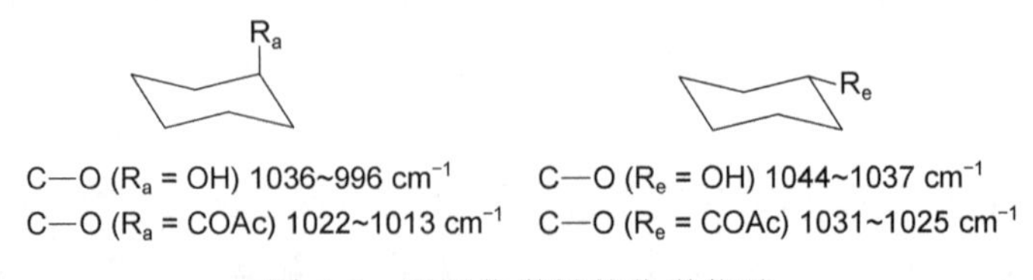

图 3-8　不同化学键的化学位移

3.2.3 未知结构的推测

红外光谱在化合物的结构解析过程中主要起到确定官能团的作用，并且与其他谱学方法相结合的情况下，也可用于化合物的结构推断。其解析步骤如下：首先，通过元素分析或者质谱确定化合物的分子式，进而计算化合物的不饱和度；其次，结合红外光谱图特征区（4000～1300 cm^{-1}）和指纹区（1300～400 cm^{-1}）吸收峰的特征确定分子中所含的基团或者键的类型；最后，综合考虑不饱和度和分子中的官能团特征推测化合物的结构。

例如，化合物的分子式为 C_8H_7N，红外吸收光谱如图 3-9 所示，推导其结构。

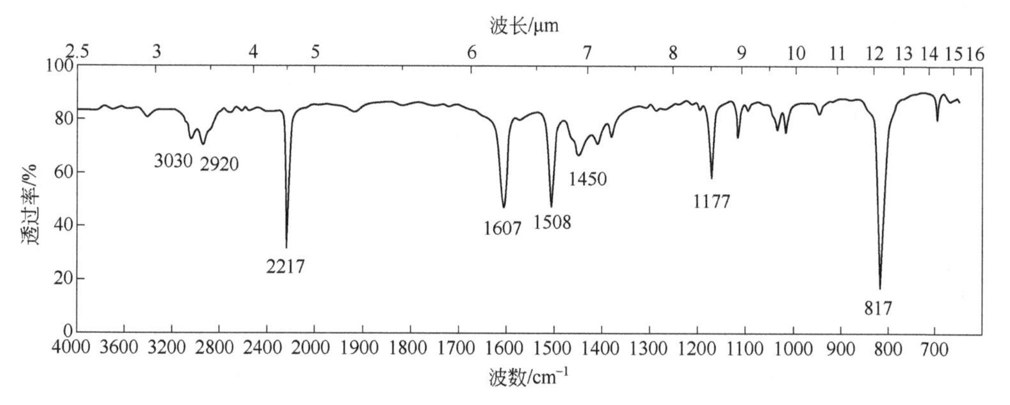

图 3-9 未知化合物的红外吸收光谱

其结构推导过程如下：

① 该化合物的不饱和度计算：

$$\Omega = n(\mathrm{C})+1-[n(\mathrm{H})-n(\mathrm{N})]/2 = 8+1-(7-1)/2 = 6$$

② 确定结构中的官能团：

3030 cm^{-1} 为芳香 C—H 伸缩振动吸收峰，1607 cm^{-1}、1508 cm^{-1}、1450 cm^{-1} 为芳环骨架伸缩振动吸收峰，817 cm^{-1} 为芳环 C—H 的面外弯曲振动吸收峰，暗示结构中存在一个 1,4-二取代的苯环；

2920 cm^{-1} 为甲基 C—H 的不对称伸缩振动吸收峰；

2217 cm^{-1} 为—C≡N 的伸缩振动吸收峰。

③ 综合以上信息，推导该化合物为对氰基甲苯，结构如下：

H_3C— —CN

3.2.4　样品纯度鉴定和分离指导

例如，蚕豆皮粗提物通过石油醚和丙酮的精制（图 3-10 和图 3-11），产物在 1699 cm^{-1}、2927 cm^{-1} 处有较强的羧酸振动吸收峰，说明精制产物中可能有有机酸类化合物的存在[2]。有机精制产物再经 AB-8 型大孔树脂处理，其所得产物的红外光谱没有显示较强的羧酸振动吸收峰。因此，通过红外光谱检测可以判断蚕豆皮原花青素提取分离过程中有机酸成分是否去除完全。

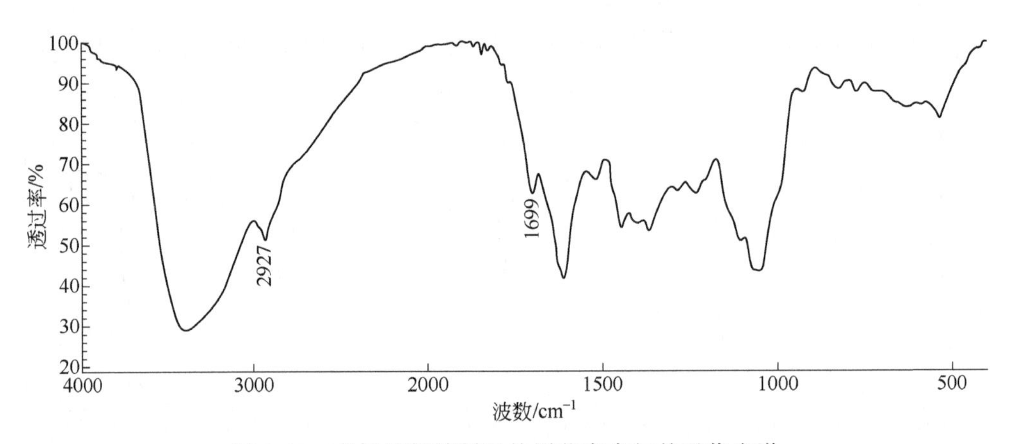

图 3-10　有机溶剂精制后的原花青素红外吸收光谱

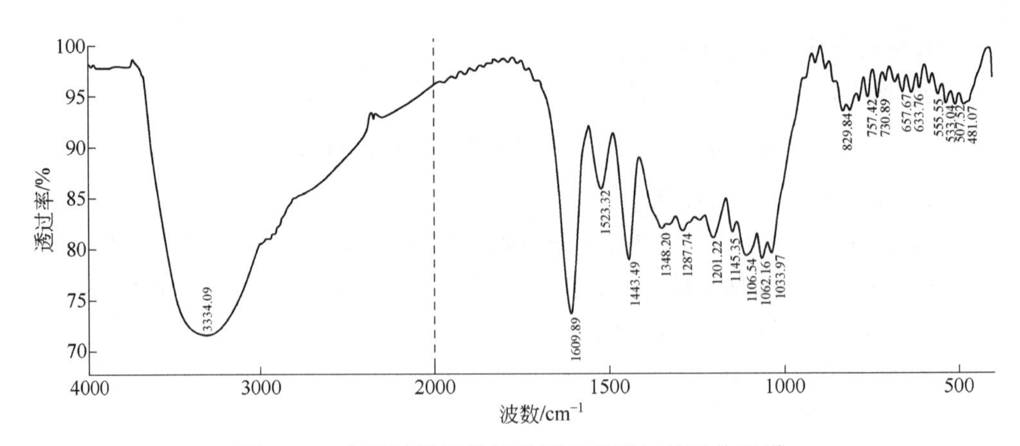

图 3-11　大孔树脂纯化后的原花青素红外吸收光谱

3.3 质谱在结构解析中的应用

3.3.1 质谱应用规律

质谱在化合物结构解析中具有至关重要的作用。质谱可以测定分子量，利用分子量可以确定化合物的分子式，利用高分辨质谱可以直接确定化合物的分子式。通过碎片离子的相关结构信息可以推测某一类化合物的质谱裂解规律。

在应用质谱进行解析时，应注意以下规律的运用：

① 氮规则：含有奇数氮原子的化合物，EI-MS 谱的$[M]^{+\cdot}$离子是奇数。

② 同位素峰的丰度比：由于大多数元素存在同位素，则质谱中离子峰通常为峰簇。根据同位素峰的天然丰度比及其对同位素峰的贡献大小，可计算分子离子的元素组成，尤其是 Cl、Br、S、Si 等元素的天然丰度表现出特征的峰簇。

③ 计算不饱和度：根据分子式计算出不饱和度（环加双键值），可获得分子骨架以及化合物类型的信息。

④ 特征离子：$[M-15]^+$、$[M-CO]^{+\cdot}$、*m/z* 77（苯基）、*m/z* 91（苄基）、*m/z* 105（苯酰基）等特征碎片离子的出现，有助于推断分子离子峰，还可提供分子部分结构和化合物种类的信息。

3.3.2 实例解析

【例】由元素分析测得某化合物的组成为 $C_8H_8O_2$，其质谱如图 3-12 所示。红外光谱在 3450 cm^{-1}、1705 cm^{-1} 处有强吸收峰，试确定该化合物的结构式。

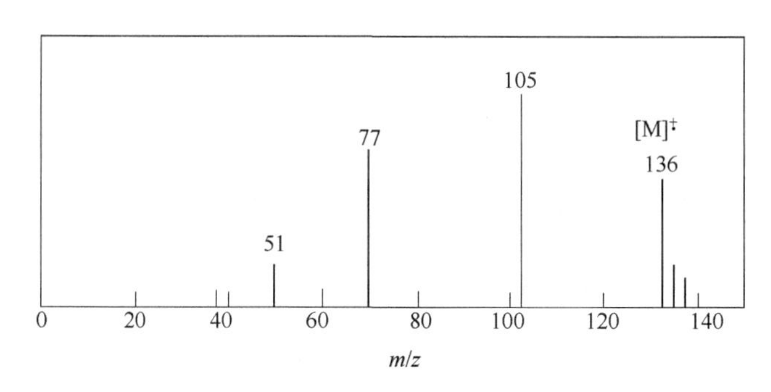

图 3-12 某化合物的质谱

解析步骤如下：

① 该化合物的分子量为 136，不饱和度为 5。

② 红外光谱在 3450 cm^{-1} 和 1705 cm^{-1} 处有强吸收峰，说明结构中可能存在羰基和羟基基团。

③ 质谱中存在 *m/z* 77、51 等峰，可以推断该化合物中含有苯环。

④ *m/z* 105 是由 *m/z* 136 失去质量为 31 的碎片（$—CH_2OH$ 或$—OCH_3$）产生的，*m/z* 77（苯基）是由 *m/z* 105 失去质量为 28 的碎片（—CO 或$—C_2H_4$）产生的。因为质谱中没有 *m/z* 91 的离子，所以 *m/z* 105 是由 *m/z* 136 失去 CO 产生的。

⑤ 根据质谱推测结果，其可能的结构为 $Ar—COOCH_3$ 或 $Ar—CO—CH_2OH$。考虑红外光谱羟基吸收，最终确定了该化合物的结构如下：

研究 MS/MS 谱（一般指子离子谱），通过子离子→母离子及母离子→子离子 MS/MS 谱以及中性丢失扫描谱的分析，可以掌握丰富的结构信息。例如：图 3-13 是抗焦虑药丁螺环酮的全扫描质谱，可获得其分子离子信息，确定其分子量。图 3-14 是子离子扫描质谱，可获得与丁螺环酮分子离子直接相关的子离子信息。

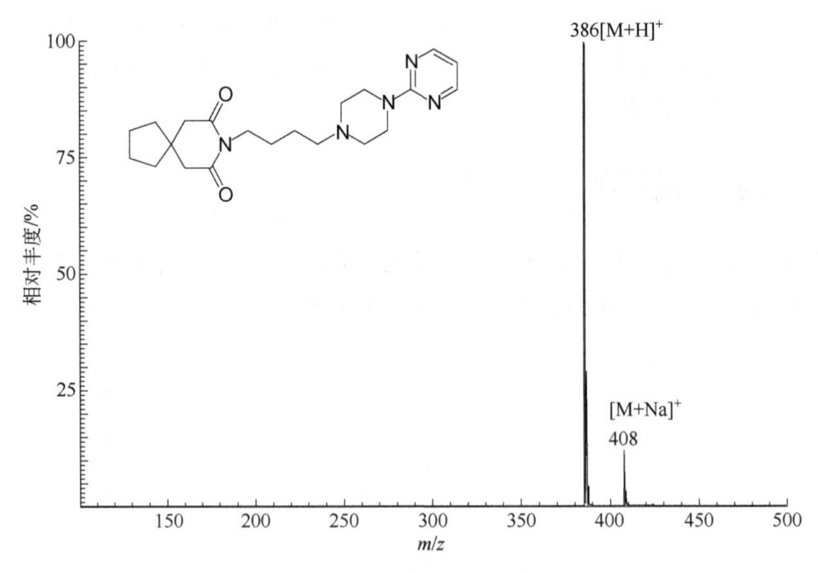

图 3-13　丁螺环酮的全扫描质谱

质谱不仅可以进行纯物质的分子量测定、化学式确定及结构鉴定等，还可通过检出的离子强度与离子数目成正比，通过离子强度进行定量分析。利用 MS/MS

或 LC-MS/MS 技术，可同步完成微量成分的高灵敏度分离、鉴定结构以及定量分析。例如结合 LC-MS/MS 等联用技术，开展药用植物微量（活性）成分的快速分子鉴别。

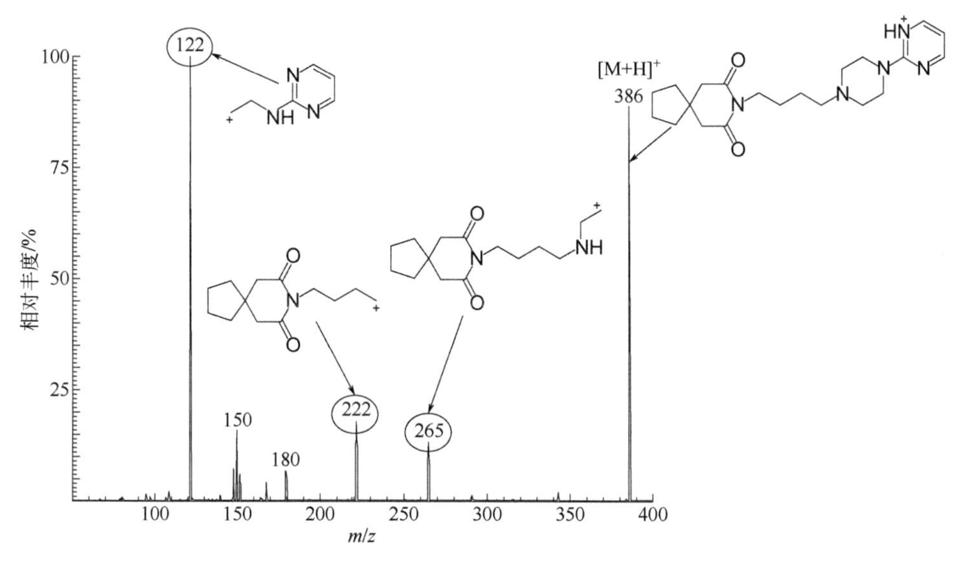

图 3-14 丁螺环酮的子离子扫描质谱

参 考 文 献

[1] 吴立军. 有机化合物波谱解析[M]. 3 版. 北京: 中国医药科技出版社, 2009.

[2] 邓莉, 褚仕超, 刘章武, 等. 蚕豆皮中低聚原花青素结构的初步鉴定[J]. 中国酿造, 2013, 32(2): 137-143.

下篇

结构解析实例

第 4 章　木脂素类化合物结构解析

木脂素类化合物是一类由苯丙素氧化聚合产生的天然产物，通常所指是其二聚物，少数是三聚物和四聚物。这类成分主要存在于植物的木部和树脂中，故称为木脂素。一般将二聚物通过侧链 β-碳（C-8—C-8′）（图 4-1）连接而成的化合物称为木脂素类，将由其他位置连接而成的化合物称为新木脂素类。木脂素类化合物的基本单元为 C_6—C_3，主要单体有四种：桂皮醇（cinnamyl alcohol）、桂皮酸（cinnamic acid）、丙烯基苯（propenyl benzene）和烯丙基苯（allyl benzene）。

木脂素类和新木脂素类化合物的主要结构类型包括丁烷衍生物类、四氢呋喃类、二苯基四氢呋喃并四氢呋喃类、4-苯基四氢萘类、4-苯基四氢萘并丁内酯类（图 4-2）、苯并呋喃类、联苯环辛烯类和氧新木脂素等。

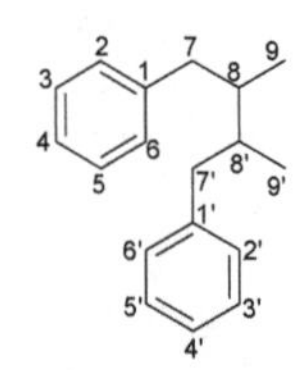

图 4-1　C-8—C-8′相连的木脂素结构骨架

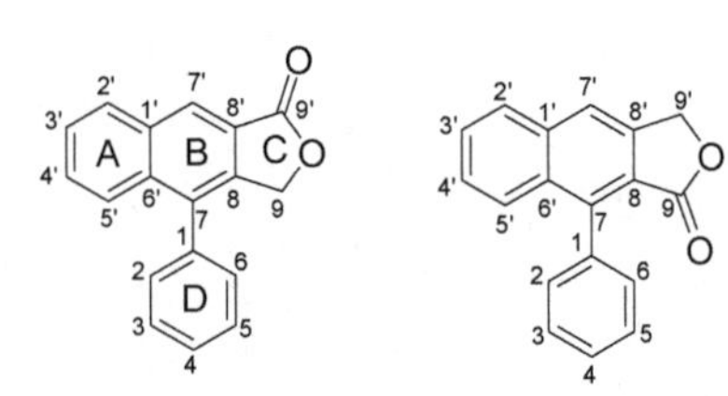

图 4-2　4-苯基四氢萘并丁内酯类木脂素结构骨架

核磁共振（NMR）谱是确定木脂素类化合物结构的主要技术手段。木脂素类化合物的结构类型较多，可根据 NMR 谱的一般规律进行分析。下面就木脂素中几个常见类型的 NMR 波谱规律进行介绍总结。

4-苯基四氢萘并丁内酯类木脂素（图 4-2）是由 4-苯基四氢萘基本骨架中的 8、9 位和 8′、9′位形成一个五元内酯环，也是由 18 个碳的两个苯丙素分子组成。该类型木脂素化合物有内酯环朝上和内酯环朝下两种类型。内酯环向上且 B 环完全芳化的木脂素化合物，其 H-7′和 H-9 的化学位移值分别约为 δ 8.25 和 δ 5.08～5.23，

C-7′、C-9′和 C-9 的化学位移值 δ 分别为 118.2～224.4、171.5～172.2 和 69.4～70.0；而内酯环向下的且 B 环完全芳化的木脂素化合物，其 H-7′和 H-9′的化学位移值 δ 为 7.60～7.70 和 5.32～5.52，C-7′、C-9′和 C-9 的化学位移值 δ 分别为 114.2～118.2、66.2～68.4 和 168.9～170.7。

二苯基四氢呋喃并四氢呋喃类木脂素（图 4-3）是由两个苯丙素的 8、8′位碳碳连接，7、9′位以及 9、7′位通过氧连接，结构中有两个四氢呋喃环的一类木脂素化合物。核磁共振氢谱在确定该类化合物的立体构型方面具有重要的意义。根据 ^{1}H NMR 谱中 H-7 和 H-7′的耦合常数，可以判断两个芳香基是位于同侧还是异侧。若位于同侧，则 H-7 与 H-8 及 H-7′与 H-8′均为反式构型，其耦合常数相同，为 4～5 Hz；若位于异侧，则 H-7′与 H-8′为反式构型，耦合常数为 4～5 Hz，而 H-7 与 H-8 则为顺式构型，耦合常数约为 7 Hz。该类化合物结构中有两个芳环，遵循芳环的氢谱和碳谱规律。两个呋喃环中 C-8 和 C-8′的化学位移值类似，为 δ 49.5～55.8；C-7 和 C-7′的化学位移值类似，为 δ 77.5～87.7；C-9 和 C-9′的化学位移值类似，为 δ 69.6～75.2。此外，呋喃环中的 C-9 和 C-9′可能变为羰基碳，其化学位移值为 δ 175.1～175.4，而邻近的 C-8 和 C-8′向高场位移，化学位移值为 δ 47.9～48.1。

同侧　　　　异侧

图 4-3　二苯基四氢呋喃并四氢呋喃类木脂素顺反异构

【例 4-1】kadheterin A[1]

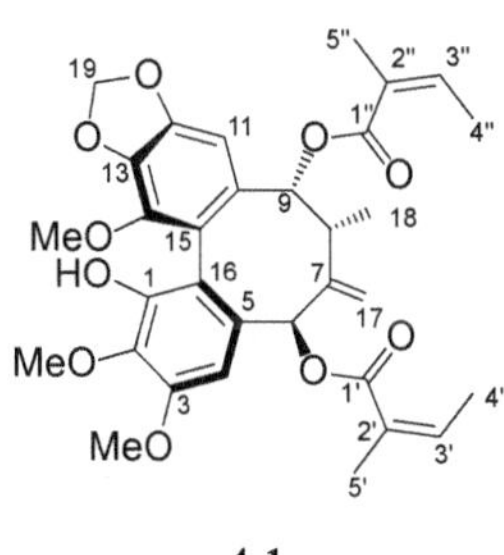

4-1

无色针晶，易溶于氯仿、甲醇，$[\alpha]_D^{26} = +109.7°$（$c = 0.12$, MeOH）。

HR ESI-MS *m/z*：603.2204 [M + Na]$^{+}$（计算值：603.2201），结合氢谱和碳谱

推断此化合物的分子式为 $C_{32}H_{36}O_{10}$，不饱和度为 15。

UV 光谱中最大吸收波长为 219.5 nm 和 288 nm，为二苯并环辛二烯木脂素类化合物的典型吸收。

IR（KBr）光谱显示该结构中存在不饱和内酯 1710 cm^{-1} 和 1615 cm^{-1}（C═O），羟基（—OH）3426 cm^{-1} 和苯环 1462 cm^{-1} 特征吸收峰。

^{1}H-NMR（表 4-1）显示，化合物 **4-1** 中存在两个典型的芳环单峰质子信号：δ_H 6.55 和 6.60；两个二氧亚甲基基团特征质子信号：δ_H 5.92 (s, H-19)；一个芳环羟基信号：δ_H 5.51 (s, 1-OH)；三个甲氧基信号：δ_H 3.88 (s, 3-OMe)、3.82 (s, 2-OMe) 和 3.75 (s, 14-OMe)；五个甲基信号：δ_H 1.86 (m, H-4′)、1.73 (m, H-4″)、1.39 (br s, H-5′)、1.31 (ov, H-18) 和 1.30 (ov, H-5″)；一个次甲基质子信号：δ_H 2.58 (br q, J = 6.9 Hz, H-8)；两个连氧次甲基质子信号：δ_H 6.37 (s, H-6) 和 5.62 (br s, H-9)；一对环外亚甲基质子信号：δ_H 5.35 (s, H-17b) 和 4.95 (s, H-17a)。

表 4-1　化合物 4-1 的 NMR 数据（500 MHz，$CDCl_3$）

位置	δ_C	类型	δ_H (J/Hz)	位置	δ_C	类型	δ_H (J/Hz)
1	147.4	C		18	19.2	CH_3	1.31, ov
2	134.6	C		19	101.1	CH_2	5.92, br s
3	151.4	C		1′	166.1	C	
4	103.8	CH	6.55, s	2′	127.3	C	
5	134.2	C		3′	139.7	CH	5.95, m
6	82.1	CH	6.37, s	4′	15.7	CH_3	1.86, m
7	146.8	C		5′	19.6	CH_3	1.39, br s
8	39.4	CH	2.58, br q (6.9)	1″	166.8	C	
9	80.8	CH	5.62, br s	2″	127.3	C	
10	134.1	C		3″	139.1	CH	5.84, m
11	102.8	CH	6.60, s	4″	15.7	CH_3	1.73, m
12	148.9	C		5″	19.9	CH_3	1.30, ov
13	136.3	C		OMe-2	60.4	CH_3	3.82, s
14	141.4	C		OMe-3	55.8	CH_3	3.88, s
15	119.2	C		OMe-14	59.5	CH_3	3.75, s
16	114.7	C		OH-1			5.51, s
17	115.2	CH_2	4.95, s; 5.35, s				

^{13}C-NMR（表 4-1）显示结构中存在三十二个碳信号，包括十二个芳环碳信号：δ_C 151.4 (C-3)、148.9 (C-12)、147.4 (C-1)、141.4 (C-14)、136.3 (C-13)、134.6 (C-2)、

134.2 (C-5)、134.1 (C-10)、119.2 (C-15)、114.7 (C-16)、103.8 (C-4) 和 102.8 (C-11)；一个二氧甲基信号：δ_C 101.1 (C-19)；一对环外双键碳信号：δ_C 146.8 (C-7) 和 115.2 (C-17)；两个连氧次甲基信号：δ_C 82.1 (C-6) 和 80.8 (C-9)；三个甲氧基碳信号 δ_C 60.4 (2-OMe)、59.5 (14-OMe) 和 55.8 (3-OMe)；一个普通次甲基碳信号：δ_C 39.4 (C-8)；一个普通甲基碳信号 δ_C 19.2 (C-18)；十个异戊烯酯碳信号：δ_C 166.1 (C-1′)、127.3 (C-2″)、139.7 (C-3′)、15.7 (C-4″)、19.6 (C-5′)、166.8 (C-1″)、127.3 (C-2″)、139.1 (C-3″)、15.7 (C-4′) 和 19.9 (C-5″)。氢碳直接相关信号通过 HSQC 谱确定，骨架上的氢氢相关连接通过二维 ^{1}H-^{1}H COSY 获得（图 4-4）。综上所述，化合物 **4-1** 是一个具有两个异戊烯酯取代的 C_{18} 二苯并环辛二烯木脂素类化合物。

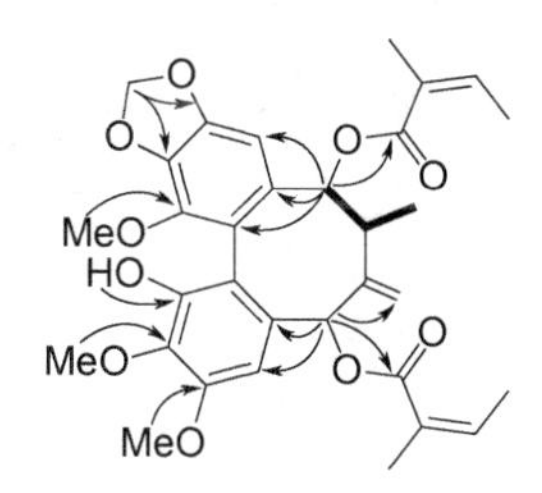

图 4-4 化合物 **4-1** 的 ^{1}H-^{1}H COSY 相关（粗体）及主要 HMBC 相关（箭头）

HMBC 显示（图 4-4），δ_H 3.82 (2-OMe) 与 δ_C 134.6 (C-2) 相关，δ_H 3.88 (3-OMe) 与 δ_C 151.4 (C-3) 相关，δ_H 3.75 (14-OMe) 与 δ_C 141.4 (C-14) 相关，确定了三个甲氧基的取代位置分别在 C-2、C-3 和 C-14 位；酚羟基 δ_H 5.51 (s) 与 δ_C147.4 (C-1)、134.6 (C-2)、114.7 (C-16) 相关，确定了其在 C-1 位；δ_H 5.92 (H-19) 与 δ_C 148.9 (C-12)、136.3 (C-13) 相关，确定了二氧亚甲基 C-19 与 C-12、C-13 相连；δ_H 6.37（H-6）与 δ_C 166.1 (C-1′) 相关，δ_H 5.62 (H-9) 与 δ_C 166.8 (C-1″) 相关，确定了两个异戊烯酯的取代位置；δ_H 6.37 (H-6) 与 δ_C 146.8 (C-7) 相关，δ_H 4.95 和 5.35 (H-17) 与 δ_C 82.1 (C-6)、39.4 (C-8) 相关，δ_H 1.31 (H-18) 与 δ_C 146.8 (C-7)、39.4 (C-8)、80.8 (C-9) 相关，确定了末端双键在 C-7 与 C-17 之间；甲基 C-18 的连接位置通过 H-18、H-8、H-9 的 COSY 相关得以证实；结合 HR ESI-MS 确定 C-1 位还有一羟基取代。通过以上相关数据确定了化合物的平面结构。

由于该化合物存在阻转异构，CD 谱中在 λ_{max} = 249 nm 处有明显的负 Cotton 效应，并且在 222 nm 处有明显的正 Cotton 效应，证实二连苯的绝对构型为 S_a。

二维 ROESY 谱显示，δ_H 6.55 (H-4) 分别与 δ_H 6.37 (H-6)、δ_H 3.88 (3-OMe) 有 ROE 效应；δ_H 6.60 (H-11) 分别与 δ_H 5.62 (H-9)、2.58 (H-8)有 ROE 效应，表明 H-8、H-9 处于 β 位，而 H-6 处于 α 位。以上相关分析证实了化合物 **4-1** 具有扭转-船式-椅式的构象，与具有 C-6(*S*)、C-8(*R*)、C-9(*R*)绝对构型的二苯并环辛二烯木

脂素类具有相同的绝对构型。

在氯仿-甲醇（1∶1）的溶液中，化合物 **4-1** 容易形成单晶，最终通过 X 射线单晶衍射实验确认了化合物的绝对构型为（6*S*, 8*R*, 9*R*）（图 4-5）。

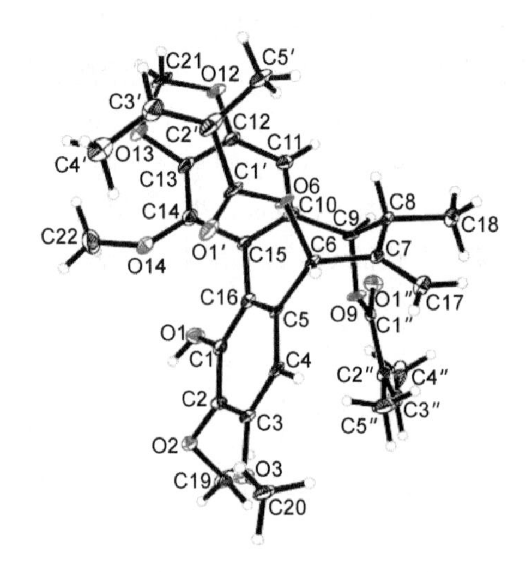

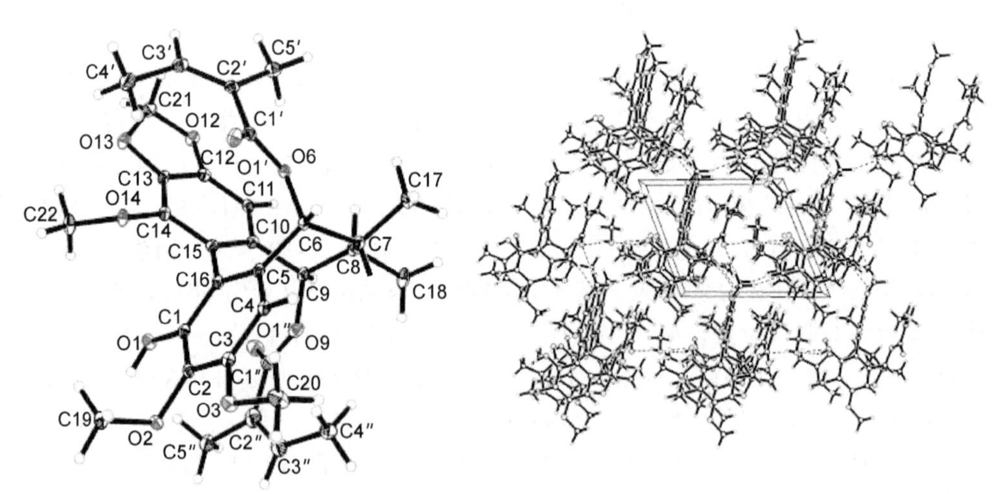

图 4-5　化合物 **4-1** 的晶体结构

综上，化合物 **4-1** 的结构确定为 kadheterin A。

附：化合物 4-1 的更多波谱图见图 4-6～图 4-15。

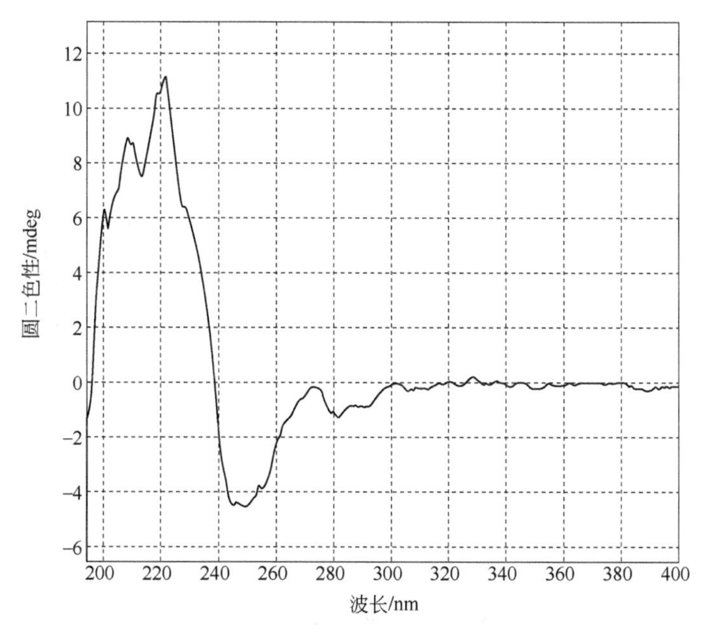

图 4-6 化合物 **4-1** 的 CD 谱

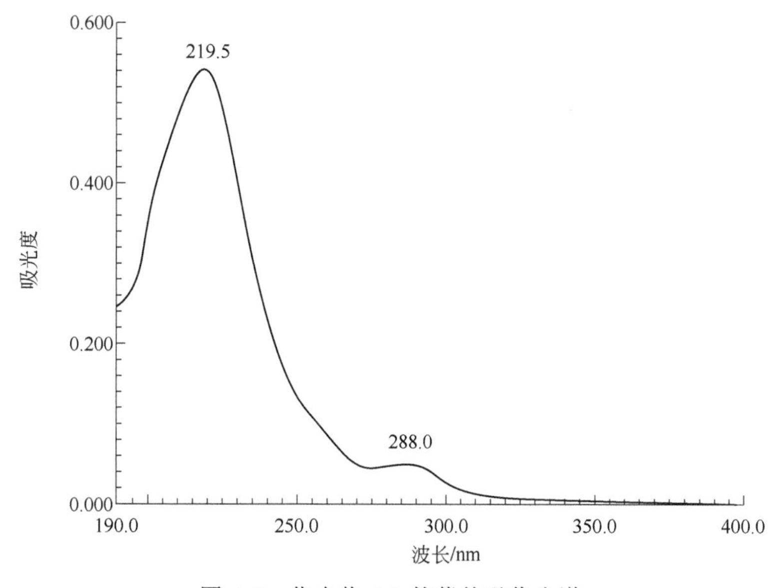

图 4-7 化合物 **4-1** 的紫外吸收光谱

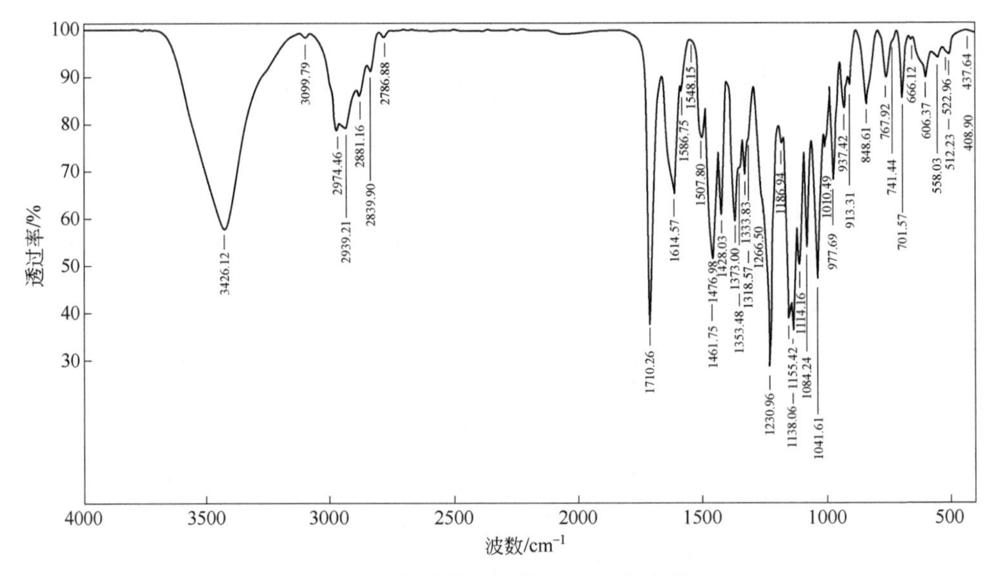

图 4-8 化合物 **4-1** 的红外吸收光谱

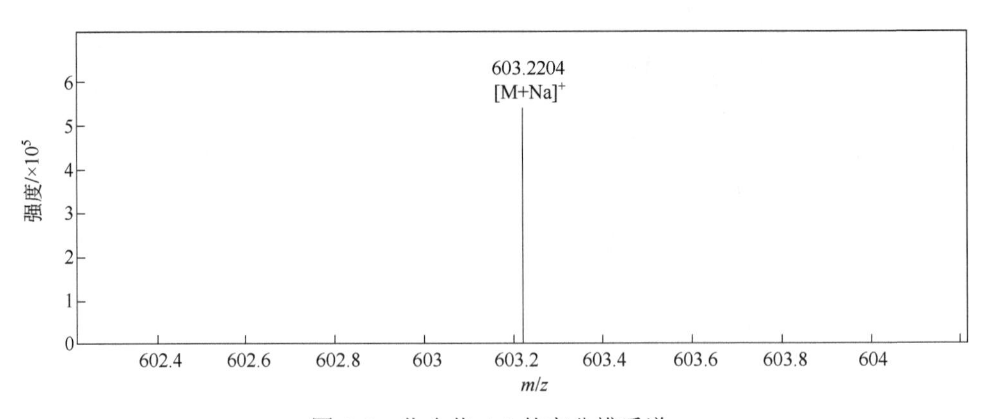

图 4-9 化合物 **4-1** 的高分辨质谱

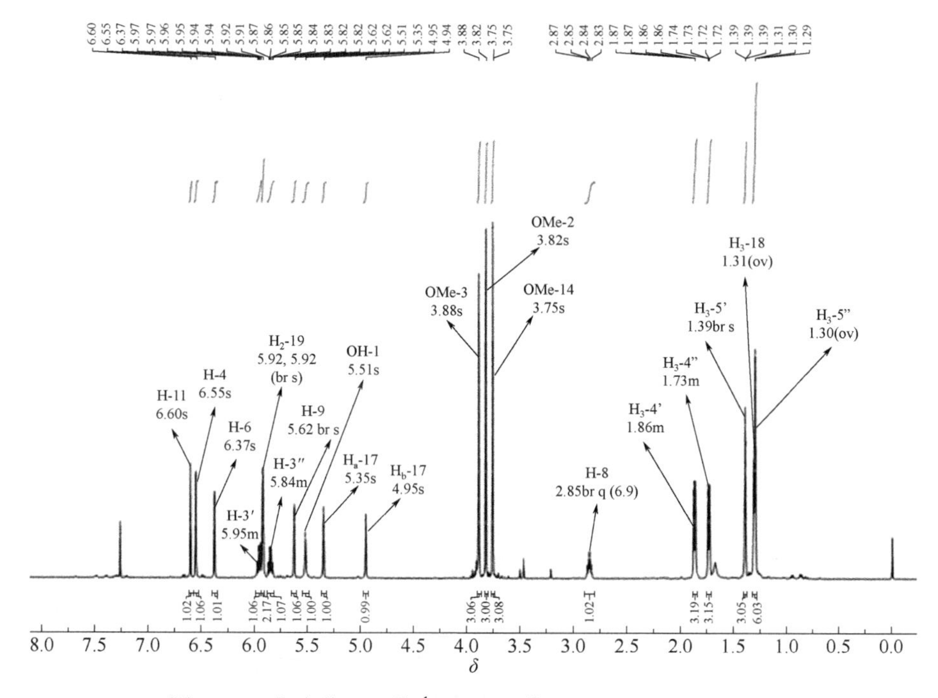

图 4-10　化合物 **4-1** 的 ^{1}H-NMR 谱（$CDCl_3$，500 MHz）

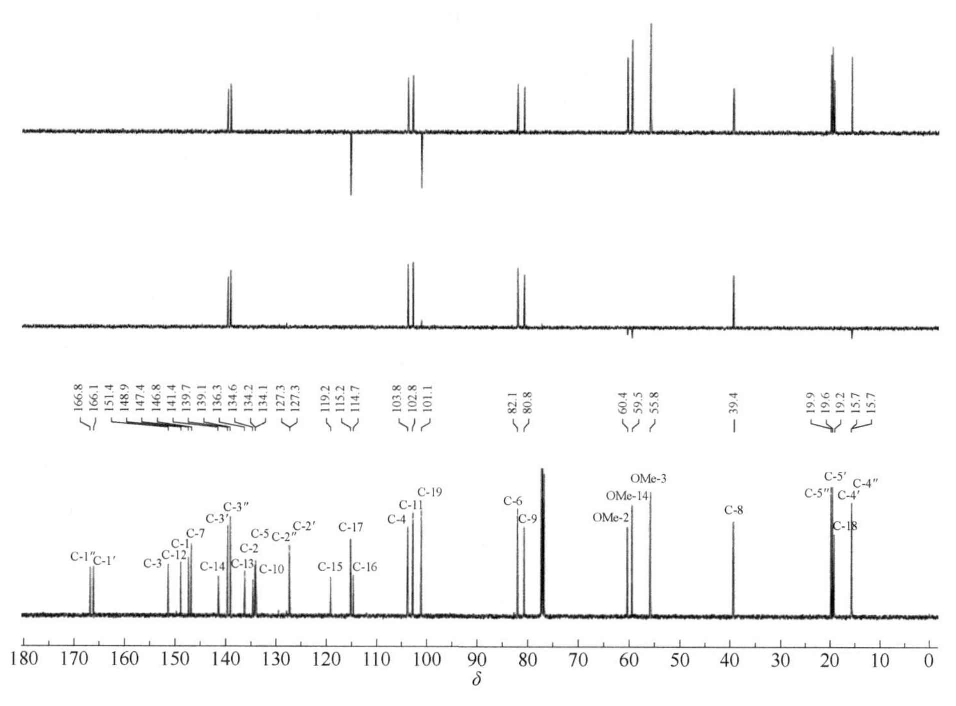

图 4-11　化合物 **4-1** 的 ^{13}C-DEPT 谱（$CDCl_3$，125 MHz）

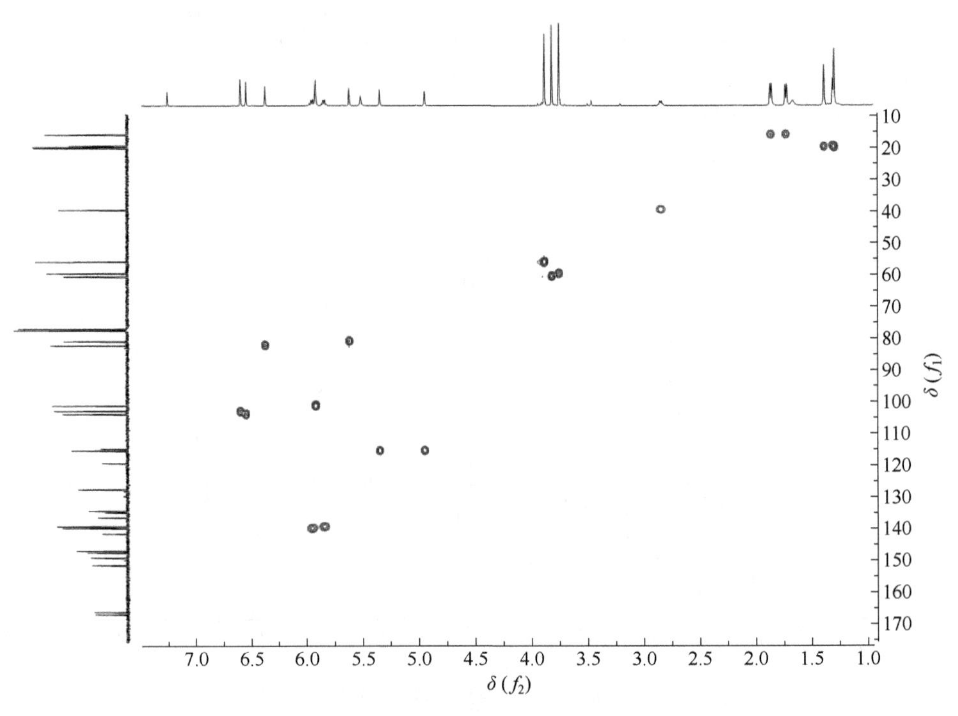

图 4-12 化合物 **4-1** 的 HSQC 谱

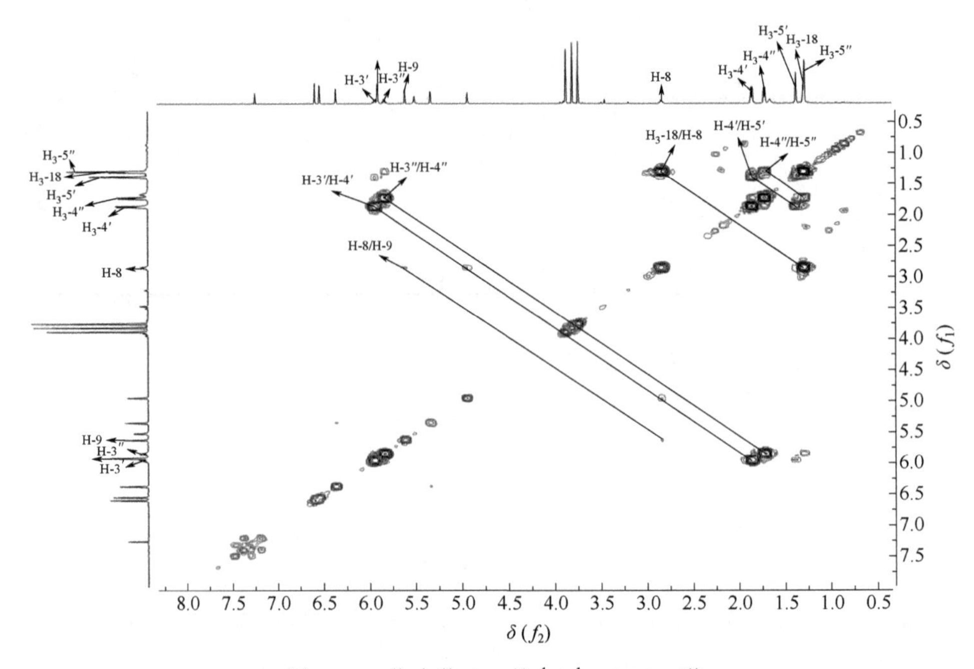

图 4-13 化合物 **4-1** 的 ^1H-^1H COSY 谱

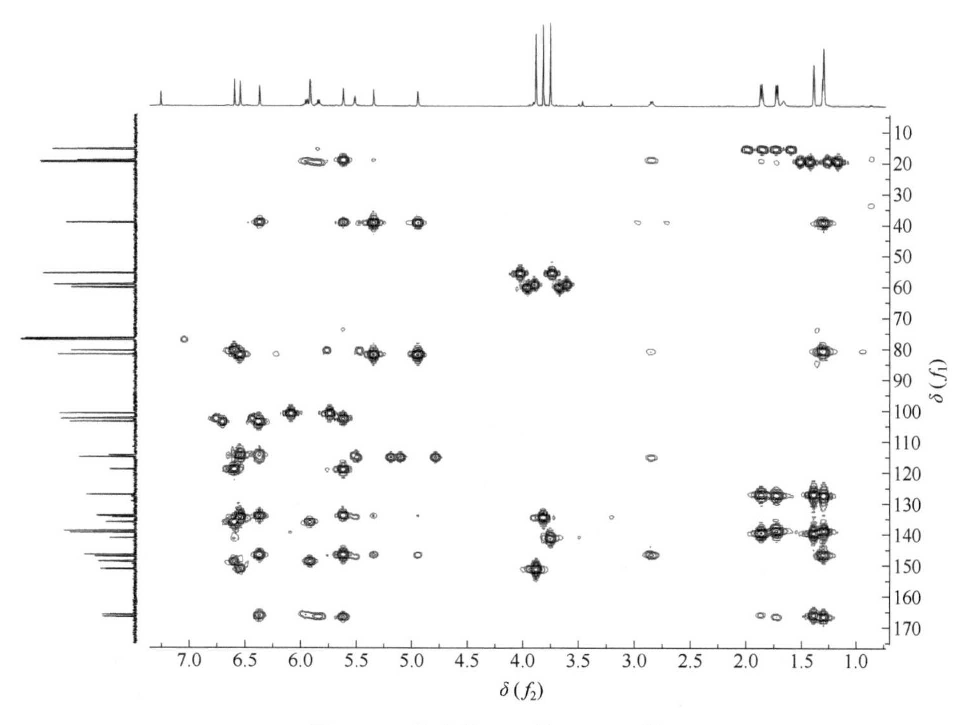

图 4-14 化合物 **4-1** 的 HMBC 谱

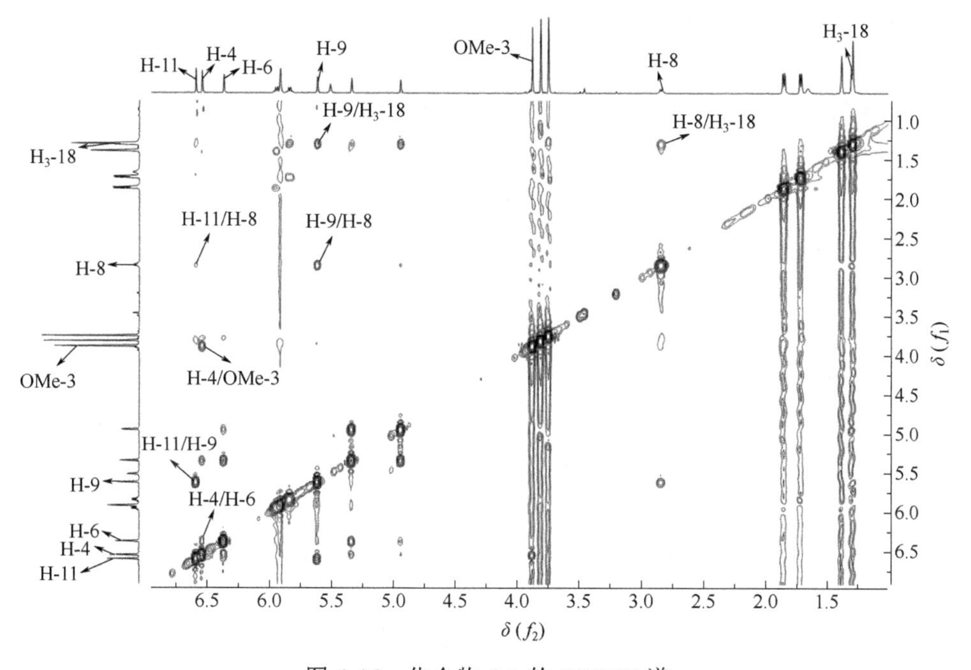

图 4-15 化合物 **4-1** 的 ROESY 谱

【例 4-2】vitexkarinol[2]

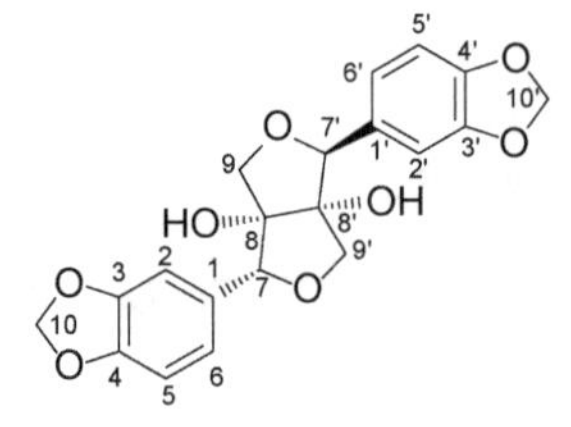

4-2

无色胶状，$[\alpha]_D^{25}=+32.8°$（c = 4.8, $CHCl_3$）。

HR FAB-MS m/z：409.0898，对应 $[M+Na]^+$（计算值：$C_{20}H_{18}O_8Na$，409.0899）；369.0974，对应 $[M-H_2O]^+$（计算值：$C_{20}H_{17}O_7$，369.0974）；351.0869，对应 $[M-2H_2O]^+$（计算值：$C_{20}H_{15}O_6$，351.0869），结合氢谱和碳谱推断此化合物的分子式为 $C_{20}H_{18}O_8$，不饱和度为 12。

UV 光谱中最大吸收波长为 236 nm 和 286 nm，为苯环红移后的特征吸收。

IR (KBr) 光谱显示该结构中存在羟基 (—OH) 3477 cm^{-1} 和苯环 1504 cm^{-1}、1491 cm^{-1}、1444 cm^{-1} 的特征吸收峰。

^{1}H-NMR 和 ^{13}C-NMR（表 4-2）显示化合物 **4-2** 中存在两组典型的亚甲二氧苯甲基信号，7-亚甲二氧苯甲基：δ_H 6.86 (1H, br s, H-2)、6.81 (1H, dd, J = 8.2 Hz、1.0 Hz, H-6)、6.79 (1H, d, J = 8.1 Hz, H-5) 和 5.93 (2H, s, H_2-10)；碳谱中 δ_C 148.0 (C-3)、147.9 (C-4)、128.4 (C-1)、120.1 (C-6)、108.5 (C-5)、107.4 (C-2) 和 100.9 或 101.2 (C-10)；7′-亚甲二氧苯甲基：δ_H 6.93 (1H, br s, H-2′)、6.90 (1H, dd, J = 8.0 Hz、0.8 Hz, H-6′)、6.77 (1H, d, J = 8.0 Hz, H-5′) 和 5.93 (2H, s, H_2-10′)；δ_C 147.5 (C-3′)、146.9 (C-4′)、130.5 (C-1′)、118.1 (C-6′)、108.1 (C-5′)、105.7 (C-2′) 和 101.2 或 100.9 (C-10′)。剩余的 $C_6H_8O_4$ 分子量根据 HMBC 谱图中的相关（图 4-16）推断为 1,5-二羟基-3,7-二氧杂环[3.3.0]辛烷基团。

二维 HMBC 谱（图 4-16）显示，δ_H 4.54 (H-7) 与 δ_C 128.4 (C-1)、107.4 (C-2)、120.1 (C-6)、85.8 (C-8)、75.1 (C-9)、88.3 (C-8′)、75.1 (C-9′) 相关，δ_H 4.52 (H-7′) 与 δ_C 130.5 (C-1′)、105.7 (C-2′)、118.1 (C-6′)、85.8 (C-8)、75.1 (C-9)、88.3 (C-8′)、75.1 (C-9′) 相关。二维 HMBC 谱显示，δ_H 4.54 (H-7) 与 δ_C 128.4 (C-1)、107.4 (C-2)、120.1 (C-6)、85.8 (C-8)、75.1 (C-9)、88.3 (C-8′)、75.1 (C-9′) 相关，^{1}H-NMR（表 4-2）中 δ_H 2.51 和 3.62 的两个宽单峰推测为 C-8/8′的羟基基团。通过以上相关数据确定了化合物 **4-2** 的平面结构。

表 4-2 化合物 **4-2** 的 NMR 数据（500 MHz, $CDCl_3$）

位置	δ_C	类型	δ_H(J/ Hz)	位置	δ_C	类型	δ_H(J/ Hz)
1	128.4	C		1′	130.5	C	
2	107.4	CH	6.86, br s	2′	105.7	CH	6.93, br s
3	148.0	C		3′	147.5	C	
4	147.9	C		4′	146.9	C	
5	108.5	CH	6.79, d (8.1)	5′	108.1	CH	6.77, d (8.0)
6	120.1	CH	6.81, dd (8.2, 1.0)	6′	118.1	CH	6.90, dd (8.0, 0.8)
7	89.0	CH	4.54, br s	7′	85.7	CH	4.52, br s
8	85.8	C		8′	88.3	C	
9	75.1	CH_2	3.54, d (9.8) 4.22, d (9.7)	9′	75.1	CH_2	3.36, d (10.8) 3.66, d (10.8)
10	101.2 或 100.9	CH_2	5.93, br s	10′	101.2 或 100.9	CH_2	5.93, br s
OH-8			3.62 或 2.51, br s	OH-8′			3.62 或 2.51, br s

二维 ROESY 谱显示，δ_H 4.54 (H-7)、δ_H 4.22 (β-H-9)、δ_H 4.52 (H-7′) 与 δ_H 3.54 (α-H-9)有 ROE 效应，证实 H-7 与 H-7′处于不同朝向；而 OH-8/8′的朝向无法通过 ROE 确定。最终该化合物的立体构型通过生物合成途径推测确定。

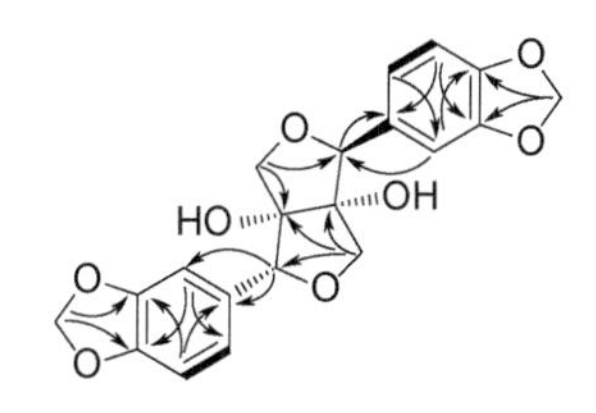

图 4-16 化合物 **4-2** 的 ^{1}H-^{1}H COSY 相关（粗体）及主要 HMBC 相关（箭头）

综上，化合物 **4-2** 的结构确定为 vitex-karinol。

附：化合物 4-2 的更多波谱图见图 4-17～图 4-26。

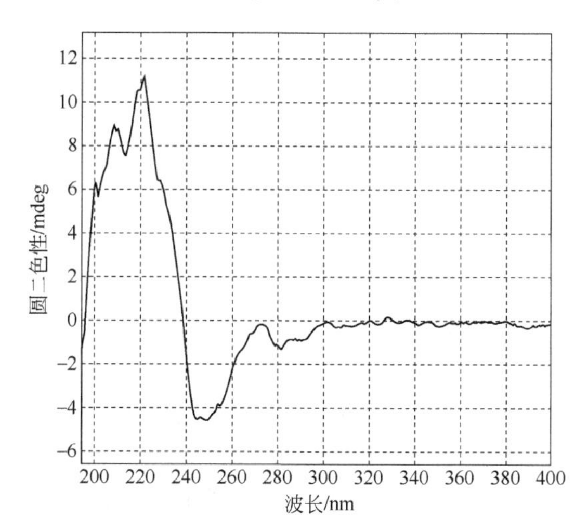

图 4-17 化合物 **4-2** 的 CD 谱

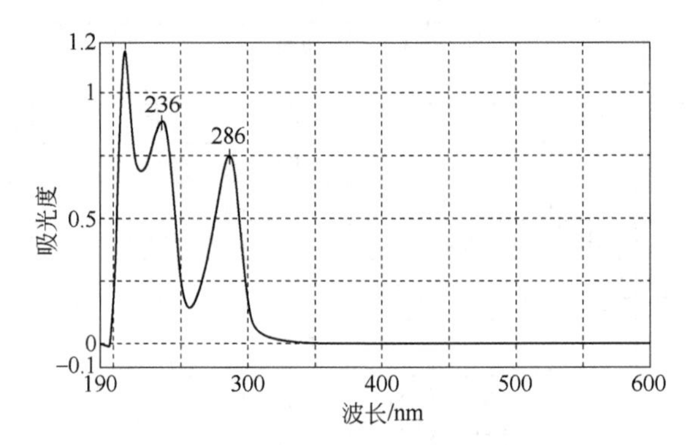

图 4-18　化合物 **4-2** 的紫外吸收光谱

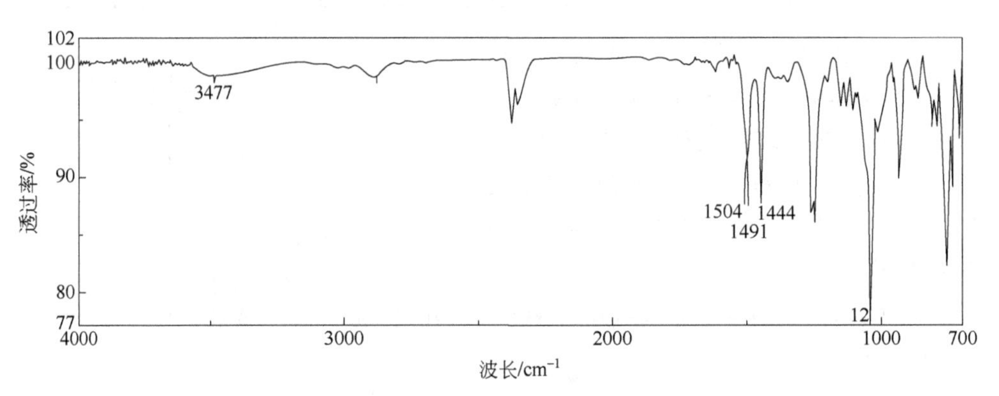

图 4-19　化合物 **4-2** 的红外吸收光谱

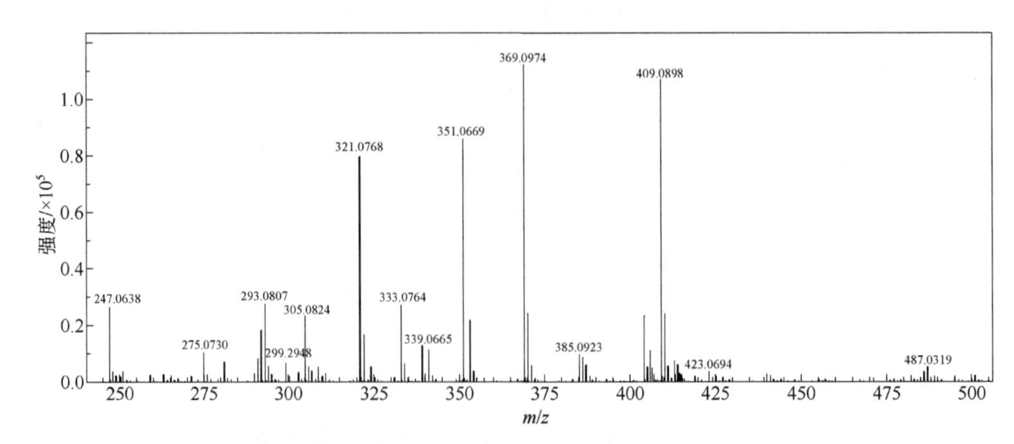

图 4-20　化合物 **4-2** 的高分辨质谱

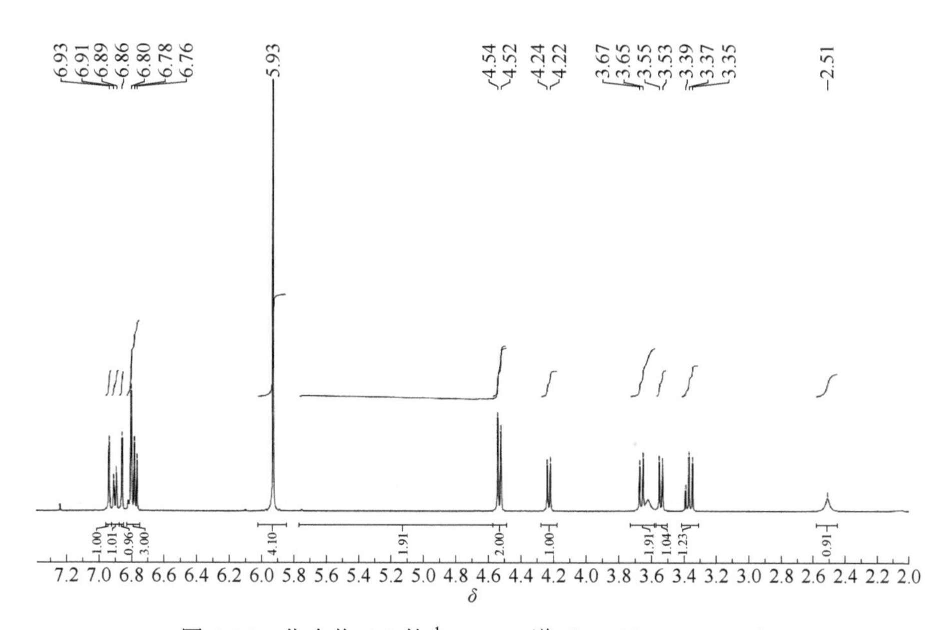

图 4-21 化合物 **4-2** 的 ^{1}H-NMR 谱（$CDCl_3$, 500 MHz）

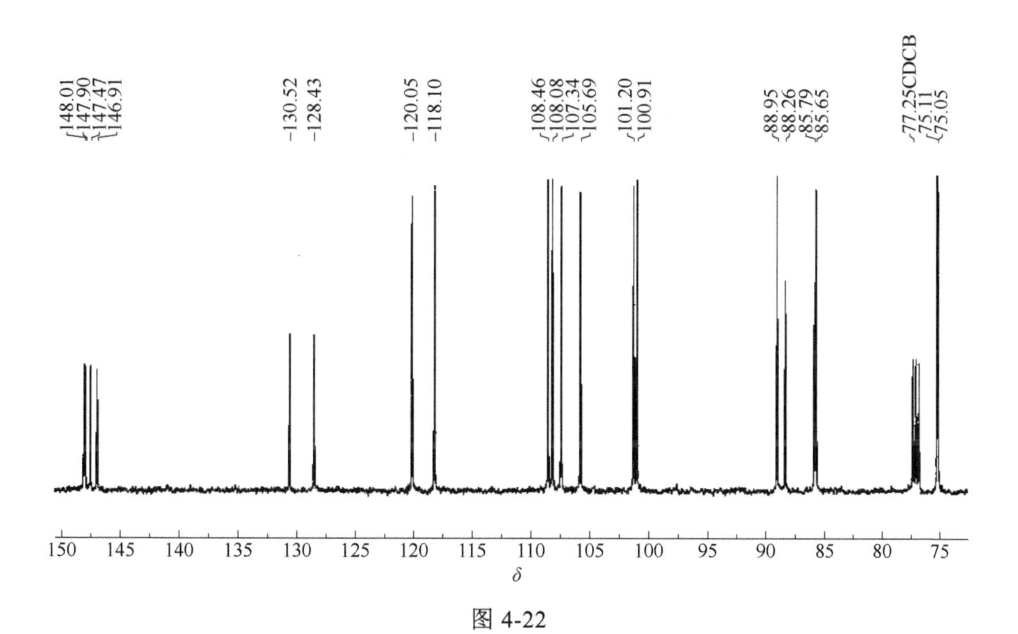

图 4-22

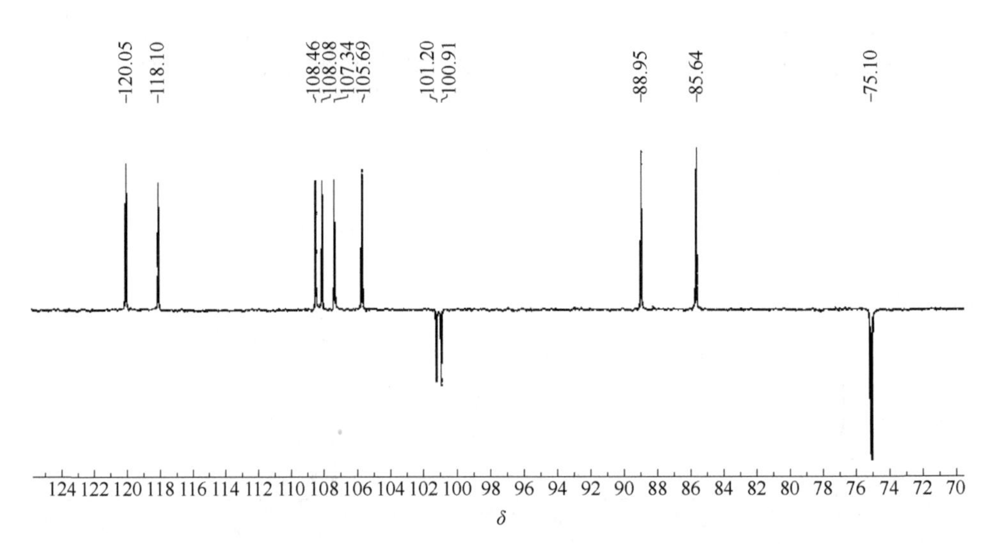

图 4-22　化合物 **4-2** 的 ^{13}C-DEPT 谱（$CDCl_3$, 125 MHz）

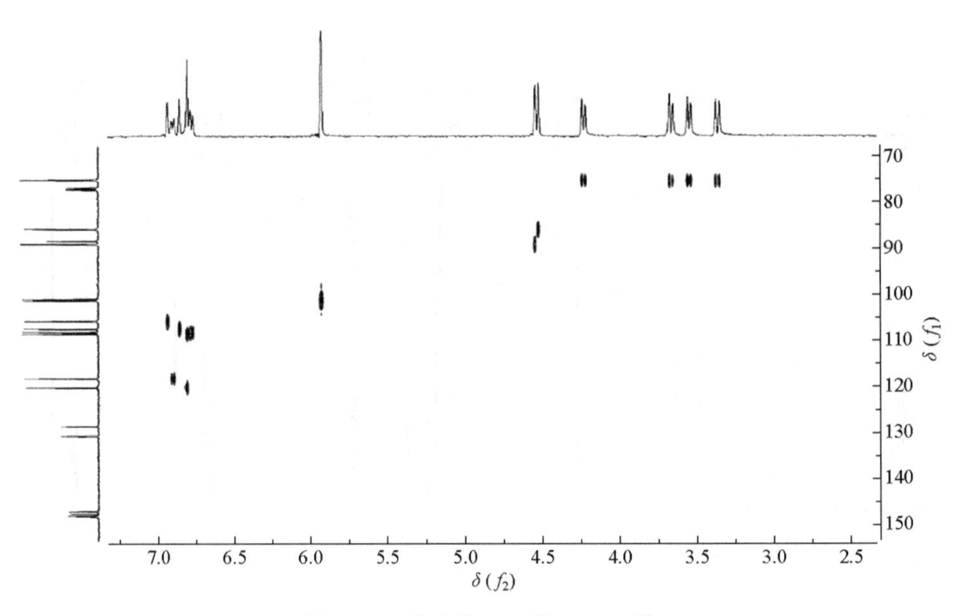

图 4-23　化合物 **4-2** 的 HSQC 谱

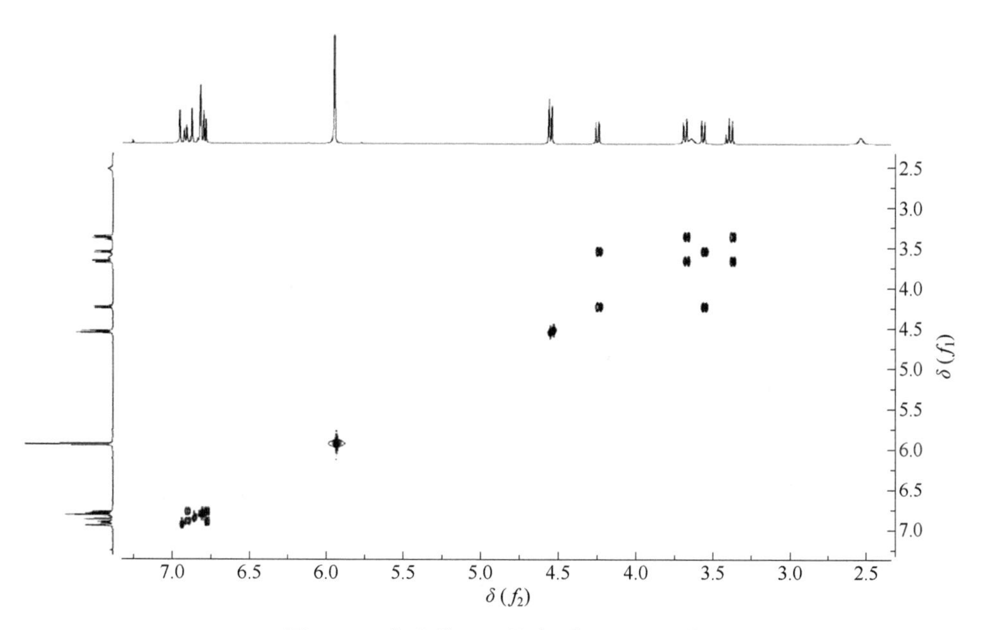

图 4-24 化合物 **4-2** 的 ^{1}H-^{1}H COSY 谱

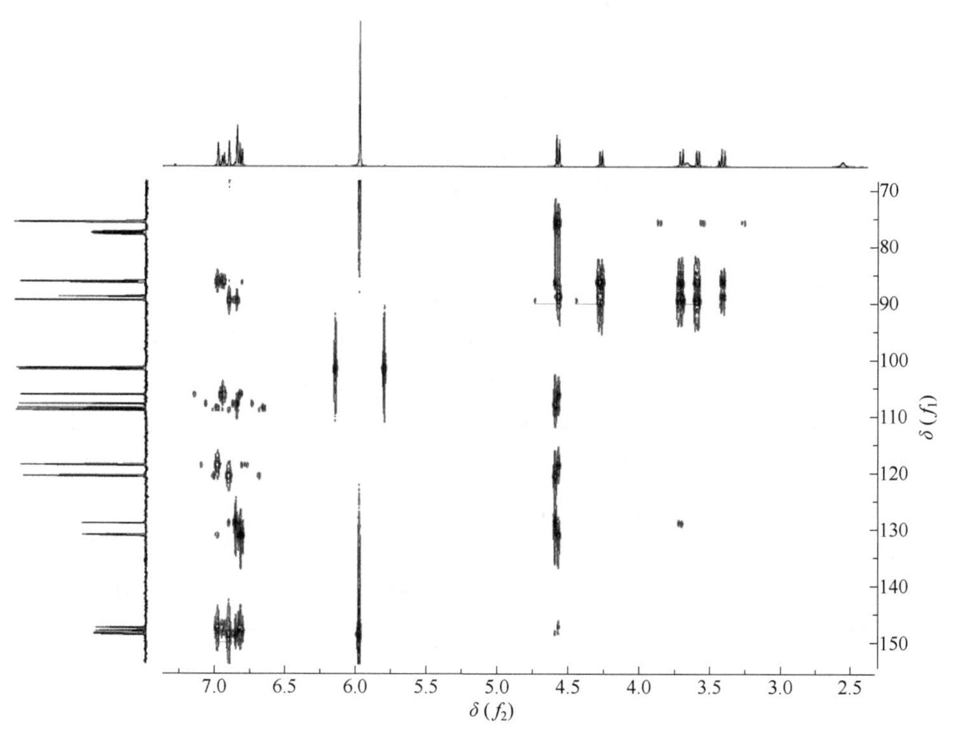

图 4-25 化合物 **4-2** 的 HMBC 谱

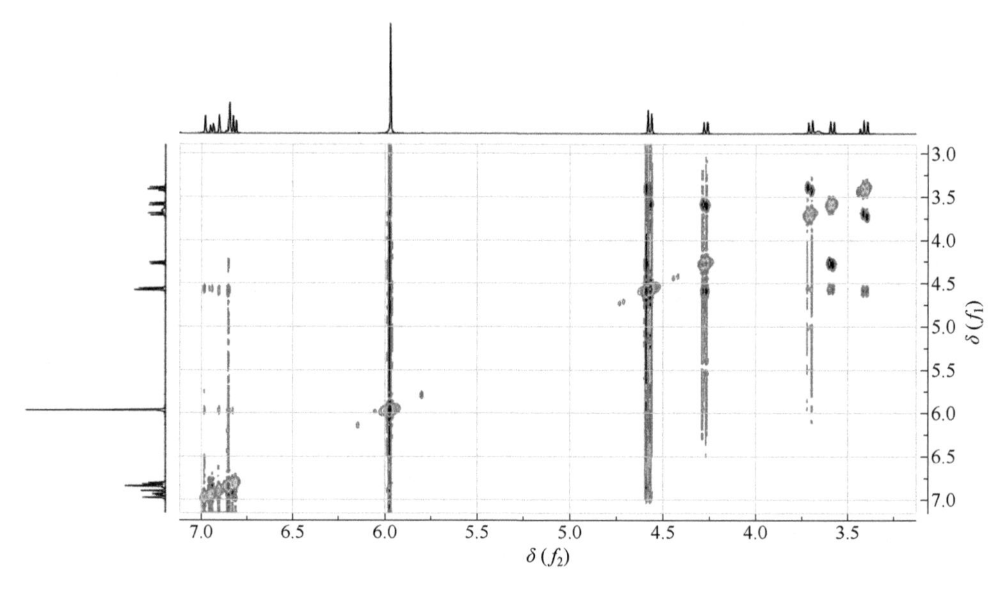

图 4-26　化合物 **4-2** 的 ROESY 谱

【例 4-3】(+)-(7*R*,8*S*)-phyllanglaucin A[3]

4-3

无色胶状，$[\alpha]_D^{20} = -12.8°$（$c = 0.065$, MeOH）。

HR ESI-MS *m/z*：399.1407，对应 $[M + Na]^+$（计算值：399.1420），结合氢谱和碳谱推断此化合物的分子式为 $C_{20}H_{24}O_7$，不饱和度为 9。

UV 光谱中最大吸收波长为 212 nm 和 282 nm，为单苯环类化合物的特征吸收。

IR (KBr) 光谱显示该结构中存在羟基 (—OH) 3418 cm^{-1} 和苯环 1614 cm^{-1}、1518 cm^{-1}、1461 cm^{-1} 的特征吸收峰。

^{1}H-NMR（表 4-3）显示化合物 **4-3** 中存在四个典型的芳环单峰质子信号：δ_H 6.71 (H-2)、6.71 (H-6)、6.60 (H-6′) 和 6.57 (H-2′)，表明化合物 **4-3** 中存在两个 1,3,4,5-四取代芳环体系；三个连氧亚甲基特征质子信号：δ_H 3.85 (H-9a)、3.76 (H-9b) 和 3.56 (H-9′)；一个连氧次甲基特征质子信号：δ_H 5.51 (H-7)；两个 sp^3 亚甲基特征质子信号：δ_H 2.56 (H-7′) 和 1.79 (H-8′)；一个 sp^3 次甲基质子信号：δ_H 3.45 (H-8)；两个甲氧基信号：δ_H 3.81 (OMe-3)、3.81 (OMe-5)。

表 4-3 化合物 **4-3** 的 NMR 数据（400MHz, CD_3OD）

位置	δ_C	类型	δ_H(*J*/ Hz)	位置	δ_C	类型	δ_H(*J*/ Hz)
1	129.7	C		1′	136.8	C	
2	104.0	CH	6.71, s	2′	117.0	CH	6.57, s
3	149.3	C		3′	141.9	C	
4	136.3	CH		4′	146.5	C	
5	149.3	C		5′	134.4	C	
6	104.0	CH	6.71, s	6′	116.6	CH	6.60, s
7	88.8	CH	5.51, d (6.0)	7′	32.7	CH_2	2.56, t (7.6)
8	55.9	CH	3.45, ddd (7.7, 6.0, 5.3)	8′	35.8	CH_2	1.79, m
9	65.2	CH_2	3.85, dd (10.9, 5.3) 3.76, dd (10.9, 7.7)	9′	62.3	CH_2	3.56, t (6.5)
OMe-3	56.7	CH_3	3.81, s				
OMe-5	56.7	CH_3	3.81, s				

^{13}C-NMR（表 4-3）显示结构中存在二十个碳信号，包括两个芳环体系（十二个芳环碳信号）；两个连氧亚甲基碳信号 δ_C 65.2 (C-9) 和 62.3(C-9′)；一个连氧次甲基碳信号 δ_C 88.8 (C-7)；两个 sp^3 亚甲基信号 δ_C 32.7 (C-7′) 和 35.8 (C-8′)；一个 sp^3 次甲基质子信号 δ_C 55.9 (C-8)；两个甲氧基碳信号 δ_C 56.7 (OMe-3/5)。骨架上的氢氢相关连接通过二维 ^{1}H-^{1}H COSY 获得（图 4-27），在 COSY 相关谱中 δ_H3.45 (1H, ddd, *J* = 7.7 Hz、6.0 Hz、5.3 Hz, H-8) 和 3.85 (1H, dd, *J* = 10.9 Hz、5.3 Hz, H-9a)、3.76 (1H, dd, *J* = 10.9 Hz、7.7 Hz, H-9b)、5.51 (1H, d, *J* = 6.0 Hz, H-7) 相关，δ_H1.79 (2H, m, H-8′) 和 δ_H3.56 (2H, t, *J* = 6.5 Hz, H-9′)、2.56 (2H, t, *J* = 7.6 Hz, H-7′) 相关，推测化合物 **4-3** 是一个 cedrusin 类的木脂素化合物。

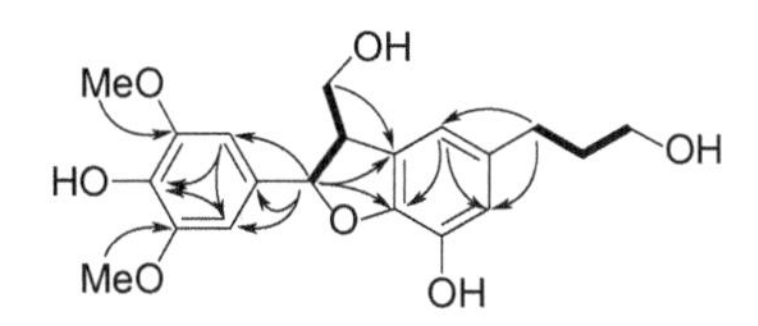

图 4-27 化合物 **4-3** 的 ^{1}H-^{1}H COSY 相关（粗体）及主要 HMBC 相关（箭头）

HMBC 显示（图 4-27），δ_H 5.51 (1H, d, *J* = 6.0 Hz, H-7) 与 δ_C 65.2 (C-9)、146.5 (C-4′)、134.4 (C-5′) 相关，δ_H 3.45 (1H, ddd, *J* = 7.7 Hz、6.0 Hz、5.3 Hz, H-8) 与 δ_C 129.7 (C-1)、146.5 (C-4′)、134.4 (C-5′) 相关，δ_H2.56 (2H, t, *J* = 7.6 Hz, H-7′) 与 δ_C 136.8 (C-1′)、117.0 (C-2′)、116.6 (C-6′) 相关，δ_H 3.81 (6H, s, OMe-3/5) 与 δ_C 149.3(C-3 和 C-5) 相关，确定了两个甲氧基的取代位置在 C-3 和 C-5 位；δ_H 5.51 (1H, d, *J* = 6.0 Hz, H-7) 与 δ_C 129.7 (C-1)、104.0 (C-2)、146.5 (C-4′)、134.4 (C-5′) 相关，确定了 C-7 的连接位置，也确定了两个苯丙素连接的骨架类型；结合 HR ESI-MS

确定 C-4、C-9 和 C-9′位还各有一羟基取代。通过以上相关数据确定了化合物 **4-3** 的平面结构。

H-7 和 H-8 的耦合常数（$J_{7,8}$ = 6.0 Hz）确定该位置为反式构型；并且在 NOESY 谱中，H-7 与 H-9b 有相关，证实了这一推断。

综上，化合物 **4-3** 的结构确定为 (+)-(7*R*,8*S*)-phyllanglaucin A。

附：化合物 4-3 的更多波谱图见图 4-28～图 4-36。

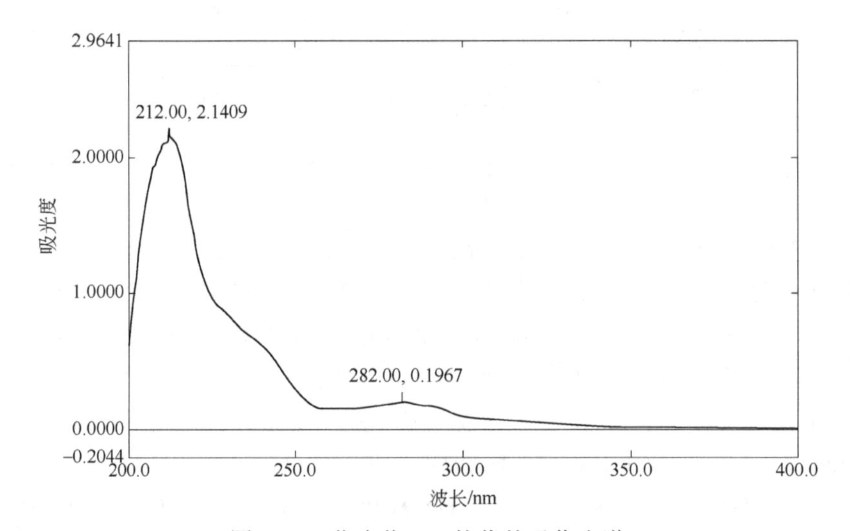

图 4-28　化合物 **4-3** 的紫外吸收光谱

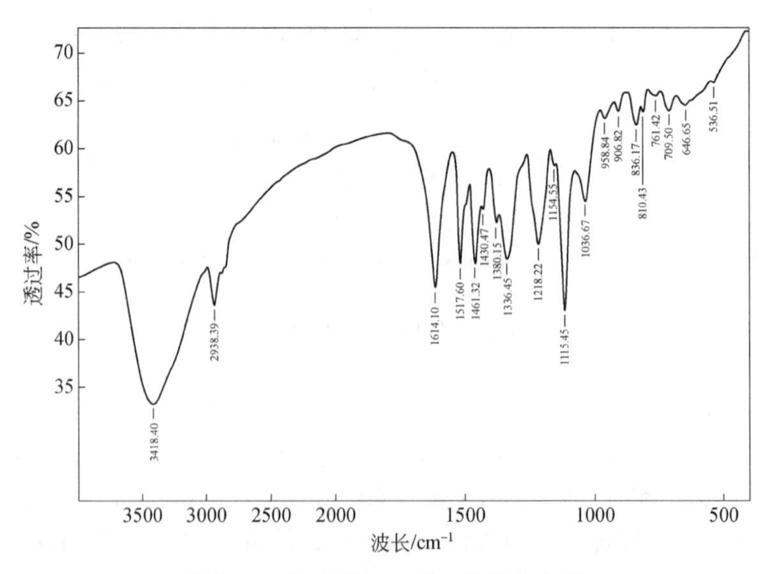

图 4-29　化合物 **4-3** 的红外吸收光谱

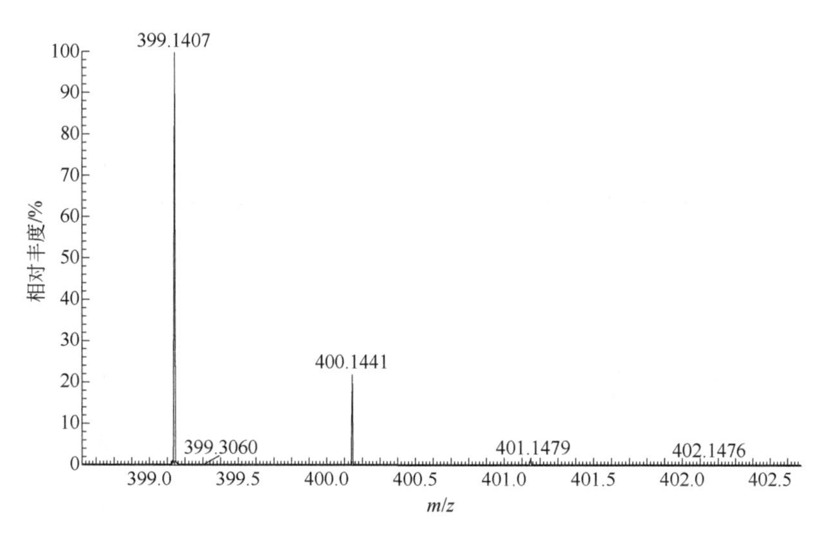

图 4-30　化合物 **4-3** 的高分辨质谱

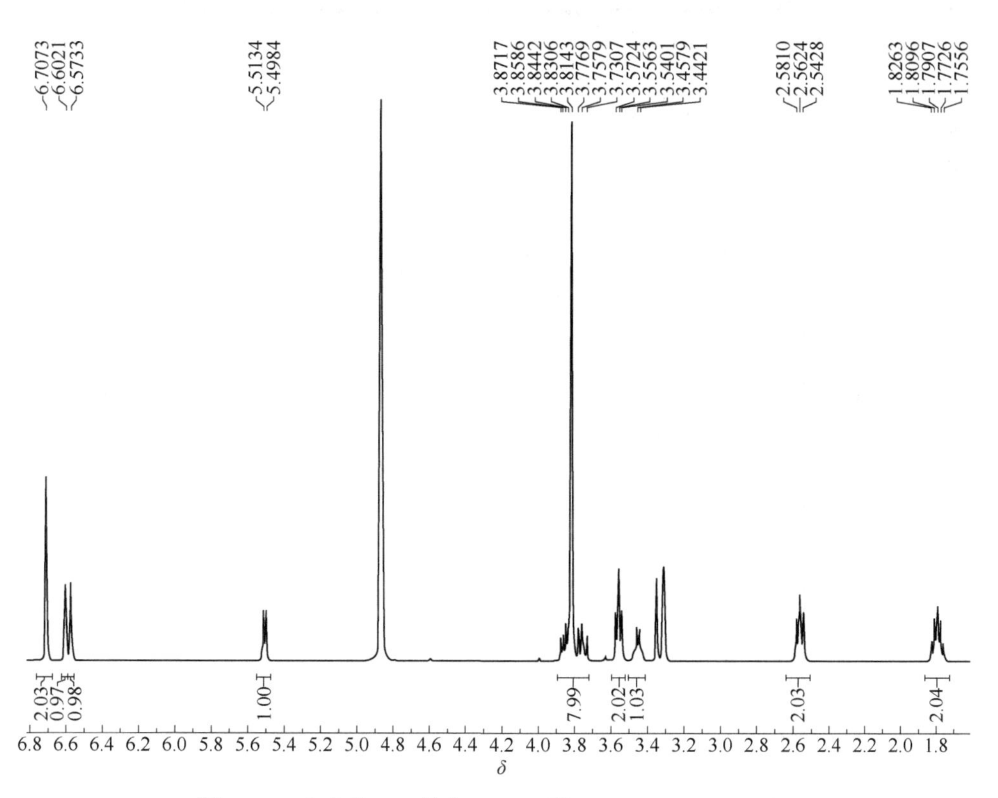

图 4-31　化合物 **4-3** 的 ^{1}H-NMR 谱（$CDCl_3$, 500 MHz）

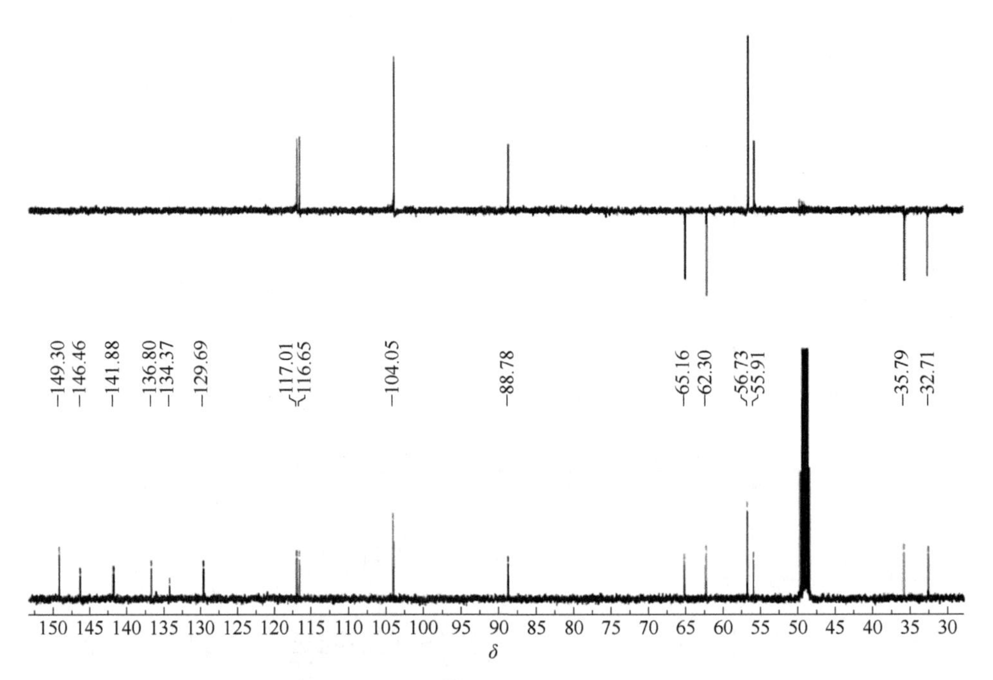

图 4-32　化合物 **4-3** 的 ^{13}C-DEPT 谱（$CDCl_3$, 125 MHz）

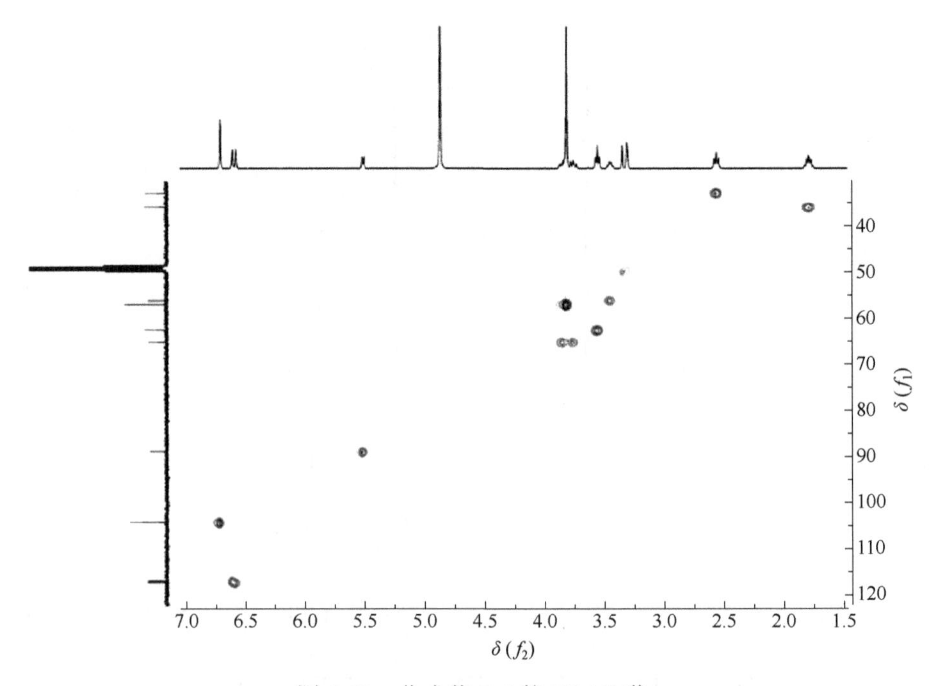

图 4-33　化合物 **4-3** 的 HSQC 谱

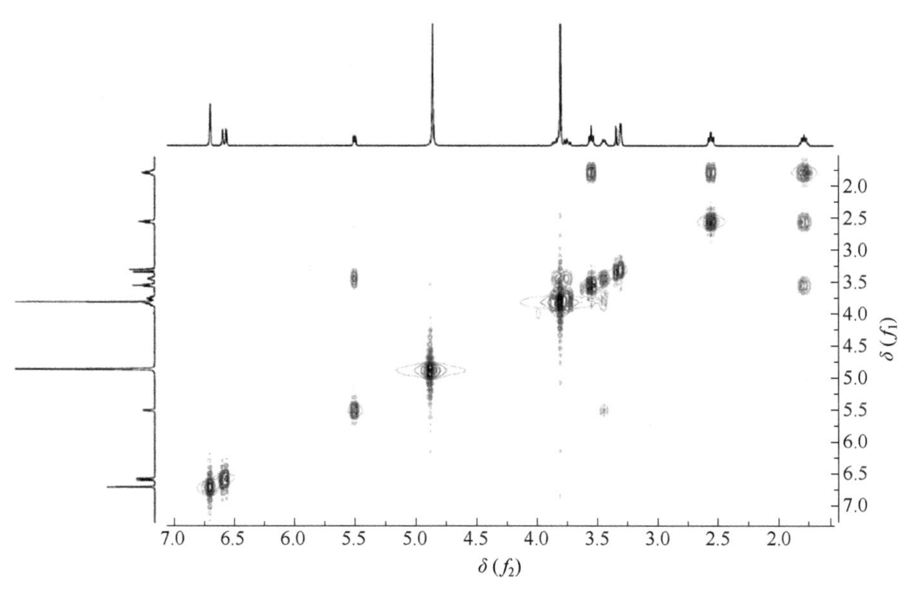

图 4-34 化合物 **4-3** 的 ^{1}H-^{1}H COSY 谱

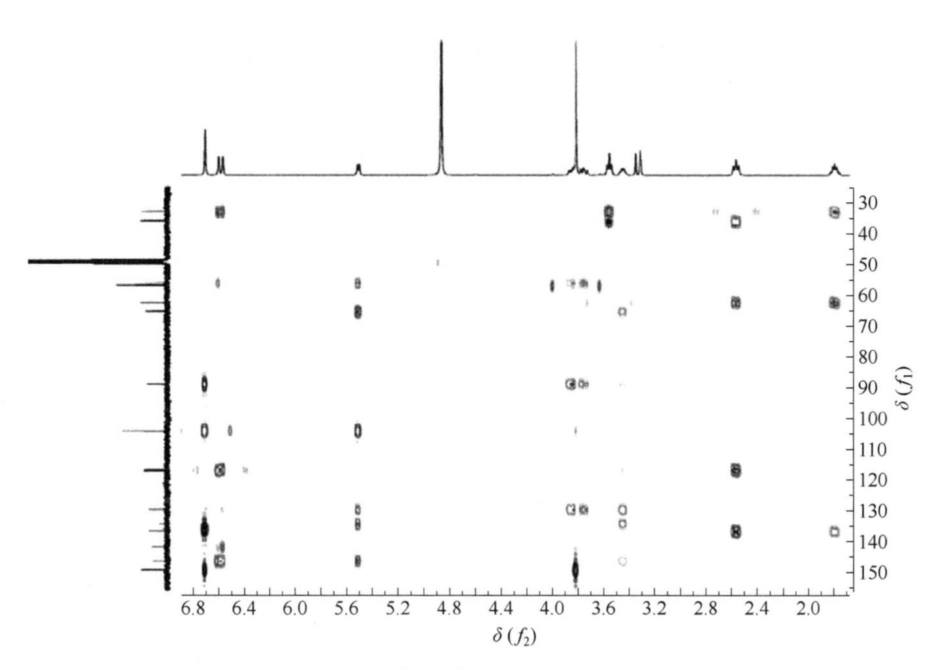

图 4-35 化合物 **4-3** 的 HMBC 谱

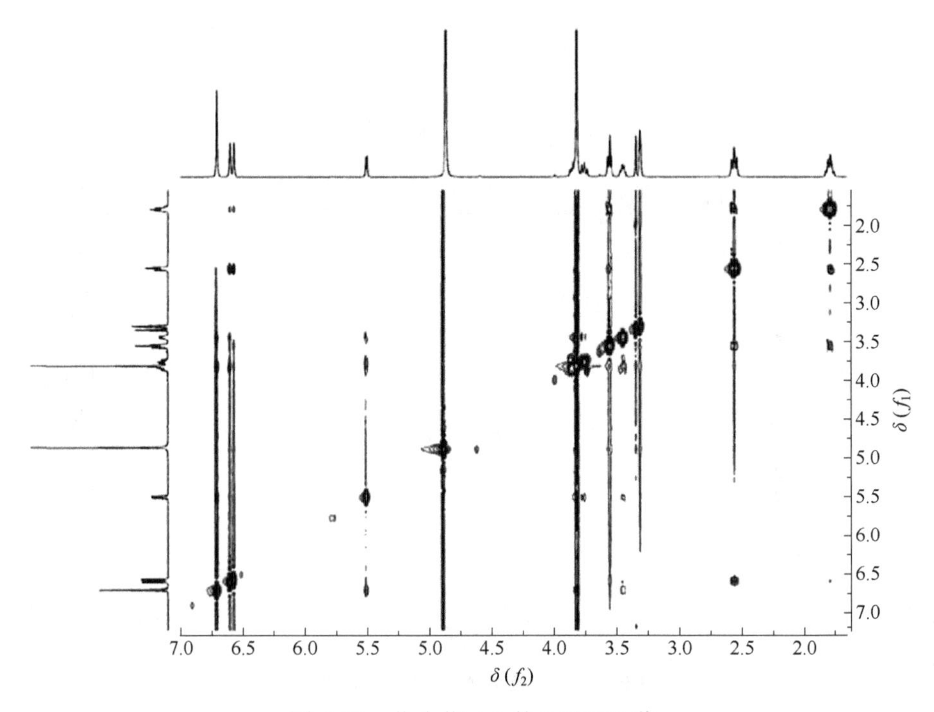

图 4-36　化合物 **4-3** 的 ROESY 谱

【例 4-4】(7*S*,8*S*)-4,4′-二羟基-3,7,3′-三甲氧基-8,1′-7′,8′,9′-三降-新木脂素-9-醇[3]

4-4

白色固体粉末，$[\alpha]_D^{20} = -30.8°$ (c = 0.22, MeOH)。

HR ESI-MS *m/z*：357.1321，对应 $[M+Na]^+$（计算值：357.1309），结合氢谱和碳谱推断此化合物的分子式为 $C_{18}H_{22}O_6$，不饱和度为 8。

UV 光谱中最大吸收波长为 206 nm、237 nm 和 285 nm，为单苯环类化合物的特征吸收。

IR (KBr) 光谱显示该结构中存在羟基 (—OH) 3366 cm^{-1} 和苯环 1606 cm^{-1}、1518 cm^{-1} 的特征吸收峰。

^{1}H-NMR（表 4-4）显示化合物 **4-4** 中存在六个典型的芳环质子信号：δ_H 6.53 (H-2)、6.72 (H-5)、6.52 (H-6)、6.31 (H-2′)、6.73 (H-5′) 和 6.50 (H-6′)，表明化合

物 **4-4** 中存在两个 1,3,4-三取代芳环体系；一个连氧亚甲基特征质子信号 δ_H 4.16 (H-9a) 和 3.85 (H-9b)；一个连氧次甲基特征质子信号 δ_H 4.31 (H-7)；一个 sp^3 次甲基质子信号 δ_H 3.01 (H-8)；三个甲氧基质子信号 δ_H 3.75 (OMe-3)、3.24 (OMe-7) 和 3.69 (OMe-3′)。

表 4-4　化合物 4-4 的 NMR 数据（400 MHz, $CDCl_3$）

位置	δ_C	类型	δ_H(*J*/ Hz)	位置	δ_C	类型	δ_H(*J*/ Hz)
1	131.9	C		1′	131.3	C	
2	109.5	CH	6.53, s	2′	111.7	CH	6.31, d (1.9)
3	146.4	C		3′	146.3	C	
4	144.5	C		4′	145.2	C	
5	113.9	CH	6.72, d (8.5)	5′	114.3	CH	6.73, d (8.2)
6	120.7	CH	6.52, ov	6′	120.8	CH	6.50, dd (8.2, 1.9)
7	89.7	CH	4.31, d (9.3)	OMe-7	56.8	CH_3	3.24
8	55.0	CH	3.01, m	OMe-3′	56.0	CH_3	3.69
9	66	CH_2	4.16, dd (11.1, 8.0) 3.85, dd (11.1, 4.3)				
OMe-3	56.1	CH_3	3.75, s				

^{13}C-NMR（表 4-4）显示结构中存在十八个碳信号，包括两个芳环体系（十二个芳环碳信号）；一个连氧亚甲基碳信号 δ_C 66.9 (C-9)；一个连氧次甲基碳信号 δ_C 89.7 (C-7)；一个 sp^3 次甲基碳信号 δ_C 55.0 (C-8)；三个甲氧基碳信号 δ_C 56.1 (OMe-3)、56.8 (OMe-7) 和 56.0 (OMe-3′)。氢碳直接相关信号通过 HSQC 谱确定，骨架上的氢氢相关连接通过二维 ^{1}H-^{1}H COSY 获得（图 4-37）。综上所述，化合物 **4-4** 是一个降三碳的木脂素类化合物。

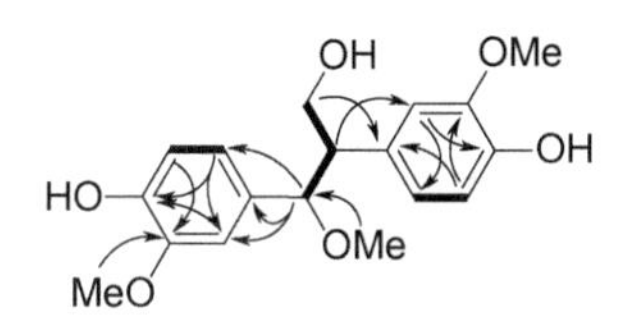

图 4-37　化合物 **4-4** 的 ^{1}H-^{1}H COSY 相关（粗体）及主要 HMBC 相关（箭头）

HMBC 显示（图 4-37），δ_H 3.75 (OMe-3) 与 δ_C 146.4 (C-3) 相关，δ_H 3.24 (OMe-7) 与 δ_C 89.7 (C-7) 相关，δ_H 3.69 (OMe-3′) 与 δ_C 146.3 (C-3′) 相关，由此确定了三个甲氧基的取代位置分别在 C-3、C-7 和 C-3′位；δ_H 4.31 (H-7) 与 δ_C 131.9 (C-1)、109.5 (C-2)、120.7 (C-6) 相关，确定了 C-7 的连接位置；δ_H 3.01 (H-8) 与 δ_C 131.3 (C-1′)、111.7 (C-2′)、120.8 (C-6′) 相关，确定了 C-8 的连接位置；通过芳环内

的 HMBC 相关，确定了芳环 1,3,4-三取代的位置；结合 HR ESI-MS 确定 C-4、C-9 和 C-4′位还各有一羟基取代。通过以上相关数据确定了化合物的平面结构。

H-7 和 H-8 的耦合常数（$J_{7,8}$ = 9.3 Hz）确定该位置为反式构型；最后通过 ECD 计算（图 4-38）确定了化合物 **4-4** 的绝对构型。

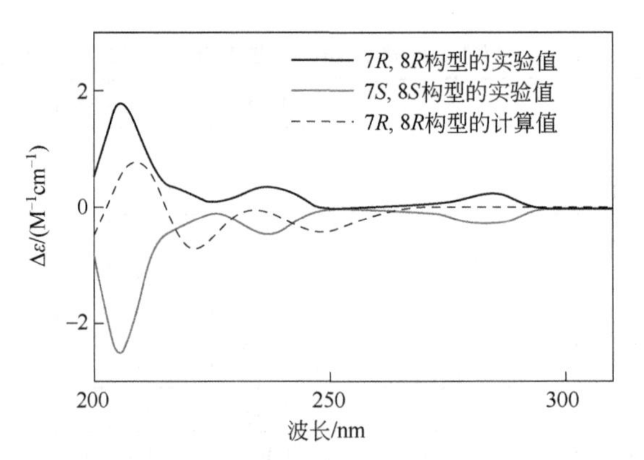

图 4-38　化合物 **4-4** 的 ECD 谱

综上，化合物 **4-4** 的结构确定为 (7*S*,8*S*)-4,4′-二羟基-3,7,3′-三甲氧基-8,1′ -7′, 8′, 9′-三降-新木脂素-9-醇。

附：化合物 4-4 的更多波谱图见图 4-39～图 4-47。

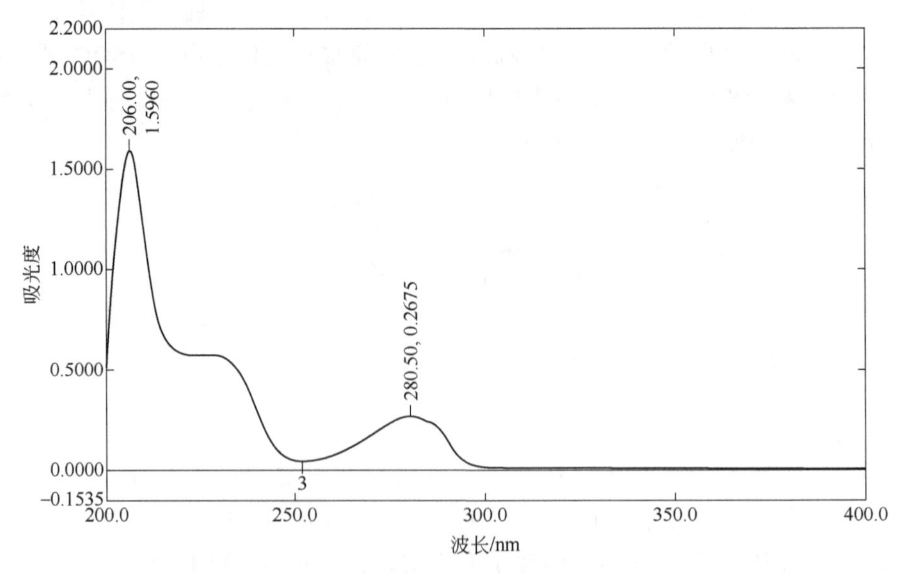

图 4-39　化合物 **4-4** 的紫外吸收光谱

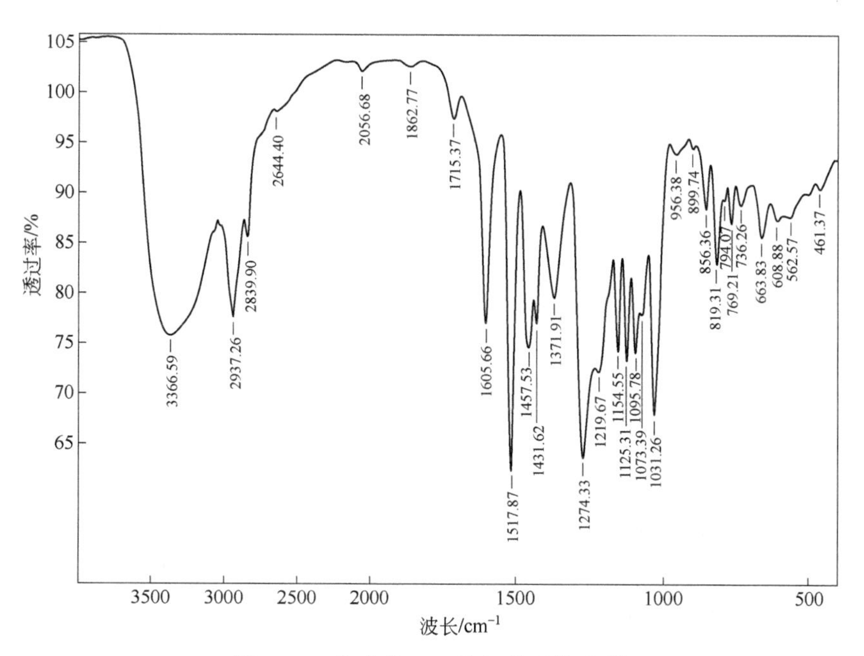

图 4-40　化合物 **4-4** 的红外吸收光谱

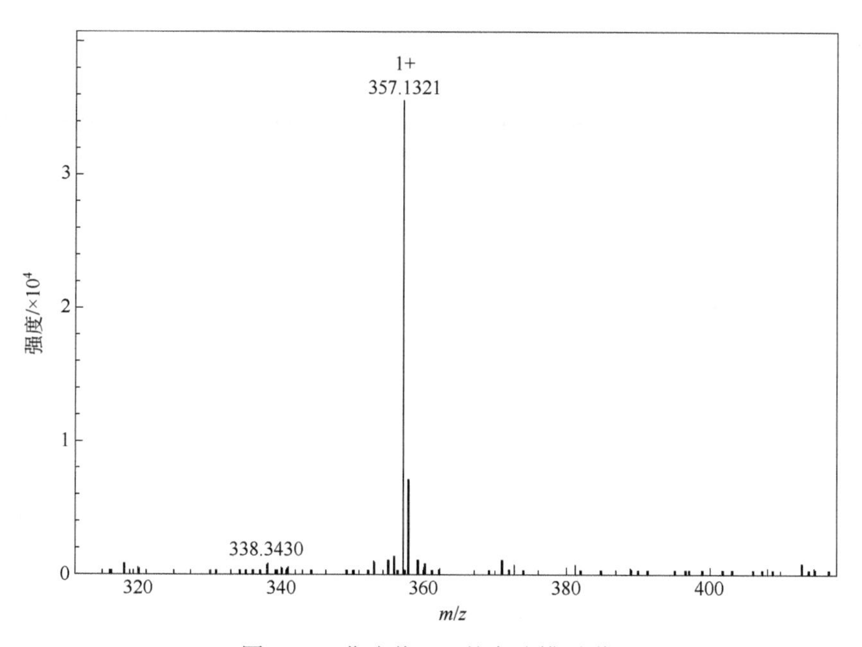

图 4-41　化合物 **4-4** 的高分辨质谱

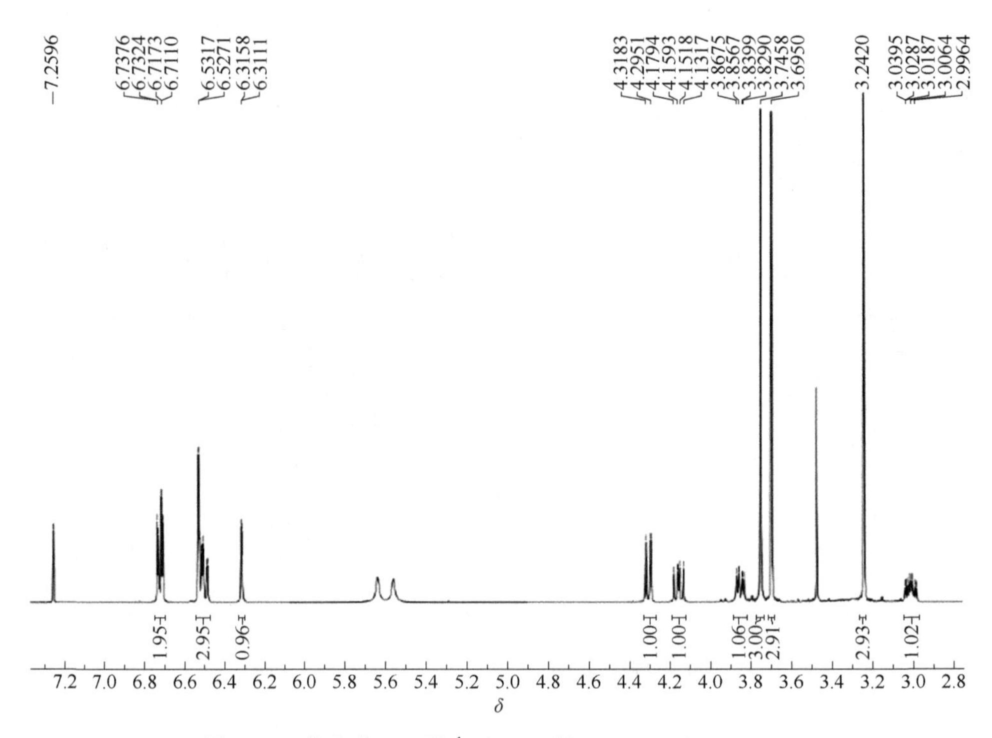

图 4-42　化合物 **4-4** 的 ^{1}H-NMR 谱（$CDCl_3$, 500 MHz）

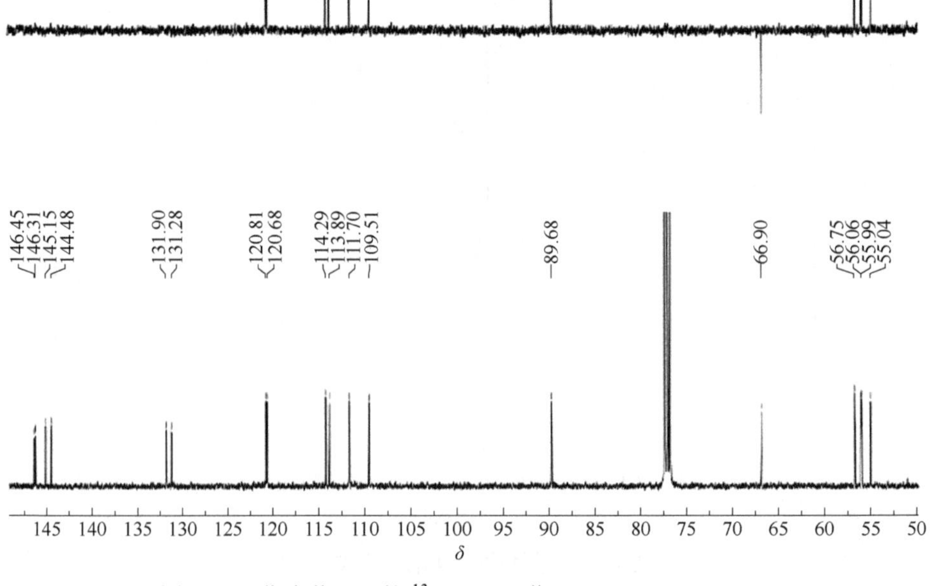

图 4-43　化合物 **4-4** 的 ^{13}C-DEPT 谱（$CDCl_3$, 125 MHz）

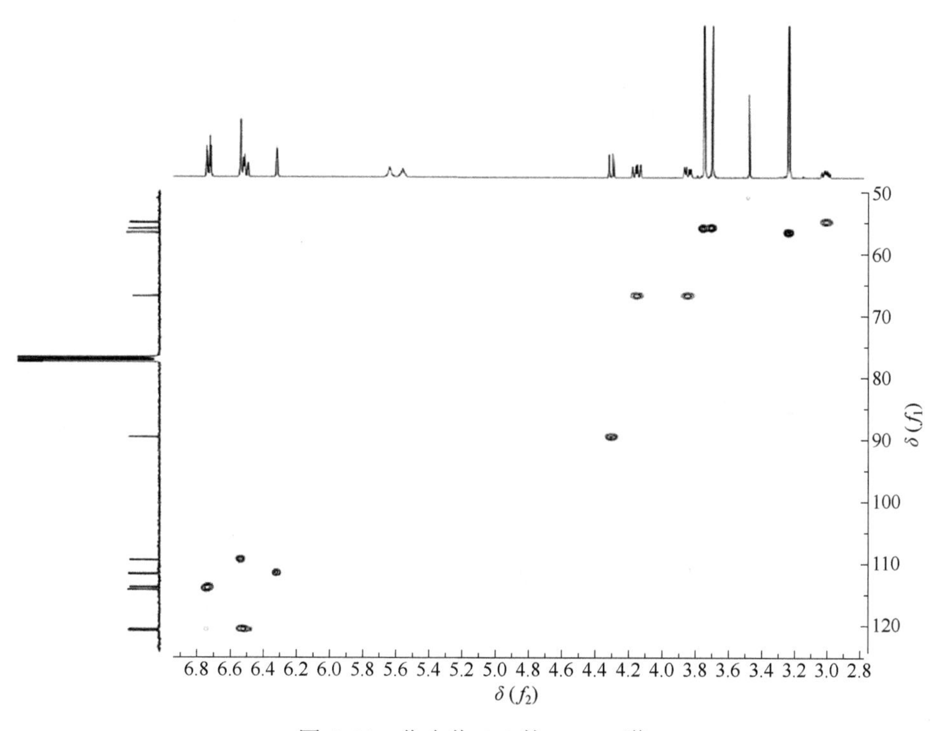

图 4-44 化合物 **4-4** 的 HSQC 谱

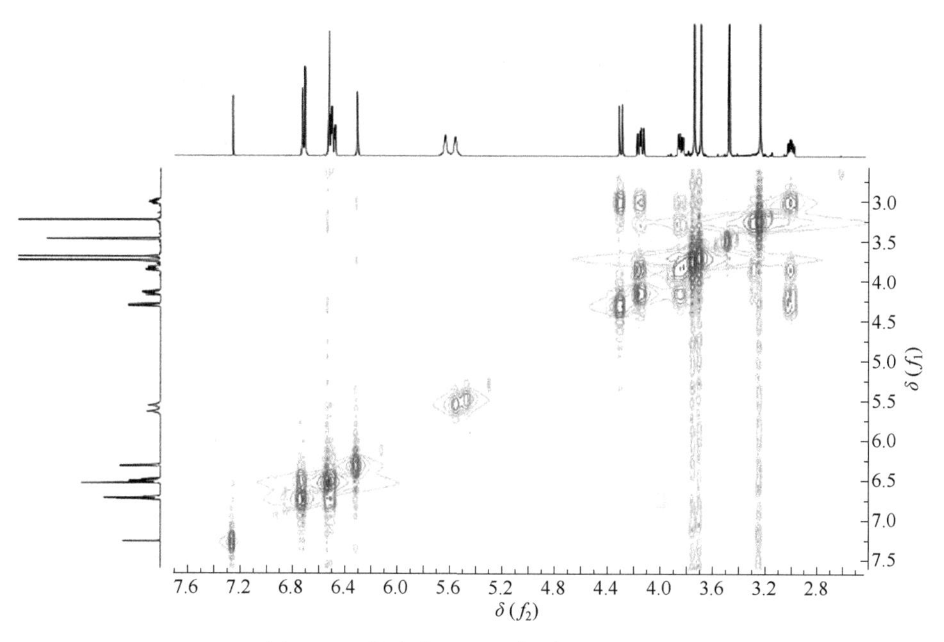

图 4-45 化合物 **4-4** 的 ^{1}H-^{1}H COSY 谱

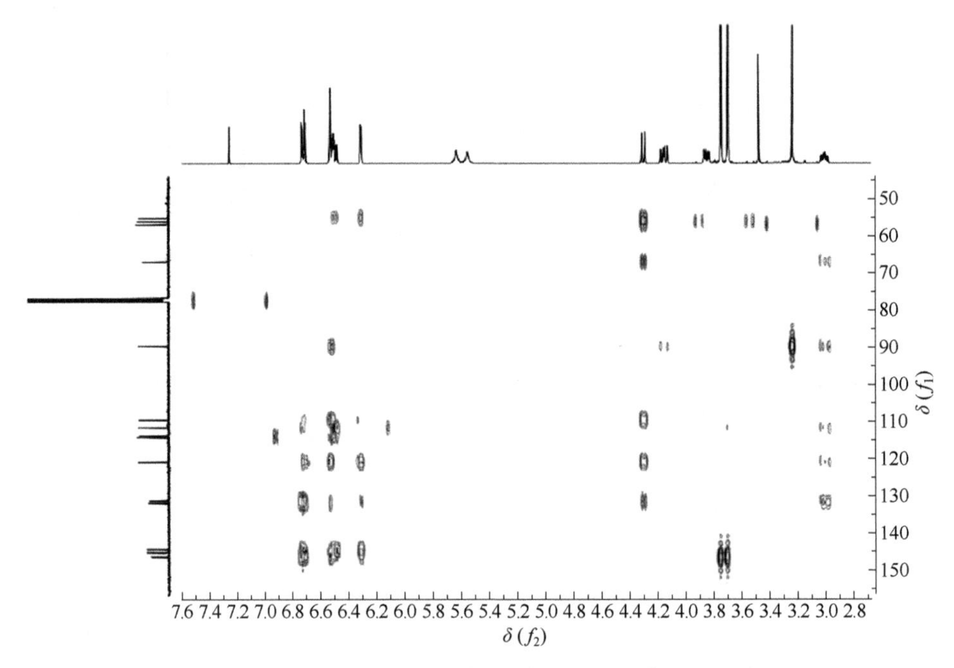

图 4-46　化合物 **4-4** 的 HMBC 谱

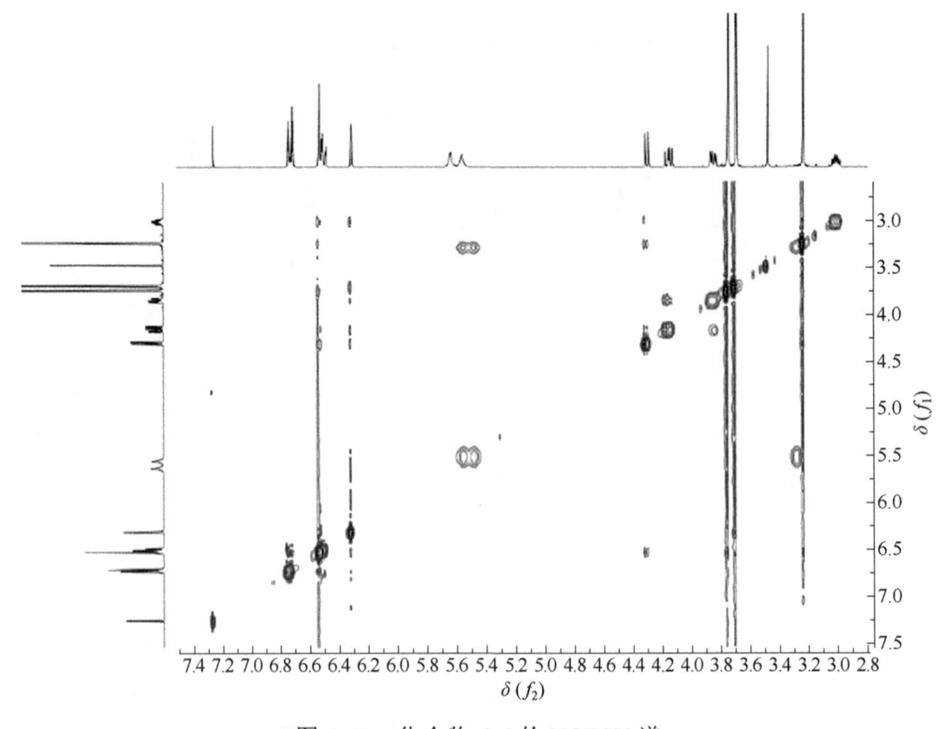

图 4-47　化合物 **4-4** 的 NOESY 谱

【例 4-5】phyllanthusmin D[4]

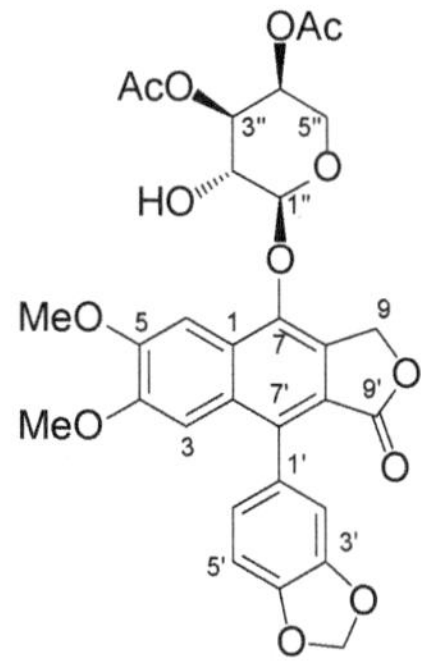

4-5

无色针状晶体，$[\alpha]_D^{20} = -3.0°$（$c = 0.1$, $CHCl_3$）。

HR ESI-MS *m/z*：619.1444，对应$[M + Na]^+$（计算值：$C_{30}H_{28}O_{13}Na$, 619.1422），结合氢谱和碳谱推断此化合物的分子式为$C_{30}H_{28}O_{13}$，不饱和度为 17。

UV 光谱中最大吸收波长为 260 nm。

IR (KBr) 光谱显示该结构中存在不饱和内酯 1710 cm^{-1} 和 1622 cm^{-1} (C═O)，羟基 (—OH) 3446 cm^{-1} 和苯环 1619 cm^{-1}、1507 cm^{-1}、1481 cm^{-1} 等官能团的特征吸收峰。

^{1}H-NMR（表 4-5）显示化合物 **4-5** 中存在两组典型的芳环取代系统：δ_H 6.81 (H-6′)、6.83 (H-2′)、6.97 (H-5′)、7.09 (H-3) 和 7.94 (H-6)；一组连氧亚甲基质子信号 δ_H 5.47 (H-9a) 和 5.56 (H-9b)；一个二氧亚甲基官能团质子信号 δ_H 6.05 (OCH_2O-3′/-4′) 和 6.10 (OCH_2O-3′/-4′)；两组乙酰基中甲基质子信号 δ_H 2.14 (OAc-3″) 和 2.23 (OAc-4″)；两个甲氧基质子信号 δ_H 3.81 (OMe-4) 和 4.03 (OMe-5)；以及在 δ_H 3.60～4.99 之间存在一个单糖官能团质子信号。

^{13}C-NMR（表 4-5）显示结构中存在三十个碳信号，包括十六个芳环碳信号；一个甲二氧基碳信号 δ_C 101.4 (OCH_2O-3′-4′)；三个酯羰基碳信号 δ_C 170.0 (C-9′)、170.4 (OAc-4″) 和 170.8 (OAc-3″)；一个连氧次甲基信号 δ_C 67.6 (C-9)；两个甲氧基碳信号 δ_C 56.0 (OMe-4) 和 56.5 (OMe-5)；两个乙酰基甲基 δ_C 21.0 (OAc-4″) 和 21.1 (OAc-3″)；一组五碳单糖碳信号 δ_C105.4 (C-1″)、70.0 (C-2″)、73.3 (C-3″)、68.1 (C-4″) 和 64.9 (C-5″)。氢碳直接相关信号通过 HSQC 谱确定，骨架上的氢氢相关连接通过二维 ^{1}H-^{1}H COSY 获得（图 4-48）。

HMBC 显示（图 4-48），H-9 与 C-7、C-8、C-8′、C-9′相关，将内酯官能团定在了 C-8 和 C-8′之间；二氧亚甲基官能团质子信号与 C-3′和 C-4′相关，确定了其与 C-3′和 C-4′直接相连；单糖分子中 H-1″与 C-7 相关，因此将其连接在 C-7 位；

两个乙酰基通过 H-3″和 H-4″与酯羰基的相关确定了与 C-3″和 C-4″相连接。通过以上相关数据确定了化合物 **4-5** 的平面结构。

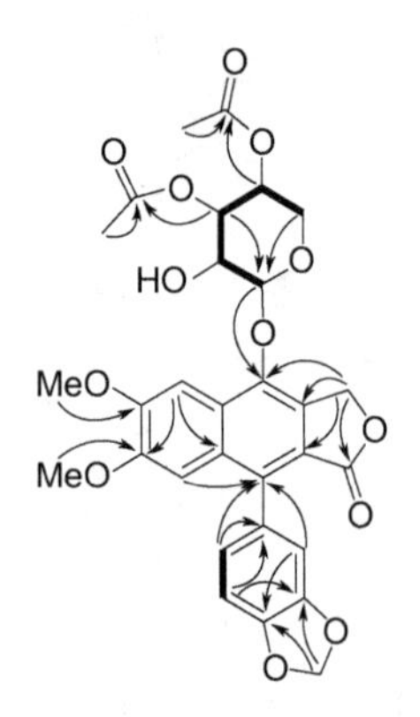

图 4-48　化合物 **4-5** 的 ^{1}H-^{1}H COSY 相关（粗体）及主要 HMBC 相关（箭头）

表 4-5　化合物 4-5 的 NMR 数据（400 MHz, $CDCl_3$）

位置	δ_C	类型	δ_H(J/Hz)	位置	δ_C	类型	δ_H(J/Hz)	位置	δ_C	类型	δ_H(J/Hz)
1	127.1	C		1′	128.4	C		1″	105.4	CH	4.86, d (7.6)
2	130.0	C		2′	110.8	CH	6.83, ov	2″	70.0	CH	4.31, t (8.8)
3	106.4	CH	7.09, d (2.0)	3′	147.7	C		3″	73.3	CH	4.99, dd (10.0, 3.6)
4	150.3	C		4′	147.7	C		4″	68.1	CH	5.30, br s
5	152.2	C		5′	108.4	CH	6.97, d (8.0)	5″	64.9	CH_2	3.60, d (13.2) 4.06, ov
6	100.8	CH	7.94, s	6′	123.7	CH	6.81, ov				
7	144.2	C		7′	136.9	C					
8	131.4	C		8′	119.4	C					
9	67.6	CH_2	5.47, d (15.2) 5.56, d (15.2)	9′	170.0	C					
OMe-4	56.0	CH_3	3.81, s	OCH_2O-3′,4′	101.4	CH_2	6.05, s 6.10, s				
OMe-5	56.5	CH_3	4.03, s	OAc-3″	170.8 21.1	C CH_3	2.14, s				
				OAc-4″	170.4 21.0	C CH_3	2.23, s				

二维 NOESY 谱显示，H-1″和 H-3″、H-3″和 H-4″有 NOE 相关，证明了 H-1″、H-3″和 H-4″均为轴向的。因此化合物 **4-5** 的相对构型被确定为 7-*O*-[(3″, 4″-二-*O*-乙酰基)-*α*-*L*-阿拉伯吡喃糖基]-4,5-二甲氧基-3′,4′-二氧亚甲基-2,7′-环木脂素-7,7′-二烯基-9,9′-内酯。

在环己烷和丙酮的混合溶液中，化合物 **4-5** 容易形成针状结晶，最终通过 X 射线晶体衍射实验确认了该化合物的绝对构型。通过观察晶体结构发现，该化合物存在阻转异构现象（图 4-49）。

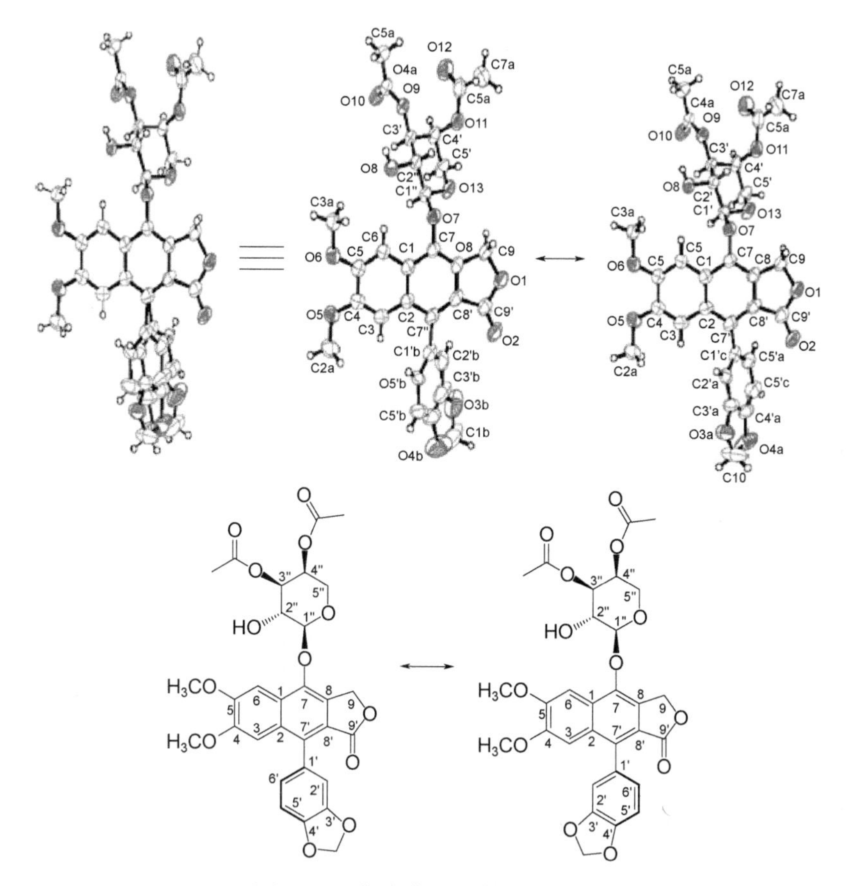

图 4-49　化合物 **4-5** 的晶体结构

综上，化合物 **4-5** 的结构确定为 phyllanthusmin D。

附：化合物 **4-5** 的更多波谱图见图 4-50～图 4-57。

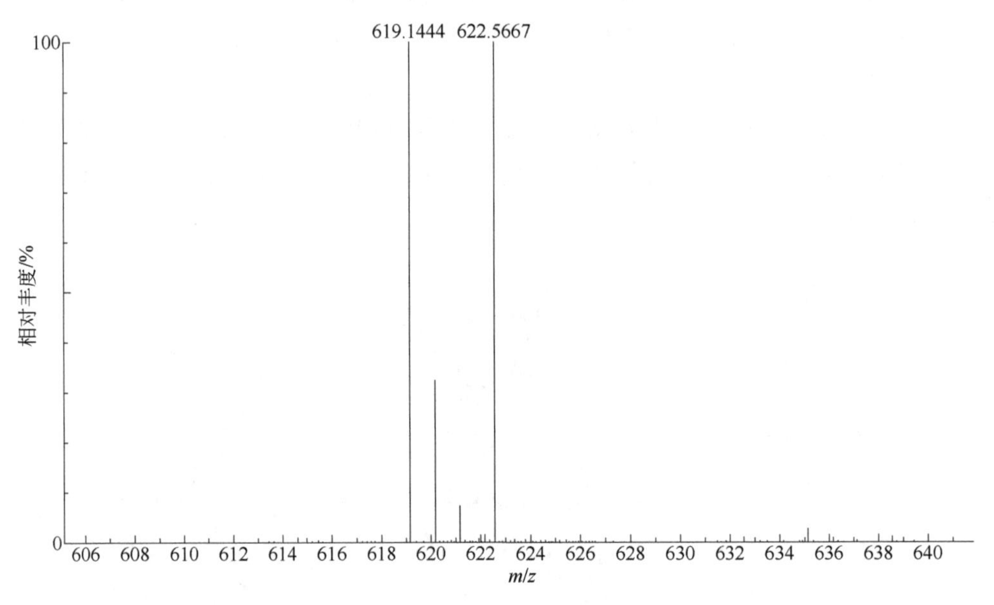

图 4-50　化合物 **4-5** 的高分辨质谱

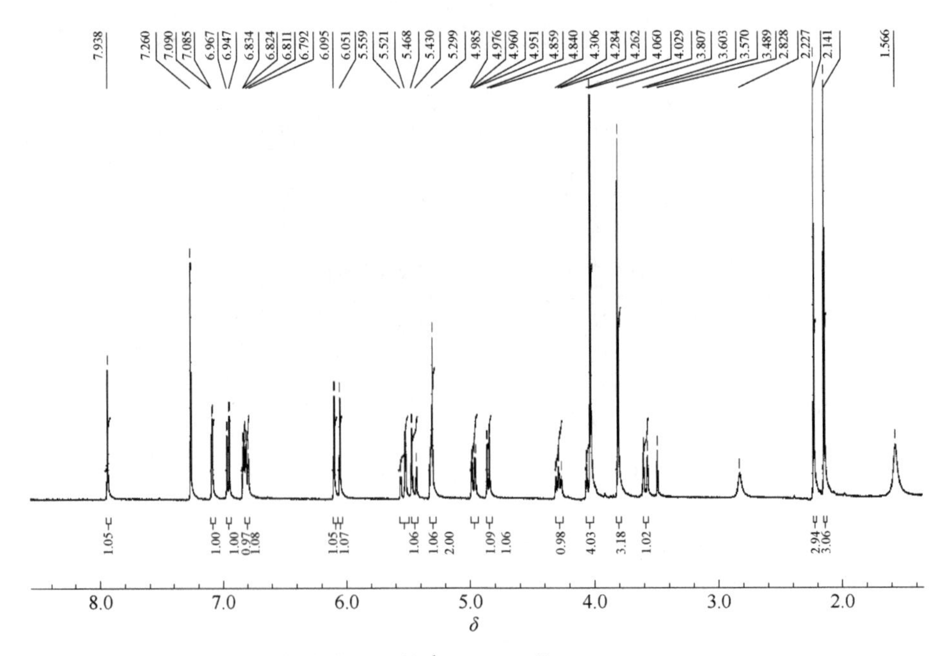

图 4-51　化合物 **4-5** 的 ^{1}H-NMR 谱（$CDCl_3$, 400 MHz）

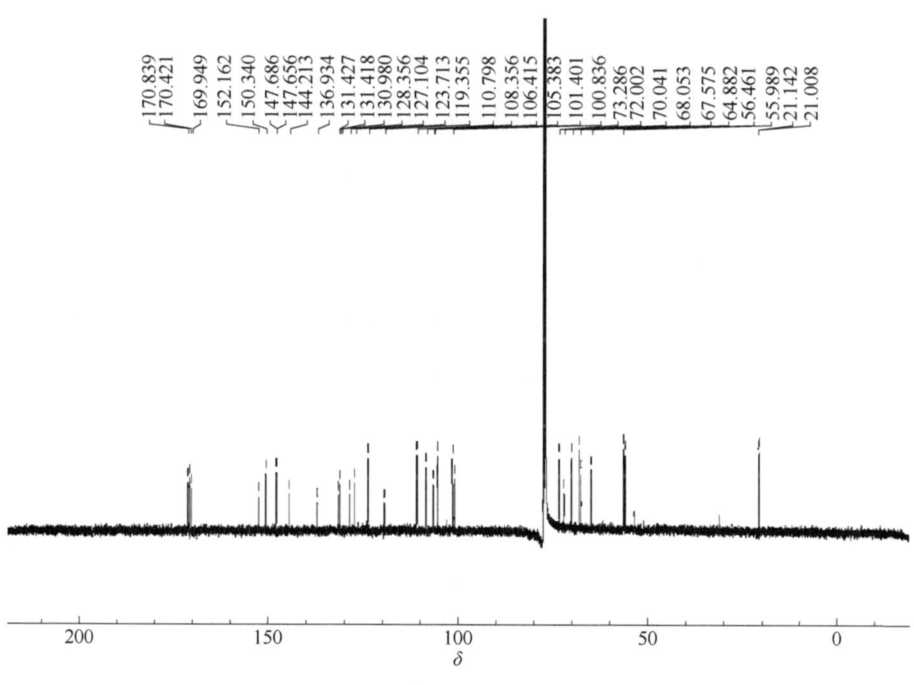

图 4-52 化合物 **4-5** 的 ^{13}C-NMR 谱（$CDCl_3$, 100 MHz）

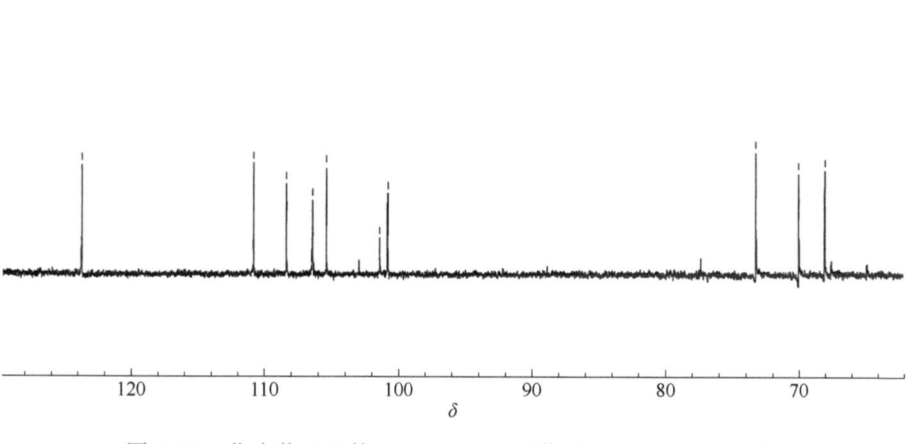

图 4-53 化合物 **4-5** 的 DEPT90 NMR 谱（$CDCl_3$, 100 MHz）

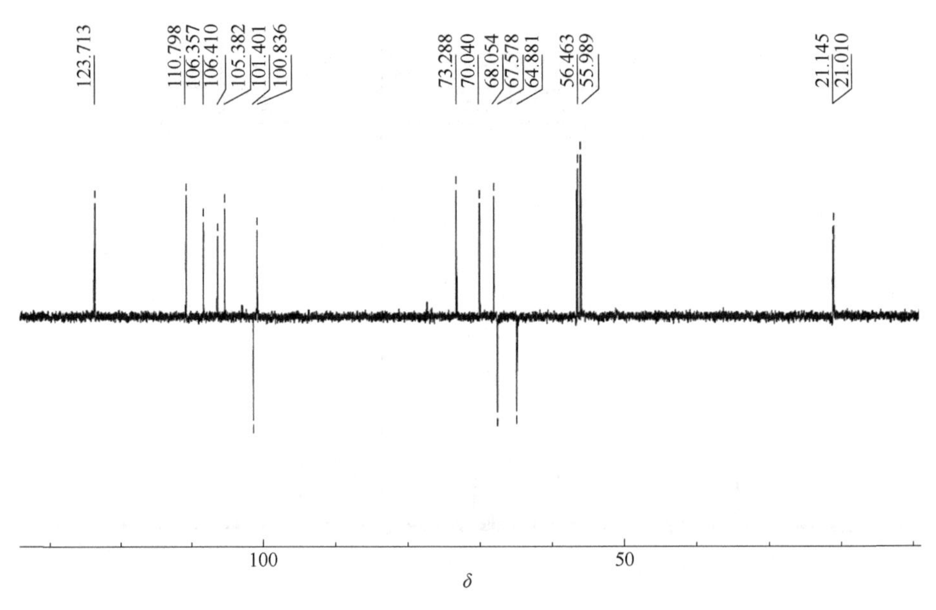

图 4-54　化合物 **4-5** 的 DEPT135 NMR 谱（$CDCl_3$, 100 MHz）

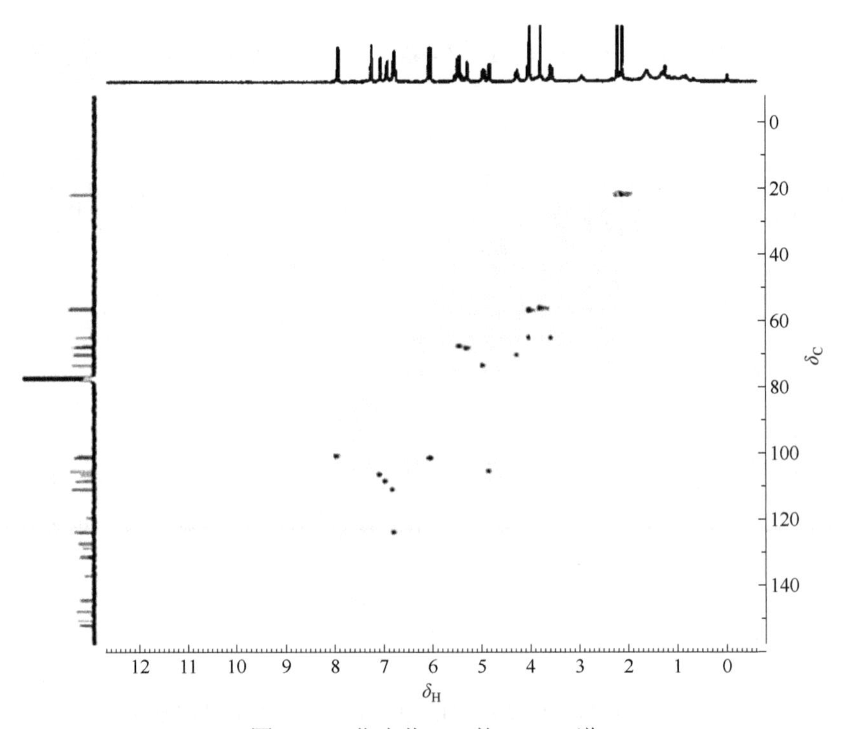

图 4-55　化合物 **4-5** 的 HSQC 谱

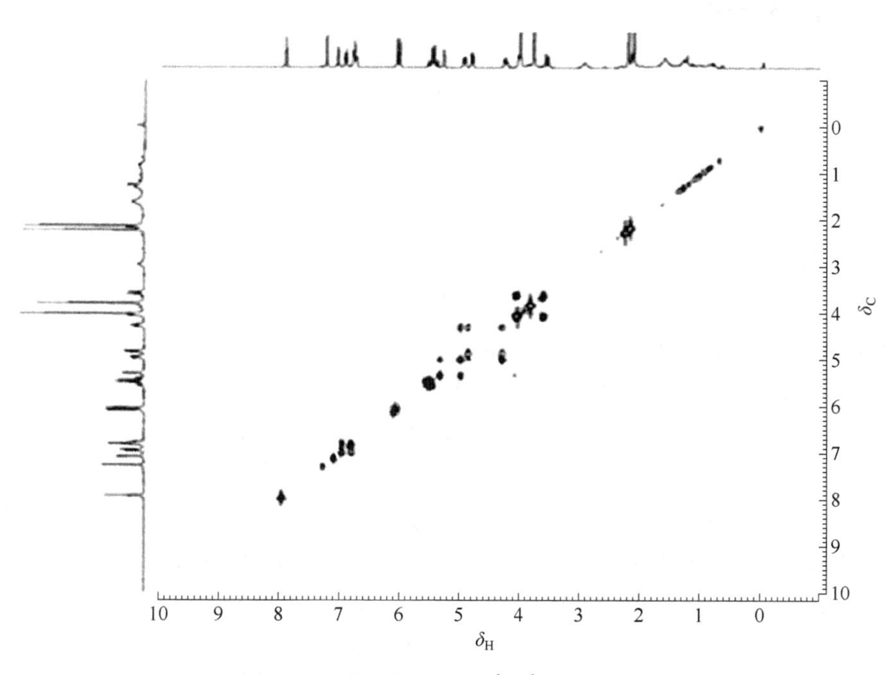

图 4-56 化合物 **4-5** 的 ¹H-¹H COSY 谱

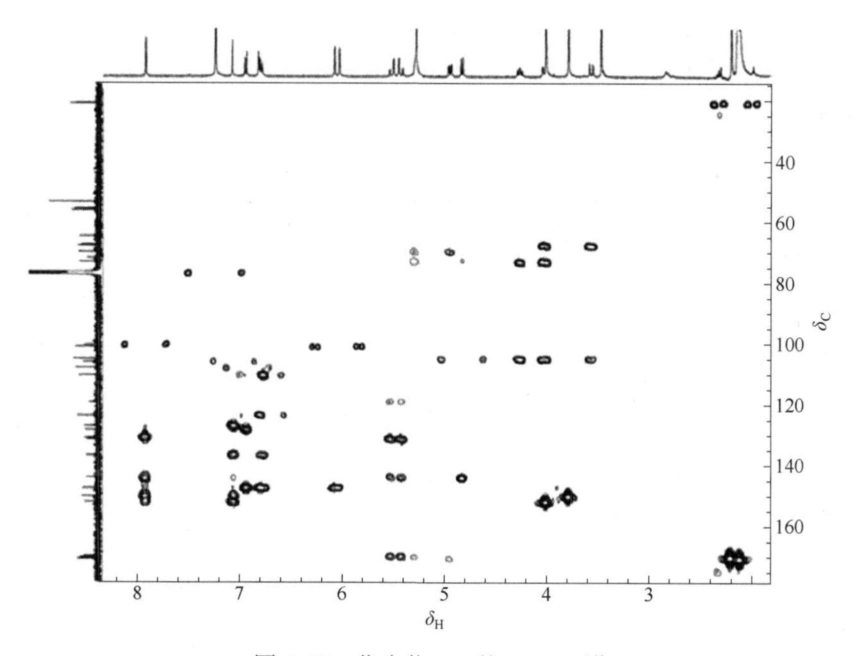

图 4-57 化合物 **4-5** 的 HMBC 谱

【例 4-6】cephafortin A[5]

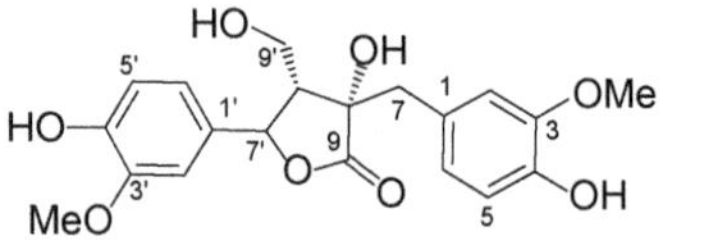

4-6

无色胶状，$[\alpha]_D^{27}=+15°$（$c=0.2$, MeOH）。

HR ESI-MS *m/z*：389.1231，对应 $[M-H]^+$（计算值：389.1236），结合氢谱和碳谱推断此化合物的分子式为 $C_{20}H_{22}O_8$，不饱和度为 10。

UV 光谱中最大吸收波长为 232 nm 和 282 nm，为单苯环类化合物的特征吸收。

IR (KBr) 光谱显示该结构中存在羟基 (—OH) 3363 cm^{-1}，不饱和内酯 1761 cm^{-1} (C═O)，苯环 1604 cm^{-1}、1518 cm^{-1} 和 1275 cm^{-1} 的特征吸收峰。

^{1}H-NMR（表 4-6）显示化合物 **4-6** 中存在六个典型的芳环质子信号：δ_H 6.78 (d, $J=1.8$ Hz, H-2)、δ_H 6.83 (d, $J=8.1$ Hz, H-5)、δ_H 6.67 (dd, $J=8.1$ Hz、1.8 Hz, H-6)、δ_H 6.31 (d, $J=2.0$ Hz, H-2′)、δ_H 6.83 (d, $J=8.1$ Hz, H-5′) 和 δ_H 6.63 (dd, $J=8.1$ Hz、2.0 Hz, H-6′)，表明化合物 **4-6** 中存在两个 1,3,4-三取代芳环体系；一组连氧亚甲基质子信号：δ_H 3.89 (H-9′a) 和 3.75 (H-9′b)；一个连氧次甲基特征质子信号：δ_H 5.45 (d, $J=8.7$ Hz, H-7′)；一组 sp^3 亚甲基质子信号：δ_H 3.03 (H-7a) 和 3.23 (H-7b)；一个 sp^3 次甲基质子信号：δ_H 2.37 (m, H-8′)；两个甲氧基质子信号：δ_H 3.85 (OMe-3) 和 3.72 (OMe-3′)。

表 4-6　化合物 4-6 的 NMR 数据（400 MHz, CD_3OD）

位置	δ_C	类型	δ_H(*J*/Hz)	位置	δ_C	类型	δ_H(*J*/Hz)
1	126.3	C		1′	129.5	C	
2	113.0	CH	6.78, d (1.8)	2′	107.8	CH	6.31, d (2.0)
3	146.7	C		3′	147.0	C	
4	145.1	C		4′	146.4	C	
5	114.6	CH	6.83, d (8.1)	5′	114.3	CH	6.83, d (8.1)
6	123.6	CH	6.67, dd (8.1, 1.8)	6′	120.0	CH	6.63, dd (8.1, 2.0)
7	42.9	CH_2	3.03, d (13.5) 3.23, d (13.5)	7′	80.6	CH	5.45, d (8.7)
8	79.3	C		8′	50.1	CH_2	2.37, m
9	177.2	C		9′	58.5	CH_2	3.75, m 3.89, m
OMe-3	56.2	CH_3	3.85, s	OMe-3′	56.0	CH_3	3.72, s
OH-4			5.57, br s	OH-4′			5.65, br s
OH-8			3.40, br s	OH-9′			2.49, br s

^{13}C-NMR（表 4-6）显示结构中存在二十个碳信号，包括两个芳环体系（十二个芳环碳信号）；一个连氧亚甲基碳信号 δ_C 58.5 (C-9′)；一个连氧次甲基碳信号 δ_C 80.6 (C-7′)；一个 sp^3 亚甲基信号 δ_C 42.9 (C-7)；一个 sp^3 次甲基质子信号 δ_C 50.1 (C-8′)；一个 sp^3 连氧季碳信号 δ_C 79.3 (C-8)；一个酯羰基碳信号 δ_C 177.2 (C-9)；两个甲氧基碳信号 δ_C 56.2 (OMe-3) 和 56.0 (OMe-3′)。氢碳直接相关信号通过 HSQC 谱确定，骨架上的氢氢相关连接通过二维 ^{1}H-^{1}H COSY 获得（图 4-58）。

HMBC 显示（图 4-58），δ_H 3.85 (OMe-3) 与 δ_C 146.7 (C-3) 相关，δ_H 3.72 (OMe-3′) 与 δ_C 147.0 (C-3′) 相关，由此确定了两个甲氧基的取代位置在 C-3 和 C-3′位；δ_H 5.45 (H-7′) 与 δ_C 79.3 (C-8)、177.2 (C-9)、129.5 (C-1′)、107.8 (C-2′) 相关，确定了 C-7′的连接位置，也确定了两个苯丙素连接的骨架类型；结合 HR ESI-MS 确定 C-4、C-8 和 C-4′位还各有一羟基取代。通过以上相关数据确定了化合物 **4-6** 的平面结构。

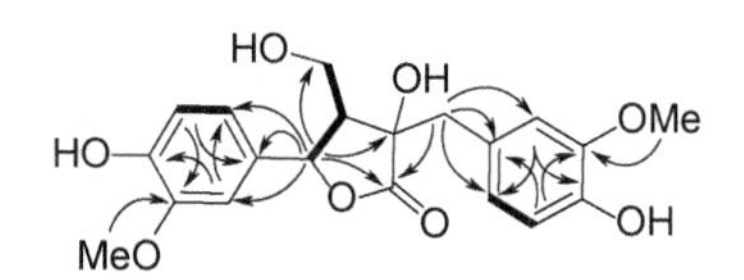

图 4-58 化合物 **4-6** 的 ^{1}H-^{1}H COSY 相关（粗体）及主要 HMBC 相关（箭头）

ROERY 谱中，H-7′和 H-9′相关，H-8′和 H-7 相关，证实了 H-7′处于 α 位，而 OH-8 处于 β 位，因此确定了化合物 **4-6** 的相对构型；并通过 ECD 计算确定了其绝对构型（图 4-59）。

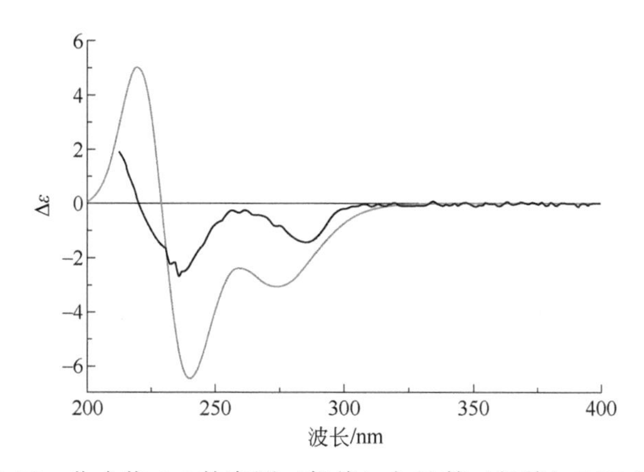

图 4-59 化合物 **4-6** 的实测（粗线）与计算（细线）ECD 谱图

综上，化合物 **4-6** 的结构确定为 cephafortin A。

附：化合物 **4-6** 的更多波谱图见图 4-60～图 4-65。

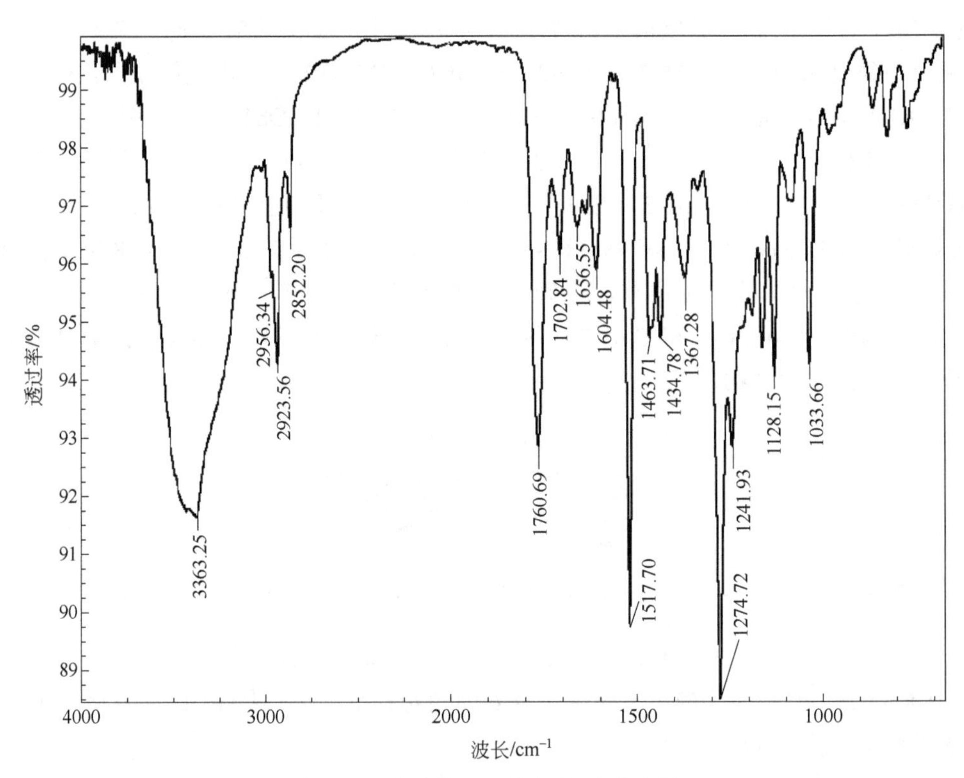

图 4-60　化合物 **4-6** 的红外吸收光谱

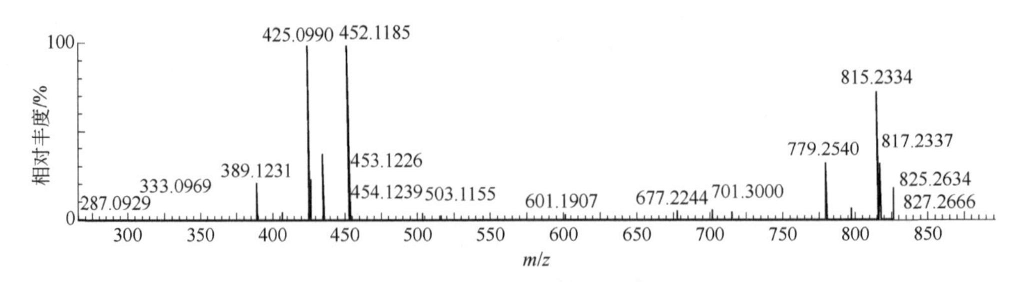

图 4-61　化合物 **4-6** 的高分辨质谱

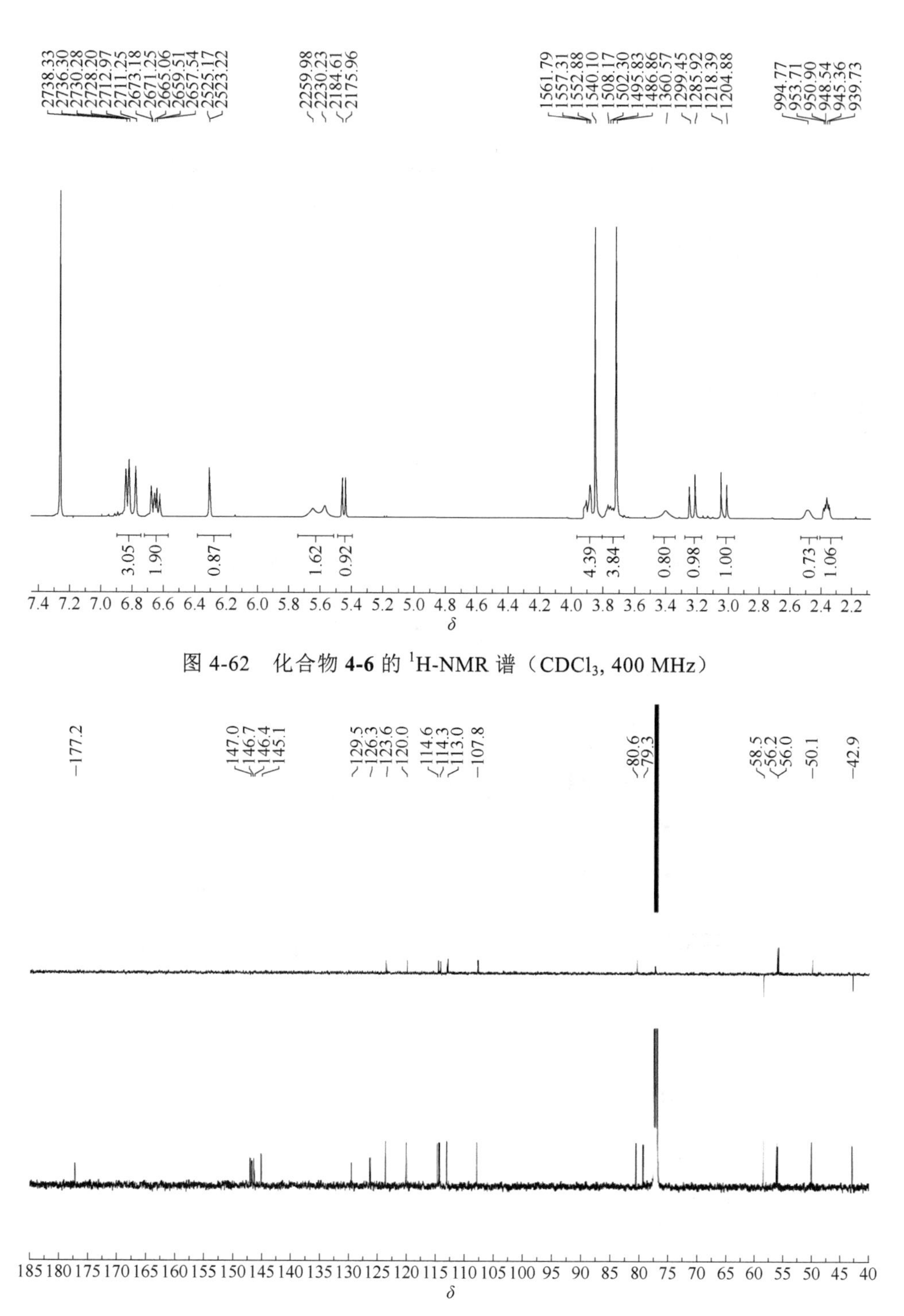

图 4-62 化合物 **4-6** 的 ^{1}H-NMR 谱（$CDCl_3$, 400 MHz）

图 4-63 化合物 **4-6** 的 ^{13}C-DEPT 谱（$CDCl_3$, 125 MHz）

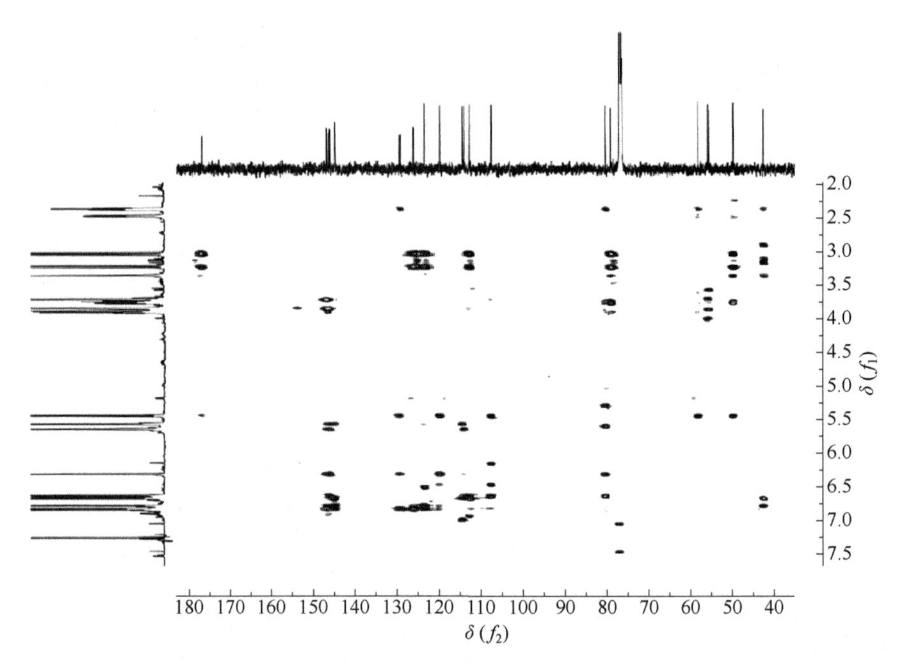

图 4-64　化合物 **4-6** 的 HMBC 谱

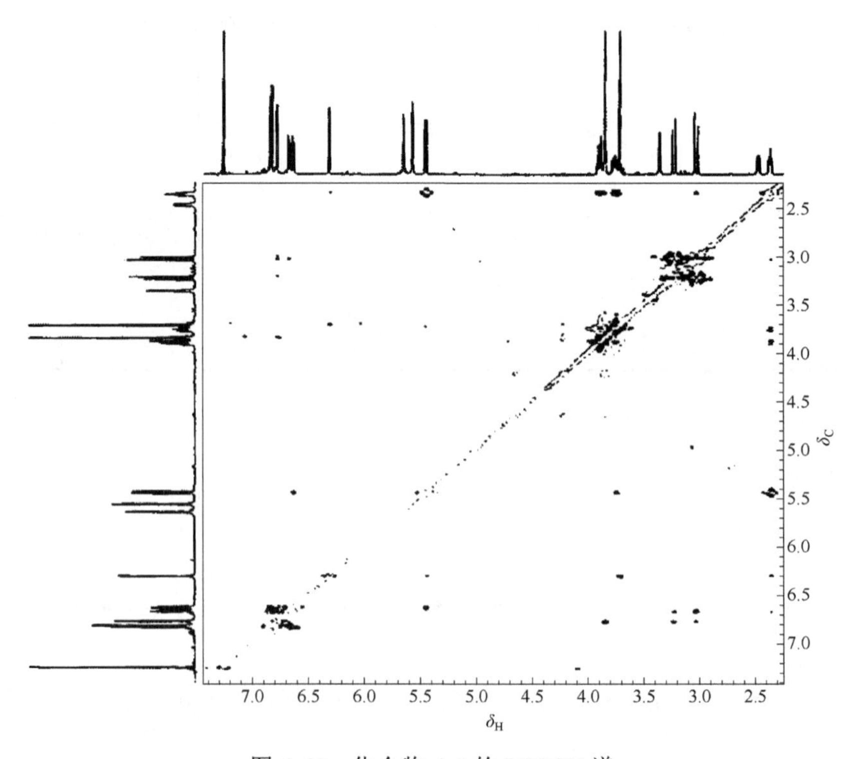

图 4-65　化合物 **4-6** 的 ROESY 谱

【例 4-7】cephafortin B[5]

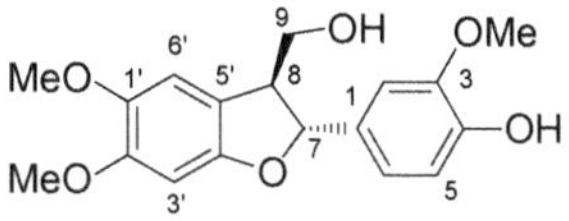

4-7

无色胶状，$[\alpha]_D^{27} = +1.0°(c = 0.2, MeOH)$。

HR ESI-MS m/z：687.2401，对应$[2M+Na]^+$（计算值：687.2417），结合氢谱和碳谱推断此化合物的分子式为 $C_{18}H_{20}O_6$，不饱和度为 9。

UV 光谱中最大吸收波长为 233 nm、290 nm 和 299 nm，为单苯环类化合物的特征吸收。

IR (KBr) 光谱显示该结构中存在羟基 (—OH) 3477 cm^{-1}，苯环 1612 cm^{-1}、1498 cm^{-1} 和 1454 cm^{-1} 官能团的特征吸收峰。

^{1}H-NMR（表 4-7）显示，化合物 **4-7** 中存在五个典型的芳环质子信号：δ_H 6.89 (s, H-2)、δ_H 6.89 (s, H-5)、δ_H 6.89 (s, H-6)、δ_H 6.54 (s, H-3′) 和 δ_H 6.78 (s, H-6′)，表明化合物 **4-7** 中存在一个 1,3,4-三取代芳环体系和一个 1,2,4,5-四取代芳环体系；一组连氧亚甲基质子信号 δ_H 3.90 (m, H-9)；一个连氧次甲基特征质子信号 δ_H 5.49 (d, J = 6.7 Hz, H-7)；一个 sp^3 次甲基质子信号 δ_H 3.54 (m, H-8)；三个甲氧基质子信号 δ_H 3.87 (s, OMe-3)、3.84 (s, OMe-1′) 和 3.86 (s, OMe-2′)；两个活泼氢质子信号 δ_H 5.66 (s, OH-4) 和 1.59 (t, J = 5.1 Hz, OH-9)。

表 4-7 化合物 4-7 的 NMR 数据（400 MHz, $CDCl_3$）

位置	δ_C	类型	δ_H(J/Hz)	位置	δ_C	类型	δ_H(J/Hz)
1	133.7	C		1′	143.8	C	
2	119.2	CH	6.89, s	2′	150.4	C	
3	146.8	C		3′	95.2	CH	6.54, s
4	145.7	C		4′	154.4	C	
5	114.5	CH	6.89, s	5′	116.2	C	
6	108.5	CH	6.89, s	6′	108.5	CH	6.78, s
7	87.6	CH	5.49, d (6.7)	OMe-1′	57.1	CH_3	3.84, s
8	53.8	CH	3.54, m	OMe-2′	56.2	CH_3	3.86, s
9	64.6	CH_2	3.90, m				
OMe-3	56.1	CH_3	3.87, s				
OH-4			5.66, s				
OH-9			1.59, t (5.1)				

^{13}C-NMR（表 4-7）显示结构中存在十八个碳信号，包括两个芳环体系（十二个芳环碳信号）；一个连氧亚甲基碳信号 δ_C 64.6 (C-9)；一个连氧次甲基碳信号 δ_C

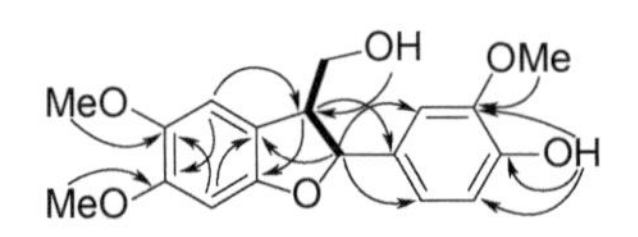

图 4-66　化合物 **4-7** 的 ¹H-¹H COSY 相关（粗体）及主要 HMBC 相关（箭头）

87.6 (C-7)；一个 sp^3 次甲基质子信号 δ_C 53.8 (C-8)；三个甲氧基碳信号 δ_C 56.1 (OMe-3)、57.1 (OMe-1′) 和 56.2 (OMe-2′)。氢碳直接相关信号通过 HSQC 谱确定，骨架上的氢氢相关连接通过二维 ¹H-¹H COSY 获得（图 4-66）。

HMBC 显示（图 4-66），δ_H 3.87 (OMe-3) 与 δ_C 146.8 (C-3) 相关，δ_H 3.84 (OMe-1′) 与 δ_C 143.8 (C-1′) 相关，δ_H 3.86 (OMe-2′) 与 δ_C 150.4 (C-2′) 相关，确定三个甲氧基的取代位置在 C-3、C-1′和 C-2′位；δ_H 5.49 (H-7) 与 δ_C 133.7 (C-1)、154.4 (C-4′)、116.2 (C-5′) 相关，确定了 C-7 的连接位置，也确定了苯丙素连接的骨架类型；结合 HR ESI-MS 确定 C-4 和 C-9 位还各有一羟基取代。通过以上相关数据确定了化合物 **4-7** 的平面结构。

H-7 和 H-8 的耦合常数为 6.7 Hz，证实 H-7、H-8 为反式构型，因此确定了化合物 **4-7** 的相对构型；ECD 谱中，化合物 **4-7** 在 241 nm 处有负的 Cotton 效应，证实其绝对构型为（7*R*）和（8*S*）。

综上，化合物 **4-7** 的结构确定为 cephafortin B。

附：化合物 4-7 的更多波谱图见图 4-67～图 4-72。

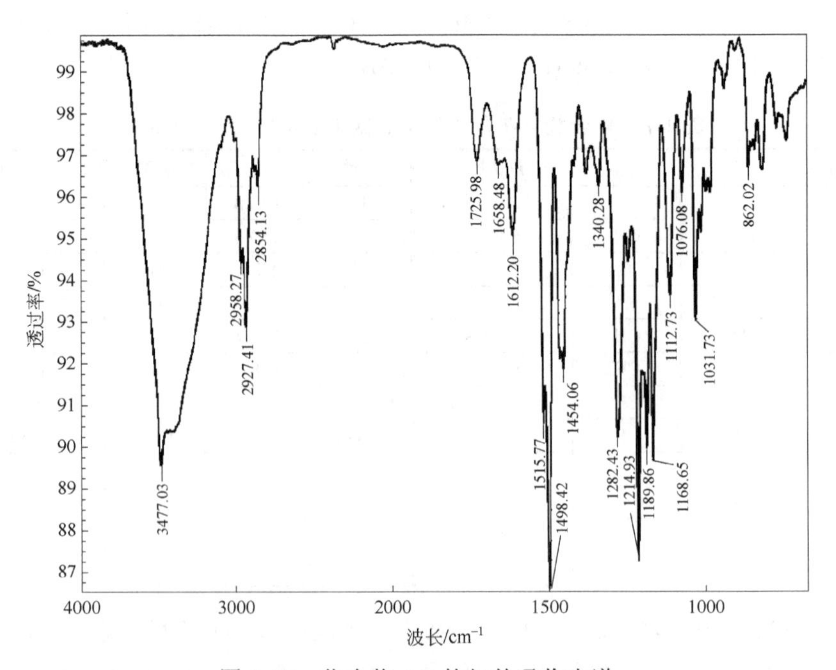

图 4-67　化合物 **4-7** 的红外吸收光谱

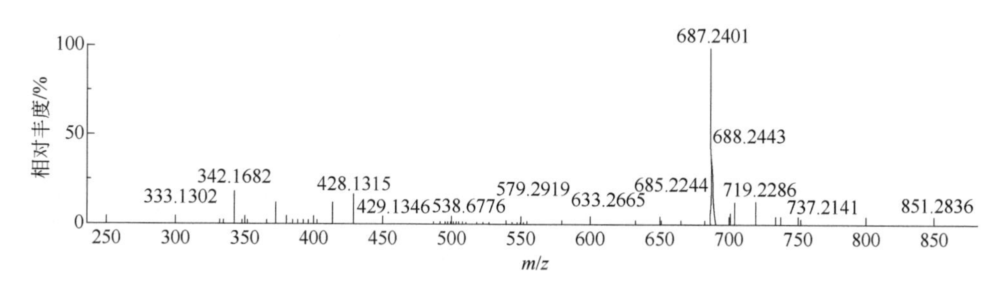

图 4-68 化合物 **4-7** 的高分辨质谱（TOF MS ES+）

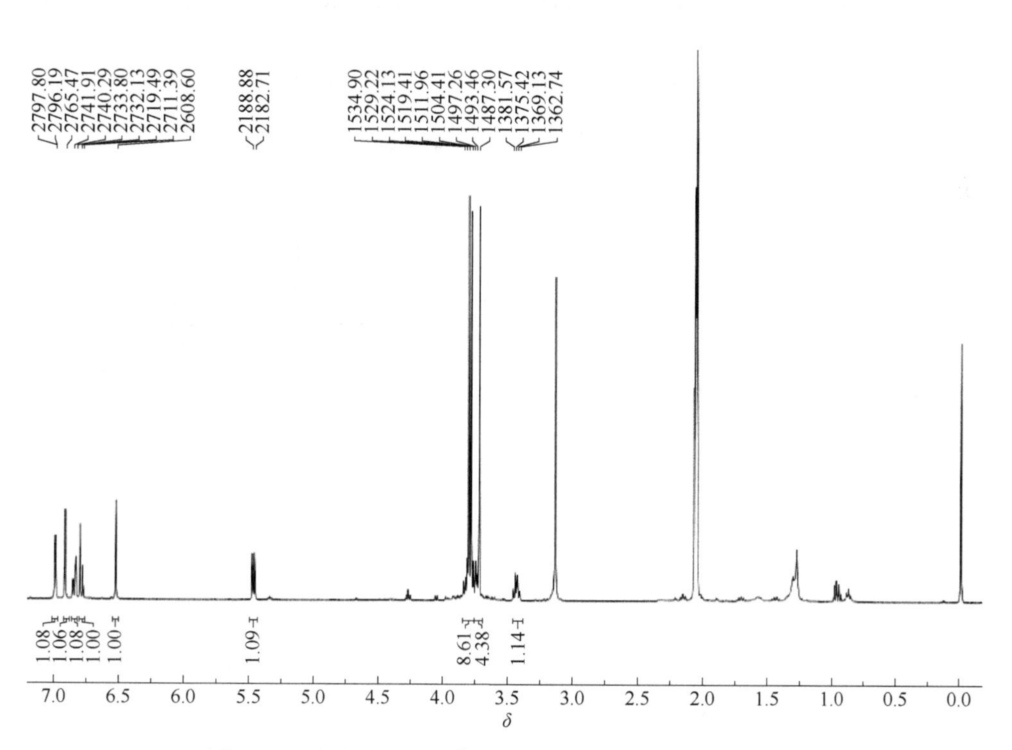

图 4-69 化合物 **4-7** 的 ^{1}H-NMR 谱（$CDCl_3$, 500 MHz）

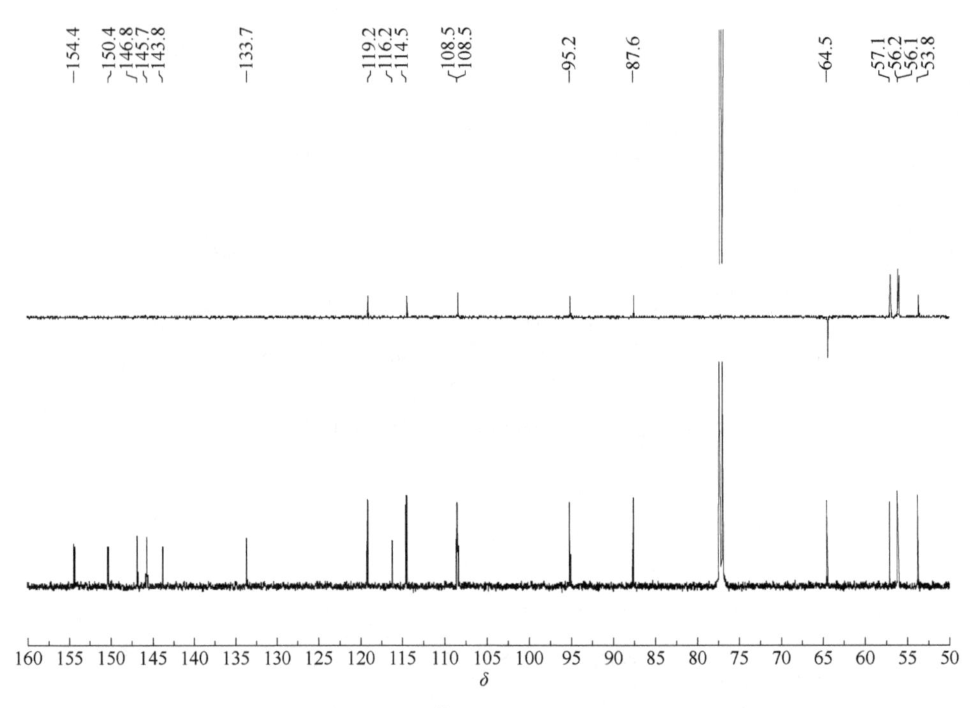

图 4-70　化合物 **4-7** 的 ^{13}C-DEPT 谱（$CDCl_3$, 125 MHz）

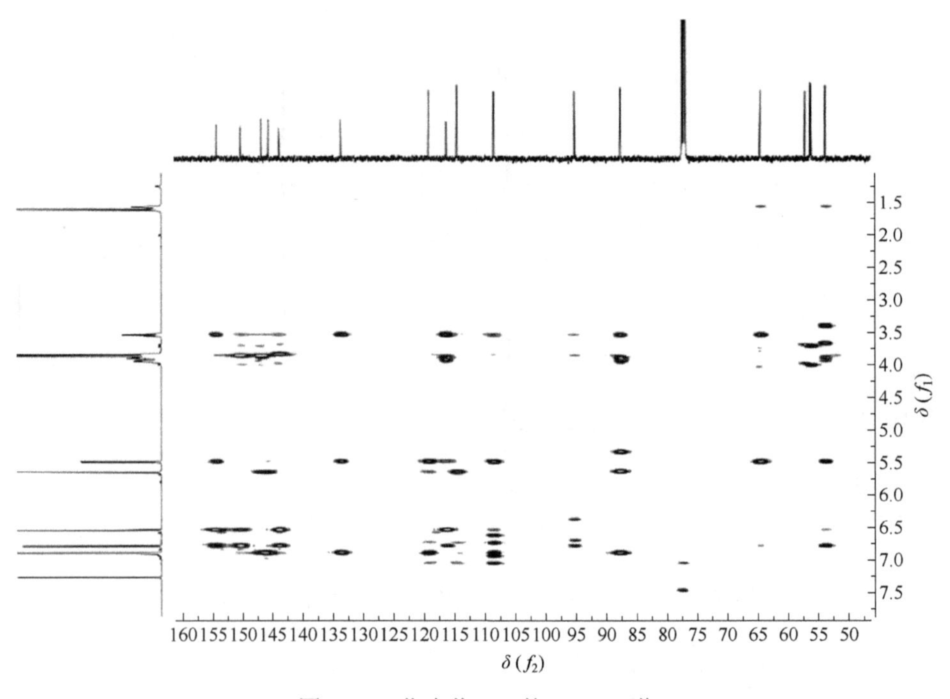

图 4-71　化合物 **4-7** 的 HMBC 谱

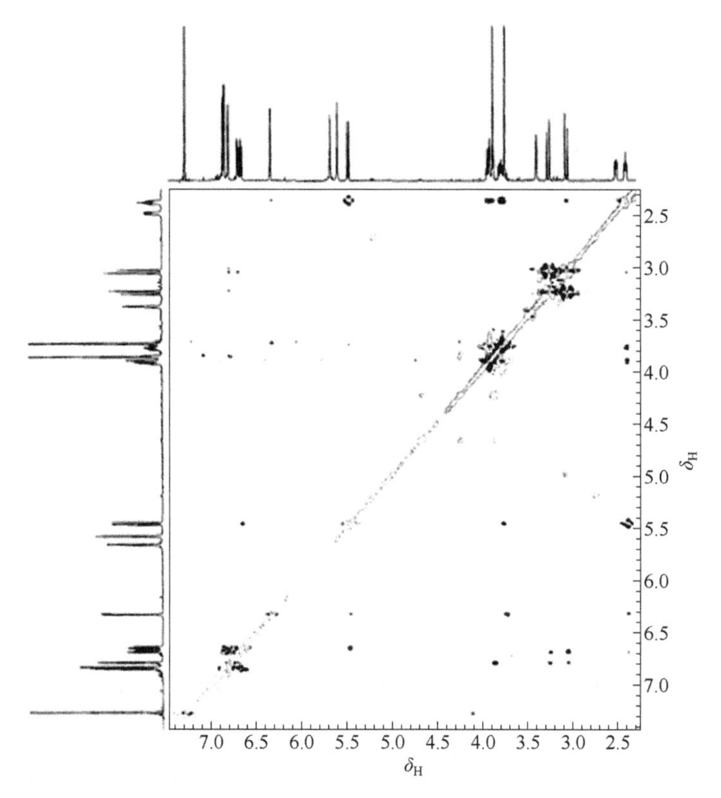

图 4-72 化合物 **4-7** 的 ROESY 谱

【例 4-8】*rel*-(7*R*,8*S*,7′*S*,8′*R*)-3,4,5,3′,4′,5′-六甲氧基-7,7′-环氧木脂素[6]

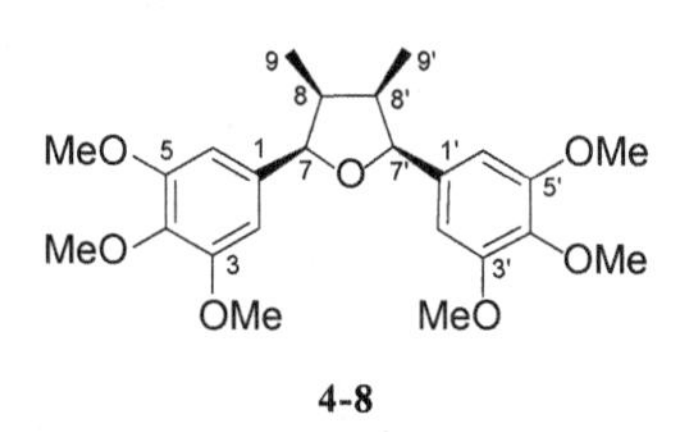

4-8

白色粉末，$[\alpha]_D^{21} = 0.0°$（$c = 1\times10^{-4}$, CH_2Cl_2）。HR ESI-MS *m/z*：433.2221，对应 $[M+H]^+$（计算值：433.2232），结合氢谱和碳谱推断此化合物分子内存在对称结构，最终确定其分子式为 $C_{24}H_{32}O_7$，不饱和度为 9。

UV 光谱中最大吸收波长为 225 nm。

IR (KBr) 光谱显示该结构中存在苯环 1593 cm^{-1} 特征吸收峰。

^{1}H-NMR（表 4-8）显示化合物 **4-8** 中存在四个典型的单峰芳环质子信号：

δ_H 6.67 (s, H-2/2′/6/6′)，表明化合物 **4-8** 中存在一个 1,3,4,5-四取代的芳环体系；两个连氧次甲基特征质子信号：δ_H 5.11 (d, J=6.7 Hz, H-7/7′)；两个 sp^3 次甲基质子信号：δ_H 2.70 (m, H-8/8′)；两个 sp^3 甲基质子信号：δ_H 0.64 (d, J= 6.7 Hz, H-9/9′)；六个甲氧基质子信号：δ_H 3.88 (s, OMe-3/3′)、3.86 (s, OMe-4/4′)、3.88 (s, OMe-5/5′)。

由于化合物 **4-8** 中存在分子内对称结构，^{13}C-NMR（表 4-8）仅显示结构中存在的十二个碳信号，包括一个芳环体系（六个芳环碳信号）；一个连氧次甲基碳信号 δ_C 82.9 (C-7/7′)；一个 sp^3 次甲基碳信号 δ_C 41.6 (C-8/8′)；一个 sp^3 次甲基碳信号 δ_C 11.6 (C-9/9′)；三个甲氧基碳信号 δ_C 56.1 (OMe-3/3′)、60.9 (OMe-4/4′)、56.1 (OMe-5/5′)。氢碳直接相关信号通过 HSQC 谱确定，骨架上的氢氢相关连接通过二维 ^1H-^1H COSY 获得（图 4-73）。

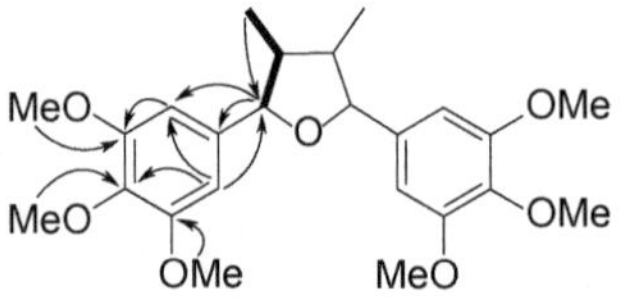

图 4-73　化合物 **4-8** 的 ^1H-^1H COSY 相关（粗体）及主要 HMBC 相关（箭头）

表 4-8　化合物 4-8 的 NMR 数据（500 MHz, $CDCl_3$）

位置	δ_C	类型	δ_H (J/Hz)	位置	δ_C	类型	δ_H (J/Hz)
1	137.0	C		1′	137.0	C	
2	103.6	CH	6.67, s	2′	103.6	CH	6.67, s
3	153.1	C		3′	153.1	C	
4	136.0	C		4′	136.0	C	
5	153.1	C		5′	153.1	C	
6	103.6	CH	6.67, s	6′	103.6	CH	6.67, s
7	82.9	CH	5.11, d (6.7)	7′	82.9	CH	5.11, d (6.7)
8	41.6	CH	2.70, m	8′	41.6	CH	2.70, m
9	11.6	CH_3	0.64, d (6.7)	9′	11.6	CH_3	0.64, d (6.7)
OMe-3	56.1	CH_3	3.88, s	OMe-3′	56.1	CH_3	3.88, s
OMe-4	60.9	CH_3	3.86, s	OMe-4′	60.9	CH_3	3.86, s
OMe-5	56.1	CH_3	3.88, s	OMe-5′	56.1	CH_3	3.88, s

HMBC 显示（图 4-73），δ_H 3.88 (OMe-3/3′/5/5′) 与 δ_C 153.1 (C-3/3′/5/5′) 相关，δ_H 3.86 (OMe-4/4′) 与 δ_C 136.0 (C-4/4′) 相关，确定了六个甲氧基的取代位置在

C-3/3′、C-4/4′和 C-5/5′位上；δ_H 5.11 (H-7/7′) 与 δ_C 137.0 (C-1/1′)、103.6 (C-2/2′)、153.1 (C-3/3′)、41.6 (C-8/8′)、11.6 (C-9/9′) 相关，确定了 C-7 的连接位置，也确定了苯丙素连接的骨架类型；结合 HR ESI-MS 确定 C-7/7′和 C-8/8′彼此相连，形成一个五元呋喃环。通过以上相关数据确定了化合物 **4-8** 的平面结构。

化合物 **4-8** 无旋光活性，证明其为内消旋结构，分子中可能存在全是 *cis* 或 *trans-cis-trans* 构型；H-7 和 H-9 的耦合常数为 6.7 Hz，证实 H-7/H-9 为 *cis* 构型，结合 C-9/9′的化学位移，确定了化合物 **4-8** 中所有的手性碳均为 *cis* 构型；ECD 谱中，化合物 **4-8** 在 241 nm 处有负的 Cotton 效应，证实其绝对构型为（7*R*, 8*S*）。

综上，化合物 **4-8** 的结构确定为 *rel*-(7*R*,8*S*,7′*S*,8′*R*)-3,4,5,3′,4′,5′-六甲氧基-7,7′-环氧木脂素。

附：化合物 4-8 的更多波谱图见图 4-74～图 4-77。

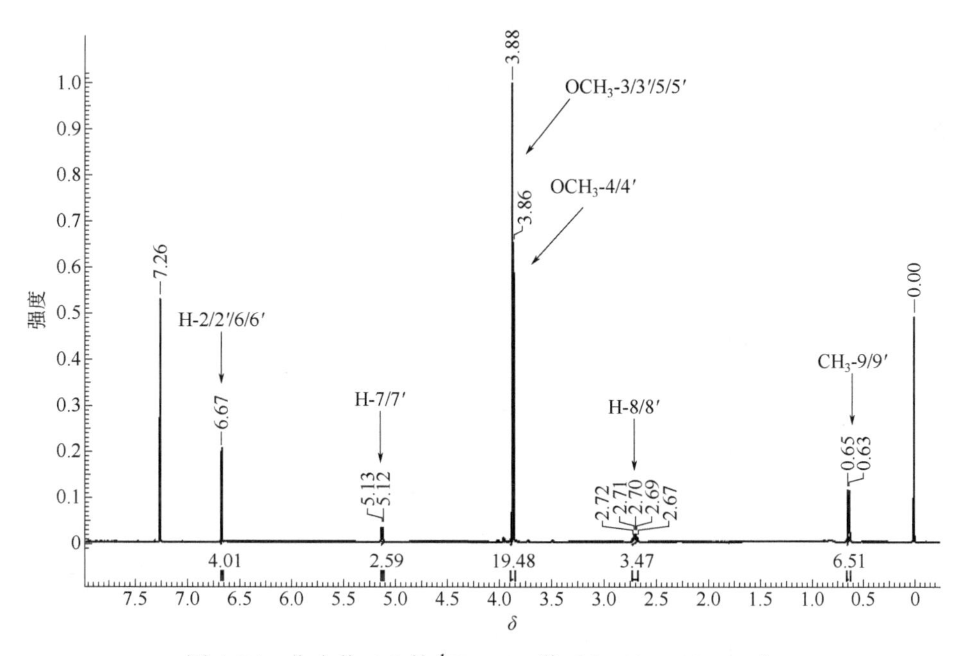

图 4-74 化合物 **4-8** 的 ^{1}H-NMR 谱（$CDCl_3$, 500 MHz）

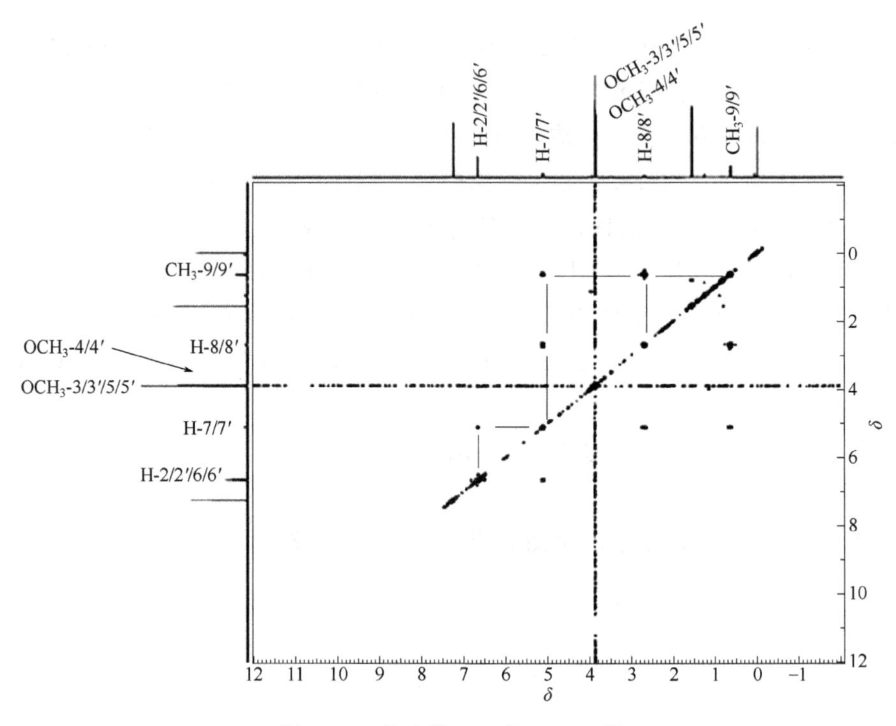

图 4-75　化合物 **4-8** 的 COSY 谱

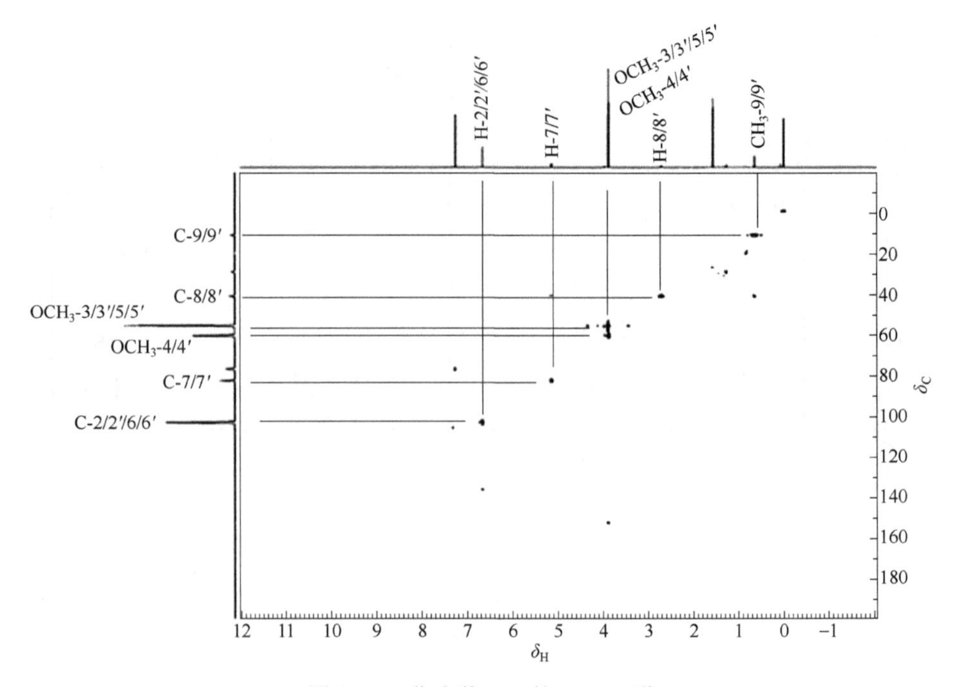

图 4-76　化合物 **4-8** 的 HSQC 谱

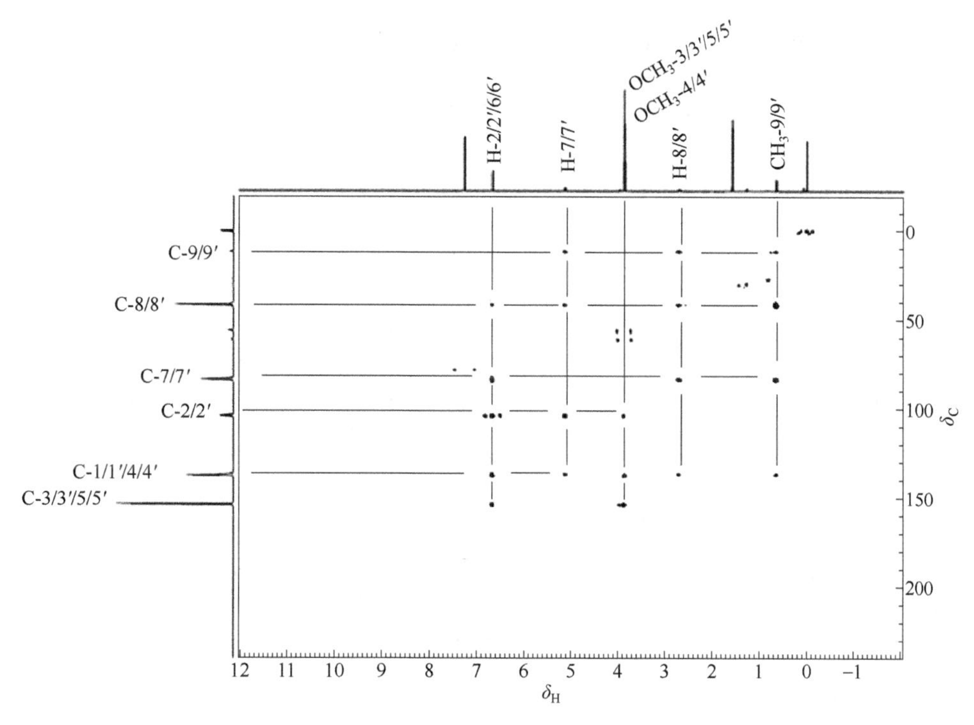

图 4-77　化合物 **4-8** 的 HMBC 谱

【例 4-9】herpetol B[7]

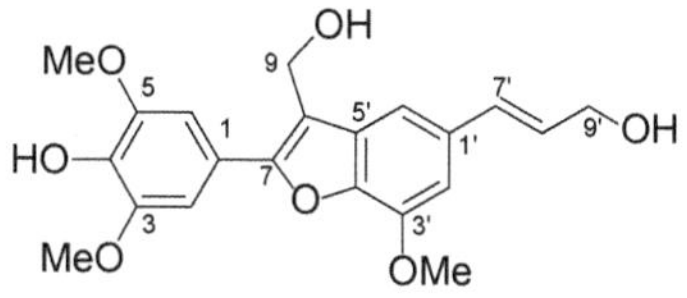

4-9

白色粉末状固体，$[\alpha]_D^{22}=-4.0°$（c = 0.10, MeOH），熔点 119～120℃。

HR ESI-MS m/z：387.1440，对应 $[M+H]^+$（计算值：387.1444），结合氢谱和碳谱推断此化合物的分子式为 $C_{21}H_{22}O_7$，不饱和度为 11。

^{1}H-NMR（表 4-9）显示化合物 **4-9** 中存在四个典型的芳环质子信号：δ_H 7.20 (s, H-2/6)、δ_H 7.31 (d, J = 1.1 Hz, H-6′) 和 δ_H 6.99 (d,J = 1.1 Hz, H-2′)，表明化合物 **4-9** 中存在两个 1,3,4,5-四取代芳环体系，且其中一个苯环为轴对称取代；一组反式双键质子信号 δ_H 6.70 (d, 15.8 Hz, H-7′)、6.38 (dt, J = 15.8 Hz、5.8 Hz, H-8′)；两组连氧亚甲基质子信号 δ_H 4.84(s, H-9)、4.25 (dd, J = 1.3Hz、5.8 Hz, H-9′)；三个

甲氧基质子信号 δ_H 3.93 (s, OMe-3/5)、4.02 (s, OMe-3′)。

表 4-9　化合物 4-9 的 NMR 数据（400 MHz, CD_3OD）

位置	δ_C	类型	δ_H(J/Hz)	位置	δ_C	类型	δ_H(J/ Hz)
1	122.3	C		1′	134.7	C	
2	106.0	CH	7.20, s	2′	106.0	CH	6.99, d (1.1)
3	149.6	C		3′	146.5	C	
4	138.0	C		4′	143.9	C	
5	149.6	C		5′	132.9	C	
6	106.0	CH	7.20, s	6′	111.3	CH	7.31, d (1.1)
7	156.0	C		7′	132.4	CH	6.70, d (15.8)
8	115.2	C		8′	128.9	CH	6.38, dt (15.8, 5.8)
9	55.4	CH_2	4.84, s	9′	63.8	CH_2	4.25, dd (5.8, 1.3)
OMe-3	56.9	CH_3	3.93, s	OMe-3′	56.5	CH_3	4.02, s
OMe-5	56.9	CH_3	3.93, s				

^{13}C-NMR（表 4-9）显示结构中存在二十一个碳信号，包括两个芳环体系（十四个芳环碳信号）；一对反式双键 δ_C 132.4 (C-7′)、128.9 (C-8′)；两个连氧亚甲基碳信号 δ_C 55.4 (C-9)、63.8 (C-9′)；三个甲氧基碳信号 δ_C 56.9 (OMe-3/5)、56.5 (OMe-3′)。氢碳直接相关信号通过 HSQC 谱确定，骨架上的氢氢相关连接通过二维 ^{1}H-^{1}H COSY 获得（图 4-78）。

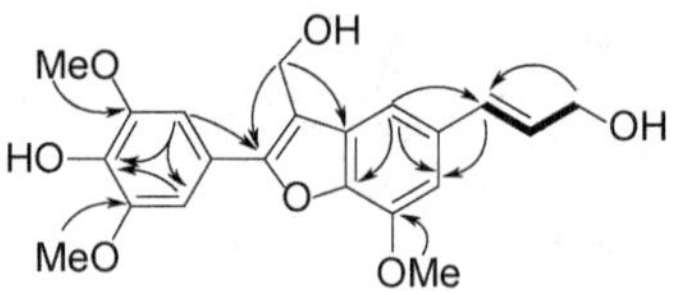

图 4-78　化合物 **4-9** 的 ^{1}H-^{1}H COSY 相关（粗体）及主要 HMBC 相关（箭头）

HMBC 显示（图 4-78），δ_H 3.93 (OMe-3/5) 与 δ_C 149.6 (C-3/5) 相关，δ_H 4.02 (OMe-3′) 与 δ_C 146.5 (C-3′) 相关，确定了三个甲氧基的取代位置在 C-3、C-5 和 C-3′位；δ_H 4.84 (H-9) 与 δ_C 156.0 (C-7)、115.2 (C-8) 和 132.9 (C-5′) 相关，确定了 C-9 的连接位置；δ_H 6.70 (H-7′) 与 δ_C 134.7 (C-1′)、106.0 (C-2′)、111.3 (C-6′) 和 63.8 (C-9′) 相关，确定了 C-7′的连接位置；结合 HR ESI-MS 确定 C-4、C-9 和 C-9′位还各有一羟基取代。通过以上相关数据确定了化合物 **4-9** 的平面结构。由于化合物 **4-9** 无手性中心，所以无需确定其立体结构。

综上，化合物 **4-9** 的结构确定为 herpetol B。

附：化合物 4-9 的更多波谱图见图 4-79～图 4-83。

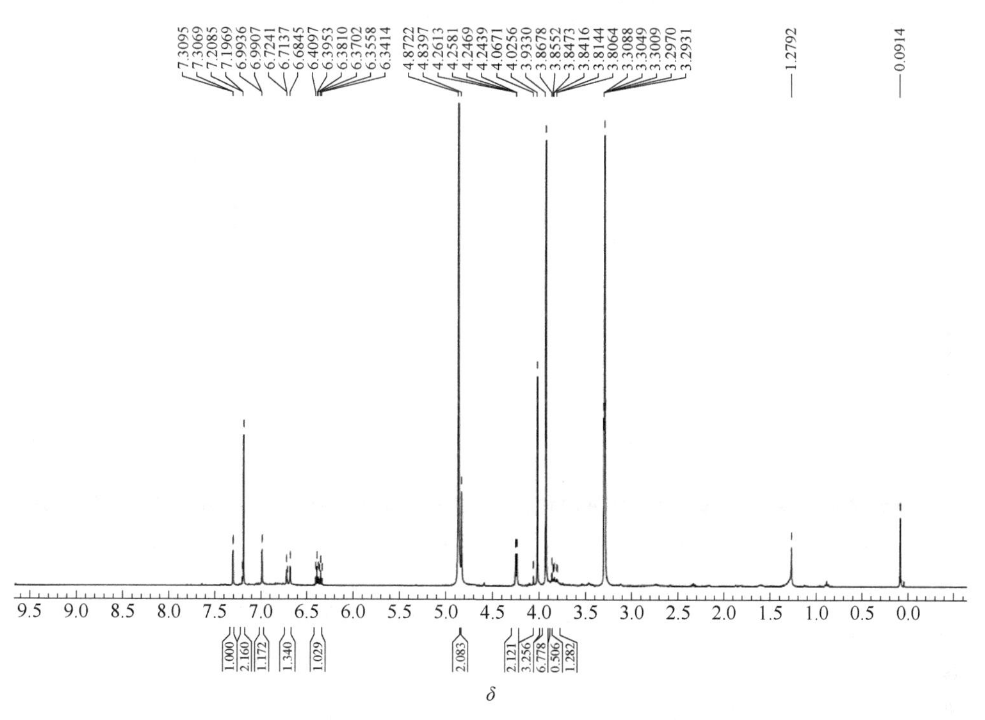

图 4-79　化合物 **4-9** 的 ^{1}H-NMR 谱（CD_3OD, 400 MHz）

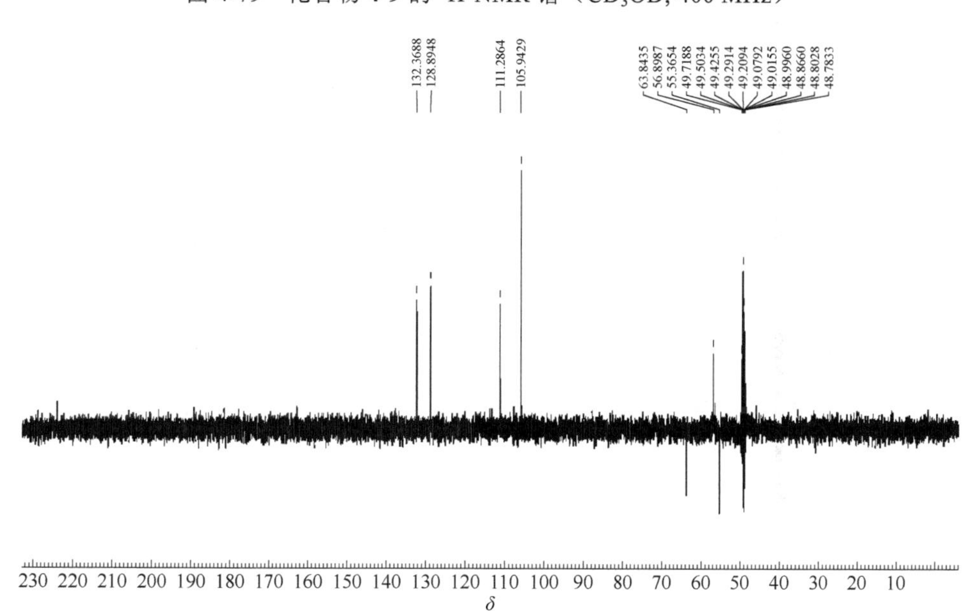

图 4-80

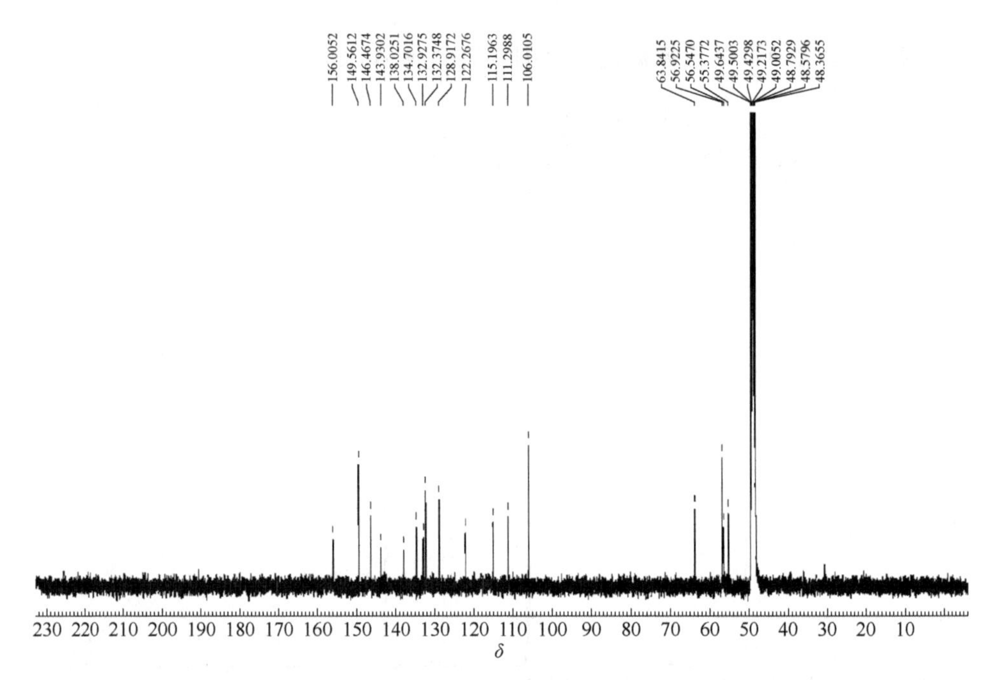

图 4-80　化合物 **4-9** 的 ^{13}C-NMR 和 DEPT135 NMR 谱（CD_3OD, 100 MHz）

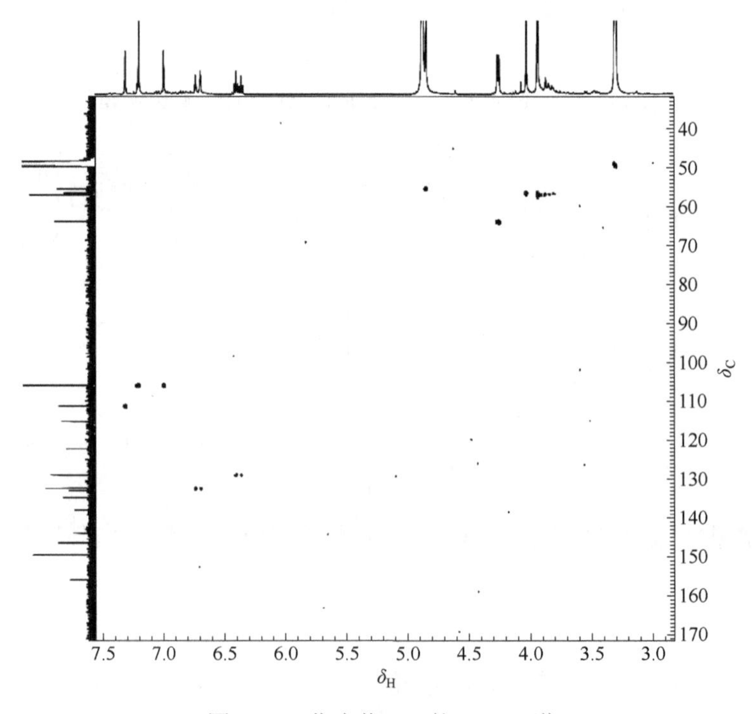

图 4-81　化合物 **4-9** 的 HSQC 谱

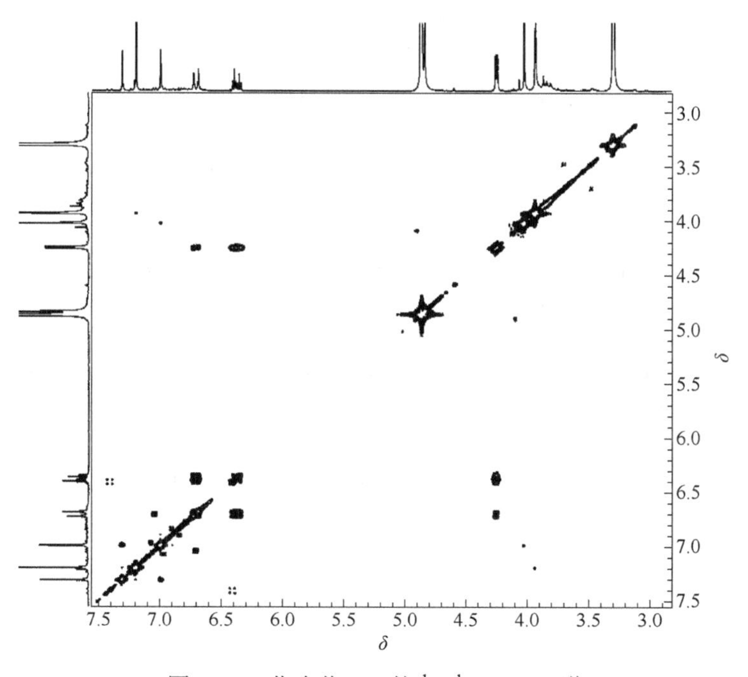

图 4-82　化合物 **4-9** 的 ^{1}H-^{1}H COSY 谱

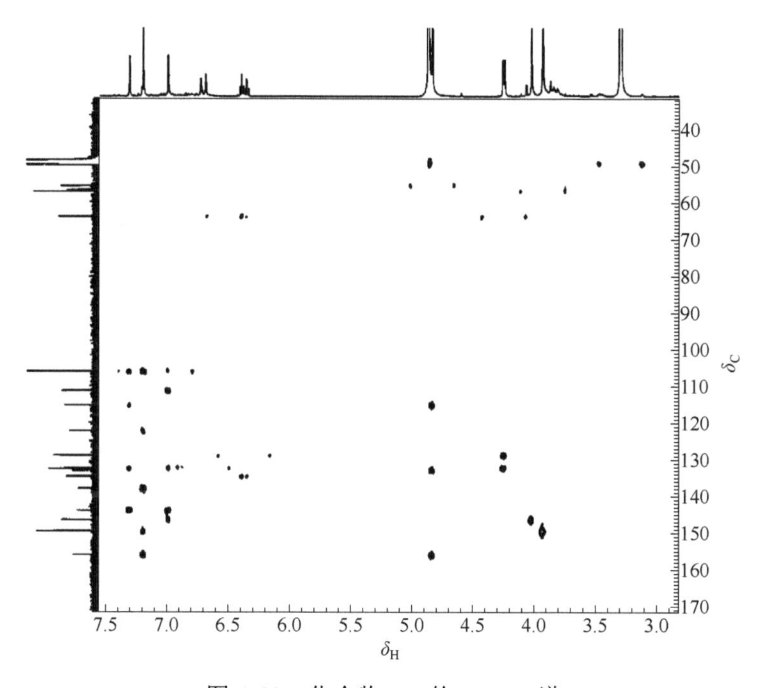

图 4-83　化合物 **4-9** 的 HMBC 谱

参 考 文 献

[1] Luo Y Q, Liu M, Wen J, et al. Dibenzocyclooctadiene lignans from *Kadsura heteroclita*[J]. Fitoterapia, 2017, 119: 150-157.

[2] Pan W H, Liu K L, Guan Y F, et al. Bioactive compounds from *Vitex leptobotrys*[J]. Journal of Natural Products, 2014, 77(3): 663-667.

[3] Wu Z D, Lai Y J, Zhou L, et al. Enantiomeric lignans and neolignans from *Phyllanthus glaucus*: enantioseparation and their absolute configurations [J]. Scientific Reports, 2016, 6: 24809-24821.

[4] Ren Y L, Lantvit D D, Deng Y C, et al. Potent cytotoxic arylnaphthalene lignan lactones from *Phyllanthus poilanei*[J]. Journal of Natural Products, 2014, 77(6): 1494-1504.

[5] Zhao J X, Fan Y Y, Xu J B, et al. Diterpenoids and lignans from *Cephalotaxus fortunei*[J]. Journal of Natural Products, 2017, 80(2): 356-362.

[6] Ramos C S, Linnert H V, de Moraes M M, et al. Configuration and stability of naturally occurring all-cis-tetrahydrofuran lignans from *Piper solmsianum*[J]. RSC Advances, 2017, 7(74): 46932-46937.

[7] Yang B Y, Luo Y M, Liu Y, et al. New lignans from the roots of *Datura metel* L[J]. Phytochemistry Letters, 2018, 28: 8-12.

第5章　倍半萜类化合物结构解析

倍半萜类化合物（sesquiterpenoid）是指分子骨架由3个异戊二烯基单元构成的含有15个碳原子的一类化合物及其衍生物，广泛分布在植物、动物、微生物中。该类化合物生源上主要是由三分子异戊烯基焦磷酸酯构成的焦磷酸金合欢酯（farnesyl pyrophosphate, FPP）经过一系列环化、重排、氧化等复杂的转化，形成多种骨架类型的倍半萜。

倍半萜类化合物是萜类化合物中数量和结构类型最多的一类，按其结构中碳环的数目可分为无环、单环、双环、三环和多环倍半萜类。植物倍半萜中常见的骨架类型有没药烷型、吉玛烷型、桉叶烷型、艾里莫芬烷型、愈创木烷型和杜松烷型倍半萜等（图5-1）[1]。

倍半萜类化合物基本骨架的共性特征是：基本骨架中包含15个碳原子，个别也有降碳和增碳存在；在其骨架上也存在双键、羟基、羰基、形成新的呋喃环或五元内酯环等；组成基本骨架的碳原子中甲基（—CH_3）的数目等于或少于4个，并常以单峰或双峰的形式出现（^{1}H-NMR）。倍半萜类化合物的基本母核一般为饱和烃类，其本身无生色团，在紫外光谱中无特征吸收，一般在200～210 nm处有末端吸收。核磁共振谱（1D-NMR和2D-NMR）是倍半萜类化合物结构确定最为理想的谱学方法之一。由于倍半萜类化合物结构类型复杂多样，必须依赖于2D-NMR技术进行确定。

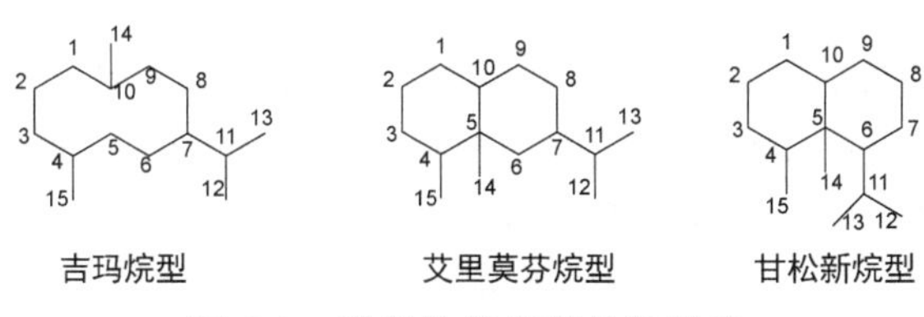

图5-1　常见的倍半萜结构类型

吉玛烷型倍半萜化合物的结构中包含一个十元环、两个甲基和一个异丙基。异丙基片段中的甲基在 ^{1}H-NMR 谱中 δ 0.8～1.0 范围内呈现双峰。在其骨架上可能含有多个双键，双键一般位于 1,10-位、4,5-位、5,6-位、4,15-位和 10,14-位。其中 C-1 和 C-10 双键的化学位移分别为 δ 113.8～135.0 和 δ 129.3～142.5；C-4 和 C-5 双键的化学位移分别为 δ 132.2～142.0 和 δ 119.9～132.7；C-5 和 C-6 双键的化学位移分别为 δ 129.7～142.9 和 δ 128.0～130.3；C-4 和 C-15 双键的化学位移分别为 δ 138.8～145.0 和 δ 117.0～119.0；C-10 和 C-14 双键的化学位移分别为 δ 145.1～148.0 和 δ 110.9～119.7。有时该类型化合物的 14 位甲基氧化成醛基，醛基氢的化学位移值约为 δ 9.95，醛基碳的化学位移值为 δ 199.3～199.8[2]。

艾里莫芬烷型双环倍半萜化合物的结构中包括 2 个六元环和 4 个甲基（4 位和 5 位两个角甲基以及 7 位一个异丙基）。两个角甲基质子化学位移为 δ 0.58～1.25。在骨架碳的 1 位、2 位、3 位、6 位、7 位、8 位、10 位和 12 位可发生羟基取代，其化学位移范围为 δ 62.8～88.0。羰基与双键的共轭是该类化合物的又一特点，羰基碳的化学位移范围为 δ 189.8～204.8。该类化合物若出现 1 位的独立羰基时，其化学位移出现在 δ 211.0。13 位甲基氧化成羧基与 8 位的羟基脱水形成具有五元内酯结构片段的化合物，13 位酯羰基碳的化学位移出现在 δ 169.4～174.8[2]。

甘松新烷型倍半萜化合物与艾里莫芬烷型碳骨架非常相似，不同之处在于异丙基连接在 C-6 位，因此这两种类型化合物的结构需要通过二维核磁共振相关谱进行进一步确定[2]。

【例 5-1】8-*O*-methacryloylelephanpane[3]

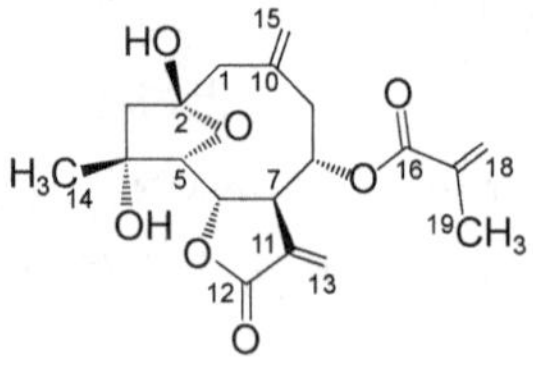

5-1

白色粉末，易溶于甲醇。$[\alpha]_D^{25}$ = +47.9°（*c* = 1.0, MeOH）。

HR ESI-MS *m/z*：387.1415，对应 $[M+Na]^+$（计算值：387.1414），推断此化合物的分子式为 $C_{19}H_{26}O_7$，不饱和度为 7。

IR (KBr) 光谱显示结构中存在酯羰基 (C═O) 1754 cm^{-1}，醇羟基 (—OH) 3446 cm^{-1}（宽峰）和 1039 cm^{-1}，1158 cm^{-1} (半缩醛 OC—OH)，以及饱和烷烃基

团 2970 cm^{-1} 和 1292 cm^{-1} (—CH_3)、1425 cm^{-1} (—CH_2—)、2917 cm^{-1} (—CH—)、1665 cm^{-1} (—C=C—) 的特征吸收峰。

UV（MeOH）光谱中 λ_{max} = 206 nm，提示此化合物存在 α,β-烯酸酯结构。

^{1}H-NMR（表 5-1）显示结构中存在两个甲基质子信号：δ_H 1.62 (3H, s, H-14) 和 2.01 (3H, s, H-19)；六个亚甲基质子信号：δ_H 1.90 (d, J = 15.0 Hz, H-3a)、2.72 (d, J = 15.0 Hz, H-3b)、2.42 (d, J = 15.0 Hz, H-1a)、2.54 (d, J = 15.0 Hz, H-1b)、2.67 (d, J = 15.0 Hz, H-9b) 和 2.72 (d, J = 15.0 Hz, H-9b)；一个次甲基质子信号：δ_H 3.97 (m, H-7)；三个连氧次甲基质子信号：δ_H 4.25 (d, J = 4.0 Hz, H-5)、4.32 (dd, J = 4.0 Hz、6.0 Hz, H-6) 和 5.13 (d, J = 12.0 Hz, H-8)；六个烯烃质子信号：δ_H 5.22 (s, H-15b) 和 5.40 (s, H-15a)，5.74 (s, H-13b) 和 6.14 (s, H-13a)，5.80 (s, H-18b) 和 6.21 (s, H-18a)。

表 5-1 化合物 **5-1** 的 NMR 数据（500 MHz, CD_3OD）

位置	δ_C	类型	δ_H (J/Hz)
1	52.2	CH_2	2.42, d (15.0); 2.54, d (15.0)
2	107.5	C	
3	50.0	CH_2	1.90, d (15.0); 2.72, d (15.0)
4	79.5	C	
5	86.3	CH	4.25, d (4.0)
6	81.6	CH	4.32, dd (4.0, 6.0)
7	41.3	CH	3.97, m
8	77.3	CH	5.13, d (12.0)
9	35.4	CH_2	2.67, d (15.0); 2.72, d (15.0)
10	142.8	C	
11	139.0	C	
12	172.0	C	
13	125.1	CH_2	5.74, s; 6.14, s
14	32.2	CH_3	1.62, s
15	121.8	CH_2	5.22, s; 5.40, s
16	167.3	C	
17	138.0	C	
18	127.1	CH_2	5.80, s; 6.21, s
19	18.7	CH_3	2.01, s

^{13}C-NMR（表 5-1）显示结构中存在十九个碳信号，包括两个甲基碳信号：δ_C 18.7 (C-19) 和 32.2 (C-14)；三个亚甲基碳信号：δ_C 35.4 (C-9)、50.0 (C-3) 和 52.2

(C-1)；一个次甲基碳信号：δ_C 41.3 (C-7)；三个连氧次甲基碳信号：δ_C 77.3 (C-8)、81.6 (C-6) 和 86.3 (C-5)；一个连氧季碳信号：δ_C 79.5 (C-4)；一个半缩醛季碳信号: δ_C 107.5 (C-2)；六个烯烃碳信号：δ_C121.8 (C-15)、142.8 (C-10)、125.1 (C-13)、139.0 (C-11)、127.1 (C-18) 和 138.0 (C-17)；两个酯羰基碳信号：δ_C 167.3 (C-16) 和 172.0 (C-12)。

氢碳直接相关信号通过二维 HSQC 谱确定，骨架上的氢氢相关连接通过二维 ^{1}H-^{1}H COSY 获得。^{1}H-^{1}H COSY 谱显示，δ_H 2.72 (d, J = 15.0 Hz, H-9b) 与 δ_H 5.13 (d, J = 12.0 Hz, H-8) 相关，δ_H 5.13 (d, J = 12.0 Hz, H-8) 与 δ_H 3.97 (m, H-7) 相关，δ_H 3.97 (m, H-7) 与 δ_H 4.32 (dd, J = 4.0 Hz、6.0 Hz, H-6) 相关，表明 δ_H 2.72 (d, J = 15.0 Hz, H-9b)、δ_H 5.13 (d, J = 12.0 Hz, H-8)、δ_H 3.97 (m, H-7)、δ_H 4.32 (dd, J = 4.0 Hz、6.0 Hz, H-6) 相应碳原子顺次连接。

HMBC 显示（图 5-2），δ_H 1.62 (s, H-14) 与 δ_C 50.0 (C-3)、79.5 (C-4)、86.3 (C-5) 相关；δ_H 1.90 (d, J = 15.0 Hz, H-3a) 与 δ_C 32.2 (C-14)、79.5 (C-4)、86.3 (C-5)、107.5 (C-2) 相关；δ_H 2.01 (s, H-19) 与 δ_C 127.1 (C-18)、138.0 (C-17)、167.3 (C-16) 相关，提示该甲基取代在 α,β-烯酸酯结构上；δ_H 2.42 (d, J = 15.0 Hz, H-1a)、2.54 (d, J = 15.0 Hz, H-1b)均与 δ_C 35.4 (C-9)、50.0 (C-3)、107.5 (C-2)、121.8 (C-15)、142.8 (C-10) 相关；δ_H 3.97 (m, H-7) 与 δ_C 77.3 (C-8)、86.3 (C-5)、139.0 (C-11)、172.0 (C-12) 相关；δ_H 4.25 (d, J = 4.0 Hz, H-5) 与 δ_C 32.2 (C-14)、41.3 (C-7)、50.0 (C-3)、81.6 (C-6)、107.5 (C-2) 相关；δ_H 4.32 (dd, J = 4.0 Hz、6.0 Hz, H-6) 与 δ_C 41.3 (C-7)、77.3 (C-8)、79.5 (C-4)、86.3 (C-5)、172.0 (C-12) 相关；δ_H 5.13 (d, J = 12.0 Hz, H-8) 与 δ_C 41.3 (C-7)、81.6 (C-6)、139.0 (C-11)、142.8 (C-10)、167.3 (C-16) 相关，提示 α,β-烯酸为支链与母核—OH 成酯；δ_H 5.40 (s, H-15a) 与 δ_C 35.4 (C-9)、52.2 (C-1)、77.3 (C-8) 相关；δ_H 6.14 (s, H-13a) 与 δ_C 41.3 (C-7)、139.0 (C-11)、172.0 (C-12) 相关，提示该 α,β-烯酸取代在 C-7 位；δ_H 6.21 (s, H-18a) 与 δ_C 18.7 (C-19)、138.0 (C-17)、167.3 (C-16) 相关，进一步佐证 α,β-烯酸与 OH-8 成酯的推测。

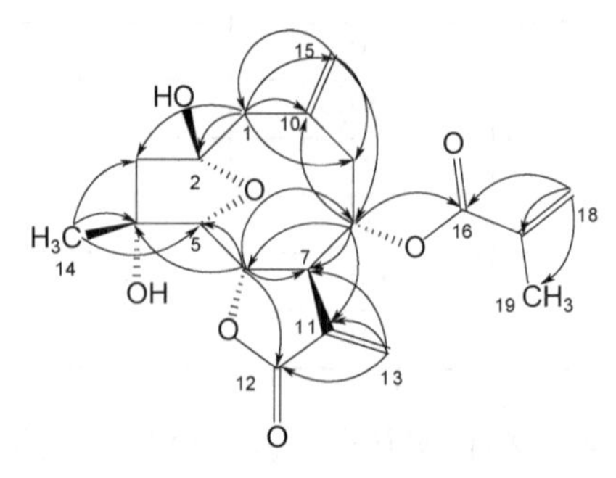

图 5-2　化合物 **5-1** 的主要 HMBC 相关（箭头）

NOESY 谱显示，δ_H 1.62 (s, H-14) 与 δ_H 4.25 (d, J = 4.0 Hz, H-5) 有 NOE 效应，而 δ_H 4.25 (d, J = 4.0 Hz, H-5) 与 δ_H 4.32 (dd, J = 4.0 Hz、6.0 Hz, H-6) 有 NOE 效应，δ_H 4.32 (dd, J = 4.0 Hz、6.0 Hz, H-6) 与 δ_H 5.13 (d, J = 12.0 Hz, H-8) 有 NOE 效应，基于上述推断，化合物 **5-1** 鉴定为 8-*O*-methacryloylelephanpane。

附：化合物 5-1 的更多波谱图见图 5-3～图 5-12。

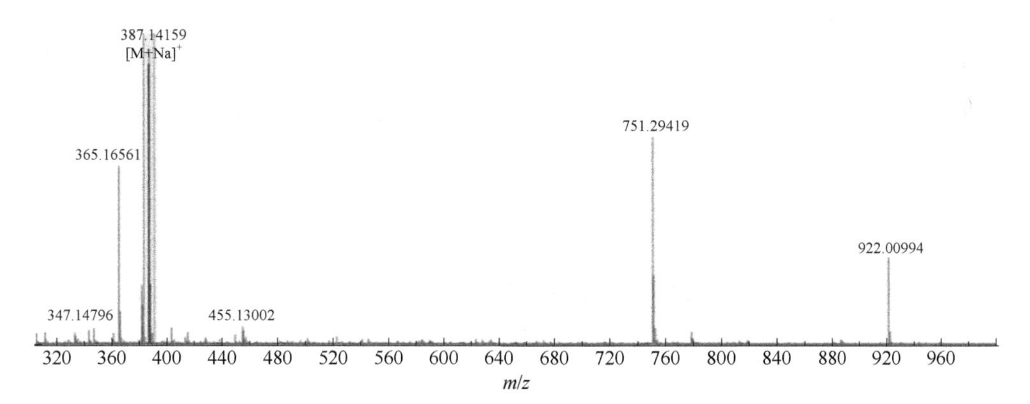

图 5-3　化合物 **5-1** 的 HR ESI-MS 谱

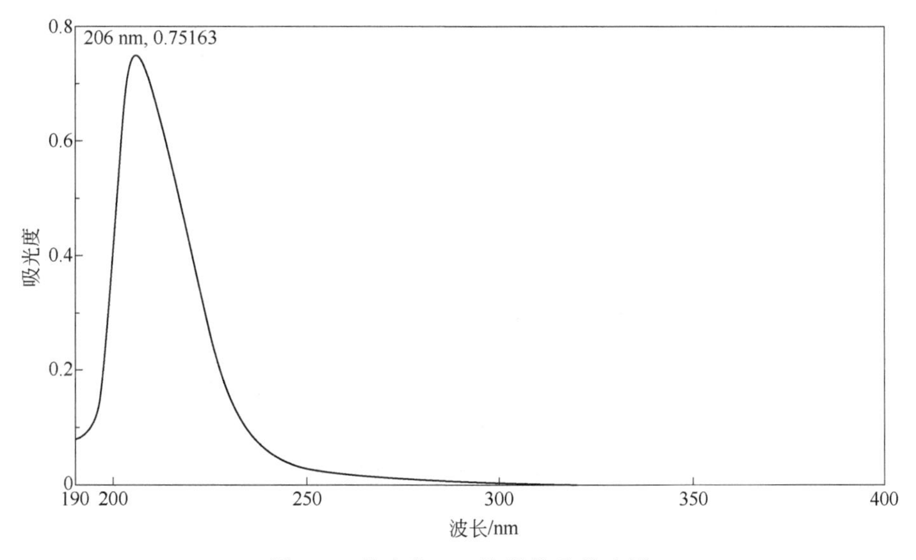

图 5-4　化合物 **5-1** 的紫外吸收光谱

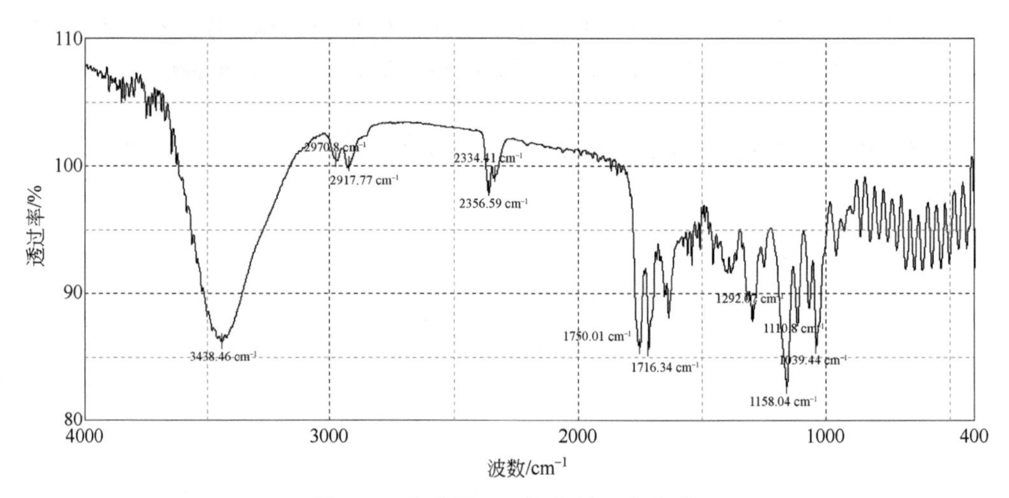

图 5-5　化合物 **5-1** 的红外吸收光谱

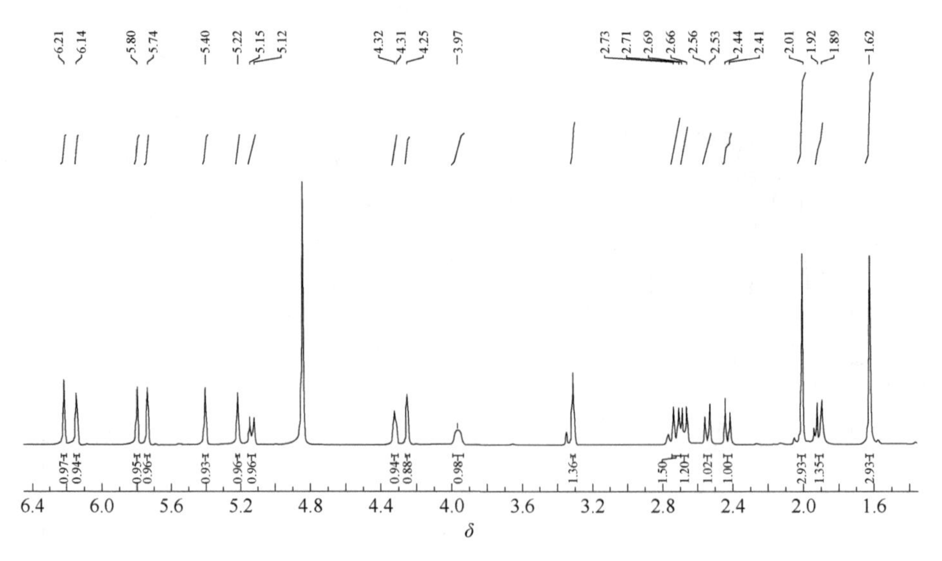

图 5-6　化合物 **5-1** 的 ^{1}H-NMR 谱

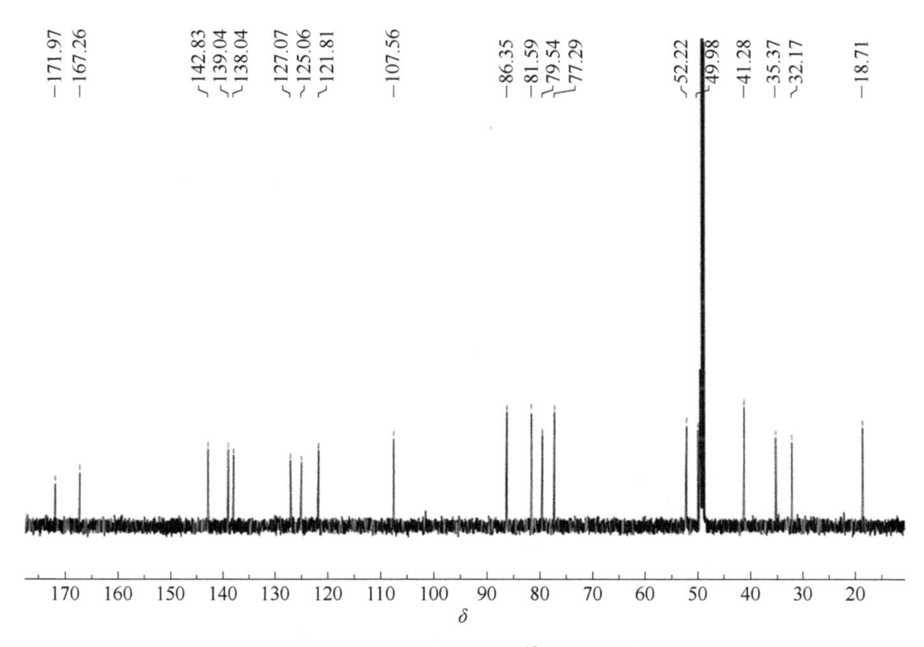

图 5-7 化合物 **5-1** 的 ^{13}C-NMR 谱

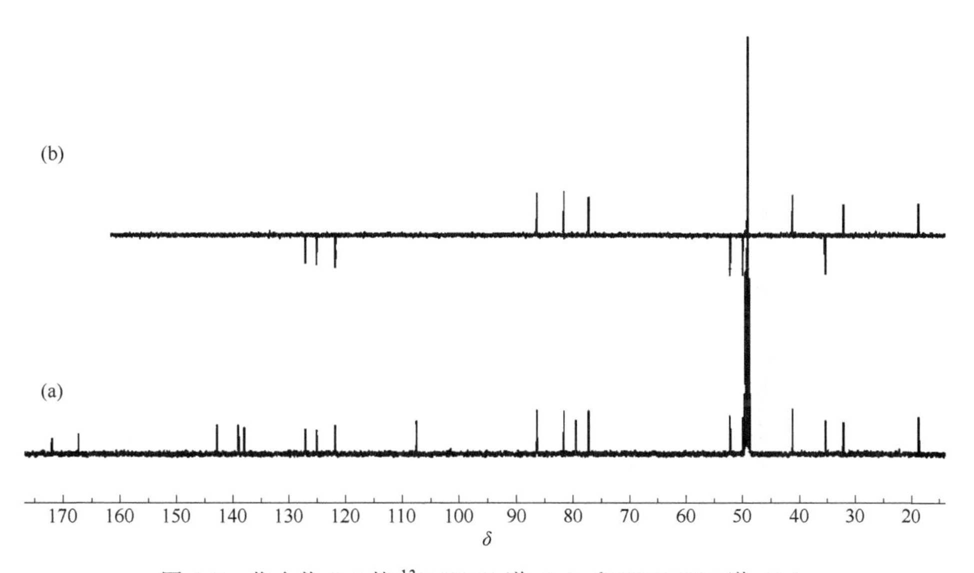

图 5-8 化合物 **5-1** 的 ^{13}C-NMR 谱（a）和 DEPT135 谱（b）

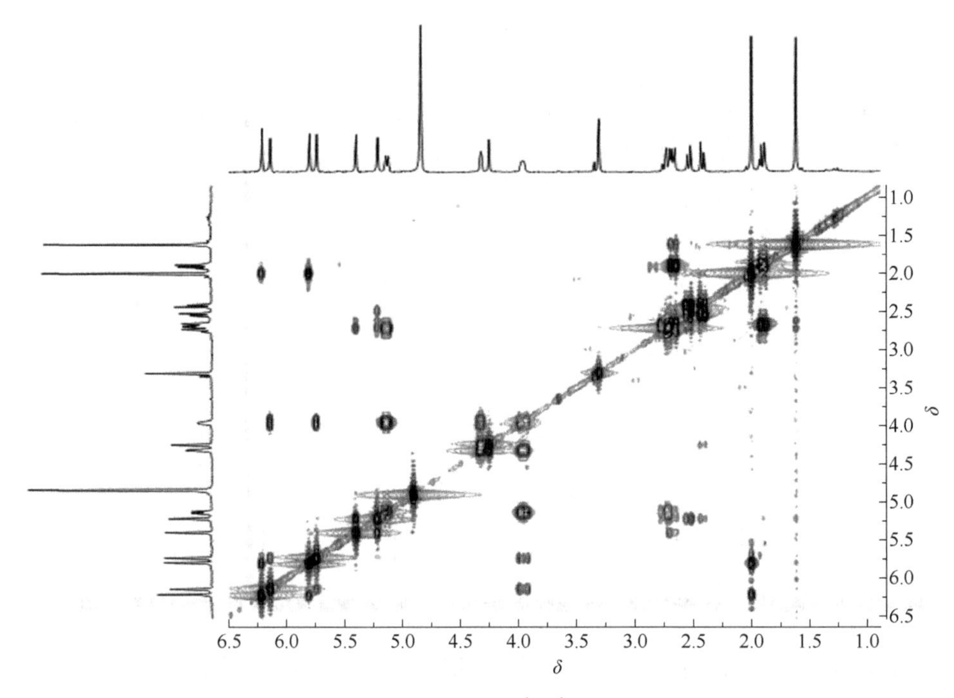

图 5-9　化合物 **5-1** 的 ^{1}H-^{1}H COSY 谱

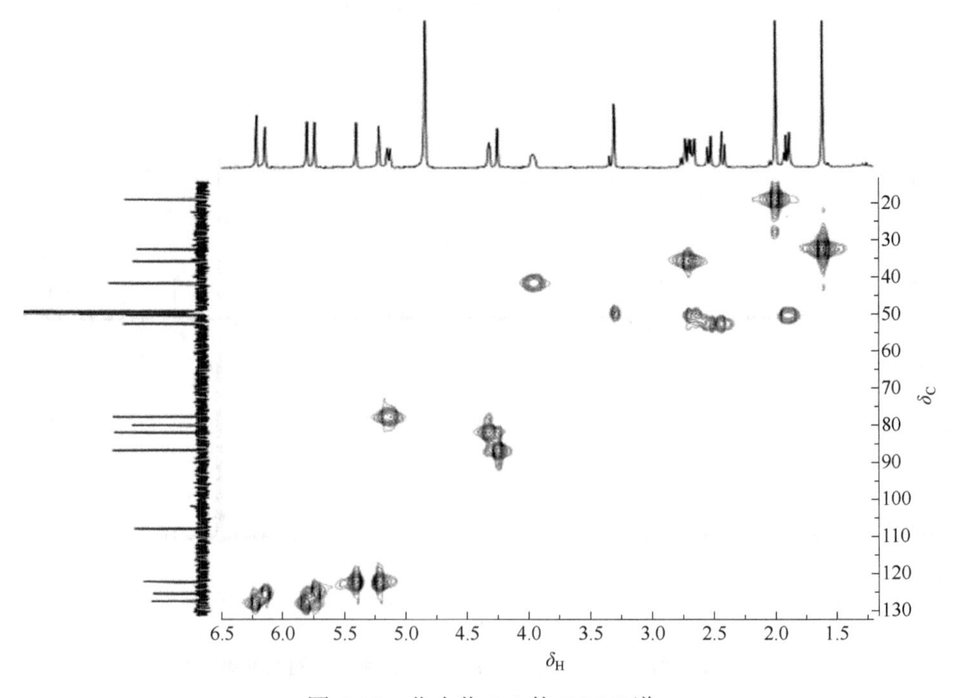

图 5-10　化合物 **5-1** 的 HSQC 谱

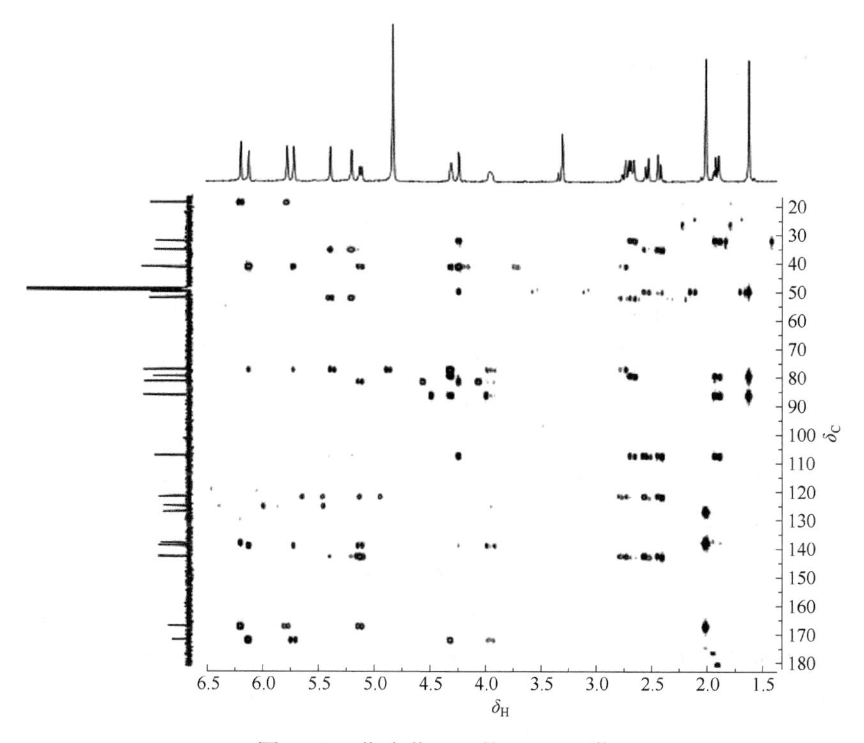

图 5-11 化合物 **5-1** 的 HMBC 谱

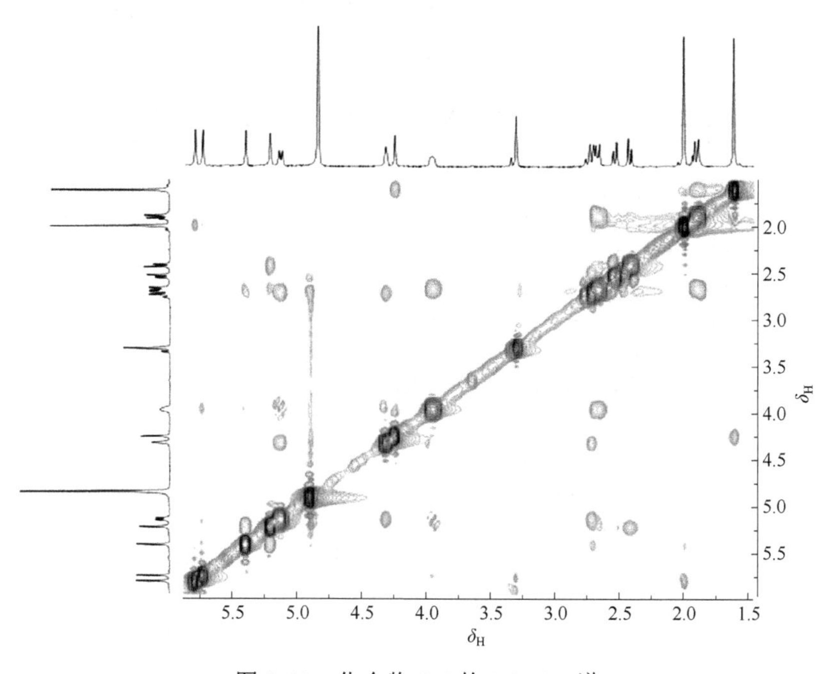

图 5-12 化合物 **5-1** 的 NOESY 谱

【例 5-2】dendryphiellin H[4]

5-2

无色油状物，易溶于甲醇。$[\alpha]_{D}^{20}$ = +130°（c = 0.2, MeOH）。

HR ESI-MS m/z：271.1307，对应 $[M+Na]^+$ (计算值：271.1305)，推断此化合物的分子式为 $C_{15}H_{20}O_3$，不饱和度为 6。

IR (KBr) 光谱显示结构中存在共轭酮羰基 (C═O) 1651 cm^{-1}，醇羟基 (—OH) 3364 cm^{-1}（宽峰）、1074 cm^{-1}，饱和烷烃基团 2926 cm^{-1}、1373 cm^{-1} ($—CH_3$)，1456 cm^{-1} ($—CH_2—$) 和 1015 cm^{-1}、1616 cm^{-1} ($═CH_2$) 的特征吸收峰。

UV (MeOH) 光谱显示 λ_{max} (lgε) 为 282 nm (2.22)，表明此化合物存在共轭体系。

^{1}H-NMR（表 5-2）显示存在两个甲基质子信号：δ_H 0.98 (3H, d, J = 6.9 Hz, H-15) 和 1.26 (3H, s, H-14)；两个连氧亚甲基质子信号：δ_H 4.05 (d, J = 14.2 Hz, H-13a) 和 3.98 (d, J = 14.2 Hz, H-13b)；两个端烯质子信号：δ_H 5.40 (br s, H-12a) 和 5.34 (br s, H-12b)；三个烯烃质子信号：δ_H 5.76 (s, H-9)、6.24 (d, J = 9.8 Hz, H-1) 和 6.32 (m, H-2)；五个饱和烷烃质子信号：δ_H 1.72 (m, H-4)、2.03 (d, J = 14.6 Hz, H-6a)、2.08 (d, J = 14.6 Hz, H-6b)、2.14 (m, H-3b) 和 2.25 (m, H-3a)。

表 5-2　化合物 5-2 的 NMR 数据（700 MHz, CD_3OD）

位置	δ_C	类型	δ_H(J/Hz)
1	128.9	CH	6.24, d (9.8)
2	140.7	CH	6.32, m
3	33.4	CH_2	2.14, m; 2.25, m
4	40.0	CH	1.72, m
5	37.7	C	
6	47.2	CH_2	2.03, d (14.6); 2.08, d (14.6)
7	77.8	C	
8	199.8	C	
9	122.8	CH	5.76, s
10	166.7	C	
11	154.2	C	
12	111.7	CH_2	5.34, br s; 5.40, br s
13	63.1	CH_2	3.98, d (14.2); 4.05, d (14.2)
14	19.0	CH_3	1.26, s
15	14.7	CH_3	0.98, d (6.9)

^{13}C-NMR（表 5-2）显示结构中存在十五个碳信号，包括两个甲基碳信号：δ_C 14.7 (C-15) 和 19.0 (C-14)；两个连氧次甲基碳信号：δ_C 63.1 (C-13) 和 77.8 (C-7)；两个端烯碳信号：δ_C111.7 (C-12) 和 154.2 (C-11)；四个烯烃碳信号：δ_C122.8 (C-9)、128.9 (C-1)、140.7 (C-2) 和 166.7 (C-10)；两个亚甲基碳信号：δ_C 33.4 (C-3) 和 47.2 (C-6)；一个次甲基碳信号：δ_C 40.0 (C-4)；一个季碳信号：δ_C 37.7 (C-5)；一个酮羰基碳信号：δ_C 199.8 (C-8)。氢碳直接相关信号通过二维 HSQC 谱确定，骨架上的氢氢相关连接通过二维 ^{1}H-^{1}H COSY 谱获得，上述数据与文献报道的艾里莫芬烷型倍半萜的结构类似。

^{1}H-^{1}H COSY 谱显示，δ_H 0.98 (3H, d, J = 6.9 Hz, H-15) 与 δ_H 1.72 (m, H-4) 相关，表明该甲基取代于 δ_H 1.72 (m, H-4) 相应碳；而 δ_H 1.72 (m, H-4) 又与 δ_H 2.25 (m, H-3a) 相关；δ_H 6.32 (m, H-2) 分别与 δ_H 6.24 (d, J = 9.8 Hz, H-1)、2.25 (m, H-3a) 相关，表明 δ_H 6.24 (d, J = 9.8 Hz, H-1)、δ_H 2.25 (m, H-3a) 相应碳原子经由 δ_H 6.32 (m, H-2)连接成链，该链又经 δ_H 2.25 (m, H-3a) 相应碳原子与上述甲基取代碳连接。

HMBC 显示（图 5-13），δ_H 2.14 (m, H-3b)、2.25 (m, H-3a) 均与 δ_C 14.7 (C-15)、40.0 (C-4)、128.9 (C-1)、140.7 (C-2) 相关，且 δ_H 2.25 (m, H-3a) 与 δ_C 37.7 (C-5) 相关；δ_H 6.24 (d, J = 9.8 Hz, H-1) 与 δ_C 33.4 (C-3)、37.7 (C-5)、122.8 (C-9)、140.7 (C-2)、166.7 (C-10) 相关；δ_H 1.72 (m, H-4) 与 δ_C 14.7 (C-15)、19.0 (C-14)、33.4 (C-3)、37.7 (C-5)、47.2 (C-6) 相关；δ_H 2.03 (d, J = 14.6 Hz, H-6a)、 2.08 (d, J = 14.6 Hz, H-6b)均与 δ_C 19.0 (C-14)、37.7 (C-5)、77.8 (C-7)、154.2 (C-11) 相关，且 δ_H 2.08 (d, J = 14.6 Hz, H-6b) 与 δ_C 166.7 (C-10)、199.8 (C-8) 相关；δ_H 5.76 (s, H-9) 与 δ_C 37.7 (C-5)、77.8 (C-7)、128.9 (C-1) 相关；δ_H 5.40 (br s, H-12a)、5.34 (br s, H-12b) 均与 δ_C 63.1 (C-13)、77.8 (C-7) 相关，且 δ_H 5.40 (br s, H-12a) 与 δ_C 154.2 (C-11) 相关；δ_H 4.05 (d, J = 14.2 Hz, H-13a)、3.98 (d, J = 14.2 Hz, H-13b) 均与 δ_C 77.8 (C-7)、111.7 (C-12)、154.2 (C-11) 相关。上述数据与文献报道的艾里莫芬烷型倍半萜较为相似。

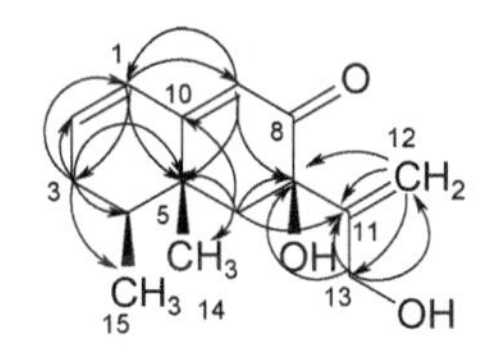

图 5-13　化合物 **5-2** 的主要 HMBC 相关（箭头）

NOESY 谱显示，δ_H 0.98 (d, J = 6.9 Hz, H-15) 与 δ_H 2.08 (d, J = 14.6 Hz, H-6b) 有 NOE 效应，而 δ_H 2.08 (d, J = 14.6 Hz, H-6b) 与 δ_H 1.26 (s, H-14) 有 NOE 效应；δ_H 1.72 (m, H-4) 与 δ_H 2.03 (d, J = 14.6 Hz, H-6a) 有 NOE 效应，而 δ_H 2.03 (d, J =

14.6 Hz, H-6a) 与 δ_H 3.98 (d, J = 14.2 Hz, H-13b)、4.05 (d, J = 14.2 Hz, H-13a) 均有 NOE 效应。因为支链烯烃为刚性结构，NOESY 谱表明 CH_3-15、CH_3-14 和 OH-7 为顺式构型，相对构型为 (4*S*, 5*R*, 7*R*)。

ECD 谱显示该化合物实验值与 (4*R*, 5*S*, 7*S*) 构型差异明显，而与 (4*S*, 5*R*, 7*R*) 构型计算结果更为吻合。化合物和(4*S*, 5*R*, 7*R*) 构型均在 229 nm 处显示强的负 Cotton 效应，而在 282 nm 和 370 nm 处显示弱的正 Cotton 效应；(4*R*, 5*S*, 7*S*) 构型在 231 nm 处显示强的正 Cotton 效应，而在 310 nm 和 368 nm 处显示弱的负 Cotton 效应。因此该化合物的绝对构型为 (4*S*, 5*R*, 7*R*)。

附：化合物 5-2 的更多波谱图见图 5-14～图 5-21。

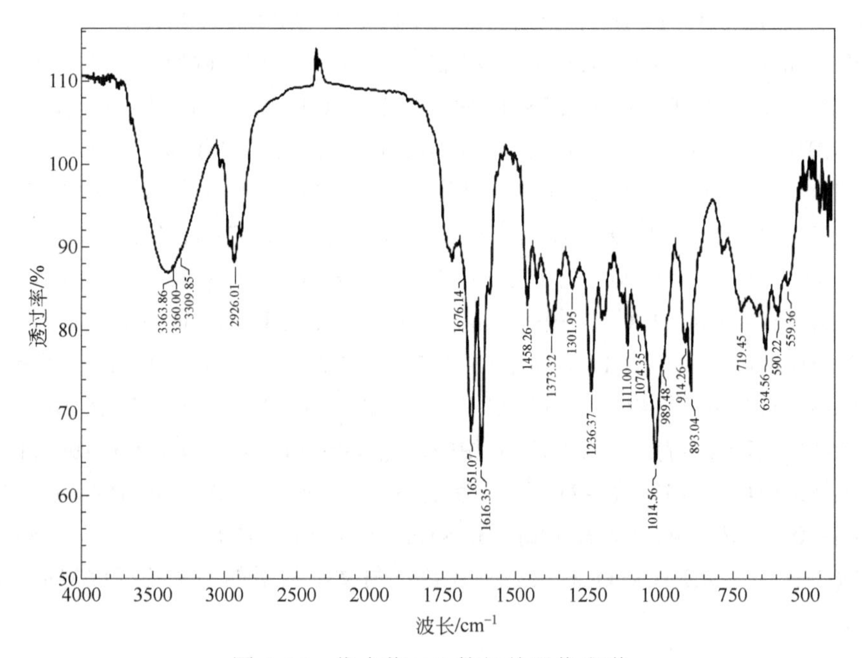

图 5-14　化合物 **5-2** 的红外吸收光谱

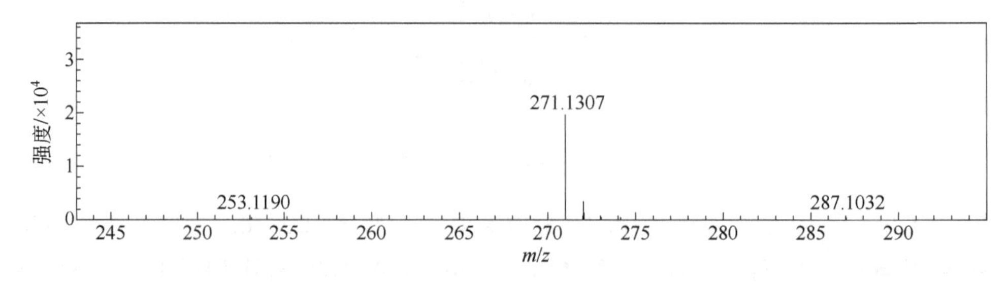

图 5-15　化合物 **5-2** 的 HR ESI-MS 谱

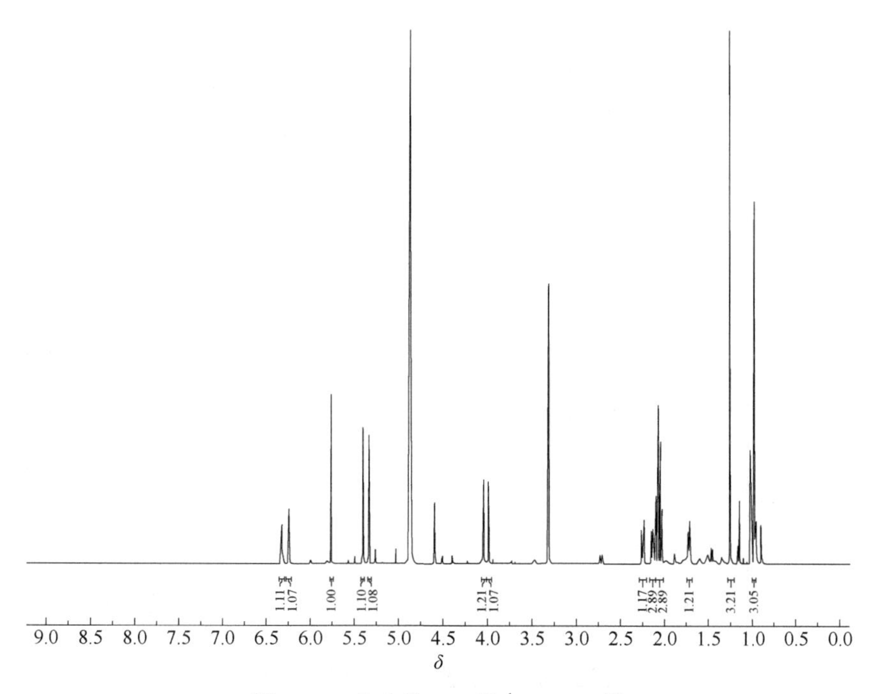

图 5-16 化合物 **5-2** 的 ^{1}H-NMR 谱

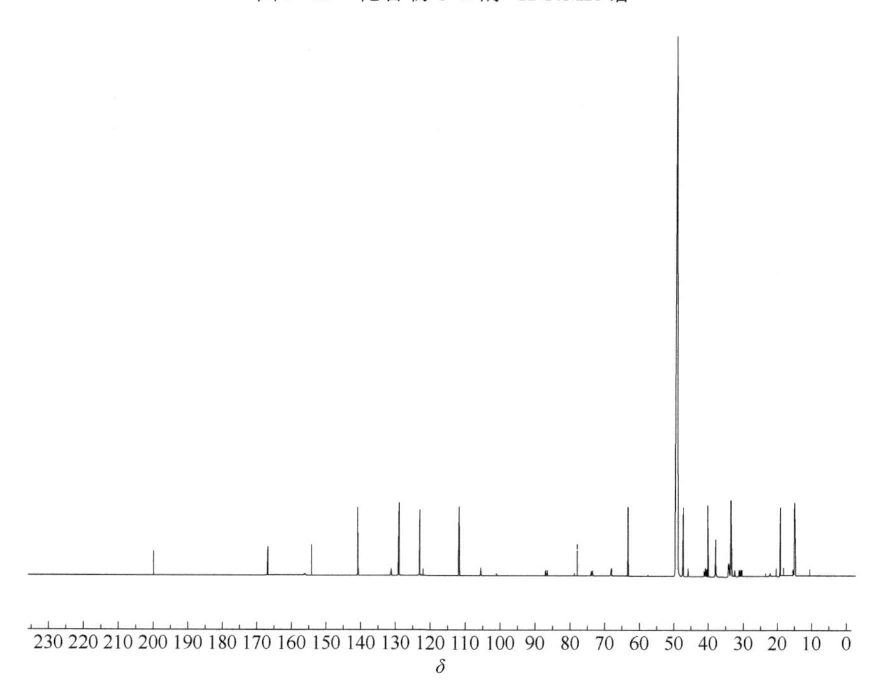

图 5-17 化合物 **5-2** 的 ^{13}C-NMR 谱

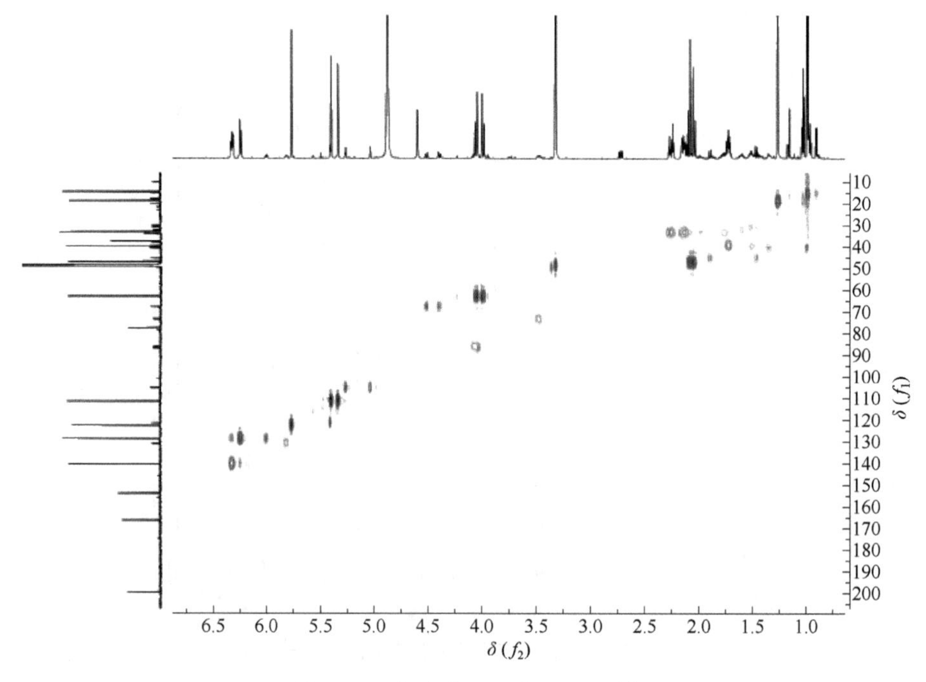

图 5-18　化合物 **5-2** 的 HSQC 谱

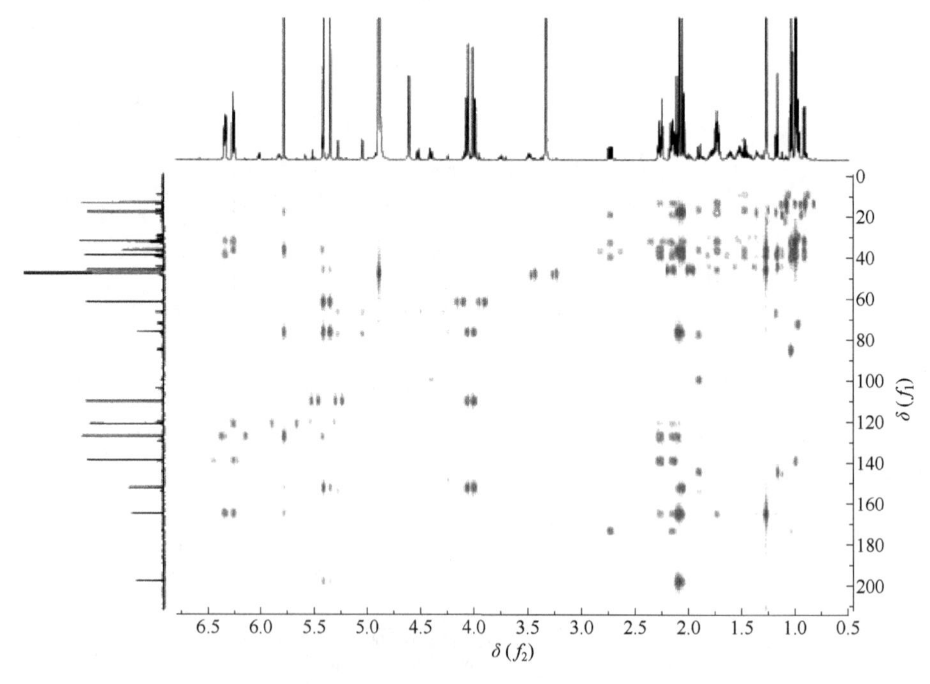

图 5-19　化合物 **5-2** 的 HMBC 谱

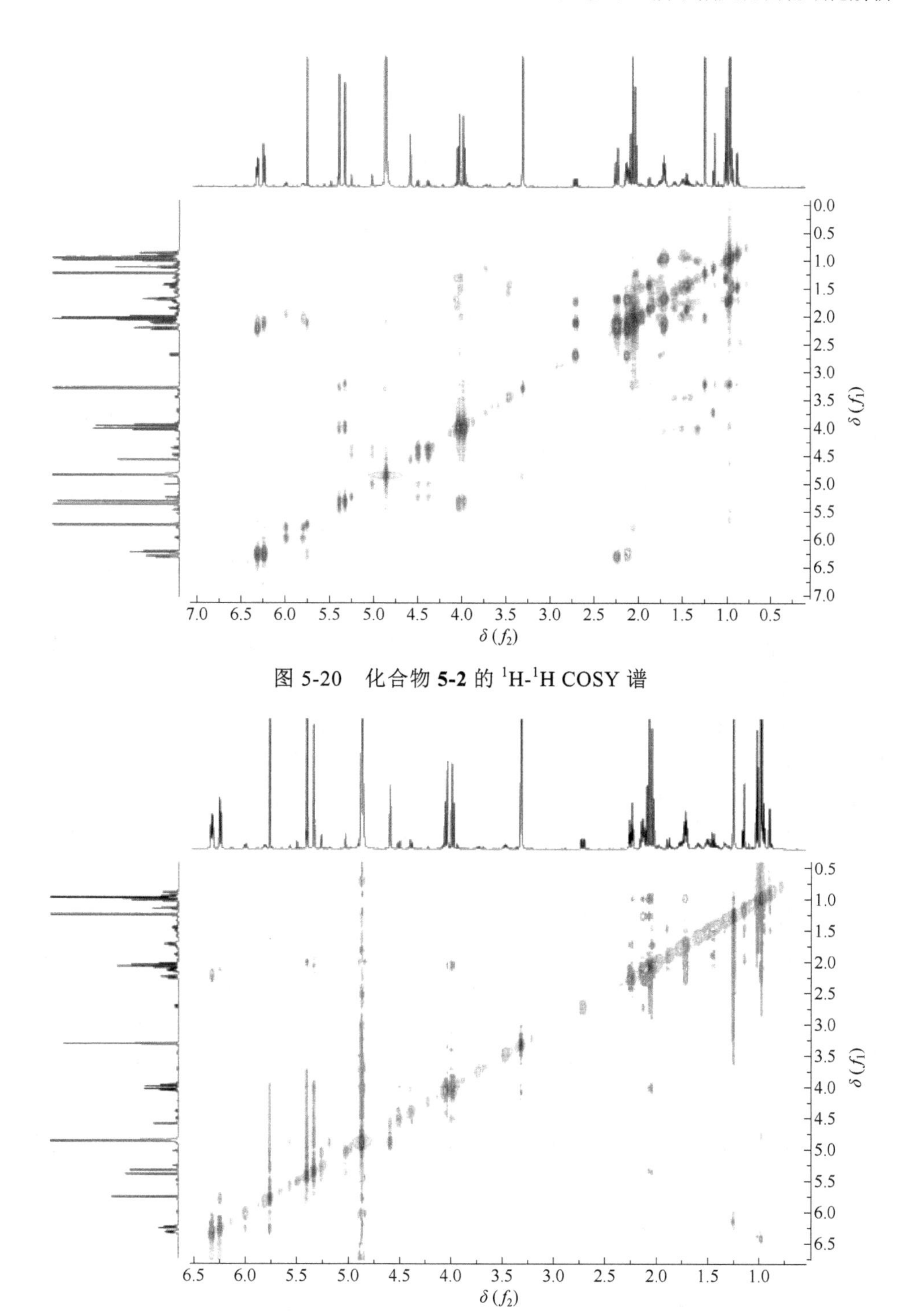

图 5-20 化合物 **5-2** 的 ^{1}H-^{1}H COSY 谱

图 5-21 化合物 **5-2** 的 NOESY 谱

【例 5-3】glomeremophilane A[5]

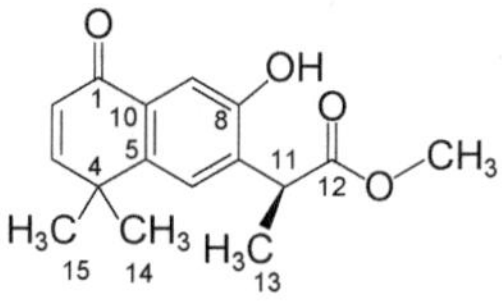

5-3

无色胶状物，易溶于甲醇。$[\alpha]_D^{20} = +25.0°$（$c = 0.01$, MeOH）。

HR ESI-MS m/z：275.1281，对应 $[M+H]^+$（计算值：275.1278），推断此化合物的分子式为 $C_{16}H_{18}O_4$，不饱和度为 8。

IR 光谱显示结构中存在酯羰基 (C═O) 1739 cm^{-1}、1216cm^{-1}，共轭酮羰基 (C═O) 1652 cm^{-1}，酚羟基 (—OH) 3278 cm^{-1}、3033 cm^{-1}、2977 cm^{-1}、1601 cm^{-1}、1503 cm^{-1} 的特征吸收峰，结合高不饱和度，推测存在苯环结构；还存在饱和烷烃基团 (—CH_3) 2939 cm^{-1}、1352 cm^{-1} 等特征吸收峰。

UV 光谱显示化合物在 222 nm、232 nm、268 nm、335 nm 有较好的吸收峰，进一步提示此化合物为多取代苯环结构。

^{1}H-NMR（表 5-3）显示存在三个甲基质子信号：δ_H 1.43 (3H, s, H-14)、1.44(3H, d, J = 7.2 Hz, H-13) 和 1.47 (3H, s, H-15)；一个甲氧基质子信号：δ_H 3.67 (s, OCH_3-12)；两个烯烃质子信号：δ_H 6.30 (d, J = 10.0 Hz, H-2) 和 7.09 (d, J = 10.0 Hz, H-3)；两个对位芳香烃质子信号：δ_H 7.43 (s, H-6) 和 7.44 (s, H-9)；一个四重峰质子信号：δ_H 4.07 (q, J = 7.2 Hz, H-11)。

^{13}C-NMR（表 5-3）显示结构中存在十六个碳信号，包括三个甲基碳信号：δ_C 17.4 (C-13) 和 29.7 (C-14、C-15) (重叠峰)；一个季碳信号：δ_C 38.5 (C-4)；一个次甲基碳信号：δ_C 41.5 (C-11)；一个甲氧基碳信号：δ_C 52.4 (OCH_3-12)；六个苯环碳信号：δ_C 111.9 (C-9)、127.9 (C-6)、131.2 (C-10)、135.8 (C-7)、143.4 (C-5) 和 154.9 (C-8)；两个烯碳信号：δ_C 126.5 (C-2) 和 160.8 (C-3)；一个酯羰基碳信号：δ_C 176.9 (C-12)；一个酮羰基碳信号：δ_C 187.0 (C-1)。

氢碳直接相关信号通过二维 HSQC 谱确定，骨架上的氢氢相关连接通过二维 ^{1}H-^{1}H COSY 获得，推断该化合物骨架由醌酮和苯环组成。

^{1}H-^{1}H COSY 相关谱显示，δ_H 6.30 (d, J = 10.0 Hz, H-2) 与 δ_H 7.09 (d, J = 10.0 Hz, H-3) 相关，表明为双键连接的两个质子；δ_H 1.44 (3H, d, J = 7.2 Hz, H-13) 与 δ_H 4.07 (q, J = 7.2 Hz, H-11) 相关，提示该甲基取代于 δ_H 4.07 (q, J = 7.2 Hz H-11) 相应碳上。

表 5-3 化合物 **5-3** 的 NMR 数据（600 MHz, CD_3OD）

位置	δ_C	类型	δ_H (*J*/Hz)
1	187.0	C	
2	126.5	CH	6.30, d (10.0)
3	160.8	CH	7.09, d (10.0)
4	38.5	C	
5	143.4	C	
6	127.9	CH	7.43, s
7	135.8	C	
8	154.9	C	
9	111.9	CH	7.44, s
10	131.2	C	
11	41.5	CH	4.07, q (7.2)
12	176.9	C	
13	17.4	CH_3	1.44, d (7.2)
14	29.7	CH_3	1.43, s
15	29.7	CH_3	1.47, s
$COCH_3$-12	52.4	CH_3	3.67, s

HMBC 显示（图 5-22），δ_H 6.30 (d, J = 10.0 Hz, H-2) 与 δ_C 38.5 (C-4)、131.2 (C-10) 相关；δ_H 7.09 (d, J = 10.0 Hz, H-3) 与 δ_C 29.7 (C-14、C-15)、38.5 (C-4)、126.5 (C-2)、143.4 (C-5) 和 187.0 (C-1) 相关；δ_H 1.43 (s, H-14)、1.47 (s, H-15) 均与 δ_C 160.8 (C-3)、143.4 (C-5) 相关，进一步表明醌酮结构的存在。δ_H 7.43 (s, H-6) 与 δ_C 38.5 (C-4)、143.4 (C-5)、131.2 (C-10)、154.9 (C-8)、41.5 (C-11) 相关；δ_H 7.44 (s, H-9) 与 δ_C 143.4 (C-5)、187.0 (C-1)、131.2 (C-10)、135.8 (C-7) 相关；δ_H 4.07 (q, J = 7.2 Hz, H-11) 与 δ_C 154.9 (C-8)、135.8 (C-7)、127.9 (C-6)、176.9 (C-12)、17.4 (C-13) 相关，而不与 δ_C 143.4 (C-5)、131.2 (C-10) 相关；结合对位苯环质子 (四取代) 分析，推测醌酮与苯环通过 C-5 与 C-10 并合。1.44 (d, J = 7.2 Hz, H-13) 与 δ_C 41.5 (C-11)、135.8 (C-7)、176.9 (C-12) 相关；δ_H 7.43 (s, H-6) 与 δ_C 41.5 (C-11)

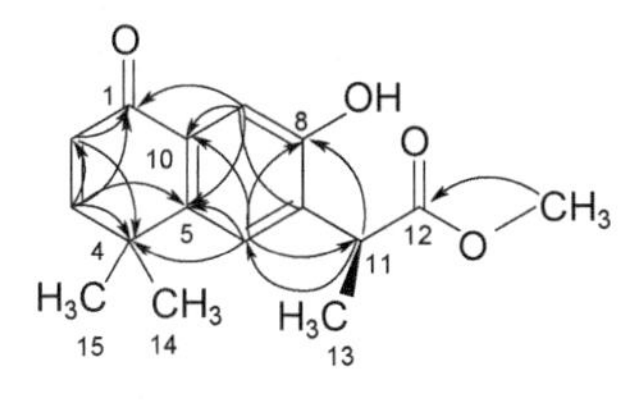

图 5-22 化合物 **5-3** 的主要 HMBC 相关（箭头）

相关，推测支链 (C12—C11—C13) 由 C-11 取代在 C-7 位。δ_H 3.67 (s, OCH_3-12) 与 δ_C 176.9 (C-12) 相关，进一步推测支链为 [C12(OCH_3)—C11—C13]。

ECD 谱（图 5-23）显示该化合物实验值与 C-11 为 *S*-构型（构型 **A**）的计算结果相似，而与 *R*-构型（构型 **B**）差异明显，因此 C-11 的构型鉴定为 *S*。

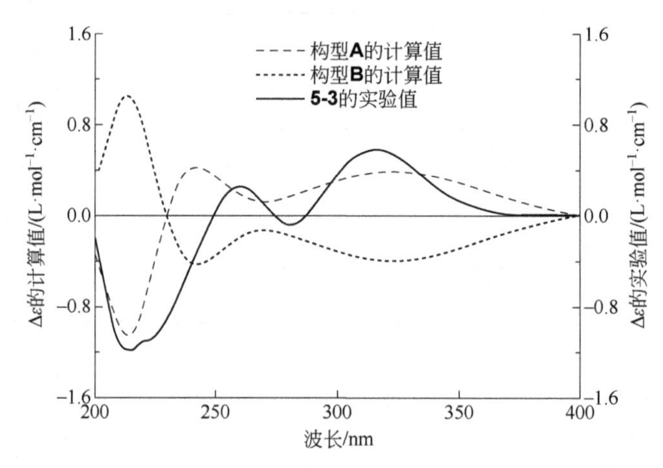

图 5-23　化合物 **5-3** 的 ECD 谱

附：化合物 5-3 更多波谱图见图 5-24～图 5-29。

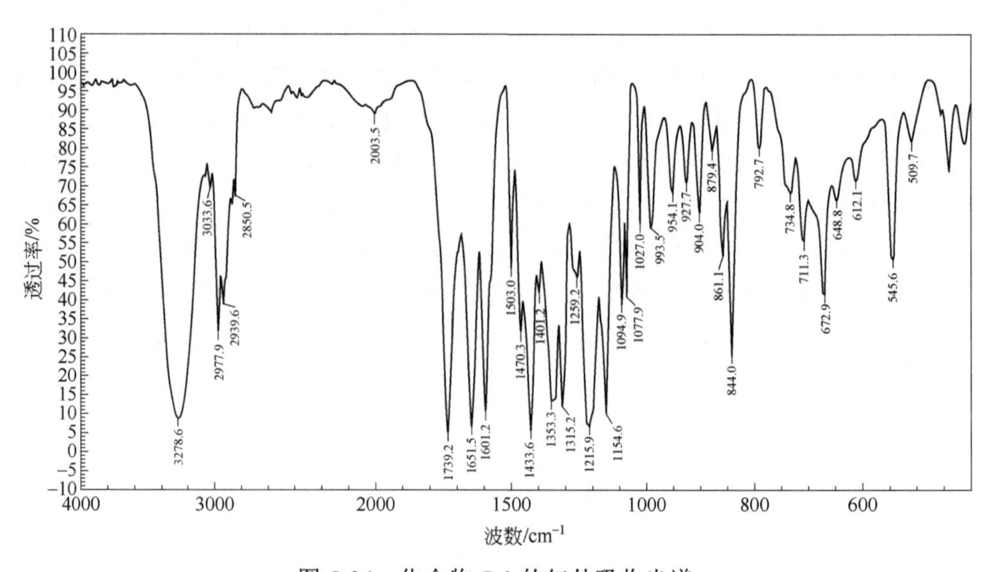

图 5-24　化合物 **5-3** 的红外吸收光谱

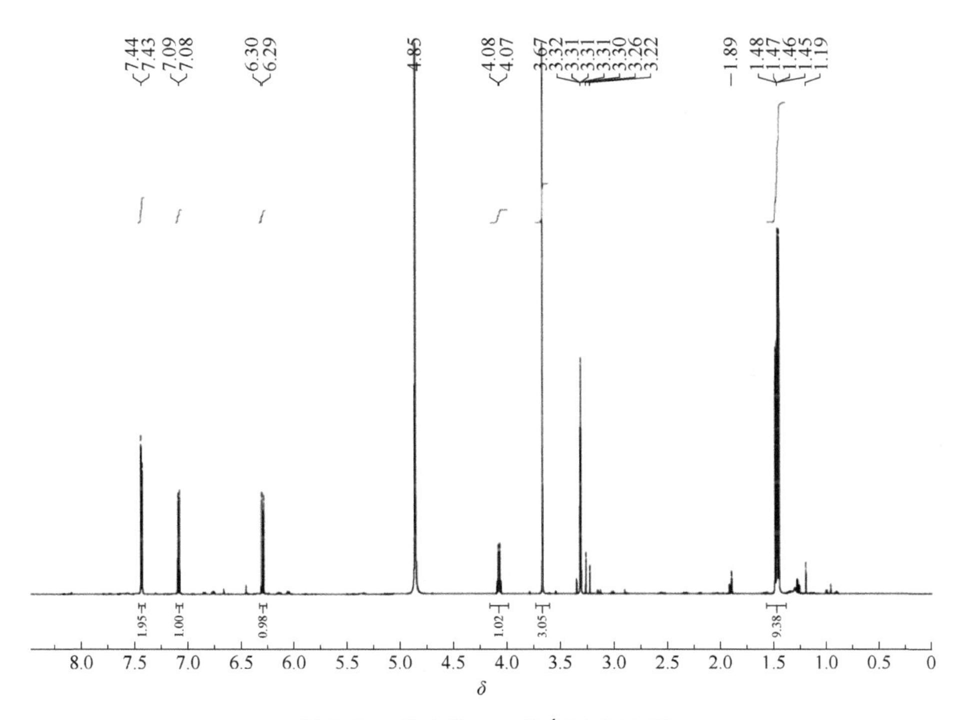

图 5-25 化合物 **5-3** 的 ^{1}H-NMR 谱

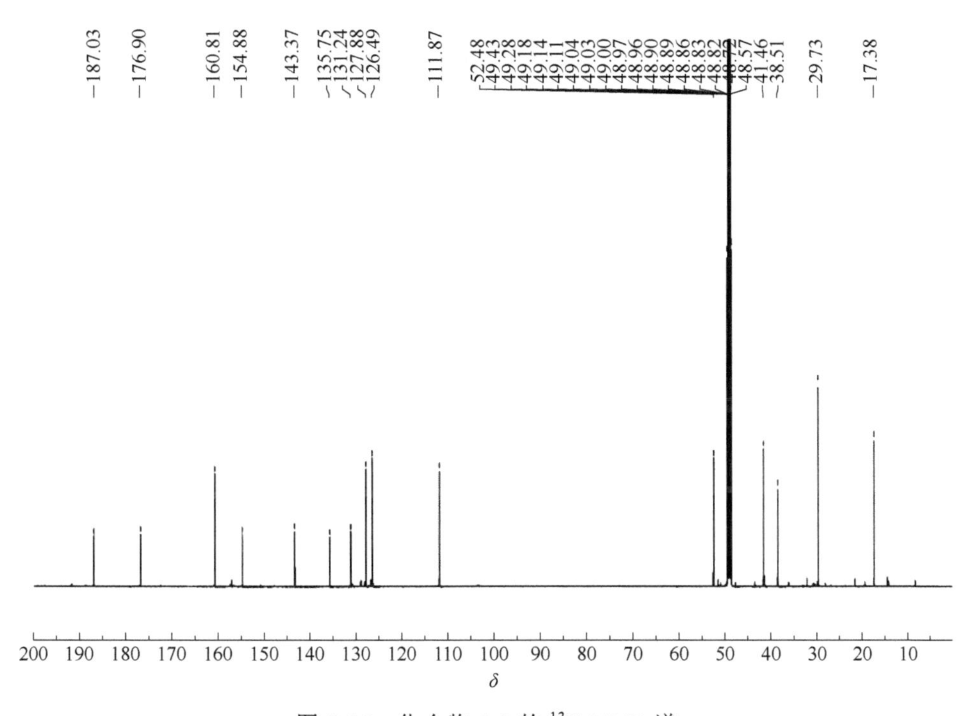

图 5-26 化合物 **5-3** 的 ^{13}C-NMR 谱

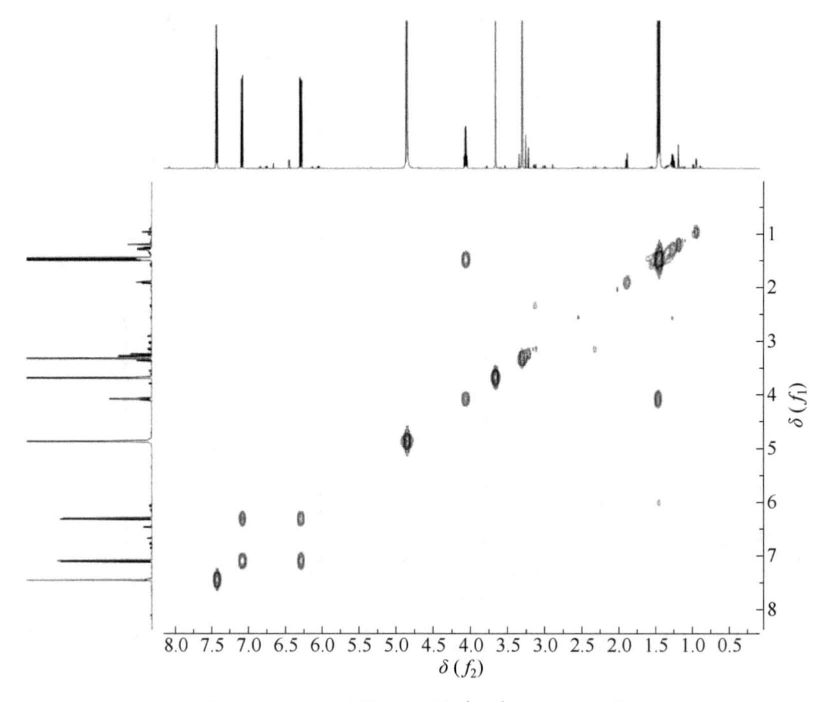

图 5-27 化合物 **5-3** 的 ^{1}H-^{1}H COSY 谱

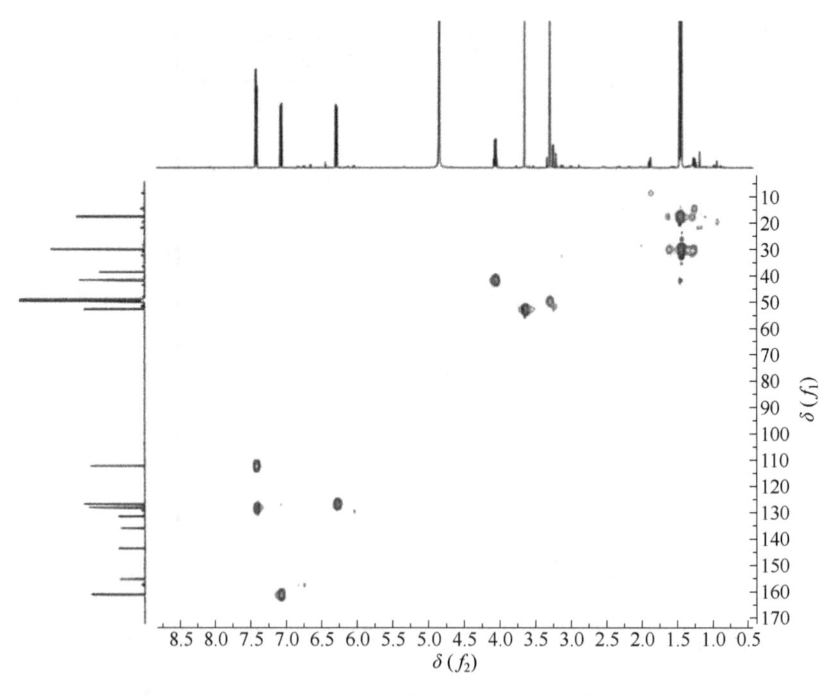

图 5-28 化合物 **5-3** 的 HSQC 谱

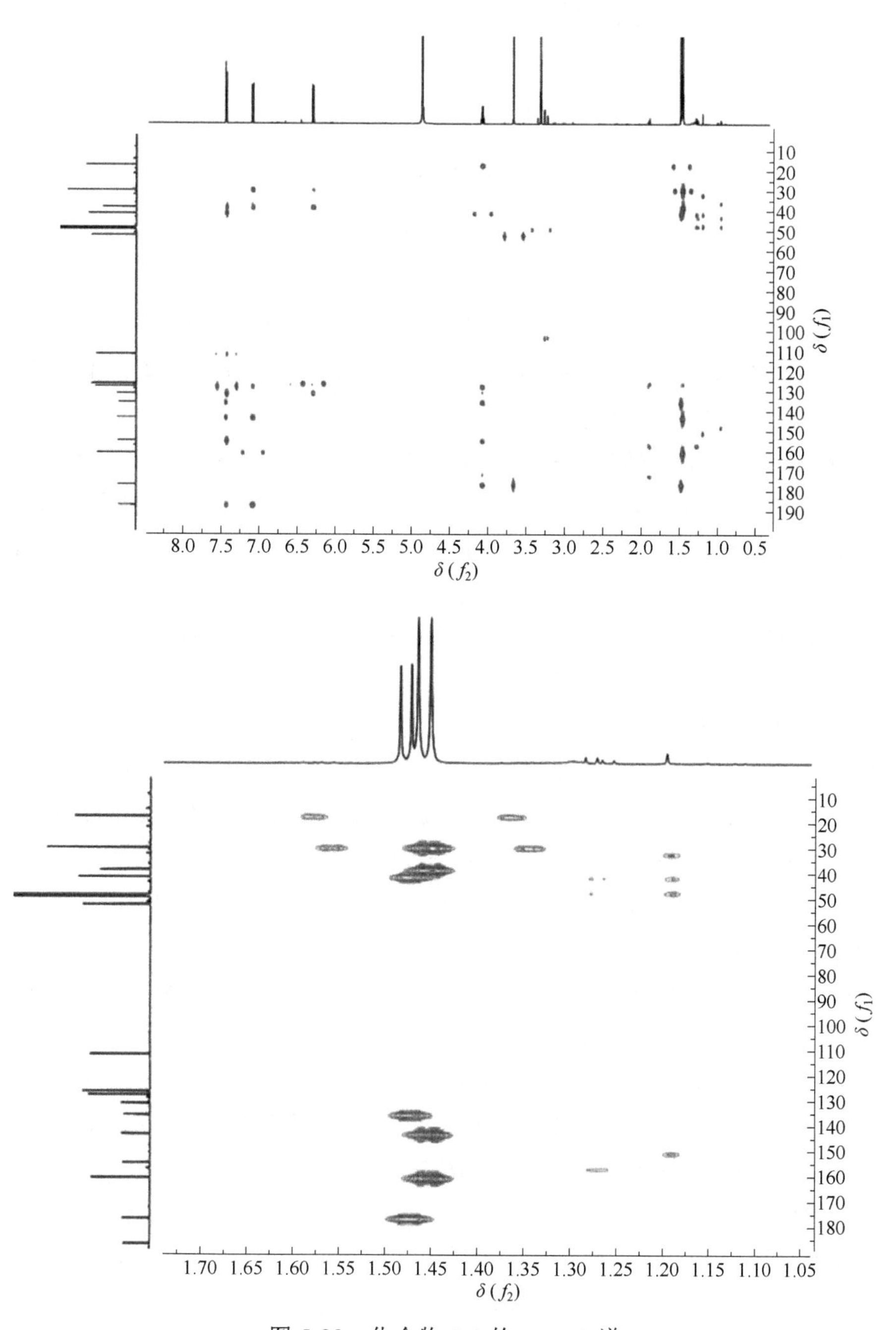

图 5-29 化合物 **5-3** 的 HMBC 谱

【例 5-4】guatterfriesol A[6]

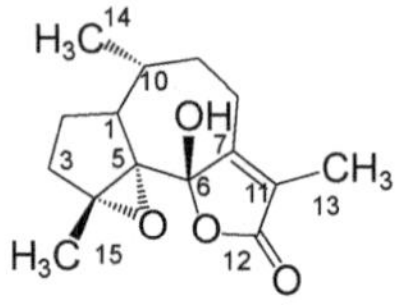

5-4

白色针状晶体，易溶于甲醇。$[\alpha]_{\mathrm{D}}^{25} = -121.6°$（$c = 0.5$, MeOH）。

HR ESI-MS *m/z*：265.1486，对应 $[M+H]^+$ (计算值：265.1434)，推断此化合物的分子式为 $C_{15}H_{20}O_4$，不饱和度为 6。

IR (KBr) 光谱显示结构中存在：酯羰基 (C═O) 1749 cm^{-1}，醇羟基 (—OH) 3340 cm^{-1}（宽峰）、1030 cm^{-1}，半缩醛 (OC—OH) 1185 cm^{-1}，饱和烷烃基团 2972 cm^{-1} 和 1388 cm^{-1} ($—CH_3$)、1425 cm^{-1} ($—CH_2—$)、2875 cm^{-1} (—CH—)，以及 1668 cm^{-1} (—C═C—) 的特征吸收峰。

UV (MeOH) 光谱显示 λ_{max} (lgε) 为 213 nm (3.61)、222 nm (3.64)，提示此化合物存在 α,β-丁烯酸内酯环结构。

^{1}H-NMR（表 5-4）显示存在三个甲基质子信号：δ_H 1.08 (3H, d, J = 7.2 Hz, H-14)、1.63 (3H, br s, H-15)、1.85 (3H, s, H-13)；七个亚甲基质子信号：δ_H 1.33 (dddd, J = 8.2 Hz、10.1 Hz、10.4 Hz、14.2 Hz, H-2a)、1.52 (m, H-2b)、1.58 (m, H-9b)、1.70 (ddd, J = 8.2 Hz、10.4 Hz、14.2 Hz, H-3a)、1.92 (m, H-3b)、1.94 (m, H-9a)、2.59 (2H, dd, J = 4.4 Hz、8.0 Hz, H-8)；两个次甲基质子信号：δ_H 2.00 (m, H-10) 和 2.08 (ddd, J = 1.8 Hz、8.2 Hz、10.1 Hz, H-1)。

^{13}C-NMR（表 5-4）显示结构中存在十五个碳信号，包括三个甲基碳信号：δ_C 8.1 (C-13)、13.3 (C-14) 和 17.8 (C-15)；四个亚甲基碳信号：δ_C 20.5 (C-8)、24.9 (C-2)、32.1 (C-3) 和 36.0 (C-9)；两个次甲基碳信号：δ_C 33.5 (C-10) 和 45.9 (C-1)；两个连氧季碳信号：δ_C 72.0 (C-5) 和 72.8 (C-4)；一个半缩醛季碳信号：δ_C 103.8 (C-6)；两个烯烃碳信号：δ_C124.8 (C-11) 和 161.0 (C-7)；一个酯羰基碳信号：δ_C 172.4 (C-12)。

氢碳直接相关信号通过二维 HSQC 谱确定，骨架上的氢氢相关连接通过二维 ^{1}H-^{1}H COSY 获得。上述数据与文献报道的愈创木内酯型倍半萜较为相似。

^{1}H-^{1}H COSY 谱显示，δ_H 1.08 (3H, d, J = 7.2 Hz, H-14) 与 δ_H 2.00 (m, H-10) 相关，提示甲基取代在该位置；δ_H 2.59 (2H, dd, J = 4.4 Hz、8.0 Hz, H-8) 与 δ_H 1.58 (m, H-9b)、1.94 (m, H-9a) 相关；δ_H 2.08 (ddd, J = 1.8 Hz、8.2 Hz、10.1 Hz, H-1) 与 δ_H

1.33 (dddd, J = 8.2 Hz、10.1 Hz、10.4 Hz、14.2 Hz, H-2a)、1.52 (m, H-2b) 均相关，δ_H 1.33 (dddd, J = 8.2 Hz、10.1 Hz、10.4 Hz、14.2 Hz, H-2a) 又与 δ_H 1.70 (ddd, J = 8.2 Hz、10.4 Hz、14.2 Hz, H-3a)、1.92 (m, H-3b) 相关，提示 δ_H 2.08 (ddd, J = 1.8 Hz、8.2 Hz、10.1 Hz, H-1)、1.33 (dddd, J = 8.2 Hz、10.1 Hz、10.4 Hz、14.2 Hz, H-2a) 和 1.52 (m, H-2b)、δ_H 1.70 (ddd, J = 8.2 Hz、10.4 Hz、14.2 Hz, H-3a)、1.92 (m, H-3b) 相关；HSQC 显示 δ_H 1.33 (dddd, J = 8.2 Hz、10.1 Hz、10.4 Hz、14.2 Hz, H-2a)、1.52 (m, H-2b)均与 δ_C 24.9 (C-2) 相关，δ_H 1.70 (ddd, J = 8.2 Hz、10.4 Hz、14.2 Hz, H-3a)、1.92 (m, H-3b)均与 δ_C 32.1 (C-3) 相关表明，三个碳原子顺次连接。

表 5-4 化合物 **5-4** 的 NMR 数据（500 MHz, $CDCl_3$）

位置	δ_C	类型	δ_H (J/Hz)
1	45.9	CH	2.08, ddd (1.8, 8.2, 10.1)
2	24.9	CH_2	1.33, dddd (8.2, 10.1, 10.4, 14.2);1.52, m
3	32.1	CH_2	1.70, ddd (8.2, 10.4, 14.2);1.92, m
4	72.8	C	
5	72.0	C	
6	103.8	C	
7	161.0	C	
8	20.5	CH_2	2.59, dd (4.4, 8.0)
9	36.0	CH_2	1.58, m;1.94, m
10	33.5	CH	2.00, m
11	124.8	C	
12	172.4	C	
13	8.1	CH_3	1.85, s
14	13.3	CH_3	1.08, d (7.2)
15	17.8	CH_3	1.63, br s
OH-6			4.82, s

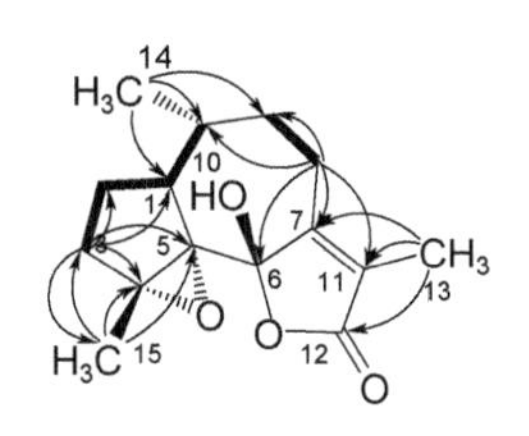

图 5-30 化合物 **5-4** 的主要 ^1H-^1H COSY 相关（粗键）和 HMBC 相关（箭头）

HMBC 显示（图 5-30），δ_H 1.08 (d, J = 7.2 Hz, H-14) 与 δ_C 33.5 (C-10)、36.0 (C-9)、45.9 (C-1) 相关，结合 ^{1}H-^{1}H COSY 谱，可推测 C-10 分别与 C-9、C-1 连接，且被甲基取代；δ_H 1.63 (br s, H-15) 与 δ_C 32.1 (C-3)、72.0 (C-5)、72.8 (C-4) 相关，δ_H 1.92 (m, H-3b) 与 δ_C 17.8 (C-15)、24.9 (C-2)、45.9 (C-1)、72.0 (C-5)、72.8 (C-4) 相关，结合愈创木内酯型倍半萜判断，在该五元环 C-4/C-5 中存在环氧结构；δ_H 1.85 (s, H-13) 与 δ_C 124.8 (C-11)、161.0 (C-7)、172.4 (C-12) 相关，提示该甲基取代在 α,β-丁烯酸内酯环上；δ_H 2.59 (dd, J = 4.4 Hz、8.0 Hz, H-8) 与 δ_C 33.5 (C-10)、36.0 (C-9)、103.8 (C-6)、124.8 (C-11)、161.0 (C-7) 相关，结合 α,β-丁烯酸内酯环的判断，从而得到该部分的连接顺序。

NOESY 谱显示，δ_H 2.08 (ddd, J = 1.8 Hz、8.2 Hz、10.1 Hz, H-1) 与 δ_H 1.33 (dddd, J = 8.2 Hz、10.1 Hz、10.4 Hz、14.2 Hz, H-2a)、1.70 (ddd, J = 8.2 Hz、10.4 Hz、14.2 Hz, H-3a) 均有 NOE 效应，而与 δ_H 1.52 (m, H-2b)、1.92 (m, H-3b)无 NOE 效应，表明 H-1 为 α 构型；δ_H 2.00 (m, H-10) 与 δ_H 1.52 (m, H-2b)、1.92 (m, H-3b) 有 NOE 效应，表明 C-14 为 α 构型；δ_H 1.92 (m, H-3b) 与 δ_H 1.63 (br s, H-15)有 NOE 效应，表明 C-15 为 β 构型，从而判断 C-4/C-5 环氧结构为 α 构型。

ECD 谱显示该化合物实验值与 (1*S*, 4*S*, 5*R*, 6*S*, 10*R*) 构型计算结果吻合，均在 221 nm 处显示正 Cotton 效应，而在 249 nm 处显示负 Cotton 效应，因此该化合物的绝对构型定为 (1*S*, 4*S*, 5*R*, 6*S*, 10*R*)。

附：化合物 5-4 的更多波谱图见图 5-31～图 5-40。

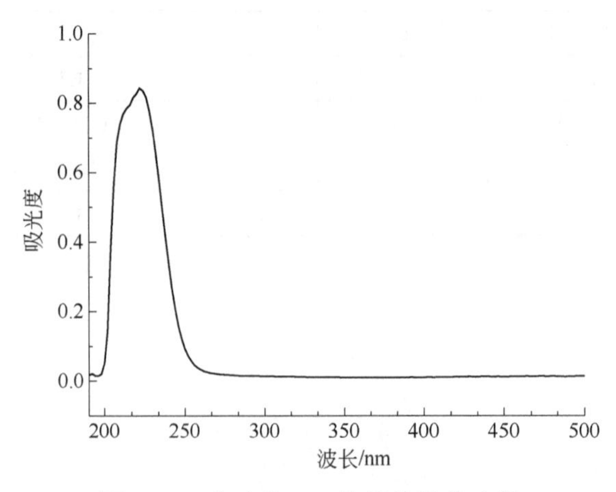

图 5-31　化合物 **5-4** 的紫外吸收光谱

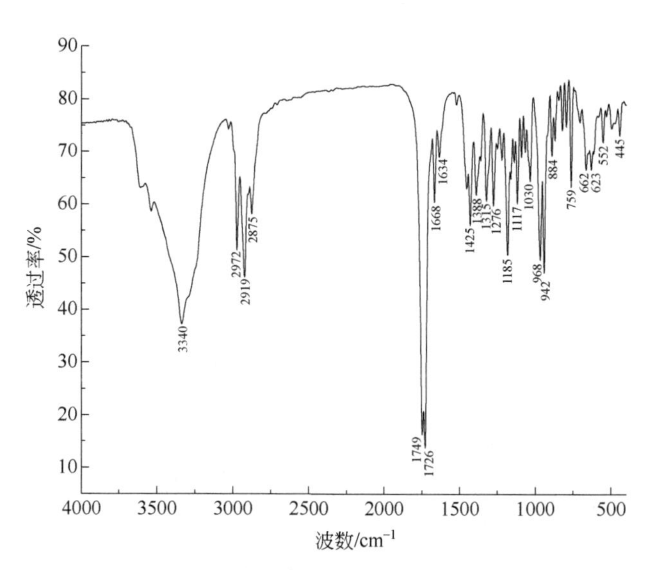

图 5-32 化合物 **5-4** 的红外吸收光谱

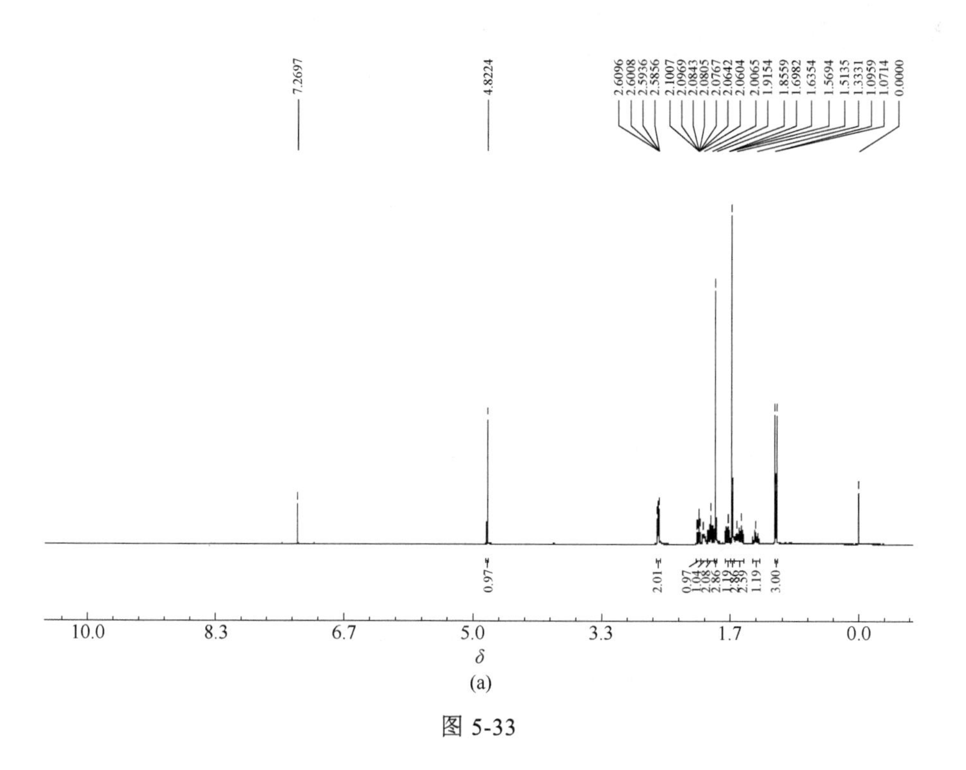

(a)

图 5-33

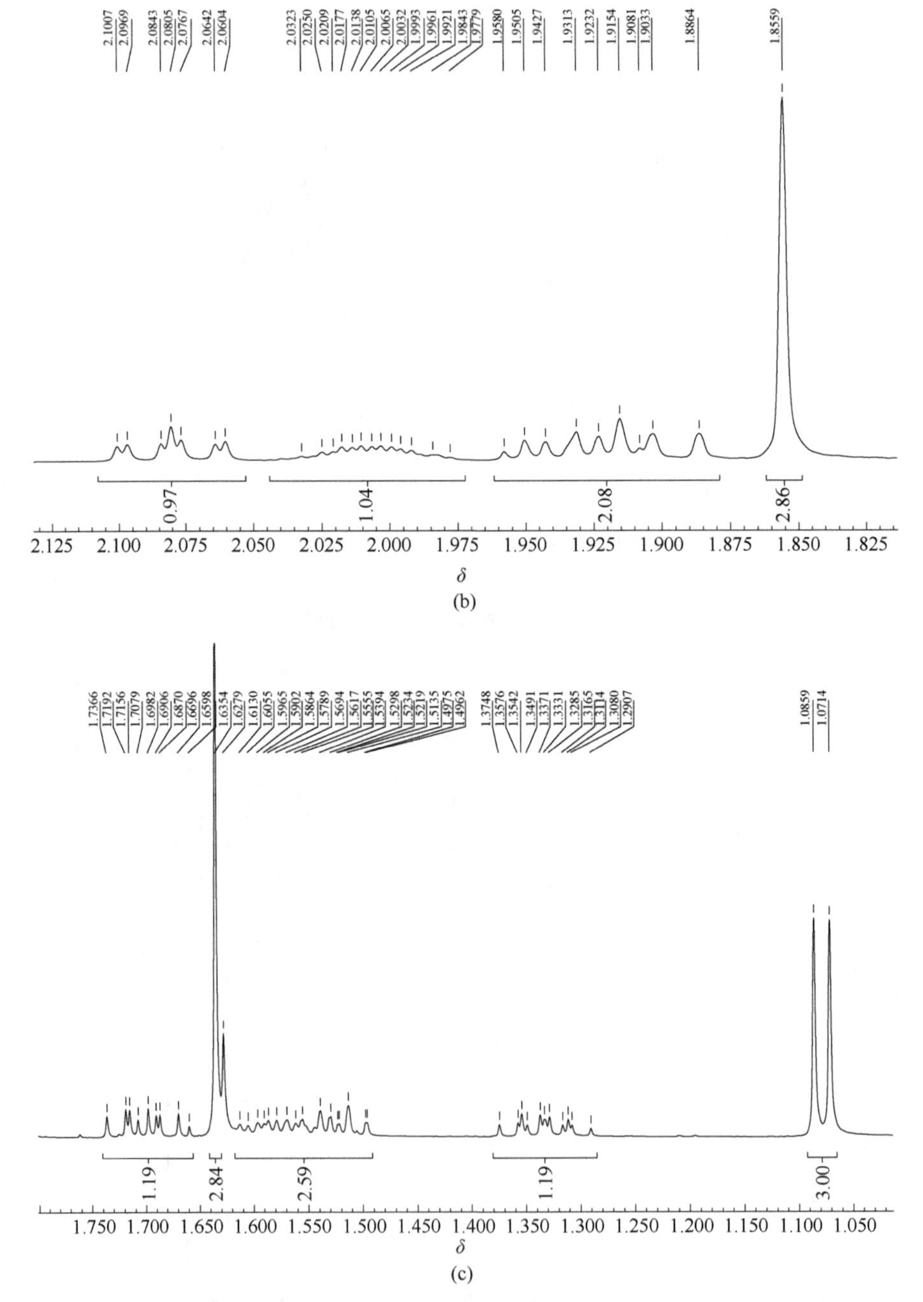

图 5-33　化合物 **5-4** 的 ^{1}H-NMR 谱

（a）完整谱图；（b）（c）局部放大图

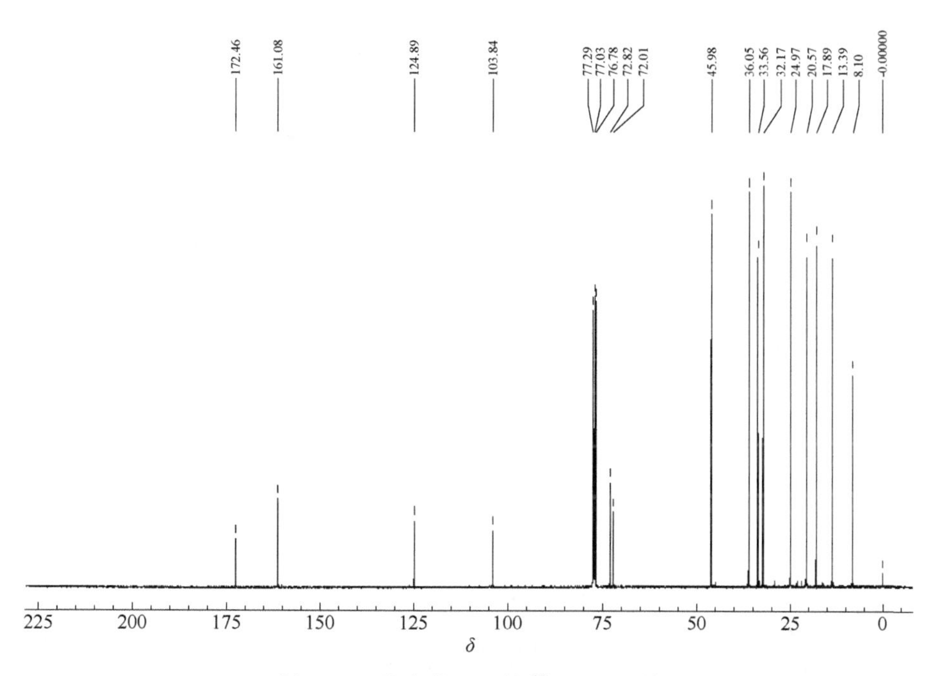

图 5-34 化合物 **5-4** 的 ^{13}C-NMR 谱

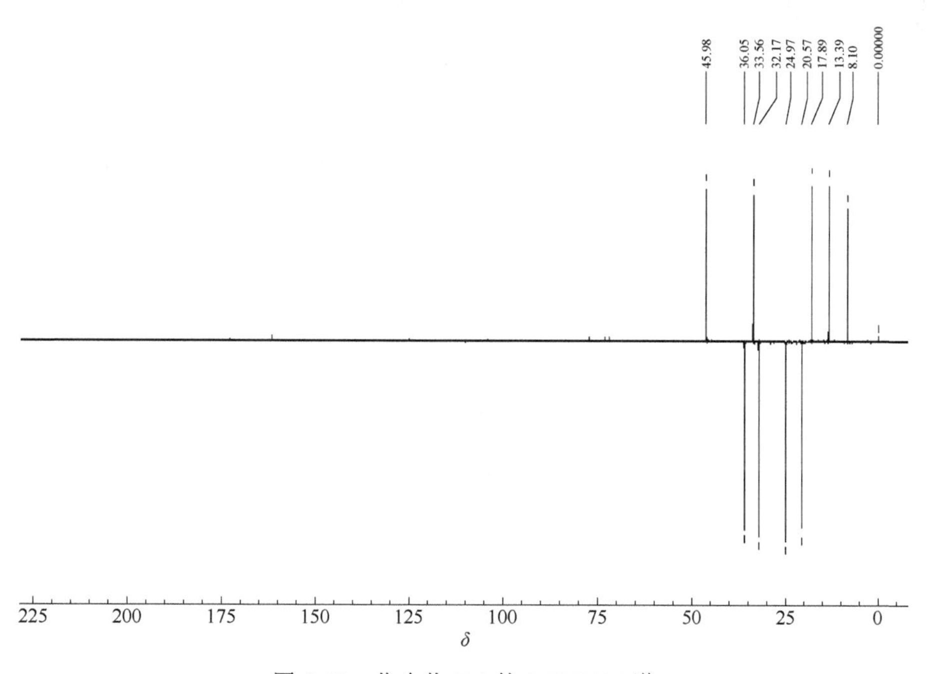

图 5-35 化合物 **5-4** 的 DEPT135 谱

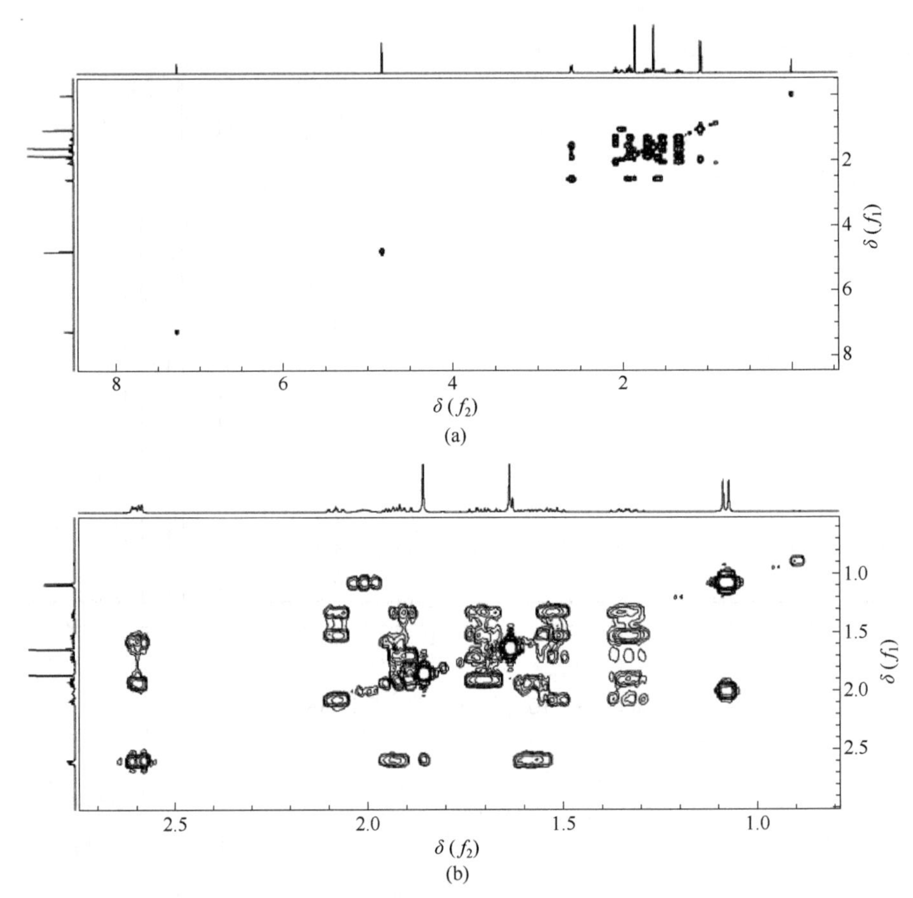

图 5-36　化合物 **5-4** 的 ^{1}H-^{1}H COSY 谱

（a）完整谱图；（b）局部放大图

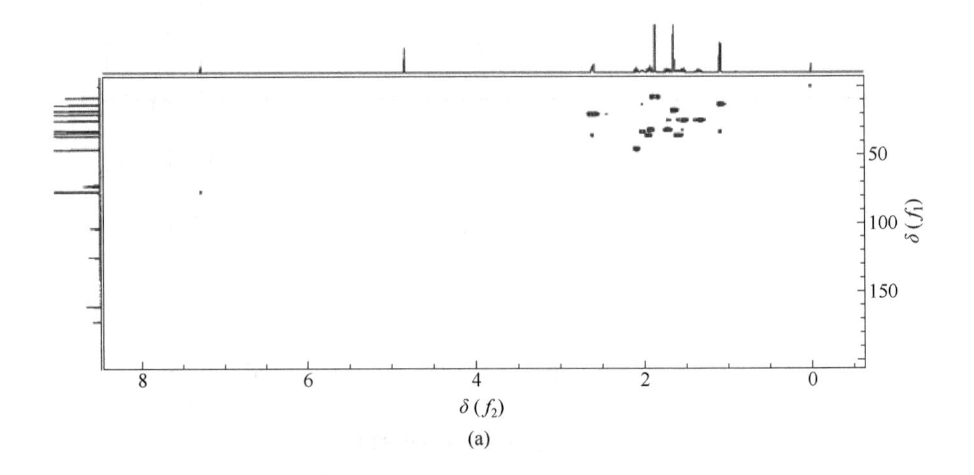

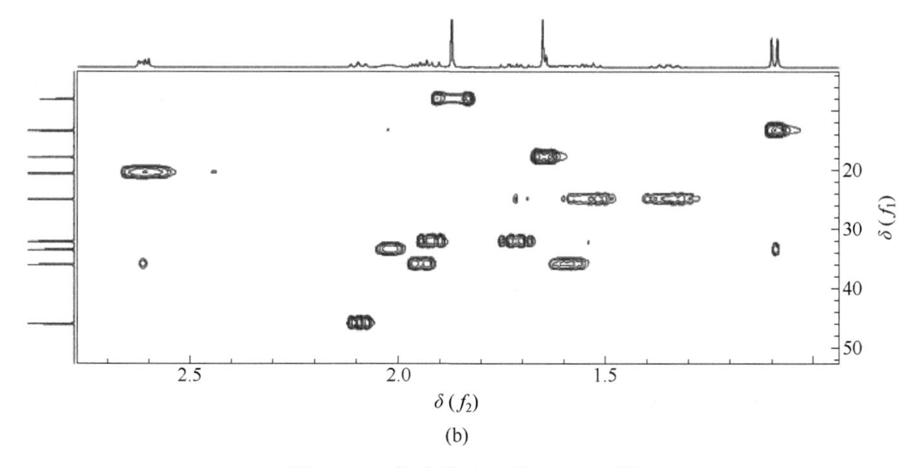

(b)

图 5-37 化合物 **5-4** 的 HSQC 谱

（a）完整谱图；（b）局部放大图

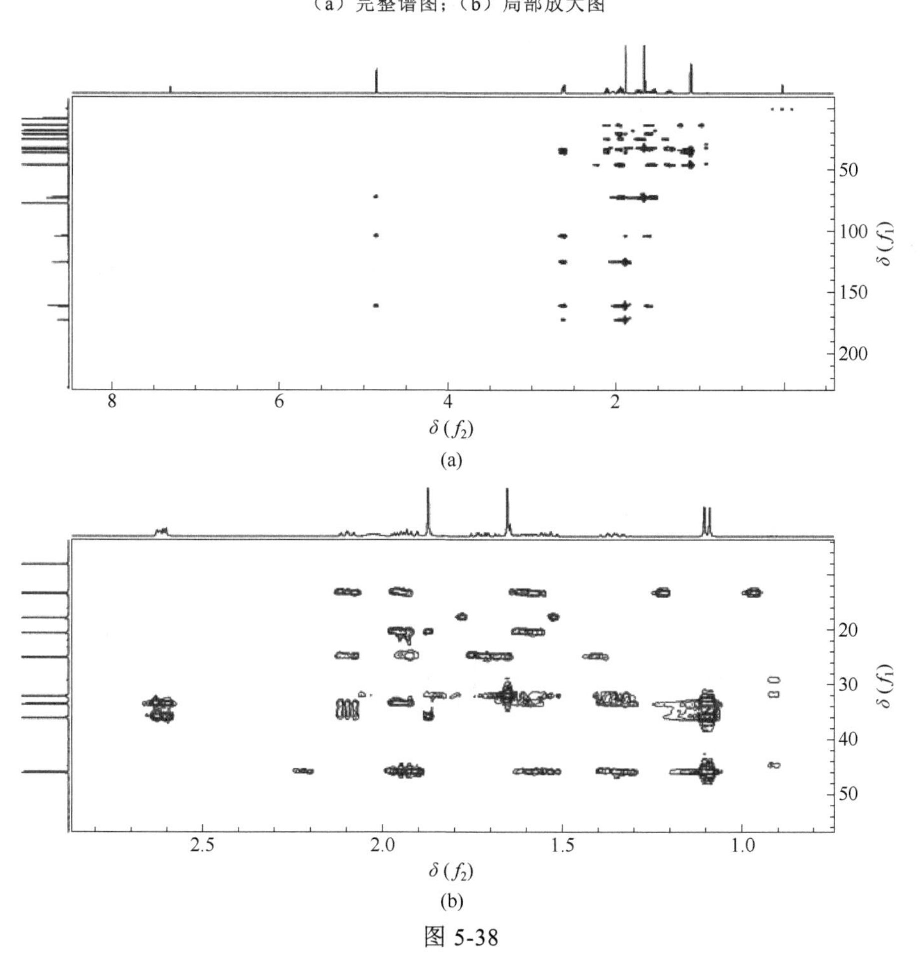

(a)

(b)

图 5-38

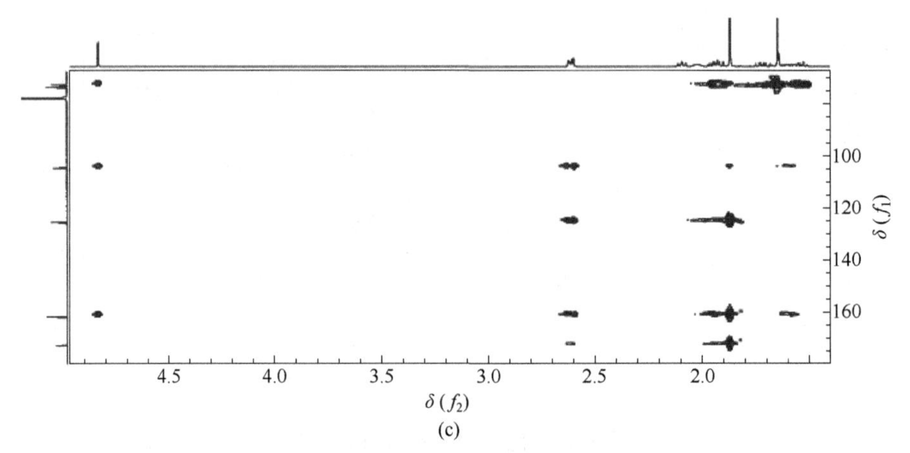

图 5-38　化合物 **5-4** 的 HMBC 谱

（a）完整谱图；（b）（c）局部放大图

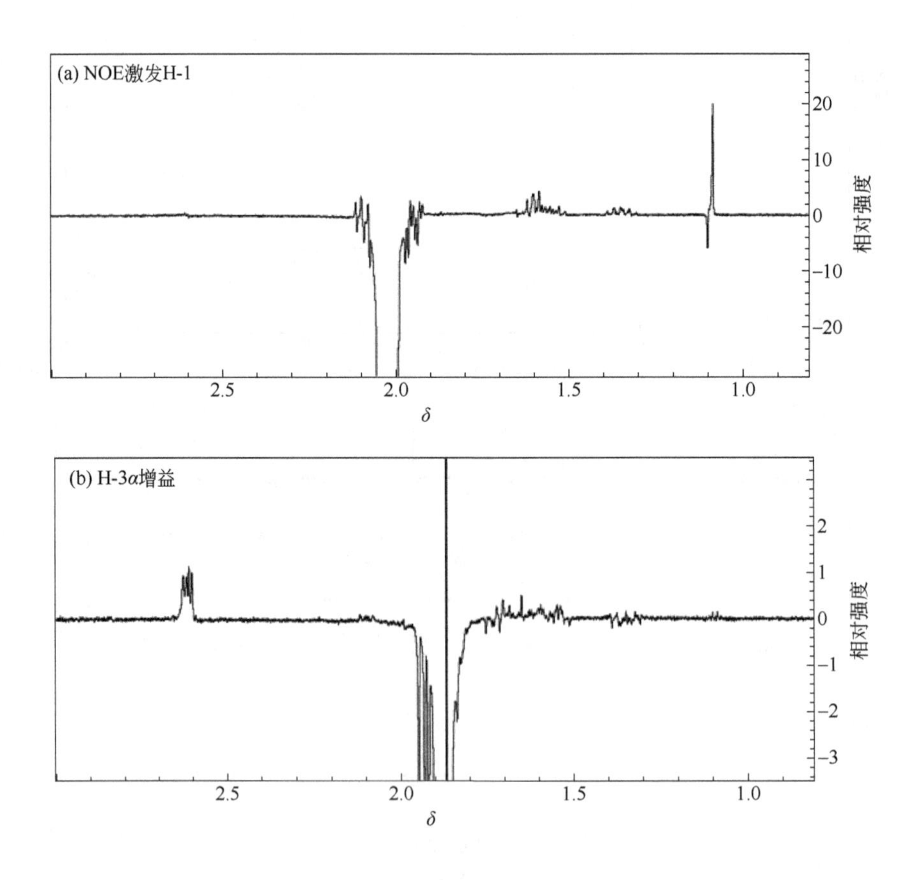

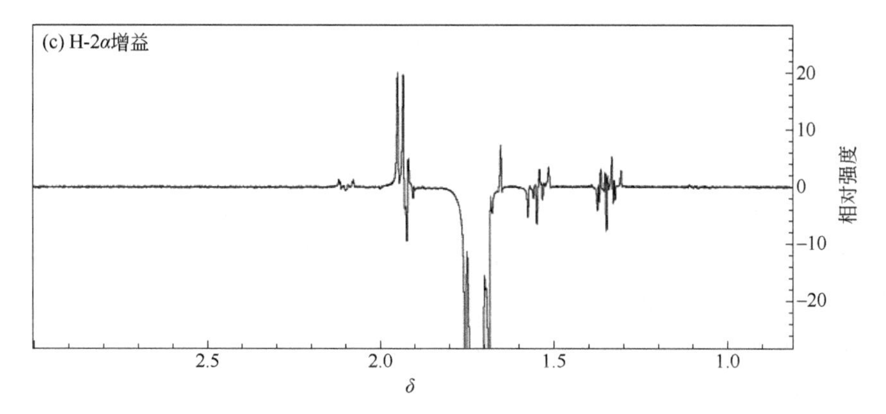

图 5-39 化合物 **5-4** 的 NOESY 谱

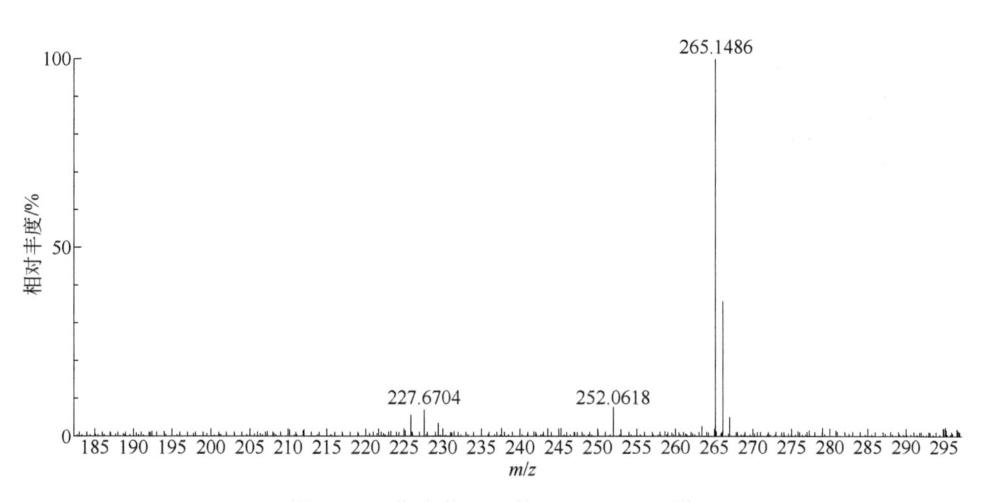

图 5-40 化合物 **5-4** 的 HR ESI-MS 谱

【例 5-5】isonardoeudesmol A[7]

5-5

无色油状物，易溶于甲醇。$[\alpha]_D^{20}$ = +45.6°（c = 0.3, MeOH）。

HR ESI-MS m/z：251.1641，对应 $[M+H]^+$ (计算值：251.1642)，推断此化合物的分子式为 $C_{15}H_{22}O_3$，不饱和度为 5。

UV (MeOH) 光谱显示，λ_{max} = 199 nm、250 nm，表明此化合物存在共轭体系。

^{1}H-NMR（表 5-5）显示存在三个甲基质子信号：δ_H 1.30 (3H, s, H-14)、1.78 (3H, s, H-13)、1.84 (3H, s, H-15)；一个次甲基质子信号：δ_H 2.02 (m, H-7)；两个连氧次甲基质子信号：δ_H 3.48 (d, J = 11.6 Hz, H-4)、4.15 (d, J = 11.6 Hz, H-3)；两个端烯质子信号：δ_H 4.78 (s, H-12a)、4.79 (s, H-12b)；六个饱和烷烃质子信号：δ_H 1.36 (m, H-6a)、1.62 (m, H-8a)、1.74 (m, H-8b)、2.15 (dd, J = 14.0 Hz、13.2 Hz, H-9a)、2.25 (dt, J = 13.6 Hz、3.2 Hz, H-6b)、2.77 (dt, J = 14.0 Hz、2.4 Hz, H-9b)。

表 5-5　化合物 5-5 的 NMR 数据（600 MHz, $CDCl_3$）

位置	δ_C	类型	δ_H (J/Hz)
1	126.3	C	
2	198.5	C	
3	73.8	CH	4.15, d (11.6)
4	79.4	CH	3.48, d (11.6)
5	41.8	C	
6	38.4	CH_2	1.36, m; 2.25, dt (13.6, 3.2)
7	45.4	CH	2.02, m
8	26.5	CH_2	1.62, m; 1.74, m
9	33.0	CH_2	2.15, dd (14.0, 13.2); 2.77, dt (14.0, 2.4)
10	163.5	C	
11	148.9	C	
12	109.6	CH_2	4.78, s; 4.79, s
13	20.7	CH_3	1.78, s
14	17.2	CH_3	1.30, s
15	11.4	CH_3	1.84, s

^{13}C-NMR（表 5-5）显示结构中存在十五个碳信号，包括三个甲基碳信号：δ_C 11.4 (C-15)、17.2 (C-14)、20.7 (C-13)；三个亚甲基碳信号：δ_C 26.5 (C-8)、33.0 (C-9)、38.4 (C-6)；一个次甲基碳信号：δ_C 45.4 (C-7)；两个连氧次甲基碳信号：δ_C 73.8 (C-3)、79.4 (C-4)；一个季碳信号：δ_C 41.8 (C-5)；两个端烯碳信号：δ_C 109.6 (C-12)、148.9 (C-11)；两个烯烃碳信号：δ_C 126.3 (C-1) 和 163.5 (C-10)；一个酮羰基碳信号：δ_C 198.5 (C-2)。

氢碳直接相关信号通过二维 HSQC 谱确定，骨架上的氢氢相关连接通过二维 ^{1}H-^{1}H COSY 获得，与文献报道桉叶烷型倍半萜结构类似。

HMBC 显示（图 5-41），δ_H 1.30 (s, H-14) 与 δ_C 38.4 (C-6)、41.8 (C-5)、79.4 (C-4)、163.5 (C-10) 相关；δ_H 1.78 (s, H-13) 与 δ_C 45.4 (C-7)、109.6 (C-12)、148.9 (C-11) 相关；δ_H 1.84 (s, H-15) 与 δ_C 126.3 (C-1)、163.5 (C-10)、198.5 (C-2) 相关；δ_H 4.78 (s, H-12a)、4.79 (s, H-12b) 均与 δ_C 20.7 (C-13)、45.4 (C-7) 相关；δ_H 4.15 (d, J = 11.6 Hz, H-3) 与 δ_C 79.4 (C-4) 相关；δ_H 3.48 (d, J = 11.6 Hz, H-4) 与 δ_C 38.4 (C-6)、41.8 (C-5)、73.8 (C-3) 相关；δ_H 2.02 (m, H-7) 与 δ_C 33.0 (C-9) 相关；δ_H 2.15 (dd, J = 14.0 Hz、13.2 Hz, H-9a) 与 δ_C 45.4 (C-7) 和 163.5 (C-10) 相关。上述数据与文献报道的桉叶烷型倍半萜相似。

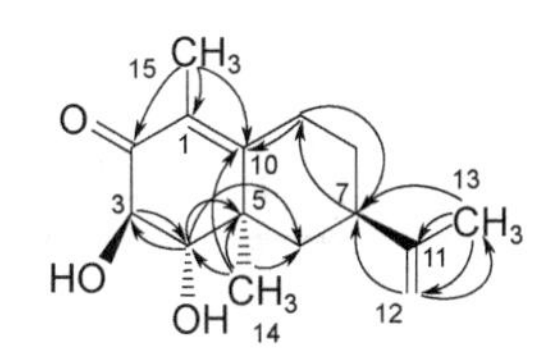

图 5-41　化合物 **5-5** 的主要 HMBC 相关（箭头）

NOESY 谱显示，δ_H 1.30 (s, H-14) 与 δ_H 4.15 (d, J = 11.6 Hz, H-3)、2.02 (m, H-7)、2.15 (dd, J = 14.0 Hz、13.2 Hz, H-9a) 均有 NOE 效应；而 δ_H 3.48 (d, J = 11.6 Hz, H-4) 与 δ_H 1.36 (m, H-6a) 有 NOE 效应，δ_H 1.36 (m, H-6a) 与 δ_H 4.78 (s, H-12a)、4.79 (s, H-12b) 有 NOE 效应。因为支链烯烃为刚性结构，NOESY 谱表明 CH_3-14 与 OH-4 为顺式构型，而与 OH-3 和支链为反式构型，相对构型为 (3*R**, 4*S**, 5*R**, 7*R**)。

ECD 谱显示该化合物实验值与 (3*S*, 4*R*, 5*S*, 7*S*) 构型差异明显，而与 (3*R*, 4*S*, 5*R*, 7*R*) 构型计算结果完全吻合。化合物和 (3*R*, 4*S*, 5*R*, 7*R*) 构型均在 258 nm 处显示强的正 Cotton 效应，而在 220 nm 和 320 nm 处显示弱的负 Cotton 效应；而 (3*S*, 4*R*, 5*S*, 7*S*) 构型在 255 nm 处显示强的负 Cotton 效应，而在 225 nm 和 315 nm 处显示弱的正 Cotton 效应。因此该化合物的绝对构型为 (3*R*, 4*S*, 5*R*, 7*R*)。

附：化合物 5-5 的更多波谱图见图 5-42～图 5-47。

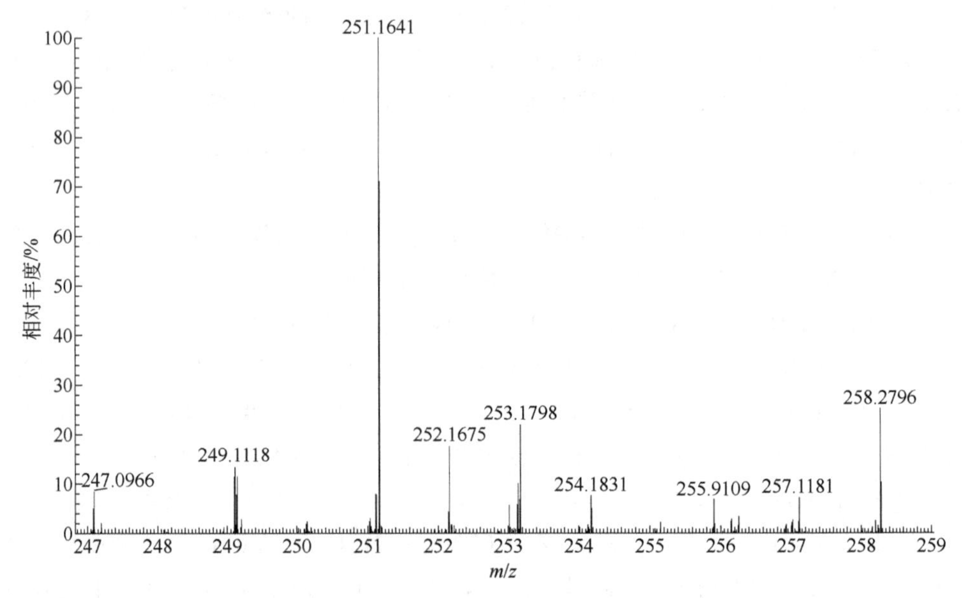

图 5-42　化合物 **5-5** 的 HR ESI-MS 谱

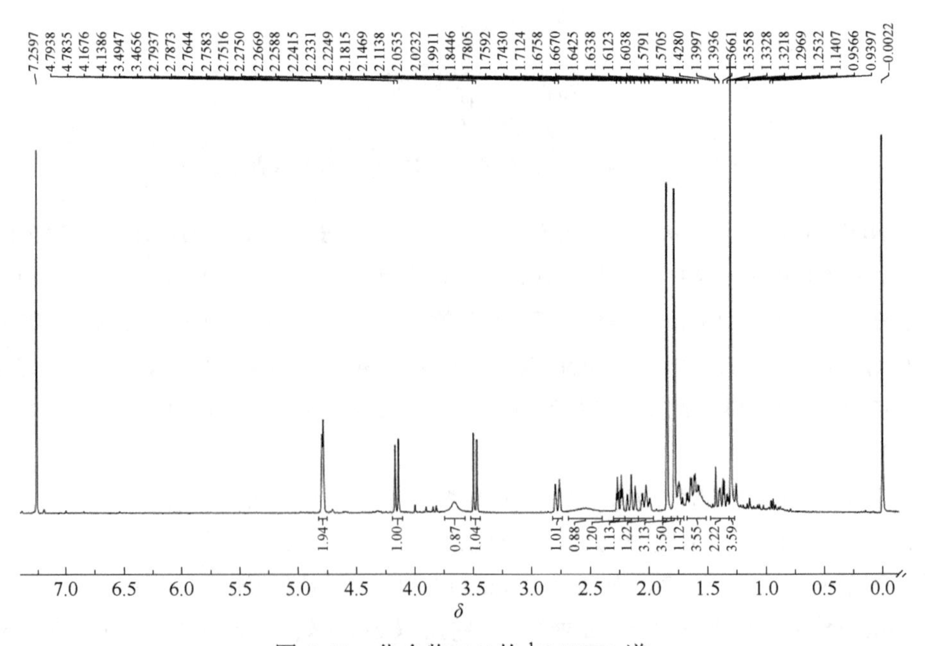

图 5-43　化合物 **5-5** 的 ^{1}H-NMR 谱

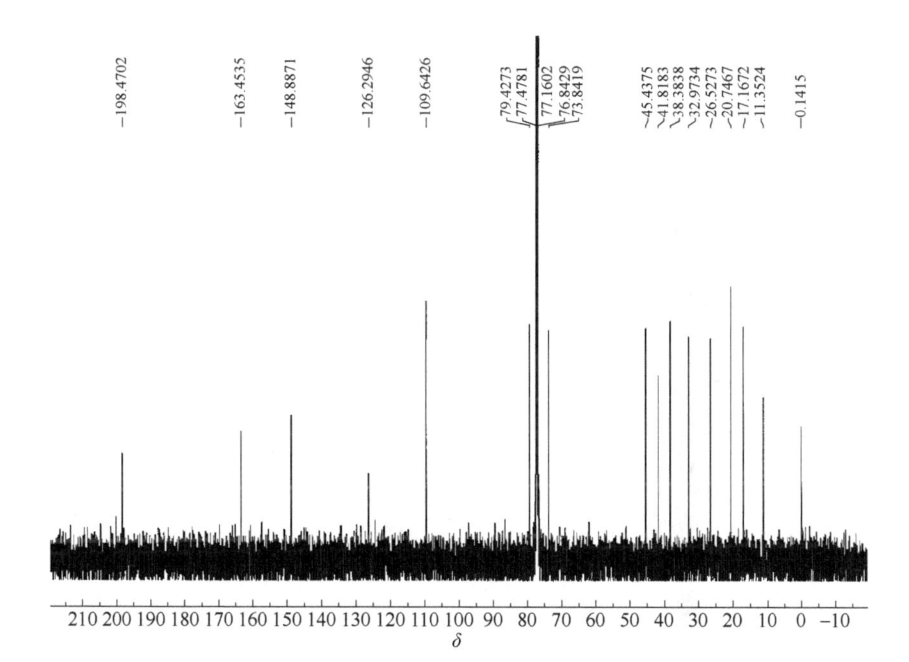

图 5-44 化合物 **5-5** 的 ^{13}C-NMR 谱

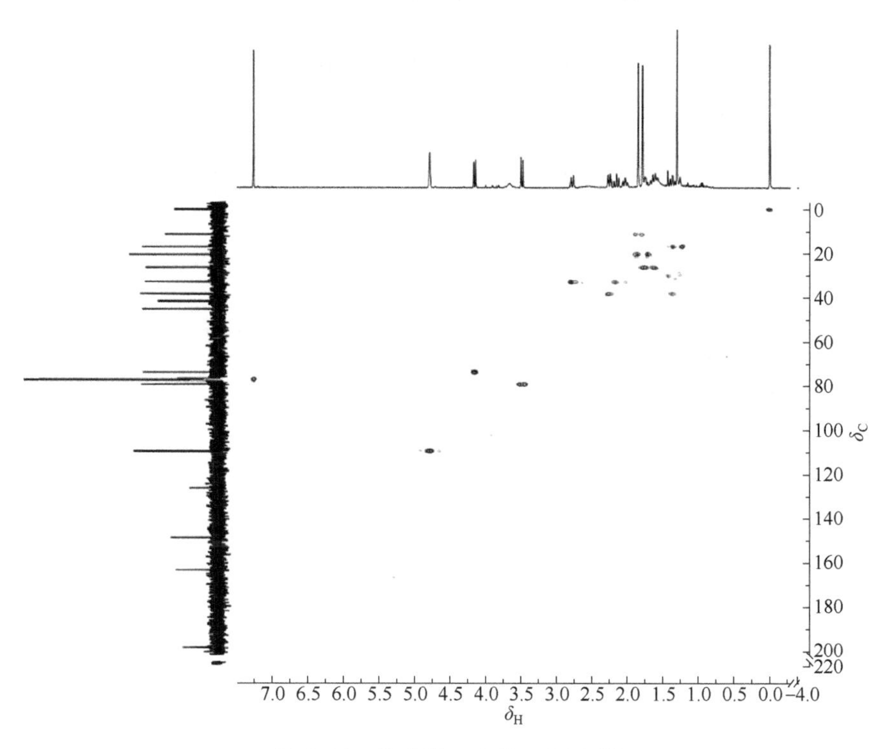

图 5-45 化合物 **5-5** 的 HSQC 谱

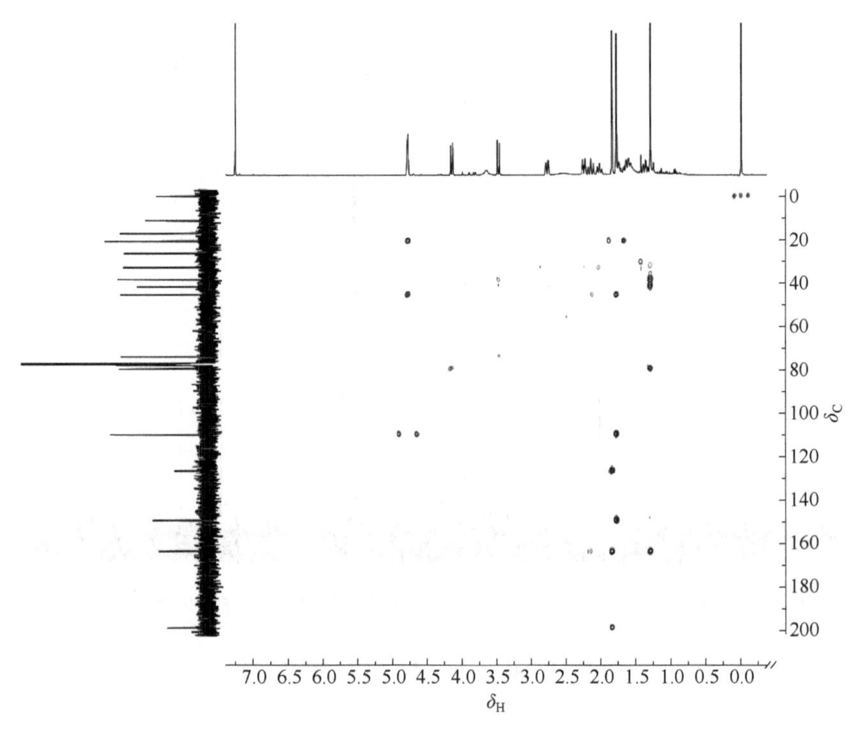

图 5-46　化合物 **5-5** 的 HMBC 谱

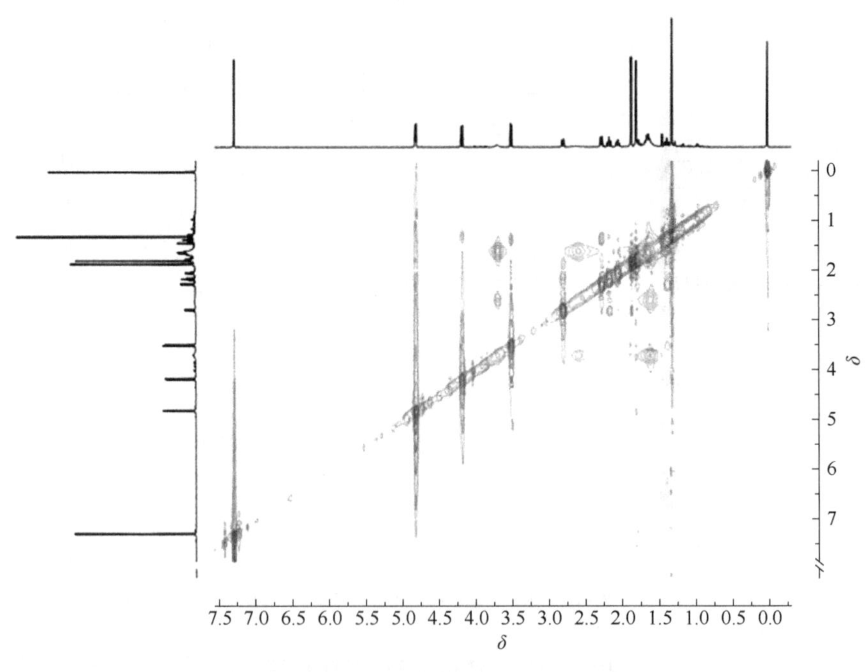

图 5-47　化合物 **5-5** 的 NOESY 谱

【例 5-6】isoobtusadiene[8]

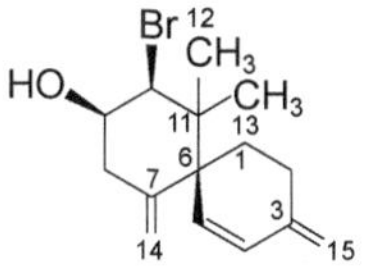

5-6

无色油状物，易溶于甲醇。$[\alpha]_D^{25} = -25.0°$（$c = 0.007$, CH_2Cl_2）。

GC-EI-MS (EI, 70 eV)，m/z (丰度/%)：$[M]^+ = 295.99$ (50)、297.99 (50)，结合氢谱和碳谱推断此化合物的分子式为 $C_{15}H_{21}BrO$ (Br 同位素 ^{79}Br、^{81}Br)，不饱和度为 5。

IR 图谱显示结构中存在羟基 (—OH) 3537 cm^{-1}、1206 cm^{-1}，饱和烷烃基团 ($—CH_3$) 2980 cm^{-1}、1370 cm^{-1} 及 1030 cm^{-1}、1640 cm^{-1} (C═C) 等基团的特征吸收峰。

UV (MeOH) 光谱显示 λ_{max} (lgε) 为 230 nm (2.1)，表明此化合物中存在共轭 (C═C) 结构。

^{1}H-NMR（表 5-6）显示存在两个甲基质子信号：δ_H 1.02 (3H, s, H-12)、1.23(3H, s, H-13)；两个烯烃质子信号：δ_H 5.84 (d, J=10.0 Hz, H-5)、6.26 (d, J=10.0 Hz, H-4)；两对环外烯烃质子信号：δ_H 4.87 (s, H-14a) 和 5.12 (s, H-14b)，4.79 (s, H-15a) 和 4.81 (s, H-15b)；一个连氧次甲基质子信号：δ_H 4.16 (ddd, J = 1.6 Hz、2.0 Hz、2.6 Hz, H-9)；一个连溴次甲基质子信号：δ_H 4.65 (d, J = 2.6 Hz, H-10)；六个亚甲基质子信号：δ_H 1.76 (ddd, J = 4.0 Hz、13.0 Hz、15.0 Hz, H-1b)、1.93 (m, H-1a)、2.20 (m, H-2b)、2.27 (dt, J = 3.6 Hz、15.0 Hz, H-2a)、2.58 (dd, J = 2.0 Hz、15.5 Hz, H-8b)、2.72 (dd, J = 1.6 Hz、15.5 Hz, H-8a)。

^{13}C-NMR（表 5-6）显示结构中存在十五个碳信号，包括两个甲基碳信号：δ_C 22.3 (C-13) 和 27.6 (C-12)；三个亚甲基碳信号：δ_C 27.3 (C-1)、27.7 (C-2) 和 38.9 (C-8)；两个季碳信号：δ_C 42.6(C-11) 和 δ_C 51.1 (C-6)；一个连氧碳信号：δ_C 73.1 (C-9)；一个连溴碳信号: δ_C 71.6 (C-10)；两对环外烯烃碳信号：δ_C 112.0 (C-15) 和 142.4 (C-3)，118.1 (C-14) 和 143.5 (C-7)；两个烯碳信号：δ_C132.5 (C-4) 和 133.6 (C-5)。

氢碳直接相关信号通过二维 HSQC 谱确定，骨架上的氢氢相关连接通过二维 ^{1}H-^{1}H COSY 和 TOCSY 获得，上述数据与文献报道的花柏烯型倍半萜相似。

表 5-6　化合物 **5-6** 的 NMR 数据（600 MHz, $CDCl_3$）

位置	δ_C	类型	δ_H (*J*/Hz)
1	27.3	CH_2	1.76, ddd (15.0, 13.0, 4.0); 1.93, m
2	27.7	CH_2	2.20, m; 2.27, dt (15.0, 3.6)
3	142.4	C	
4	132.5	CH	6.26, d (10.0)
5	133.6	CH	5.84, d (10.0)
6	51.1	C	
7	143.5	C	
8	38.9	CH_2	2.58, dd (15.5, 2.0); 2.72, dd (15.5, 1.6)
9	73.1	CH	4.16, ddd (2.6, 2.0, 1.6)
10	71.6	CH	4.65, d (2.6)
11	42.6	C	
12	27.6	CH_3	1.02, s
13	22.3	CH_3	1.23, s
14	118.1	CH_2	4.87, s; 5.12, s
15	112.0	CH_2	4.79, s; 4.81, s

HMBC 显示（图 5-48），δ_H 1.02 (s, H-12)、1.23 (s, H-13) 均与 δ_C 42.6 (C-11)、51.1 (C-6)、71.6 (C-10) 相关，提示两个甲基取代在同一位置。另外，δ_H 1.02 (s, H-12) 与 δ_C 22.3 (C-13) 相关，而 δ_H 1.23 (s, H-13) 与 δ_C 27.6 (C-12) 相关；δ_H 2.58 (dd, *J* = 2.0 Hz、15.5 Hz, H-8b) 与 δ_C 51.1 (C-6)、73.1 (C-9)、118.1 (C-14)、143.5 (C-7) 相关；δ_H 4.87 (s, H-14a)、5.12 (s, H-14b) 均与 δ_C 38.9 (C-8)、51.1 (C-6) 相关，推测存在 ($C_{7/8}{=}CH_2$) 结构。此外，δ_H 4.79 (s, H-15a) 与 δ_C 27.7 (C-2)、132.5 (C-4) 也相关。

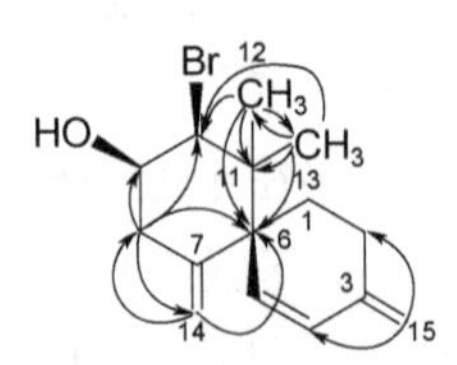

图 5-48　化合物 **5-6** 的主要 HMBC 相关（箭头）

TOCSY 显示，δ_H 1.93 (m, H-1a) 与 δ_H 1.76 (ddd, *J* = 4.0 Hz、13.0 Hz、15.0 Hz, H-1b)、2.27 (dt, *J* = 3.6 Hz、15.0 Hz, H-2a)、4.81 (s, H-15b)、5.84 (d, *J* =10.0 Hz, H-5) 相关，另外，6.26 (d, *J* =10.0 Hz, H-4) 与 δ_H 1.76 (ddd, *J* = 4.0 Hz、13.0 Hz、15.0 Hz, H-1b)、1.93 (m, H-1a)、2.27 (dt, *J* = 3.6 Hz、15.0 Hz, H-2a)、4.79 (s, H-15a)、5.84

(d, J =10.0 Hz, H-5) 相关，提示上述质子相关碳原子在一个较大自旋体系中，连接更为密切。δ_H 4.65 (d, J = 2.6 Hz, H-10) 与 δ_H 1.23 (s, H-13)、2.58 (dd, J = 2.0 Hz、15.5 Hz, H-8b)、2.72 (dd, J = 1.6 Hz、15.5 Hz, H-8a)、4.16 (ddd, J = 1.6 Hz、2.0 Hz、2.6 Hz, H-9) 相关；δ_H 5.12 (s, H-14b) 与 δ_H 2.58 (dd, J = 2.0 Hz、15.5 Hz, H-8b)、2.72 (dd, J = 1.6 Hz、15.5 Hz, H-8a)、4.16 (ddd, J = 1.6 Hz、2.0 Hz、2.6 Hz, H-9)、4.87 (s, H-14a) 相关，提示上述质子相关碳原子连接更为密切。根据花柏烯型倍半萜螺环结构特点，推测上述碳原子应分属两个不同环。

NOESY 谱显示，δ_H 2.72 (dd, J = 15.5 Hz、1.6 Hz, H-8a) 与 δ_H 4.65 (d, J = 2.6 Hz, H-10) 有强的 NOE 效应，而 δ_H 4.16 (ddd, J = 2.6 Hz、2.0 Hz、1.6 Hz, H-9) 与 δ_H 4.65 (d, J = 2.6 Hz, H-10) 的 NOE 效应弱，提示溴原子在六元环椅式构象中为平伏位，且与 OH-9 为顺式构型。δ_H 1.93 (m, H-1a) 与 δ_H 4.65 (d, J = 2.6 Hz, H-10)、2.72 (dd, J = 15.5 Hz、1.6 Hz, H-8a) 有 NOE 效应，且 δ_H 1.23 (s, H-13) 与 δ_H 5.84 (d, J =10.0 Hz, H-5) 有 NOE 效应，表明螺碳原子为 6*S*-构型。进一步利用改良的 Mosher 法，确定化合物的绝对构型为 (6*S*, 9*R*, 10*S*)。

附：化合物 5-6 的更多波谱图见图 5-49～图 5-53。

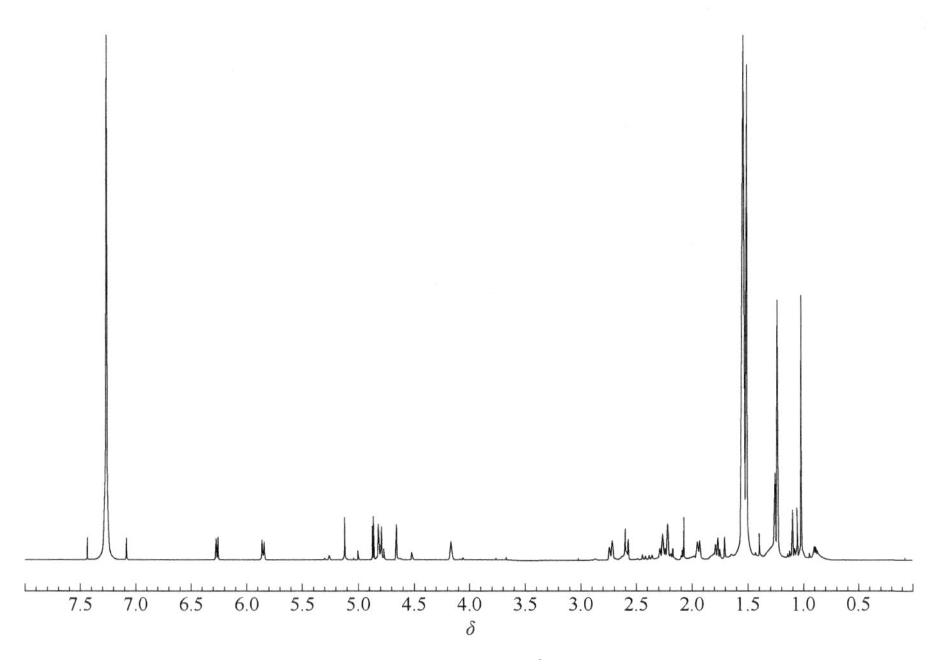

图 5-49　化合物 **5-6** 的 ^{1}H-NMR 谱

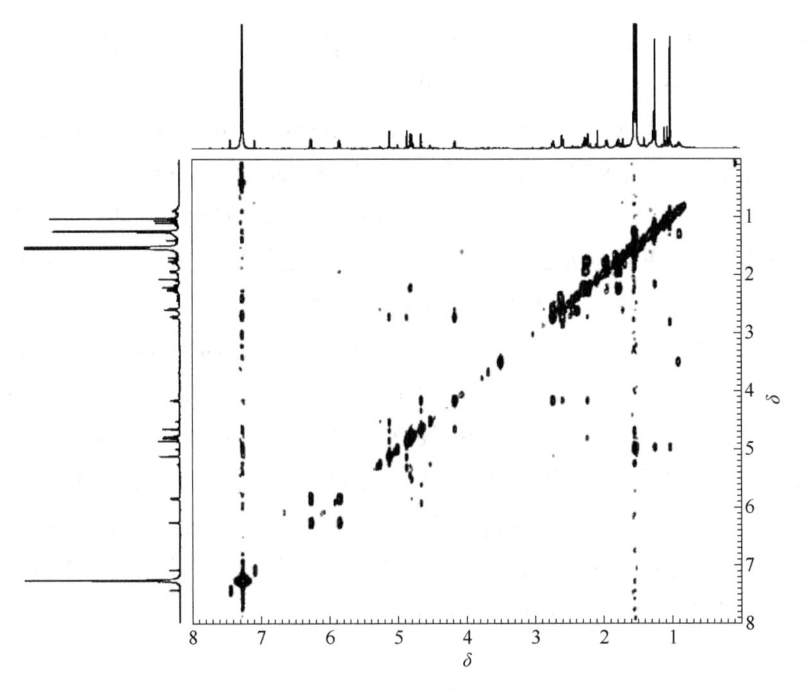

图 5-50　化合物 **5-6** 的 ^{1}H-^{1}H COSY 谱

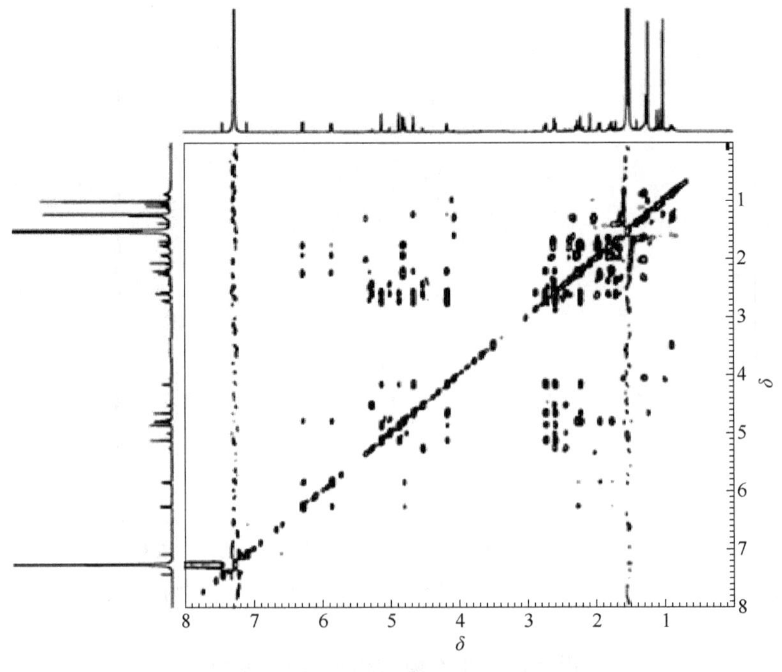

图 5-51　化合物 **5-6** 的 TOCSY 谱

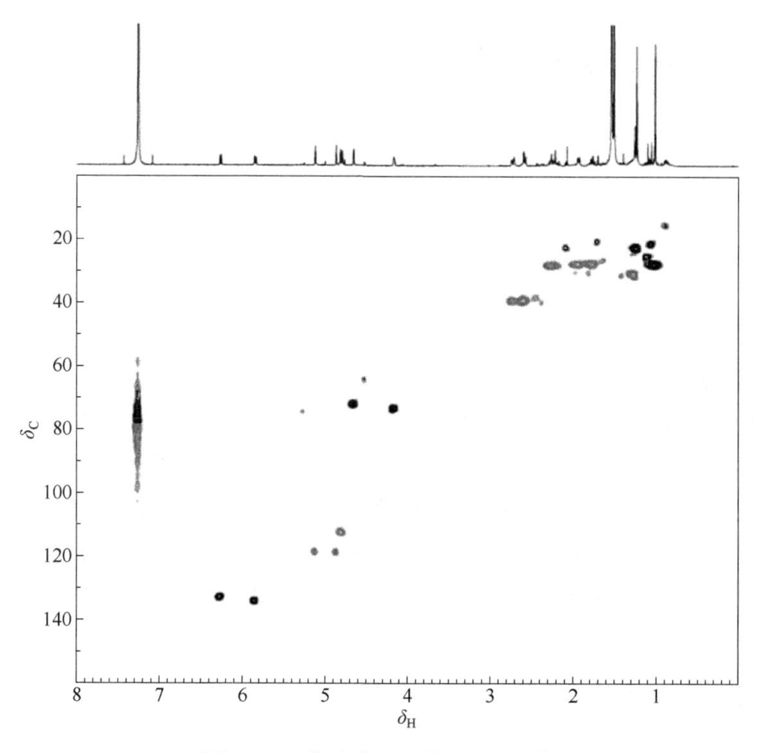

图 5-52　化合物 **5-6** 的 HSQC 谱

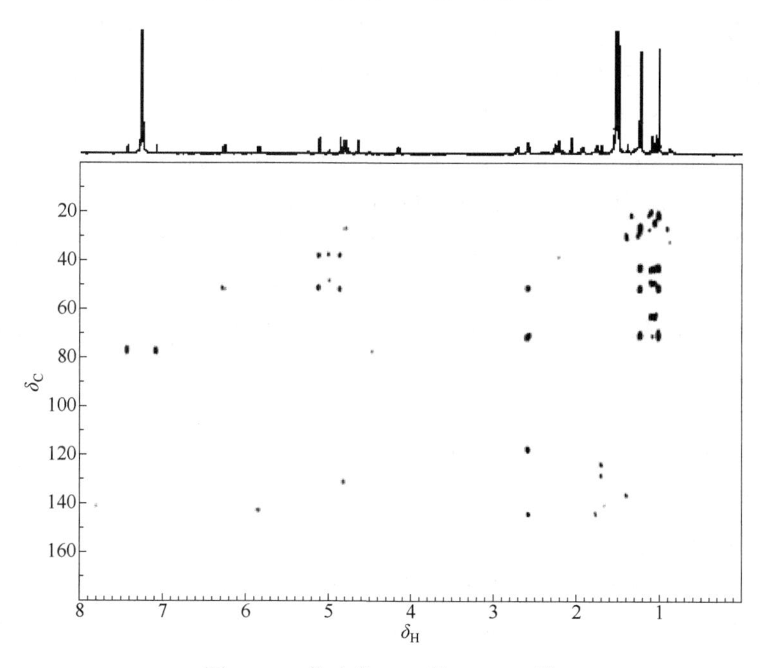

图 5-53　化合物 **5-6** 的 HMBC 谱

【例 5-7】lamellodysidine A[9]

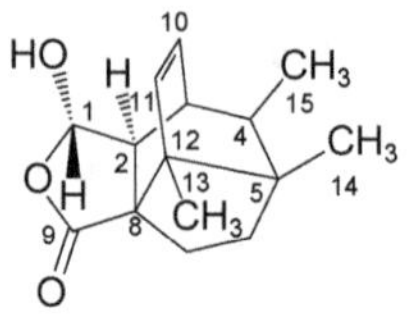

5-7

白色固体，易溶于甲醇。$[\alpha]_D^{20}=-24.0°$（c = 1.3, MeOH）。

HR-ESI-TOF-MS m/z：271.1278，对应 $[M+Na]^+$（计算值：271.1310），结合氢谱和碳谱推断此化合物的分子式为 $C_{15}H_{20}O_3$，不饱和度为 6。

IR (KBr) 光谱显示结构中存在酯羰基 (C═O) 1716 cm^{-1}；醇羟基 (—OH) 3283 cm^{-1}（宽峰）、1086 cm^{-1}，1195 cm^{-1} (半缩醛 OC—OH)；饱和烷烃基团 2934 cm^{-1}、1379 cm^{-1} ($—CH_3$)，1446 cm^{-1} ($—CH_2—$)，2888 cm^{-1} (—CH—)，3045 cm^{-1}、996 cm^{-1} (—C═C—) 的特征吸收峰。

UV (MeOH) 光谱分析发现 λ_{max} = 210 nm 以上无最大吸收峰，提示此化合物不存在共轭体系。

^{1}H-NMR（表 5-7）显示存在三个甲基质子信号：δ_H 0.78 (3H, s, H-14)、0.81 (3H, d, J = 7.3 Hz, H-15)、1.14 (3H, s, H-13)；四个亚甲基质子信号：δ_H 1.58 (m, H-6a)、1.68 (m, H-7a)、1.79 (td, J = 4.6 Hz、12.6Hz, H-6b)、2.38 (m, H-7b)；三个次甲基质子信号：δ_H 1.68 (m, H-4)、2.28 (d, J = 3.8 Hz, H-2)、2.64 (m, H-3)；一个质子连氧次甲基质子信号：δ_H 5.24 (d, J = 3.8 Hz, H-1)；两个烯烃质子信号：δ_H 5.80 (dd, J = 1.0 Hz、8.2 Hz, H-11)、6.18 (brt, J = 8.2 Hz, H-10)。

^{13}C-NMR（表 5-7）显示结构中存在十五个碳信号，包括三个甲基碳信号：δ_C 15.8 (C-13)、17.2 (C-15) 和 18.6 (C-14)；两个亚甲基碳信号：δ_C 33.4 (C-7)、39.4 (C-6)；四个次甲基碳信号：δ_C 38.5 (C-3)、47.1 (C-4)、60.7 (C-2) 和 99.4 (C-1)；三个季碳信号：δ_C 49.0 (C-5)、51.6 (C-12)、57.7 (C-8)；两个烯烃碳信号：δ_C132.5 (C-10) 和 135.8 (C-11)；一个酯羰基碳信号：δ_C 178.2 (C-9)。

氢碳直接相关信号通过二维 HSQC 谱确定，骨架上的氢氢相关连接通过二维 ^{1}H-^{1}H COSY 获得。

^{1}H-^{1}H COSY 谱（图 5-54）显示，δ_H 5.24 (d, J = 3.8 Hz, H-1) 与 δ_H 2.28 (d, J = 3.8 Hz, H-2) 相关，而 δ_H 2.28 (d, J = 3.8 Hz, H-2) 与 δ_H 2.64 (m, H-3) 相关，δ_H 2.64 (m, H-3) 与 δ_H 1.68 (m, H-4)、δ_H 6.18 (brt, J = 8.2 Hz, H-10) 均相关；其中 δ_H 6.18 (brt, J = 8.2 Hz, H-10)又与 δ_H 5.80 (dd, J = 1.0 Hz、8.2 Hz, H-11) 相关，提示 δ_H 5.24

(d, J = 3.8 Hz, H-1)、δ_H 2.28 (d, J = 3.8 Hz, H-2)、δ_H 2.64 (m, H-3)、δ_H 6.18 (brt, J = 8.2 Hz, H-10)、δ_H 5.80 (dd, J = 1.0 Hz、8.2 Hz, H-11) 相关碳原子顺次连接。而 δ_H 2.64 (m, H-3) 与 δ_H 1.68 (m, H-4) 相关，δ_H 1.68 (m, H-4) 又与 δ_H 0.81 (d, J = 7.3 Hz, H-15) 相关，提示 δ_H 2.64 (m, H-3)、δ_H 1.68 (m, H-4)、δ_H 0.81 (d, J = 7.3 Hz, H-15) 相关碳原子顺次连接，其中 δ_H 0.81 (d, J = 7.3 Hz, H-15) 为甲基质子。另外，δ_H 2.38 (m, H-7b) 与 δ_H 1.58 (m, H-6a)、1.79 (td, J = 4.6 Hz、12.6 Hz, H-6b) 均相关［HSQC 显示 δ_H 1.58 (m, H-6a)、1.79 (td, J = 4.6 Hz、12.6 Hz, H-6b) 均与 δ_C 39.4 (C-6) 相关］。

表 5-7　化合物 5-7 的 NMR 数据（600 MHz, $CDCl_3$）

位置	δ_C	类型	δ_H (J/Hz)
1	99.4	CH	5.24, d (3.8)
2	60.7	CH	2.28, d (3.8)
3	38.5	CH	2.64, m
4	47.1	CH	1.68, m
5	49.0	C	
6	39.4	CH_2	1.58, m; 1.79, td (12.6, 4.6)
7	33.4	CH_2	1.68, m; 2.38, m
8	57.7	C	
9	178.2	C	
10	132.5	CH	6.18, brt (8.2)
11	135.8	CH	5.80, dd (8.2, 1.0)
12	51.6	C	
13	15.8	CH_3	1.14, s
14	18.6	CH_3	0.78, s
15	17.2	CH_3	0.81, d (7.3)

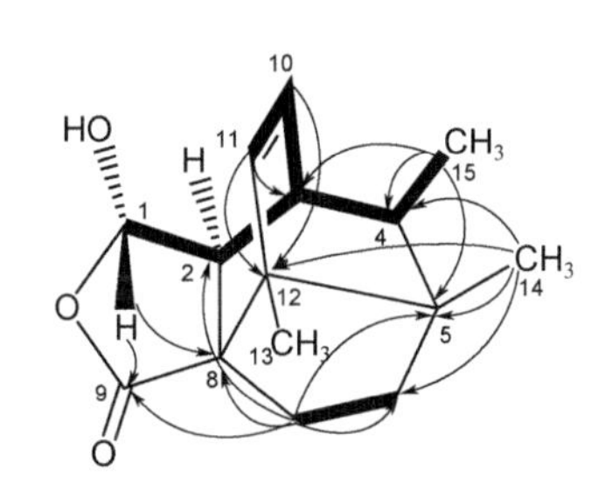

图 5-54　化合物 **5-7** 的主要 ^{1}H-^{1}H COSY 相关（粗键）和 HMBC 相关（箭头）

HMBC 显示（图 5-54），δ_H 0.78 (s, H-14) 与 δ_C 39.4 (C-6)、47.1 (C-4)、49.0 (C-5)、51.6 (C-12) 相关；δ_H 0.81 (d, J = 7.3 Hz, H-15) 与 δ_C 38.5 (C-3)、47.1 (C-4)、49.0 (C-5) 相关；δ_H 1.14 (s, H-13) 与 δ_C 49.0 (C-5)、51.6 (C-12)、57.7 (C-8)、135.8

(C-11) 相关；δ_H 1.79 (td, J = 4.6 Hz、12.6 Hz, H-6b) 与 δ_C 18.6 (C-14)、33.4 (C-7)、47.1 (C-4)、49.0 (C-5)、57.7 (C-8) 相关；δ_H 2.28 (d, J = 3.8 Hz, H-2) 与 δ_C 33.4 (C-7)、99.4 (C-1)、132.5 (C-10) 相关；δ_H 2.38 (m, H-7b) 与 δ_C 39.4 (C-6)、49.0 (C-5)、57.7 (C-8)、60.7 (C-2) 和 178.2 (C-9) 相关；δ_H 5.24 (d, J = 3.8 Hz, H-1) 与 δ_C 38.5 (C-3)、178.2 (C-9) 相关。δ_H 5.80 (dd, J = 1.0 Hz、8.2 Hz, H-11)、6.18 (brt, J = 8.2 Hz, H-10) 均与 38.5 (C-3)、51.6 (C-12) 相关，表明烯键与 C-3、C-12 密切相关；δ_H 5.80 (dd, J = 1.0 Hz、8.2 Hz, H-11) 又与 δ_C 15.8 (C-13) 相关，δ_H 1.14 (s, H-13) 与 51.6 (C-12) 相关，推测该甲基 [δ_C 15.8(C-13)，δ_H 1.14 (s, H-13)] 取代在 C-12 上。

NOESY 谱显示，δ_H 5.24 (d, J = 3.8 Hz, H-1) 与 δ_H 2.64 (m, H-3) 有 NOE 效应，而与 2.28 (d, J = 3.8 Hz, H-2)无 NOE 效应；2.28 (d, J = 3.8 Hz, H-2) 与 δ_H 1.68 (m) 有 NOE 效应，由于 δ_H 1.68 (m) 是重叠峰，不能直接确定是 H-7a 还是 H-4；且 H-2 与 H-7a、H-4 空间距离接近，均有检测到 NOE 效应的可能，C-4 构型不能仅凭 NOESY 明确。由于 OH-1 与烯键结构空间位阻的存在，结构中 C-1 的半缩醛结构几乎不可能转换为 1*R*-型异构体，C-1 初步鉴定为 1*S*-构型。

ECD 谱显示该化合物实验值与 (1*S*, 2*S*, 3*S*, 4*R*, 5*S*, 8*S*, 12*R*) 构型计算结果吻合，均在 208 nm 处显示强的负 Cotton 效应，因此该化合物的绝对构型为 (1*S*, 2*S*, 3*S*, 4*R*, 5*S*, 8*S*, 12*R*)。

附：化合物 5-7 的更多波谱图见图 5-55～图 5-61。

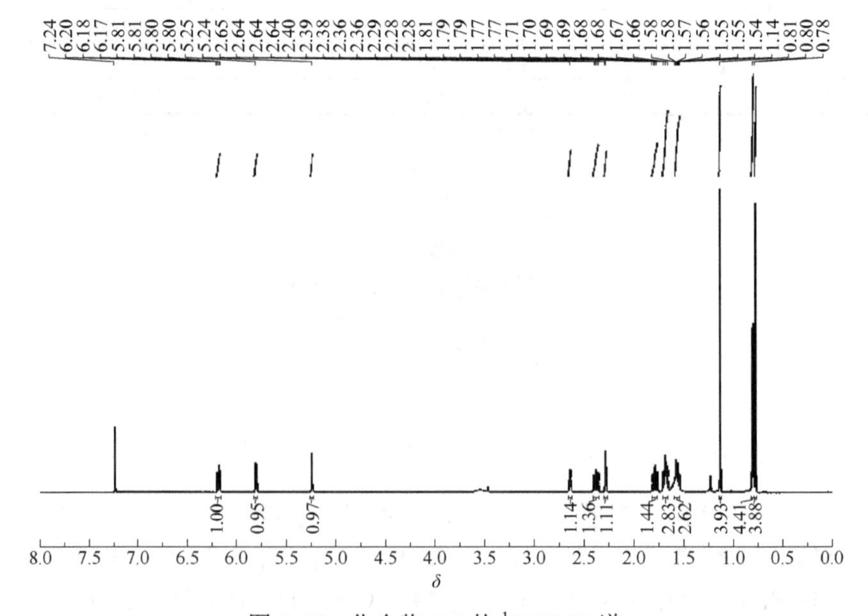

图 5-55　化合物 **5-7** 的 ^{1}H-NMR 谱

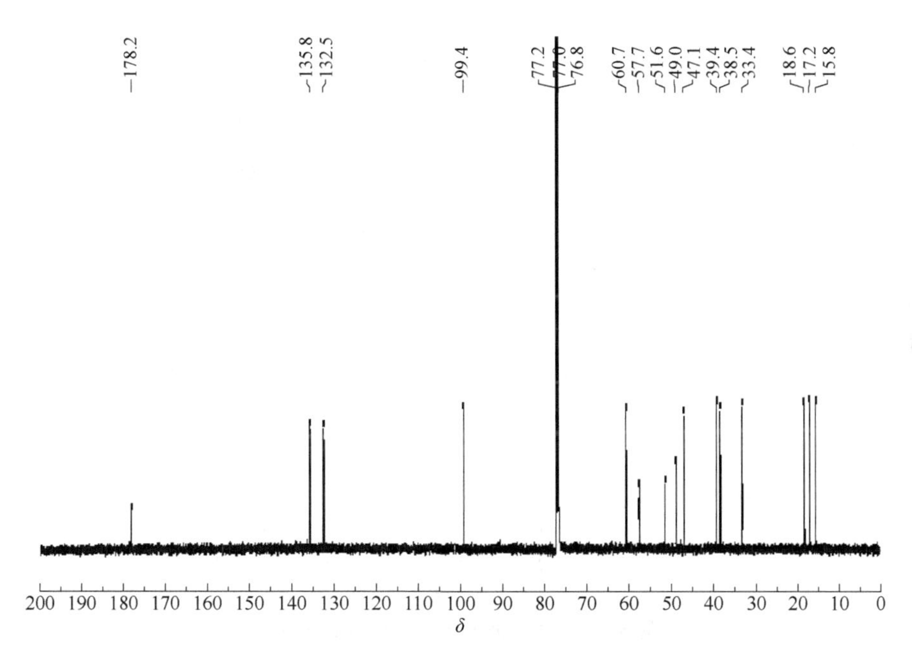

图 5-56 化合物 **5-7** 的 ^{13}C-NMR 谱

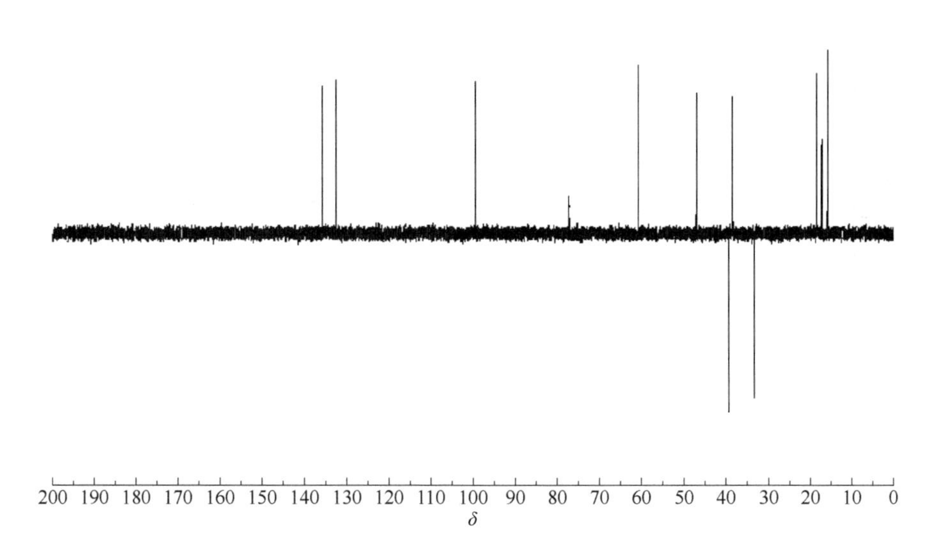

图 5-57 化合物 **5-7** 的 DEPT135 谱

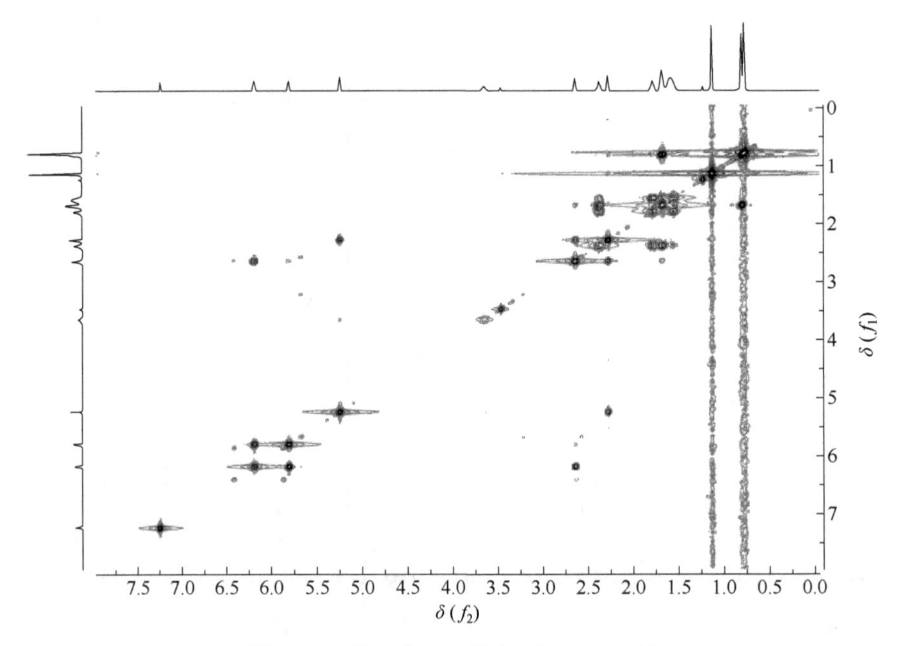

图 5-58　化合物 **5-7** 的 ^{1}H-^{1}H COSY 谱

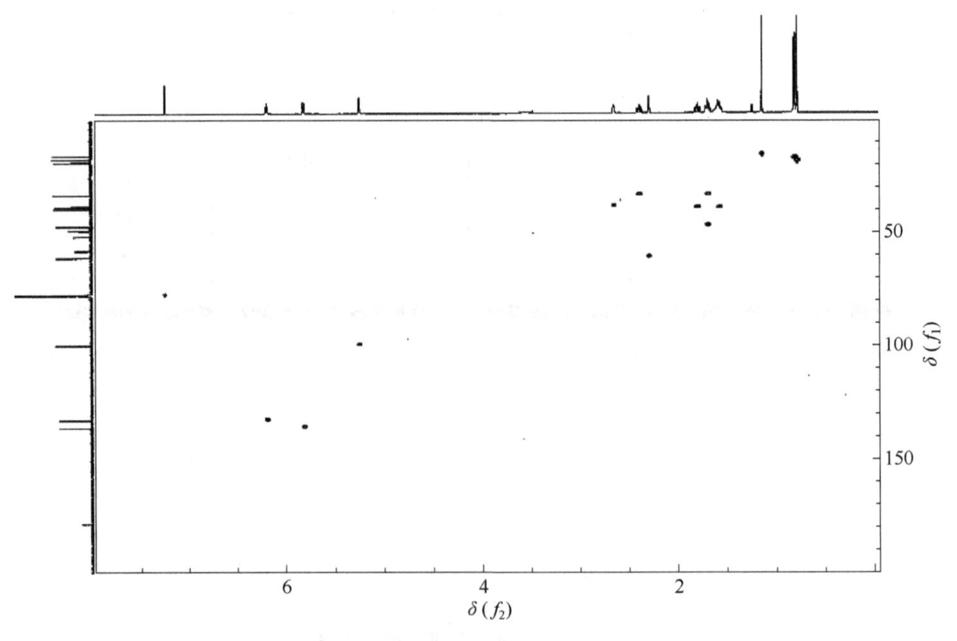

图 5-59　化合物 **5-7** 的 HSQC 谱

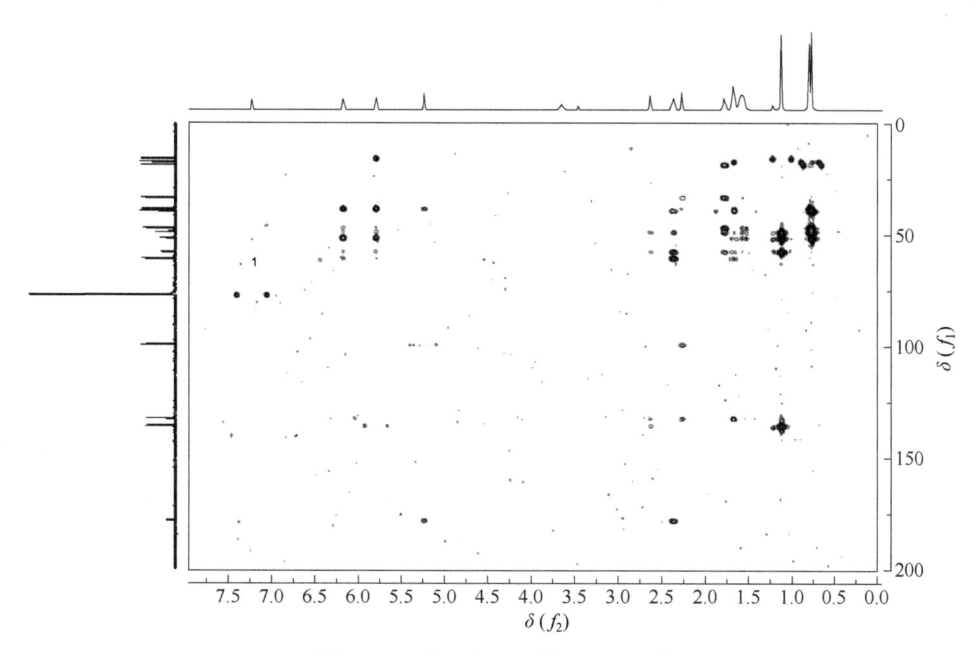

图 5-60 化合物 **5-7** 的 HMBC 谱

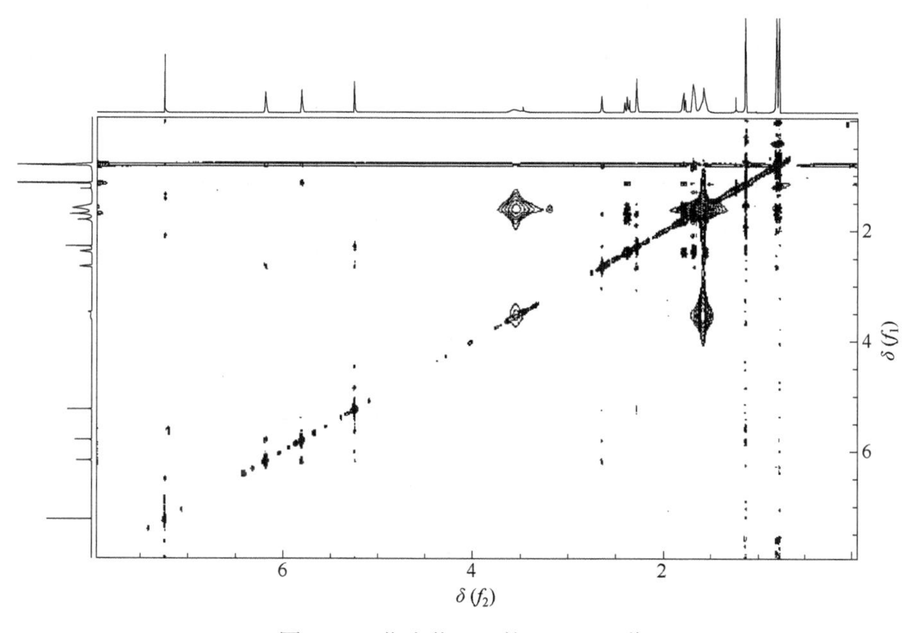

图 5-61 化合物 **5-7** 的 NOESY 谱

【例 5-8】lepistatin A[10]

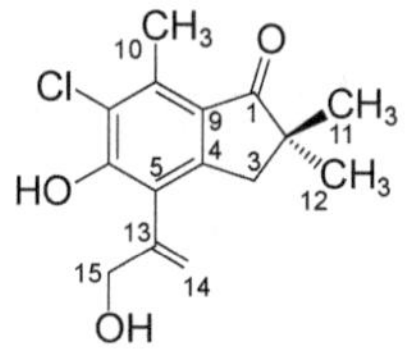

5-8

白色粉末，易溶于甲醇。$[\alpha]_D^{20}$ = +1.84°（c = 0.64, MeOH）。

HR EI-MS m/z：280.0865，分子离子峰 $[M]^+$（计算值：280.0866），推断此化合物的分子式为 $C_{15}H_{17}ClO_3$，不饱和度为 7，为含氯化合物。

IR (KBr) 光谱显示结构中存在共轭酮羰基 (C═O) 1681 cm^{-1}，酚羟基 (—OH) 3434 cm^{-1}（宽峰）、1206 cm^{-1}，醇羟基 (—OH) 3434 cm^{-1}（宽峰）、1085 cm^{-1}，以及饱和烷烃基团 2927 cm^{-1} (—CH_3) 和 1438 cm^{-1} (—CH_2—) 的特征吸收峰。

UV (MeOH) 光谱显示 λ_{max} (lgε) 为 229 nm (4.45) 和 273 nm (4.23)，表明此化合物存在多取代苯环结构。

^{1}H-NMR（表 5-8）显示存在三个甲基质子信号：δ_H 1.13 (3H, s, H-11)、1.13 (3H, s, H-12)、2.64 (3H, s, H-10)；两个亚甲基质子信号：δ_H 2.82 (2H, s, H-3)；两个连氧亚甲基质子信号：δ_H 4.25 (2H, s, H-15)；两个烯烃质子信号：δ_H 5.11 (s, H-14a)、5.62 (s, H-14b)。

表 5-8　化合物 **5-8** 的 NMR 数据（400 MHz, CD_3OD）

位置	δ_C	类型	δ_H(J/Hz)
1	211.5	C	
2	45.6	C	
3	41.1	CH_2	2.82, s
4	152.2	C	
5	124.2	C	
6	155.4	C	
7	137.5	C	
8	122.4	C	
9	125.0	C	
10	13.4	CH_3	2.64, s
11	24.6	CH_3	1.13, s
12	24.6	CH_3	1.13, s
13	143.8	C	
14	116.3	CH_2	5.11, s; 5.62, s
15	64.3	CH_2	4.25, s

^{13}C-NMR（表 5-8）显示结构中存在十五个碳信号，包括三个甲基碳信号：δ_C 13.4 (C-10)、24.6 (C-11)、24.6 (C-12)；一个亚甲基碳信号：δ_C 41.1 (C-3)；一个季碳信号：δ_C 45.6 (C-2)；一个连氧亚甲基碳信号：δ_C 64.3 (C-15)；两个烯碳信号：δ_C116.3 (C-14)、143.8 (C-13)；六个苯环碳信号：δ_C 122.4 (C-8)、124.2 (C-5)、125.0 (C-9)、137.5 (C-7)、152.2 (C-4)、155.4 (C-6)，且应该存在氯取代 δ_C 137.5 (C-7)；一个酮羰基碳信号：δ_C 211.5 (C-1)。氢碳相关信号均是通过二维 HMQC 谱确定，推测该化合物为氯取代的茚酮型结构倍半萜。

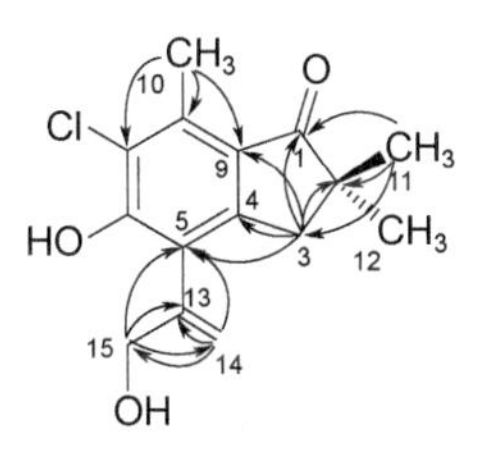

图 5-62 化合物 **5-8** 的主要 HMBC 相关（箭头）

HMBC 显示（图 5-62），δ_H 1.13 (s, H-12) 与 δ_C 211.5 (C-1)、45.6 (C-2)、41.1 (C-3)、24.6 (C-11, C-12) 相关；δ_H 2.82 (s, H-3) 与 δ_C 24.6 (C-11、C-12)、45.6 (C-2)、124.2 (C-5)、125.0 (C-9)、152.2 (C-4)、211.5 (C-1) 相关，提示两个甲基取代在茚酮结构中的 C-2 位。δ_H 2.64 (s, H-10) 与 δ_C 122.4 (C-8)、125.0 (C-9)、137.5 (C-7) 相关，而不与 δ_C 155.4 (C-6)、124.2 (C-5) 相关，提示该甲基取代于茚酮结构的 C-8 位。δ_H 4.25 (s, H-15) 与 δ_C 116.3 (C-14)、124.2 (C-5)、143.8 (C-13) 相关，而未发现与苯环其他碳相关，提示支链为 2-丙烯-1-醇结构；δ_H 5.11/5.62 (s, H-14) 与 δ_C 64.3 (C-15)、124.2 (C-5)、143.8 (C-13) 相关，提示 2-丙烯-1-醇取代于茚酮结构的 C-5 位。

附：化合物 5-8 的更多波谱图见图 5-63～图 5-67。

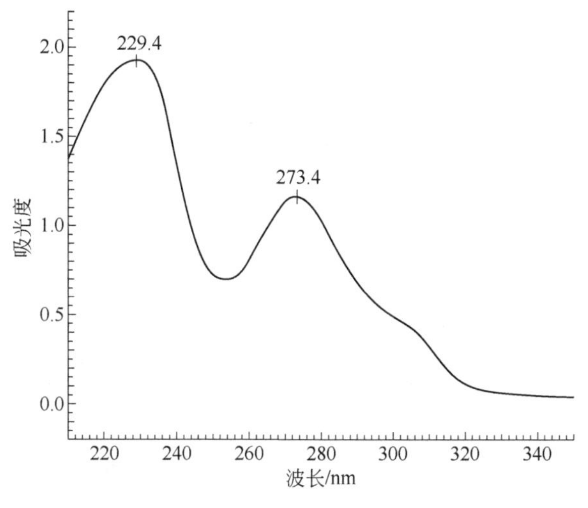

图 5-63 化合物 **5-8** 的紫外吸收光谱

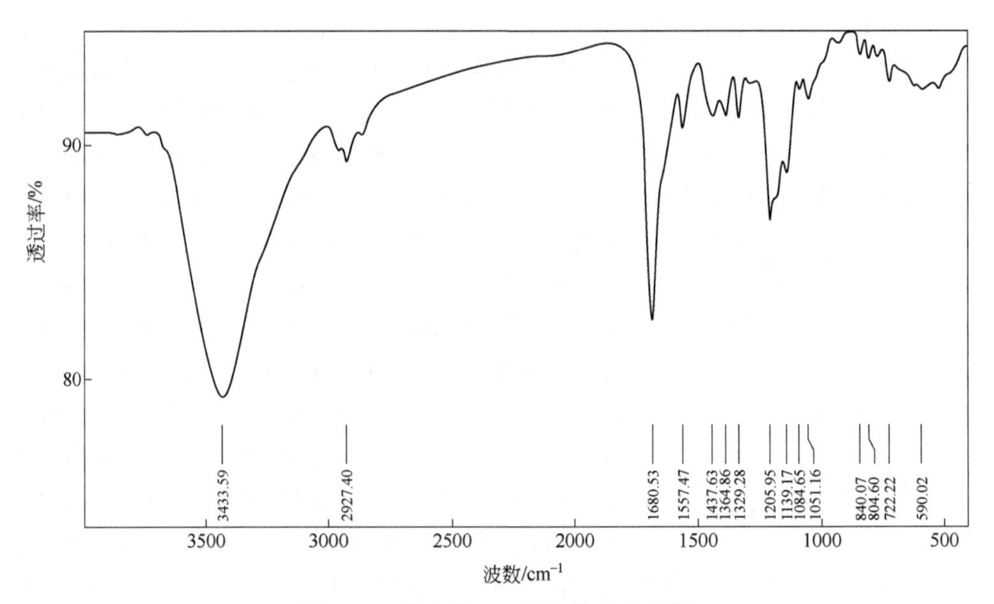

图 5-64　化合物 **5-8** 的红外吸收光谱

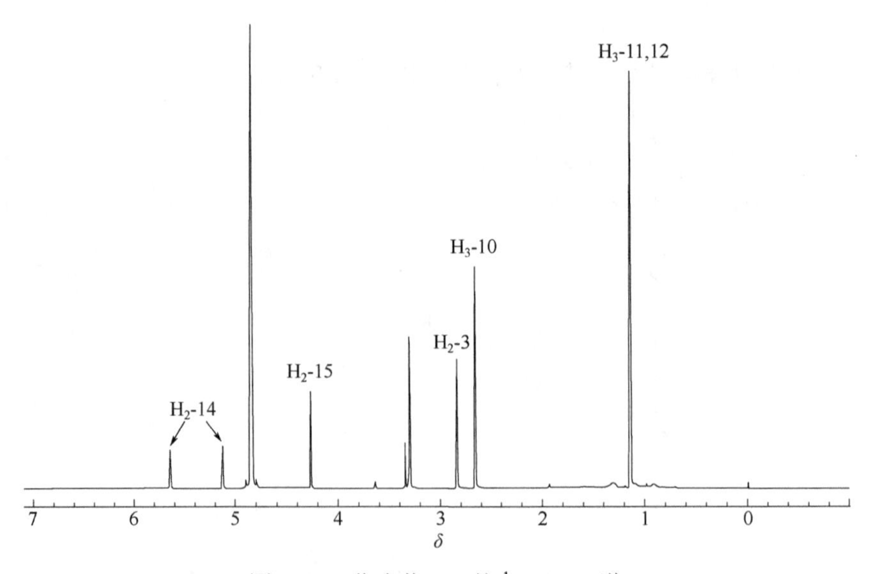

图 5-65　化合物 **5-8** 的 ^{1}H-NMR 谱

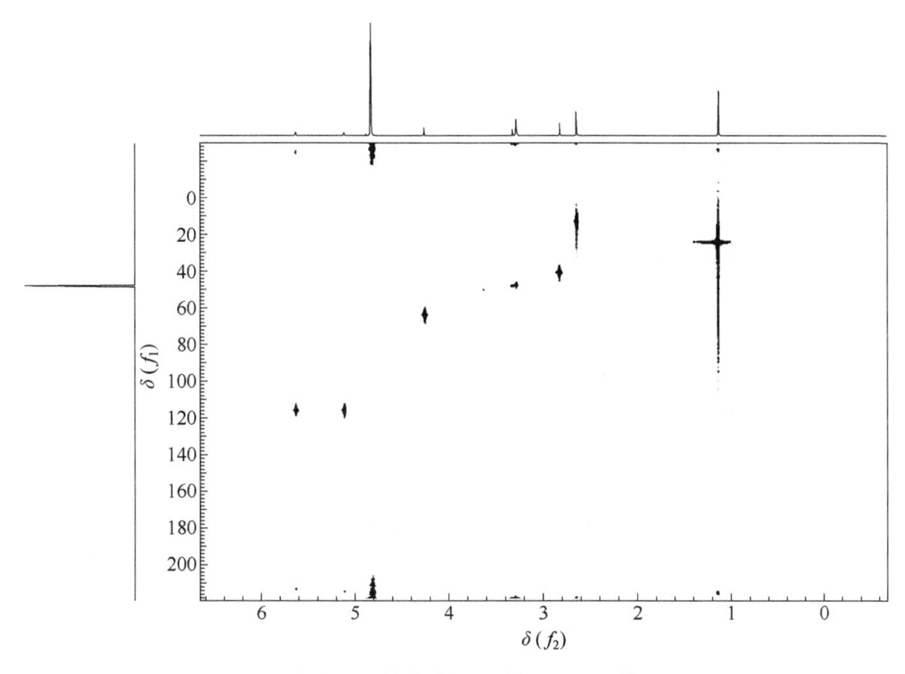

图 5-66 化合物 **5-8** 的 HMQC 谱

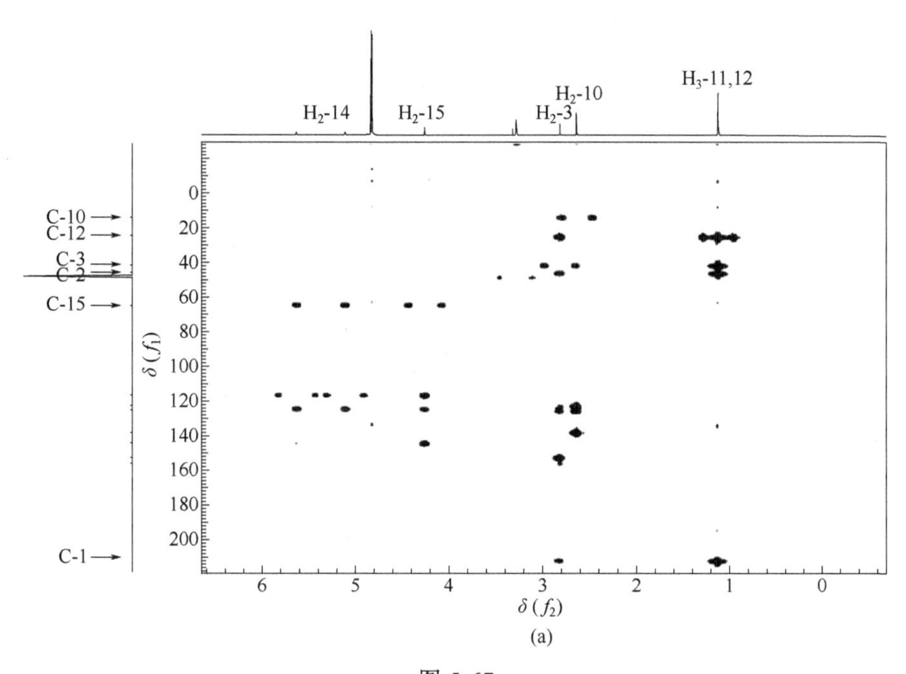

图 5-67

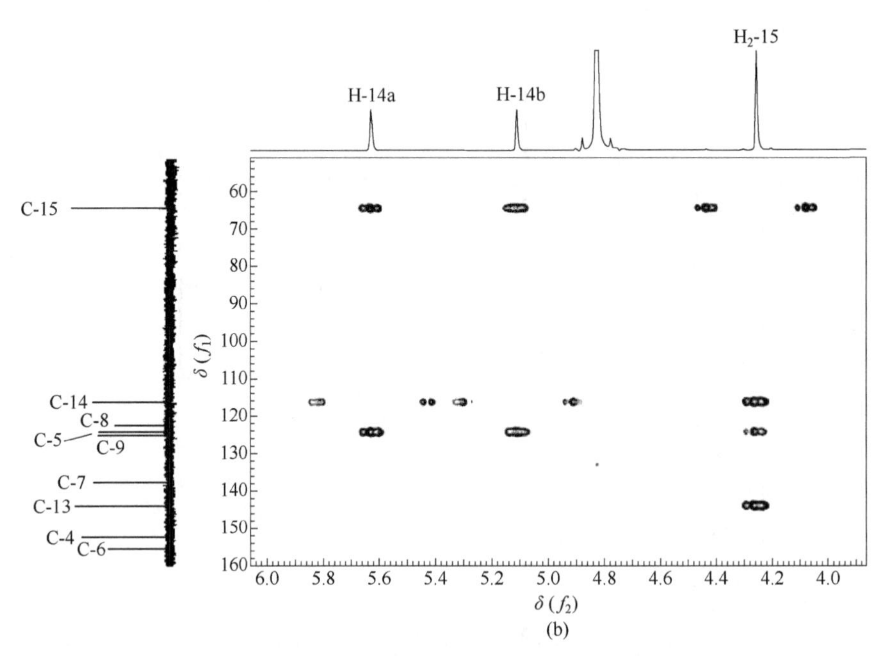

图 5-67　化合物 **5-8** 的 HMBC 谱

（a）完整谱图；（b）局部放大图

【例 5-9】triptersinine V[11]

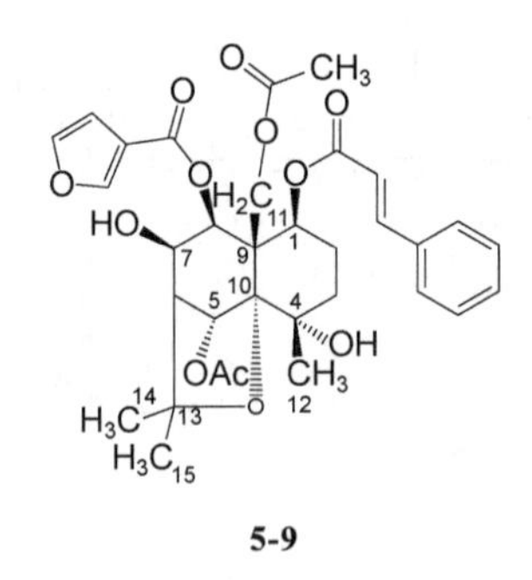

5-9

无色晶体，易溶于三氯甲烷。$[\alpha]_D^{25} = -9.4°$（c = 0.1, $CHCl_3$）。

HR-ESI-TOF-MS m/z：649.2256，对应 $[M+Na]^+$ (计算值：649.2255)，推断此化合物的分子式为 $C_{33}H_{38}O_{12}$，不饱和度为 15。

IR 光谱显示结构中存在酯羰基 (C═O) 1732 cm^{-1}，醇羟基 (—OH) 3497 cm^{-1}（宽峰)、1074 cm^{-1}，以及饱和烷烃基团 (—CH_3) 2920 cm^{-1}、1370 cm^{-1} 等基团的特征吸收峰。

UV (MeOH) 光谱显示 λ_{max} (lgε) 为 208 nm (3.04) 和 281 nm (2.97)，提示苯环存在 α,β-共轭体系及酯羰基结构。

^{1}H-NMR（表 5-9）显示存在五个甲基质子信号：δ_H 1.45 (3H, s, H-12)、1.56 (3H, s, H-14)、1.58 (3H, s, H-15)、2.13 (3H, s, 5-OCOCH$_3$)、2.23 (3H, s, 11-OCOCH$_3$)；四个亚甲基质子信号：δ_H 1.67 (m, H-3a)、1.77 (m, H-2a)、1.83 (m, H-2b)、2.05 (m, H-3b)；两个连氧亚甲基质子信号：δ_H 4.51 (d, J = 13.2 Hz, H-11a)、5.38 (d, J = 13.2 Hz,

表 5-9 化合物 5-9 的 NMR 数据（600 MHz, CD_3OD）

位置	δ_C	类型	δ_H(J/Hz)
1	79.5	CH	5.43, dd (4.8, 12.0)
2	26.1	CH_2	1.77, m; 1.83, m
3	38.4	CH_2	1.67, m; 2.05, m
4	72.0	C	
5	76.5	CH	6.99, s
6	57.3	CH	2.29, d (4.2)
7	69.2	CH	4.29, t (4.2)
8	76.7	CH	5.45, d (5.4)
9	54.4	C	
10	93.5	C	
11	60.7	CH_2	4.51, d (13.2);5.38, d (13.2)
12	23.4	CH_3	1.45, s
13	83.8	C	
14	24.3	CH_3	1.56, s
15	29.8	CH_3	1.58, s
Cin-1	167.5	C	
Cin-2	118.3	CH	5.99, d (16.2)
Cin-3	146.3	CH	7.38, d (16.2)
Cin-4	135.3	C	
Cin-5, Cin-9	129.0	CH	7.26, m
Cin-6, Cin-8	129.8	CH	7.33, m
Cin-7	131.5	CH	7.36, m
Fu—$\underline{CO}$—	163.7		
Fu-1	145.2	CH	7.25, s
Fu-2	120.6	C	
Fu-3	110.8	CH	6.67, d (1.8)
Fu-4	150.3	CH	8.25, s
5-O$\underline{CO}$CH$_3$	171.6	C	
5-OCO$\underline{CH_3}$	21.6	CH_3	2.13, s
11-O$\underline{CO}$CH$_3$	172.5	C	
11-OCO$\underline{CH_3}$	21.6	CH_3	2.23, s

H-11b)；一个次甲基质子信号：δ_H 2.29 (d, J = 4.2 Hz, H-6)；四个连氧次甲基质子信号：δ_H 4.29 (t, J = 4.2 Hz, H-7)、5.43 (dd, J = 4.8 Hz、12.0 Hz, H-1)、5.45 (d, J = 5.4 Hz, H-8)、6.99 (s, H-5)；两个烯烃质子信号：δ_H 5.99 (d, J = 16.2 Hz, Cin-2)、7.38 (d, J = 16.2 Hz, Cin-3)；三个呋喃质子信号：δ_H 6.67 (d, J = 1.8 Hz, Fu-3)、7.25 (m, Fu-1)、8.25 (s, Fu-4)；五个苯环质子信号：δ_H 7.36 (3H, m, Cin-7)、7.33 (2H, m, Cin-6、Cin-8)。

^{13}C-NMR（表 5-9）显示结构中存在三十三个碳信号，包括五个甲基碳信号：δ_C 21.6 (5-OCO$\underline{CH_3}$)、21.6 (11-OCO$\underline{CH_3}$)、23.4 (C-12)、24.3 (C-14)、29.8 (C-15)；两个亚甲基碳信号：δ_C 26.1 (C-2)、38.4 (C-3)；一个次甲基碳信号：δ_C 57.3 (C-6)；一个连氧亚甲基碳信号：δ_C 60.7 (C-11)；四个连氧次甲基碳信号：δ_C 69.2 (C-7)、76.5 (C-5)、76.7 (C-8)、79.5 (C-1)；四个季碳信号：δ_C 54.4 (C-9)、72.0 (C-4)、83.8 (C-13)、93.5 (C-10)；两个烯烃碳信号：δ_C118.3 (Cin-C-2)、146.3 (Cin-C-3)；四个呋喃碳信号：δ_C 110.8 (Fu-C-3)、120.6 (Fu-C-2)、145.2 (Fu-C-1)、150.3 (Fu-C-4)；六个苯环碳信号：δ_C 129.0 (Cin-C-5)、129.0 (Cin-C-9)、129.8 (Cin-C-6)、129.8 (Cin-C-8)、131.5 (Cin-C-7)、135.3 (Cin-C-4)；四个酯羰基碳信号：δ_C 163.7 (Fu—CO—)、167.5 (Cin-C-1)、171.6 (5-O$\underline{CO}$CH$_3$)、172.5 (11-O$\underline{CO}$CH$_3$)；初步推测结构中存在呋喃结构和肉桂酸结构。

氢碳直接相关信号通过二维 HSQC 谱确定，骨架上的氢氢相关连接通过二维 ^{1}H-^{1}H COSY 获得。

^{1}H-^{1}H COSY 谱显示，δ_H 4.29 (t, J = 4.2 Hz, H-7) 分别与 δ_H 2.29 (d, J = 4.2 Hz, H-6)、5.45 (d, J = 5.4 Hz, H-8) 相关，提示 δ_H 2.29 (d, J = 4.2 Hz, H-6)、5.45 (d, J = 5.4 Hz, H-8) 相应碳原子经由 δ_H 4.29 (t, J = 4.2 Hz, H-7) 相关碳原子连接；δ_H 5.43 (dd, J = 4.8 Hz、12.0 Hz, H-1) 与 δ_H 1.77 (m, H-2a) 相关；δ_H 5.99 (d, J = 16.2 Hz, Cin-C-2) 与 δ_H 7.38 (d, J = 16.2 Hz, Cin-C-3) 相关，表明肉桂酸结构中存在苯环共轭烯键。

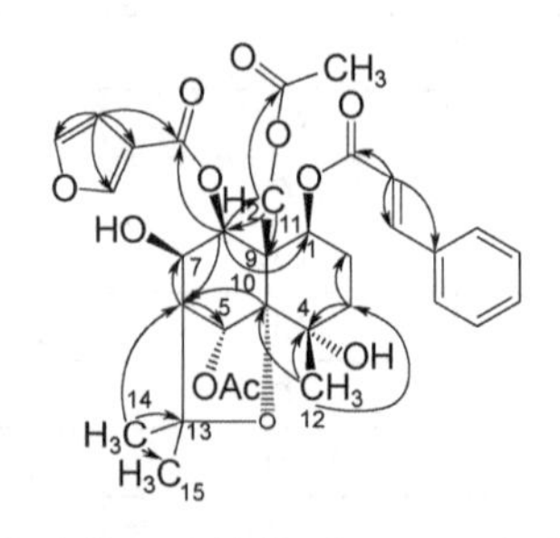

图 5-68　化合物 **5-9** 的主要 HMBC 相关（箭头）

HMBC显示(图5-68)，δ_H 1.45 (s, H-12) 与 δ_C 38.4 (C-3)、72.0 (C-4)、93.5 (C-10) 相关；δ_H 1.56 (s, H-14) 与 δ_C 29.8 (C-15)、57.3 (C-6)、83.8 (C-13) 相关；δ_H 2.05 (m, H-3b) 与 δ_C 26.1 (C-2)、72.0 (C-4) 相关；δ_H 2.29 (d, J = 4.2 Hz, H-6) 与 δ_C 69.2 (C-7)、76.5 (C-5)、93.5 (C-10) 相关；δ_H 4.29 (t, J = 4.2 Hz, H-7) 与 δ_C 57.3 (C-6)、76.7 (C-8) 相关；δ_H 4.51 (d, J = 13.2 Hz, H-11a) 与 δ_C 76.7 (C-8)、93.5 (C-10)、172.5 (11-O<u>CO</u>CH_3) 相关；δ_H 5.45 (d, J = 15.4 Hz, H-8) 与 δ_C 57.3 (C-6)、60.7 (C-11)、79.5 (C-1)、163.7 (Fu—<u>CO</u>—) 相关；δ_H 5.99 (d, J = 16.2 Hz, Cin-2) 与 δ_C 135.3 (Cin-C-4)、167.5 (Cin-C-1) 相关，进一步表明肉桂酸结构的存在；δ_H 6.67 (d, J = 1.8 Hz, Fu-3) 与 δ_C 145.2 (Fu-C-1)、150.3 (Fu-C-4) 相关，而 δ_H 8.25 (s) 与 δ_C 110.8 (Fu-C-3)、120.6 (Fu-C-2)、145.2 (Fu-C-1) 相关，且 δ_H 7.25 (m, Fu-4) 与 δ_C 110.8 (Fu-C-3)、120.6 (Fu-C-2)、150.3 (Fu-C-4) 相关，表明呋喃结构存在；δ_H 6.99 (s, H-5) 与 δ_C 57.3 (C-6)、72.0 (C-4)、83.8 (C-13)、93.5 (C-10)、171.6 (5-O<u>CO</u>CH_3) 相关。

NOESY谱显示，δ_H 4.29 (t, J = 4.2 Hz, H-7) 与 5.45 (d, J = 5.4 Hz, H-8) 有NOE效应，而与 δ_H 2.29 (d, J = 4.2 Hz, H-6) 无NOE效应；δ_H 5.43 (dd, J = 4.8 Hz、12.0 Hz, H-1) 与 5.45 (d, J = 5.4 Hz, H-8) 有NOE效应；δ_H 2.29 (d, J = 4.2 Hz, H-6) 与 δ_H 1.58 (s, H-15) 有NOE效应。

ECD谱（图5-69）显示该化合物实验值与 (1*S*, 4*S*, 5*R*, 6*R*, 7*R*, 8*S*, 9*S*, 10*S*) 构型计算结果相似，均在286 nm处显示正Cotton效应，而在258 nm处显示负Cotton效应，因此该化合物的绝对构型为 (1*S*, 4*S*, 5*R*, 6*R*, 7*R*, 8*S*, 9*S*, 10*S*)。X射线单晶衍射分析进一步证实了上述构型。

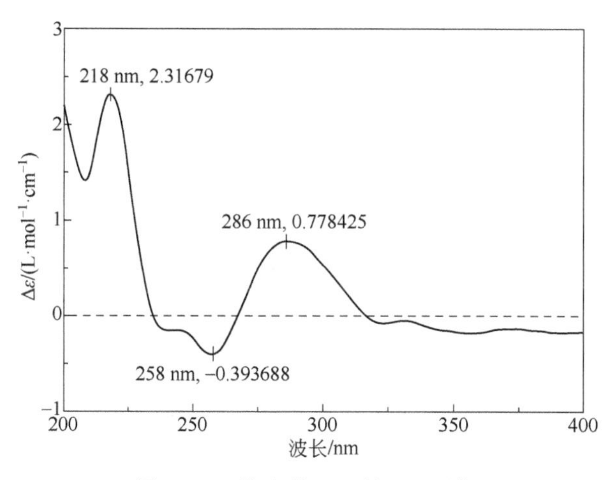

图5-69 化合物**5-9**的ECD谱

附：化合物 5-9 的更多波谱图见图 5-70～图 5-76。

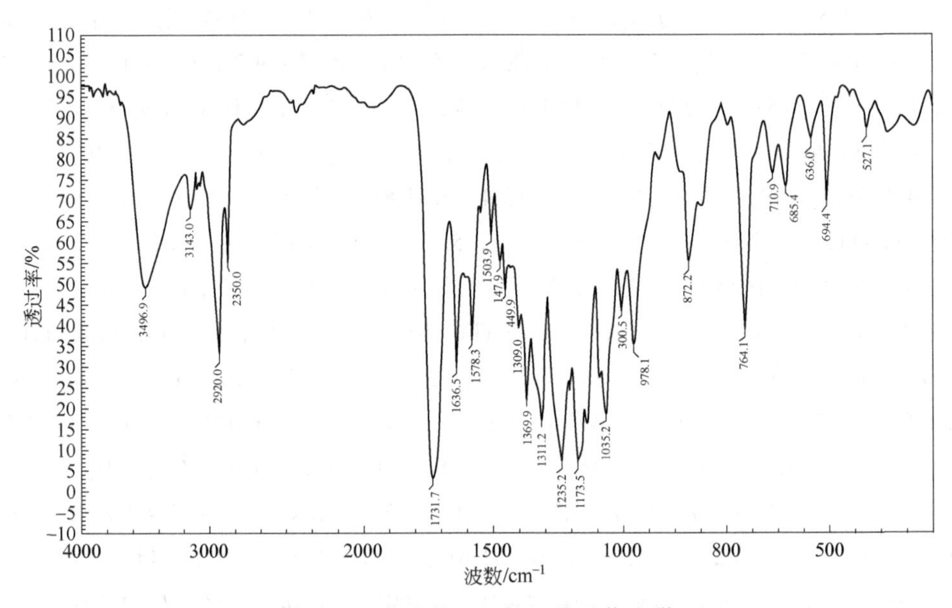

图 5-70　化合物 **5-9** 的红外吸收光谱

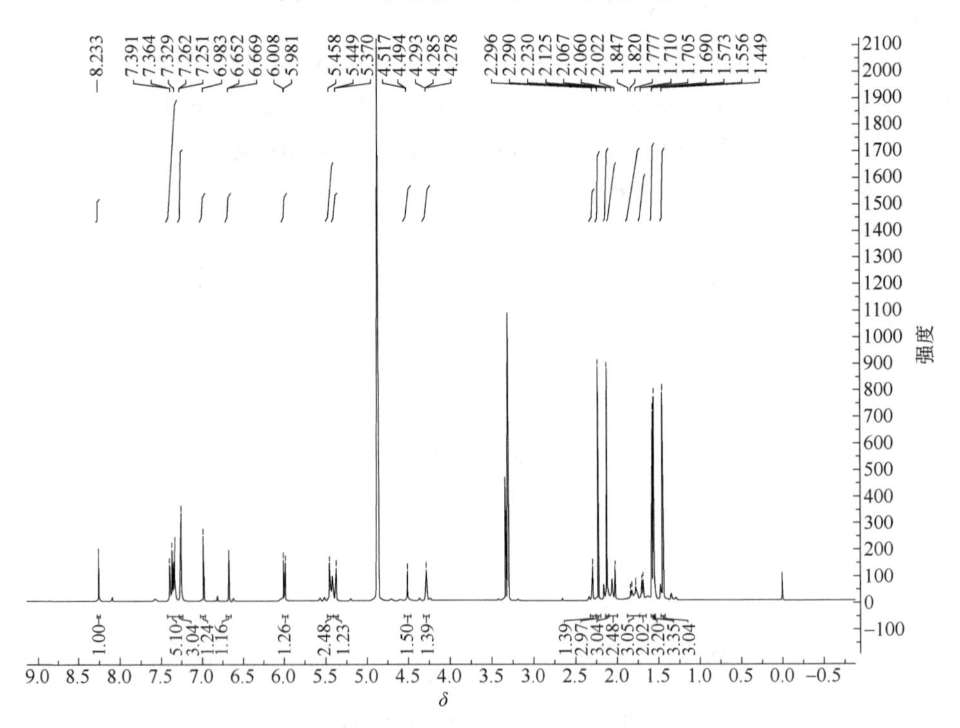

图 5-71　化合物 **5-9** 的 ^{1}H-NMR 谱

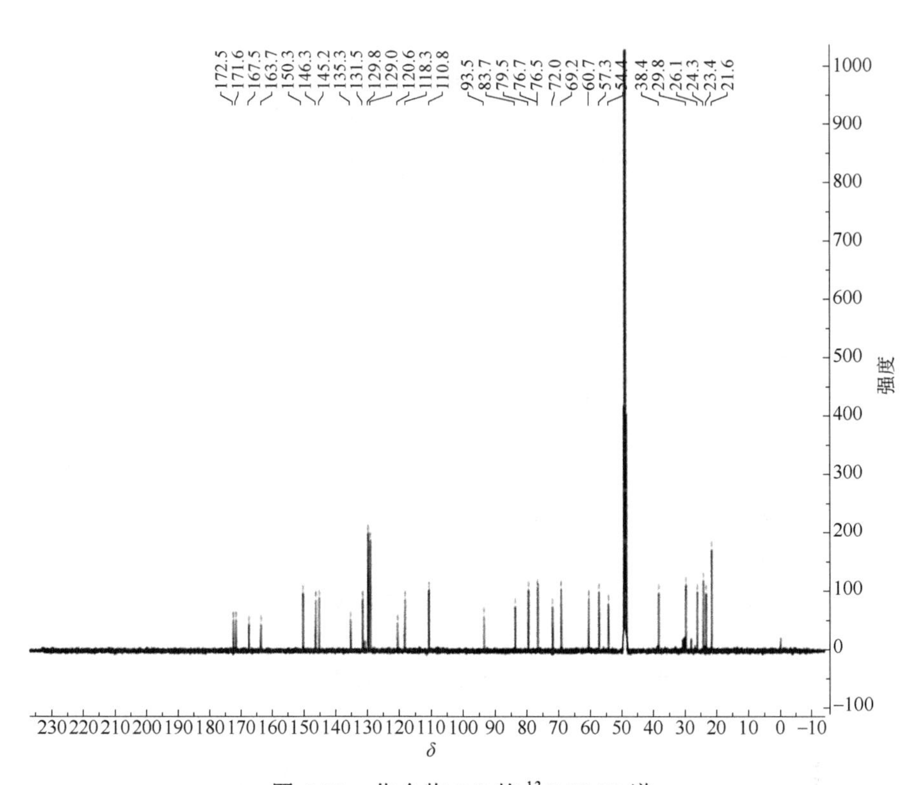

图 5-72 化合物 **5-9** 的 ^{13}C-NMR 谱

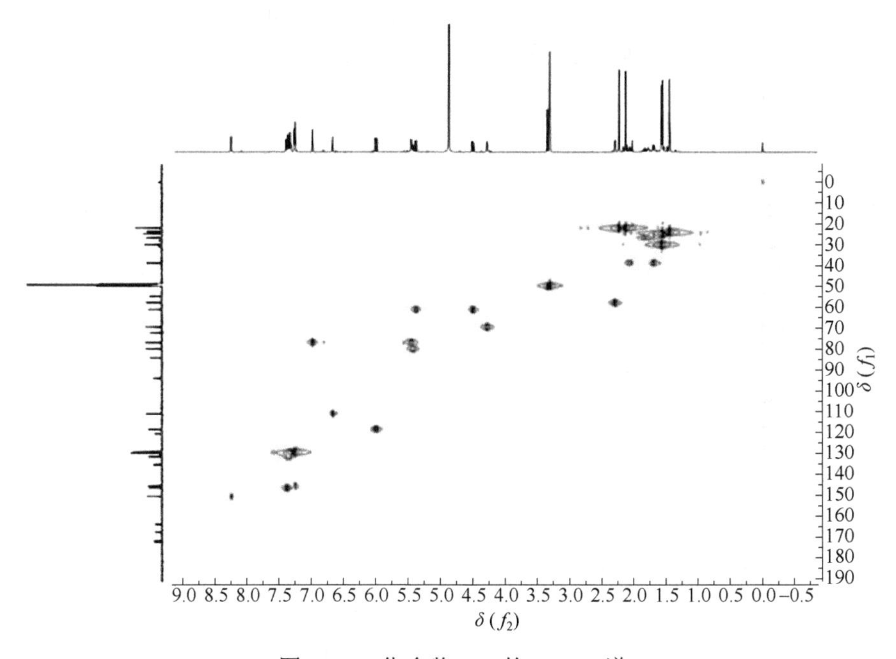

图 5-73 化合物 **5-9** 的 HSQC 谱

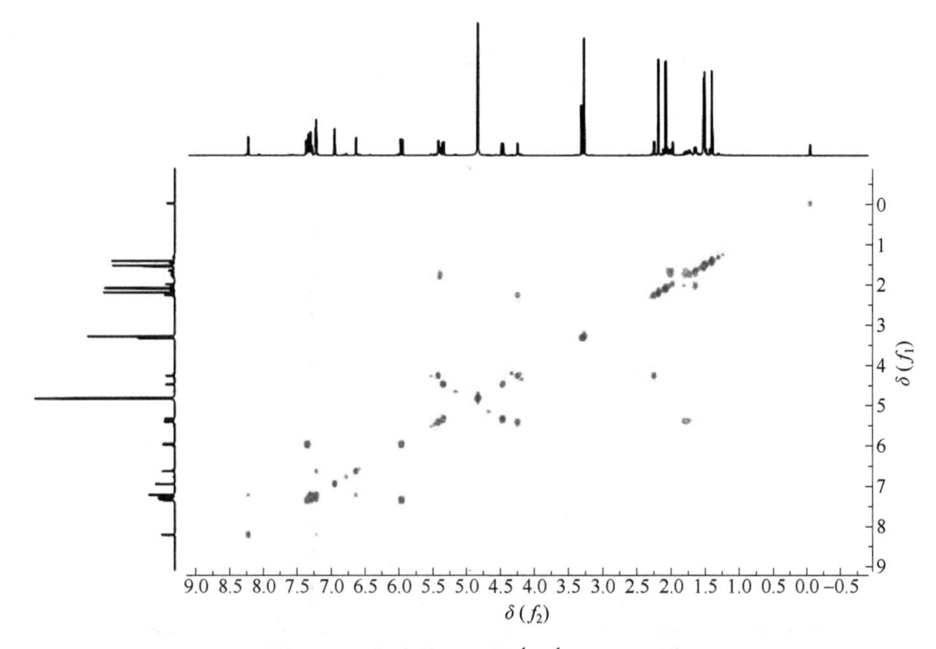

图 5-74　化合物 **5-9** 的 ^1H-^1H COSY 谱

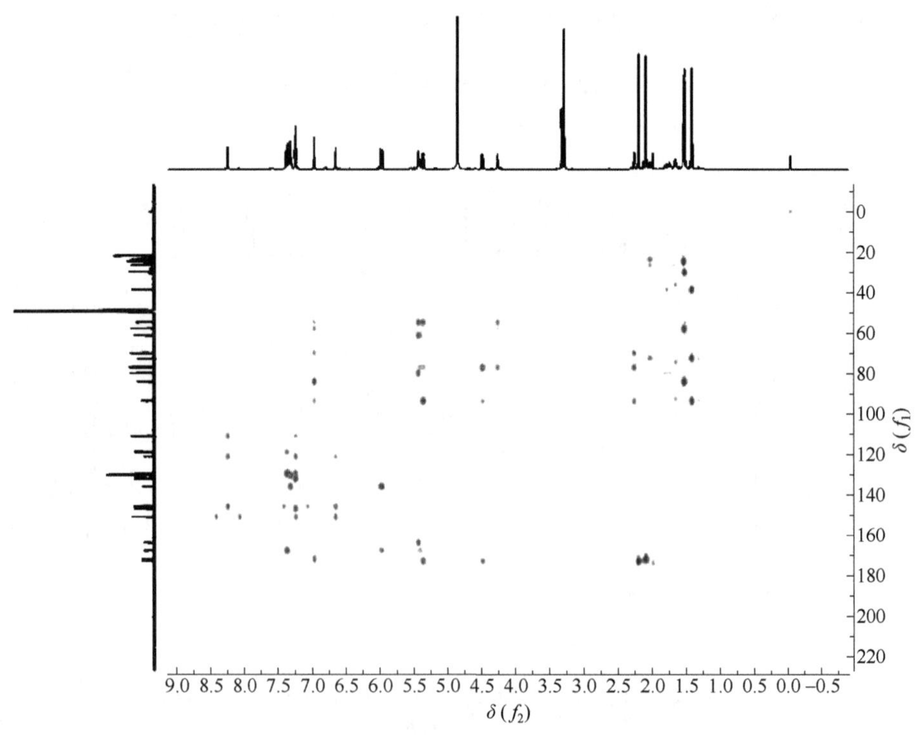

图 5-75　化合物 **5-9** 的 HMBC 谱

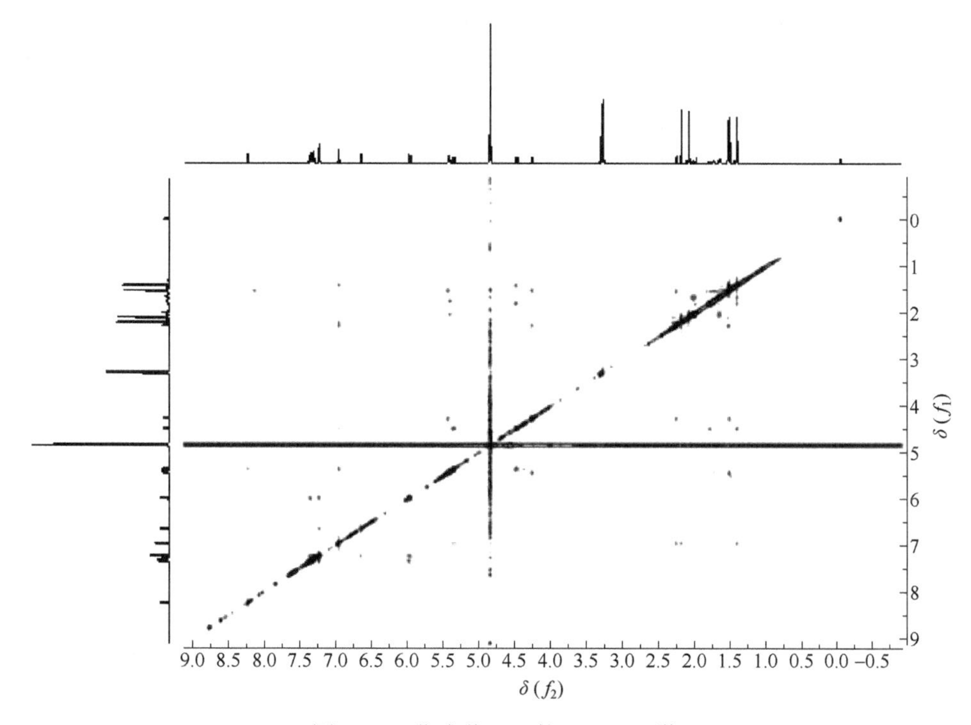

图 5-76 化合物 **5-9** 的 NOESY 谱

参考文献

[1] 师彦平. 天然产物化学丛书——单萜和倍半萜化学[M]. 北京: 化学工业出版社, 2008.

[2] 杨峻山，马国需. 分析化学手册——碳-13 核磁共振波谱分析[M]. 北京: 化学工业出版社, 2016.

[3] Wu Z N, Zhang Y B, Chen N H, et al. Sesquiterpene lactones from Elephantopus mollis and their antiinflammatory activities[J]. Phytochemistry Letters, 2017, 137: 81-86.

[4] Fang W, Wang J, Wang J, et al. Cytotoxic and antibacterial eremophilane sesquiterpenes from the marine-derived fungus *Cochliobolus lunatus* SCSIO41401[J]. Journal of Natural Products, 2018, 81(6): 1405-1410.

[5] Liu Y B, Li Y, Liu Z, et al. Sesquiterpenes from the Endophyte *Glomerella cingulata*[J]. Journal of Natural Products, 2017, 80(10): 2609-2614.

[6] Costa E V, Soares L N, Pinheiro M L B, et al. Guaianolide sesquiterpene lactones and aporphine alkaloids from the stem bark of *Guatteria friesiana*[J]. Phytochemistry, 2018, 145:18-25.

[7] Wu H H, Deng X, Zhang H, et al. Dinardokanshones C-E, isonardoeudesmols A-D and nardoeudesmol D from *Nardostachys jatamansi* DC [J]. Phytochemistry, 2018, 150: 50-59.

[8] Nuzzo G, Gomes B A, Amodeo P, et al. Isolation of chamigrene sesquiterpenes and absolute configuration of isoobtusadiene from the brittle star *Ophionereis reticulata*[J]. Journal of Natural Products, 2017, 80(11): 3049-3053.

[9] Torii M, Kato H, Hitora, Y, et al. Lamellodysidines A and B, sesquiterpenes isolated from the marine sponge

Lamellodysidea herbacea[J]. Journal of Natural Products, 2017, 80(9): 2536-2541.

[10] Kang H S, Ji S A, Park S H, et al. Lepistatins A-C, chlorinated sesquiterpenes from the cultured basidiomycete *Lepista sordida*[J]. Phytochemistry, 2017, 143: 111-114.

[11] Chen F Y, Li C J, Ma J, et al. Neuroprotective dihydroagarofuran sesquiterpene derivatives from the leaves of *Tripterygium wilfordii*[J]. Journal of Natural Products, 2018, 81(2): 270-278.

第 6 章　二萜类化合物结构解析

二萜（diterpene）是指分子骨架由 4 个异戊二烯基单元构成的含有 20 个碳原子的化合物类群。该类化合物生源上主要是由四分子异戊烯基焦磷酸酯构成的焦磷酸香叶基香叶酯（geranylgeranyl pyrophosphate, GGPP）衍生而成。许多二萜的含氧衍生物具有良好的生物活性，如紫杉醇、穿心莲内酯、丹参酮、雷公藤内酯、甜菊苷及银杏内酯等，有的已是重要的药物。

二萜类化合物按其结构中碳环的数目可分为无环（链状）、单环、双环、三环、四环及五环等类型。二萜化合物中的链状二萜在自然界中的数目相对较少，双环及三环二萜数量较多。常见的二萜类化合物主要包括半日花烷型、克罗烷型、珊瑚烷型、海松烷型、松香烷型、卡山烷型、对映-贝壳杉烷型、紫杉烷型和瑞香烷型二萜等（图 6-1）。

图 6-1　常见的二萜骨架类型

二萜类化合物种类繁多且结构复杂，碳骨架类型变化很大，其谱学特征共性较少。半日花烷型二萜是以十氢萘为母核的双碳环型二萜，主要包括开链型、螺环型、内酯型、呋喃型。该类化合物可以根据 H-5 和 H-6 的耦合常数，判断 6 位取代基处于 α 位还是 β 位。若耦合常数在 2.0 Hz 左右，表明 6 位的质子处于 α 位。若骨架上 C-15 与 C-16 通过氧连接，形成五元内酯型半日花烷型二萜，15 位或 16 位碳均有可能为酯羰基碳，化学位移分别出现在 δ 170.4～174.0 和 δ 174.8～175.3 处。若骨架上 C-8 和 C-17 位为末端双键时，质子分别出现在氢谱的 δ 4.80～4.95

和 δ 4.34～4.62 处，且与 H-7 和 H-9 存在烯丙式耦合，其耦合常数约为 1～2Hz；C-8 和 C-17 的化学位移值分别为 δ 148.0 和 δ 106.4。

松香烷型二萜是以氢化菲为母核的三环二萜，结构中包括三个甲基和一个异丙基。该类二萜根据稠合、开环、重排、降碳和聚合等方式又分为很多类型。大部分松香烷型二萜在氢谱和碳谱的高场区出现 5 个甲基信号。当 C-2 存在 β-羟基取代时，H-2 的化学位移值为 δ 5.20 左右，C-2 的化学位移值为 δ 70～75。若 C-3 存在 β-羟基取代时，H-3 的化学位移值为 δ 3.58 左右，C-3 的化学位移值为 δ 75～80。松香烷型二萜化合物骨架中的 C 环有时完全芳香化，C-8 的化学位移值约为 δ 135；C-9 和 C-13 化学位移值约为 δ 148；C-11、C-12 和 C-14 的化学位移值约为 δ 125。有时该类化合物的 C-2、C-3、C-7 可以被氧化为羰基碳，其化学位移值分别约为 δ_{C-2} 209.4、δ_{C-3} 215.5、δ_{C-7} 209.4～212.1。18 位或 19 位的甲基可以被氧化为羧基，其化学位移值出现在 δ 172.9～184.1。

对映-贝壳杉烷型四环二萜化合物是一类高度氧化的二萜类化合物，根据结构中 C-20 氧化与否、骨架中碳碳键的裂解方式和碳的降解重排情况又可分为多种类型。大多数贝壳杉烷型二萜具有较刚性的结构，其氢谱和碳谱的数据规律性较强。对于 C-20 未被氧化的贝壳杉烷型二萜，若其结构中的 C-6 被氧化成羰基，5β-H 出现在氢谱的 δ 2.60～3.80 处，呈现单峰或宽单峰，且 C-6 的化学位移值为 δ 201.0～210.3；若其结构中的 C-6 被 α-OH 或 OAc 取代，5β-H 出现在氢谱的 δ 1.60～3.00 处，呈现耦合常数（1～2 Hz）较小的二重峰，C-6 的化学位移值为 δ 65.8～76.1；若其结构中的 C-6 被 β-OH 或 OAc 取代，5β-H 出现在氢谱的 δ 1.60～3.00 处，呈现耦合常数（6～8 Hz）较大的二重峰。此外，该类化合物多个位置还存在羟基或乙酰氧基或其他有机酰氧基取代，例如有连氧基团的 C-16，其碳的化学位移值为 δ 81.6～82.7，若成苷则向低场位移至 δ 87.5～87.7。

【例 6-1】neocaesalpin AA[1]

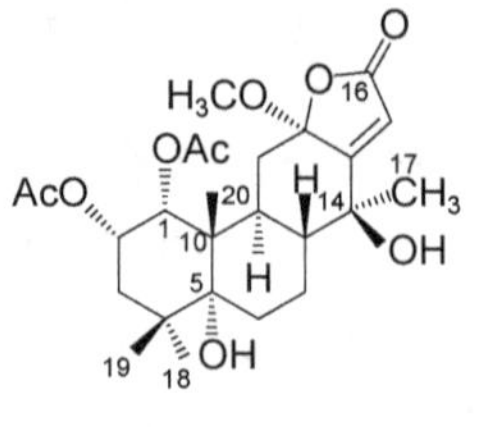

6-1

白色粉末，易溶于氯仿、甲醇。$[\alpha]_D^{20} = -50.0°$（c = 0.09, MeOH）。

HR ESI-MS m/z：503.2235，对应 $[M+Na]^+$（计算值：503.2257），结合氢谱

和碳谱推断此化合物的分子式为$C_{25}H_{36}O_9$，不饱和度为8。

IR (KBr) 光谱显示结构中存在五元不饱和内酯 (C═O) 1746 cm^{-1}以及羟基(—OH) 3479 cm^{-1}官能团的特征吸收峰。

UV (MeOH) 光谱显示λ_{max} (lgε) 为215 nm (3.34)，表明此化合物存在α,β-丁烯内酯环。

^{1}H-NMR（表6-1）显示存在四个典型的角甲基质子信号：δ_H 1.09 (s, H-18)、1.10 (s, H-20)、1.15 (s, H-19)、1.42 (s, H-17)；两个乙酰基甲基信号：δ_H 1.97 (s, 2-OCO$\underline{CH_3}$)、2.16 (s, 1-OCO$\underline{CH_3}$)；一个甲氧基甲基质子信号：δ_H 3.14 (s, 12-OCH_3)；

表6-1 化合物6-1的NMR数据（600 MHz, $CDCl_3$）

位置	δ_C	类型	δ_H(J/Hz)
1	74.5	CH	5.20, d (2.4)
2	67.2	CH	5.27, m
3	35.9	CH_2	1.35～1.40, m；1.90～1.97, m
4	40.3	C	
5	76.7	C	
6	25.4	CH_2	1.52～1.58, m；1.72～1.78, m
7	19.2	CH_2	1.80～1.84, m；2.10～2.15, m
8	47.6	CH	1.50～1.55, m
9	34.4	CH	2.43, td (12.6, 2.4)
10	45.0	C	
11	37.1	CH_2	1.25～1.30, m；2.10～2.15, m
12	107.3	C	
13	173.0	C	
14	75.0	C	
15	115.5	CH	6.04, s
16	169.1	C	
17	20.3	CH_3	1.42, s
18	28.3	CH_3	1.09, s
19	25.8	CH_3	1.15, s
20	17.0	CH_3	1.10, s
1-O$\underline{CO}CH_3$	169.0	C	
1-OCO$\underline{CH_3}$	21.0	CH_3	2.16, s
2-O$\underline{CO}CH_3$	170.5	C	
2-OCO$\underline{CH_3}$	21.1	CH_3	1.97, s
14-COO$\underline{CH_3}$			
5-OH			3.03, br s
12-O$\underline{CH_3}$	51.0	CH_3	3.14, s

两个连氧碳质子信号：δ_H 5.20 (d, J = 2.4 Hz, H-1)、5.27 (m, H-2)；一个烯氢质子信号：δ_H 6.04 (s, H-15)。

^{13}C-NMR（表 6-1）显示结构中存在二十五个碳信号，包括四个甲基碳信号：δ_C 17.0 (C-20)、20.3 (C-17)、25.8 (C-19)、28.3 (C-18)；两个乙酰基甲基碳信号：δ_C 21.0 (1-OCO$\underline{CH_3}$)、21.1 (2-OCO$\underline{CH_3}$)；一个甲氧基甲基碳信号：δ_C 51.0 (12-OCH_3)；五个连氧碳信号：其中两个为连氧次甲基碳 δ_C 74.5 (C-1)、67.2 (C-2), 三个为连氧季碳 δ_C 75.0 (C-14)、76.7 (C-5)、107.3 (C-12)；两个烯碳信号：δ_C 115.5 (C-15)、173.0 (C-13)；三个羰基碳信号：δ_C 169.0 (1-O$\underline{CO}$$CH_3$)、169.1 (C-16)、170.5 (2-O$\underline{CO}$$CH_3$)；四个亚甲基碳信号：$\delta_C$ 75.0 (C-3)、25.4 (C-6)、19.2 (C-7)、37.1 (C-11)；两个次甲基碳信号：δ_C 47.6 (C-8) 和 34.4 (C-9)；两个季碳信号：δ_C 40.3 (C-4) 和 45.0 (C-10)。

氢碳直接相关信号均是通过二维 HSQC 谱确定，骨架上的氢氢相关连接通过二维 ^{1}H-^{1}H COSY 获得（图 6-2）。上述数据与文献报道的内酯类卡山烷型二萜较为相似，推断该化合物的基本骨架为三碳环连接丁烯酸内酯类卡山烷型二萜。

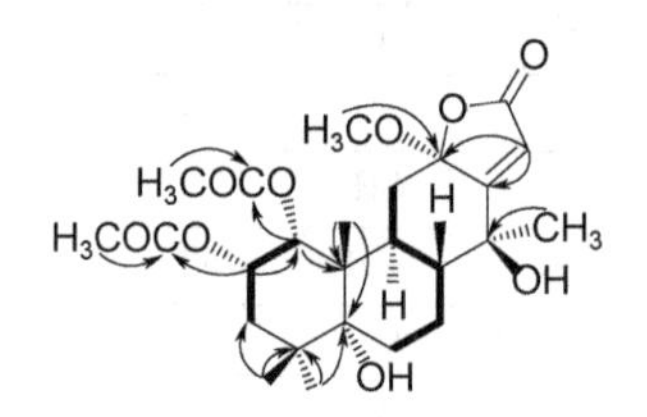

图 6-2　化合物 **6-1** 的 ^{1}H-^{1}H COSY 相关（粗体）及主要 HMBC 相关（箭头）

HMBC 显示（图 6-2），δ_H 5.20 (d, J = 2.4 Hz, H-1) 与 δ_C 67.2 (C-2)、45.0 (C-10)、169.0 (1-O$\underline{CO}$$CH_3$) 相关，$\delta_H$ 5.27 (m, H-2) 与 δ_C 74.5 (C-1)、35.9 (C-3)、170.5 (2-O$\underline{CO}$$CH_3$) 相关，确定两个乙酰基分别取代在 C-1 和 C-2 位。甲氧基质子 δ_H 3.14 (s, 12-O$\underline{CH_3}$) 与 δ_C 107.3 (C-12) 相关，烯氢质子 δ_H 6.04 (s, H-15) 与 δ_C 107.3 (C-12) 和 δ_C 173.0 (C-13) 相关，确定 C-12 位存在一甲氧基取代。同理，C-17 位的甲基 δ_H 1.42 (s) 与季碳 δ_C 75.0 (C-14) 和 173.0 (C-13) 相关，C-18 位的甲基 δ_H 1.09 (s) 与季碳 δ_C 76.7 (C-5)、40.3 (C-4) 相关，结合 HR ESI-MS 确定 C-14 和 C-5 位分别有一个羟基取代。

二维 NOESY 谱显示，δ_H 1.10 (s, H-20) 分别与 δ_H 5.20 (d, J = 2.4 Hz, H-1)、δ_H 5.27 (m, H-2)、1.50～1.55 (m, H-8)、2.10～2.15 (m, H-11b)、δ_H 1.15 (s, H-19) 有 NOE 效应；δ_H 1.09 (s, H-18) 与 δ_H 3.03 (br s, 5-OH) 有 NOE 效应；δ_H 3.03 (br s, 5-OH) 与 δ_H 2.43 (td, J = 12.6 Hz、2.4 Hz, H-9) 有 NOE 效应；δ_H 1.42 (s, H-17) 分别与 δ_H 3.03 (br s, 5-OH) 和 δ_H 3.14 (s, 12-OCH_3) 有 NOE 效应，表明环 A 和环 B 为

反式的椅式构象，且 C-1、C-2 位的乙酰基、C-14 位的甲基和 C-12 位的甲氧基均为 α 位。

CD 谱（图 6-3）在 λ_{max} = 247 nm 处显示明显的负 Cotton 效应，因此 C-12 位的绝对构型为 (R)。

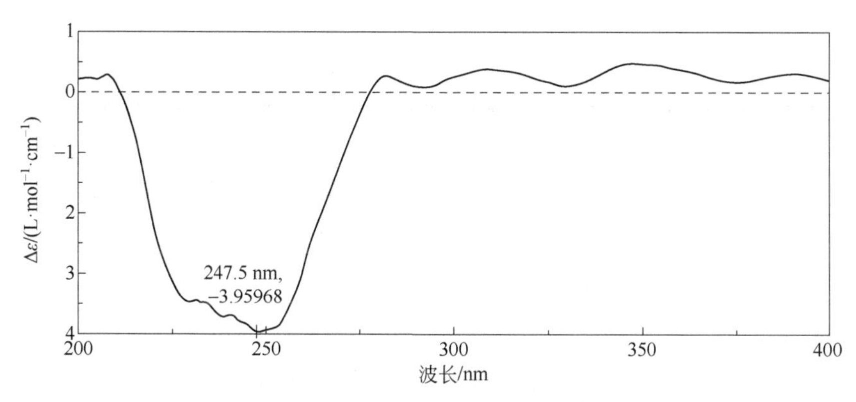

图 6-3　化合物 **6-1** 的 CD 谱

综上，化合物 **6-1** 的结构确定为 neocaesalpin AA。该结构为一种新化合物。

附：化合物 6-1 的更多波谱图见图 6-4～图 6-10。

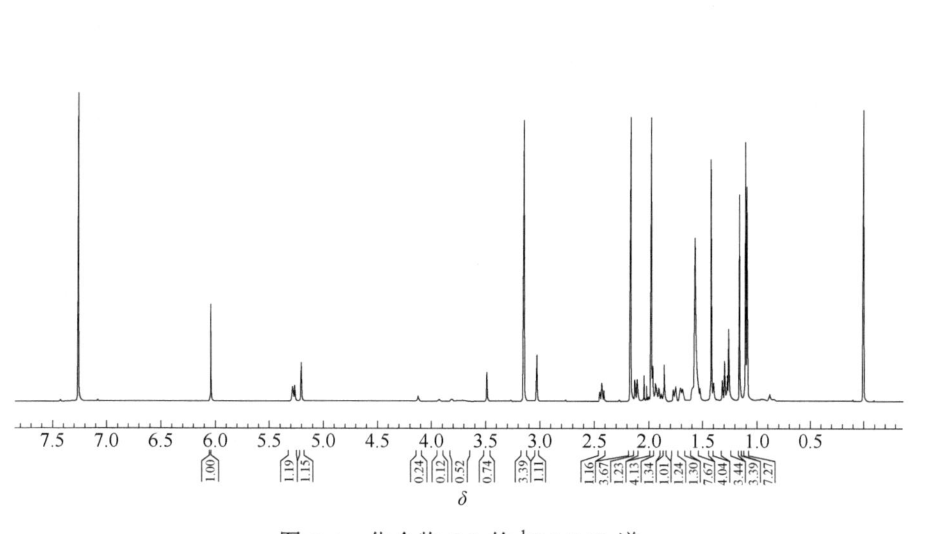

图 6-4　化合物 **6-1** 的 ^{1}H-NMR 谱

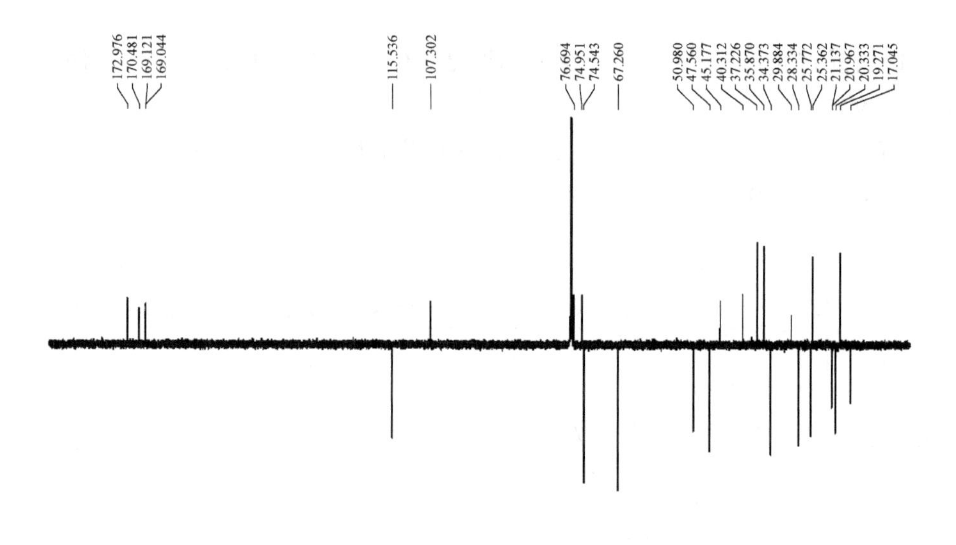

图 6-5　化合物 **6-1** 的 ^{13}C-NMR 谱

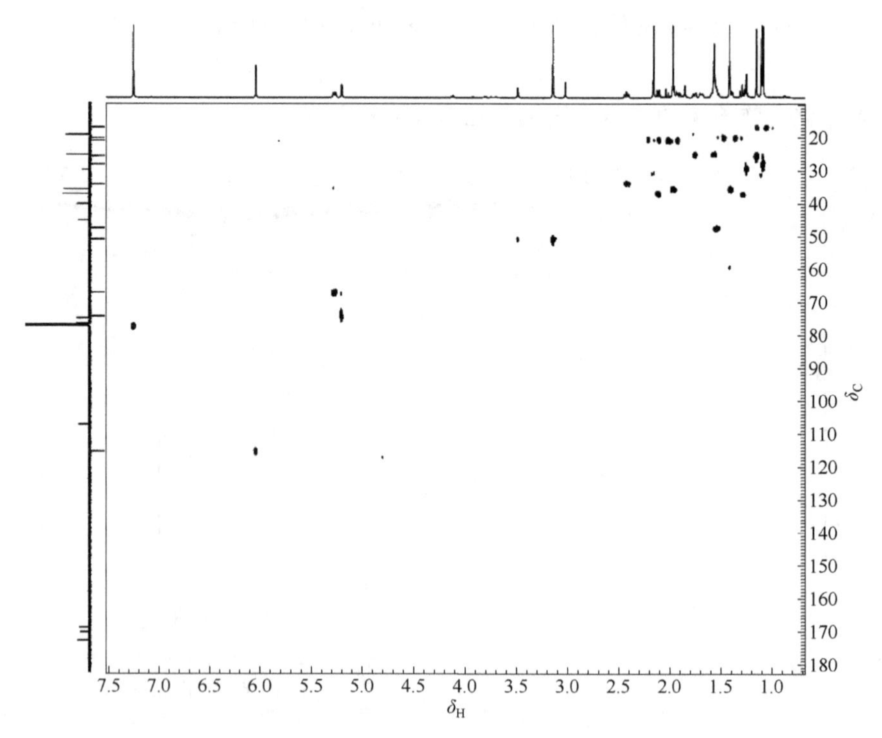

图 6-6　化合物 **6-1** 的 HSQC 谱

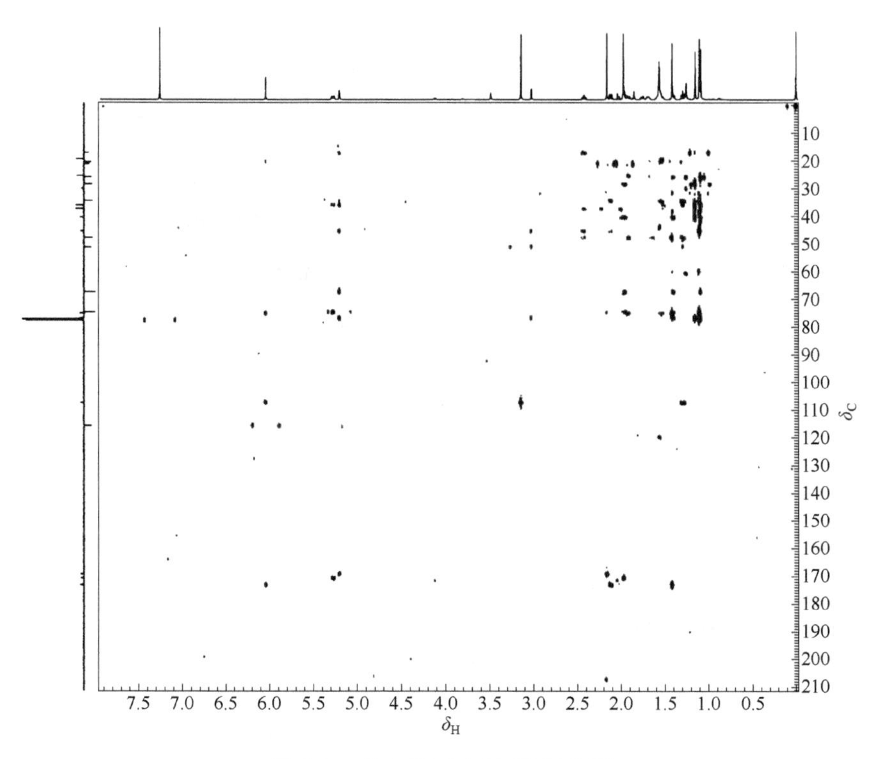

图 6-7 化合物 **6-1** 的 HMBC 谱

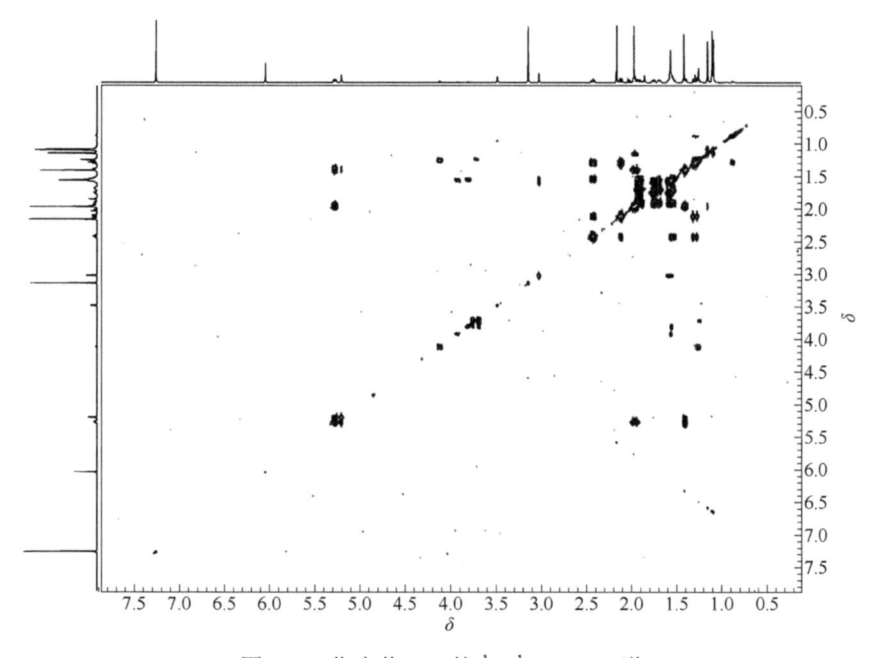

图 6-8 化合物 **6-1** 的 ^{1}H-^{1}H COSY 谱

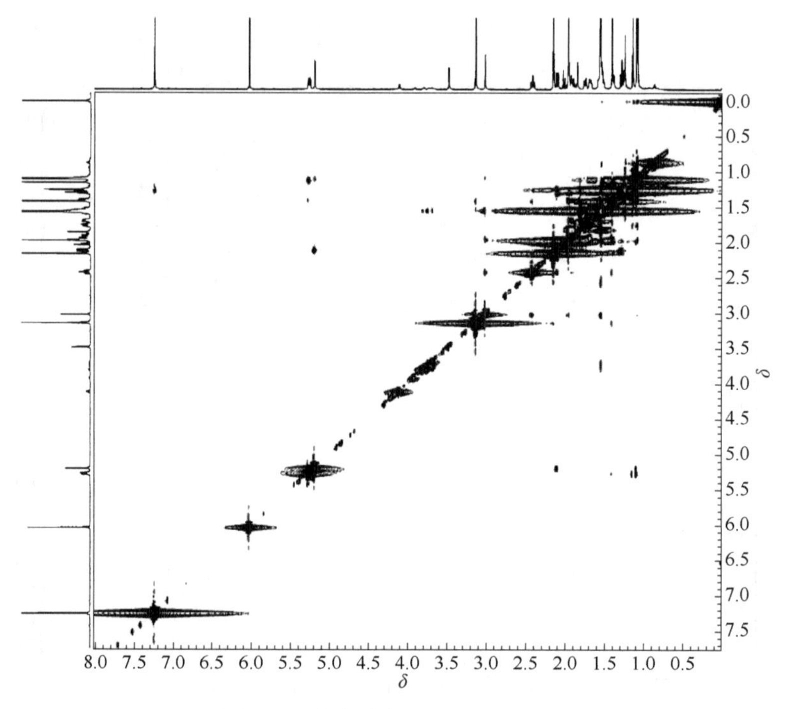

图 6-9　化合物 **6-1** 的 NOESY 谱

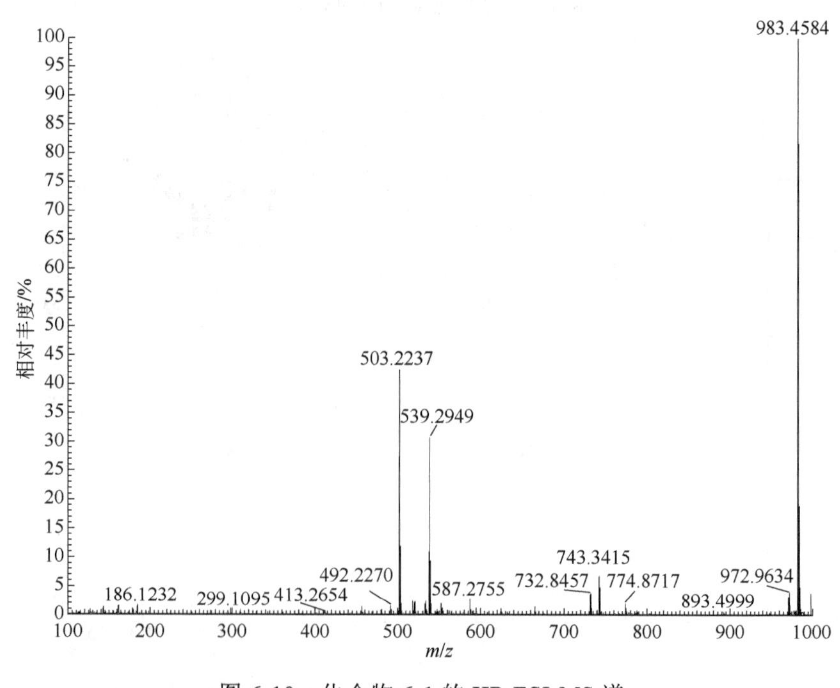

图 6-10　化合物 **6-1** 的 HR ESI-MS 谱

【例 6-2】caesalpin A[2]

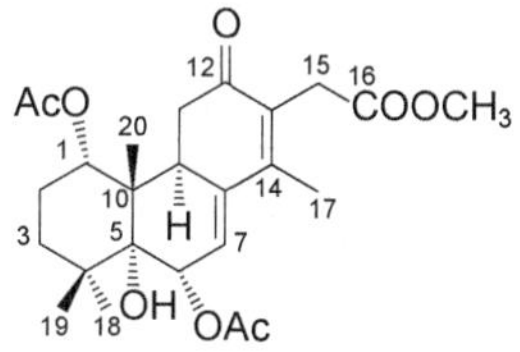

6-2

白色粉末，易溶于氯仿、甲醇。$[\alpha]_D^{20} = +27.0°$（$c = 0.1$, MeOH）。

HR ESI-MS m/z：485.2133，对应 $[M + Na]^+$ (计算值：485.2151)，结合氢谱和碳谱推断此化合物的分子式为 $C_{25}H_{34}O_8$，不饱和度为 9。

IR (KBr) 光谱显示结构中存在 α,β-不饱和酮羰基 (C═O) 1733 cm^{-1} 和羟基 (—OH) 3549 cm^{-1} 官能团。

UV (MeOH) 光谱显示 λ_{max} (lgε) 为 285 nm (3.34)、203 nm (2.14)。

^{1}H-NMR（表 6-2）显示存在四个甲基信号：δ_H 1.15 (s, H-18)、1.16 (s, H-20)、1.22 (s, H-19)、2.03 (s, H-17)；两个乙酰甲基信号：δ_H 2.09 (s, 1-OCO$\underline{CH_3}$)、2.19 (s, 6-OCO$\underline{CH_3}$)；一个甲氧基信号：δ_H 3.66 (s, 16-OCH_3)，这些信号提示该化合物存在两个乙酰基取代和一个甲酯基取代。单质子信号 δ_H 5.82 (d, J = 2.4 Hz, H-6) 提示双键的存在。

表 6-2 化合物 **6-2** 的 NMR 数据（600 MHz, $CDCl_3$）

位置	δ_C	类型	δ_H(J/Hz)
1	75.0	CH	4.85, t (1.8)
2	22.6	CH_2	1.78～1.83, m；1.87～1.90, m
3	32.2	CH_2	1.11～1.14, m；1.84～1.86, m
4	38.5	C	
5	76.2	C	
6	72.3	CH	5.82, d (2.4)
7	127.0	CH	5.83, d (2.4)
8	136.4	C	
9	36.9	CH	3.46, m
10	44.9	C	
11	35.5	CH_2	2.28, m
12	197.2	C	
13	130.4	C	
14	149.9	C	

续表

位置	δ_C	类型	δ_H(*J*/Hz)
15	31.8	CH_2	3.36, d (16.8)；3.62, d (16.8)
16	171.4	C	
17	16.5	CH_3	2.03, s
18	30.2	CH_3	1.15, s
19	26.0	CH_3	1.22, s
20	18.0	CH_3	1.16, s
1-O$\underline{CO}$$CH_3$	169.2	C	
1-OCO$\underline{CH_3}$	21.5	CH_3	2.09, s
6-O$\underline{CO}$$CH_3$	170.6	C	
6-OCO$\underline{CH_3}$	21.9	CH_3	2.19, s
16-OCH_3	52.2	CH_3	3.66, s
5-OH			2.86, br s

^{13}C-NMR（表 6-2）谱显示结构中有二十五个碳原子，包括七个甲基碳信号：δ_C 16.5 (C-17)、30.2 (C-18)、26.0 (C-19)、18.0 (C-20)、21.5 (1-OCO$\underline{CH_3}$)、21.9 (6-OCO$\underline{CH_3}$)、52.2 (16-OCH_3)；四个亚甲基碳信号：δ_C 22.6 (C-2)、32.2 (C-3)、35.5 (C-11)、31.8 (C-15)；四个次甲基碳信号：δ_C 36.9 (C-9)、75.0 (C-1)、72.3 (C-6)、127.0 (C-7)；十个季碳信号：δ_C 38.5 (C-4)、76.2 (C-5)、136.4 (C-8)、44.9 (C-10)、197.2 (C-12)、130.4(C-13)、149.9 (C-14)、171.4 (C-16)、169.2 (1-O$\underline{CO}$$CH_3$)、170.6 (6-O$\underline{CO}$$CH_3$)。上述数据提示化合物 **6-2** 为含有 *α*,*β*,*γ*,*δ*-不饱和酮的三环类卡山烷型二萜。

HMBC 谱显示（图 6-11），H-7 (δ_H 5.83, d, J = 2.4 Hz) 与 C-8 (δ_C 136.4)、C-14 (δ_C 149.9) 相关；H-15 (δ_H 3.36, d, J = 16.8 Hz; 3.62, d, J = 16.8 Hz) 与 C-12 (δ_C 197.2)、C-13 (δ_C 130.4)、C-14 (δ_C 149.9) 相关；H-17 (δ_H 2.03, s) 与 C-8 (δ_C 136.4)、C-12 (δ_C 197.2)、C-13 (δ_C 130.4)、C-14 (δ_C 149.9) 相关，确认不饱和酮处于 C-7、C-8、C-12、C-13、C-14 位上。进一步分析 HMBC 谱发现，H-OAc (δ_H 2.09) 与 H-1 (δ_H 4.85) 和 δ_C 169.2 (1-O$\underline{CO}$$CH_3$) 相关；H-OAc ($\delta_H$ 2.19) 与 H-6 (δ_H 5.82) 和 δ_C 170.6 (6-O$\underline{CO}$$CH_3$) 相关，确认 C-1/C-6 位各存在乙酰基取代。H-15 (δ_H 3.36, d, J = 16.8 Hz；3.62, d, J = 16.8 Hz)在 HMBC 谱中与 C-16 (δ_C 171.4) 相关，确认甲酯基取代在 C-16 位。NOESY 谱显示，H-20 (δ_H 1.16, s) 与 H-1 (δ_H 4.85, t, J = 1.8 Hz) 和 H-6 (δ_H 5.82, d, J = 2.4 Hz) 存在增益，确认 1-OAc 和 6-OAc 均处于 *α* 位。综上所述，将该化合物的结构确定为 caesalpin A。

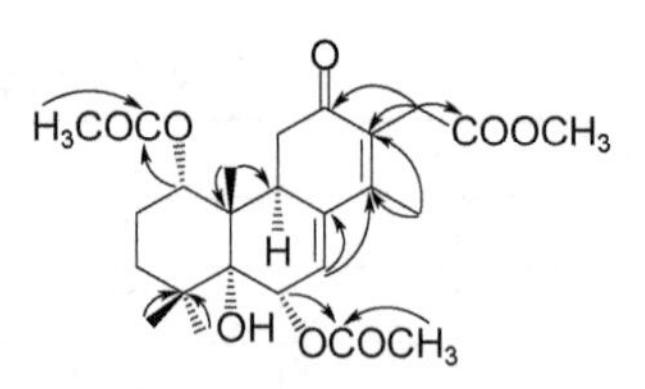

图 6-11　化合物 **6-2** 的主要 HMBC 相关

附：化合物 6-2 的更多波谱图见图 6-12～图 6-18。

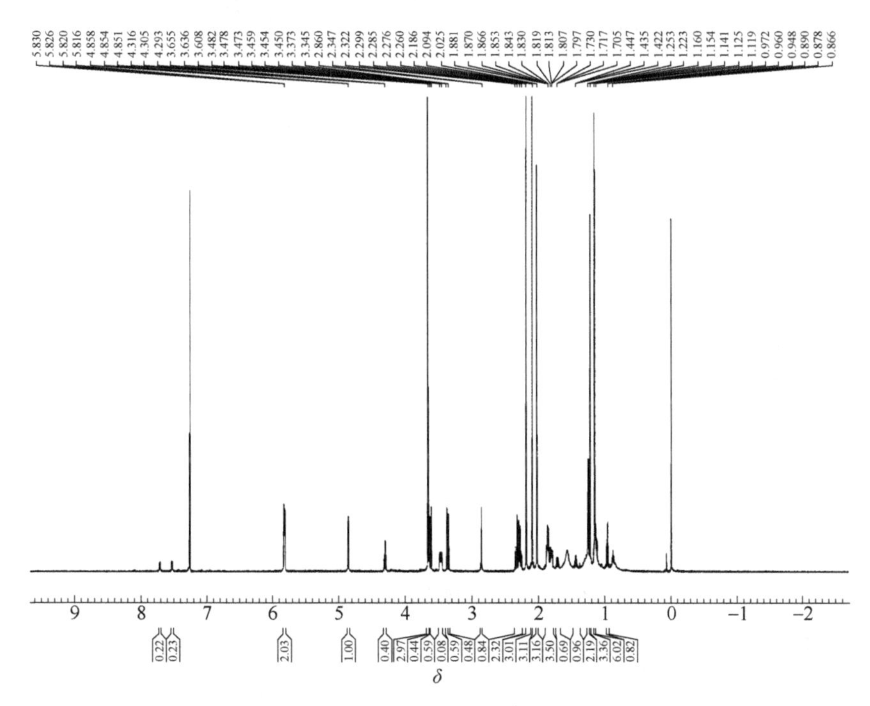

图 6-12 化合物 **6-2** 的 ^{1}H-NMR 谱

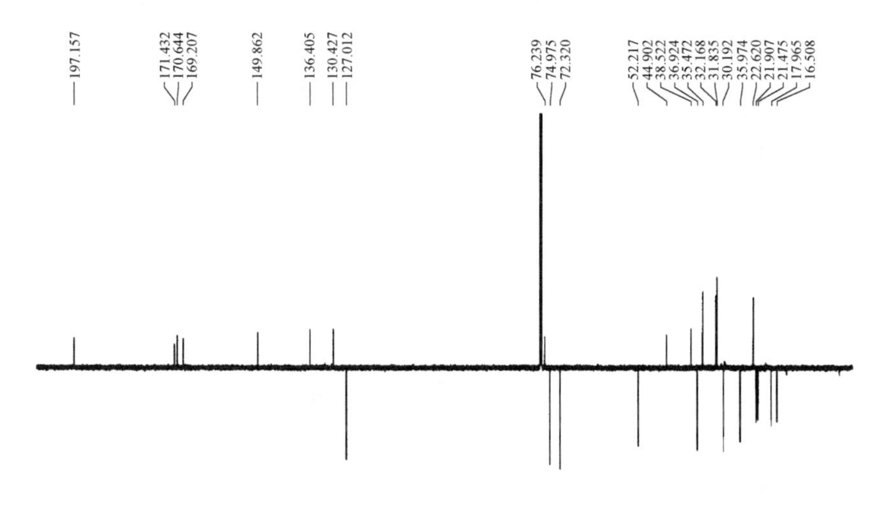

图 6-13 化合物 **6-2** 的 ^{13}C-NMR 谱

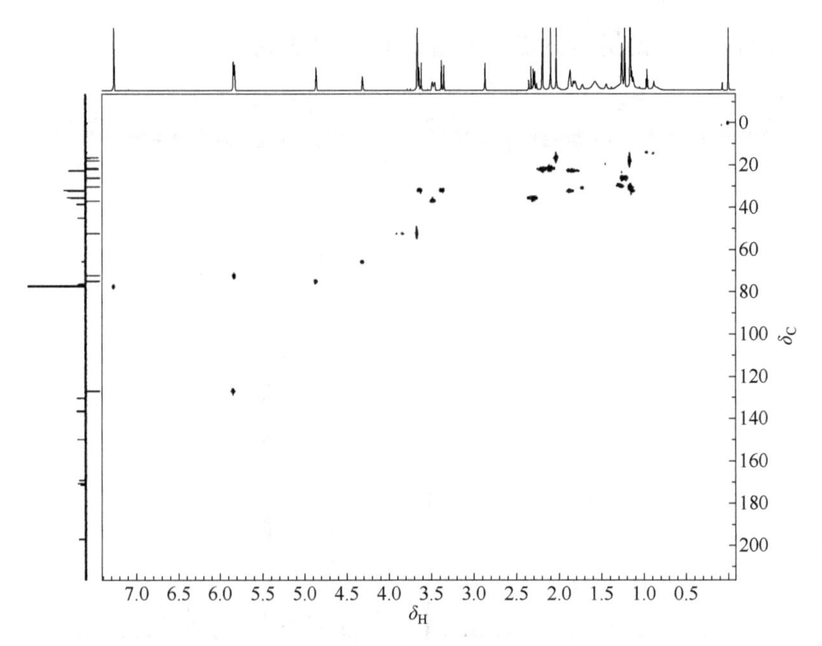

图 6-14 化合物 **6-2** 的 HSQC 谱

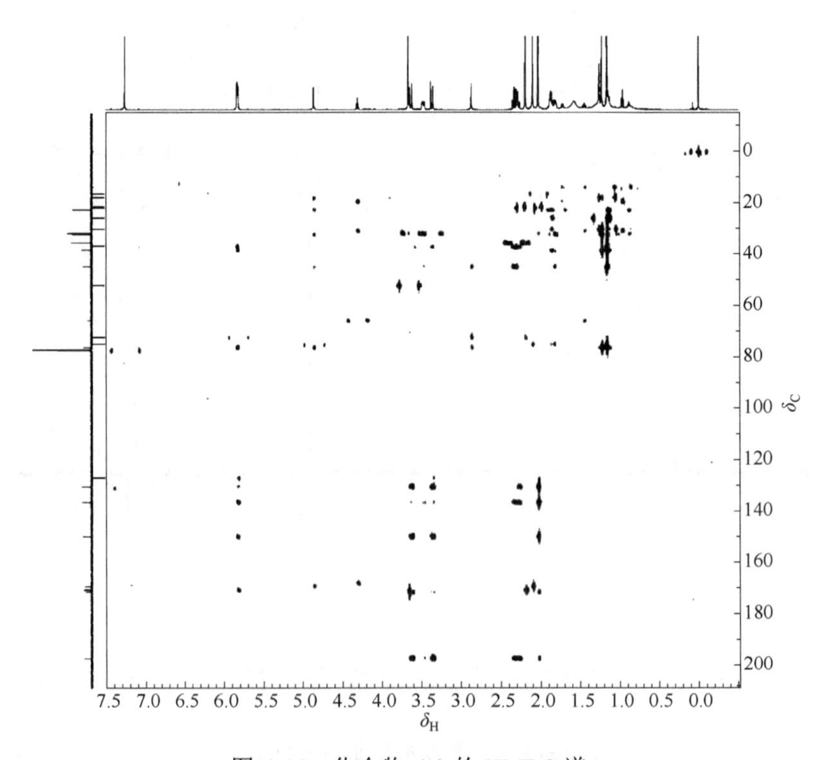

图 6-15 化合物 **6-2** 的 HMBC 谱

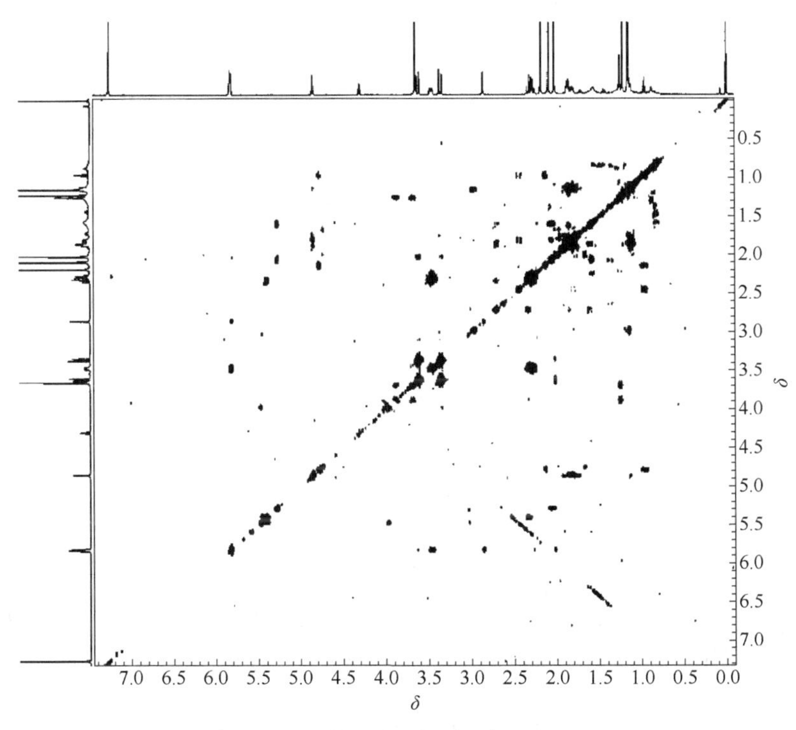

图 6-16 化合物 **6-2** 的 ^1H-^1H COSY 谱

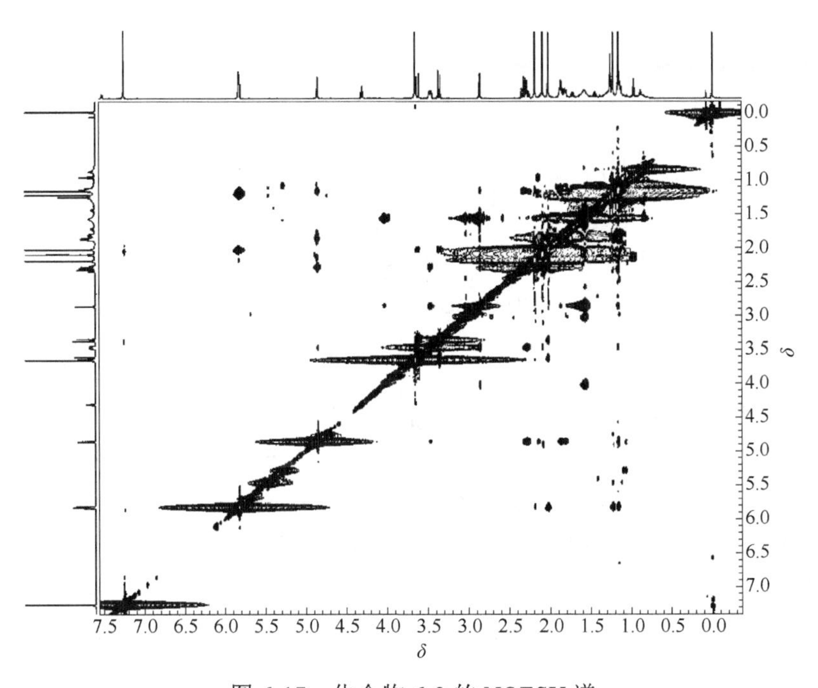

图 6-17 化合物 **6-2** 的 NOESY 谱

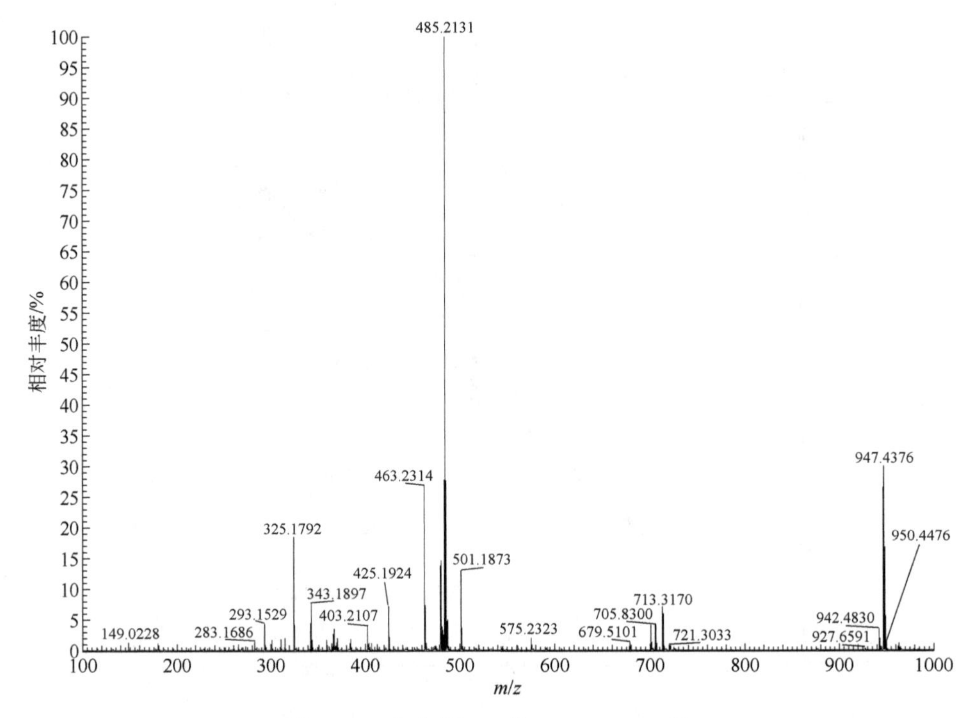

图 6-18　化合物 **6-2** 的 HR ESI-MS 谱

【例 6-3】caesalsappanin B[3]

6-3

白色粉末，易溶于氯仿、甲醇。$[\alpha]_D^{20} = +16.7°$（$c = 0.1$, MeOH）。

HR ESI-MS *m/z*：501.2457，对应 $[M + Na]^+$（计算值：501.2464），结合氢谱和碳谱推断此化合物的分子式为 $C_{26}H_{38}O_8$，不饱和度为 8。

IR (KBr) 光谱显示结构中存在五元不饱和内酯 (C═O) 1746 cm^{-1} 官能团的特征吸收峰。

UV (MeOH) 光谱显示 λ_{max} (lgε) 为 214 nm (3.21)，表明此化合物存在 α,β-丁烯内酯环。

^{1}H-NMR（表 6-3）显示结构中存在一个脂甲基：δ_H 1.09 (3H, d, J = 7.2 Hz, H-17)；两个乙氧基：δ_H 3.29 (1H, dd, J = 7.2 Hz、1.8 Hz, 12-O$\underline{CH_2}$CH$_3$)、3.53 (1H, dd, J = 7.2 Hz、1.8 Hz, 12-O$\underline{CH_2}$CH$_3$)、1.16 (3H, t, J = 7.2 Hz, 12-OCH$_2\underline{CH_3}$)、3.41 (1H, qd, J = 7.2 Hz、2.4 Hz, 20-O$\underline{CH_2}$CH$_3$)、3.87 (1H, qd, J = 7.2 Hz、2.4 Hz, 20-O$\underline{CH_2}$CH$_3$)、1.16 (3H, t, J = 7.2 Hz, 20-OCH$_2\underline{CH_3}$)；两个甲氧基：δ_H 3.65 (3H, s, 18-OCH$_3$)、3.36 (3H, s, 19-OCH$_3$)。低场烯氢质子信号 δ_H 5.74 (H, s, H-15) 提示结构中存在双键。

表 6-3 化合物 **6-3** 的 NMR 数据（600 MHz, CDCl$_3$）

位置	δ_C	类型	δ_H(J/Hz)
1	32.9	CH$_2$	0.97, m；2.52, m
2	20.8	CH$_2$	1.48, m；2.22, m
3	36.6	CH$_2$	1.61, m；1.92, m
4	49.8	C	
5	45.7	CH	1.74, m
6	24.0	CH$_2$	1.76, m；1.99, m
7	30.4	CH$_2$	1.38, m；1.50, m
8	42.2	CH	1.58, m
9	42.6	CH	1.47, m
10	39.8	C	
11	39.6	CH$_2$	1.56, m；2.70, dd (12.6, 2.4)
12	108.2	C	
13	172.2	C	
14	37.3	CH	2.92, qd (7.2, 2.4)
15	114.9	CH	5.74, s
16	170.7	C	
17	12.3	CH$_3$	1.09, d (7.2)
18	174.7	C	
19	103.6	CH	4.82, s
20	97.4	CH	5.02, s
12-O$\underline{CH_2}$CH$_3$	59.2	CH$_2$	3.29, qd (7.2, 1.8)；3.53 (7.2, 1.8)
12-OCH$_2\underline{CH_3}$	15.1	CH$_3$	1.16, t (7.2)
18-OCH$_3$	51.7	CH$_3$	3.65, s
19-OCH$_3$	55.7	CH$_3$	3.36, s
20-O$\underline{CH_2}$CH$_3$	64.6	CH$_2$	3.41, qd (7.2, 2.4)；3.87, qd (7.2, 2.4)
20-OCH$_2\underline{CH_3}$	15.5	CH$_3$	1.16, t (7.2)

^{13}C-NMR（表 6-3）谱显示在低场中存在四个碳信号：δ_C 114.9 (C-15)、170.7 (C-16)、172.2 (C-13)、174.7 (C-18)，结合上述氢谱数据提示化合物 **6-3** 的结构中

存在 α,β-不饱和内酯环。^{13}C-NMR 图在高场信号位置给出了另外二十二个碳信号，包括两个乙氧基信号：δ_C 15.1 (12-OCH$_2$<u>CH$_3$</u>)、59.2 (12-O<u>CH$_2$</u>CH$_3$)、15.5 (20-OCH$_2$<u>CH$_3$</u>)、64.6 (20-O<u>CH$_2$</u>CH$_3$)；两个甲氧基信号：δ_C 51.7 (18-OCH$_3$)、55.7 (19-OCH$_3$)；三个连氧碳信号：δ_C 97.4 (C-20)、103.6 (C-19)、108.2 (C-12)；一个甲基信号：δ_C 12.3 (C-17)；六个亚甲基信号：δ_C 32.9 (C-1)、20.8 (C-2)、36.6 (C-3)、24.0 (C-6)、30.4 (C-7)、42.2 (C-8)；四个次甲基信号：δ_C 45.7 (C-5)、42.2 (C-8)、42.6 (C-9)、37.3 (C-14)；两个季碳信号：δ_C 49.8 (C-4)、39.8 (C-10)。

上述信号与已报道的内酯类卡山烷型二萜相比，不同之处在于只有一个骨架甲基信号 δ_H 1.09 (3H, d, J = 7.2 Hz, H-17)、δ_C 12.3 (C-17)，因此推断化合物 **6-3** 的其他位置骨架甲基被氧化或取代。

所有的氢碳直接相关信号均是通过二维 HSQC 谱确定，骨架上的氢氢相关连接通过二维 ^{1}H-^{1}H COSY 获得（图 6-19）。

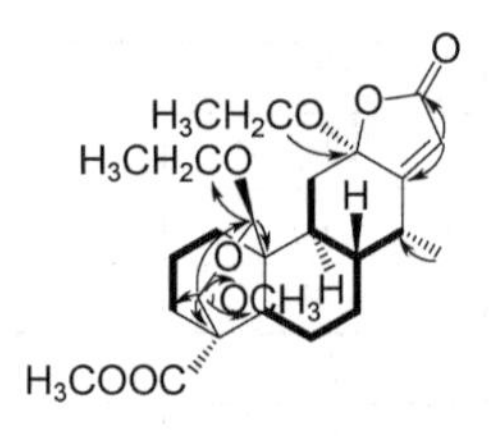

图 6-19 化合物 **6-3** 的 ^{1}H-^{1}H COSY 相关（粗体）及主要 HMBC 相关（箭头）

HMBC 谱（图 6-19）显示，δ_H 4.82 (s, H-19) 与 δ_C 49.8 (C-4)、36.6 (C-3)、45.7 (C-5)、55.7 (19-OCH$_3$)、97.4 (C-20) 存在远程相关；δ_H 5.02(s, H-20) 与 δ_C 39.8 (C-10)、64.6 (20-O<u>CH$_2$</u>CH$_3$) 存在远程相关，确定 C-19、C-20 均与两个氧相连，且 C-19 存在一个甲氧基取代，C-20 存在一个乙氧基取代，结合 HR ESI-MS 分析和不饱和度分析，确认 C-19 与 C-20 之间存在一个氧桥。进一步分析 HMBC 谱发现，δ_H 3.29 (qd, J = 7.2 Hz、1.8 Hz, 12-O<u>CH$_2$</u>CH$_3$)、3.53 (qd, J = 7.2 Hz、1.8 Hz, 12-O<u>CH$_2$</u>CH$_3$) 与 δ_C 108.2 (C-12)、15.1 (12-OCH$_2$<u>CH$_3$</u>)存在远程相关，确认另一乙氧基取代在 C-12 位。

NOESY 谱显示，δ_H 3.29 (1H, qd, J = 7.2 Hz、1.8 Hz, 12-O<u>CH$_2$</u>CH$_3$) 与 δ_H 1.09 (3H, d, J = 7.2 Hz, H-17)、δ_H 4.82 (s, H-19) 与 δ_H 1.92 (1H, m, H-3β)、δ_H 5.02 (s, H-20) 与 δ_H 0.97 (1H, m, H-1α) 这三组氢之间均存在显著增益，因此推断 C-19 位甲氧基和 C-12 位乙氧基处于 α 位，C-20 位乙氧基处于 β 位。

综上所述，该结构为首次发现的 C-19/20 位存在氧桥的三碳环连接内酯环类卡山烷型二萜，命名为 caesalsappanin B。

附：化合物 6-3 的更多波谱图见图 6-20～图 6-26。

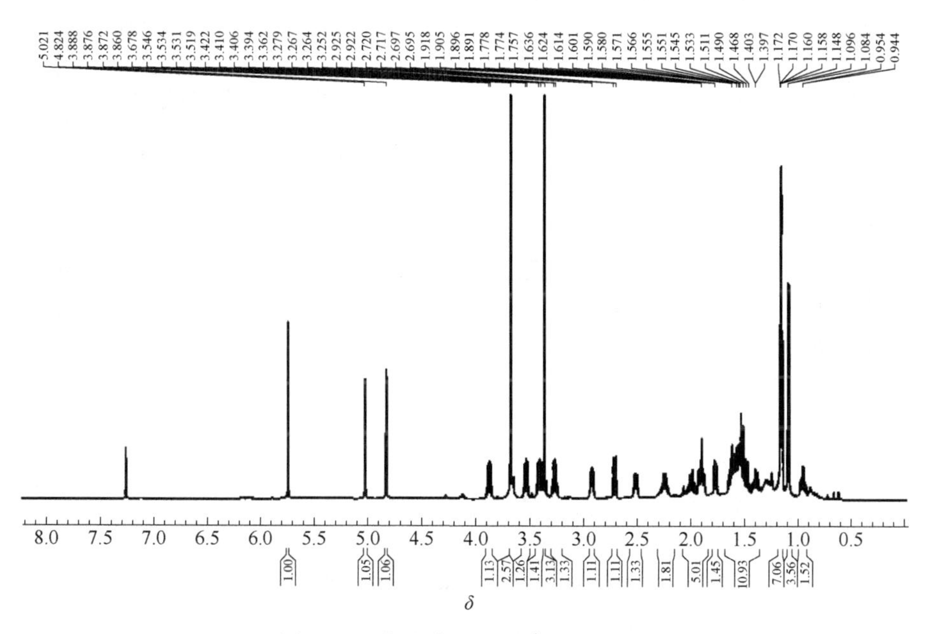

图 6-20 化合物 **6-3** 的 ^{1}H-NMR 谱

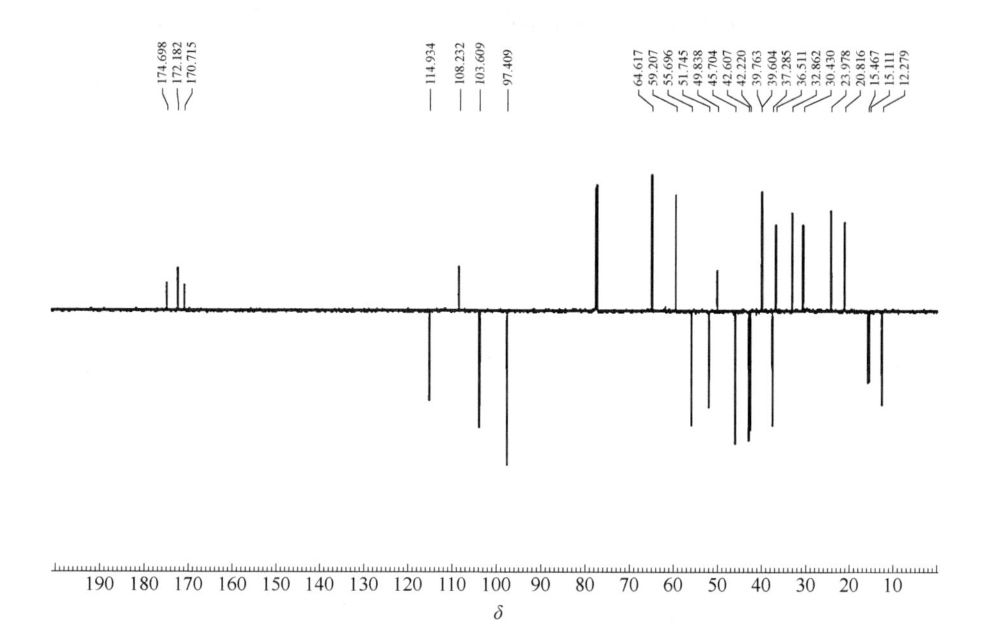

图 6-21 化合物 **6-3** 的 ^{13}C-NMR 谱

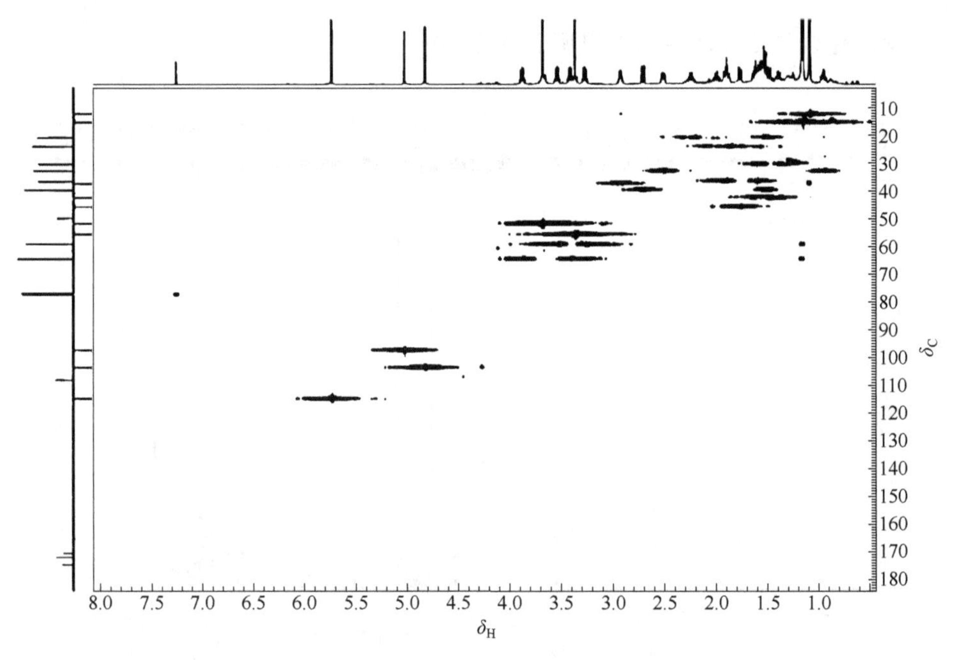

图 6-22　化合物 **6-3** 的 HSQC 谱

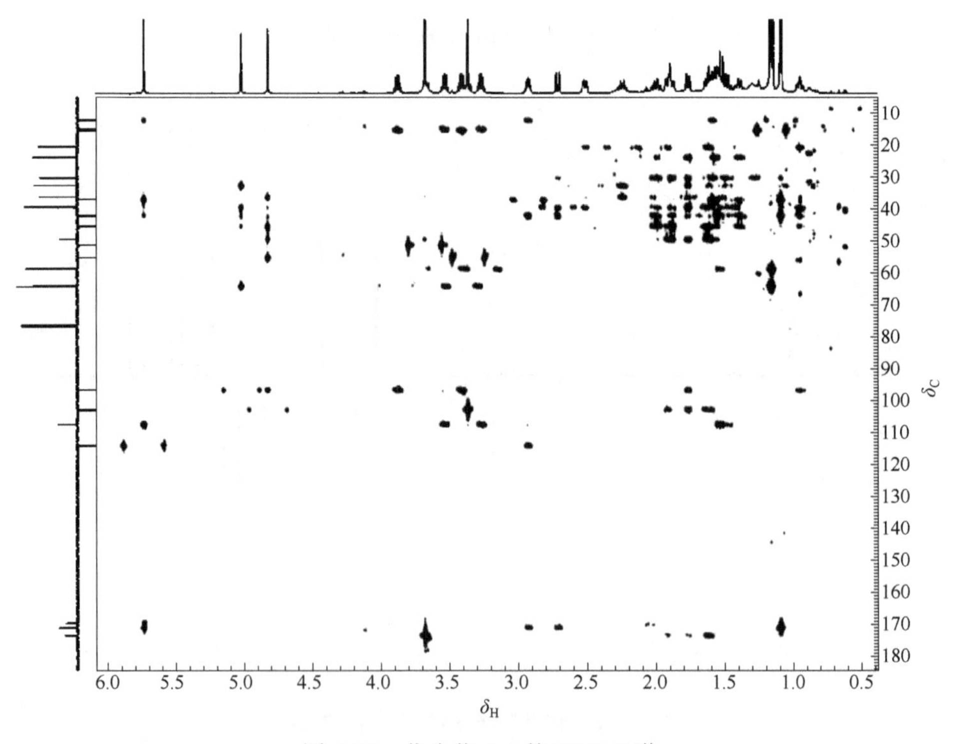

图 6-23　化合物 **6-3** 的 HMBC 谱

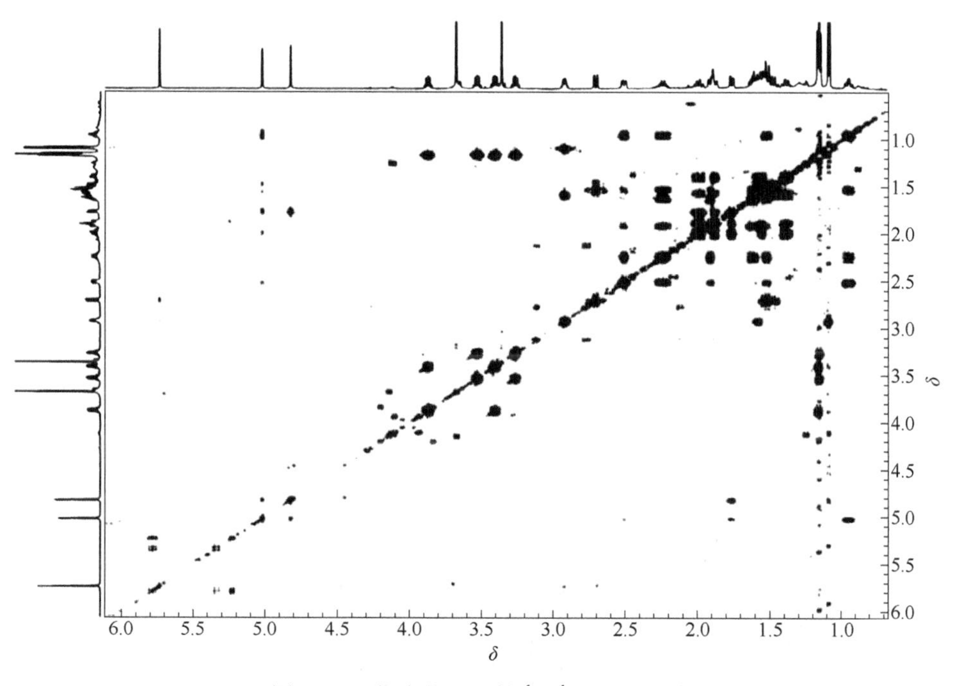

图 6-24 化合物 **6-3** 的 ^{1}H-^{1}H COSY 谱

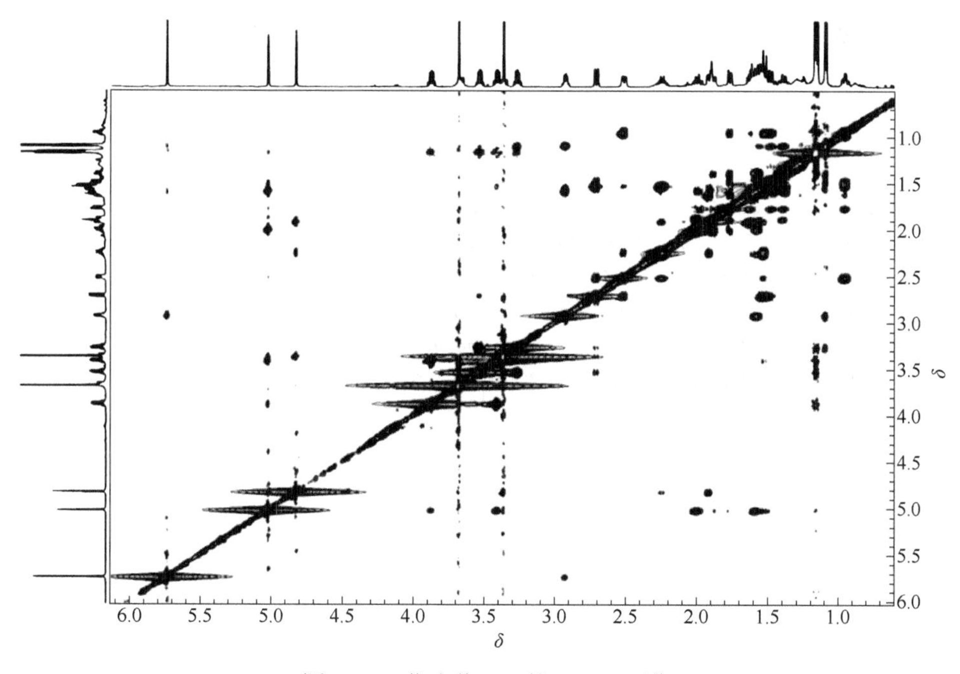

图 6-25 化合物 **6-3** 的 NOESY 谱

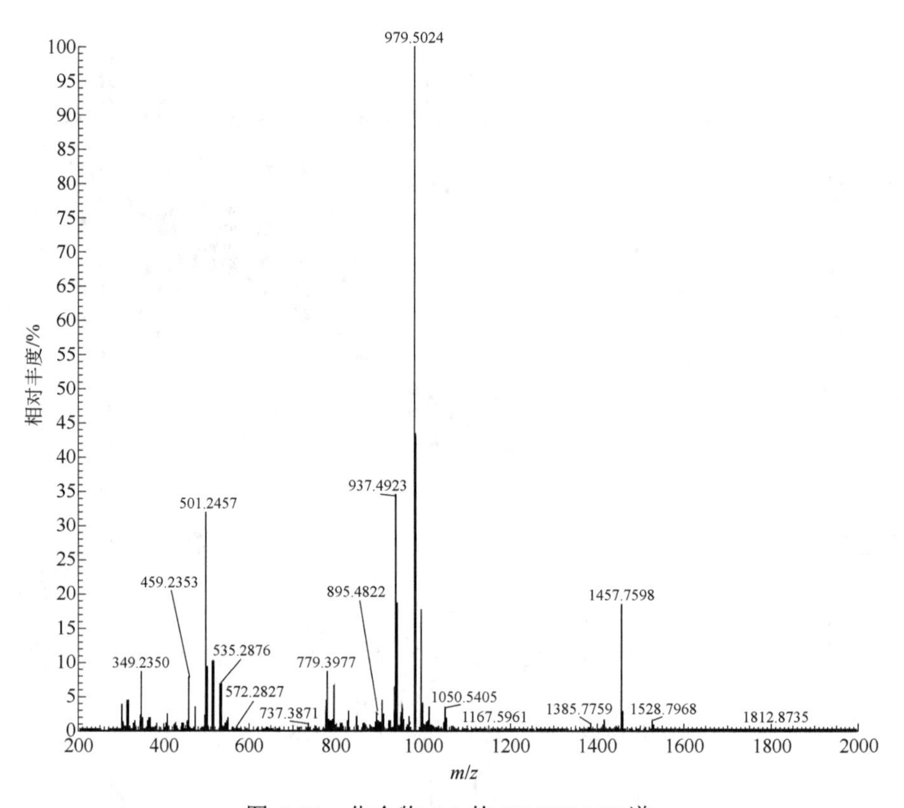

图 6-26　化合物 **6-3** 的 HR ESI-MS 谱

参 考 文 献

[1] Ma G X, Xu X D, Cao L, et al. Cassane-type diterpenes from the seeds of *Caesalpinia minax* with their antineoplastic activity[J]. Planta Medica, 2012, 78(12): 1363-1369.

[2] Ma G X, Yuan J Y, Wu H F, et al. Caesalpins A-H, bioactive cassane-type diterpenes from the seeds of *Caesalpinia minax*[J]. Journal of Natural Products, 2013, 76(6): 1025-1031.

[3] Ma G X, Wu H F, Chen D L, et al. Antimalarial and antiproliferative cassane diterpenes of *Caesalpinia sappan*[J]. Journal of Natural Products, 2015, 78(10): 2364-2371.

第7章 三萜类化合物结构解析

三萜类化合物由6个异戊二烯单元组成，通常碳骨架中有30个碳原子。该类化合物在自然界中广泛存在，在生物体内以游离形式或以糖结合成苷或酯的形式存在。三萜类化合物生源上是由倍半萜金合欢醇的焦磷酸酯尾-尾缩合生成角鲨烯，再经过不同途径环合而成的一类化合物。

三萜类化合物根据结构中成环情况以及成环的数目，可分为链状三萜、单环三萜、双环三萜、三环三萜、四环三萜和五环三萜等。常见的三萜类化合物主要包括达玛烷型、大戟烷型、羊毛甾烷型、葫芦烷型、齐墩果烷型、环菠萝蜜烷型和乌苏烷型三萜等（图7-1）。

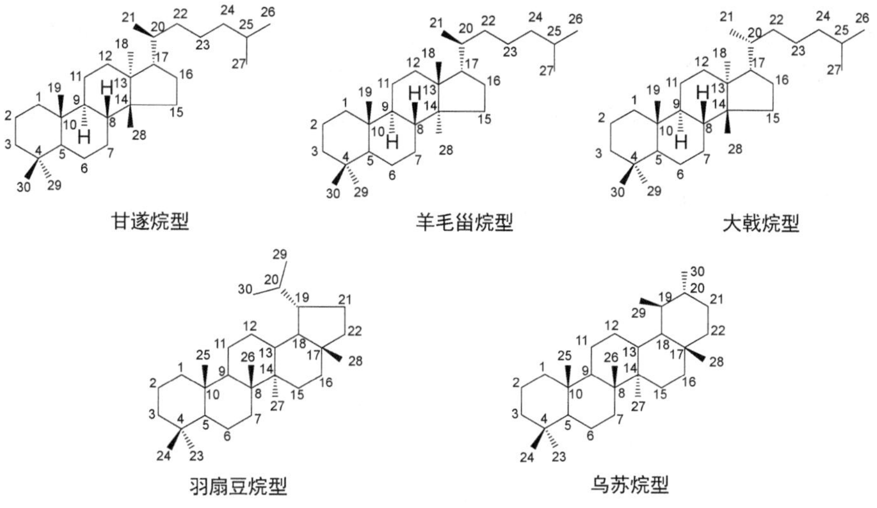

甘遂烷型　羊毛甾烷型　大戟烷型

羽扇豆烷型　乌苏烷型

图7-1　常见的三萜结构类型

在核磁共振氢谱和碳谱的高场区出现多个甲基信号是三萜类化合物的最大特征。该类化合物在 ^{1}H-NMR 谱中显示多个单峰甲基信号，且其角甲基的化学位移

值的范围为 δ 0.62～1.50。在 ^{13}C-NMR 谱中，角甲基一般出现在 δ 8.9～33.7，其中 C-23 位和 C-29 位甲基为 e 键甲基，出现在较低场，分别出现在 δ 28.0 和 δ 33.0 左右。三萜化合物骨架碳上多个位置可发生羟基取代反应，一般连羟基碳上质子信号出现在 δ 3.2～4.0，连氧碳的化学位移值为 δ 60～90。双键是三萜化合物结构的特点之一，烯氢信号的化学位移值一般为 δ 4.3～6.0，烯碳的化学位移值一般为 δ 109～160。此外，三萜化合物结构中往往还具有的酮羰基、酯羰基等特征也会在碳谱中显示相应的信号峰。

甘遂烷型三萜是由 30 个碳原子组成的四环三萜化合物，结构中一般有 8 个甲基，在 ^{1}H-NMR 中一般位于 δ 0.5～2.2，在 ^{13}C-NMR 中一般出现在 δ 10～30。该类化合物还有一个特点是在 14、15 位有一个三元氧桥或形成双键，前者 C-14 和 C-15 的化学位移分别为 δ 68.5～70.2 和 δ 55.1～58.8，后者的化学位移分别为 δ 158.1～161.6 和 δ 118.1～119.9。还有的化合物在侧链的 21 位与 23 位形成五元内酯环或呋喃环。此外还需注意该类三萜与大戟烷型和羊毛甾烷型的平面结构相同，但立体构型有差异。甘遂烷型三萜 13 位的甲基、17 位的侧链为 α 取向，而 10 位、14 位、20 位的甲基呈 β 取向。NOESY 或 NOE 谱在区分这三种类型的三萜方面具有重要的意义。

羽扇豆烷型三萜是由 30 个碳原子组成的五环三萜化合物，其最大的特点是在其结构中有一个 20, 29-位的末端双键，碳的化学位移值分别为 δ(150±1) 和 δ(109±1)。上述化学位移值对确定羽扇豆烷型三萜具有诊断意义。30 位的甲基，因与末端双键相连，具有烯丙耦合，在氢谱 δ 1.63～1.80 呈现一个宽单峰信号。

乌苏烷型三萜亦是由 30 个碳原子组成的五环三萜化合物，该类化合物的 23 位和 30 位甲基在氢谱一般显示两个二重峰信号，化学位移值为 δ 1.4～1.7（J = 5.5～7.0 Hz）。12、13 位双键在乌苏烷型三萜中出现得比较多，化学位移值是 $\delta_{C\text{-}12}$ 117.7～129.7、$\delta_{C\text{-}13}$ 137.0～143.2。28 位常常为羧基，其化学位移值出现在 δ 178.1～180.6。

【例 7-1】clinopoursaponin A[1]

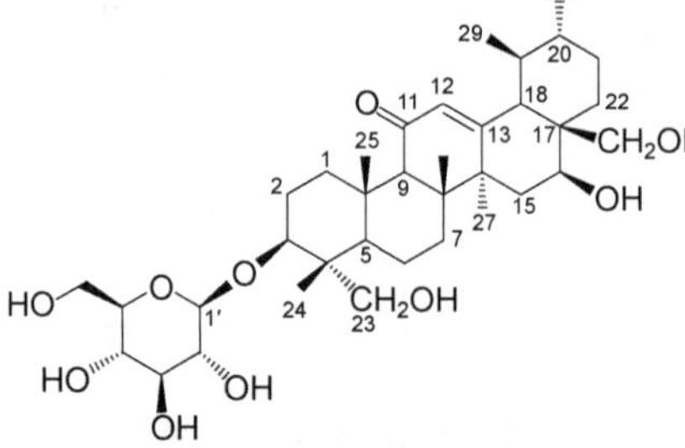

7-1

白色粉末，易溶于甲醇，$[\alpha]_{D}^{20}$ = +0.2° (c = 0.17, MeOH)。

HR ESI-MS m/z：673.3969，对应 $[M+Na]^+$（计算值：673.3928），结合氢谱和碳谱推断此化合物的分子式为 $C_{36}H_{58}O_{10}$，不饱和度为 8。

IR (KBr) 光谱显示 ν_{max} 为 3376 cm^{-1}、2926 cm^{-1}、2872 cm^{-1}、1645 cm^{-1}、1623 cm^{-1}、1027 cm^{-1}，显示结构中存在羟基 (—OH) 3376 cm^{-1} 、羰基 (C═O) 1645 cm^{-1} 和碳碳双键 (C═C) 1623 cm^{-1} 官能团的特征吸收峰。

UV (MeOH) 光谱显示 λ_{max} (lgε) 为 256 nm (3.58)、282 nm (2.56)。

^{1}H-NMR（表 7-1）显示化学位移为 δ_H 1.00 (s, H-24)、1.22 (s, H-26)、1.35 (s, H-25) 和 1.41 (s, H-27) 的四个单峰甲基信号，两个双峰甲基信号 δ_H 0.78 (d, J = 6.0 Hz, H-29) 和 δ_H 0.87 (d, J = 6.0 Hz, H-30)，一个次甲基烯烃信号 δ_H 5.78 (s, H-12)，以及两对连氧的亚甲基信号 δ_H 3.71 (d, J = 10.8 Hz, H-23a) 和 4.40 (d, J = 10.8 Hz, H-23b)，δ_H 3.60 (d, J = 10.2 Hz, H-28a) 和 4.23 (d, J = 10.2 Hz, H-28b)，两个连氧的次甲基信号 δ_H 4.34 (dd, J = 12.0 Hz、4.8 Hz, H-3) 和 4.66 (m, H-16)。

表 7-1 化合物 7-1 的 NMR 数据（600 MHz，吡啶-d_5）

位置	δ_C	类型	δ_H (J/Hz)
1	39.9	CH_2	1.13, m；3.02, br d (12.6)
2	26.4	CH_2	2.06, m；2.32, m
3	82.1	CH	4.34, dd (12.0, 4.8)
4	44.3	C	
5	47.7	CH	1.65, br d (12.0)
6	17.8	CH_2	1.42, m；1.73, br d (13.8)
7	33.2	CH_2	1.39, m；1.83, m
8	46.2	C	
9	61.8	CH	2.55, s
10	37.5	C	
11	199.5	C	
12	131.1	CH	5.78, s
13	163.2	C	
14	46.1	C	
15	37.9	CH_2	1.81, dd (12.6, 5.4)；2.23, br t (12.6)
16	67.0	CH	4.66, m
17	42.9	C	
18	56.0	CH	2.49, d (11.4)
19	39.6	CH	1.49, m

续表

位置	δ_C	类型	δ_H (J/Hz)
20	39.9	CH	0.96, m
21	30.9	CH_2	1.52, m；1.53, m
22	30.6	CH_2	1.59, m；2.92, br d (13.8)
23	64.9	CH_2	3.71, d (10.8)；4.40, d (10.8)
24	14.1	CH_3	1.00, s
25	17.9	CH_3	1.35, s
26	18.9	CH_3	1.22, s
27	22.2	CH_3	1.41, s
28	69.0	CH_2	3.60, d (10.2)；4.23, d (10.2)
29	17.9	CH_3	0.78, d (6.0)
30	21.6	CH_3	0.87, d (6.6)
1′	106.3	CH	5.13, d (7.8)
2′	76.3	CH	4.04, br t (8.4)
3′	79.1	CH	4.14, br t (9.0)
4′	72.1	CH	4.24, br t (9.0)
5′	78.7	CH	3.87, m
6′	62.3	CH_2	4.37, dd (10.2, 4.8)；4.49, dd (10.2, 2.4)

^{13}C-NMR 谱显示化合物 **7-1** 有三十六个碳，包括苷元的三十个碳和糖的六个碳。苷元部分含有六个甲基 δ_C: 14.1 (C-24)、17.9 (C-25)、17.9 (C-29)、18.9 (C-26)、21.6 (C-30)、22.2 (C-27)；两个羟甲基：δ_C 64.9 (C-23)、69.0 (C-28)；两个连氧次甲基：δ_C 82.1(C-3)、67.0 (C-16)；两个烯碳：δ_C 131.1(C-12)、163.2(C-13)；一个羰基碳：δ_C 199.5(C-11)；七个亚甲基碳：δ_C 39.9 (C-1)、26.4 (C-2)、17.8 (C-6)、33.2 (C-7)、37.9 (C-15)、30.9 (C-21)、30.6 (C-22)；五个次甲基碳：δ_C 47.7 (C-5)、61.8 (C-9)、56.0 (C-18)、39.6 (C-19)、39.9 (C-20)；五个季碳：δ_C 44.3 (C-4)、46.2 (C-8)、37.5 (C-10)、46.1 (C-14)、42.9 (C-17)；糖的部分含有六个碳：δ_C 106.3 (C-1′)、76.3 (C-2′)、79.1 (C-3′)、72.1 (C-4′)、78.7 (C-5′)、62.3 (C-6′)。通过该化合物的分子量和氢谱、碳谱数据分析，推断化合物 **7-1** 为乌苏烷型三萜化合物。氢谱上显示一个单峰烯氢 H-12 (δ_H 5.78) 和向低场位移的 H-1 (δ_H 3.02)，提示存在一个羰基在 C-11。次甲基氢 δ_H 5.78 (s, H-12) 在 HSQC 谱上与 δ_C 131.1 (C-12) 相关，在 HMBC 上与 δ_C 199.5 (C-11)、61.8 (C-9)、56.0 (C-18) 相关，归属为烯氢 H-12。由 HMBC 的 δ_H 4.34 (dd, J = 12.0 Hz、4.8 Hz, H-3) 与 δ_C 44.3 (C-4)、47.7 (C-5)、64.9 (C-23)、

14.1 (C-24) 相关，δ_H 3.71 (d, J = 10.8 Hz, H-23a) 和 4.40 (d, J = 10.8 Hz, H-23b) 与 82.1 (C-3)、44.3 (C-4)、47.7 (C-5) 相关推断出在 C-3 和 C-23 连有一个羟基。由 δ_H 2.49 (d, J = 11.4 Hz, H-18) 与 δ_C 67.0 (C-16)、42.9 (C-17)、69.0 (C-28) 的 HMBC 信号相关推断出在 C-16 和 C-28 连有一个羟基。由 H-15/H-16 的 COSY 相关确认在 C-16 存在一个羟基。以上结果除了 C-16 存在一个羟基外，其他信号与 3β,23,28-三羟基-11-酮-乌苏烷-12-烯相似。由 H-25/H-24 存在 NOESY 相关得出 C-23 为 α 构型。由 H-3/H-5、H-5/H-9 和 H-9/H-27 的 NOESY 相关得出 H-3、H-5、H-9 和 H-27 均为 α 构型。由 H-27 与 H-16 的 NOE 相关得出 16-OH 为 β 构型。因此化合物 **7-1** 的苷元结构推测为 3β,16β,23,28-四羟基-11-酮-乌苏烷-12-烯。

化合物 **7-1** 的核磁共振数据显示存在一个葡萄糖的端基氢和端基碳 [δ_C 106.3 (C-1′), δ_H 5.13 (H-1′)]。由 H-1′与 C-3 (δ_C 82.1) HMBC 相关（图 7-2）确定糖连接在苷元的 C-3 上。由端基氢(δ_H 5.13, d, J = 7.8 Hz, H-1′) 与附近 H-2′的耦合常数确定葡萄糖为 β 构型。由 H-1′/H-5′NOE（图 7-3）相关得出 H-5′为 α 构型。由 H-4′的耦合常数为 9.0 Hz 得出其与 H-3′、H-5′之间为 ax-ax 相关，因此 4′-OH 应为 α 构型。为进一步确认糖部分结构，对化合物 **7-1** 进行酸水解，水解的糖部分以半胱氨酸甲酯盐酸盐进行甲基衍生化反应，采用气相色谱检测并与标准物质比对，进一步确定糖的绝对构型为 D-葡萄糖。

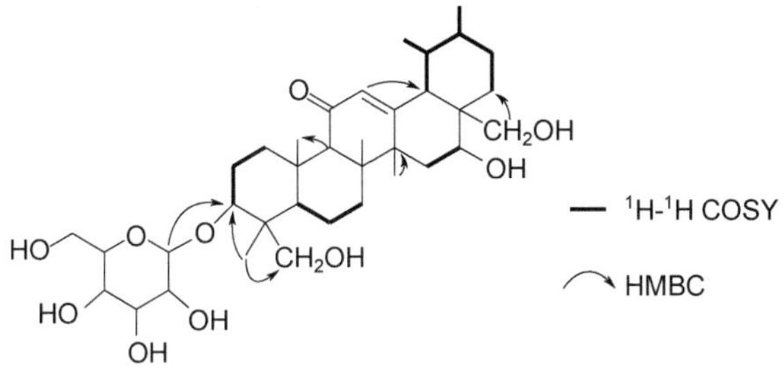

图 7-2 化合物 **7-1** 的关键二维 ¹H-¹H COSY 和 HMBC 图

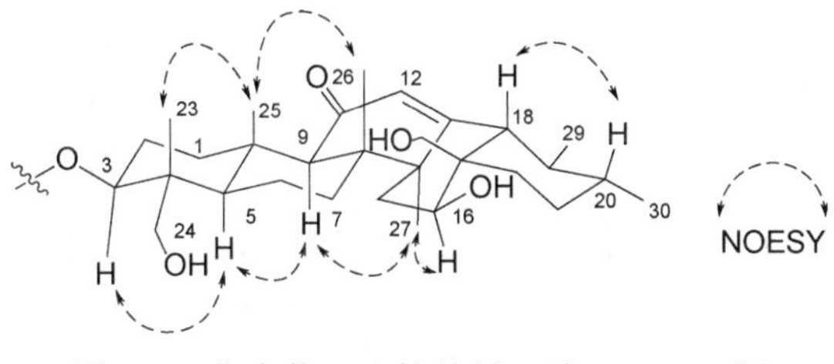

图 7-3 化合物 **7-1** 的关键二维 NOESY 图

因此，化合物 **7-1** 的结构确定为 clinopoursaponin A。

附：化合物 **7-1** 的更多波谱图见图 7-4～图 7-12。

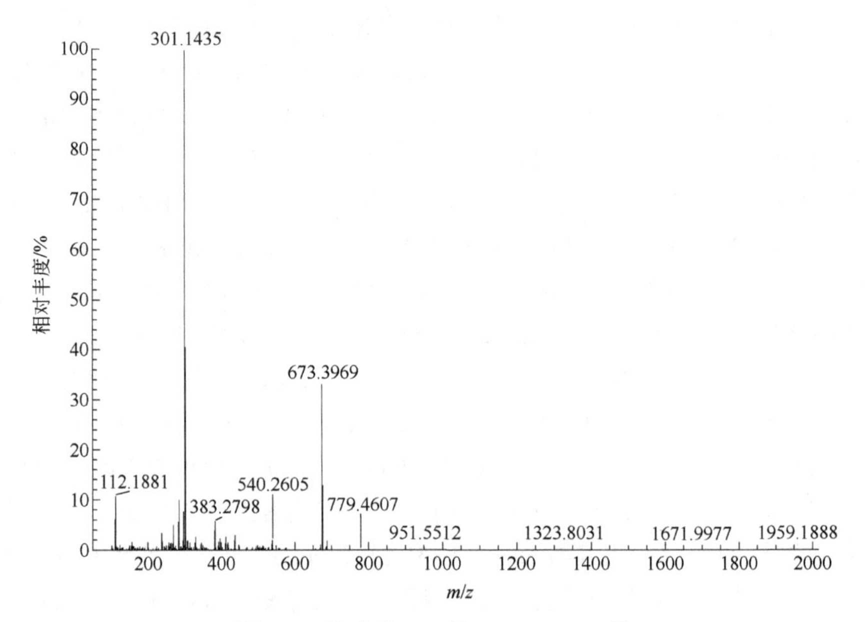

图 7-4　化合物 **7-1** 的 HR ESI-MS 谱

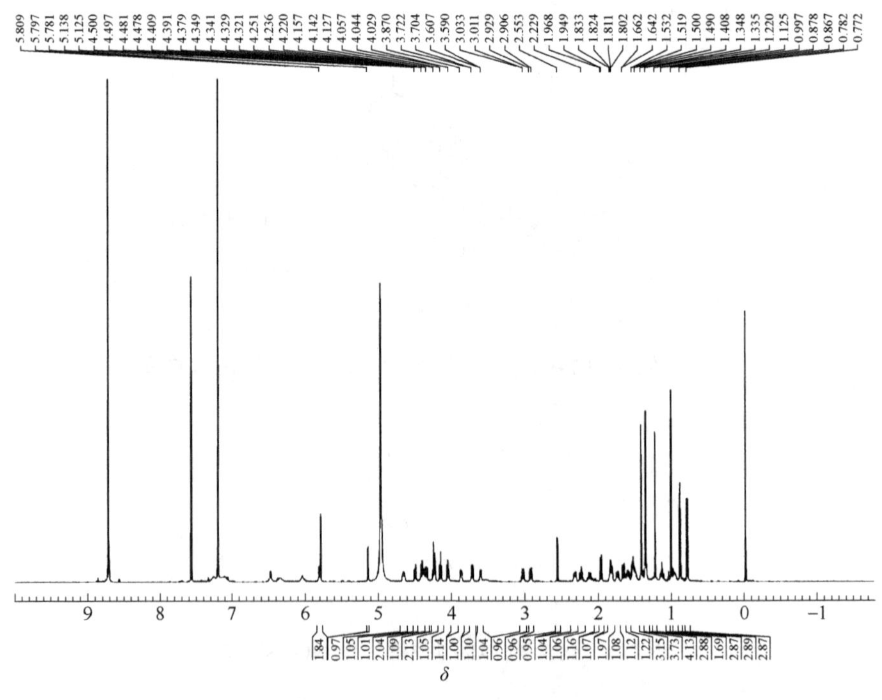

图 7-5　化合物 **7-1** 的 ^{1}H-NMR 谱

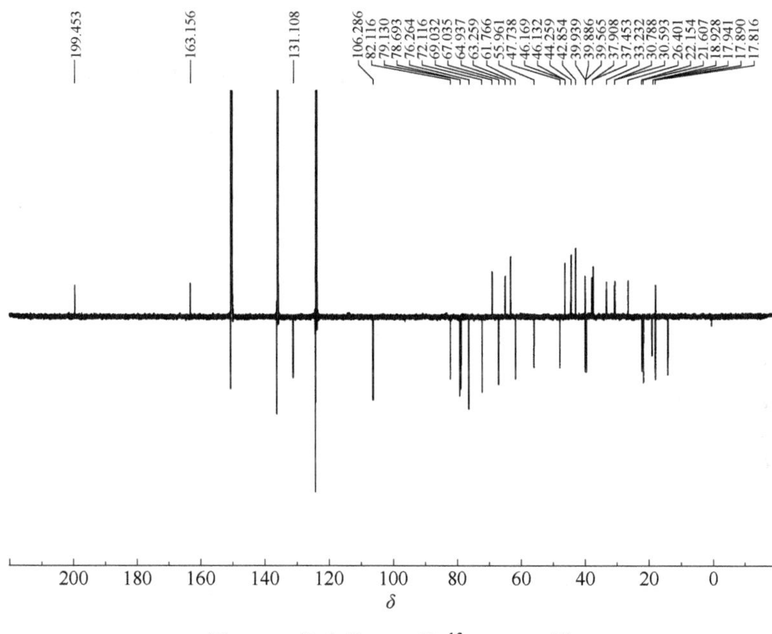

图 7-6 化合物 **7-1** 的 ^{13}C-NMR 谱

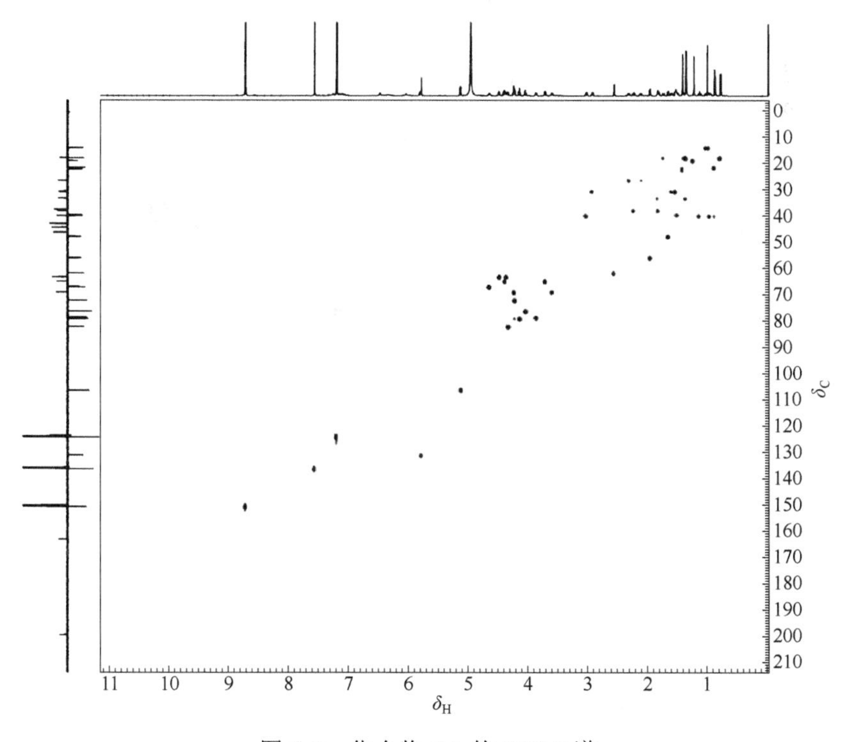

图 7-7 化合物 **7-1** 的 HSQC 谱

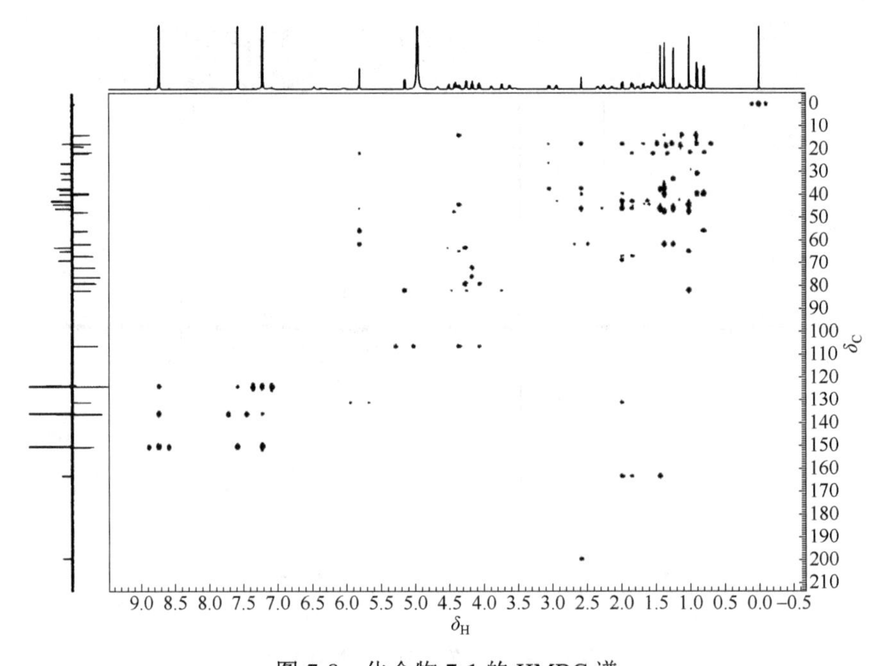

图 7-8 化合物 **7-1** 的 HMBC 谱

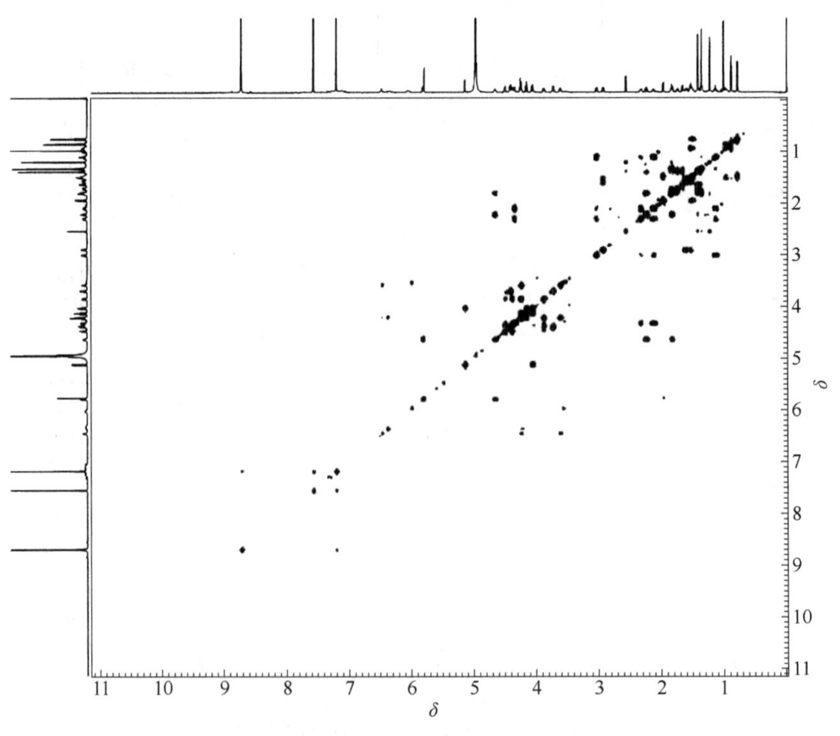

图 7-9 化合物 **7-1** 的 ^{1}H-^{1}H COSY 谱

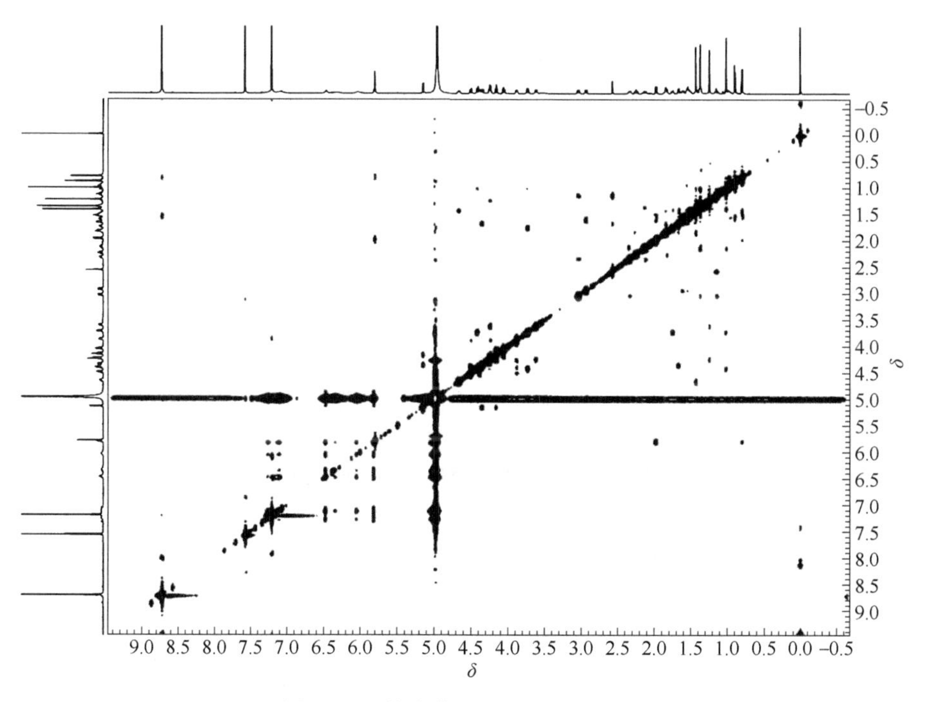

图 7-10 化合物 **7-1** 的 NOESY 谱

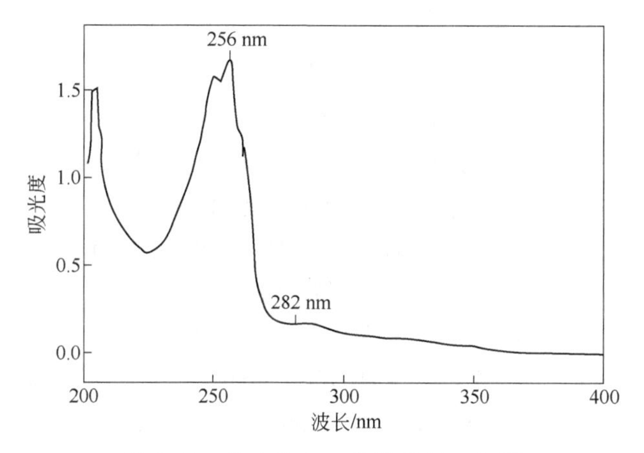

图 7-11 化合物 **7-1** 的紫外吸收光谱

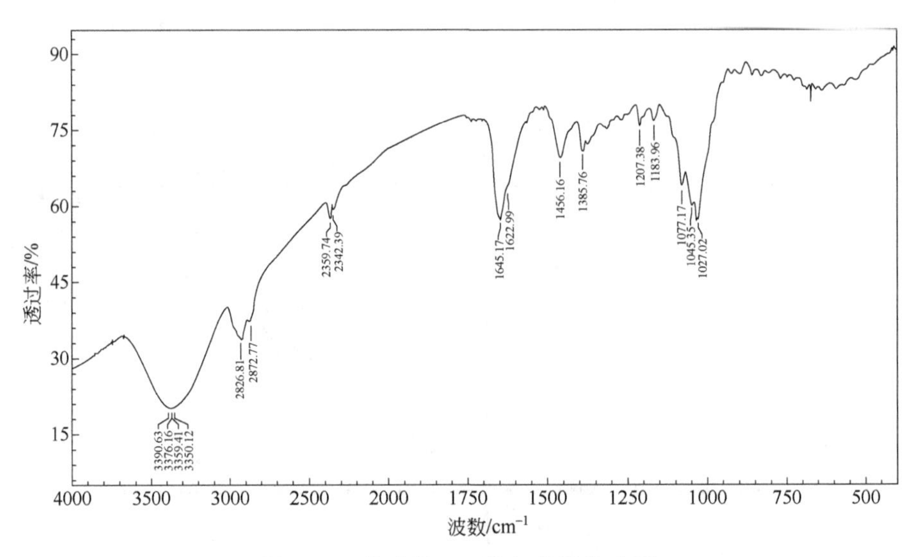

图 7-12　化合物 **7-1** 的红外吸收光谱

【例 7-2】clinopodiside VII[1]

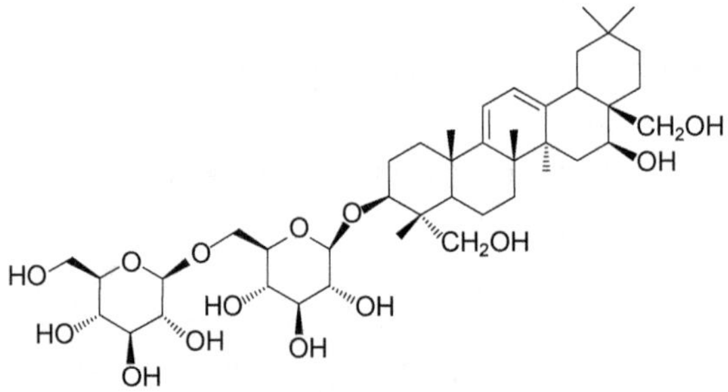

7-2

白色粉末，易溶于甲醇。$[\alpha]_{D}^{20}$ = +8.8°（c = 0.16, MeOH）。

HR ESI-MS m/z：819.4639，对应 $[M+Na]^+$（计算值：819.4507），结合氢谱和碳谱数据（表 7-2）推断此化合物的分子式为 $C_{42}H_{68}O_{14}$，不饱和度为 9。

IR (KBr) 光谱显示结构中存在羟基 (—OH) 3360 cm^{-1}、甲基 ($—CH_3$) 2944 cm^{-1} 和碳碳双键 (C═C) 1636 cm^{-1} 官能团的特征吸收峰。

UV (MeOH) 光谱显示 λ_{max} (lgε) 为 262 nm (3.02)、282 nm (3.90)。

在 ^{1}H-NMR（表 7-2）中，苷元部分有 6 个单峰甲基：δ_H 0.88 (s, H-29)、0.98 (s, H-30)、1.00 (s, H-24)、1.23 (s, H-27)、1.24(s, H-25)、1.26 (s, H-26)；2 个次甲基烯烃信号：δ_H 5.69 (1H, d, J = 6.0 Hz, H-11) 和 5.58 (1H, d, J = 6.0 Hz, H-12)；2 对连氧的亚甲基信号：δ_H 3.70 (1H, d, J = 10.2 Hz, H-28a) 和 4.35 (m, H-23)，δ_H 3.70 (1H, d, J = 10.2 Hz, H-28a) 和 4.43 (1H, d, J = 10.2 Hz, H-28b)；2 个连氧的次甲基质子信号：

δ_H 4.23(1H, dd, J = 12.0 Hz、4.2 Hz, H-3) 和 4.58 (1H, m, H-16)。^{13}C-NMR 谱显示化合物 **7-2** 有 42 个碳，包括苷元的 30 个碳和糖基的 12 个碳。苷元部分含有 6 个甲基碳信号：δ_C 14.2 (C-24)、21.5 (C-27)、21.8 (C-26)、24.5 (C-30)、26.6 (C-25)、33.7 (C-29)；2 个羟甲基碳信号：δ_C 65.3 (C-23) 和 69.8 (C-28)；2 个连氧次甲基碳信号：δ_C 83.0 (C-3) 和 67.2 (C-16)；4 个烯碳信号：δ_C 155.4 (C-9)、116.5 (C-11)、121.7 (C-12) 和 145.7 (C-13)。通过该化合物的分子量和氢谱、碳谱数据分析，推断化合物 **7-2** 为$\Delta^{9,11,12}$-齐墩果二烯型三萜化合物。由 HMBC（图 7-13）的 H-3 与 C-4、C-5、C-23 和 C-24 相关，H-23 与 C-3、C-4 和 C-5 相关推断出在 C-3 和 C-23 处连有一个羟基。由 H-18 与 C-16、C-17 和 C-28 的 HMBC 信号相关推断出在 C-16 和 C-28 处连有一个羟基。由 H-15 和 H-16 的 ^{1}H-^{1}H COSY 相关确认在 C-16 处存在一个羟基。以上结果可推测化合物 **7-2** 的苷元为 3β,16β,23,28-四羟基-齐墩果烷-9(11),12(13)-二烯。

表 7-2 化合物 7-2 的 NMR 数据（600 MHz，吡啶-d_5）

位置	δ_C	类型	δ_H (J/Hz)
1	38.0	CH_2	1.54, br t (13.2)；2.00, br d (13.2)
2	27.2	CH_2	2.10, m；2.56, m
3	83.0	CH	4.23, dd (12.0, 4.2)
4	44.1	C	
5	44.2	CH	1.76, m
6	18.6	CH_2	1.47, m；1.76, m
7	32.5	CH_2	1.49, br d (11.4)；1.95, td (11.4, 2.4)
8	43.8	C	
9	155.4	C	
10	39.2	C	
11	116.5	CH	5.69, d (6.0)
12	121.7	CH	5.58, d (6.0)
13	145.7	C	
14	43.6	C	
15	36.6	CH_2	1.73, m；2.32, br t (12.6)
16	67.2	CH	4.58, m
17	41.0	C	
18	43.1	CH	2.54, dd (13.8, 4.2)
19	47.4	CH_2	1.18, br d (11.4)；1.79, m
20	31.5	C	1.28, m
21	34.6	CH_2	1.60, td (11.4, 3.6)；1.77, m
22	26.6	CH_2	2.81, br d (13.8)；3.70, d (10.2)
23	65.3	CH_2	4.35, m
24	14.2	CH_3	1.00, s

续表

位置	δ_C	类型	δ_H (J/Hz)
25	26.6	CH_3	1.24, s
26	21.8	CH_3	1.26, s
27	21.5	CH_3	1.23, s
28	69.8	CH_2	3.70, d (10.2)；4.43, d (10.2)
29	33.7	CH_3	0.88, s
30	24.5	CH_3	0.98, s
1′	106.6	CH	5.02, d, (7.8)
2′	76.0	CH	3.98, m
3′	79.0	CH	4.09, br t (9.0)
4′	71.9	CH	4.17, br t (9.0)
5′	77.3	CH	3.97, m
6′	70.7	CH_3	4.33, dd (11.4, 5.4)；4.77, dd (11.4, 1.8)
1″	105.9	CH	5.08, d (7.8)
2″	76.7	CH	4.04, br t (7.8)
3″	78.9	CH	4.22, m
4″	72.1	CH	4.20, m
5″	78.9	CH	3.92, m
6″	63.2	CH_2	4.35, m；4.49, dd (12.0, 1.8)

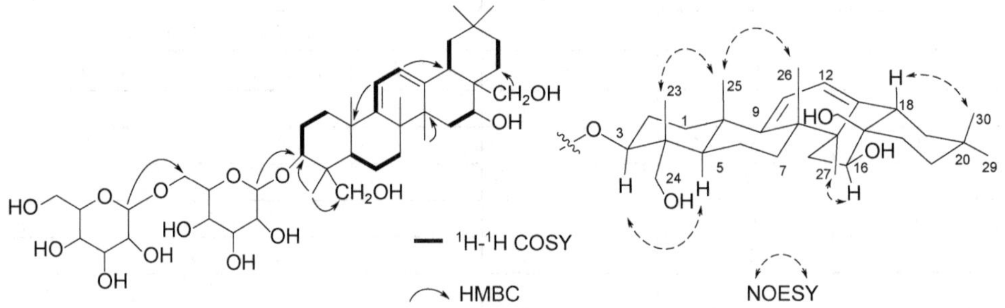

图 7-13　化合物 **7-2** 的主要二维关系

除了苷元的信号以外，^{1}H-NMR 显示两个糖的端基质子 δ_H 5.02 (1H, d, J = 7.8 Hz, H-1′) 和 5.08 (1H, d, J = 7.8 Hz, H-1″)，通过 HSQC 分别对应两个糖的端基碳信号 δ_C 106.6 (C-1′)、105.9 (C-1″)。由端基质子 H-1′与 H-2′、H-1″与 H-2″的耦合常数 (7.8 Hz、7.8 Hz) 确定葡萄糖为 β 构型。结合酸水解，水解的糖部分以半胱氨酸甲酯盐酸盐进行甲基衍生化反应，采用气相色谱检测并与标准物质比对，进一步确定糖的绝对构型为 D-葡萄糖。在 HMBC 谱中，δ_H 5.02 (1H, d, J = 7.8 Hz, H-1′) 与 δ_C 83.0 (C-3)，δ_H 5.08 (1H, d, J = 7.8 Hz, H-1″) 与 δ_C 70.7 (C-6′) 出现相关峰及 C-6′向低场位移至 δ_C 70.7，表明 Glc1 连接在 C-3 位，Glc2 连接在 C-6′位上。

通过 ^{1}H-^{1}H COSY、HSQC、HMBC 和 NOESY 对该化合物的所有氢碳进行了归属。综上，该化合物的结构确定为 clinopodiside Ⅶ。

附：化合物 7-2 的更多波谱图见图 7-14～图 7-22。

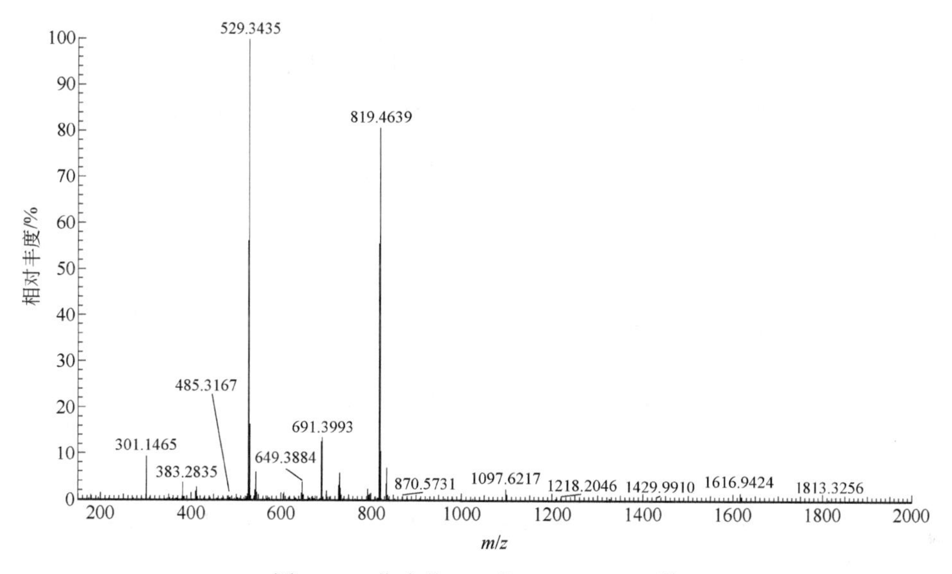

图 7-14 化合物 **7-2** 的 HR ESI-MS 谱

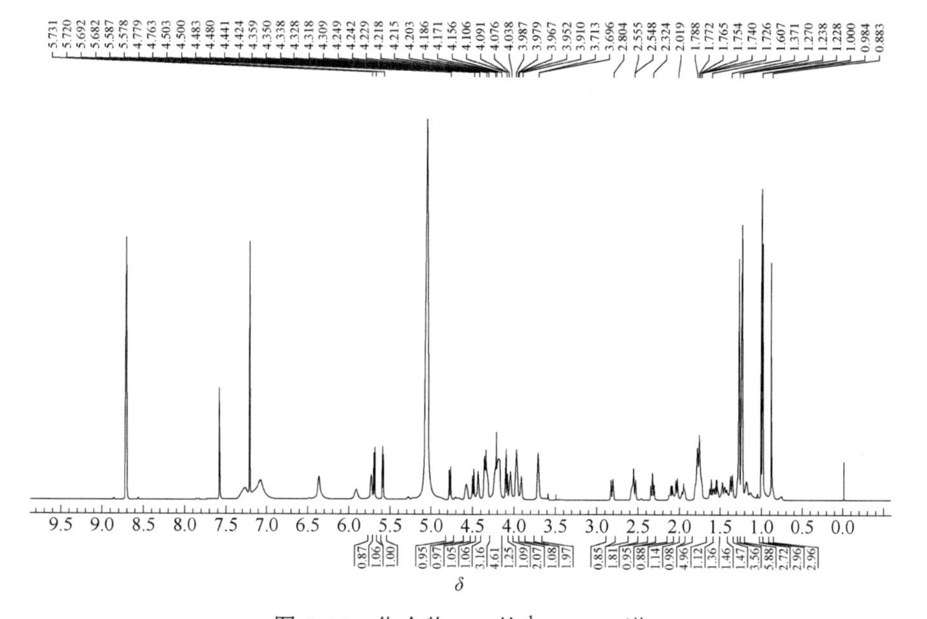

图 7-15 化合物 **7-2** 的 ^{1}H-NMR 谱

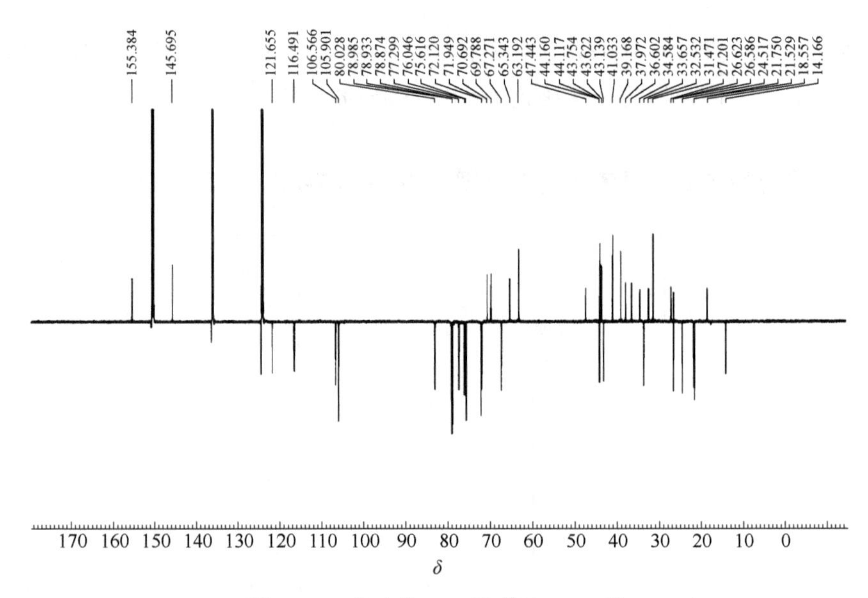

图 7-16　化合物 **7-2** 的 ^{13}C-NMR 谱

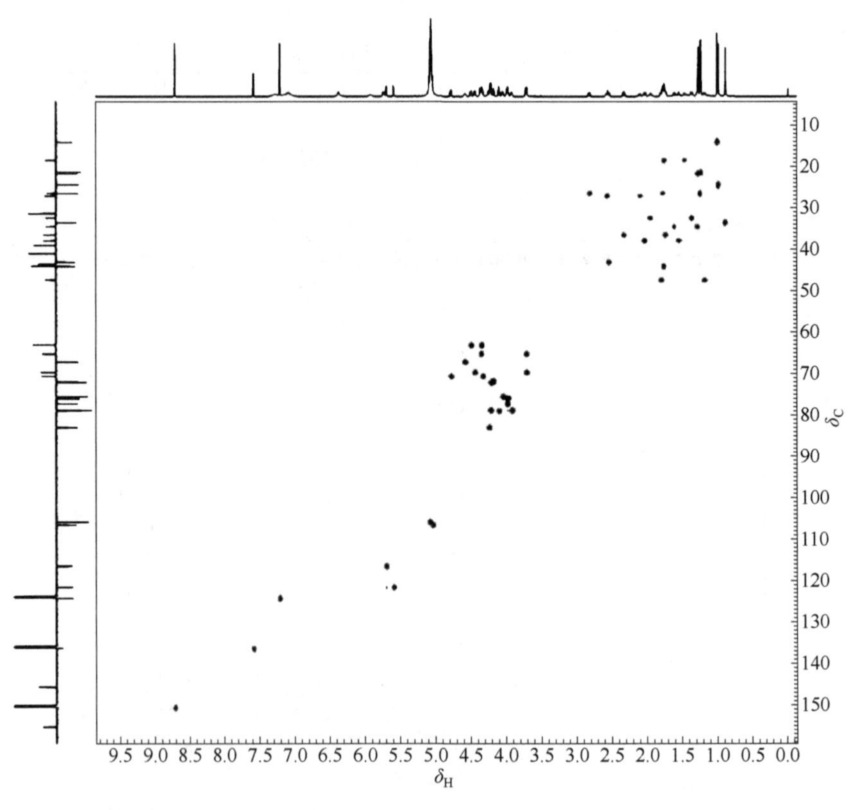

图 7-17　化合物 **7-2** 的 HSQC 谱

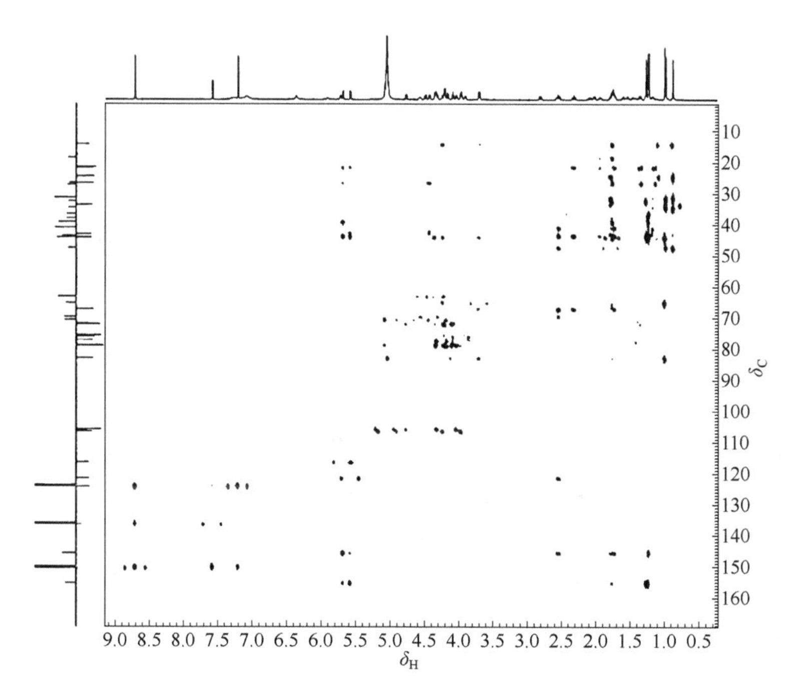

图 7-18　化合物 **7-2** 的 HMBC 谱

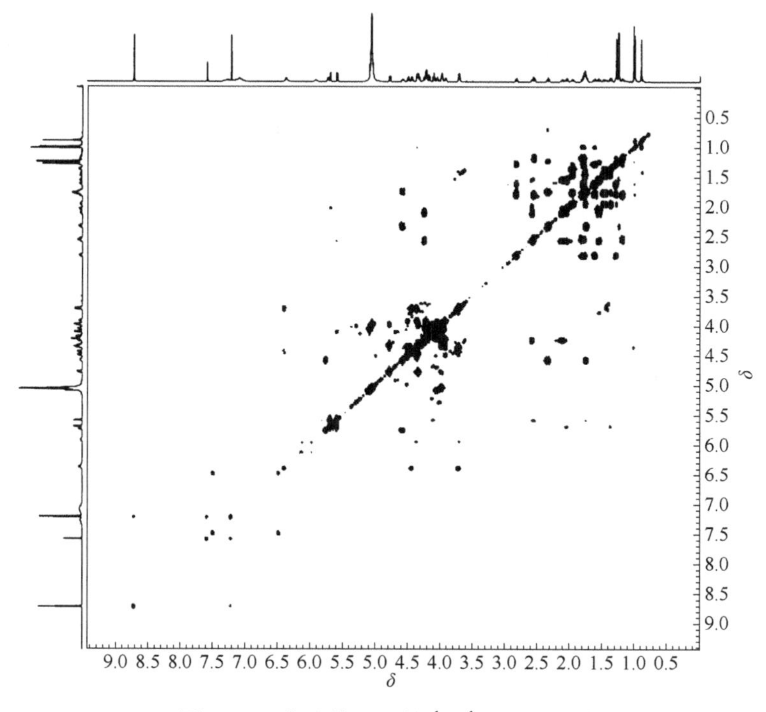

图 7-19　化合物 **7-2** 的 ^{1}H-^{1}H COSY 谱

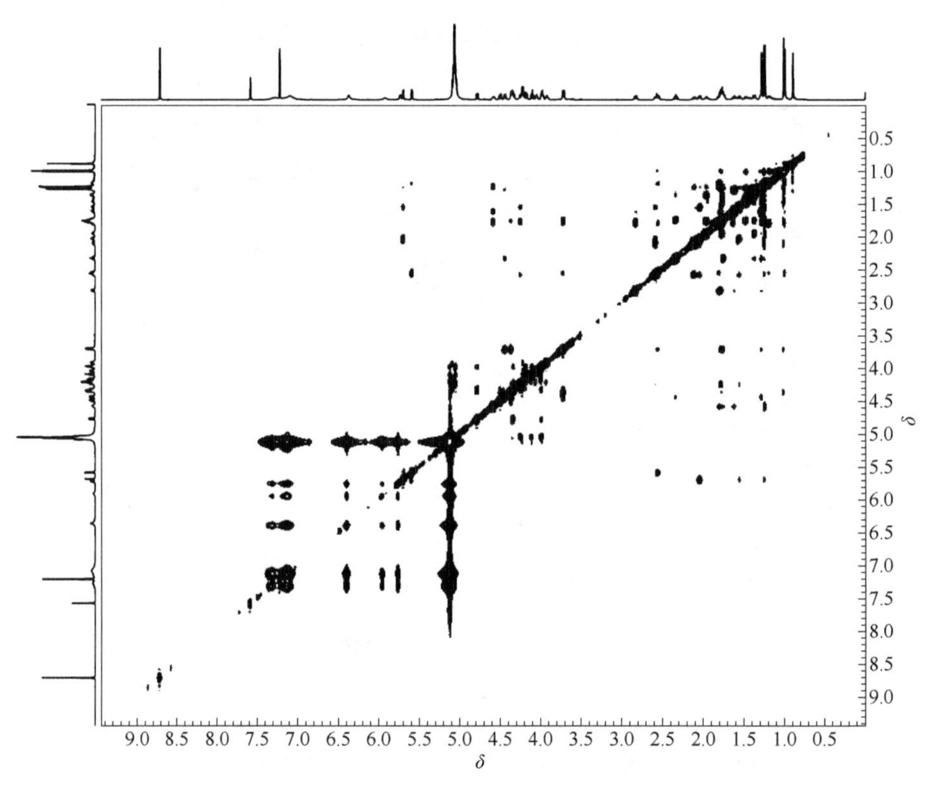

图 7-20　化合物 **7-2** 的 NOESY 谱

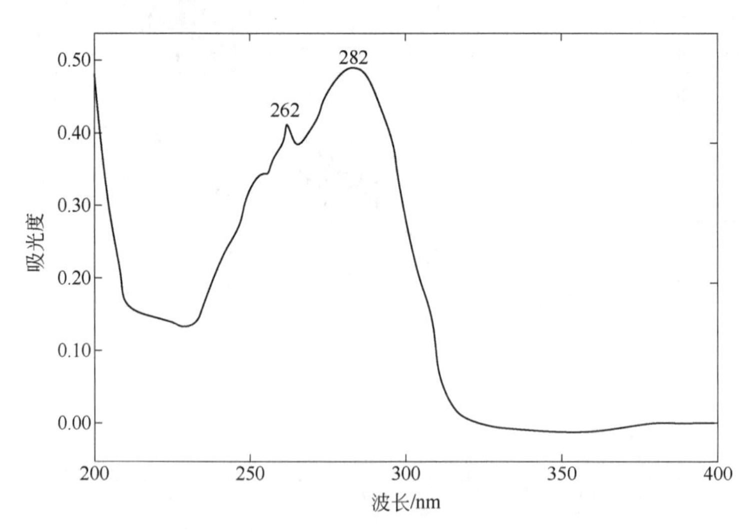

图 7-21　化合物 **7-2** 的紫外吸收光谱

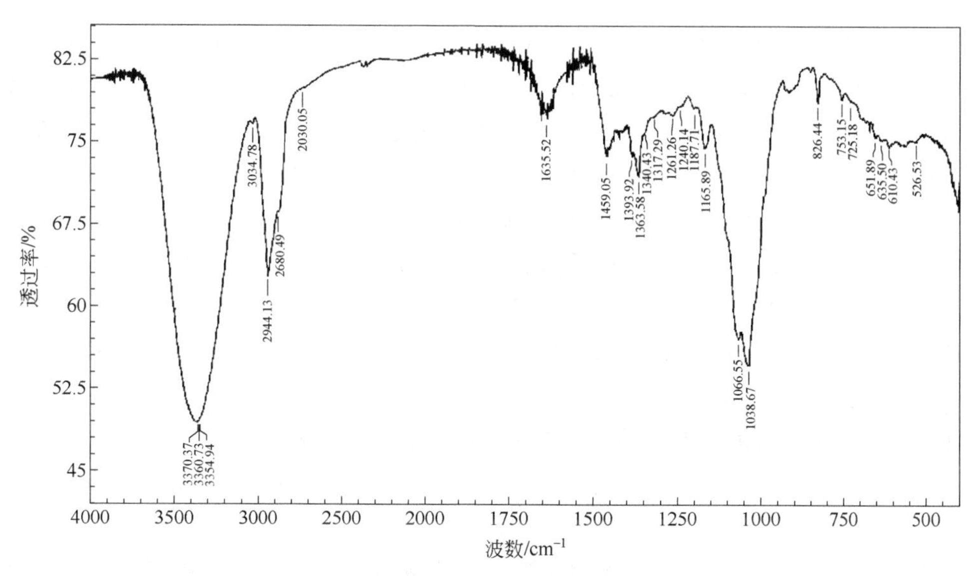

图 7-22　化合物 **7-2** 的红外吸收光谱

【例 7-3】hemsleyaoside A[2]

HO 21 24 26 OH
O 11 12 18 20 22 23 25 O 6' 5' 4' OH
H 9 13 17 16 O 27 1' 2' 3' OH
HO 1 10 8 14 15 OH
2 19 28
3 4 5 6 7
HO 30 29

7-3

白色粉末，易溶于甲醇，$[\alpha]_D^{23}=+60.5°$（c=0.1, MeOH）。

HR ESI-MS 显示准分子离子峰 m/z：687.3725 $[M+Na]^+$［计算值 ($C_{36}H_{56}O_{11}Na$)：687.3720］，结合 ^{1}H-NMR 和 ^{13}C-NMR（表 7-3）推断该化合物的分子式为 $C_{36}H_{56}O_{11}$，不饱和度为 9。

UV (MeOH) 光谱显示 λ_{max} 在 205 nm 处有强吸收。

IR 光谱显示化合物中存在羟基（3404 cm^{-1}、3457 cm^{-1}）、甲基（2942 cm^{-1}）、羰基（1649 cm^{-1}）、双键（1636 cm^{-1}）的特征吸收峰。

化合物 **7-3** 的 ^{1}H-NMR (600 MHz, 吡啶-d_5) 在高场区显示七个甲基信号：δ_H 1.21 (s, H-19)、1.26 (s, H-18)、1.28 (s, H-29)、1.34 (s, H-28)、1.44 (s, H-21)、1.45 (s, H-30) 和 1.91 (s, H-27)；两个烯烃的质子信号：δ_H 5.68 (m, H-6) 和 δ_H 6.89 (d, J = 6.0 Hz, H-24)。^{13}C-NMR 谱给出了三十六个碳信号，包括七个甲基信号：δ_C 21.8

(C-19)、22.4 (C-28)、21.4 (C-18)、23.2 (C-27)、23.6 (C-29)、26.7 (C-30) 和 31.4 (C-21)；七个亚甲基信号 δ_C 25.5 (C-7)、35.9 (C-1)、42.9 (C-15)、47.7 (C-22)、50.1 (C-12)、64.1(C-6′) 和 68.0 (C-26)；十四个次甲基信号：两个 sp^2 杂化次甲基信号 δ_C 120.0 (C-6) 和 133.5 (C-24)，九个含氧次甲基信号 δ_C 57.3 (C-17)、71.8 (C-23)、72.1 (C-16)、72.2 (C-2)、76.3 (C-2′)、79.8 (C-5′)、79.9 (C-3′)、82.7 (C-3) 和 103.9 (C-1′)；八个季碳信号：两个 sp^2 季碳信号 δ_C 135.7 (C-25)、143.7 (C-5)，一个羰基碳信号 δ_C 214.4 (C-11)，一个含氧季碳信号 δ_C 73.8 (C-20)；四个 sp^3 季碳信号 δ_C 44.1 (C-4)、50.5 (C-9)、50.0 (C-13)、49.9 (C-14)。通过综合以上数据信息，显示化合物 **7-3** 可能含有葫芦烷型三萜类化合物的结构。通过 δ_H 3.40 (d, J=12.0 Hz, H-3) 的耦合常数，我们推测 A 环中存在 2,3 位置的反式二醇结构。

化合物 **7-3** 的氢谱中给出了一个端基质子信号 δ_H 4.80 (1H, d, J = 6.0 Hz, H-1′)，^{13}C-NMR 谱中端基碳信号为 δ_C 103.9 (C-1′)，推测结构中存在一个 β-构型的糖单元。对化合物 **7-3** 进行酸水解，水解的糖部分以半胱氨酸甲酯盐酸盐进行甲基衍生化反应，采用气相色谱检测并与标准物质比对，进一步确定糖的绝对构型为 D-葡萄糖，因此，化合物 **7-3** 的糖单元为 β-D-葡萄糖。

在 HMBC 谱中，H-26 (δ_H 4.44 和 δ_H 4.85) 质子信号与 C-1′ (δ_C 103.9) 存在远程相关，说明葡萄糖的端基碳与 26 位碳上的氧相连；同时，H-26 质子信号与 C-24 (δ_C 133.5) 和 C-25 (δ_C 135.7) 存在远程相关，说明双键与 C-26 相连；综合以上数据，说明化合物 **7-3** 中存在 C-24—C-25—C-26—O—C-1′结构片段。由 C-5 (δ_C 143.7) 与 H-7 (δ_H 1.85、2.28)、H-29 (δ_H 1.28)、H-30 (δ_H 1.45)存在远程相关，说明化合物 **7-3** 中存在 C-4—C-5—C-6—C-7 结构片段。由 C-11 (δ_C 214.4) 与 H-12 (δ_H 2.64、3.17)、H-19 (δ_H 1.21) 存在远程相关，说明羰基在 C-11 位。由 C-16 (δ_C 72.1) 与 H-23 (δ_H 5.19) 存在远程相关，表明 C-16—C-17—C-20—C-22—C-23 通过氧原子形成一个六元环。见图 7-23。

由于葫芦烷型四环三萜类化合物 H-10 为 α 构型，我们通过 NOESY 谱以及葫芦烷类成分的生物合成方式确定了化合物 **7-3** 的相对构型。在 NOESY 谱中，由于 H-2/H-10、H-3/H-19 存在相关信号，说明 OH-2 为 β 构型，OH-3 为 α 构型。此外，^{1}H-NMR 谱中 H-3 (δ_H 3.40) 的耦合常数为 12.0 Hz，证明了 C-2、C-3 位置的羟基为 2β、3α 构型[1]。H-10/CH_3-29、H-10/CH_3-28 以及 CH_3-28/CH_3-21 存在相关，证明 CH_3-21、CH_3-28、CH_3-29 均为 α 构型；同理，NOESY 谱中的相关信号表明 H-8、CH_3-18、CH_3-30 均为 β 构型。综上所述，化合物 **7-3** 的结构确定为 hemsleyaoside A。NMR 数据见表 7-3。

表 7-3 化合物 7-3 的 NMR 数据

位置	δ_C	类型	δ_H(J/Hz)
1	35.9	CH_2	1.52 (1H, m)；2.44 (1H, m)
2	72.2	CH	4.08 (1H, m)
3	82.7	CH	3.40 (1H, d, 12.0)
4	44.1	C	
5	143.7	C	
6	120.0	CH	5.68 (1H, m)
7	25.5	CH_2	1.85 (1H, m)；2.28 (1H, m)
8	44.1	CH	1.93 (1H, m)
9	50.5	C	
10	35.5	CH	2.66 (1H, m)
11	214.4	C	
12	50.1	CH_2	2.64 (1H, m)；3.17 (1H, d, 12.0)
13	50.0	C	
14	49.9	C	
15	42.9	CH_2	1.61(1H, m)；1.92 (1H, m)
16	72.1	CH_2	5.06 (1H, m)
17	57.3	CH	2.14 (1H, d, 12.0)
18	21.4	CH_3	1.26 (3H, s)
19	21.8	CH_3	1.21 (3H, s)
20	73.8	C	
21	31.4	CH_3	1.44 (3H, s)
22	47.7	CH_2	1.79 (1H, m)；2.07 (1H, q, 6.0)
23	71.8	CH	5.19 (1H, t, 6.0)
24	133.5	CH	6.89 (1H, d, 6.0)；
25	135.7	C	
26	68.0	CH_2	4.85 (1H, d, 6.0)；4.44 (1H, d, 6.0)
27	23.2	CH_3	1.91 (3H, s)
28	22.4	CH_3	1.34 (3H, s)
29	23.6	CH_3	1.28 (3H, s)
30	26.7	CH_3	1.45 (3H, s)
Glc			
1′	103.9	CH	4.80 (1H, d, 6.0)
2′	76.3	CH	4.02 (1H, m)
3′	79.9	CH	4.17 (1H, m)
4′	73.0	CH	4.18 (1H, m)
5′	79.8	CH	3.89 (1H, m)
6′	64.1	CH_2	4.55 (1H, d, 6.0)；4.35 (1H, m)

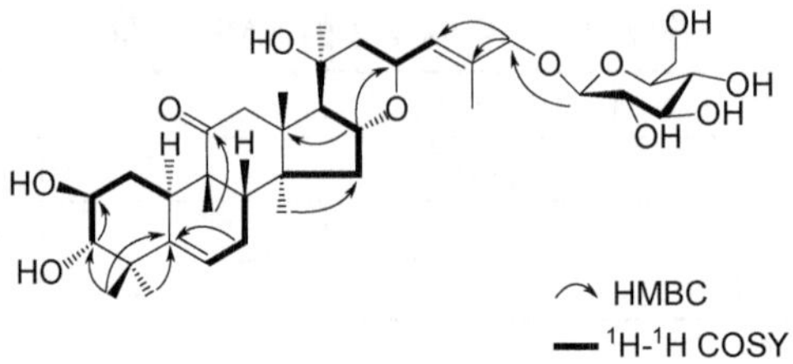

图 7-23　化合物 **7-3** 的 HMBC 和 ^{1}H-^{1}H COSY 相关

附：化合物 7-3 的更多波谱图见图 7-24～图 7-31。

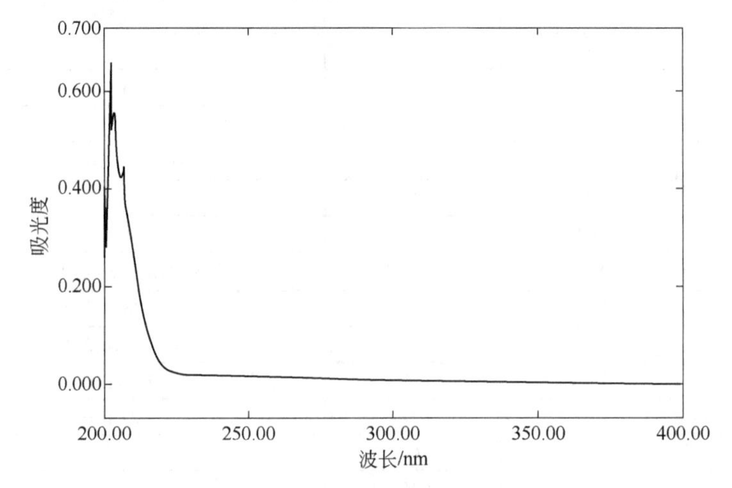

图 7-24　化合物 **7-3** 的紫外吸收光谱

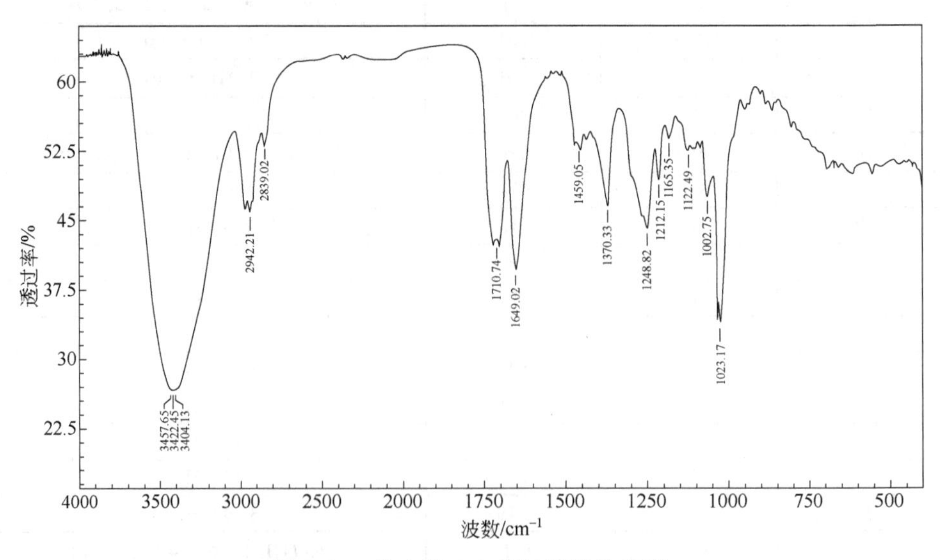

图 7-25　化合物 **7-3** 的红外吸收光谱

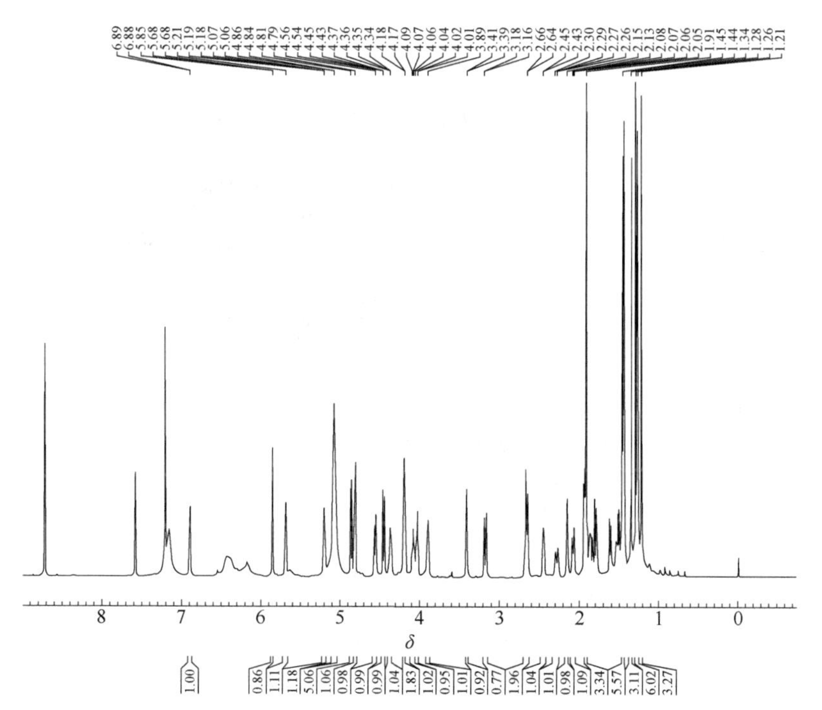

图 7-26 化合物 **7-3** 的 ^{1}H-NMR 谱（600 MHz，吡啶-d_5）

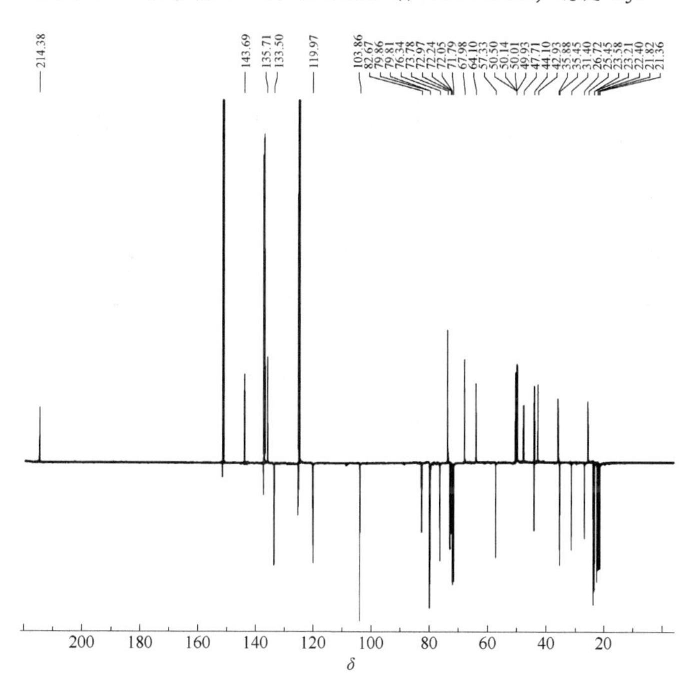

图 7-27 化合物 **7-3** 的 ^{13}C-NMR 谱（150 MHz，吡啶-d_5）

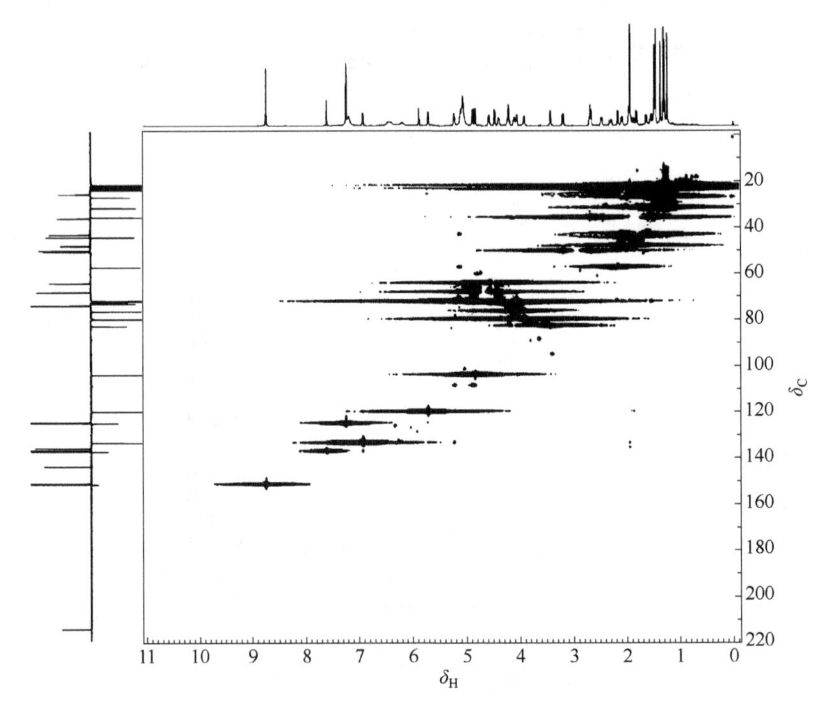

图 7-28　化合物 **7-3** 的 HSQC 谱

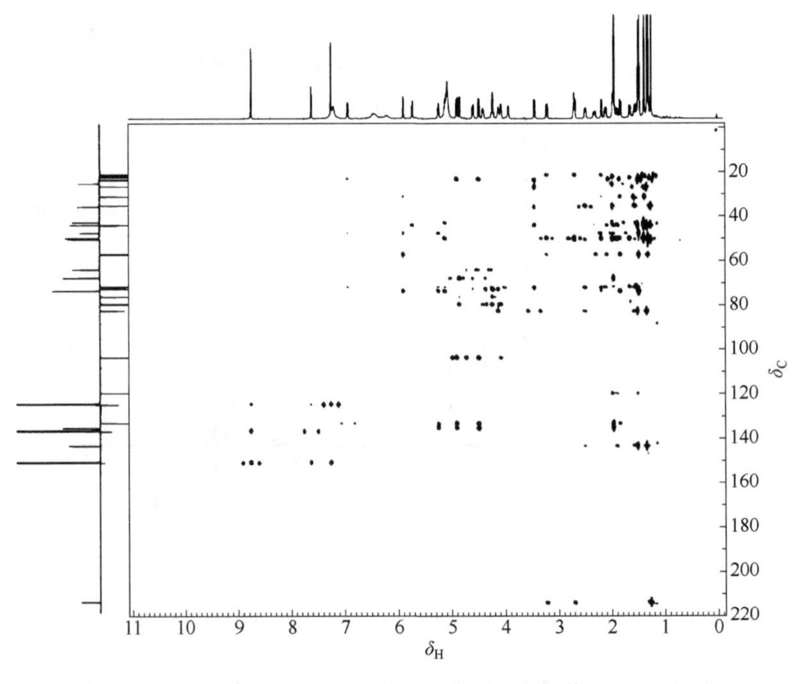

图 7-29　化合物 **7-3** 的 HMBC 谱

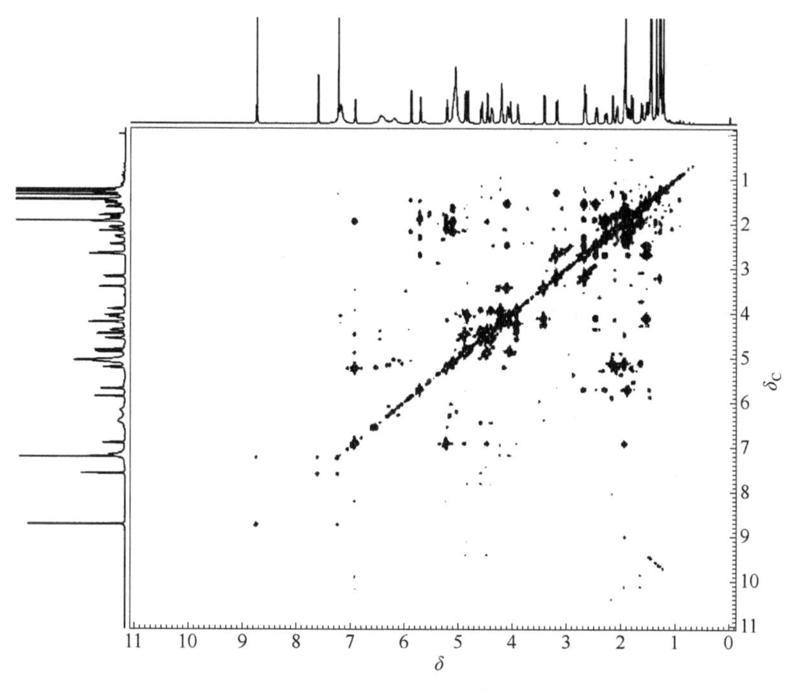

图 7-30 化合物 **7-3** 的 ^1H-^1H COSY 谱

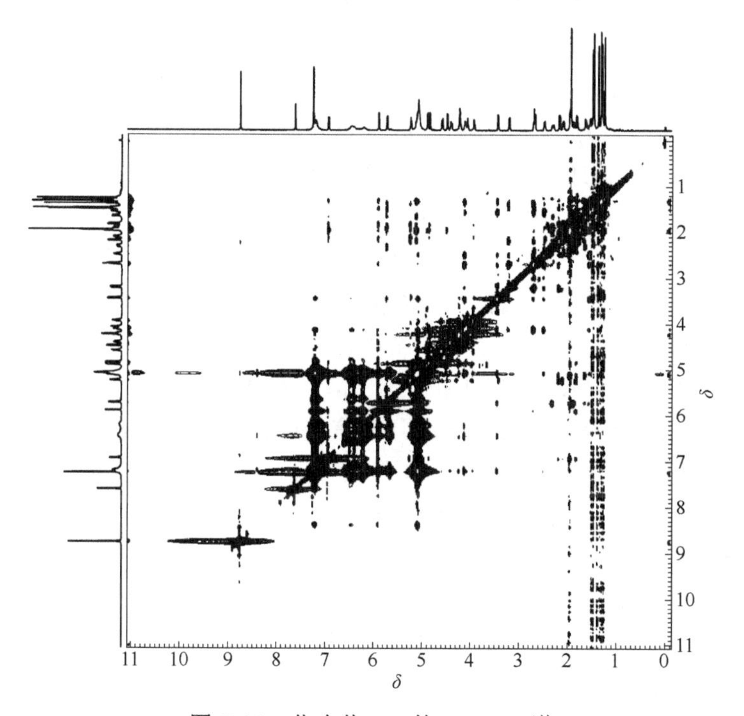

图 7-31 化合物 **7-3** 的 NOESY 谱

【例 7-4】hemsleyaoside C

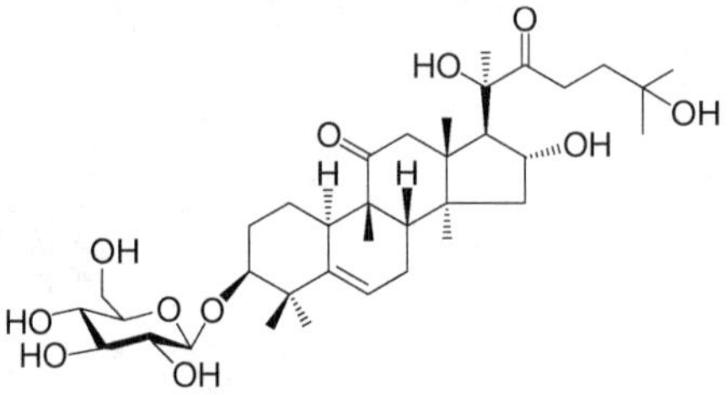

7-4

白色粉末，易溶于甲醇，$[\alpha]_D^{20}$ = +8.4°（c=0.26, MeOH）。

HR ESI-MS 显示准分子离子峰 m/z：689.3892 $[M+Na]^+$［计算值 ($C_{36}H_{58}O_{11}Na$)：689.3877］，结合 ^{1}H-NMR 和 ^{13}C-NMR 谱推断该化合物的分子式为 $C_{36}H_{58}O_{11}$，不饱和度为 8。

化合物 **7-4** 的 ^{1}H-NMR (600 MHz, 吡啶-d_5) 在高场区显示 7 个甲基信号：δ_H 1.09 (s, H-29)、1.15 (s, H-19)、1.20 (s, H-18)、1.48 (s, H-28)、1.54 (s, H-30)、1.59 (s, H-21)、1.68 (s, H-15a)；1 个烯烃的质子信号：δ_H 5.50 (br d, J = 4.2 Hz, H-6)。^{13}C-NMR 谱给出 36 个碳信号，包括 7 个甲基信号：δ_C 19.5 (C-28)、20.7 (C-18)、20.8 (C-19)、25.9 (C-21)、26.3 (C-30)、28.8 (C-29)、30.4 (C-27)、30.5 (C-26)；8 个亚甲基信号：δ_C 22.5 (C-1)、29.0 (C-2)、24.6 (C-7)、33.2 (C-23)、38.9 (C-24)、49.6 (C-12)、46.9 (C-15)、63.4(C-6′)；11 个次甲基信号［三个 sp^3 杂化次甲基信号：δ_C 43.6 (C-8)、36.3 (C-10)、59.2 (C-17)；1 个 sp^2 杂化次甲基信号：δ_C 118.9 (C-6)；7 个含氧次甲基信号：δ_C 70.8 (C-16)、72.2 (C-4′)、75.9 (C-2′)、78.7 (C-5′)、79.2 (C-3′)、87.6 (C-3)、107.8 (C-1′)］；9 个季碳信号［1 个 sp^2 季碳信号 δ_C 141.7 (C-5)，2 个羰基碳信号 δ_C 213.7 (C-11)、216.6 (C-22)，2 个含氧季碳信号 δ_C 69.5 (C-25)、80.6(C-20)］。综合以上数据信息，推测化合物 **7-4** 含有葫芦烷三萜类化合物的结构。化合物 **7-4** 的 ^{1}H-NMR 谱中的端基质子信号 δ_H 4.89 (1H, d, J = 7.8 Hz, H-1′) 与 ^{13}C-NMR 谱中端基碳信号 δ_C 107.8 (C-1′) 信息相关，推测结构中存在一个 β-构型的糖单元。将化合物 **7-4** 酸水解处理，糖部分衍生化后进行气相色谱检测，确定糖部分为 β-D-葡萄糖。由糖单元 H-1′ (δ_H 4.89) 与 C-3 (δ_C 107.8) 的 HMBC 相关确定糖单元连接在苷元的 C-3 上。

在 HMBC 谱中，H-2 质子信号与 C-3 (δ_C 87.6) 和 C-4 (δ_C 42.5) 存在远程相关，说明化合物 **7-4** 结构中存在 C-2—C-3—C-4 结构片段。由 C-5 (δ_C 141.7) 与 H-7 (δ_H 1.79、2.16)、H-29 (δ_H 1.09) 的相关信息说明结构中存在 C-4—C-5—C-6—C-7 结构片段。由 C-11 (δ_C 213.7) 与 H-12 (δ_H 2.75、3.20)、H-19 (δ_H 1.15) 存在远程相

关，说明羰基在 C-11 位。由 C-22 (δ_C 216.6) 与 H-23 (δ_H 3.27、3.50)、H-24 (δ_H 2.19、2.25) 存在远程相关表明结构中含有 C-22—C-23—C-24 结构片段。具体参见图 7-32。

通过 NOESY 谱确定了化合物 **7-4** 的相对构型。在 NOESY 谱中，由于 H-3/H-10 存在相关信号，说明 OH-3 为 β 构型；H-10/CH_3-29、H-10/CH_3-28 以及 CH_3-28/CH_3-21 存在相关，证明 CH_3-21、CH_3-28、CH_3-29 均为 α 构型；同理，NOESY 谱中的相关信号表明 H-8、H-16、CH_3-18、CH_3-30 均为 β 构型。因此，化合物 **7-4** 的结构确定为 16α,20-二羟基葫芦素-5-烯-11, 22-二酮-3-*O*-β-D-葡萄糖苷，命名为 hemsleyaoside C。NMR 数据见表 7-4。

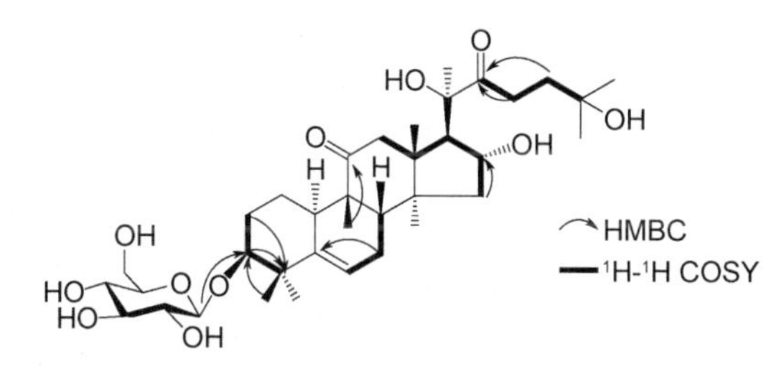

图 7-32　化合物 **7-4** 的关键二维 HMBC 和 ^{1}H-^{1}H COSY 相关

表 7-4　化合物 7-4 的 NMR 数据（600 MHz，吡啶-d_5）

位置	δ_C	类型	δ_H(J/Hz)
1	22.5	CH_2	1.63 (1H, m)；1.49 (1H, m)
2	29.0	CH_2	2.43 (1H, d, 12.0)；1.84 (1H, m)
3	87.6	CH	3.64 (1H, s)
4	42.5	C	
5	141.7	C	
6	118.9	CH	5.50 (1H, d, 4.2)
7	24.6	CH_2	2.16 (1H, m)；1.79 (1H, m)
8	43.6	CH	1.81 (1H, m)
9	49.2	C	
10	36.3	CH	2.52 (1H, d, 14.4)
11	213.7	C	
12	49.6	CH_2	3.20 (1H, d, 14.4)；2.75 (1H, d, 14.4)
13	49.7	C	
14	51.6	C	
15	46.9	CH_2	1.84 (1H, m)；1.68 (1H, m)
16	70.8	CH	4.87 (1H, m)
17	59.2	CH	2.97 (1H, d, 6.0)
18	20.7	CH_3	1.20 (3H, s)
19	20.8	CH_3	1.15 (3H, s)
20	80.6	C	
21	25.9	CH_3	1.59 (3H, s)

续表

位置	δ_C	类型	$\delta_H(J/Hz)$
22	216.6	C	
23	33.2	CH_2	3.50 (1H, m)；3.27 (1H, m)
24	38.9	CH_2	2.25 (1H, m)；2.19 (1H, m)
25	69.5	C	
26	30.5	CH_3	1.37 (3H, s)
27	30.4	CH_3	1.37 (3H, s)
28	19.5	CH_3	1.48 (3H, s)
29	28.8	CH_3	1.09 (3H, s)
30	26.3	CH_3	1.54 (3H, s)
Glc			
1′	107.8	CH	4.89 (1H, d, 6)
2′	75.9	CH	3.98 (1H, m)
3′	79.2	CH	4.22 (1H, d, 6)
4′	72.2	CH	4.21 (1H, m)
5′	78.7	CH	3.96 (1H, m)
6′	63.4	CH_2	4.55 (1H, d, 12)；4.39 (1H, m)

附：化合物 **7-4** 的更多波谱图见图 7-33～图 7-39。

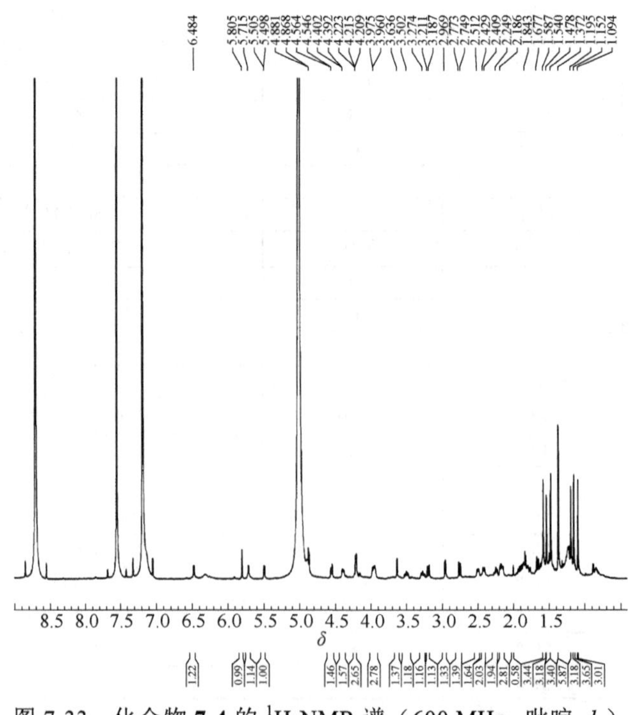

图 7-33　化合物 **7-4** 的 ^{1}H-NMR 谱（600 MHz，吡啶-d_5）

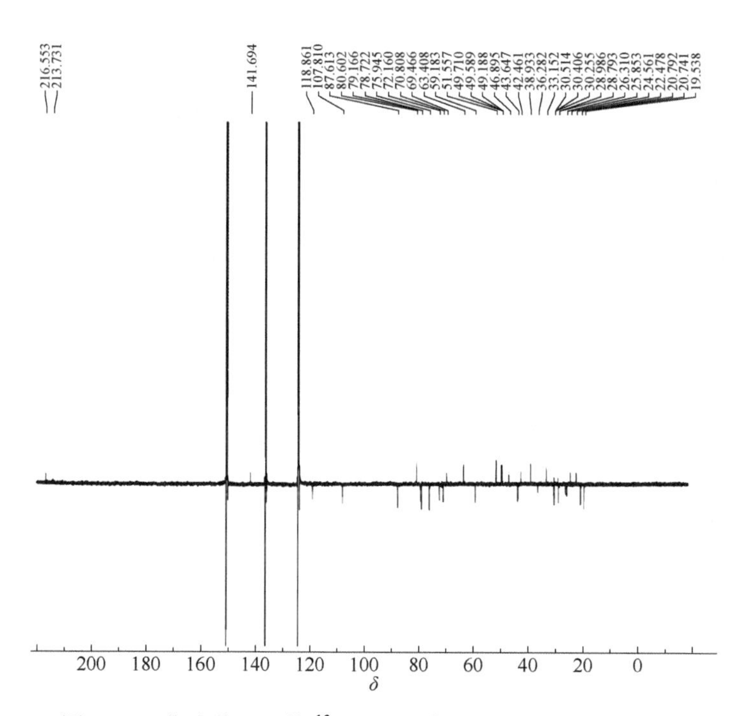

图 7-34　化合物 **7-4** 的 ^{13}C-NMR 谱（150 MHz，吡啶-d_5）

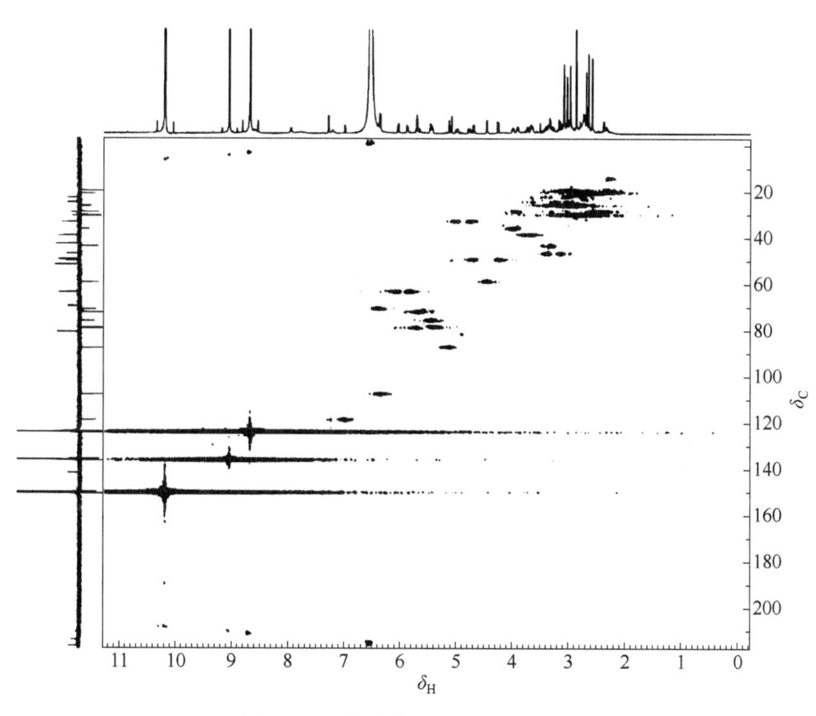

图 7-35　化合物 **7-4** 的 HSQC 谱

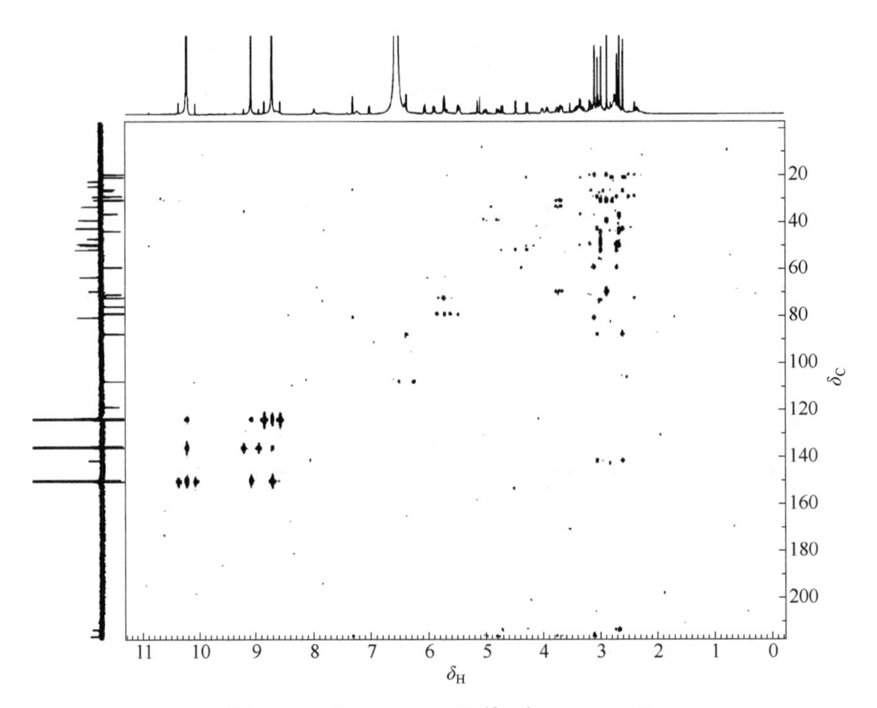

图 7-36 化合物 **7-4** 的 ^{13}C-^{1}H COSY 谱

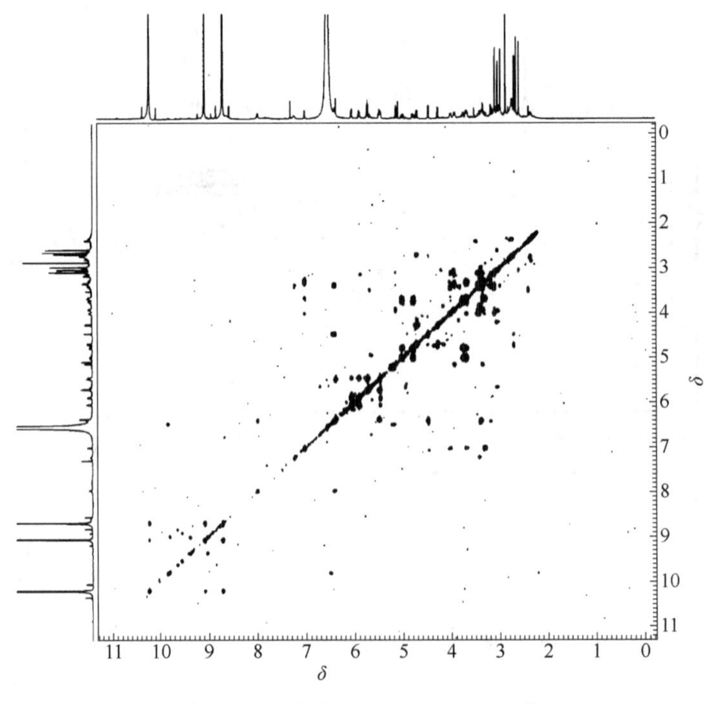

图 7-37 化合物 **7-4** 的 HMBC 谱

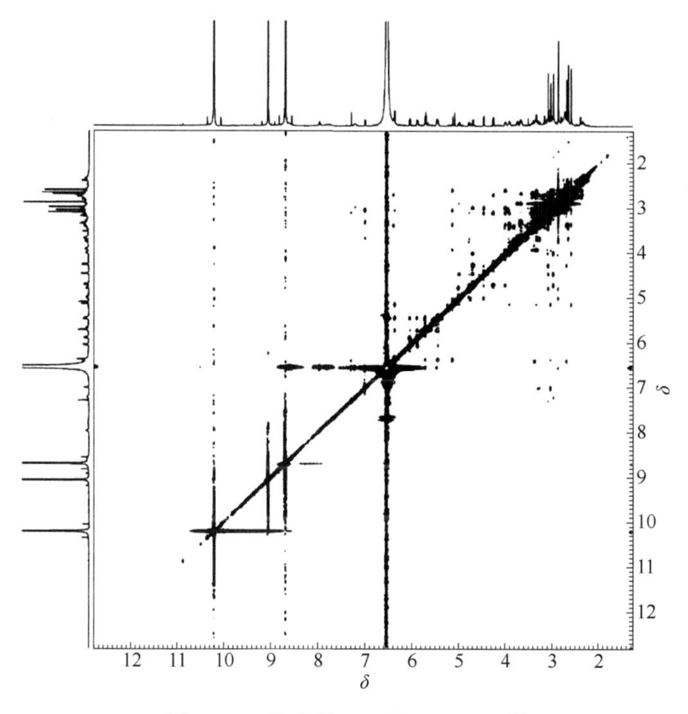

图 7-38 化合物 **7-4** 的 NOESY 谱

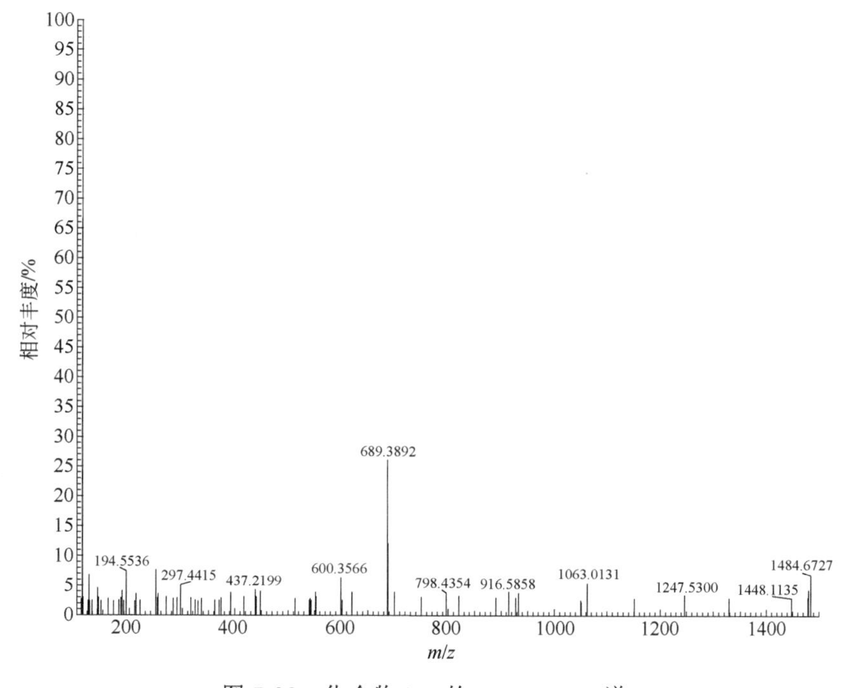

图 7-39 化合物 **7-4** 的 HR ESI-MS 谱

参 考 文 献

[1] Zhu Y D, Hong J Y, Bao F D, et al. Triterpenoid saponins from *Clinopodiumchinense* (Benth.) O. Kuntze and their biological activity [J]. Archives Pharmacal Research, 2018, 41:1117-1130.

[2] Chen D L, Xu X D, Li R T, et al. Five new cucurbitane-type triterpenoid glycosides from the rhizomes of *Hemsleyapenxianensis* with cytotoxic activities[J].Molecules, 2019, 24(16): 2937-2944.

第 8 章　生物碱类化合物结构解析

生物碱类化合物是含负氧化态氮原子、存在于生物体内的非初级代谢产物的一类化合物。大多数生物碱具有较复杂的氮杂环结构。一般来说，像蛋白质、氨基酸、肽类、维生素、核酸、核苷酸、卟啉、氨基糖等这些生物体必需的含氮有机化合物不属于生物碱。

生物碱的分类方法较多，包括按植物来源、氮原子存在的主要基本母核特征和生源结合化学方法等。根据其化学结构特征，生物碱主要包括有机胺类生物碱、吡咯类生物碱、哌啶类生物碱、托品类生物碱、喹啉类生物碱、吖啶酮类生物碱、异喹啉类生物碱、吲哚类生物碱、咪唑类生物碱、喹唑酮类生物碱、嘌呤及黄嘌呤类生物碱、萜类生物碱、甾体类生物碱和胍盐类生物碱。

生物碱种类繁多且结构复杂，碳骨架类型变化很大，其波谱学特征共性较少，但部分具有相同骨架类型的生物碱类化合物具有较特征的波谱规律。生物碱类化合物结构中含有氮原子，氮原子的电负性对其上氢、甲基以及邻近碳上氢原子的化学位移均具有影响，一般 α-碳及其上氢的化学位移值大于 β-碳。

生物碱类化合物在氢谱中存在一定数目的活泼氢信号。脂肪胺活泼氢的化学位移值为 δ 0.3～2.2；芳香胺活泼氢的化学位移值为 δ 2.6～5.0；酰胺活泼氢的化学位移值为 δ 5.2～10。生物碱类化合物结构中的氮原子常连有甲基基团，不同类型 N 上甲基（N-CH_3）的化学位移值范围不同，其中伯、仲胺的为 δ 0.3～2.2；叔胺的为 δ 1.97～2.90；芳仲胺和芳叔胺的为 δ 2.6～3.5；芳杂环的为 δ 2.7～4.0；酰胺的为 δ 2.6～3.1；季铵的为 δ 2.7～3.5。

苄基异喹啉类生物碱（图 8-1）是在异喹啉环上的 1 位碳上连接一个苄基。其结构中的 A 环和 C 环是两个芳香环，环上的氢、碳遵循芳环规律。该类化合物的 B 环可以完全芳香化，C-1、C-3 和 C-4 的化学位移值分别为 δ 153.5～155.7、136.3～140.6 和 118.3～122.3。氮甲基一般出现在 δ 40.4～45.4，若是季铵盐或氮氧化物，氮甲基出现在 δ 46.9～55.8。此外，还需注意 C 环有两种连接方式（图 8-1），若 C 环位于左侧，N 上甲基质子的化学位移值约为 δ 2.52；若 C 环位于右侧时，由于苯环的正屏蔽效应，N 上甲基质子的化学位移值向高场移动，出现在 δ 2.35 左右。

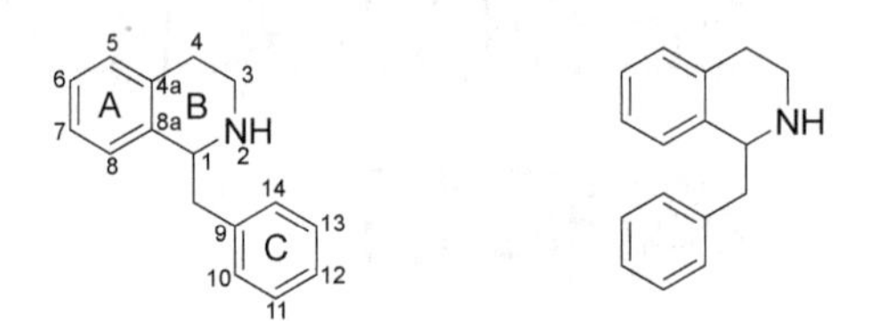

图 8-1　苄基异喹啉类生物碱的基本结构骨架

苦参生物碱类化合物的基本骨架（图 8-2）是由 15 个碳和 2 个氮组成的四环生物碱，可以看作两个喹诺里西啶并合的化合物。该类型化合物结构中有 6 个碳与氮相邻，其化学位移值处于较低场，分别是 A 环和 B 环组成的喹诺里西啶的 C-2、C-6、C-10 与 C 环和 D 环组成的喹诺里西啶的 C-11、C-15、C-17，其化学位移值为 δ 41.6～71.3。有时该类化合物的 15 位碳为羰基碳，其化学位移值为 δ 169.5～172.4，若与 13、14 位的双键形成共轭体系，15 位羰基碳的化学位移值约为 δ 167.6。

长春花碱型生物碱的基本骨架（图 8-2）是由 20 个碳和 2 个氮组成的五环生物碱。其结构中 16 位碳上连接一个羧酸甲酯，酯羰基碳出现在 δ 173.5～175.9，而甲氧基出现在 δ 52.0～52.8。该类生物碱有 5 个碳分别与 2 个氮相连接，包括 2 位的双键碳、13 位的芳环碳和 3 位、5 位、21 位的脂肪碳，其化学位移值分别为 δ_{C-2} 135.8～143.0、δ_{C-13} 129.8～136.3、δ_{C-3} 49.4～52.3、δ_{C-5} 52.2～54.2 和 δ_{C-21} 57.2～61.9。

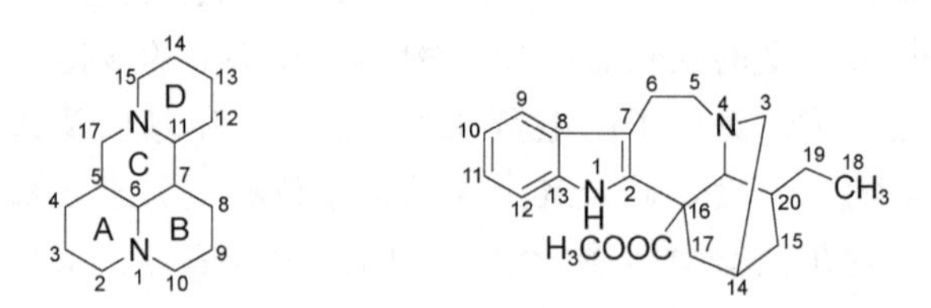

图 8-2　苦参碱和长春花碱型生物碱的基本骨架

【例 8-1】诸葛菜碱 A（orychophragmuspine A）[1]

8-1

白色无定形粉末，碘化铋钾反应为阳性。

HR ESI-MS 中 m/z：468.2483（计算值：468.2498），给出准离子峰 $[M+H]^+$，推断其分子式为 $C_{26}H_{33}N_3O_5$，不饱和度为 12。

IR 光谱显示该化合物中存在 β-不饱和双键（1652 cm^{-1}）、苯环（1588 cm^{-1}、1537 cm^{-1}、1504 cm^{-1}）等官能团的特征吸收峰。

^{1}H-NMR 谱（表 8-1）给出了 6 个芳香质子信号：δ_H 6.89 (1H, d, J = 8.4 Hz, H-28)、7.38 (1H, d, J = 1.2 Hz, H-5)、7.18 (1H, dd, J = 8.4 Hz、1.2 Hz, H-29)、6.75 (1H, d, J = 7.8 Hz, H-25)、6.08 (1H, d, J = 1.2 Hz, H-27)、6.62 (1H, dd, J = 7.8 Hz、1.2 Hz, H-24)。依据它们的耦合常数，可以确定化合物 **8-1** 的结构中存在两个 ABX 耦合的苯环，即 1,2,4-三取代的苯环。除此之外，氢谱还给出了反式双键质子信号：δ_H 7.44 (1H, d, J = 15.6 Hz, H-7) 和 6.77 (1H, d, J = 15.6 Hz, H-8)；9 个亚甲基质子信号：δ_H 2.62 (2H, m, H-22)、2.09 (2H, m, H-21)、3.28 (2H, m, H-11)、1.57 (2H, m, H-12)、1.60 (2H, m, H-13)、2.80 (2H, m, H-14)、2.58 (2H, m, H-16)、1.56 (2H, m, H-17) 和 2.61 (2H, m, H-18)，后面 7 个亚甲基信号为亚精胺的典型氢信号。另外，氢谱中给出了一个甲氧基信号为δ_H 3.80 (3H, s, 4-OCH_3)。最后，氢谱中还给出了 3 个氨基质子信号，包括δ_H 8.37 (1H, br s, 10-NH)、8.26 (1H, br s, 15-NH) 和 7.82 (1H, br s, 19-NH)。

表 8-1 化合物 **8-1** 的 NMR 数据（600 MHz, DMSO）

位置	δ_C	类型	δ_H (J/Hz)
1	144.8	C	
3	145.4	C	
4	151.3	C	
5	112.3	CH	7.38, d (1.2)
6	132.0	C	
7	138.2	CH	7.44, d (15.6)
8	122.4	CH	6.77, d (15.6)
9	165.4	C	
10			8.37, br s
11	37.1	CH_2	3.28, m
12	24.1	CH_2	1.57, m
13	21.3	CH_2	1.60, m
14	45.9	CH_2	2.80, m
15			8.26, br s
16	44.1	CH_2	2.58, m
17	25.6	CH_2	1.56, m

续表

位置	δ_C	类型	δ_H (J/Hz)
18	36.1	CH_2	2.61, m
19			7.82, br s
20	171.1	C	
21	36.1	CH_2	2.09, m
22	29.0	CH_2	2.62, m
23	132.2	C	
24	122.7	CH	6.62, dd (7.8, 1.2)
25	116.1	CH	6.75, d (7.8)
26	145.9	C	
27	114.9	CH	6.08, d (1.2)
28	121.8	CH	6.89, d (8.4)
29	120.7	CH	7.18, dd (8.4, 1.2)
4-OCH_3	55.7	CH_3	3.80, s

^{13}C-NMR 谱（表 8-1）给出了 12 个芳香碳信号，分别为：δ_C 144.8 (C-1)、145.4 (C-3)、151.3 (C-4)、112.3 (C-5)、132.0 (C-6)、132.2 (C-23)、122.7 (C-24)、116.1 (C-25)、145.9 (C-26)、114.9 (C-27)、121.8 (C-28) 和 120.7 (C-29)，与氢谱中解析出的两个苯环相一致。除此之外，碳谱中还给出了 9 个亚甲基碳信号：δ_C 36.1 (C-21)、29.0 (C-22)、37.1 (C-11)、24.1 (C-12)、21.3 (C-13)、45.9 (C-14)、44.1 (C-16)、25.6 (C-17)、36.1 (C-18)，后面 7 个亚甲基信号为亚精胺的典型碳信号。另外，碳谱还给出了两个羰基碳信号，两个反式双键碳信号和一个甲氧基碳信号，分别是：δ_C 165.4 (C-9)、171.1 (C-20)、138.2 (C-7)、122.4 (C-8) 和 55.7 (4-OCH_3)。

^{1}H-NMR 谱和 ^{13}C-NMR 谱数据确定化合物 **8-1** 是一个亚精胺生物碱的衍生物。HMBC 谱中，反式双键质子信号 δ_H 7.44 (1H, d, J = 15.6 Hz, H-7) 与 A 环的 δ_C 112.3 (C-5) 和 120.7 (C-29) 相关，确定了反式双键与 1,2,4-三取代的 A 环相连。亚甲基质子信号 δ_H 2.62 (2H, m, H-22) 与 B 环的 δ_C 114.9 (C-27) 和 122.7 (C-24) 相关，确定了与 1,2,4-三取代的 B 环相连是两个亚甲基。δ_H 3.80（s, 4-OCH_3）和 A 环的 δ_C 151.3 (C-4) 相关，说明—OCH_3 连接在 C-4 上。反式双键质子信号 δ_H 6.77 (1H, d, J = 15.6 Hz, H-8) 和氨基质子信号 δ_H 8.37 (1H，br s, 10-NH) 又分别与羰基碳信号 δ_C 165.4 (C-9) 相关，说明了有一个不饱和酰胺键的存在。亚甲基质子信号 δ_H 2.09 (2H, m, H-21) 和氨基质子信号 δ_H 7.82 (1H, br s,19-NH) 又分别与羰基碳信号

δ_C 171.1 (C-20) 相关，说明了另一个为饱和酰胺键。¹H-¹H COSY 谱中亚甲基质子信号δ_H 3.28 (2H, m, H-11) 与δ_H 8.37 (1H, br s, 10-NH)、1.57 (2H, m, H-12) 分别相关，δ_H 1.60 (2H, m, H-13)又分别与δ_H 1.57 (2H, m, H-12) 和 2.80 (2H, m, H-14) 相关，且较δ_H 2.80 (2H, m, H-14) 位于较高场，说明是 C-14 与 N-15 直接相连，再通过 HMBC 的相关，确定了亚精胺的—NH(CH_2)$_4$—片段与 C-9 相连。亚甲基质子信号δ_H 2.61 (2H, m, H-18) 与 7.82 (1H，br s, 19-NH)、1.56 (2H, m, H-17) 分别相关，δ_H 1.56 (2H, m, H-17)又分别与δ_H 2.58 (2H, m, H-16) 和 2.61 (2H, m, H-18) 相关，且较δ_H 2.58 (2H, m, H-16) 位于较高场，说明是 C-16 与 N-15 直接相连，再通过 HMBC 的相关，确定了亚精胺的—NH(CH_2)$_3$—片段与 C-20 相连。通过 HMBC 谱和 ¹H-¹H COSY 谱（图 8-3）确定了结构中存在亚精胺结构片段。

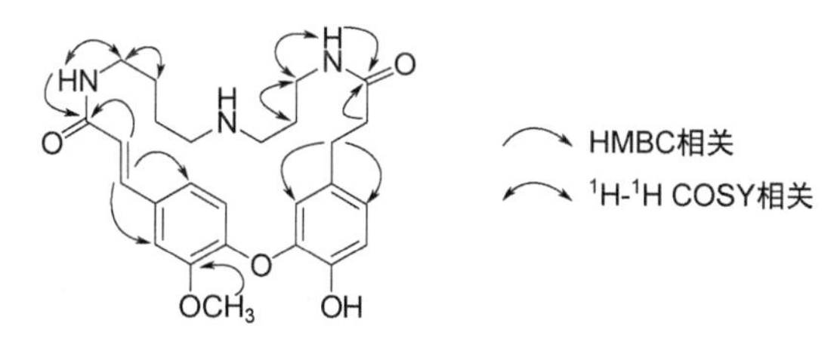

图 8-3 化合物 **8-1** 的主要 HMBC 相关和 ¹H-¹H COSY 相关

NOESY 谱中，B 环上的质子信号δ_H 6.08 (d, J = 1.2 Hz, H-27) 与 A 环上的质子信号δ_H 6.89 (d, J = 8.4 Hz, H-28) 相关（图 8-4），表明 A 环和 B 环是通过 C-1—O—C-3 相互连接的。

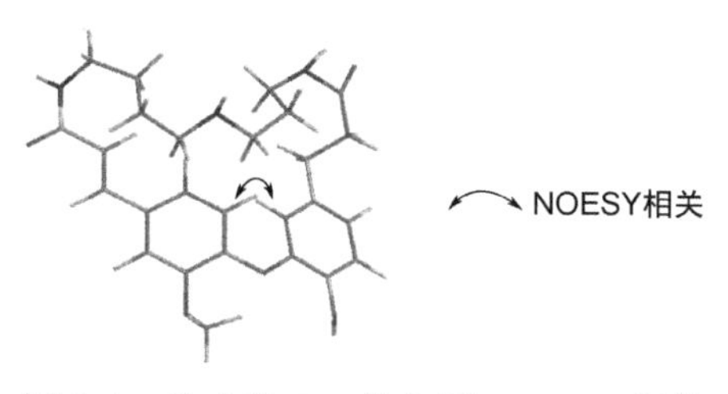

图 8-4 化合物 **8-1** 的主要 NOESY 相关

综上所述，确定化合物 **8-1** 的结构如图 **8-4** 所示，经检索为一新化合物。最终化合物 **8-1** 命名为诸葛菜碱 A（orychophragmuspine A）。

附：化合物 **8-1** 的更多波谱图见图 8-5～图 8-11。

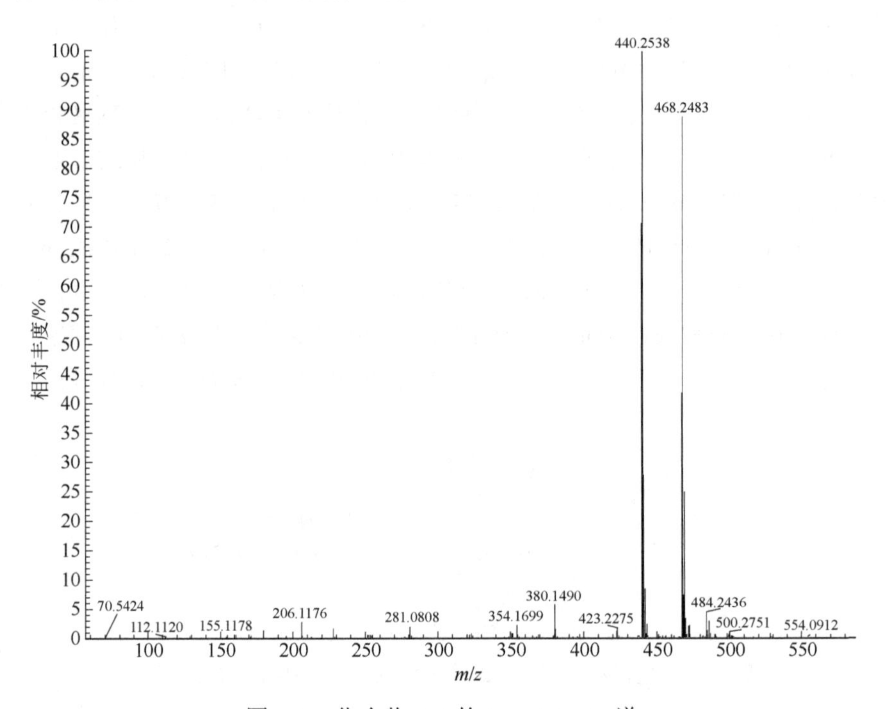

图 8-5　化合物 **8-1** 的 HR ESI-MS 谱

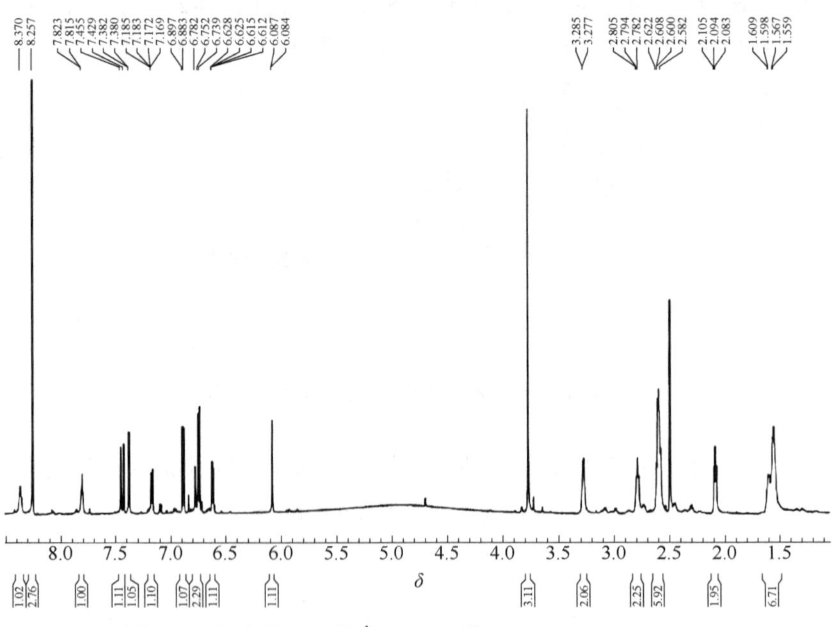

图 8-6　化合物 **8-1** 的 ^{1}H-NMR 谱（600 MHz, DMSO）

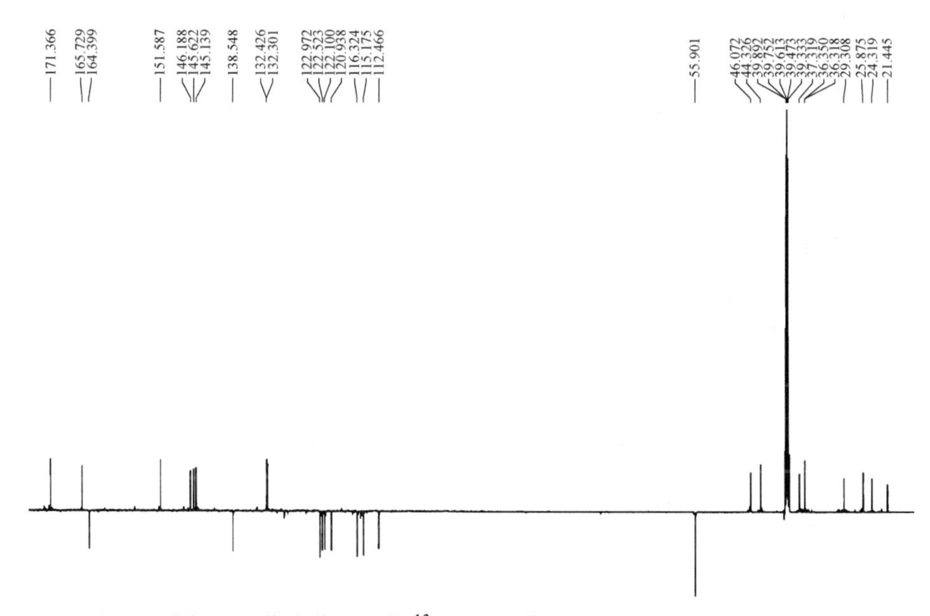

图 8-7 化合物 **8-1** 的 ^{13}C-NMR 谱（150 MHz, DMSO）

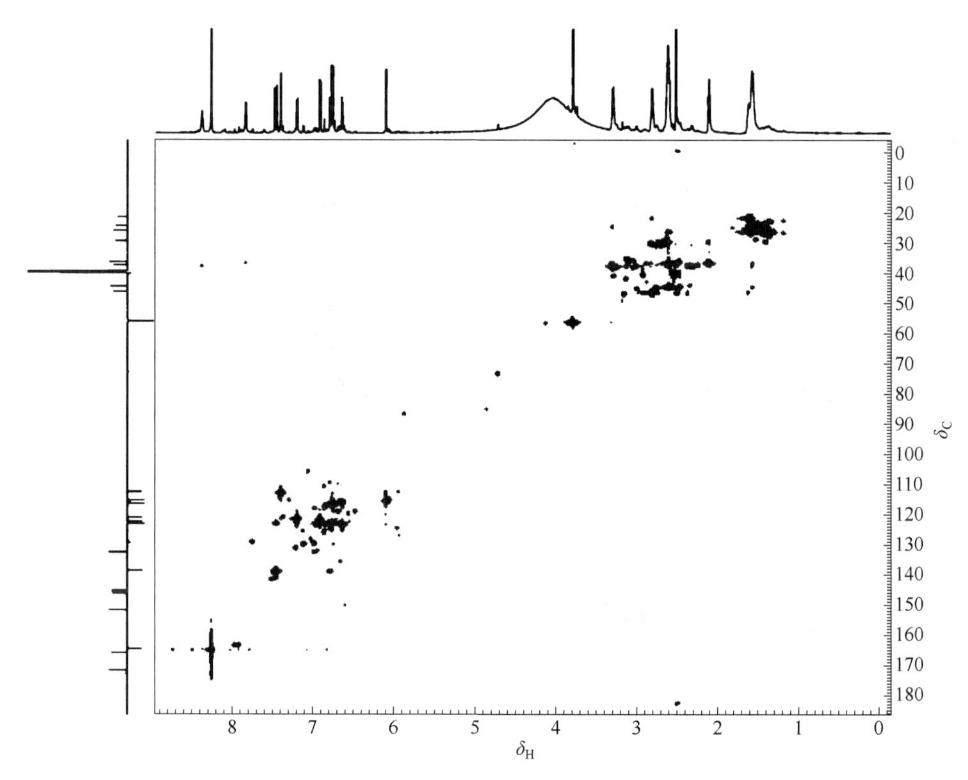

图 8-8 化合物 **8-1** 的 HSQC 谱

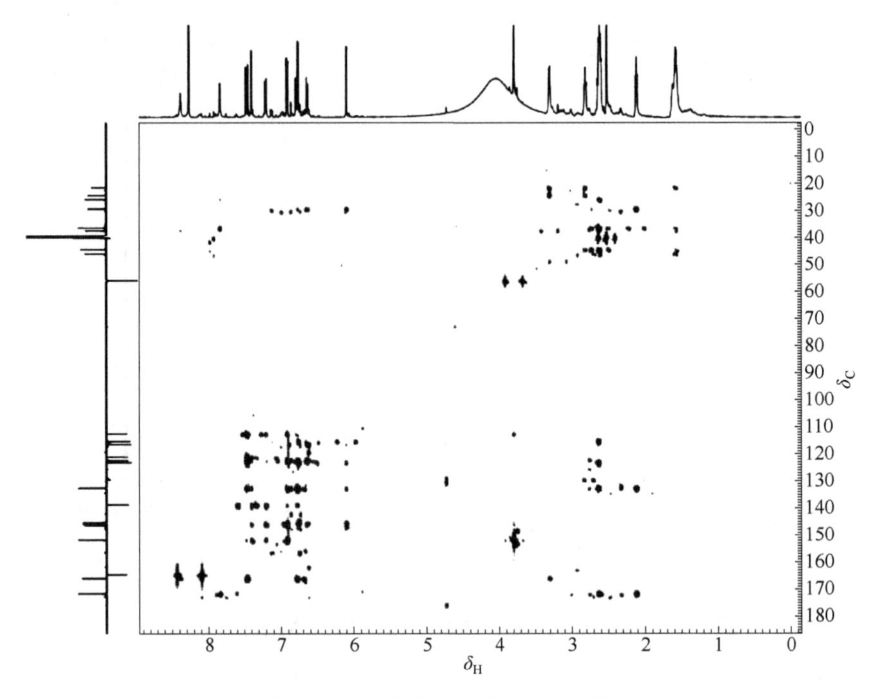

图 8-9　化合物 **8-1** 的 HMBC 谱

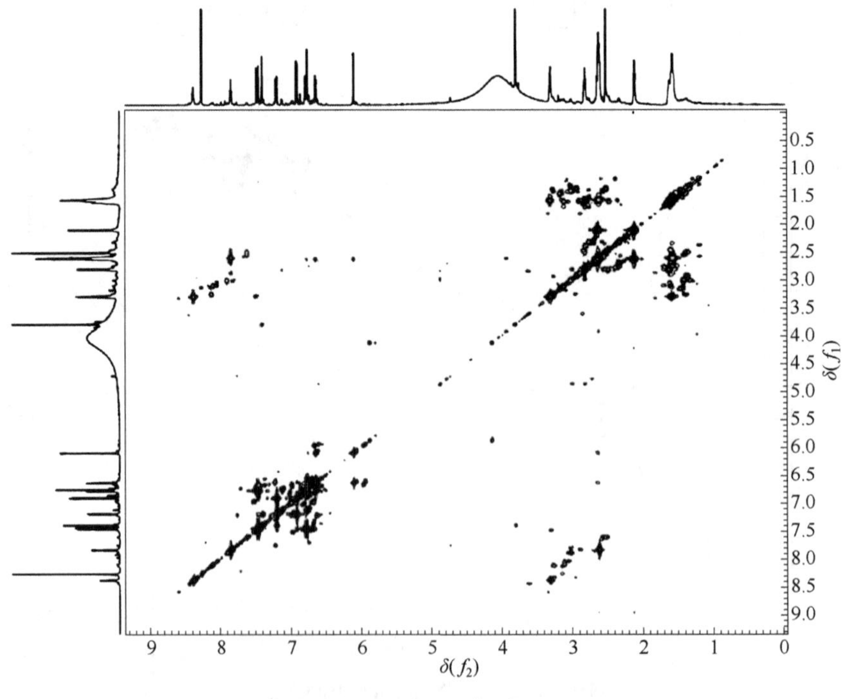

图 8-10　化合物 **8-1** 的 ^1H-^1H COSY 谱

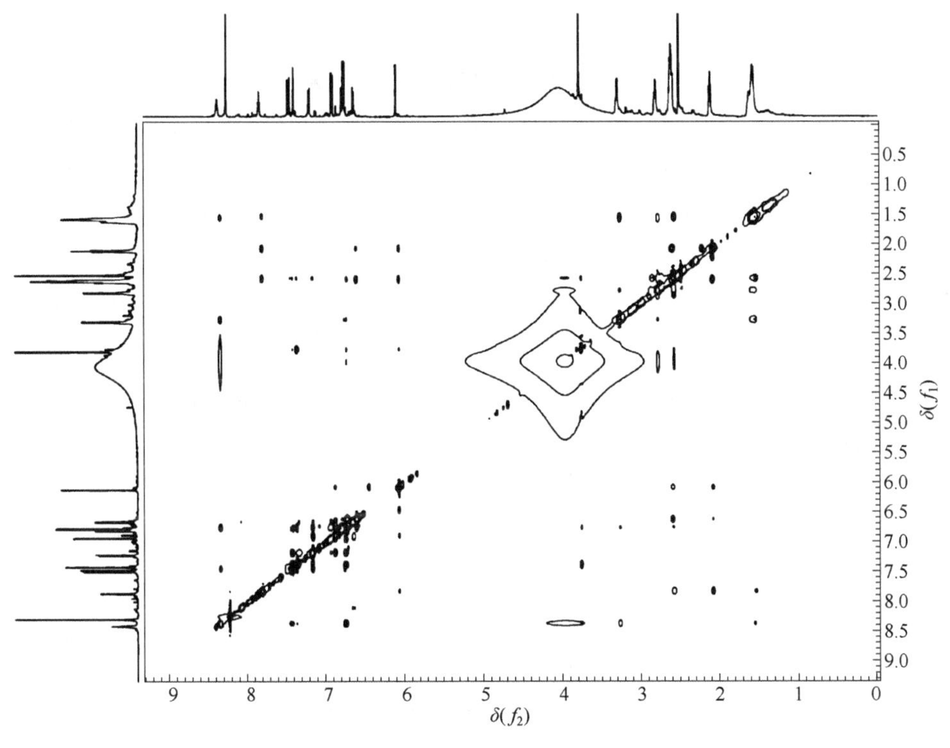

图 8-11 化合物 **8-1** 的 NOESY 谱

【例 8-2】诸葛菜碱 H（orychophragmuspine H）[1]

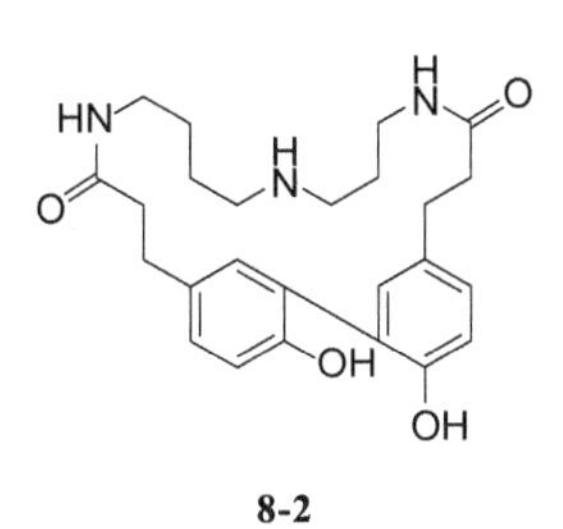

8-2

白色无定形粉末，碘化铋钾反应为阳性。

HR ESI-MS 中 m/z：440.2537（计算值为 440.2549），给出准离子峰 $[M+H]^+$，推断其分子式为 $C_{25}H_{33}N_3O_4$，不饱和度为 11。

IR 光谱显示该化合物中存在羟基（3317 cm^{-1}）、苯环（1600 cm^{-1}、1520 cm^{-1}、1503 cm^{-1}）等官能团的特征吸收峰。

^{1}H-NMR 谱（表 8-2）给出六个芳香质子信号，包括δ_H 6.74 (1H, d, J = 7.8 Hz, H-24)、6.76 (1H, d, J = 7.8 Hz, H-27)、6.95 (1H, dd, J = 7.8 Hz、1.2 Hz, H-28)、6.96

(1H, d, J = 1.2 Hz, H-4)、6.97 (1H, d, J = 1.2 Hz, H-26) 和 6.98 (1H, dd, J = 7.8 Hz、1.2 Hz, H-23)。依据它们的耦合常数，可以确定化合物 **8-2** 的结构中存在两个 ABX 耦合的苯环，即 2,3,5-三取代的苯环。除此之外，氢谱还给出了十一个亚甲基质子信号包括 δ_H 2.76 (2H, m, H-6)、2.35 (2H, m, H-7)、2.77 (2H, m, H-21)、2.47 (2H, m, H-20)、2.98 (2H, m, H-10)、δ_H 1.25 (2H, m, H-11)、1.15 (2H, m, H-12)、2.35 (2H, m, H-13)、2.29 (2H, m, H-15)、1.52 (2H, m, H-16) 和 3.09 (2H, m, H-17)，后面七个亚甲基信号为亚精胺的典型氢信号。最后，氢谱中还给出了三个氨基质子信号，包括 δ_H 7.80 (1H, br s, 9-NH)、8.36 (1H, br s, 14-NH) 和 8.21 (1H, br s, 18-NH)。

表 8-2　化合物 8-2 的 NMR 数据（600 MHz, DMSO）

位置	δ_C	类型	δ_H (J/ Hz)
1	127.0	C	
2	126.8	C	
3	154.2	C	
4	128.7	CH	6.96, d (1.2)
5	131.2	C	
6	30.9	CH_2	2.76, m
7	37.7	CH_2	2.35, m
8	171.9	C	
9			7.80, br s
10	37.5	CH_2	2.98, m
11	30.3	CH_2	1.25, m
12	26.2	CH_2	1.15, m
13	46.8	CH_2	2.35, m
14			8.36, br s
15	44.2	CH_2	2.29, m
16	30.9	CH_2	1.52, m
17	35.3	CH_2	3.09, m
18			8.21, brs
19	173.4	C	
20	36.6	CH_2	2.47, m
21	30.3	CH_2	2.77, m
22	130.9	C	
23	132.0	CH	6.98, dd (7.8, 1.2)
24	116.9	CH	6.74, d (7.8)
25	154.2	C	
26	127.8	CH	6.97, d (1.2)
27	117.0	CH	6.76, d (7.8)
28	131.6	CH	6.95, dd (7.8, 1.2)

^{13}C-NMR 谱（表 8-2）给出十二个芳香碳信号，分别为δ_C 127.0 (C-1)、126.8 (C-2)、154.2 (C-3)、128.7 (C-4)、131.2 (C-5)、130.9 (C-22)、132.0 (C-23)、116.9 (C-24)、154.2 (C-25)、127.8 (C-26)、117.0 (C-27) 和 131.6 (C-28)，与氢谱中解析出的两个苯环相一致。除此之外，碳谱中给出了十一个亚甲基碳信号δ_C 30.9 (C-6)、37.7 (C-7)、36.6 (C-20)、30.3 (C-21)、37.5 (C-10)、30.3 (C-11)、26.2 (C-12)、46.8 (C-13)、44.2 (C-15)、30.9 (C-16)、35.3 (C-17)，后面七个亚甲基信号为亚精胺的典型碳信号。另外，碳谱还给出两个羰基碳信号，分别是δ_C 171.9 (C-8)、173.4 (C-19)。

HMBC 谱中，两个亚甲基质子信号δ_H 2.76 (2H, m, H-6)、2.35 (2H,m, H-7)均与 A 环的δ_C 131.2 (C-5) 相关，确定了与 2,3,5-三取代的 A 环相连是两个亚甲基。化合物 **8-2** 的 C-1 (δ_C 127.0) 和 C-2 (δ_C 126.8)位于较高场，且在 HMBC 谱中，H-26 (δ_H 6.97) 和 C-2 (δ_C 126.8)存在相关，说明 C-1 和 C-2 是直接相连的，中间不再有醚键相连。化合物 **8-2** 的 C-3 (δ_C 154.2) 位于较低场，说明化合物 **8-2** 的 C-3 是羟基（—OH）取代。通过 ^{1}H-^{1}H COSY 谱，说明化合物 **8-2** 亚精胺结构片段为—NH(CH_2)$_4$—片段与 C-9 相连，—NH(CH_2)$_3$—片段与 C-20 相连。

综上所述，确定化合物 **8-2** 为一新化合物，最终命名为诸葛菜碱 H（orychophragmuspine H）。

附：化合物 8-2 的更多波谱图见图 8-12～图 8-18。

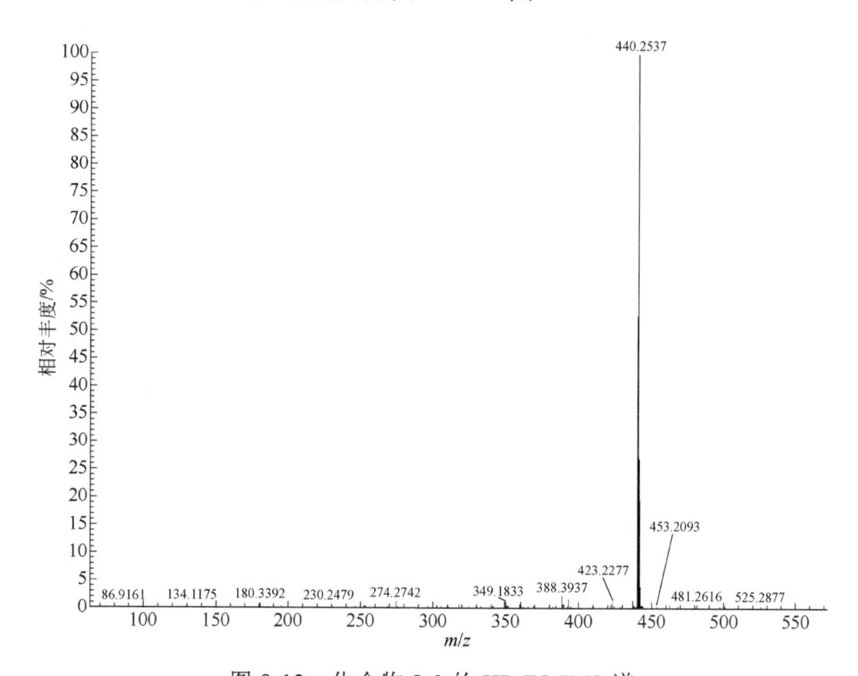

图 8-12 化合物 **8-2** 的 HR ES-IMS 谱

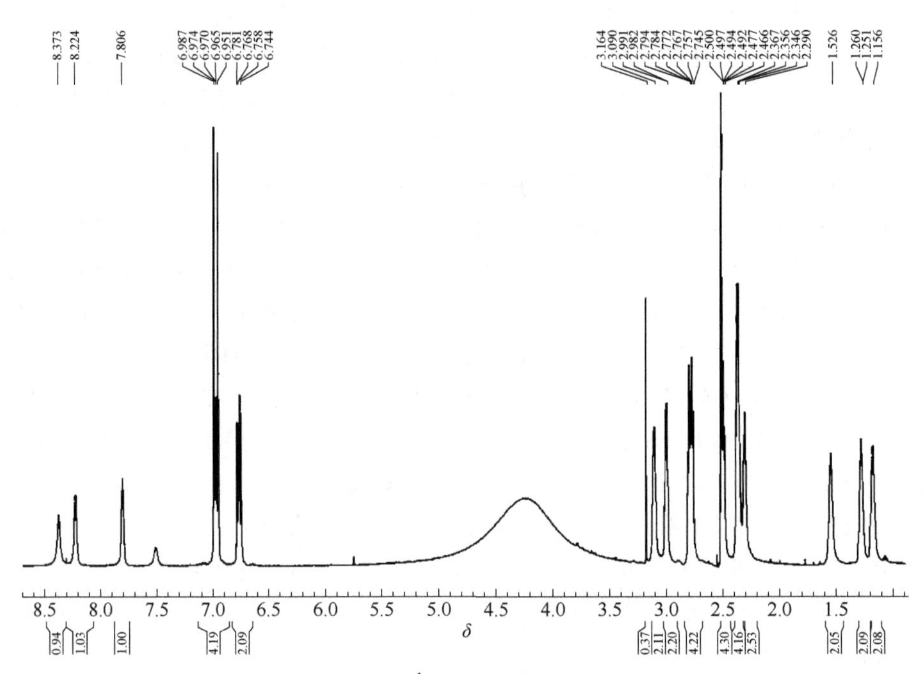

图 8-13　化合物 **8-2** 的 ¹H-NMR 谱（600 MHz, DMSO）

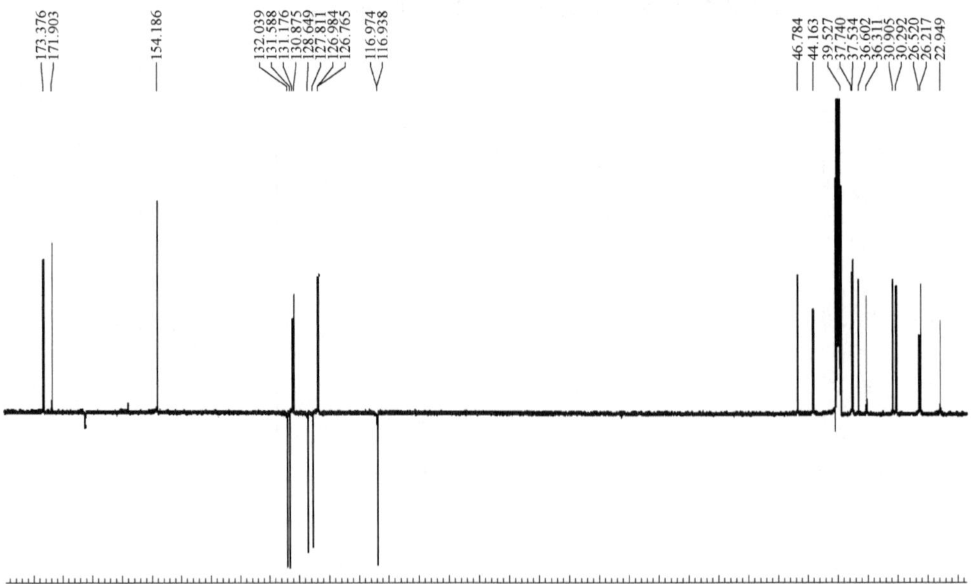

图 8-14　化合物 **8-2** 的 ¹³C-NMR 谱（150 MHz, DMSO）

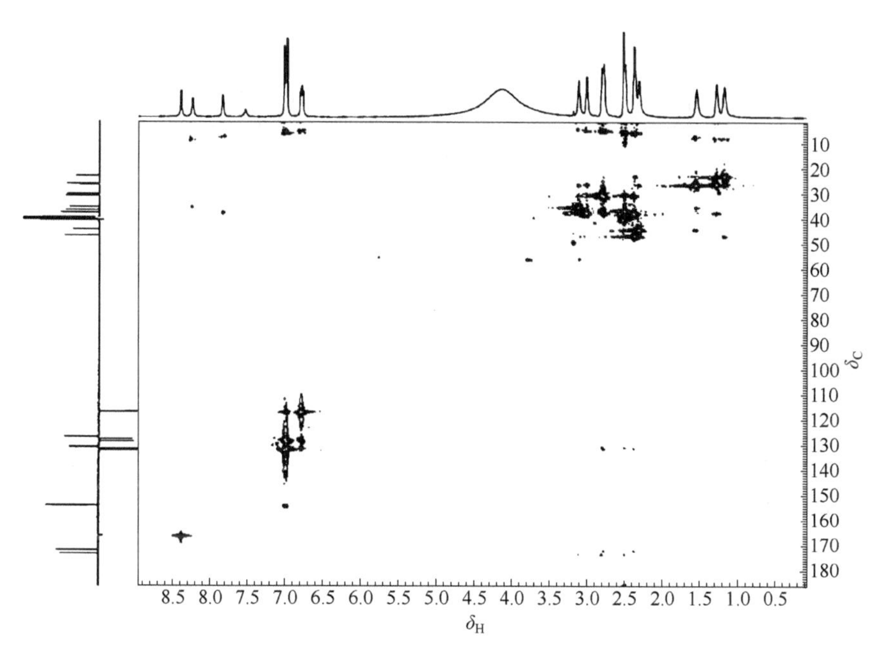

图 8-15　化合物 **8-2** 的 HSQC 谱

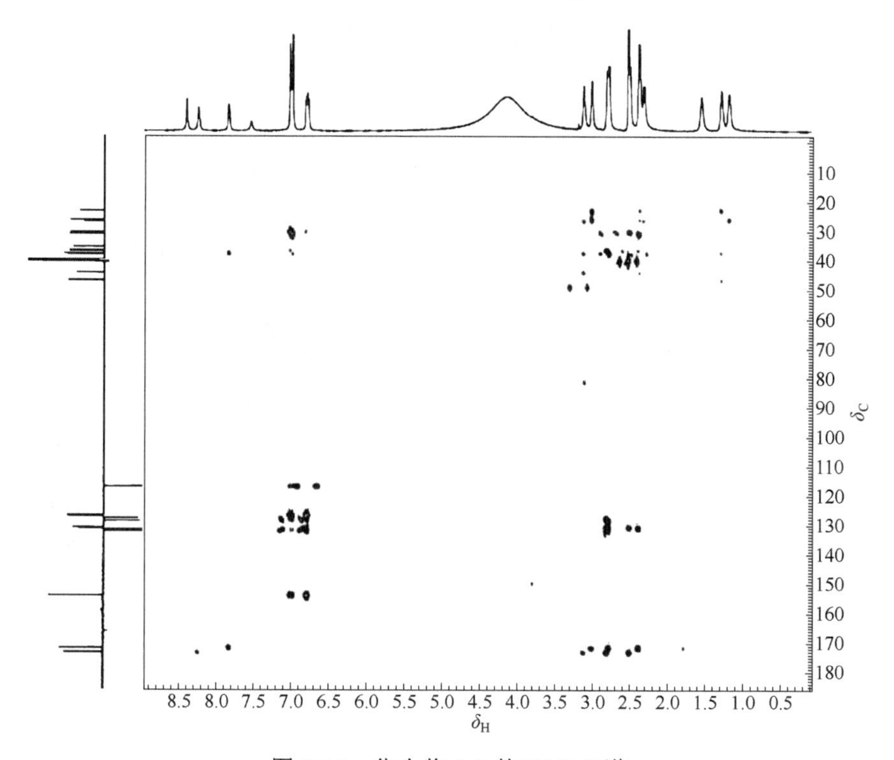

图 8-16　化合物 **8-2** 的 HMBC 谱

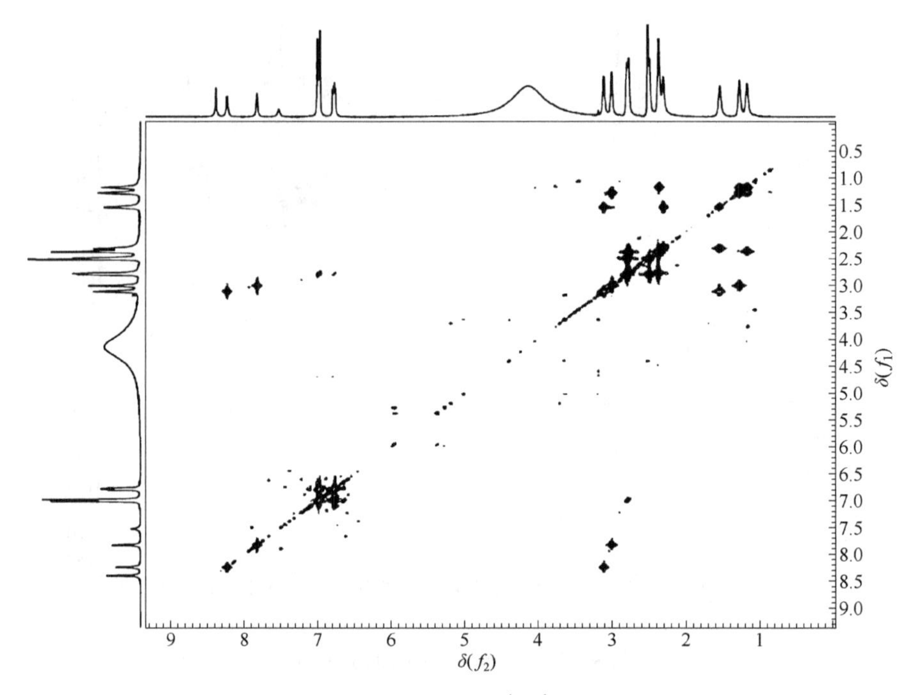

图 8-17　化合物 **8-2** 的 ^{1}H-^{1}H COSY 谱

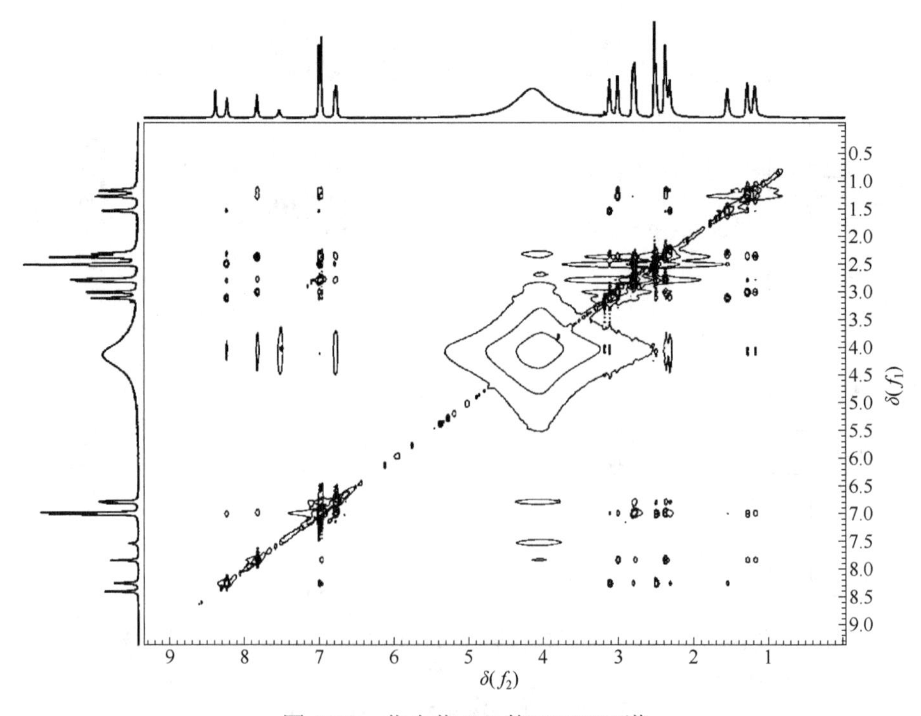

图 8-18　化合物 **8-2** 的 NOESY 谱

【例 8-3】诸葛菜碱 I（orychophragmuspine I）[2]

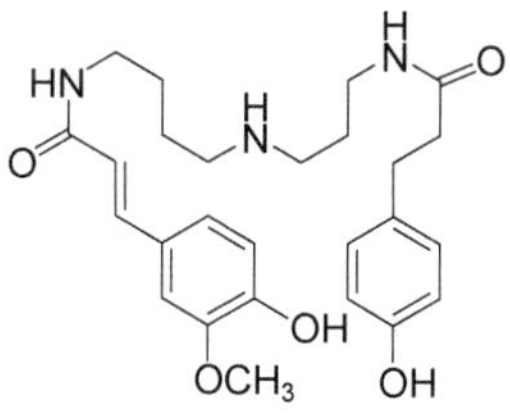

8-3

白色无定形粉末，碘化铋钾反应为阳性。

HR ESI-MS 中 *m/z*：470.2645（计算值为 470.2655），给出准离子峰$[M+H]^+$，推断其分子式为 $C_{26}H_{35}N_3O_5$，不饱和度为 11。

IR 光谱显示该化合物中存在 *β*-不饱和双键（1653 cm^{-1}）、苯环（1558 cm^{-1}、1541 cm^{-1}、1506 cm^{-1}）等官能团的特征吸收峰。

^{1}H-NMR 谱（表 8-3）给出七个芳香质子信号，包括δ_H 6.66 (2H, d, *J* = 8.4 Hz, H-3″/5″)、6.96 (2H, d, *J* = 8.4Hz, H-2″/6″)、6.80 (1H, d, *J* = 7.8 Hz, H-5′)、7.11 (1H, d, *J* = 1.2 Hz, H-2′)、6.98 (1H, dd, *J* = 7.8 Hz、1.2 Hz, H-6′)。依据它们的耦合常数，可以确定化合物 **8-3** 的结构中有一个 AA′BB′耦合的苯环 (1,4-二取代的苯环) 和 ABX 耦合的苯环 (1,2,4-三取代的苯环)。除此之外，氢谱还给出了反式双键质子信号，包括δ_H 7.31 (1H, d, *J* = 15.6 Hz, H-7′) 和 6.45 (1H, *J* = 15.6 Hz, H-8′)，还有九个亚甲基质子信号，包括δ_H 2.31 (2H, m, H-7″)、2.78 (2H, m, H-8″)、3.17 (2H, m, H-2)、1.58 (2H, m, H-3)、1.48 (2H, m, H-4)、2.68 (2H, m, H-5)、2.67 (2H, m, H-7)、1.66 (2H, m, H-8) 和 3.08 (2H, m, H-9)，后面七个亚甲基信号为亚精胺的典型氢信号。另外氢谱中给出了一个甲氧基信号为δ_H 3.81 (3H, s, 3″-OCH_3)。最后，氢谱中还给出了三个氨基质子信号，包括δ_H 8.40 (1H, s, 1-NH)、8.01 (1H, br s, 6-NH) 和 8.10 (1H, br s,10-NH)。

^{13}C-NMR 谱（表 8-3）给出十二个芳香碳信号，分别为：δ_C 126.4 (C-1′)、111.3 (C-2′)、147.7 (C-3′)、148.2 (C-4′)、115.6 (C-5′)、121.1 (C-6′)、131.0 (C-1″)、128.5 (C-2″)、114.8 (C-3″)、155.1 (C-4″)、114.8 (C-5″) 和 128.5 (C-6″)，与氢谱中解析出的两个苯环相一致。除此之外，碳谱中还给出了 9 个亚甲基碳信号：δ_C 29.9 (C-7″)、37.0 (C-8″)、38.0 (C-2)、24.7 (C-3)、26.4 (C-4)、47.3 (C-5)、45.3 (C-7)、27.4 (C-8)、36.0 (C-9)，后面七个亚甲基信号为亚精胺的典型碳信号。另外，碳谱还给出了两个羰基碳信号、两个反式双键碳信号和一个甲氧基碳信号，分别是：δ_C 165.1 (C-9′)、171.4 (C-9″)、138.5 (C-7′)、119.1 (C-8′) 和 55.6 (3″-OCH_3)。

表 8-3　化合物 **8-3** 的 NMR 数据（600 MHz, DMSO）

位置	δ_C	类型	δ_H(*J*/Hz)
1			8.40, s
2	38.0	CH_2	3.17, m
3	24.7	CH_2	1.58, m
4	26.4	CH_2	1.48, m
5	47.3	CH_2	2.68, m
6			8.01, br s
7	45.3	CH_2	2.67, m
8	27.4	CH_2	1.66, m
9	36.0	CH_2	3.08, m
10			8.10, br s
1′	126.4	C	
2′	111.3	CH	7.11, d (1.2)
3′	147.7	C	
4′	148.2	C	
5′	115.6	CH	6.80, d (7.8)
6′	121.1	CH	6.98, dd (7.8, 1.2)
7′	138.5	CH	7.31, d (15.6)
8′	119.1	CH	6.45, d (15.6)
9′	165.1	C	
1″	131.0	C	
2″	128.5	CH	6.96, d (8.4)
3″	114.8	CH	6.66, d (8.4)
4″	155.1	C	
5″	114.8	CH	6.66, d (8.4)
6″	128.5	CH	6.96, d (8.4)
7″	29.9	CH_2	2.31, m
8″	37.0	CH_2	2.78, m
9‴	171.4	C	
3″-OCH_3	55.6	CH_3	3.81, s

^{1}H-NMR 谱和 ^{13}C-NMR 谱数据确定化合物 **8-3** 是一个亚精胺生物碱的衍生物。HMBC 谱中，反式双键质子信号 δ_H 7.31 (1H, d, *J* = 15.6 Hz, H-7′) 与 A 环的 δ_C 111.3 (C-2′) 和 121.1 (C-6′) 相关，确定了反式双键与 1,2,4-三取代的 A 环相连。亚甲基质子信号 δ_H 2.31 (2H, m, H-7″) 与 B 环的 δ_C 128.5 (C-2″/6″) 相关，确定了与 1,4-二取代的 B 环相连是两个亚甲基。—OCH_3（δ_H 3.81）和 A 环的 C-3′ (δ_C 147.7) 相关，说明—OCH_3 连接在 C-3′上。反式双键质子信号 δ_H 6.45 (1H, d, *J* = 15.6 Hz, H-8′)

和氨基质子信号δ_H 8.40 (1H, s, 1-NH) 又分别与羰基碳信号δ_C 165.1 (C-9′) 相关，说明了有一个不饱和酰胺键的存在。亚甲基质子信号δ_H 2.78 (2H, m, H-8″) 和氨基质子信号δ_H 8.10 (1H，br s, 10-NH) 又分别与羰基碳信号δ_C 171.4 (C-9″) 相关，说明了存在另一个饱和酰胺键。^{1}H-^{1}H COSY 谱中亚甲基质子信号δ_H 3.17 (2H, m, H-2) 与δ_H 8.40 (1H, s, 1-NH)、1.58 (2H, m, H-3) 分别相关，δ_H 1.48 (2H, m, H-4) 又分别与δ_H 1.58 (2H, m, H-3) 和 2.68 (2H, m, H-5) 相关，且较δ_H 2.68 (2H, m, H-5) 位于较高场，说明是 C-5 与 N-6 直接相连，再通过 HMBC 的相关，确定了亚精胺的—NH$(CH_2)_4$—片段与 C-9 相连。亚甲基质子信号δ_H 3.08 (2H, m, H-9) 与δ_H8.10 (1H, br s, 10-NH)、1.66 (2H, m, H-8) 分别相关，δ_H 1.66 (2H, m, H-8)又分别与δ_H 2.67 (2H, m, H-7) 和 3.08 (2H, m, H-9) 相关，且较δ_H 2.67 (2H, m, H-7)位于较高场，说明是 C-7 与 N-6 直接相连，再通过 HMBC 的相关，确定了亚精胺的—NH$(CH_2)_3$—片段与 C-20 相连。通过 HMBC 谱和 ^{1}H-^{1}H COSY 谱确定了结构中存在亚精胺结构片段。

NOESY 谱中，与化合物 **8-2** 相比，B 环上的所有质子信号与 A 环上的所有质子信号都不相关，表明 A 环和 B 环是没有相互连接的。

综上所述，确定化合物 **8-3** 为一新化合物。最终命名为诸葛菜碱 I（orychophragmuspine I）

附：化合物 8-3 的更多波谱图见图 8-19～图 8-25。

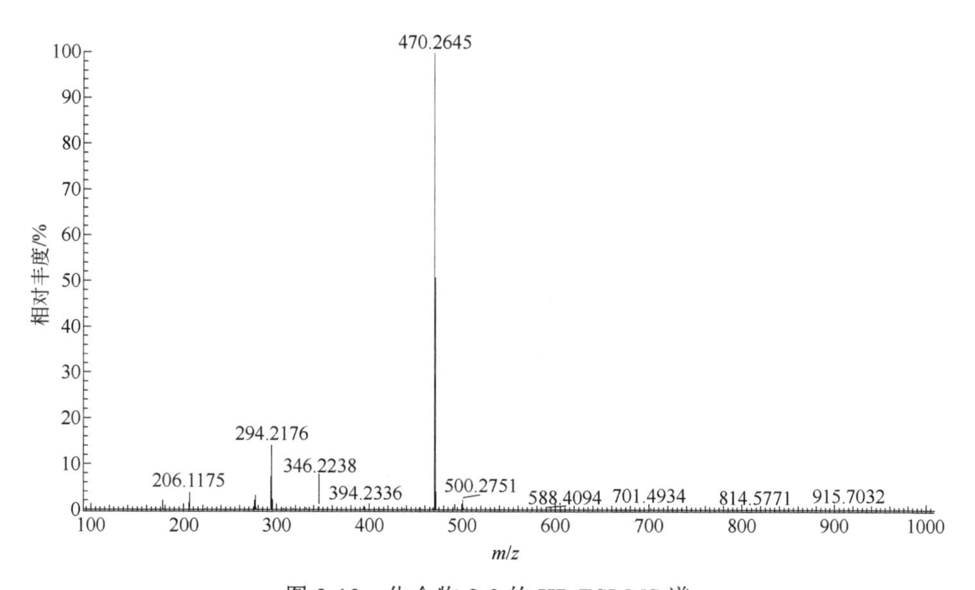

图 8-19　化合物 **8-3** 的 HR ESI-MS 谱

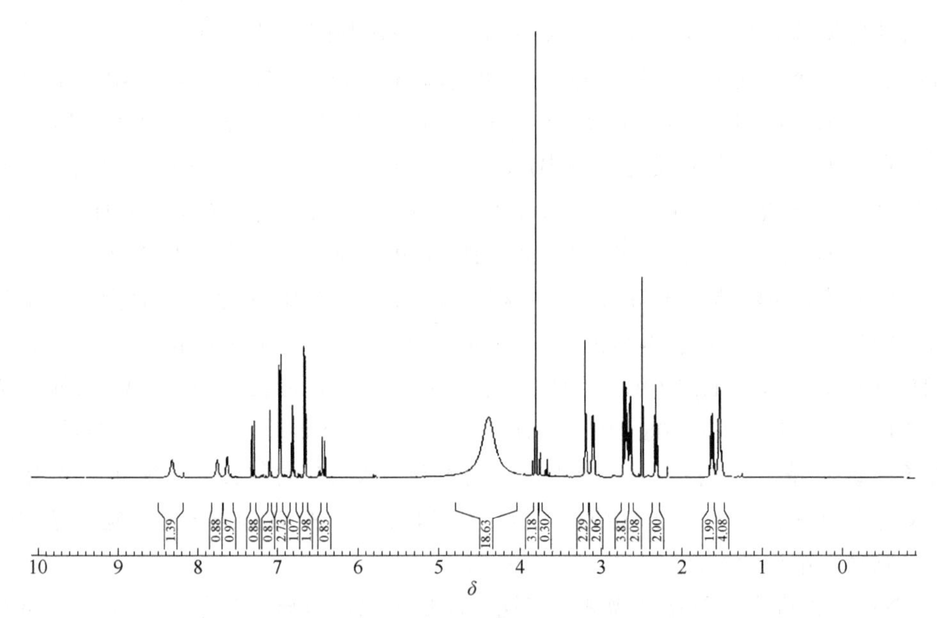

图 8-20　化合物 **8-3** 的 ^{1}H-NMR 谱（600 MHz, DMSO）

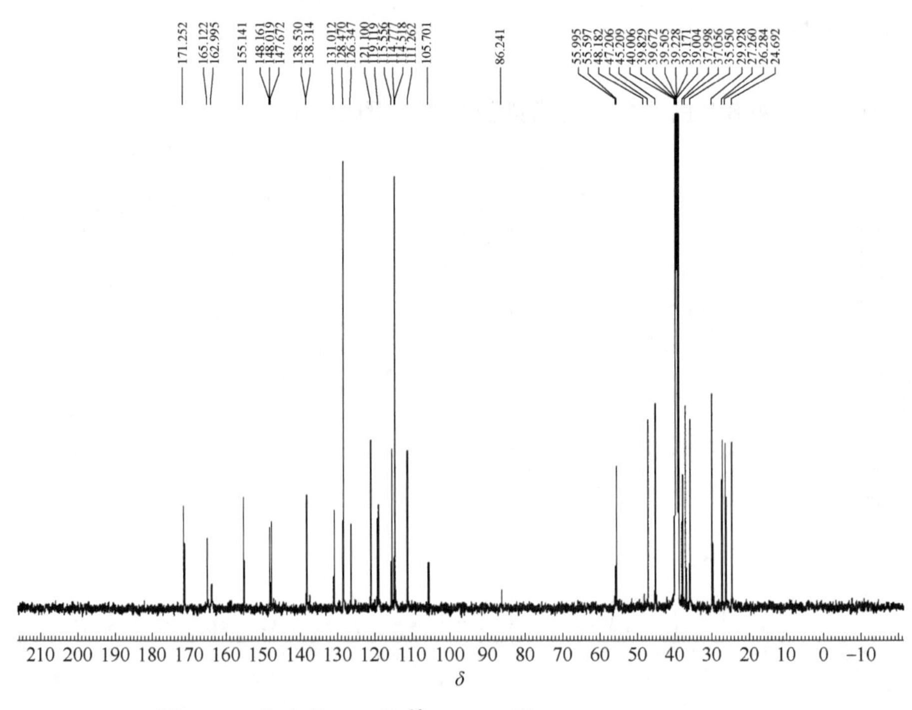

图 8-21　化合物 **8-3** 的 ^{13}C-NMR 谱（150 MHz, DMSO）

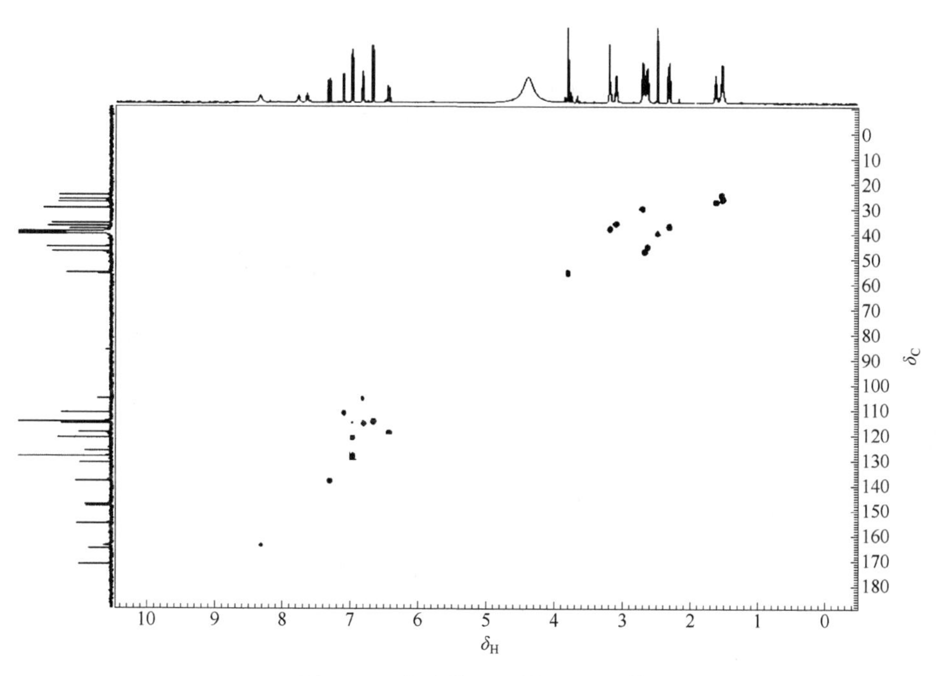

图 8-22 化合物 **8-3** 的 HSQC 谱

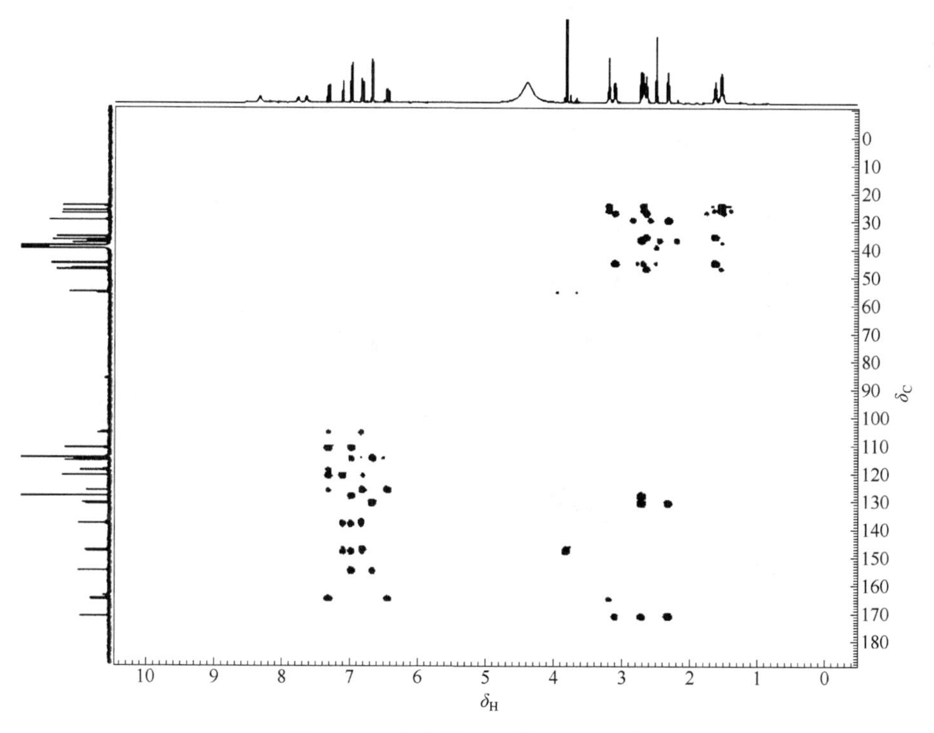

图 8-23 化合物 **8-3** 的 HMBC 谱

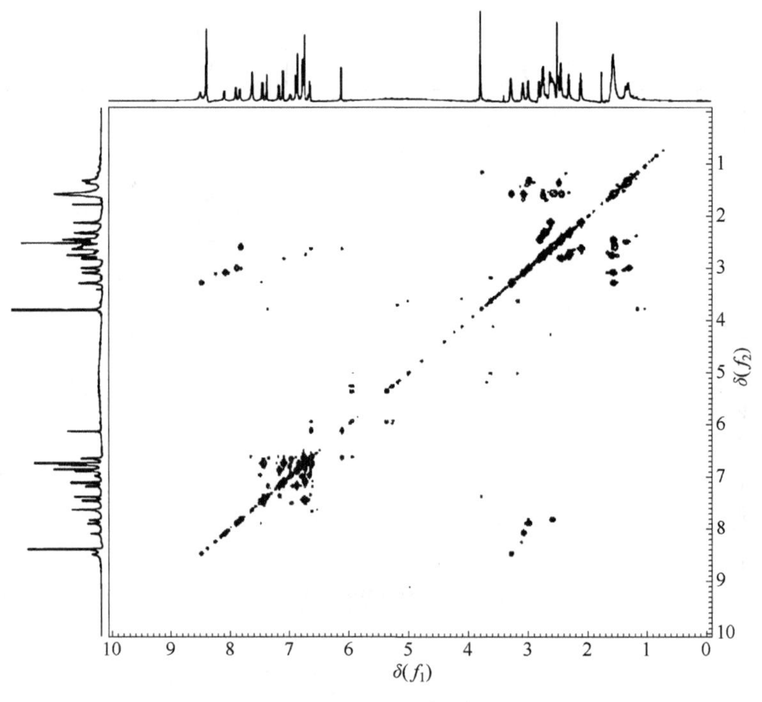

图 8-24　化合物 **8-3** 的 ^1H-^1H COSY 谱

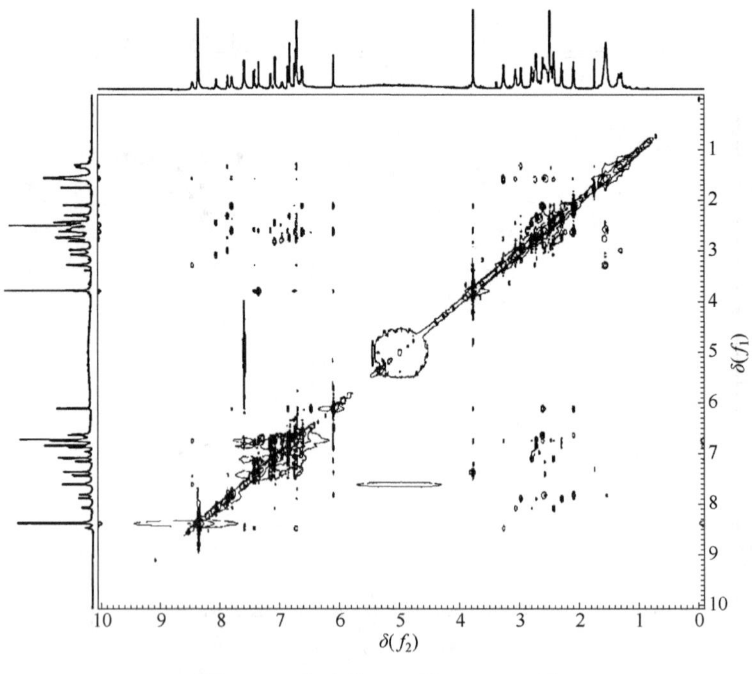

图 8-25　化合物 **8-3** 的 NOESY 谱

参考文献

[1] Zhu N L, Wu H F, Xu Z Q, et al. New alkaloids with unusual spermidine moieties from the seeds of *Orychophragmus violaceus* and their cytoprotective properties[J]. RSC Advances, 2017, 7(66): 41495-41498.

[2] Liu C Q, Zhu N L, Yang S X, et al. Protective effect of Orychophragmuspine I against oxidative damage in HepG2 cells induced by hydrogen peroxide[J]. Modern Food Science and Technology, 2017, 33(6): 19-25.

第9章 酮类化合物结构解析

酮类化合物包括以桂皮酰辅酶 A 为起始单元，形成 C_6-C_3 基本骨架，由莽草酸途径生物合成的黄酮类成分，以及以乙酰辅酶 A、丙二酰辅酶 A 为起始 C_2 单元，通过一系列缩合反应形成的聚酮类化合物。其中黄酮类化合物主要存在于高等植物中，如柚皮素、木犀草素、芦丁和橙皮苷等。聚酮类化合物主要由细菌和真菌产生，如红霉素、四环素、灰黄霉素等。

黄酮类化合物结构常见，类型清晰，主要分为黄酮类、黄酮醇类、二氢黄酮类、二氢黄酮醇类、异黄酮类、二氢异黄酮类、查耳酮类、黄烷醇及儿茶素类、异黄酮和橙酮类等（图 9-1）。

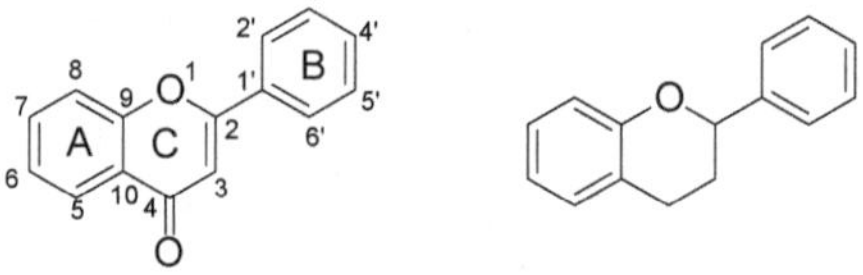

图 9-1　黄酮的常见结构类型

聚酮类化合物根据以模块形式存在的Ⅰ型聚酮合酶，包含一套可重复使用结构域的Ⅱ型聚酮合酶，以及不需要 ACP 参与，以植物中的查耳酮合酶为代表的Ⅲ型聚酮合酶，形成的化合物类型，可分为大环内酯类、四环素类、蒽醌类、聚醚类等（图 9-2）。

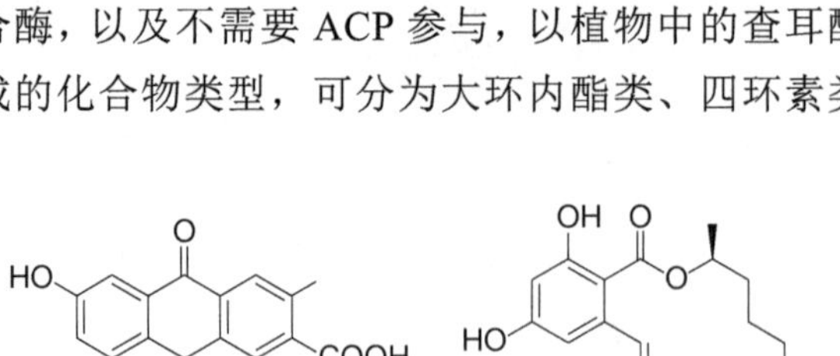

图 9-2　聚酮的常见结构类型

NMR 谱是确定酮类化合物结构的主要技术手段。其中黄酮类化合物的结构类型较多，可根据 NMR 谱的一般规律进行分析，黄酮类化合物的 NMR 谱特征峰较为明显，一般其 ^{13}C-NMR 化学位移范围出现在 δ_C 90~185，其中 C 环 2、3 位的化学位移出现在 δ_{C-2} 160~165.5、δ_{C-3} 104~112。

羰基的化学位移是区分黄酮类化合物类别的重要信息。C-5 位无羟基取代时，C-4 位羰基碳的化学位移大约处于 δ_{C-4} 175~177.5；C-5 位有羟基取代时，由于羟基和羰基形成氢键，化学位移向低场移动，出现在 δ_{C-4} 181 左右。

另外，δ_C 90~110 区域的谱峰为 A 环 C-5 和 C-7 位被羟基或甲氧基取代后相应的 C-6 和 C-8 位的化学位移，或是 C-7 位被羟基或甲氧基取代后相应的 C-8 位的化学位移，或是三氧取代的 B 环的 C-2 和 C-6 位的化学位移，以及黄酮类化合物的 C-3 位的化学位移；δ_C 110~140 区域为 A 环中的 C-5、C-6、C-7、C-8 以及 C-10 位（无其他含氧取代基，或只具有烷基取代基）的化学位移，与 C-3 位形成氧杂环的化合物除外。当在 A 环上仅有一个含氧取代基时，这个取代基的间位或对位的碳也出现在这个区域，B 环无官能团取代的单取代或双取代的碳的化学位移也出现在这个区域；δ_C 133~168 区域为 A 环和 B 环的连氧碳，A 环和 B 环中如果有 3 个连氧碳彼此相邻，处于中间的碳的化学位移应该在高场，即 C-5、C-6 和 C-7 位，或 C-6、C-7 和 C-8 位，或 C-7、C-8 和 C-9 位（此碳为吡酮环连氧碳），也或者是 B 环中 C-3′、C-4′和 C-5′位均为连氧碳，其中 C-6、C-7、C-8 位以及 C-4′ 位的化学位移也可能出现在 δ_C 133~138。

【例 9-1】atalantraflavone[1]

9-1

黄色固体，$[\alpha]_D^{20} = +86.1°$（$c = 0.1$, MeOH）。

HR ESI-MS *m/z*：337.1075，对应$[M + H]^+$（计算值：337.1076），结合氢谱和碳谱推断此化合物的分子式为 $C_{20}H_{16}O_5$，不饱和度为 13。

IR (KBr) 光谱显示结构中存在：羟基 (—OH) 3596 cm^{-1}，芳香环 2924 cm^{-1}、1589 cm^{-1}、1448 cm^{-1}、1251 cm^{-1}、770 cm^{-1}，羰基 (C═O) 1657 cm^{-1} 的特征吸收峰。

UV (MeOH) 光谱显示 λ_{max} (lgε) 为 214 nm (4.10)、277 nm (3.95)、304 nm (3.86)。

^{1}H-NMR 谱（表 9-1）给出五个芳香质子信号，包括 δ_H 6.16 (1H, s, H-6)、7.68 (2H, d, J = 8.0 Hz, H-2′/6′) 和 6.85 (2H, d, J = 8.0 Hz, H-3′/5′)。依据它们的耦合常数，可以确定化合物 **9-1** 的结构中存在一个对位取代的苯环。除此之外，氢谱还给出了反式双键质子信号，包括 δ_H 6.43 (1H, s, H-3)，两个甲基质子信号：δ_H 1.07 (3H, s, H-7″)、0.66 (3H, s, H-8″)，两个亚甲基质子信号：δ_H 2.57 (1H, d, J = 5.6 Hz, H-4″)、4.46 (1H, d, J = 5.6 Hz, H-5″)。

表 9-1　化合物 **9-1** 的 NMR 数据（400 MHz, $CDCl_3$）

位置	δ_C	类型	δ_H (J/Hz)
2	164.3	C	
3	103.2	CH	6.43, s
4	182.6	C	
5	161.2	C	
6	93.9	CH	6.16, s
7	168.0	C	
8	105.9	C	
9	153.0	C	
10	104.8	C	
1′	122.0	C	
2′/6′	128.2	CH	7.68, d (8.0)
3′/5′	116.0	CH	6.85, d (8.0)
4′	160.9	C	
4″	28.7	CH	2.57, d (5.6)
5″	73.1	CH	4.46, d (5.6)
6″	15.0	C	
7″	22.6	CH_3	1.07, s
8″	12.6	CH_3	0.66, s

^{13}C-NMR 谱（表 9-1）给出十二个芳香碳信号，分别为：δ_C 161.2 (C-5)、93.9 (C-6)、168.0 (C-7)、105.9 (C-8)、153.0 (C-9)、104.8 (C-10)、122.0 (C-1′)、128.2 (C-2′/6′)、116.0 (C-3′/5′) 和 160.9 (C-4′)，与氢谱中解析出的两个苯环相一致。除此之外，碳谱中给出了两个甲基碳信号：δ_C 22.6 (C-7″) 和 12.6 (C-8″)。另外，碳谱还给出了一个羰基碳信号、两个反式双键碳信号和两个亚甲氧基碳信号，分别是：δ_C 182.6 (C-4)、164.3 (C-2)、103.2 (C-3)、28.7 (C-4″) 和 73.1 (C-5″)。

^{1}H-NMR 谱和 ^{13}C-NMR 谱数据确定化合物 **9-1** 是一个黄酮类化合物。在 HMBC 谱中，6.43 (1H, s, H-3) 和 6.16 (1H, s, H-6) 均为单峰，说明化合物 **9-1** 中存在 5,7,8-三取代的色酮片段；δ_H 7.68 (2H, d, J = 8.0 Hz, H-2′/6′) 与 δ_C 164.3 (C-2) 相关，表明 1,4 取代的苯环通过 C-2 位连接在色酮片段上，6.43 (1H, s, H-3) 与 122.0 (C-1′) 相关证实了上面的推测（图 9-3）。在 HSQC 相关谱中，δ_H 4.46 (J = 5.6 Hz) 和 δ_C 73.1 相关，归属为 C-5″的碳氢信号，δ_H 2.57 (J = 5.6 Hz) 和 δ_C 28.7 相关，归属为 C-4″的碳氢信号，H-4″和 H-5″间的耦合常数($J_{4'',5''}$ = 5.6 Hz) 较小，证实了这两个质子为顺式取向。此外，在 ^{1}H-^{1}H COSY 谱中，H-5″与 H-4″相关，并且这两个质子与 HMBC 谱中的 C-7 (δ_C 168.0) 相关，推测该质子为连接在 5,7,8-三取代色酮 7 位上的二氢呋喃片段。通过 HSQC 确定结构中存在另外两个甲基 C-8″ (δ_H 0.66, δ_C 12.6) 和 C-7″ (δ_H 1.07, δ_C 22.6)。在 HMBC 图（图 9-3）中，这两个甲基 (C-7″和 C-8″) 与

C-6″ (δ_C 15.0)、C-4″ (δ_C 28.7)、C-5″(δ_C 73.1) 相关，表明两个甲基与呋喃上的碳组成了一个环丙烷。NOE 实验显示 H-4″ (和 H-5″) 与 CH_3-7″ (δ_H 1.07/δ_C 22.6) 相关，表明这些质子位于呋喃环的同侧。

综上所述，确定化合物 **9-1** 为黄酮，将其命名为 atalantraflavone。

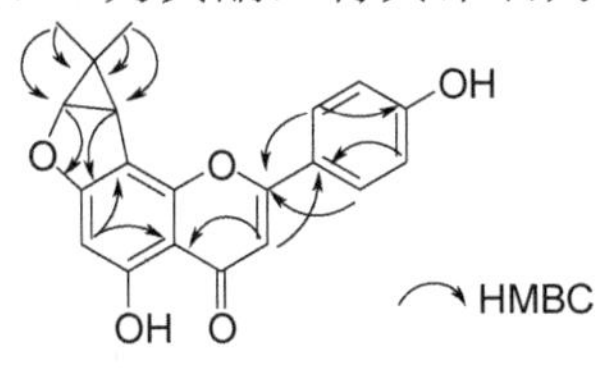

图 9-3 化合物 **9-1** 的主要 HMBC 相关

附：化合物 9-1 的更多波谱图见图 9-4～图 9-9。

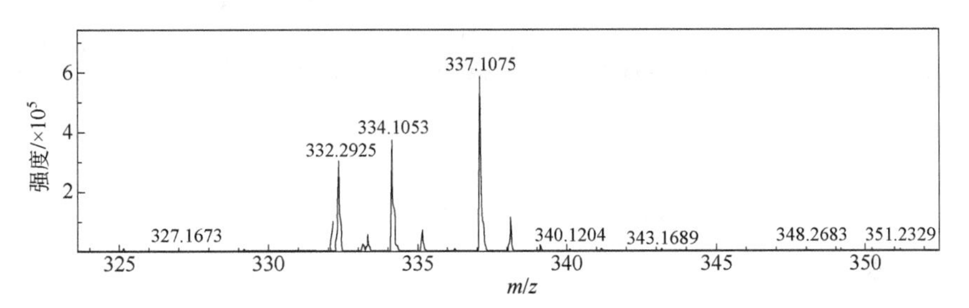

图 9-4 化合物 **9-1** 的 HR ESI-MS 谱

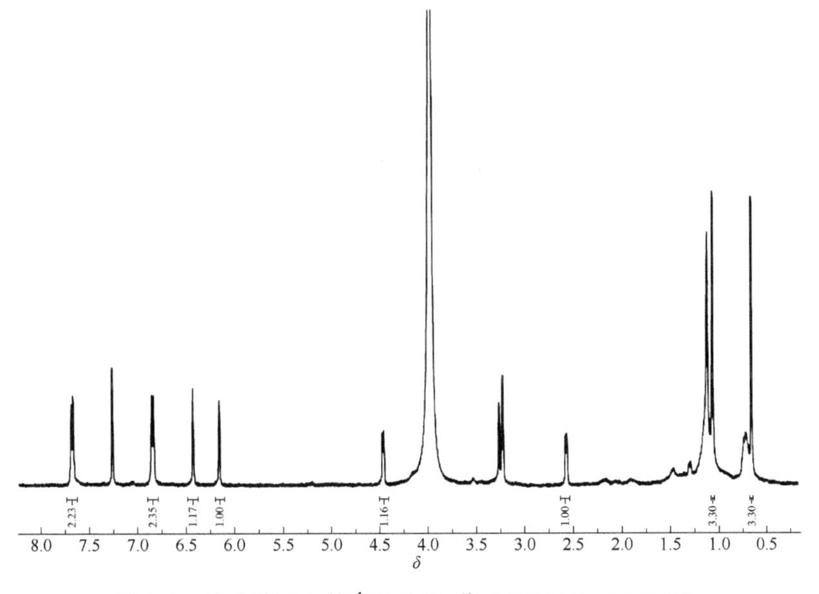

图 9-5 化合物 **9-1** 的 ^{1}H-NMR 谱（600 MHz, DMSO）

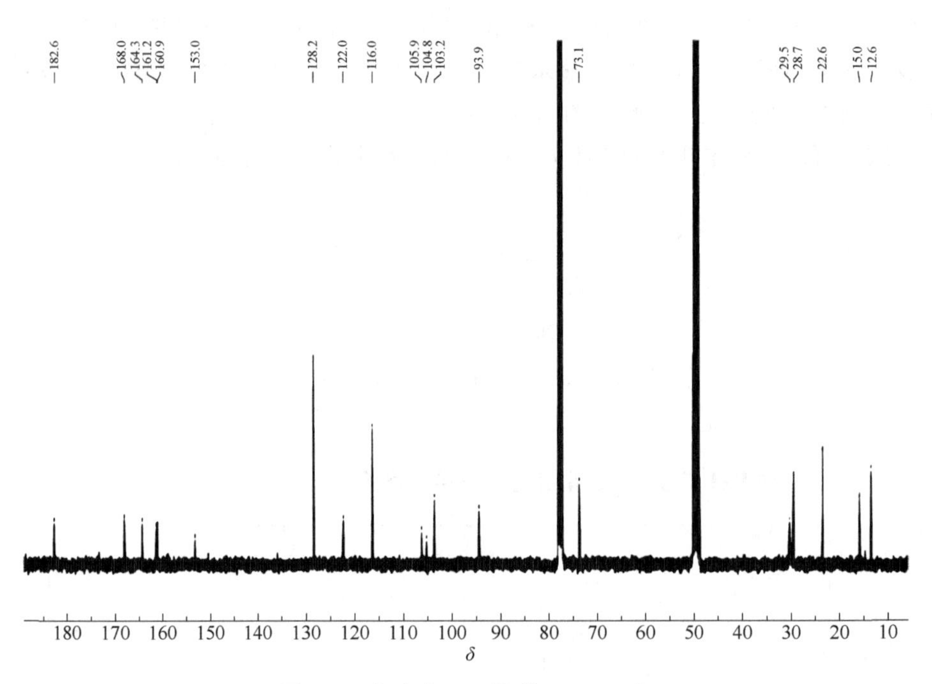

图 9-6　化合物 **9-1** 的 ^{13}C-NMR 谱

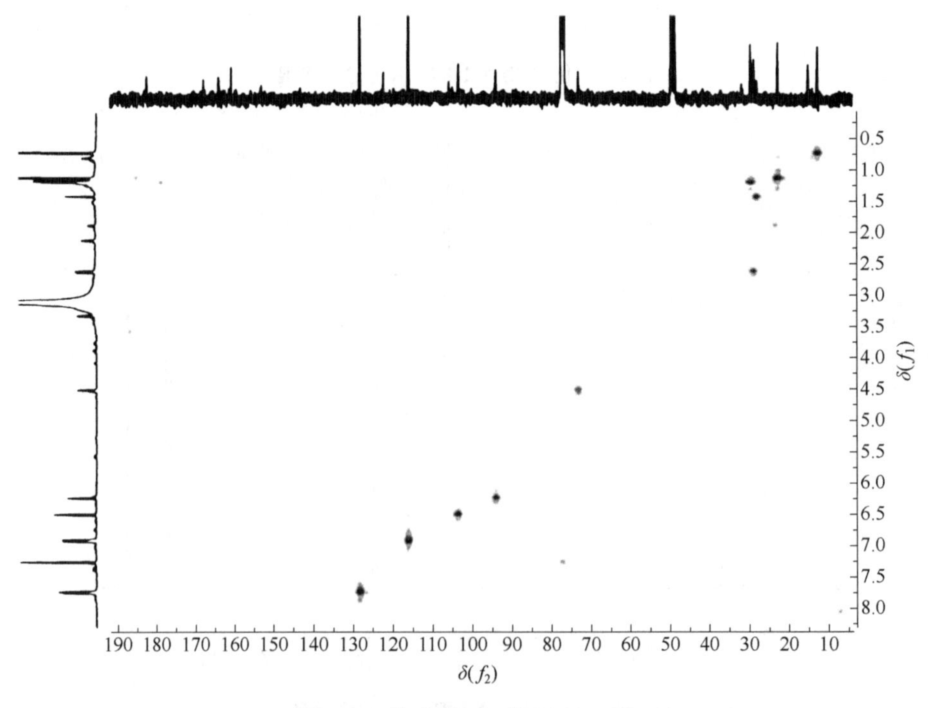

图 9-7　化合物 **9-1** 的 HSQC 谱

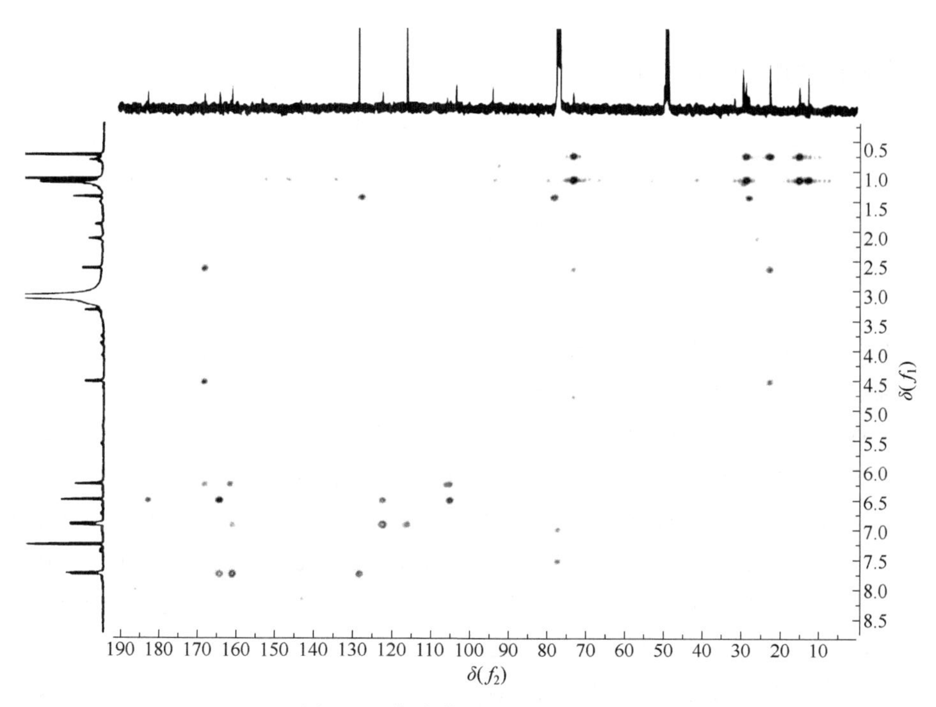

图 9-8 化合物 **9-1** 的 HMBC 谱

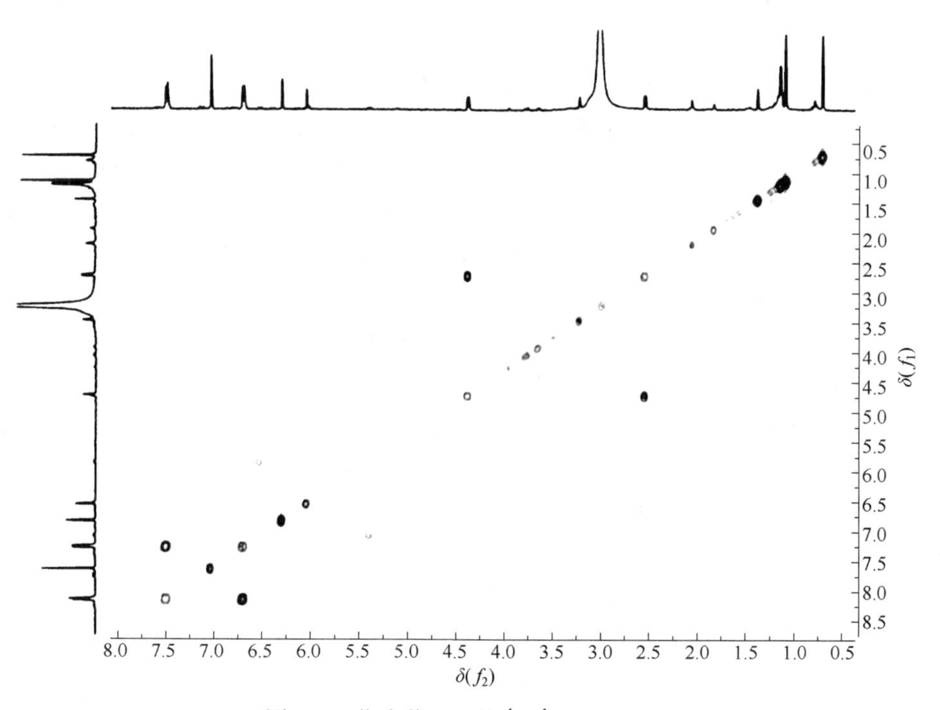

图 9-9 化合物 **9-1** 的 ^{1}H-^{1}H COSY 谱

【例 9-2】penimethavone A[2]

9-2

黄色粉末。HR ESI-MS *m/z*：301.0709，对应 $[M+H]^+$ (计算值：301.0707)，结合氢谱和碳谱推断此化合物的分子式为 $C_{16}H_{12}O_6$，不饱和度为 11。

IR (KBr) 光谱显示结构中存在：3169 cm^{-1}、2925 cm^{-1}、1650 cm^{-1}、1506 cm^{-1}、1458 cm^{-1}、1346 cm^{-1}、1164 cm^{-1}，羰基 1650 cm^{-1} 的特征吸收峰。

^{1}H-NMR 谱（表 9-2）给出四个芳香质子信号，包括 δ_H 6.20 (1H, d, J =1.8 Hz, H-6)、6.35 (1H, d, J = 1.8 Hz, H-8)、6.28 (1H, d, J = 1.5 Hz, H-3′) 和 6.21 (1H, d, J = 1.5 Hz, H-5′)。依据它们的耦合常数，可以确定化合物 **9-2** 结构中存在一个间位取代的苯环。除此之外，氢谱还给出了反式双键质子信号，包括 δ_H 6.21 (1H, s, H-3) 和一个甲基质子信号 δ_H 2.13 (3H, s, H-7′)；四个活泼质子信号：δ_H 12.91 (1H, s, OH-5)、10.84 (1H, s, OH-7)、δ_H 9.83 (1H, s, OH -2′) 和 δ_H 9.74 (1H, s, OH-4′)，其中 δ_H 12.91 处的化学位移表明结构中存在分子内氢键。

^{13}C-NMR 谱（表 9-2）给出 12 个芳香碳信号，分别为：δ_C 103.8 (C-4a)、161.6 (C-5)、98.7 (C-6)、164.2 (C-7)、93.8 (C-8)、158.2 (C-8a)、111.2 (C-1′)、157.0 (C-2′)、100.3 (C-3′)、159.9 (C-4′)、108.8 (C-5′) 和 139.0 (C-6′)，与氢谱中解析出的两个苯环相一致。除此之外，碳谱中给出了一个甲基碳信号：δ_C 19.9 (C-7′)。另外，碳谱还给出了一个羰基碳信号和两个反式双键碳信号，分别是：δ_C 181.8 (C-4)、δ_C 164.1 (C-2) 和 111.6 (C-3)。

^{1}H-NMR 谱和 ^{13}C-NMR 谱数据确定化合物 **9-2** 是一个黄酮类化合物。以上信息与化合物 **9-1** 的骨架相似。在 HMBC 相关谱中，δ_H 10.84 (1H, s, OH-7) 与 δ_C 164.2 (C-7)、93.8 (C-8) 相关，δ_H 12.91 (1H, s, OH-5) 与 δ_C 103.8 (C-4a)、161.6 (C-5)、98.7 (C-6) 相关，δ_H 9.83 (1H, s, OH-2′) 与 δ_C 111.2 (C-1′)、157.0 (C-2′)、100.3 (C-3′) 相关，δ_H 9.74 (1H, s, OH-4′) 与 δ_C 100.3 (C-3′)、159.9 (C-4′)、108.8 (C-5′) 相关，δ_H 2.13 (3H, s, H-7′) 与 δ_C 111.2 (C-1′)、108.8 (C-5′)、139.0 (C-6′) 相关 (见图 9-10)，表明四个活泼氢分别连接在 C-7、C-5、C-2′、C-4′上，CH_3-7′连接在 C-6′上。综合

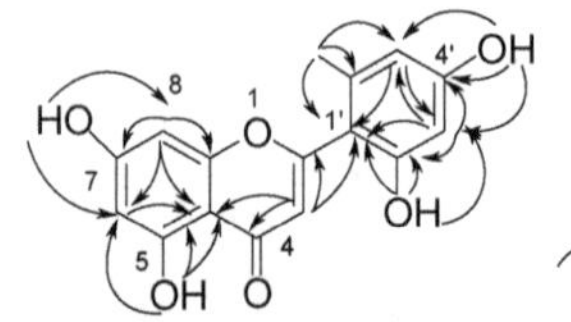

HMBC相关

图 9-10　化合物 **9-2** 的主要 HMBC 相关

上面的信息推测化合物 **9-2** 为 penimethavone A。

表 9-2 化合物 **9-2** 的 NMR 数据（500 MHz, DMSO-d_6）

位置	δ_C	类型	$\delta_H(J/Hz)$
2	164.1	C	
3	111.6	CH	6.21, s
4	181.8	C	
4a	103.8	C	
5	161.6	C	
6	98.7	CH	6.20, d (1.8)
7	164.2	C	
8	93.8	CH	6.35, d (1.8)
8a	158.2	C	
1′	111.2	C	
2′	157.0	C	
3′	100.3	CH	6.28, d (1.5)
4′	159.9	C	
5′	108.8	CH	6.21, d (1.5)
6′	139.0	C	
7′	19.9	CH_3	2.13, s
5-OH			12.91, s
7-OH			10.84, s
2′-OH			9.83, s
4′-OH			9.74, s

附：化合物 9-2 的更多波谱图见图 9-11～图 9-16。

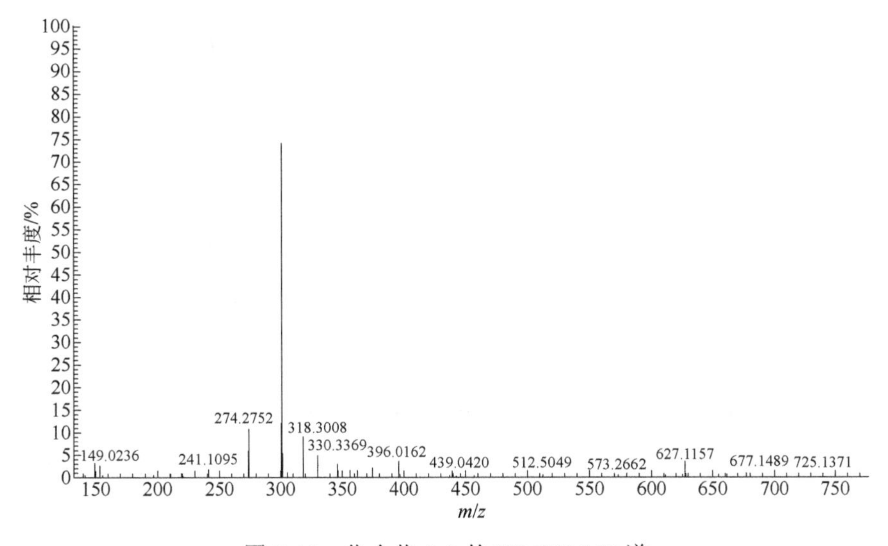

图 9-11 化合物 **9-2** 的 HR ESI-MS 谱

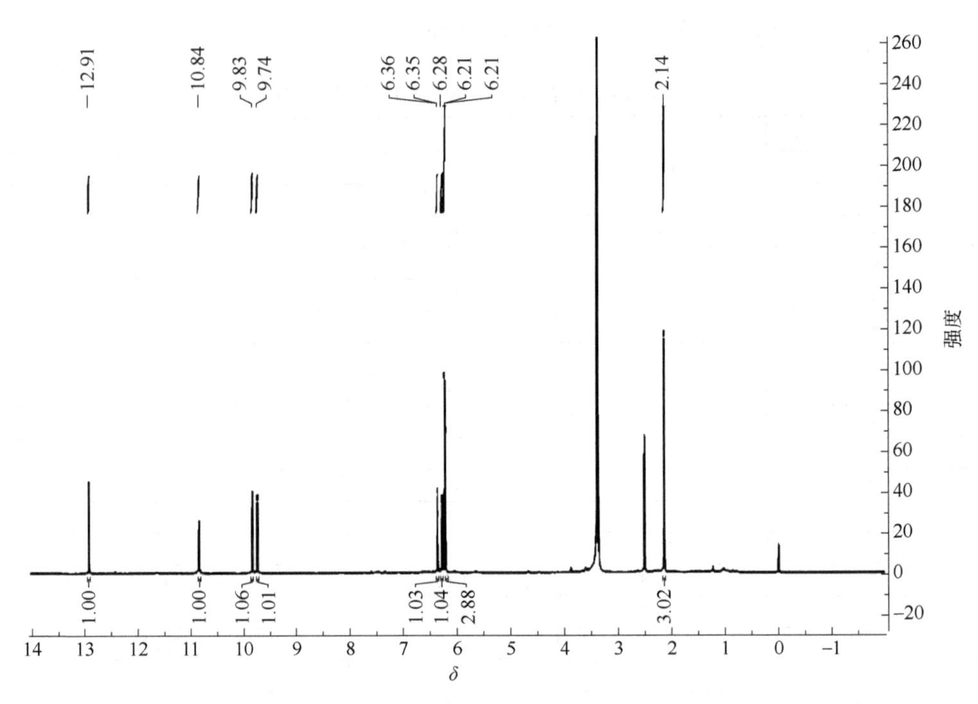

图 9-12　化合物 **9-2** 的 ^{1}H-NMR 谱（600 MHz, DMSO）

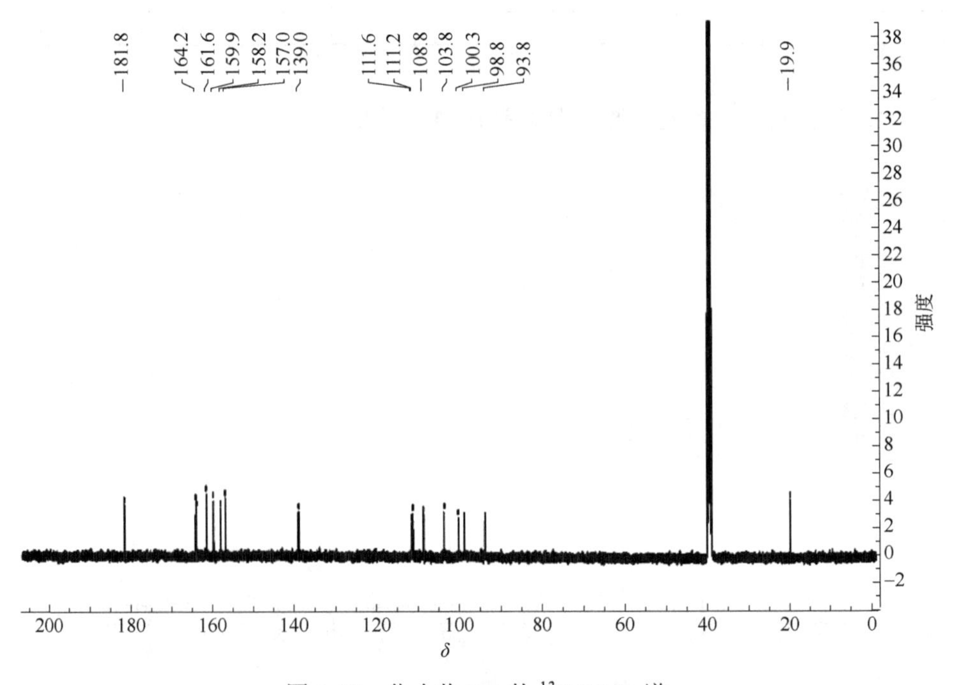

图 9-13　化合物 **9-2** 的 ^{13}C-NMR 谱

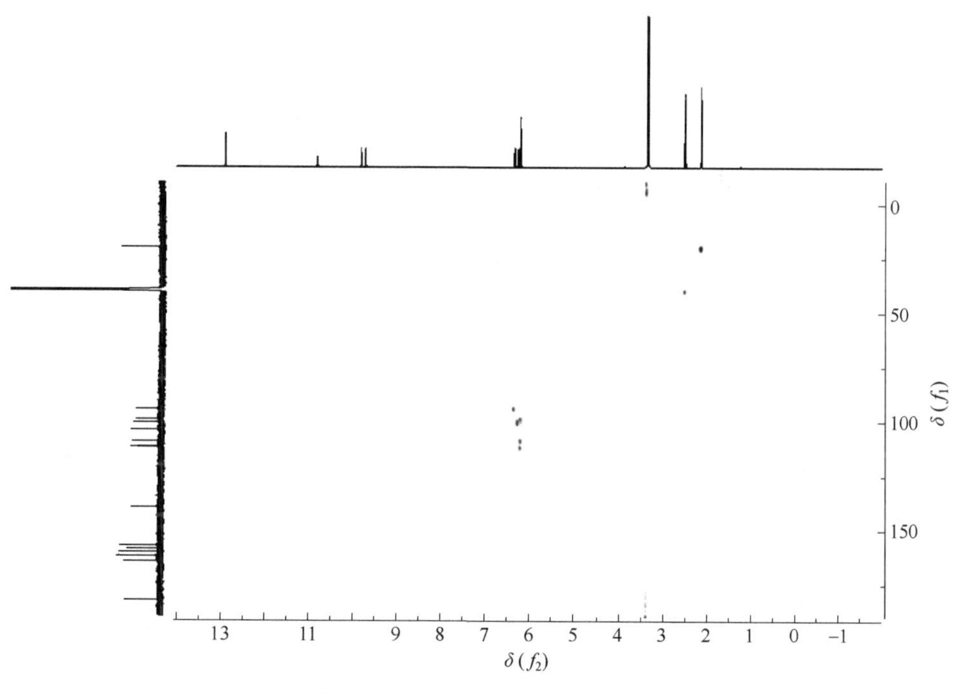

图 9-14 化合物 **9-2** 的 HSQC 谱

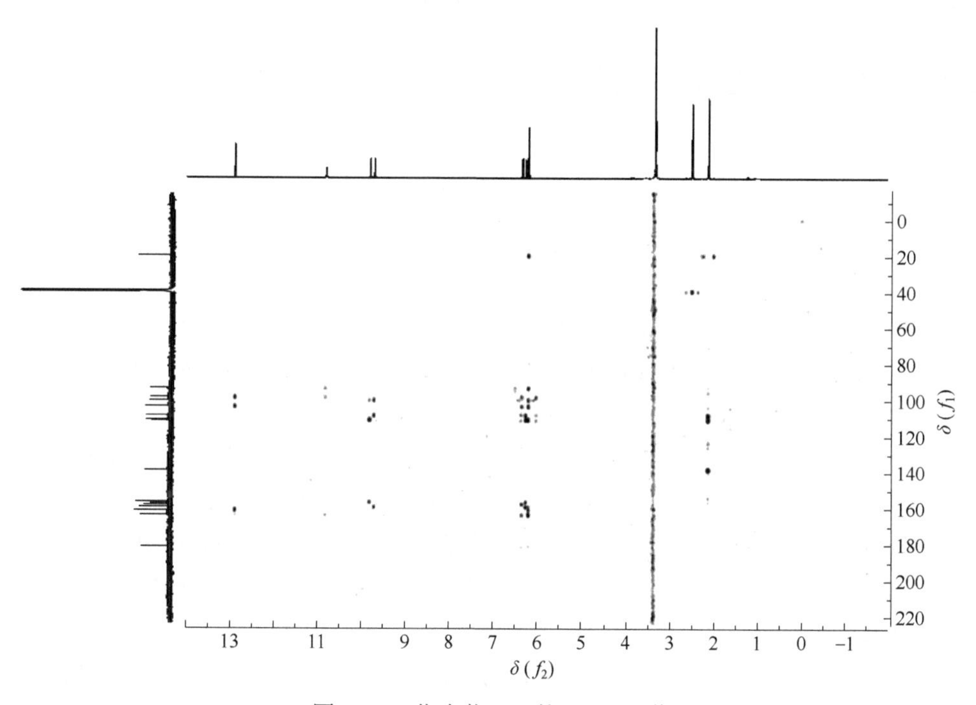

图 9-15 化合物 **9-2** 的 HMBC 谱

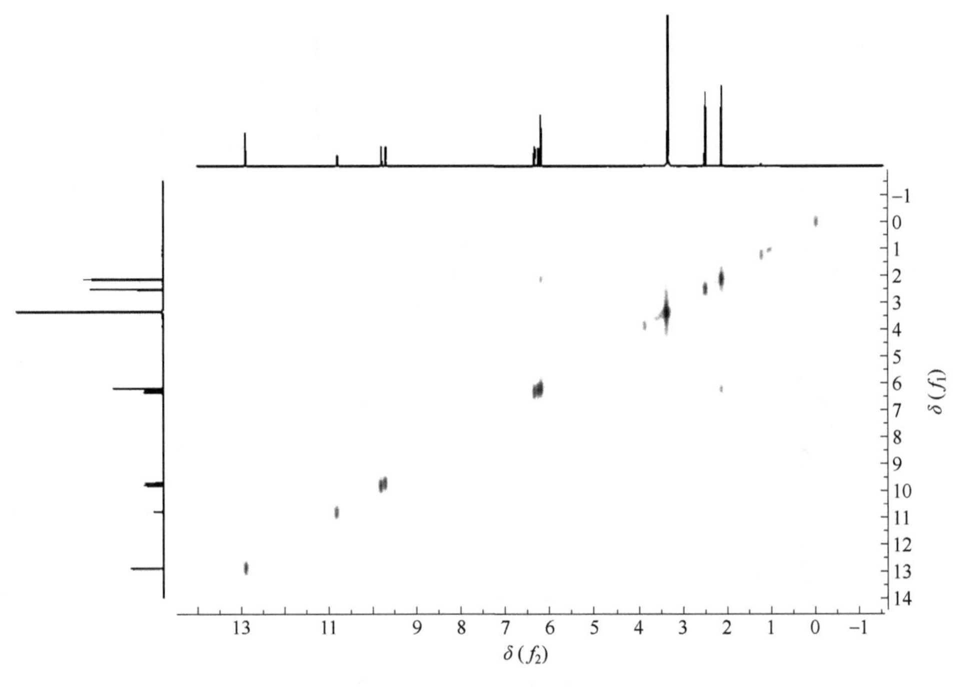

图 9-16　化合物 **9-2** 的 ^{1}H-^{1}H COSY 谱

【例 9-3】hispidulactone A[3]

9-3

无色针晶，$[\alpha]_{D}^{25}$ = + 47.9°（*c* = 0.1, MeOH）。

HR ESI-MS 中在 287.1255（计算值为 287.1259）给出准离子峰 $[M+H]^+$，推断其分子式为 $C_{15}H_{20}O_4$，不饱和度为 6。

UV (MeOH) 光谱显示λ_{max} (lgε) 为 299 nm (3.3)、264 nm (3.6)、215 nm (3.9)。

近 IR 光谱显示ν_{max}为 2937 cm^{-1}、1657 cm^{-1}、1616 cm^{-1}、1572 cm^{-1}。

^{1}H-NMR 谱（表 9-3）给出两个芳香质子信号，包括δ_H 6.28 (1H, d, *J* =3.0 Hz, H-8)、6.32 (1H, d, *J* = 3.0 Hz, H-10)。依据它们的耦合常数，可以确定化合物 **9-3** 的结构中存在一个苯环。除此之外，氢谱还给出了一个甲基质子信号：δ_H 1.38 (3H, d, *J* = 7.5 Hz, H-1)；一个甲氧基质子信号：δ_H 3.79 (3H, s, OCH_3-9)；一个活泼质子信号：δ_H 11.60 (1H, s, OH-11)；五个亚甲基信号：δ_H 3.32 (1H, ddd, *J* = 12.5 Hz、

9.5 Hz、2.5 Hz, H-7)、2.32 (1H, ddd, J = 12.5 Hz、9.0 Hz、7.5 Hz, H-7a)、1.86 (1H, m, H-4a)、1.80 (1H, m, H-6a)、1.77 (1H, m, H-3a)、1.69 (1H, m, H-3b)、1.66 (1H, m, H-4b)、1.52 (1H, m, H-5a)、1.45 (1H, m, H-5b)、1.44 (1H, m, H-6b)，其中δ_H 11.60处的化学位移表明结构中存在分子内氢键。

^{13}C-NMR 谱给出六个芳香碳信号，分别为：δ_C 148.8 (C-7a)、110.8 (C-8)、163.9 (C-9)、98.7 (C-10)、165.5 (C-11)、105.3 (C-11a)，与氢谱中解析出的两个苯环相一致。除此之外，碳谱中给出了一个甲基碳信号：δ_C 19.8 (C-1)。另外，碳谱还给出了一个羰基碳信号和一个甲氧基碳信号：δ_C 170.6 (C-12)、δ_C 55.3 (OCH_3-9)；五个亚甲基碳信号：δ_C 34.9 (C-7)、32.7 (C-3)、28.9 (C-6)、28.0 (C-5) 和 19.4 (C-4)。

分析 ^{1}H-NMR 和 ^{13}C-NMR（表 9-3）波谱数据，除羰基和苯环外，为满足不饱和度的需求，化合物 **9-3** 含有 1 个环。基于 H-8/H-10 的化学位移及其耦合关系，以及 11-OH 和 C-12 之间的分子内氢键，说明结构中存在间苯二酚结构片段，该片段的存在也进一步通过 HMBC 相关谱上的信号得到证实。^{1}H-^{1}H COSY 相关谱的信号显示化合物 **9-3** 中存在 1 个独立的质子自旋系统：—C-1—C-2—C-3—C-4—C-5—C-6—C-7—。在 HMBC 相关谱中，H-2 和 12 位的酯羰基（C-12）之间存在相关性，7 位亚甲基的 H 信号（CH_2-7）和 C-7a、C-8、C-11a 之间存在相关性，9 位的甲氧基（OCH_3-9）和 C-9 之间存在相关性（见图 9-17），结合这 3 组 HMBC 相关信号确定了化合物 **9-3** 的平面结构应为间苯二酚内酯类似物，最终命名为 hispidulactone A。

表 9-3 化合物 9-3 的 NMR 数据（500 MHz,$CDCl_3$）

位置	δ_C	类型	δ_H (J/Hz)	位置	δ_C	类型	δ_H (J/Hz)
1	19.8	CH_3	1.38, d (7.5)	8	110.8	CH	6.28, d (3.0)
2	71.6	CH	5.30, m	9	163.9	C	
3	32.7	CH_2	1.77, m 1.69, m	10	98.7	CH	6.32, d (3.0)
4	19.4	CH_2	1.86, m 1.66, m	11	165.5	C	
5	28.0	CH_2	1.52, m 1.45, m	11a	105.3	C	
6	28.9	CH_2	1.80, m 1.44, m	12	170.6	C	
7	34.9	CH_2	3.32, ddd (12.5, 9.5, 2.5)	9-OMe	55.3	CH_3	3.79, s
7a	148.8	C	2.32, ddd (12.5, 9.0, 7.5)	11-OH			11.60, s

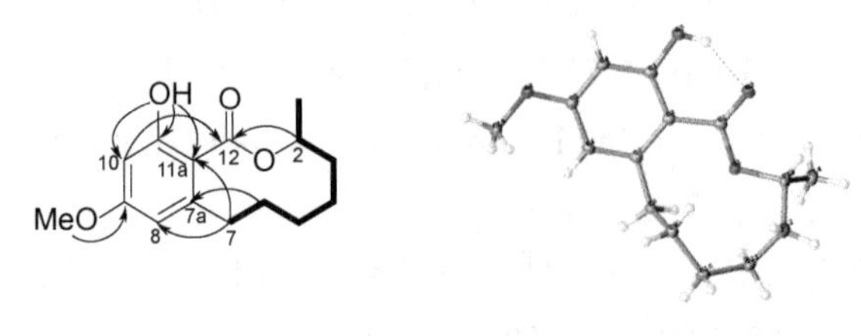

图 9-17　化合物 **9-3** 的主要二维相关数据

附：化合物 9-3 的更多波谱图见图 9-18～图 9-25。

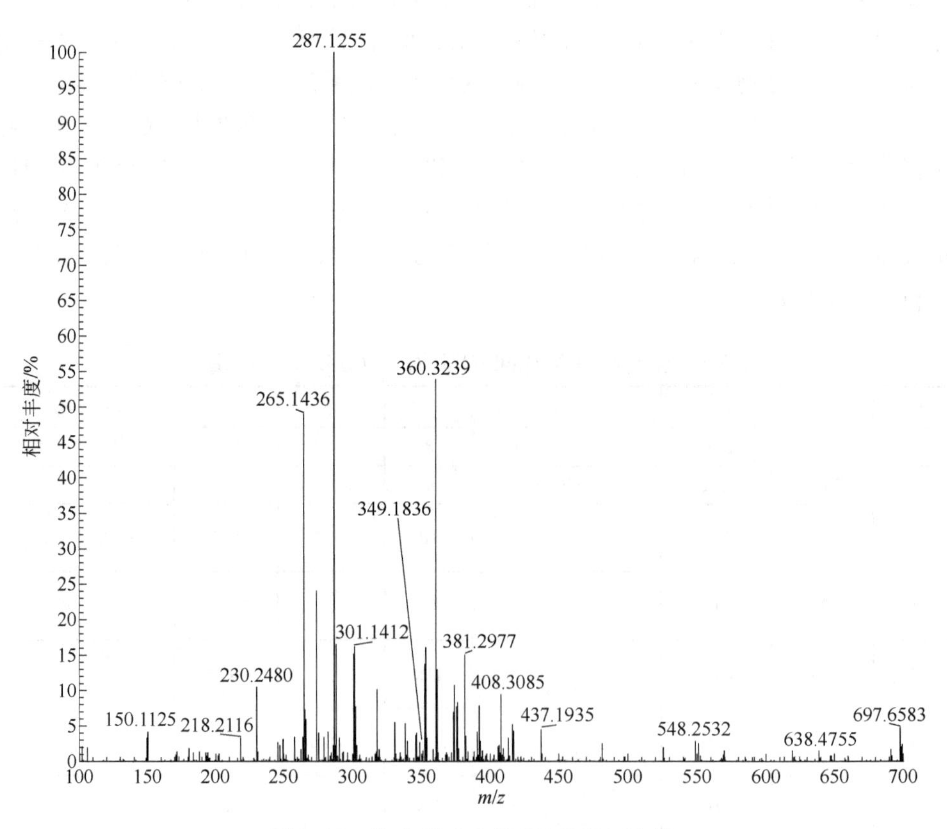

图 9-18　化合物 **9-3** 的 HR ESI-MS 谱

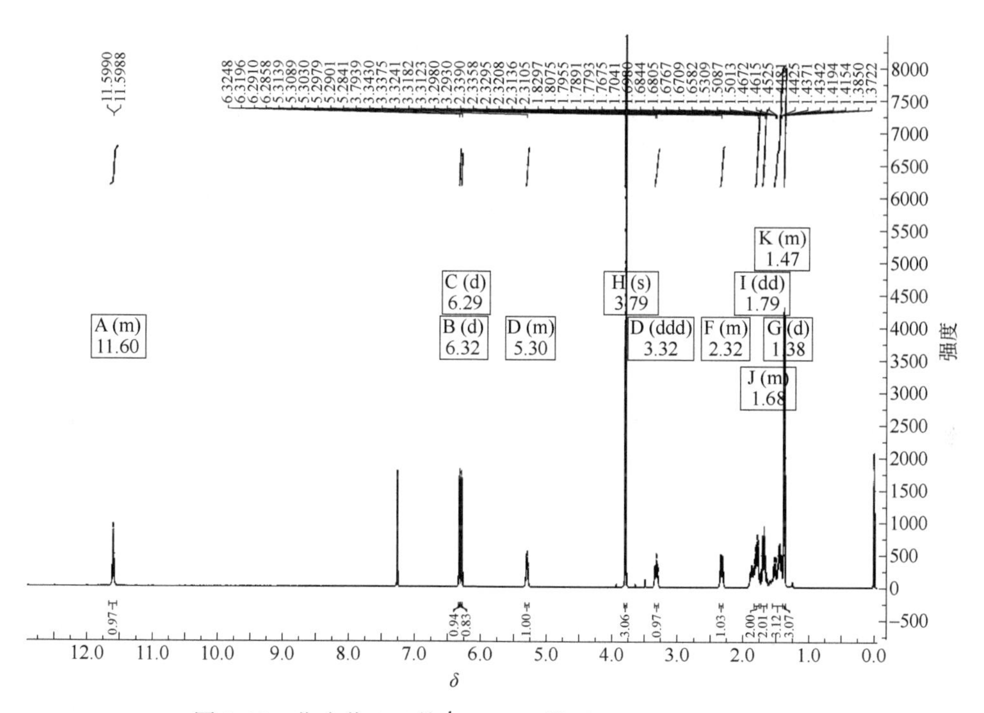

图 9-19　化合物 **9-3** 的 ^{1}H-NMR 谱（500 MHz, $CDCl_3$）

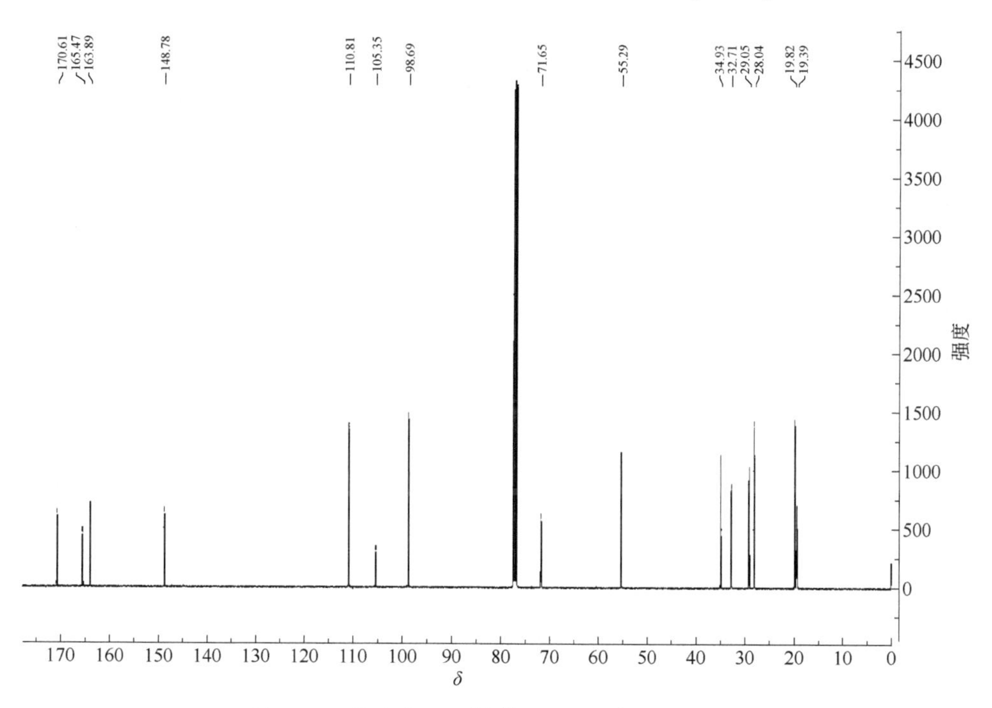

图 9-20　化合物 **9-3** 的 ^{13}C-NMR 谱（$CDCl_3$）

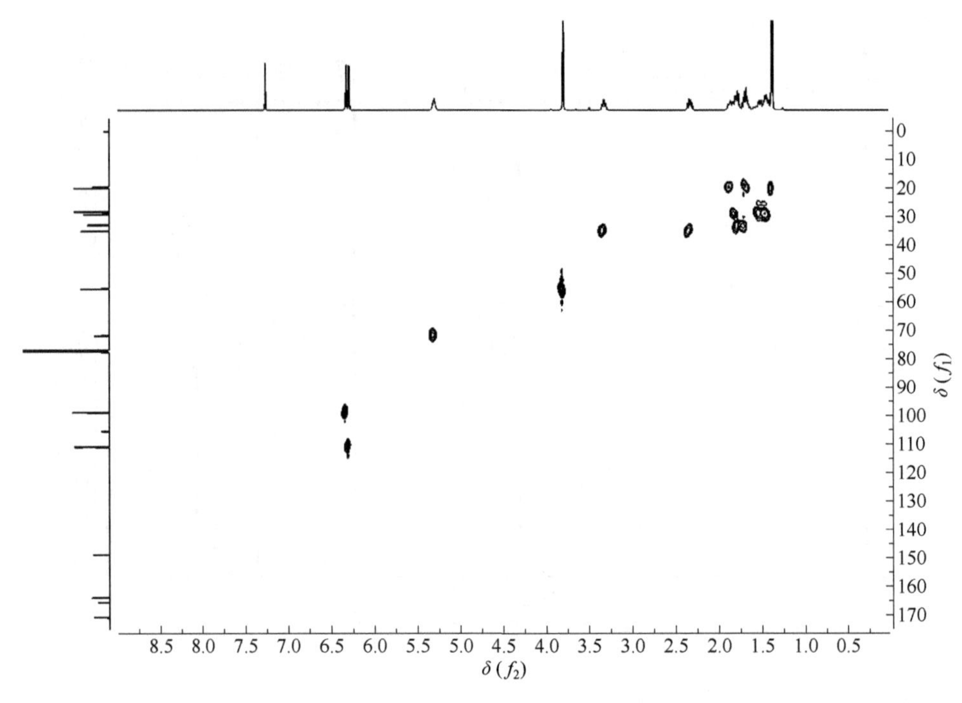

图 9-21　化合物 **9-3** 的 HSQC 谱（$CDCl_3$）

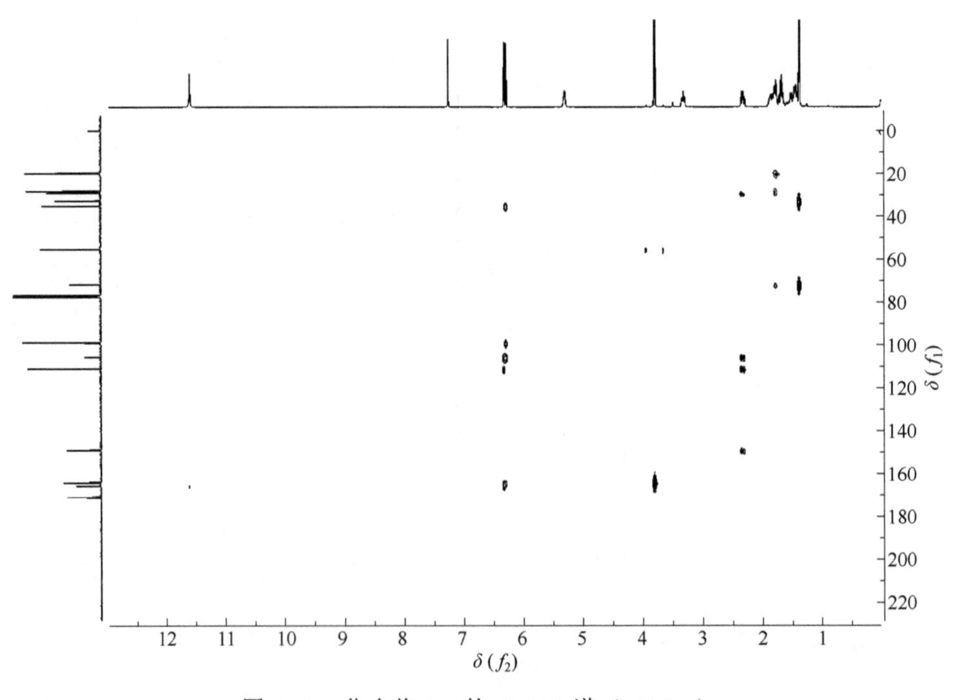

图 9-22　化合物 **9-3** 的 HMBC 谱（MEOD）

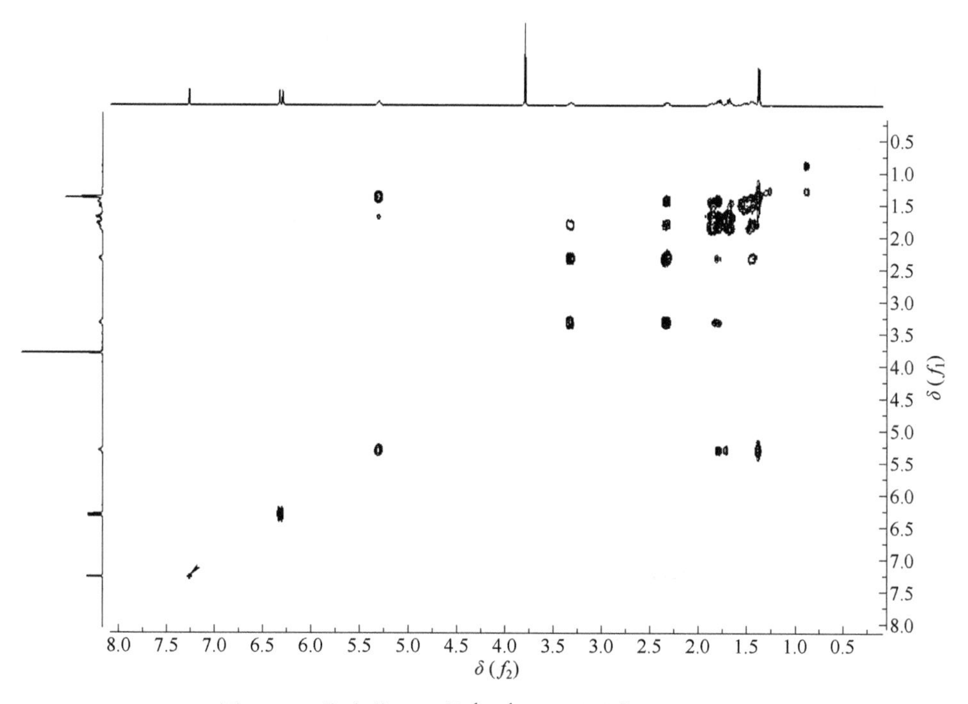

图 9-23 化合物 **9-3** 的 ^{1}H-^{1}H COSY 谱（$CDCl_3$）

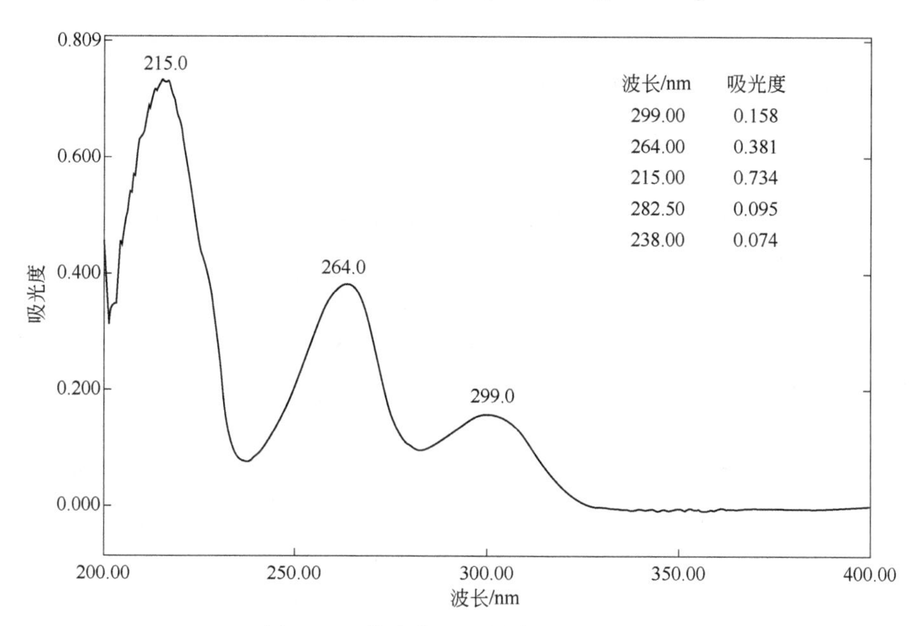

图 9-24 化合物 **9-3** 的紫外吸收光谱

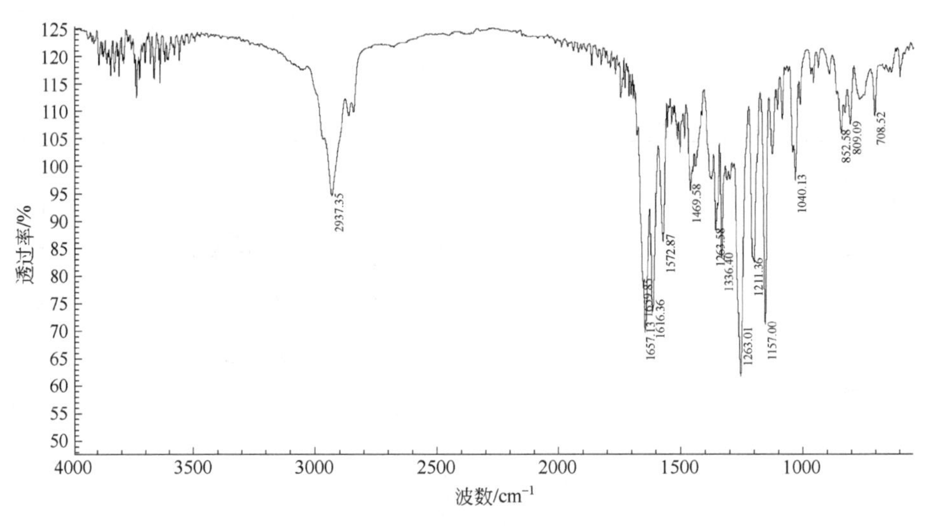

图 9-25　化合物 **9-3** 的红外吸收光谱

【例 9-4】hispidulactone D[3]

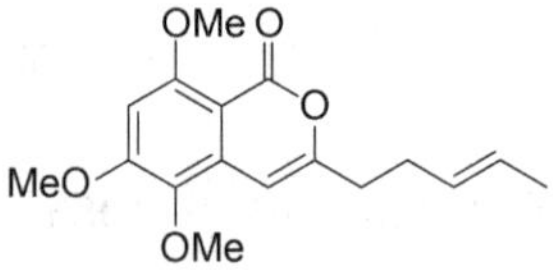

9-4

无色粉末，$[\alpha]_D^{25} = +18.0°$（$c = 0.1$, MeOH）。

HR ESI-MS 中在 305.1398（计算值为 305.1389）给出准离子峰 $[M+H]^+$，推断其分子式为 $C_{17}H_{20}O_5$，不饱和度为 8。

UV (MeOH) 光谱显示 λ_{max} (lgε) 为 337 nm (3.9)、246 nm (4.4)；

近 IR 光谱显示 ν_{max} 为：3747 cm^{-1}、2939 cm^{-1}、2852 cm^{-1}、1707 cm^{-1}、1654 cm^{-1}、1511 cm^{-1}、1457 cm^{-1}、1117 cm^{-1}、841 cm^{-1}、670 cm^{-1}。

^{1}H-NMR 谱（表 9-4）给出一个芳香质子信号 δ_H 6.47(1H, s, H-10)。依据它的耦合常数，可以确定化合物 **9-4** 的结构中存在一个苯环。除此之外，氢谱还给出了一个甲基质子信号：δ_H 1.63 (3H, d, J = 7.0 Hz, H-1)；三个甲氧基质子信号：δ_H 3.79 (3H, s, OCH_3-8)、3.98 (3H, s, OCH_3-9)、3.99 (3H, s, OCH_3-11)；三个烯烃氢信号：δ_H 5.51 (1H, m, H-2)、5.43 (1H, m, H-3)、6.45 (1H, s, H-7)；两个亚甲基信号：δ_H 2.38 (1H, m, H-4)、2.53 (1H, t, J = 6.0 Hz, H-5)。

^{13}C-NMR 谱（表 9-4）给出六个芳香碳信号，分别为：δ_C 134.1 (C-7a)、135.2 (C-8)、159.6 (C-9)、94.9 (C-10)、157.7 (C-11)、102.1 (C-11a)，与氢谱中解析出的两个苯环相一致。除此之外，碳谱中给出了一个甲基碳信号 δ_C 17.9 (C-1)。另外，

碳谱还给出了一个羰基碳信号和三个甲氧基碳信号，分别是：δ_C 159.7 (C-12)、δ_C 61.2 (OCH_3-8)、δ_C 55.9 (OCH_3-9)、δ_C 56.5 (OCH_3-11)；两对烯烃碳信号：δ_C 126.4 (C-2)、δ_C 129.2 (C-3)、δ_C 158.1 (C-6)、δ_C 96.9 (C-7)；两个亚甲基碳信号：δ_C 29.9 (C-4)、δ_C33.7 (C-5)。

如图 9-26 相关性分析，通过 ^1H-^1H COSY 谱确定化合物 **9-4** 中存在 1 个独立的质子自旋系统：—C-1—C-2—C-3—C-4—C-5—片段。通过分析 HMBC 相关谱发现 3 个甲氧基分别连接在 C-8、C-9 和 C-11 处。H-7 与 C-6、C-7a、C-8、C-11a 之间存在相关性，H-10 和 C-8、C-9、C-10、C-11、C-11a 相关，并且 H-10 和 C-12 组成了 1*H*-isochromene 片段[73,74]。而—CH_2-5 与 C-6、C-7 之间的 HMBC 相关性，暗示了脂肪链—C-1—C-2—C-3—C-4—C-5—与 1*H*-isochromene 片段连接在一起。在 NOESY 谱中，H-3 和 H-2 之间不存在相关性，H-3 与 CH_3-1 有相关，证实了 C-2 和 C-3 之间的双键为 (*Z*)-构型，综合上面所有的信息确定了化合物 **9-4** 的结构。

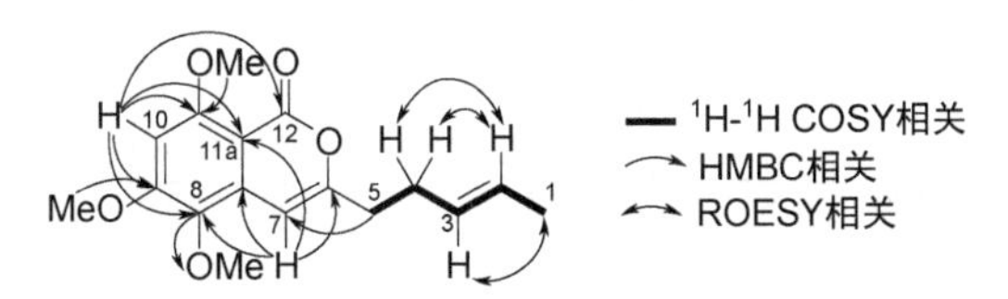

图 9-26 化合物 **9-4** 的主要二维相关数据

表 9-4 化合物 9-4 的 NMR 数据（500 MHz, $CDCl_3$）

位置	δ_C	类型	δ_H (*J*/Hz)
1	17.9	CH_3	1.63, br d (7.0)
2	126.4	CH	5.51, m
3	129.2	CH	5.43, m
4	29.9	CH_2	2.38, m
5	33.7	CH_2	2.53, t (6.0)
6	158.1	C	
7	96.9	CH	6.45, br s
7a	134.1	C	
8	135.2	C	
9	159.6	C	
10	94.9	CH	6.47, s
11	157.7	C	
11a	102.1	C	
12	159.7	C	
8-OMe	61.2	CH_3	3.79, s
9-OMe	55.9	CH_3	3.98, s
11-OMe	56.5	CH_3	3.99, s

附：化合物 **9-4** 的更多波谱图见图 9-27～图 9-35。

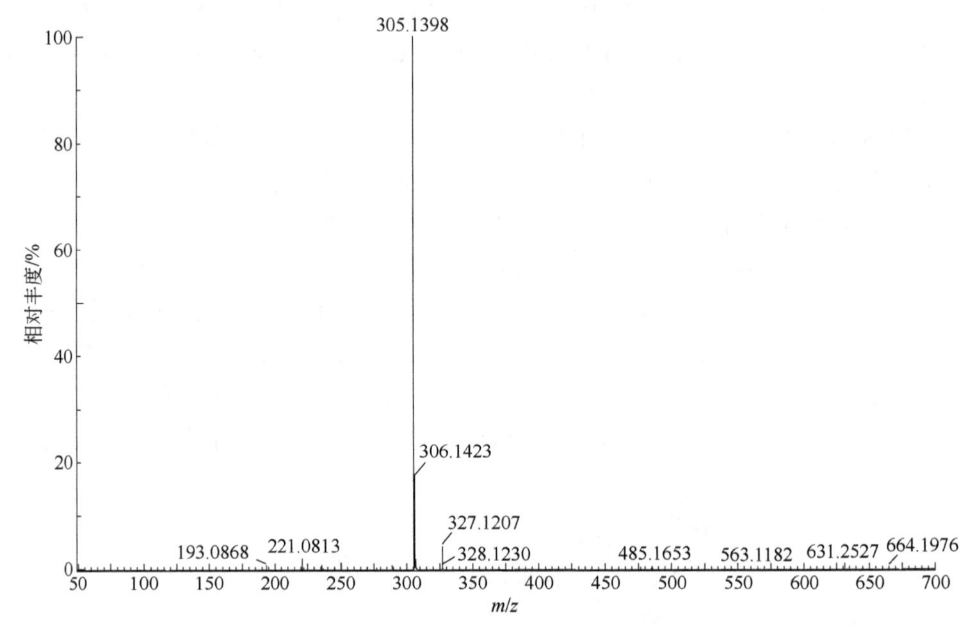

图 9-27　化合物 **9-4** 的 HR ESI-MS 谱（TOF MS ES+）

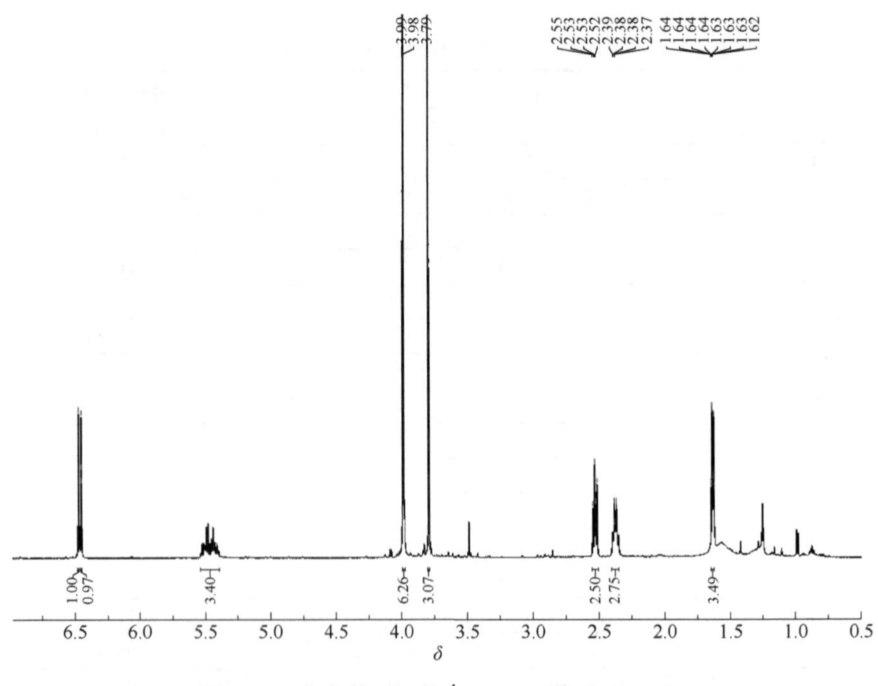

图 9-28　化合物 **9-4** 的 ^{1}H-NMR 谱（$CDCl_3$）

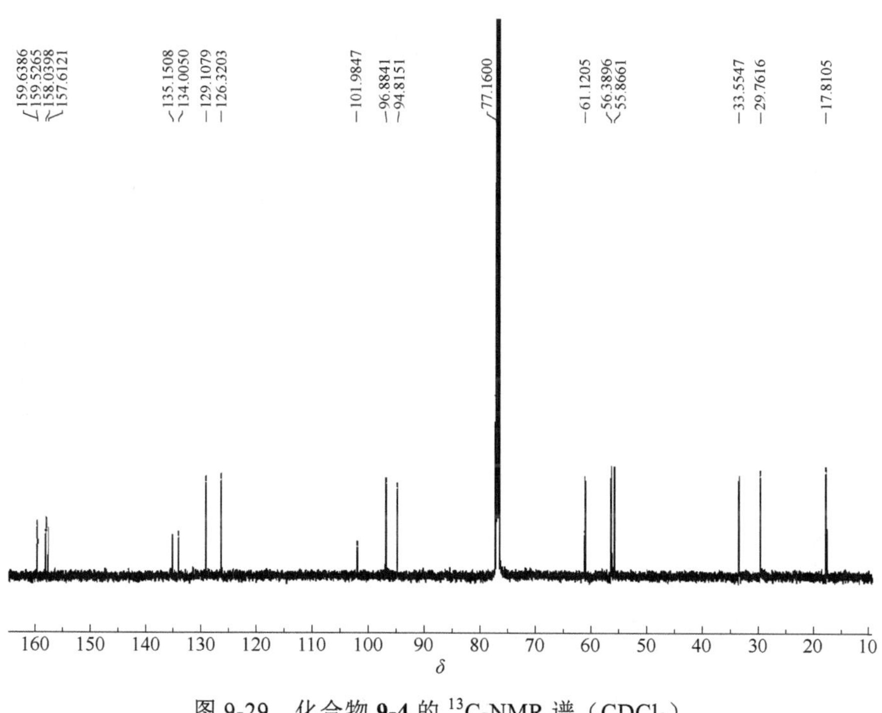

图 9-29 化合物 **9-4** 的 ^{13}C-NMR 谱（$CDCl_3$）

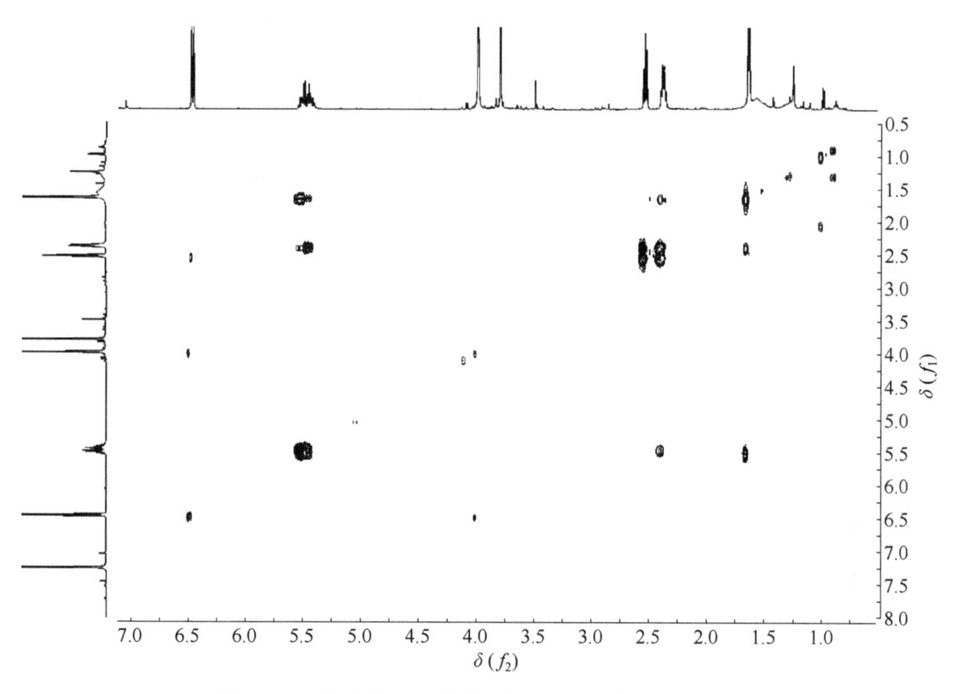

图 9-30 化合物 **9-4** 的 ^{1}H-^{1}H COSY 谱（$CDCl_3$）

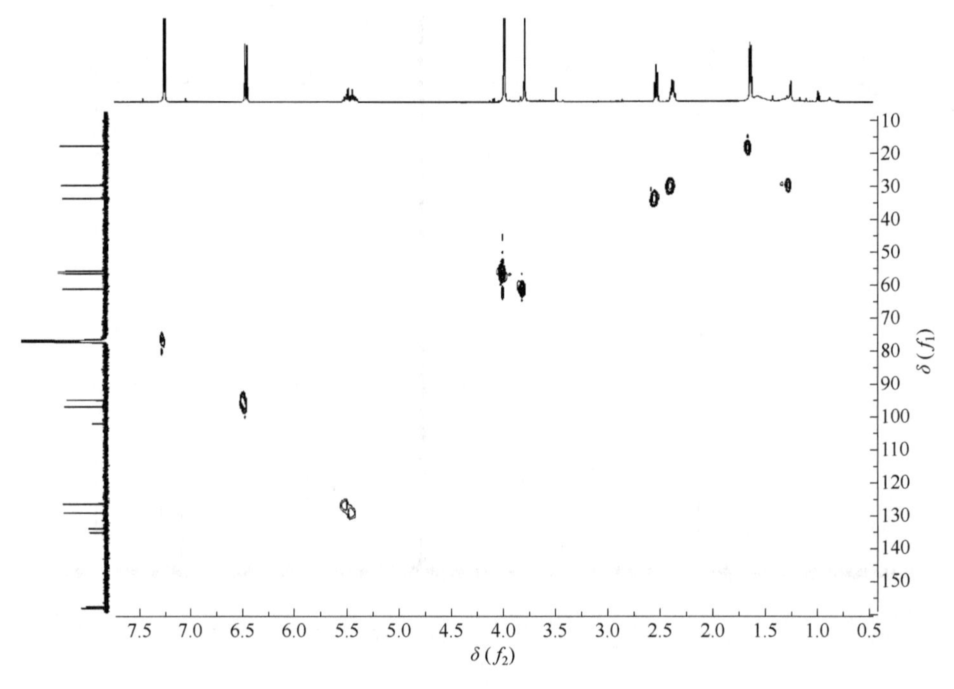

图 9-31　化合物 **9-4** 的 HSQC 谱（$CDCl_3$）

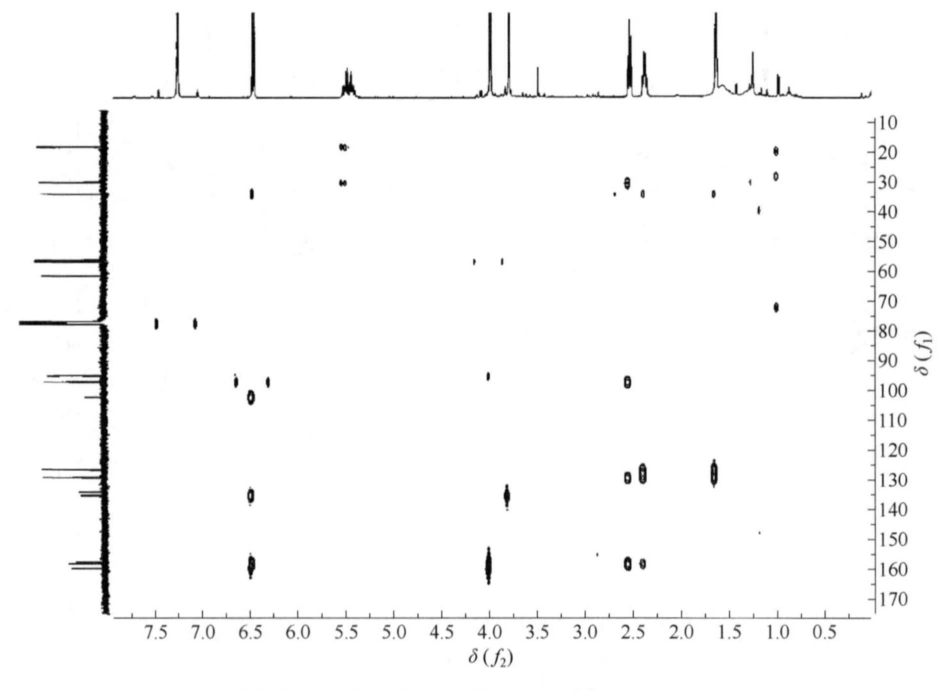

图 9-32　化合物 **9-4** 的 HMBC 谱（$CDCl_3$）

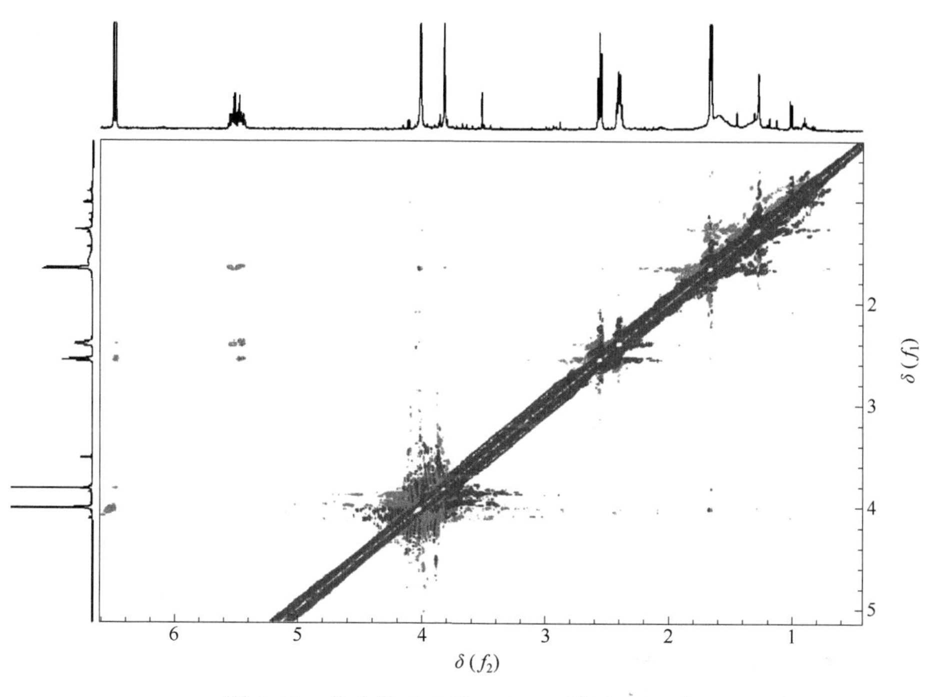

图 9-33 化合物 **9-4** 的 NOESY 谱（$CDCl_3$）

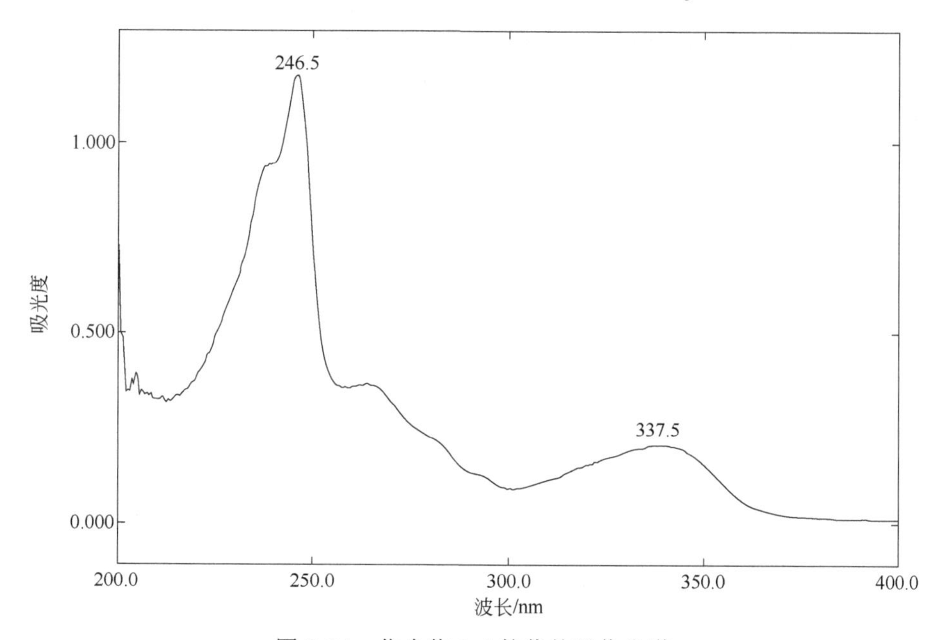

图 9-34 化合物 **9-4** 的紫外吸收光谱

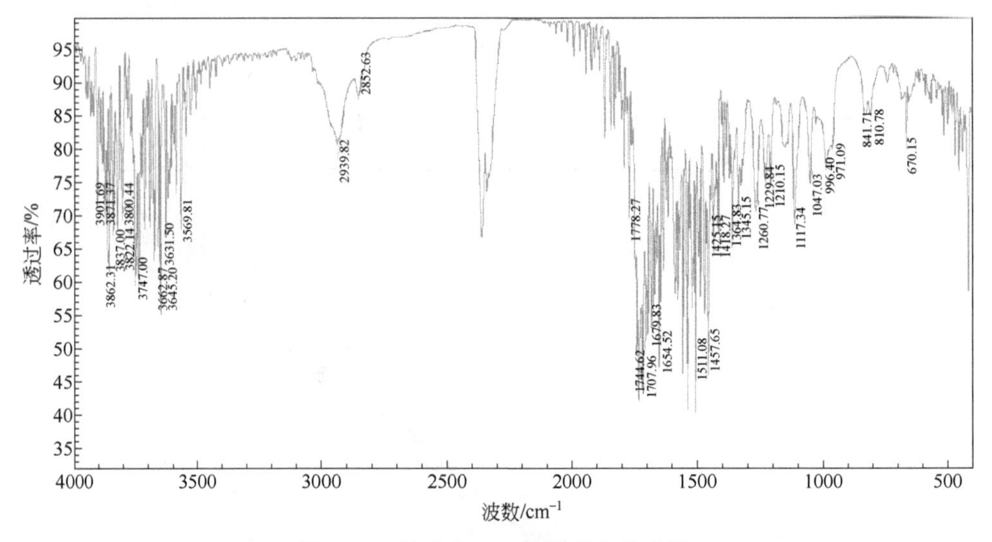

图 9-35　化合物 **9-4** 的红外吸收光谱

参 考 文 献

[1] Posri P, Suthiwong J, Takomthong T, et al. A new flavonoid from the leaves of *Atalantiamonophylla* (L.) DC[J].Natural Product Research, 2019, 33(8): 1115-1121.

[2] Hou X M, Wang C Y, Gu Y C, et al. Penimethavone A, a flavone from a gorgonianderived fungus *Penicilliumchrysogenum*[J]. Natural Product Research, 2016, 30(20): 2274-2277.

[3] Zhang X Y, Liu Z L, Sun B D, et al. Bioactiveresorcylic acid lactones with different ring systems from desert plant endophytic fungus *Chaetosphaeronemahispidulum*[J]. Journal of Agricultural and Food Chemistry, 2018, 66: 8976-8982.

第 10 章　甾体类化合物结构解析

甾体类化合物（steroids）是指一类以环戊烷并多氢菲为母核的化合物及其衍生物，广泛存在于生物体组织内。该类化合物生源上主要是由甲戊二羟酸途径，经角鲨烯和 2,3-氧化角鲨烯环化得到羊毛甾醇，进一步经过去角甲基、脱脂肪链、加成、氧化、环合等分别转化形成不同类型的甾体化合物。

甾体类化合物根据甾核稠合方式及侧链结构的不同，可分为雄甾烷、心甾内酯、胆甾烷、孕甾烷、雌甾烷、胆酸、螺甾烷、麦角甾烷、植物甾烷类等（图 10-1）。

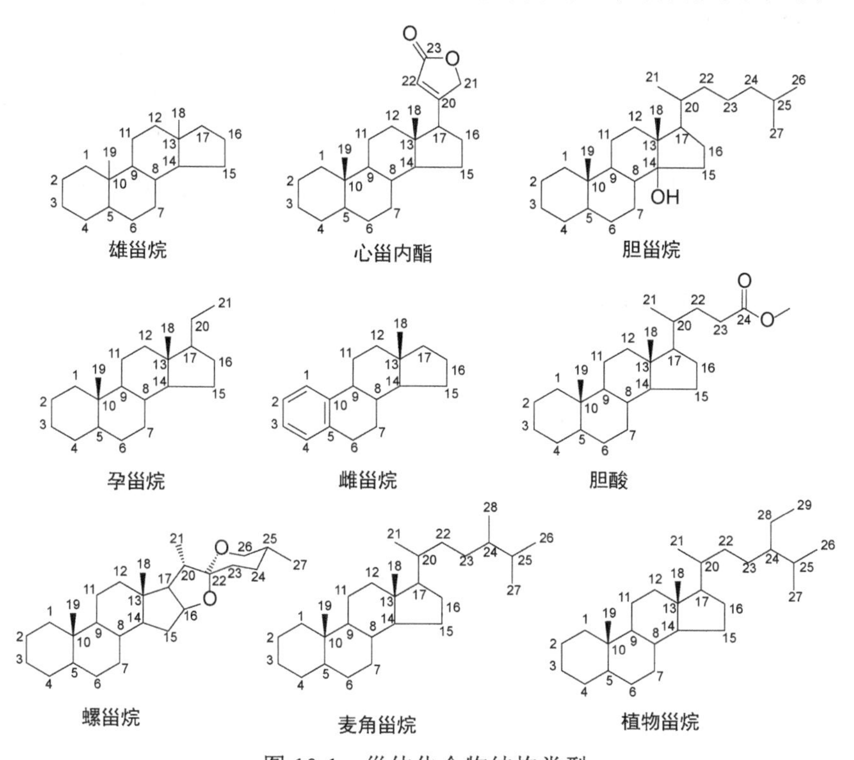

图 10-1　甾体化合物结构类型

甾体化合物 C-3 位多有羟基取代，当其和 10-CH_3 空间排列为顺式时，称为 β 型，反之称为 α 型。天然甾类成分 C-10、C-13、C-17 侧链大多是 β 型，母核其他位置可能存在多种官能团取代[1,2]。

甾体化合物的结构通常包含三个六元环和一个五元环，且存在甲基、羟基、双键等，侧链通常连接于 17 位，也与 16、17 位成环。角甲基通常位于 18、19 位，一般在 ^{1}H-NMR 谱中化学位移范围为 δ 0.4～1.5，在 ^{13}C-NMR 谱中化学位移范围为 δ 11.0～20.0[2]。

心甾内酯类化合物 17 位上连接 α,β-不饱和五元内酯环，其上碳的化学位移范围为：δ 170.1～178.5 (C-20)、δ 71.5～76.7 (C-21)、δ 111.4～117.4 (C-22)、δ 173.5～177.3 (C-23)。3、5、6 位多有羟基，其上碳的化学位移范围为：δ 66.6～75.9 (C-3)、δ 73.2～76.9 (C-5/6)[2]。

雌甾烷类化合物 A 环已经完全芳香化，缺少 19 位甲基。多在 3、16、17 位上连有羟基，其上碳的化学位移范围为：δ 149.8～158.7 (C-3)、δ 71.3 (C-16)、δ 79.7～83.0 (C-17)[2]。

胆酸类化合物末端是羧基甲酯，其上碳的化学位移范围为：δ 174.1～174.8 (C-24)、δ 51.0～51.4 (—OCH_3)。3、7、12 位可有羟基取代，其上碳的化学位移范围为：δ 65.7～71.7 (C-3)、δ 66.7～71.5 (C-7)、δ 72.2～79.4 (C-12)[2]。

螺甾烷类化合物 17 位连有一个 7 个碳的侧链，其中 22 位碳与 16 及 26 位碳形成两个氧环，于 22 位碳上成螺环结构。16 位碳的化学位移范围为 δ 78.7～82.2 (C-16)，22 位碳的化学位移范围为 δ 108.7～111.8 (C-22)，26 位碳的化学位移范围为 δ 61.2～69.1 (C-26)[2]。

【例 10-1】veramyoside A[3]

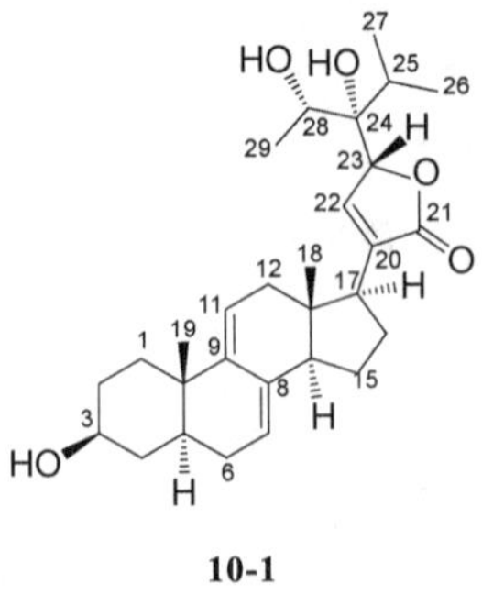

10-1

无定形白色粉末，易溶于甲醇。$[\alpha]_D^{25.7}$ = −40.00°（c = 1.30, MeOH）。

HR ESI-MS m/z：493.2921，对应 [M+Na]$^+$（计算值：493.2924），推断此化

合物的分子式为 $C_{29}H_{42}O_5$，不饱和度为 9。

IR (KBr) 光谱显示结构中存在酯羰基 (C═O) 1738 cm^{-1}，醇羟基 (—OH) 3411 cm^{-1} (宽峰) 和 1029 cm^{-1}，1641 cm^{-1} (—C═C—)，饱和烷烃基团 2962 cm^{-1}、1326 cm^{-1} (—CH_3) 和 2930 cm^{-1} (—CH—) 的特征吸收峰。

UV (MeOH) 光谱显示 λ_{max} (lg ε) 为 234 nm (3.41)、243 nm (4.04)、250 nm (4.04)，提示此化合物存在 α,β-不饱和内酯结构。

^{1}H-NMR（表 10-1）显示存在三个烯烃质子信号：δ_H 7.52 (t, J = 1.4 Hz, H-22)、5.53 (d, J = 6.5 Hz, H-11) 和 5.46 (br s, H-7)；三个连氧次甲基质子信号：δ_H 3.51 (m, H-3)、5.33 (dd, J = 1.4 Hz、0.9 Hz, H-23) 和 3.92 (q, J = 6.6 Hz, H-28)；五个甲基质子信号：δ_H 0.91 (3H, s, H-19)、0.47 (3H, s, H-18)、1.30 (3H, d, J = 6.6 Hz, H-29)、1.03 (3H, d, J = 7.1 Hz, H-27) 和 0.99 (3H, d, J = 7.0 Hz, H-26)；十三个亚甲基质子信号：δ_H 1.34 (dd, J = 13.0 Hz、3.5 Hz, H-1a)、1.97 (t, J = 3.5 Hz, H-1b)、1.85 (br d, J = 13.0 Hz, H-2a)、1.46 (br d, J = 13.0 Hz, H-2b)、1.69(m, H-4a)、1.29 (ov, H-4b)、1.31 (m, H-6a)、1.92 (m, H-6b)、2.26(d, J = 17.3 Hz, H-12a)、2.02 (m, H-12b)、1.93(m, H-15a)、1.63 (m, H-15b) 和 2.03 (2H, m, H-16)；四个次甲基质子信号：δ_H 1.42 (m, H-5)、2.37 (dd, m, H-14)、2.65 (t, J = 9.9 Hz, H-17) 和 2.11 (quint, J = 7.1 Hz, H-25)。^{13}C-NMR（表 10-1）显示结构中存在 29 个碳信号，包括一个酯羰基碳信号：δ_C 176.5 (C-21)；六个烯烃碳信号：δ_C 151.9 (C-22)、145.5 (C-9)、137.3 (C-8)、134.8 (C-20)、121.9 (C-7) 和 119.6 (C-11)；三个连氧次甲基碳信号：δ_C 71.4 (C-3)、84.4 (C-23) 和 71.3 (C-28)；一个连氧季碳信号：δ_C 79.7 (C-24)；五个甲基碳信号：δ_C 19.9 (C-19)、18.7 (C-26)、18.7 (C-27)、18.6 (C-29) 和 13.0 (C-18)；七个亚甲基碳信号：δ_C 36.0 (C-1)、32.3 (C-2)、38.5 (C-4)、31.0 (C-6)、41.4 (C-12)、24.5 (C-15) 和 27.7 (C-16)；四个次甲基碳信号：δ_C 40.6 (C-5)、52.6 (C-14)、47.9 (C-17) 和 33.3 (C-25)；2 个季碳信号：δ_C 37.0 (C-10) 和 45.0 (C-13)。上述数据提示化合物 **10-1** 骨架为心甾内酯类甾体，氢碳直接相关信号通过二维 HSQC 谱确定，骨架上的氢氢相关连接通过二维 ^{1}H-^{1}H COSY 获得。

^{1}H-^{1}H COSY 谱显示，δ_H 7.52 (t, J = 1.4 Hz, H-22) 与 δ_H 5.33 (dd, J = 1.4 Hz、0.9 Hz, H-23) 相关，表明 δ_H 5.33 (dd, J = 1.4 Hz、0.9 Hz, H-23) 对应的碳与一个烯碳相连；δ_H 2.11 (quint, J = 7.1 Hz, H-25) 与 δ_H 0.99 (3H, d, J = 7.1 Hz, H-26)、1.03 (3H, d, J = 7.1 Hz, H-27) 相关，表明侧链中存在一个异丙基基团；δ_H 3.92 (q, J = 6.6 Hz, H-28) 与 δ_H 1.30 (3H, d, J = 6.6 Hz, H-29) 相关，表明 δ_H 3.92 (q, J = 6.6 Hz, H-28) 对应的碳与甲基相连。见图 10-2。

表 10-1　化合物 **10-1** 的 NMR 数据（600 MHz, MeOH-d_4）

位置	δ_C	类型	δ_H (J/Hz)
1	36.0	CH_2	1.34, dd (13.0, 3.5); 1.97, t (3.5)
2	32.3	CH_2	1.85, br d (13.0); 1.46, br d (13.0)
3	71.4	CH	3.51, m
4	38.5	CH_2	1.69, m; 1.29, ov
5	40.6	CH	1.42, m
6	31.0	CH_2	1.31, m;1.92, m
7	121.9	CH	5.46, br s
8	137.3	C	
9	145.5	C	
10	37.0	C	
11	119.6	CH	5.53, d (6.5)
12	41.4	CH_2	2.26, d (17.3);2.02, m
13	45.0	C	
14	52.6	CH	2.37, m
15	24.5	CH_2	1.93, m;1.63, m
16	27.7	CH_2	2.03, m
17	47.9	CH	2.65, t (9.9)
18	13.0	CH_3	0.47, s
19	19.9	CH_3	0.91, s
20	134.8	C	
21	176.5	C	
22	151.9	CH	7.52, t (1.4)
23	84.4	CH	5.33, dd (1.4, 0.9)
24	79.7	C	
25	33.3	CH	2.11, quint (7.1)
26	18.7	CH_3	0.99, d (7.1)
27	18.7	CH_3	1.03, d (7.1)
28	71.3	CH	3.92, q (6.6)
29	18.6	CH_3	1.30, d (6.6)

HMBC 显示，δ_H 7.52 (t, J = 1.4 Hz, H-22) 与 δ_C 176.5 (C-21) 相关，δ_H 5.33 (dd, J = 1.4 Hz、0.9 Hz, H-23) 与 δ_C 134.8 (C-20)、176.5 (C-21) 相关，提示侧链存在

一个 α,β-不饱和五元内酯环结构；δ_H 5.33 (dd, J = 1.4 Hz、0.9 Hz, H-23) 与 δ_C 79.7 (C-24)、33.3 (C-25)、71.3 (C-28) 相关，δ_H 0.99 (3H, d, J = 7.1 Hz, H-26)、3.92 (q, J = 6.6 Hz, H-28) 与 δ_C 79.7 (C-24) 相关，提示存在 1,2-羟基-1-异丙基-丙基结构，且通过 C-23、C-24 与内酯环连接；δ_H 2.65 (t, J = 9.9 Hz, H-17) 与 δ_C 134.8 (C-20)、176.5 (C-21)、151.9 (C-22) 相关，提示化合物 **10-1** 侧链通过 C-17 与甾体母核相连。见图 10-2。

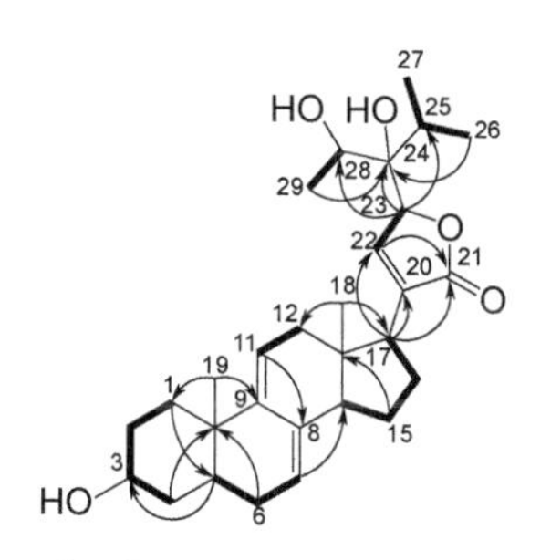

图 10-2　化合物 **10-1** 的主要 ^{1}H-^{1}H COSY 相关（粗键）和 HMBC 相关（箭头）

NOESY 谱显示，δ_H 3.51 (m, H-3) 和 δ_H1.34 (dd, J = 13.0 Hz、3.5 Hz, H-1a)、1.42 (m, H-5) 均有 NOE 效应，δ_H 1.29 (ov, H-4b) 和 δ_H 1.46 (br d,J = 13.0 Hz, H-2b)、0.91 (3H, s, H-19) 均有 NOE 效应，δ_H 0.47 (3H, s, H-18) 与 δ_H 0.91 (3H, s, H-19)、1.63 (m, H-15b) 有 NOE 效应，δ_H 2.65 (t, J = 9.9 Hz, H-17) 和 δ_H 2.37 (m, H-14) 有 NOE 效应，提示存在 A/B 环、C/D 环反式，3-OH、19-CH_3、18-CH_3 和 C-17 为 β 构型；δ_H 7.52 (t, J = 1.4 Hz, H-22) 和 δ_H 2.02 (m, H-12b)、0.47 (3H, s, H-18) 均有 NOE 效应，δ_H 5.33 (dd, J = 1.4 Hz、0.9 Hz, H-23) 和 δ_H 0.47 (3H, s, H-18) 有 NOE 效应，提示 H-23 为 β 构型及确定内酯环 E 环的相对位置；δ_H 5.33 (dd, J = 1.4 Hz、0.9 Hz, H-23) 和 δ_H 2.11 (quint, J = 7.1 Hz, H-25)、0.99 (d, J = 7.1 Hz, H-26) 均有 NOE 效应，δ_H 7.52 (t, J = 1.4 Hz, H-22) 和 δ_H 3.92 (q, J = 6.6 Hz, H-28)、1.30 (d, J = 6.6 Hz, H-29) 均有 NOE 效应，δ_H 5.33 (dd, J = 1.4 Hz、0.9 Hz, H-23) 和 δ_H 3.92 (q, J = 6.6 Hz, H-28)、1.30 (d, J = 6.6 Hz, H-29) 均有 NOE 效应，推测确定 24-OH 和 28-OH 为 α-构型。

Mosher 法(S)-MTPA 酯和(R)-MTPA 酯 $\Delta\delta$ 值提示 C-3 为 (S)-构型，ECD 谱显示化合物 **10-1** 在 400 nm 呈负 Cotton 效应，确定 C-24 和 C-28 上邻二醇的绝对构型为 (24S, 28R)。化合物 **10-1** 的绝对构型确定为 (3S, 5R, 10S, 13S, 14R,17S, 23R, 24S, 28R)。

附：化合物 **10-1** 的更多波谱图见图 10-3～图 10-12。

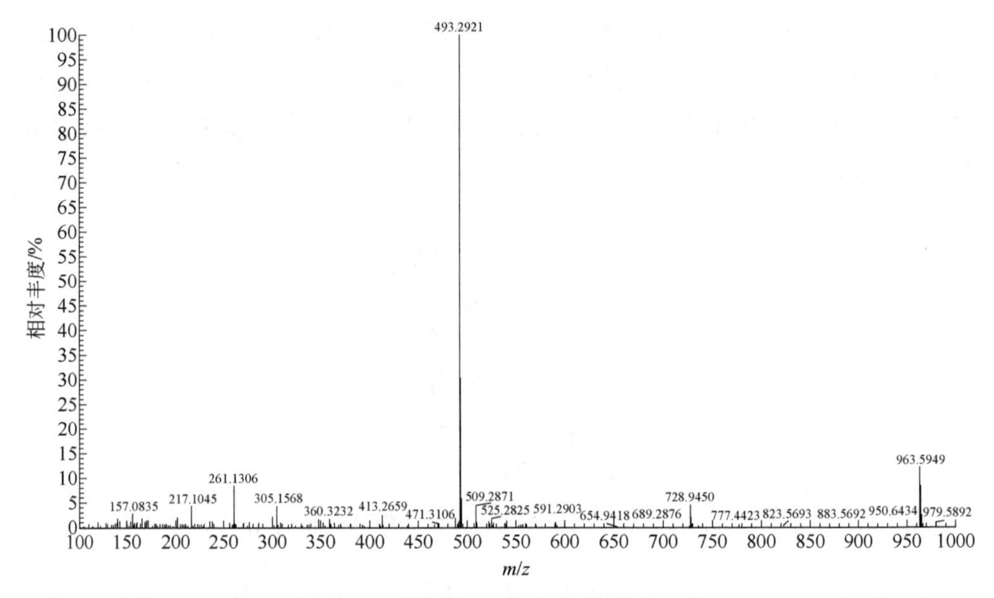

图 10-3　化合物 **10-1** 的 HR ESI-MS 谱

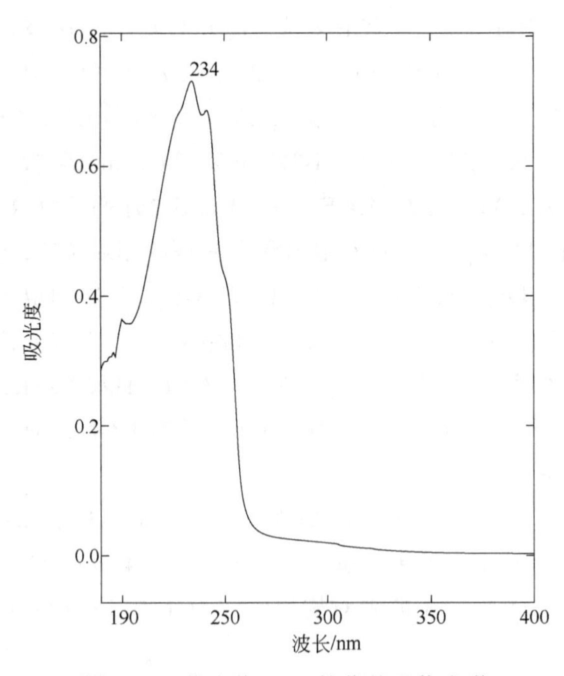

图 10-4　化合物 **10-1** 的紫外吸收光谱

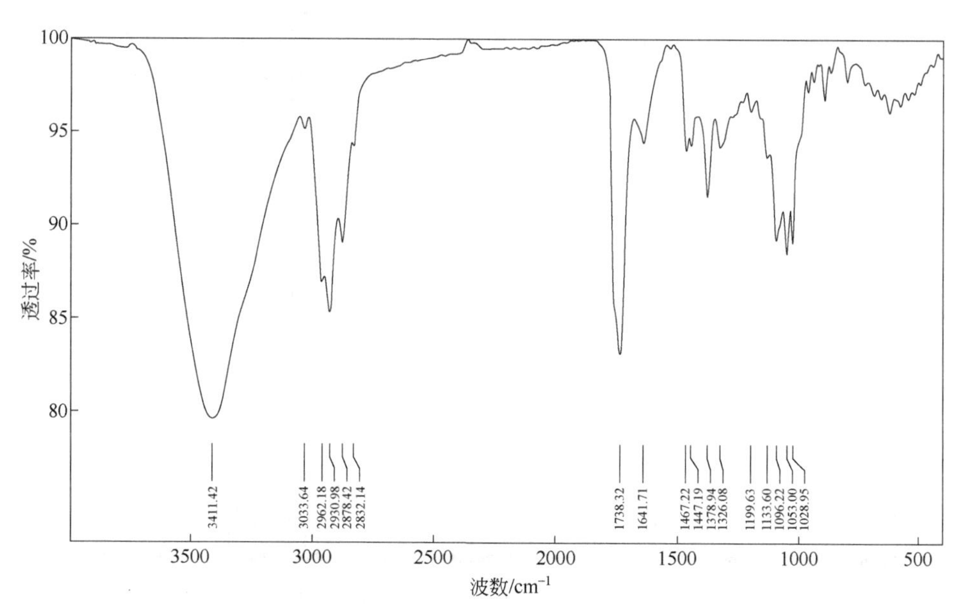

图 10-5 化合物 **10-1** 的红外吸收光谱

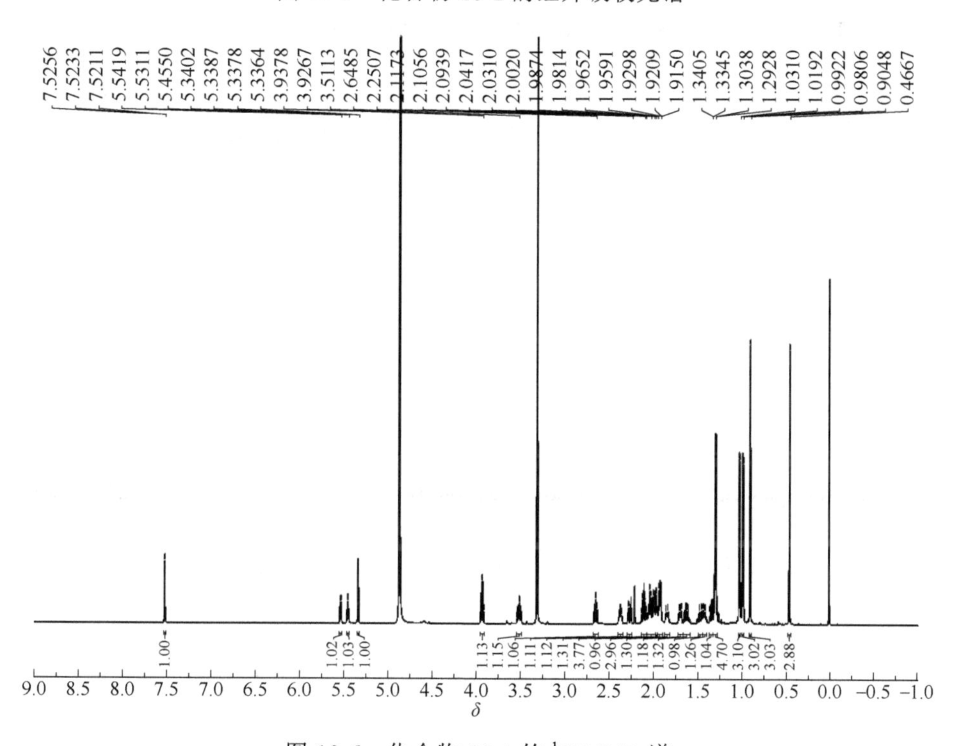

图 10-6 化合物 **10-1** 的 ^{1}H-NMR 谱

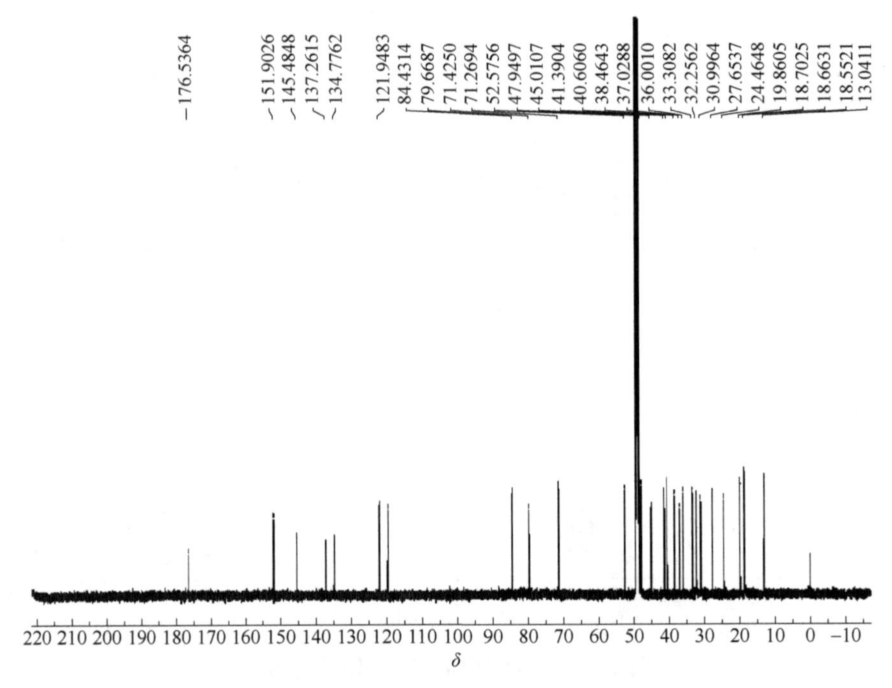
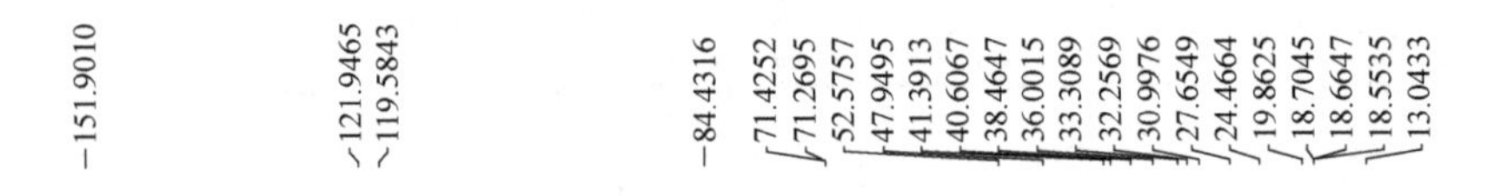

图 10-7　化合物 **10-1** 的 ^{13}C-NMR 谱

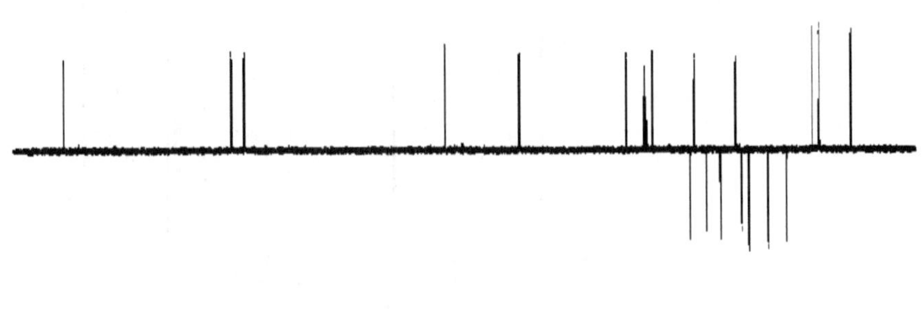

图 10-8　化合物 **10-1** 的 DEPT135 谱

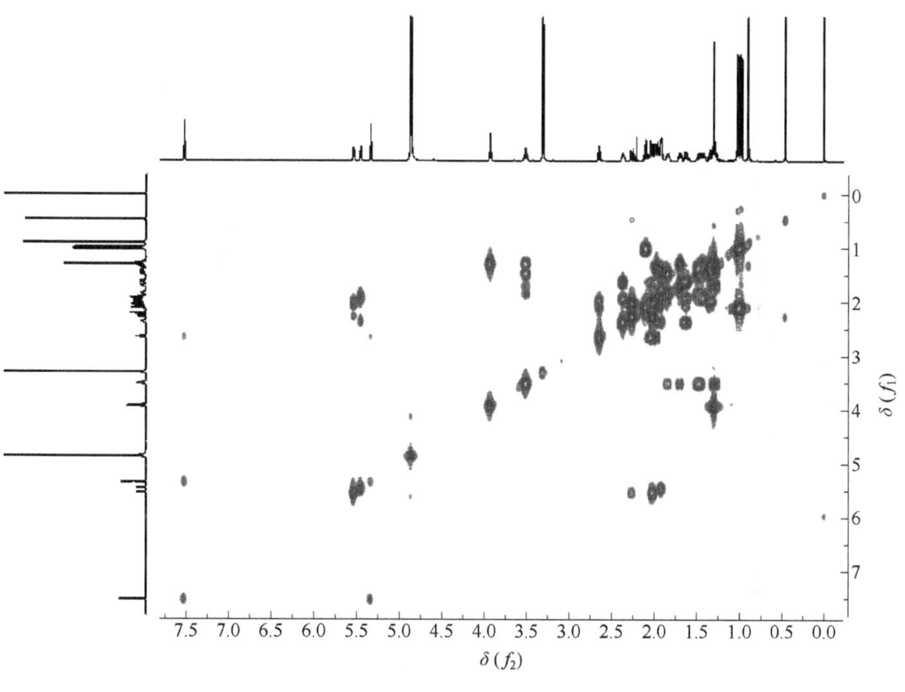

图 10-9 化合物 **10-1** 的 ^1H-^1H COSY 谱

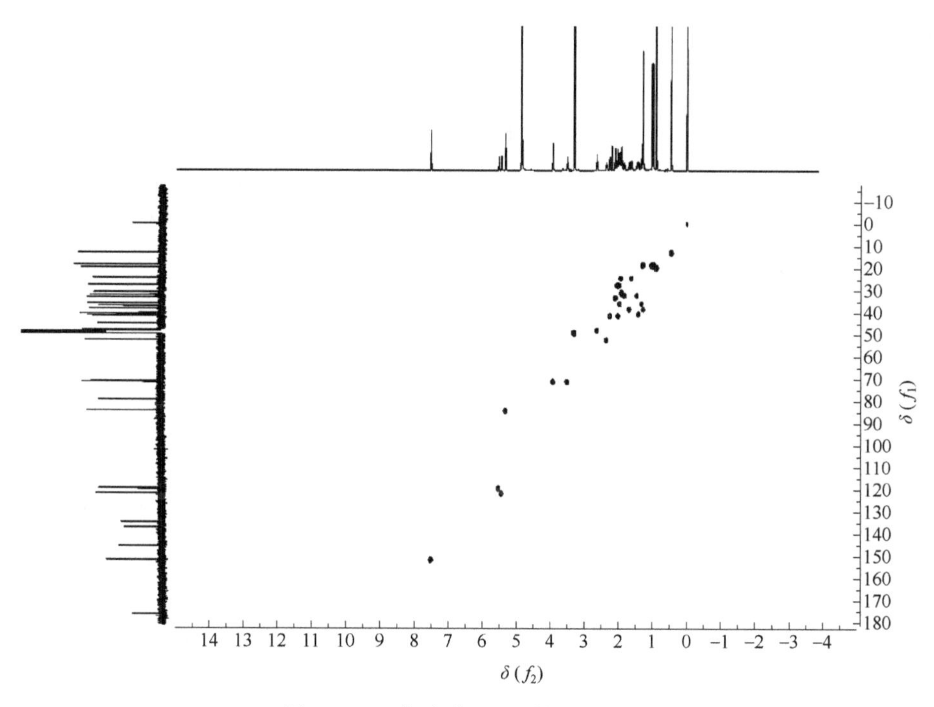

图 10-10 化合物 **10-1** 的 HSQC 谱

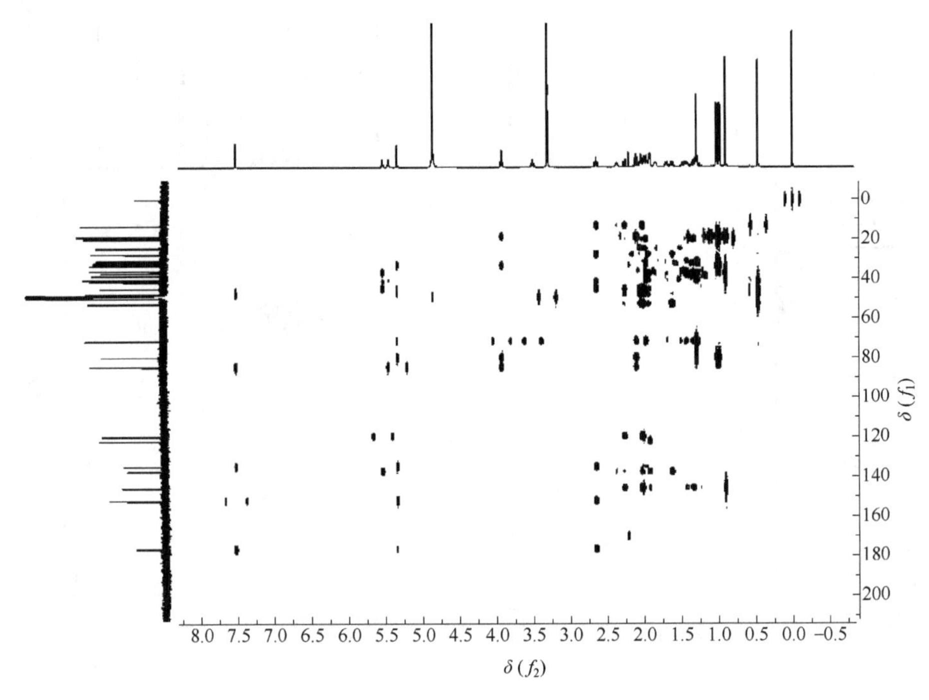

图 10-11 化合物 **10-1** 的 HMBC 谱

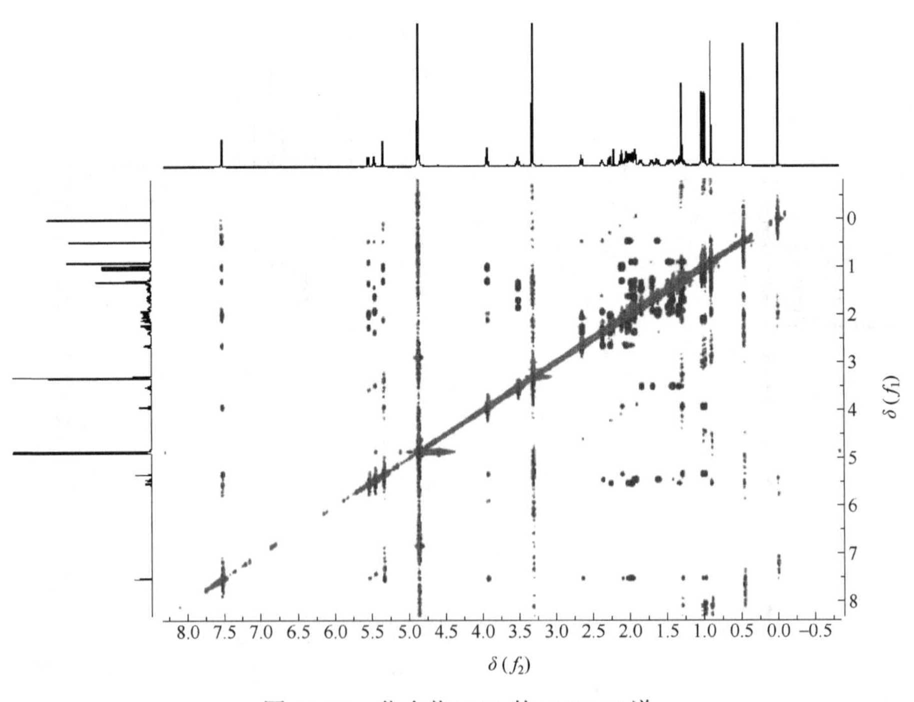

图 10-12 化合物 **10-1** 的 NOESY 谱

【例 10-2】chonemorphol A[4]

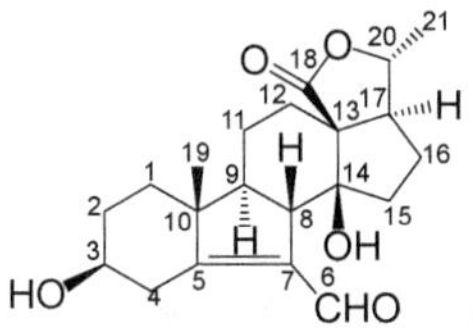

10-2

无色针晶，易溶于甲醇。$[\alpha]_D^{20} = -45°$（$c = 0.1$, MeOH）。

HR ESI-MS m/z：383.1826，对应 $[M+Na]^+$（计算值：383.1829），推断此化合物的分子式为 $C_{21}H_{28}O_5$，不饱和度为 8。

IR (KBr) 光谱显示结构中存在醇羟基 (—OH) 3500 cm^{-1}、3351 cm^{-1}，α,β-不饱和醛基 (C═O) 1735 cm^{-1}，饱和烷烃基团 2977 cm^{-1}、1284 cm^{-1} ($—CH_3$) 和 2937 cm^{-1} (—CH—) 的特征吸收峰。

UV (MeOH) 光谱显示 λ_{max} ($\lg\varepsilon$) 为 219 nm (3.93)、260 nm (3.93)，提示此化合物存在 α,β-不饱和醛结构。

^{1}H-NMR（表 10-2）显示存在两个连氧次甲基质子信号：δ_H 3.75 (m, H-3)、4.52 (dq, J = 6.9 Hz、6.4 Hz, H-20)；一个可交换质子信号：δ_H 5.69 (s, 14-OH)；一个醛基质子信号：δ_H 9.87 (s, H-6)；两个连氧次甲基质子信号：δ_H 3.75 (m, H-3)、4.52 (dq, J = 6.9 Hz、6.4 Hz, H-20)；两个甲基质子信号：δ_H 1.05 (3H, s, H-19)、1.35 (3H, d, J = 6.3 Hz, H-21)；十四个亚甲基质子信号：δ_H 1.29 (m, H-1a)、1.97 (m, H-1b)、1.98 (m, H-2a)、1.74 (m, H-2b)、3.43 (m, H-4a)、2.24 (m, H-4b)、1.48 (m, H-11a)、2.07 (m, H-11b)、1.58 (m, H-12a)、2.08 (m, H-12b)、1.96 (m, H-15a)、1.31 (m, H-15b)、2.00 (m, H-16a)、1.91 (m, H-16b)；三个次甲基质子信号：δ_H 3.16 (dd, J = 12.3 Hz、4.0 Hz, H-8)、1.32 (m, H-9)、2.16 (td, J = 7.7 Hz、4.1 Hz, H-17)。

^{13}C-NMR（表 10-2）显示结构中存在二十一个碳信号，包括一个醛基碳信号：δ_C 188.9 (C-6)；一个酯羰基碳信号：δ_C 178.8 (C-18)；两个烯烃碳信号：δ_C 176.5 (C-5) 和 137.1 (C-7)；一个连氧季碳信号：δ_C 82.3 (C-14)；两个连氧次甲基碳信号：δ_C 70.7 (C-3) 和 83.4 (C-20)；两个甲基碳信号：δ_C 15.6 (C-19) 和 21.3 (C-21)；七个亚甲基碳信号：δ_C 36.3 (C-1)、31.2 (C-2)、34.0 (C-4)、21.5 (C-11)、34.8 (C-12)、34.9 (C-15) 和 26.7 (C-16)；三个次甲基碳信号：δ_C 52.4 (C-8)、54.1 (C-9) 和 56.4 (C-17)；两个季碳信号：δ_C 47.1 (C-10) 和 59.9 (C-13)。

氢碳直接相关信号通过二维 HSQC 谱确定，骨架上的氢氢相关连接通过二维 ^{1}H-^{1}H COSY 获得，上述数据提示化合物 **10-2** 为 C_{21} 甾体骨架。

^{1}H-^{1}H COSY 谱显示，δ_H 2.16 (td, J = 7.7 Hz、4.1 Hz, H-17) 与 δ_H 4.52 (dq, J = 6.9 Hz、6.4 Hz, H-20) 相关，而 δ_H 4.52 (dq, J = 6.9 Hz、6.4 Hz, H-20) 又与 δ_H 1.35 (d, J = 6.3 Hz, H-21) 相关，表明 δ_H 4.52 (dq, J = 6.9 Hz、6.4 Hz, H-20) 对应的连氧次甲基碳原子连接在 δ_H 2.16 (td, J = 7.7 Hz、4.1 Hz, H-17) 相应碳原子上，同时连接一个甲基。

表 10-2　化合物 **10-2** 的 NMR 数据（600 MHz, CD_3Cl_3）

位置	δ_C	类型	δ_H(J/ Hz)
1	36.3	CH_2	1.29, m;1.97,m
2	31.2	CH_2	1.98, m; 1.74, m
3	70.7	CH	3.75, m
4	34.0	CH_2	3.43, m; 2.24, m
5	176.5	C	
6	188.9	CH	9.87, s
7	137.1	C	
8	52.4	CH	3.16, dd (12.3, 4.0)
9	54.1	CH	1.32, m
10	47.1	C	
11	21.5	CH_2	1.48, m; 2.07, m
12	34.8	CH_2	1.58, m; 2.08, m
13	59.9	C	
14	82.3	C	
15	34.9	CH_2	1.96, m; 1.31, m
16	26.7	CH_2	2.00, m; 1.91, m
17	56.4	CH	2.16, td (7.7, 4.1)
18	178.8	C	
19	15.6	CH_3	1.05, s
20	83.4	CH	4.52, dq (6.9, 6.4)
21	21.3	CH_3	1.35, d (6.3)
14-OH			5.69, s

HMBC 显示（图 10-13），δ_H 1.05 (3H, s, H-19) 与 δ_C 36.3 (C-1)、176.5 (C-5)、54.1 (C-9)、47.1 (C-10) 相关，且 δ_H 9.87 (s, H-6) 与 δ_C 176.5 (C-5)、137.1 (C-7)、52.4 (C-8) 相关，提示 B 环为环戊烯单元，C-6 位醛基与 C-5、C-7 双键共轭；δ_H5.69 (s, 14-OH) 与 δ_C 52.4 (C-8)、59.9 (C-13)、82.3 (C-14)、34.9 (C-15) 相关，且 δ_H 1.58 (m, H-12a)、2.08 (m, H-12b)、2.16 (td, J = 7.7 Hz、4.1 Hz, H-17) 均与 δ_C 59.9 (C-13) 相关，δ_H 1.58 (m, H-12a)、2.08 (m, H-12b)、4.52 (dq, J = 6.9 Hz、6.4 Hz, H-20)均与 δ_C 178.8 (C-18) 相关，且 δ_H 1.35 (3H, d, J = 6.3 Hz, H-21) 与 δ_C 56.4 (C-17)、83.4 (C-20) 相关，提示 E 内酯环连接在 D 环 C-13、C-17 位置。

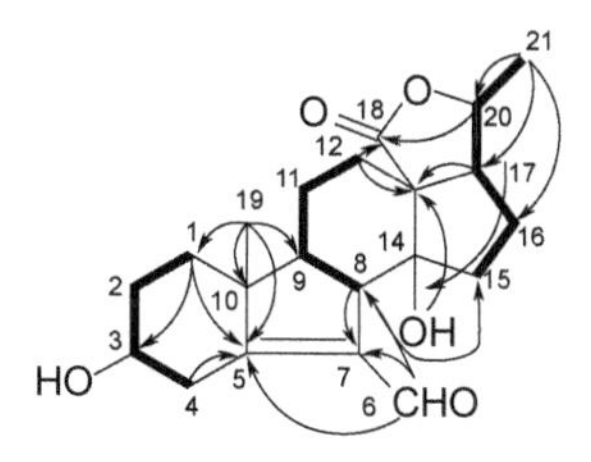

图 10-13 化合物 **10-2** 的主要 ^{1}H-^{1}H COSY 相关（粗键）和 HMBC 相关（箭头）

NOESY 谱显示，δ_H 3.16 (dd, J = 12.3 Hz、4.0 Hz, H-8)、δ_H 1.05 (3H, s, H-19) 与 δ_H 5.69 (s, 14-OH) 有 NOE 效应，而 δ_H 5.69 (s, 14-OH) 与 δ_H 4.52 (dq, J = 6.9 Hz、6.4 Hz, H-20) 有 NOE 效应，提示上述相应质子为 β-构型；δ_H 3.75 (m, H-3) 与 δ_H 1.29 (m, H-1a) 有 NOE 效应，δ_H 1.32 (m, H-9) 与 δ_H 1.29 (m, H-1a) 有 NOE 效应，δ_H 1.96 (m, H-15a) 有 NOE 效应，δ_H 2.16 (td, J = 7.7 Hz、4.6 Hz, H-17) 与 δ_H 1.35 (3H,d, J = 6.3 Hz, H-21) 有 NOE 效应，提示上述相应质子为 α-构型。

X 射线单晶衍射分析结果表明化合物 **10-2** 的绝对构型为 (3*S*, 8*S*, 9*S*, 10*R*, 13*S*, 14*S*, 17*S*, 20*R*)。

附：化合物 10-2 的更多波谱图见图 10-14～图 10-21。

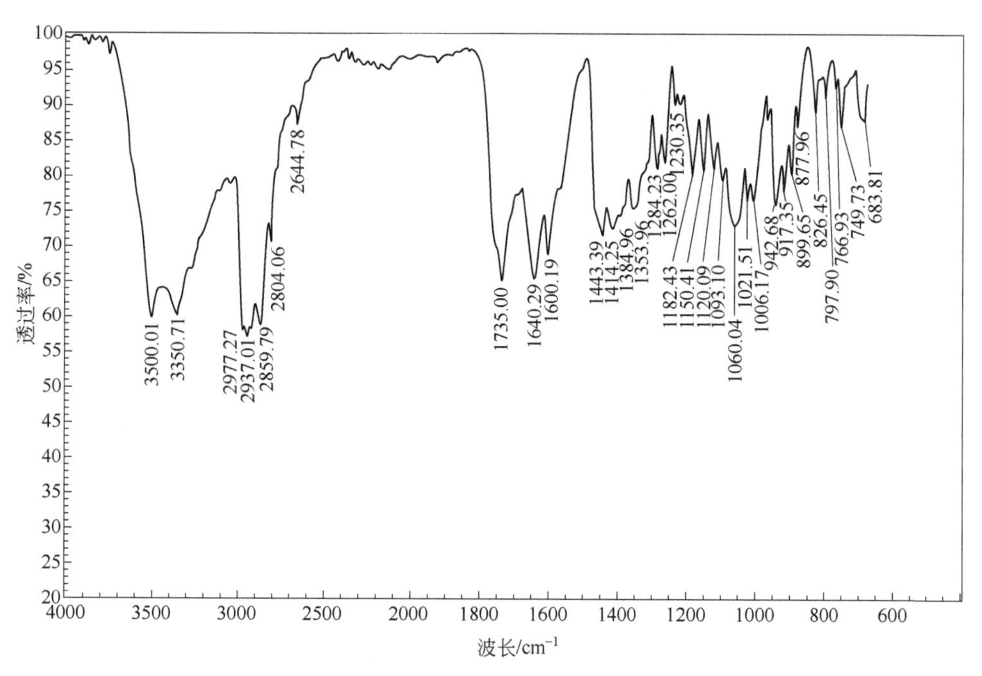

图 10-14 化合物 **10-2** 的红外吸收光谱

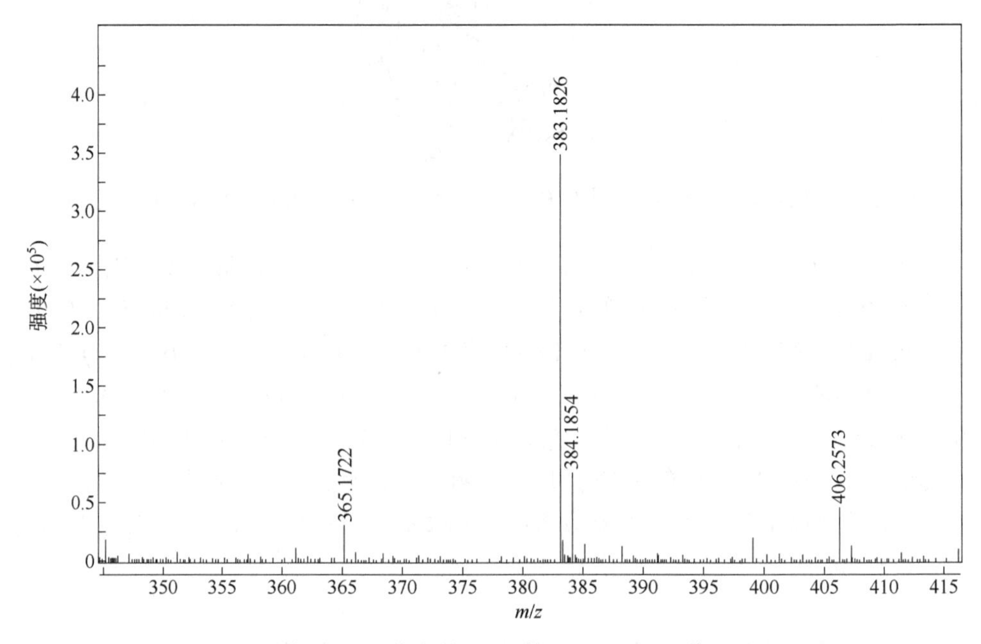

图 10-15　化合物 **10-2** 的 HR ESI-MS 谱

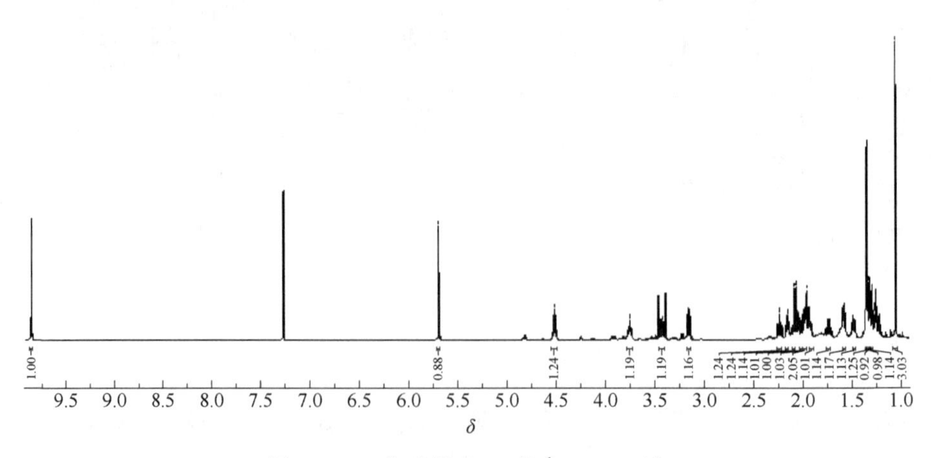

图 10-16　化合物 **10-2** 的 ^{1}H-NMR 谱

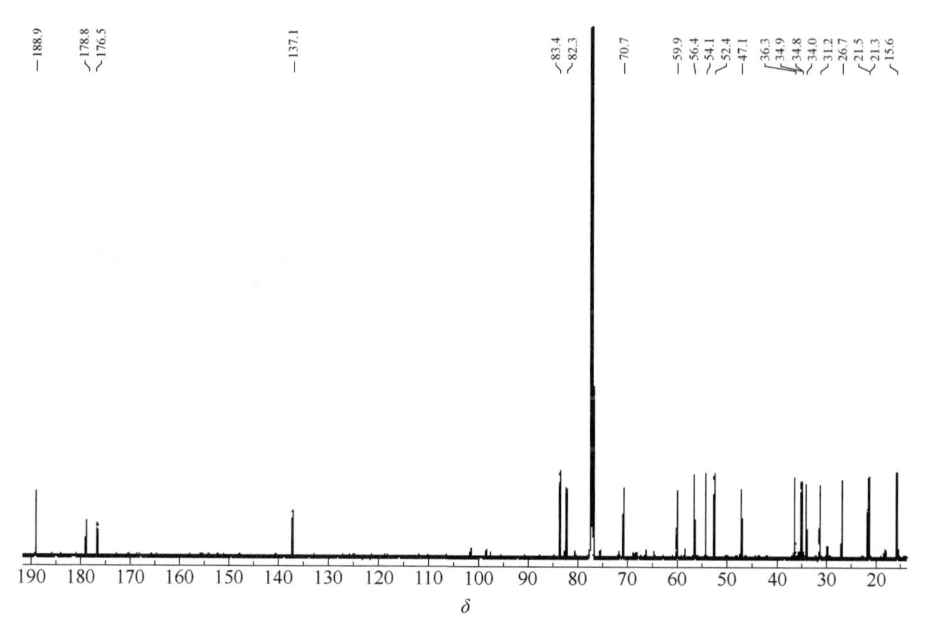

图 10-17 化合物 **10-2** 的 ^{13}C-NMR 谱

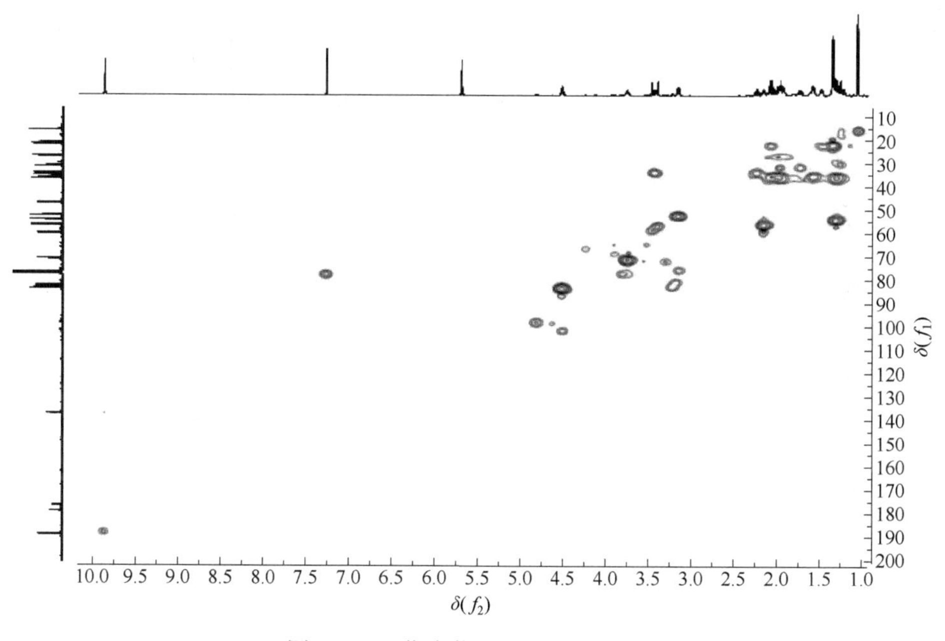

图 10-18 化合物 **10-2** 的 HSQC 谱

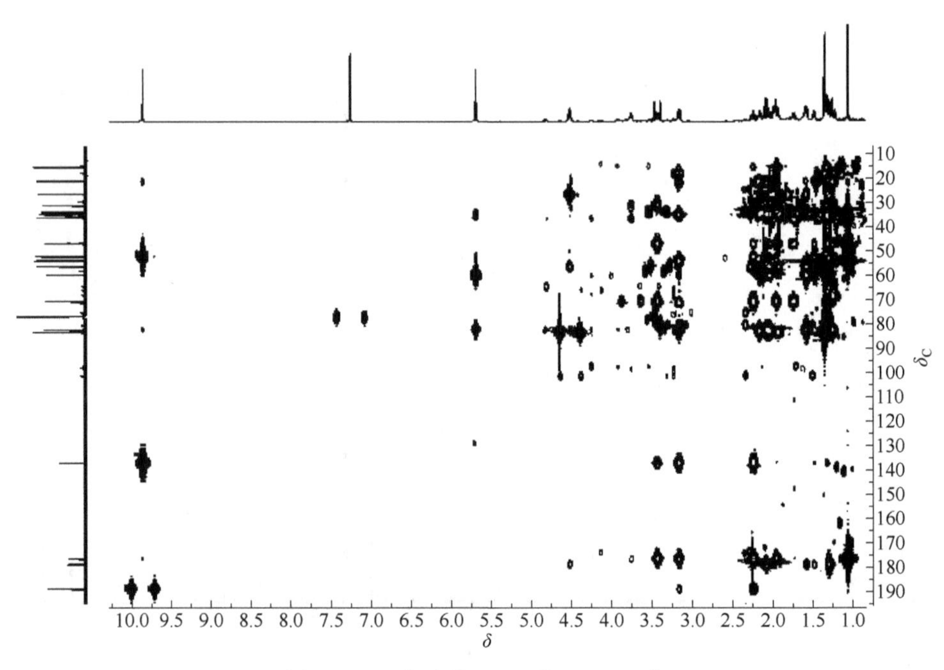

图 10-19　化合物 **10-2** 的 HMBC 谱

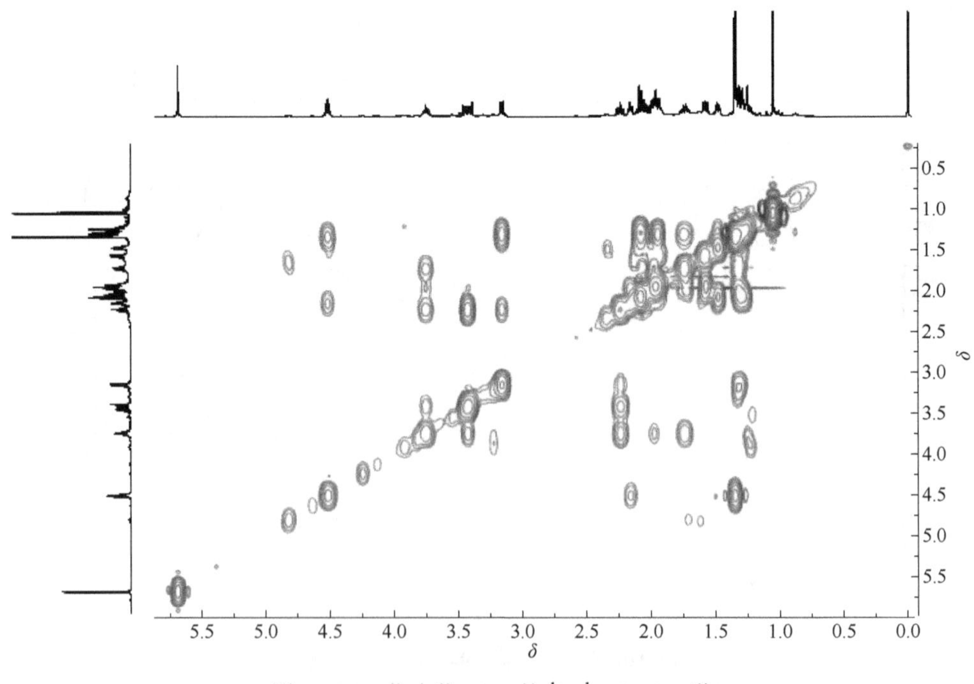

图 10-20　化合物 **10-2** 的 ^{1}H-^{1}H COSY 谱

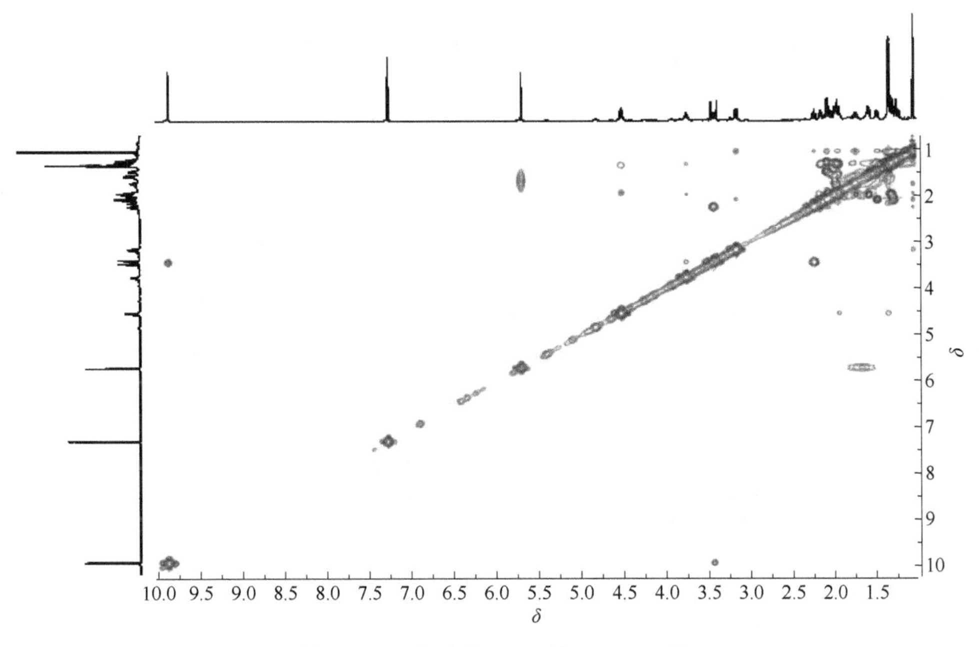

图 10-21 化合物 **10-2** 的 NOESY 谱

【例 10-3】swinhoeisterol C[5]

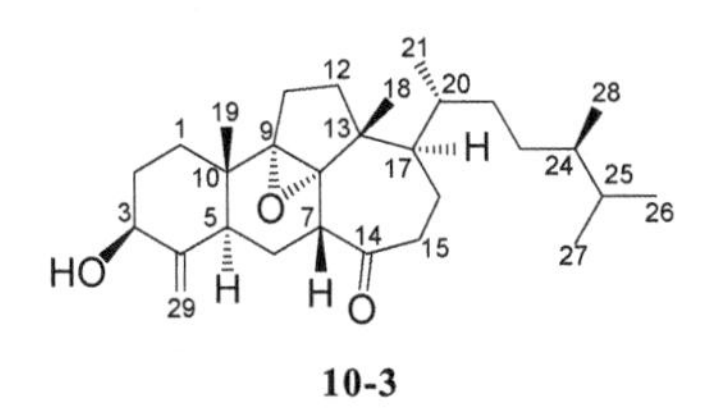

10-3

灰白色非结晶固体，易溶于二氯甲烷。$[\alpha]_{D}^{20} = +29.3°$（$c$ = 0.271, $CHCl_3$）。

HR ESI-MS m/z：465.3338，对应 $[M+Na]^+$（计算值：465.3345），推断此化合物的分子式为 $C_{29}H_{46}O_3$，不饱和度为 7。

IR 光谱显示结构中存在醇羟基 (—OH) 3436 cm^{-1} (宽峰)，酮羰基 (C═O) 1711 cm^{-1}，末端双键 ($C═CH_2$) 1667 cm^{-1}、899 cm^{-1}，饱和烷烃基团 ($—CH_3$) 2956 cm^{-1}、1379 cm^{-1} 等特征吸收峰。

UV (CH_3CN) 光谱显示 λ_{max} (lgε) 为 196 nm (4.92)、231 nm (4.09)，提示此化合物无共轭系统存在。

^{1}H-NMR（表 10-3）显示存在一个连氧次甲基质子信号：δ_H 3.98 (dd, J = 11.5 Hz、5.5 Hz, H-3)；两个烯烃末端质子信号：δ_H 5.13 (s, H-29a) 和 4.71 (s, H-29b)；六个甲基质子信号：δ_H 1.08 (3H, s, H-18)、0.88 (3H, s, H-19)、0.94 (3H, d, J = 6.9 Hz,

表 10-3 化合物 **10-3** 的 NMR 数据（600 MHz, $CDCl_3$）

位置	δ_C	类型	δ_H (*J*/Hz)
1	33.0	CH_2	1.59, dd (13.5, 3.9); 1.64, ov
2	32.1	CH_2	2.02, ov; 1.41, ov
3	72.7	CH	3.98, dd (11.5, 5.5)
4	151.9	C	
5	38.7	CH	2.04, ov
6	19.6	CH_2	2.07, dd (13.5, 2.5); 1.24, m
7	41.7	CH	3.22, d (7.4)
8	72.4	C	
9	75.8	C	
10	36.7	C	
11	23.6	CH_2	1.85, dd (13.8, 8.5); 1.79, ddd (13.9, 10.2, 8.4)
12	36.3	CH_2	1.32, ov; 1.62, ov
13	47.5	C	
14	209.3	C	
15	44.2	CH_2	2.43, ddd (18.8, 11.6, 2.7); 2.72, ddd (18.8, 6.3, 1.9)
16	19.6	CH_2	1.66, ov; 1.68, ov
17	54.6	CH	1.51, dd (10.9, 2.4)
18	18.4	CH_3	1.08, s
19	16.7	CH_3	0.88, s
20	34.7	CH	1.46, ov
21	21.3	CH_3	0.94, d (6.9)
22	30.3	CH_2	1.44, ov; 0.97, m
23	33.3	CH_2	1.20, ov
24	39.1	CH	1.22, ov
25	32.3	CH	1.54, m
26	20.4	CH_3	0.86, d (6.8)
27	18.2	CH_3	0.80, d (6.9)
28	15.6	CH_3	0.79, d (6.4)
29	103.7	CH_2	5.13, s; 4.71, s

H-21)、0.86 (3H, d, *J* = 6.8 Hz, H-26)、0.80 (3H, d, *J* = 6.9 Hz, H-27) 和 0.79 (3H, d, *J* = 6.4 Hz, H-28)；十七个亚甲基质子信号：δ_H 1.59 (dd, *J* = 13.5 Hz、3.9 Hz, H-1a)、1.64 (ov, H-1b)、2.02 (ov, H-2a)、1.41 (ov, H-2b)、2.07 (dd, *J* = 13.5 Hz、2.5 Hz, H-6a)、1.24 (m, H-6b)、1.85 (dd, *J* = 13.8 Hz、8.5 Hz, H-11a)、1.79 (ddd, *J* = 13.9 Hz、10.2 Hz、8.4 Hz, H-11b)、1.32 (ov, H-12a)、1.62 (ov, H-12b)、2.43 (ddd, *J* = 18.8 Hz、11.6 Hz、2.7 Hz, H-15a)、2.72 (ddd, *J* = 18.8 Hz、6.3 Hz、1.9 Hz, H-15b)、1.66 (ov, H-16a)、1.68 (ov, H-16b)、1.44 (ov, H-22a)、0.97 (m, H-22b) 和 1.20 (2H, ov, H-23)；

六个次甲基质子信号：δ_H 2.04 (ov, H-5)、3.22 (d, J = 7.4 Hz, H-7)、1.51 (dd, J = 10.9 Hz、2.4 Hz, H-17)、1.46 (ov, H-20)、1.22 (ov, H-24) 和 1.54 (m, H-25)。

^{13}C-NMR（表 10-3）显示结构中存在二十九个碳信号，包括两个烯碳信号：δ_C 151.9 (C-4) 和 103.7 (C-29)；一个酮羰基碳信号：δ_C 209.3 (C-14)；两个连氧季碳信号：δ_C 72.4 (C-8) 和 75.8 (C-9)；六个甲基碳信号：δ_C 18.4 (C-18)、16.7 (C-19)、21.3 (C-21)、20.4 (C-26)、18.2 (C-27) 和 15.6 (C-28)；九个亚甲基碳信号：δ_C 33.0 (C-1)、32.1 (C-2)、19.6 (C-6)、23.6 (C-11)、36.3 (C-12)、44.2 (C-15)、19.6 (C-16)、30.3 (C-22) 和 33.3 (C-23)；六个次甲基碳信号：δ_C 72.7 (C-3)、38.7 (C-5)、41.7 (C-7)、54.6 (C-17)、39.1(C-24) 和 32.3 (C-25)；两个季碳信号：δ_C 36.7 (C-10) 和 47.5 (C-13)。结合不饱和度推测 C-7、C-8 位连接环氧基团。氢碳直接相关信号通过二维 HSQC 谱确定，骨架上的氢氢相关连接通过二维 ^{1}H-^{1}H COSY 谱获得，推断该化合物骨架为重排的 6/6/5/7 环甾体母核结构。

^{1}H-^{1}H COSY 相关谱显示，δ_H 1.54 (m, H-25) 与 δ_H 0.86 (3H, d, J = 6.8 Hz, H-26)、0.80 (3H, d, J = 6.9 Hz, H-27) 相关，表明两个甲基均连在 δ_H 1.54 (m, H-25) 相应碳原子上。见图 10-22。

HMBC 显示（图 10-22），δ_H 5.13 (s, H-29a)、4.71 (s, H-29b) 与 δ_C 72.7 (C-3)、38.7 (C-5) 相关，表明 C-4 和 C-29 为末端双键结构；δ_H 3.22 (d, J = 7.4 Hz, H-7) 与 δ_C 209.3(C-14) 相关，δ_H 2.43 (ddd, J = 18.8 Hz、11.6 Hz、2.7 Hz, H-15a)、2.72 (ddd, J = 18.8 Hz、6.3 Hz、1.9 Hz, H-15b) 与 δ_C 41.7 (C-7) 相关，进一步表明酮羰基位于七元环 C-14 位；δ_H 0.94 (3H, d, J = 6.9 Hz, H-21) 与 δ_C 54.6 (C-17)、30.3 (C-22) 相关，δ_H 0.79 (3H, d, J = 6.4 Hz, H-28) 与 δ_C 33.3 (C-23)、32.3 (C-25) 相关，进一步确定 C-17 位侧链结构为 [—$CH(CH_3)CH_2CH_2CH(CH_3)CH(CH_3)_2$]。

NOESY 谱显示，δ_H 1.08 (3H, s, H-18)、0.88 (3H, s, H-19)、1.24 (m, H-6b) 和 δ_H 3.22 (d, J = 7.4 Hz, H-7) 有 NOE 效应，提示化合物 **10-3** 的相对构型为 (3*S**, 5*S**, 7*R**, 8*S**, 9*S**, 10*S**, 13*R**, 17*R**, 20*R**, 24*R**)。

ECD 谱显示该化合物在 242 nm 处呈正的 Cotton 效应，在 295 nm 处呈负的 Cotton 效应，和文献报道已知化合物 swinhoeisterol A 谱图一致，因此化合物 **10-3** 绝对构型鉴定为 (3*S*, 5*S*, 7*R*, 8*S*, 9*S*, 10*S*, 13*R*, 17*R*, 20*R*, 24*R*)。

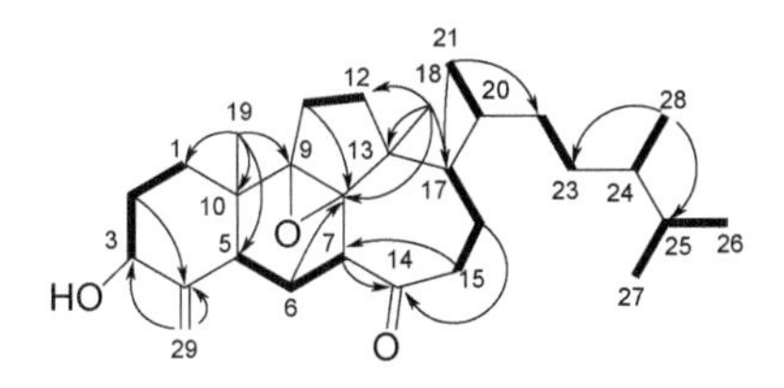

图 10-22 化合物 **10-3** 的主要 ^{1}H-^{1}H COSY 相关（粗键）和 HMBC 相关（箭头）

附：化合物 **10-3** 的更多波谱图见图 10-23～图 10-30。

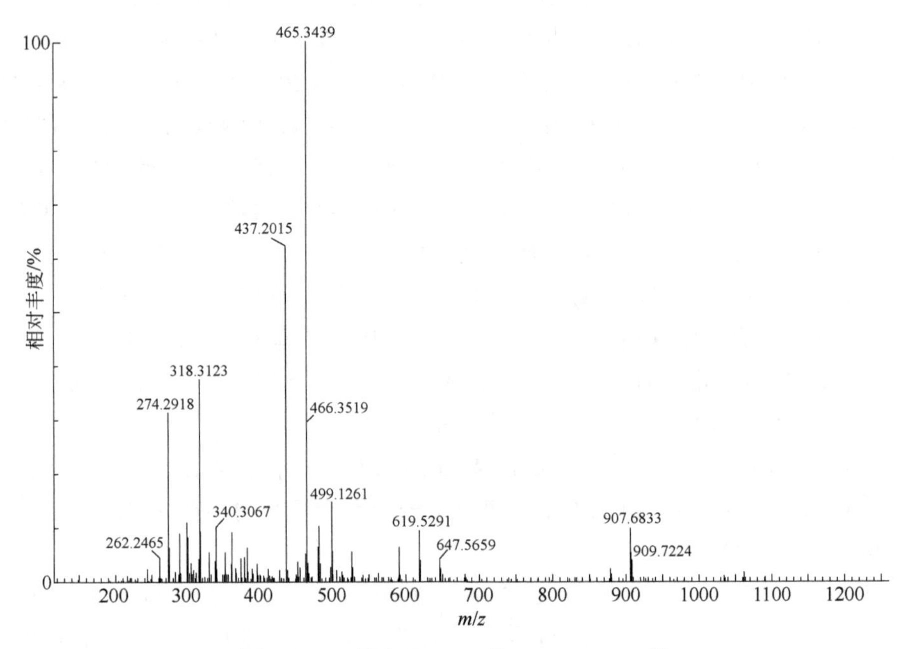

图 10-23　化合物 **10-3** 的 HR ESI-MS 谱

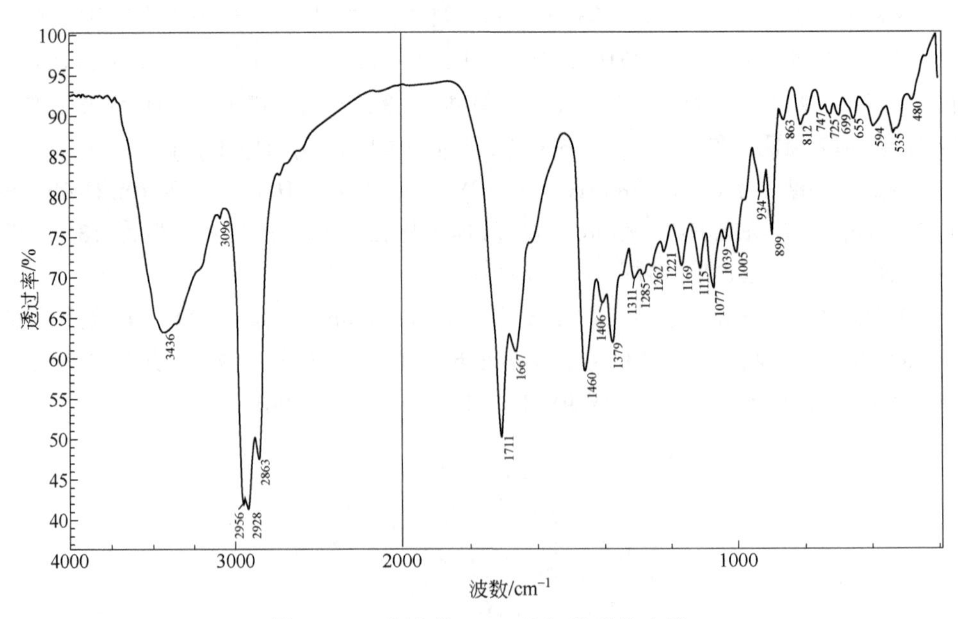

图 10-24　化合物 **10-3** 的红外吸收光谱

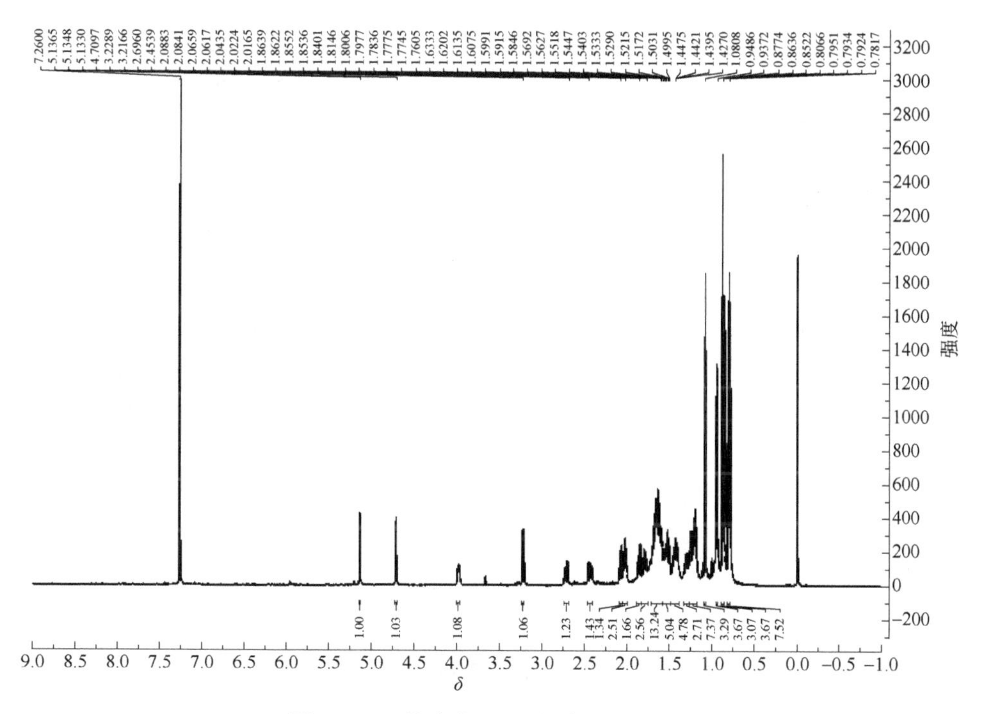

图 10-25　化合物 **10-3** 的 ^{1}H-NMR 谱

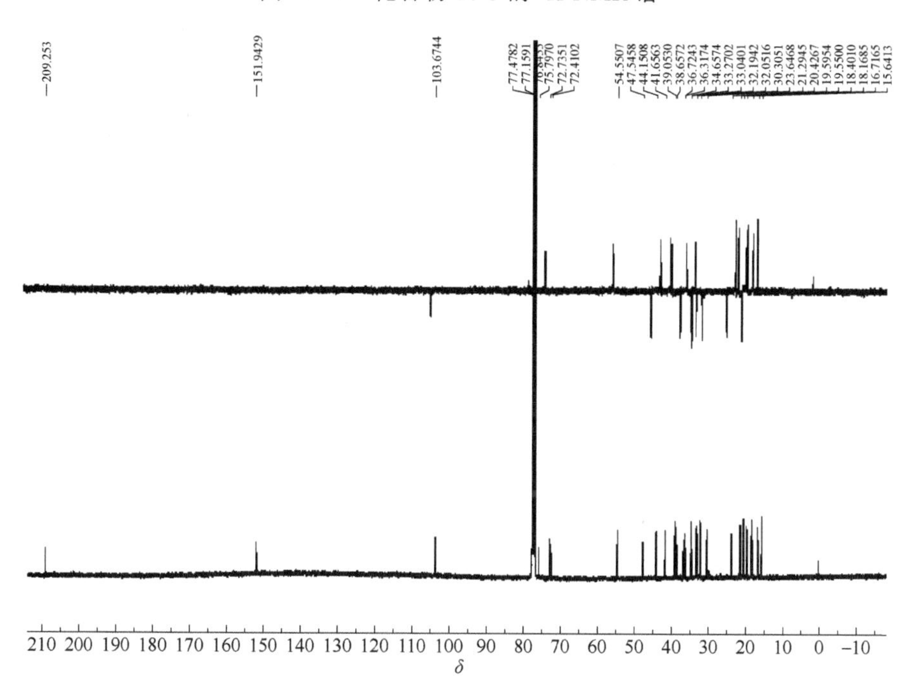

图 10-26　化合物 **10-3** 的 ^{13}C-NMR 谱和 DEPT 谱

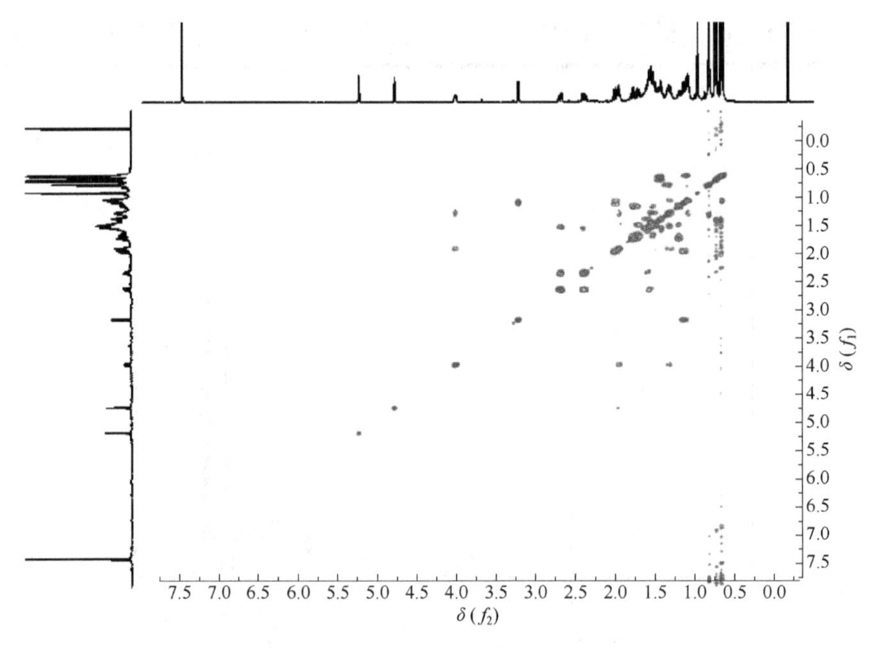

图 10-27　化合物 **10-3** 的 ^{1}H-^{1}H COSY 谱

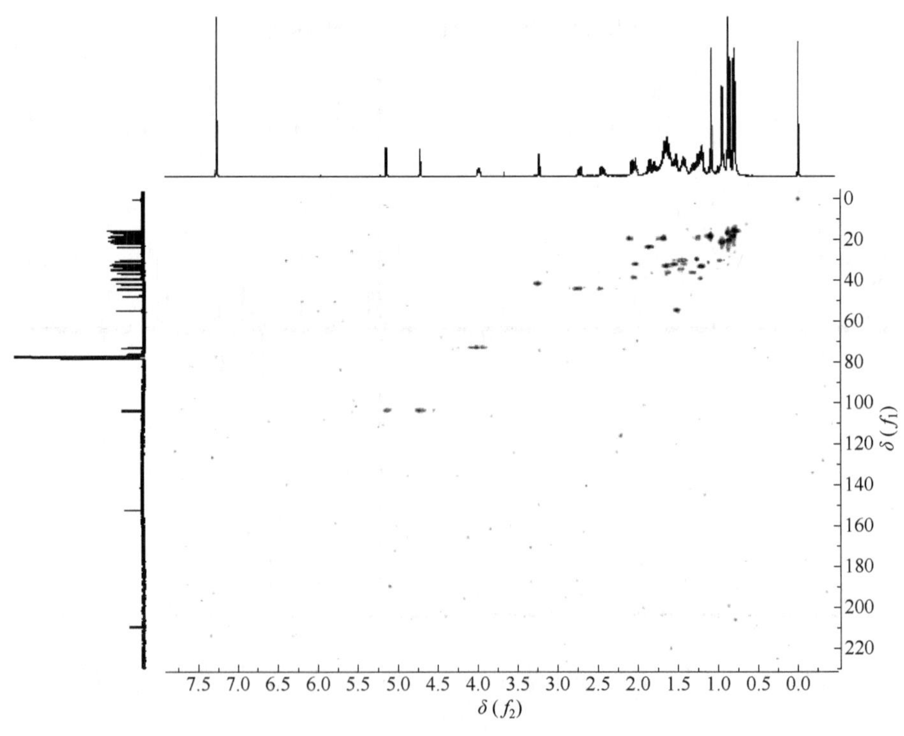

图 10-28　化合物 **10-3** 的 HSQC 谱

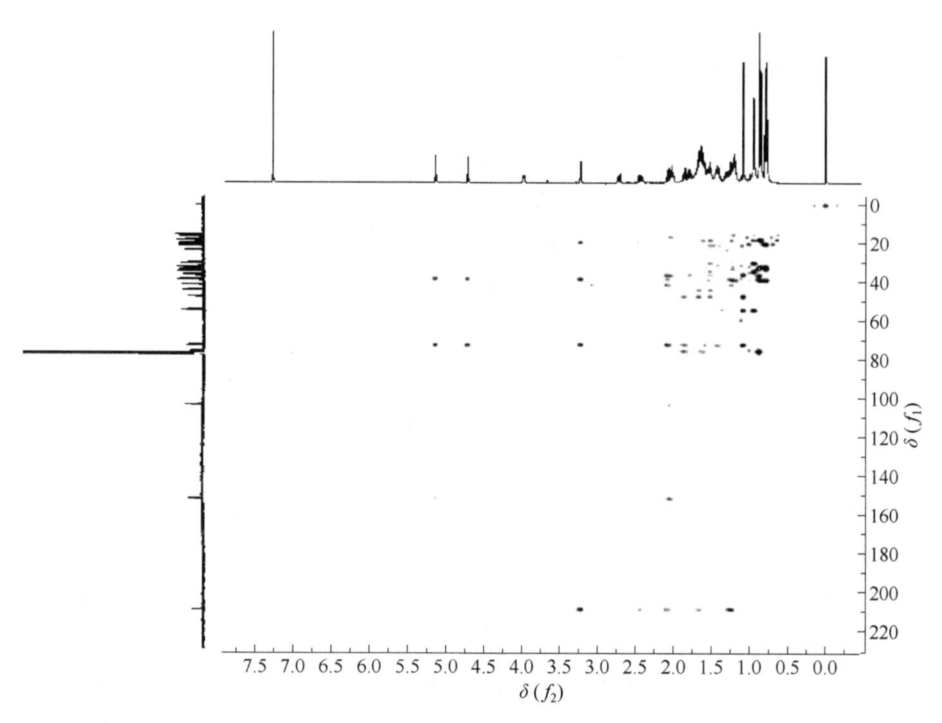

图 10-29 化合物 **10-3** 的 HMBC 谱

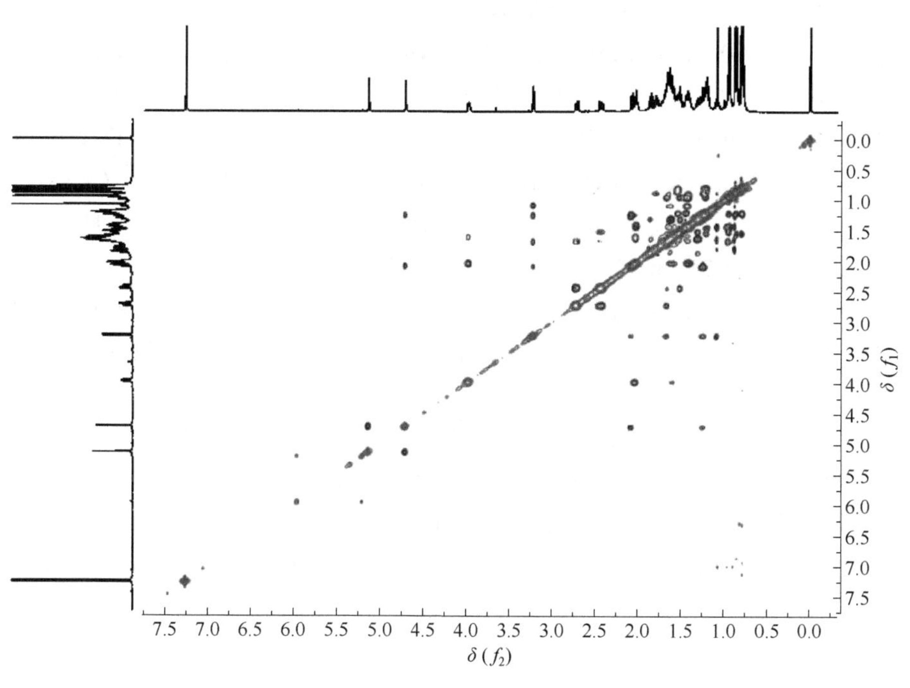

图 10-30 化合物 **10-3** 的 NOESY 谱

【例 10-4】calvatianone[6]

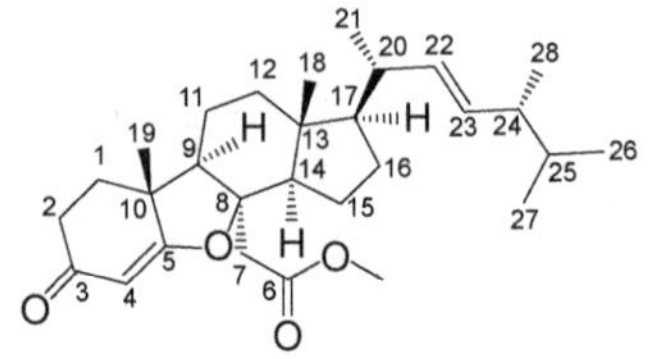

10-4

无色胶状，易溶于甲醇。[α] = +45.0°（c = 0.1, MeOH）。

HR ESI-MS m/z：475.3325，对应 $[M+H]^+$（计算值：475.3318），推断此化合物的分子式为 $C_{29}H_{44}O_4$，不饱和度为 8。

IR (KBr) 光谱显示结构中存在双键 (C═C) 1625 cm^{-1} 和 (C═O) 羰基 1747 cm^{-1} 的特征吸收峰。

UV (MeOH) 光谱显示 λ_{max}(lg ε) 为 260 nm (3.8)，提示此化合物存在 α,β-不饱和酮结构。

^{1}H-NMR（表 10-4）显示存在三个烯烃质子信号：δ_H 5.14 (dd, J = 15.0 Hz、8.0 Hz, H-22)、5.25 (d, J = 15.0 Hz、8.5 Hz, H-23) 和 5.42 (s, H-4)；一个甲氧基质子信号：δ_H 3.66 (3H, s, 6-OCH_3)；六个甲基质子信号：δ_H 0.82 (3H, d, J = 7.0 Hz, H-26)、0.84 (3H, d, J = 7.0 Hz, H-27)、0.87 (3H, s, H-18)、0.92 (3H, d, J = 7.0 Hz, H-28)、1.00 (3H, d, J = 6.5 Hz, H-21) 和 1.44 (3H, s, H-19)；十二个亚甲基质子信号：δ_H 1.93 (ddd, J = 13.0 Hz、12.5 Hz、5.5 Hz, H-1a)、2.13 (ddd, J = 13.0 Hz、6.0 Hz、1.0 Hz, H-1b)、2.41 (ddd, J = 18.5 Hz、5.5 Hz、1.0 Hz, H-2a)、2.59 (ddd, J = 18.5 Hz、12.5 Hz、6.0 Hz, H-2b)、2.46 (d, J = 15.0 Hz, H-7a)、2.73 (d, J = 15.0 Hz, H-7b)、1.73 (m, H-11a)、1.78 (m, H-11b)、1.71 (m, H-12a)、1.78 (m, H-12b)、1.28 (2H, m, H-15) 和 1.75 (2H, m, H-16)；六个次甲基质子信号：δ_H 2.44～2.48 (m, H-9)、1.87 (dd, J = 6.5 Hz、3.0 Hz, H-14)、1.28 (m, H-17)、2.02 (m, H-20)、1.84 (m, H-24) 和 1.48 (m, H-25)。

^{13}C-NMR（表 10-4）显示结构中存在二十九个碳信号，包括一个酮羰基碳信号：δ_C 199.1 (C-3)；一个酯羰基碳信号：δ_C 170.8 (C-6)；一个烯醇基碳信号：δ_C 186.3 (C-5)；三个烯烃碳信号：δ_C 104.2 (C-4)、132.7 (C-23) 和 135.1 (C-22)；一个连氧季碳信号：δ_C 92.3 (C-8)；六个甲基碳信号：δ_C 16.4 (C-18)、21.7 (C-19)、20.9 (C-21)、19.8 (C-26)、20.1 (C-27) 和 17.8 (C-28)；七个亚甲基碳信号：δ_C 37.6 (C-1)、34.2 (C-2)、45.1 (C-7)、20.7 (C-11)、35.4 (C-12)、22.8 (C-15) 和 27.7 (C-16)；六个次甲基碳信号：δ_C 45.6 (C-9)、49.8 (C-14)、57.4 (C-17)、40.2 (C-20)、43.0 (C-24) 和 33.2

(C-25)；两个季碳信号：δ_C 45.8 (C-10) 和 39.9 (C-13)；一个甲氧基碳信号：δ_C 52.0 (6-OCH_3)。氢碳直接相关信号通过二维 HSQC 谱确定，骨架上的氢氢相关连接通过二维 ^1H-^1H COSY 获得，上述数据与文献报道的麦角甾醇型甾体较为相似。

表 10-4 化合物 10-4 的 NMR 数据（500 MHz, $CDCl_3$）

位置	δ_C	类型	δ_H (*J*/Hz)
1	37.6	CH_2	1.93, ddd (13.0, 12.5, 5.5); 2.13, ddd (13.0, 6.0, 1.0)
2	34.2	CH_2	2.41, ddd (18.5, 5.5, 1.0); 2.59, ddd (18.5, 12.5, 6.0)
3	199.1	C	
4	104.2	CH	5.42, s
5	186.3	C	
6	170.8	C	
7	45.1	CH_2	2.46, d (15.0); 2.73, d (15.0)
8	92.3	C	
9	45.6	CH	2.44～2.48, m
10	45.8	C	
11	20.7	CH_2	1.73, m; 1.78, m
12	35.4	CH_2	1.71, m; 1.78, m
13	39.9	C	
14	49.8	CH	1.87, dd (6.5, 3.0)
15	22.8	CH_2	1.28, m
16	27.7	CH_2	1.75, m
17	57.4	CH	1.28, m
18	16.4	CH_3	0.87, s
19	21.7	CH_3	1.44, s
20	40.2	CH	2.02, m
21	20.9	CH_3	1.00, d (6.5)
22	135.1	CH	5.14, dd (15.0, 8.0)
23	132.7	CH	5.25, dd (15.0, 8.5)
24	43.0	CH	1.84, m
25	33.2	CH	1.48, m
26	19.8	CH_3	0.82, d (7.0)
27	20.1	CH_3	0.84, d (7.0)
28	17.8	CH_3	0.92, d (7.0)
6-OCH_3	52.0	CH_3	3.66, s

^1H-^1H COSY 谱显示，δ_H 1.87 (dd, J = 6.5 Hz、3.0 Hz, H-14) 与 δ_H 1.28 (2H, m, H-15) 相关，δ_H 1.28 (2H, m, H-15) 与 δ_H 1.75 (2H, m, H-16) 相关，δ_H 1.75 (2H, m,

H-16) 与 δ_H 1.28 (m, H-17) 相关，δ_H 1.28 (m, H-17) 与 δ_H 2.02 (m, H-20) 相关，δ_H 2.02 (m, H-20) 与 δ_H 5.14 (dd, J = 15.0 Hz、8.0 Hz, H-22) 相关，δ_H 5.14 (dd, J = 15.0 Hz、8.0 Hz, H-22) 与 δ_H 5.25 (dd, J = 15.0 Hz、8.5 Hz, H-23) 相关，δ_H 5.25 (dd, J = 15.0 Hz、8.5 Hz, H-23) 与 δ_H 1.84 (m, H-24) 相关，δ_H 1.84 (m, H-24) 与 δ_H 1.48 (m, H-25)、0.92 (3H, d, J = 7.0 Hz, H-28) 相关，δ_H 1.48 (m, H-25) 又与 δ_H 0.82 (d, J = 7.0 Hz, H-26)、0.84 (d, J = 7.0 Hz, H-27) 相关，提示 C-17 位侧链结构为 [—$CH(CH_3)CH$═$CHCH(CH_3)CH(CH_3)_2$]。

HMBC 显示（图 10-31），δ_H 3.66 (3H, s, 6-OCH_3) 与 δ_C 170.8 (C-6) 相关，提示甲氧基与 C-6 位羰基碳相连；δ_H 2.46 (d, J = 15.0 Hz, H-7a)、2.73 (d, J = 15.0 Hz, H-7b)均与 δ_C 170.8 (C-6)、92.3 (C-8)、45.6 (C-9) 相关，提示 C-6 位羰基碳与 C-7 相连，结合 δ_H 1.44 (3H, s, H-19) 与 δ_C 186.3 (C-5)、45.6 (C-9) 相关，提示 B 环为四氢呋喃环结构；δ_H 1.93 (ddd, J = 13.0 Hz、12.5 Hz、5.5 Hz, H-1a)、2.13 (ddd, 13.0 Hz、6.0 Hz、1.0 Hz, H-1b) 均与 δ_C 199.1 (C-3)、186.3 (C-5) 相关，δ_H 2.41 (ddd, J = 18.5 Hz、5.5 Hz、1.0 Hz, H-2a)、2.59 (ddd, J = 18.5 Hz、12.5 Hz、6.0 Hz, H-2b)均与 δ_C 199.1 (C-3)、104.2 (C-4) 相关，δ_H 5.42 (s, H-4) 与 δ_C 45.8 (C-10)、186.3 (C-5) 相关，提示 A 环 C-3,4,5 位为 α,β-不饱和酮结构且 C-5 与 B 环的氧原子相连。

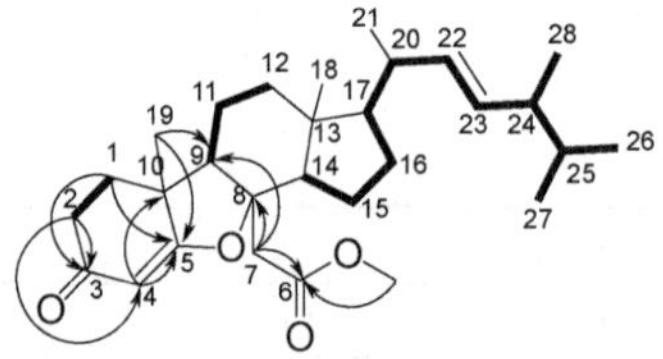

图 10-31　化合物 **10-4** 的主要 ^{1}H-^{1}H COSY 相关（粗键）和 HMBC 相关（箭头）

NOESY 谱显示，δ_H 0.87 (3H, s, H-18) 与 δ_H 1.44 (3H, s, H-19) 有 NOE 效应，δ_H 2.44～2.48 (m, H-9) 与 δ_H 2.73 (d,J = 15.0 Hz, H-7b) 有 NOE 效应，δ_H 1.87 (dd, J = 6.5 Hz、3.0 Hz, H-14) 与 δ_H 2.73 (d, J = 15.0 Hz, H-7b)、2.44～2.48 (m, H-9) 有 NOE 效应，表明化合物 **10-4** 的母核部分相对构型为 (8R^*, 9R^*, 10R^*, 13R^*, 14R^*)。

ECD 谱显示该化合物实验值与 (8*R*, 9*R*, 10*R*, 13*R*,14*R*, 17*R*, 20*R*, 24*R*) 构型计算结果吻合。其在 265 nm 处显示负 Cotton 效应，而在 305 nm 处显示正 Cotton 效应，因此该化合物的绝对构型定为 (8*R*, 9*R*, 10*R*, 13*R*,14*R*, 17*R*, 20*R*, 24*R*)。

附：化合物 10-4 的更多波谱见图 10-32～图 10-39。

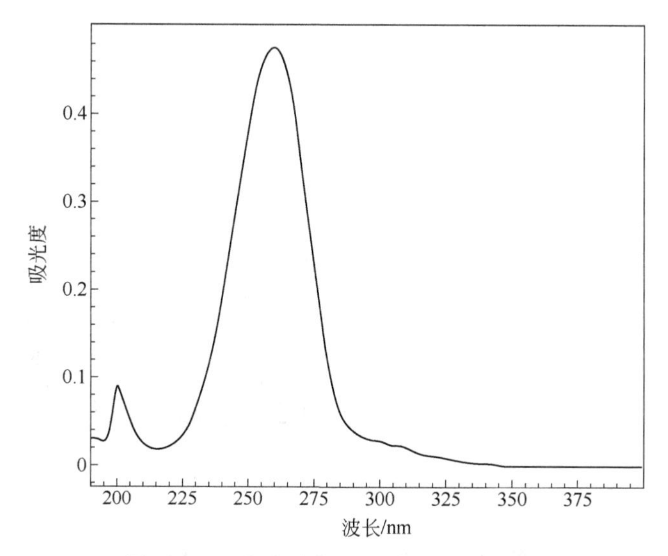

图 10-32　化合物 **10-4** 的紫外吸收光谱

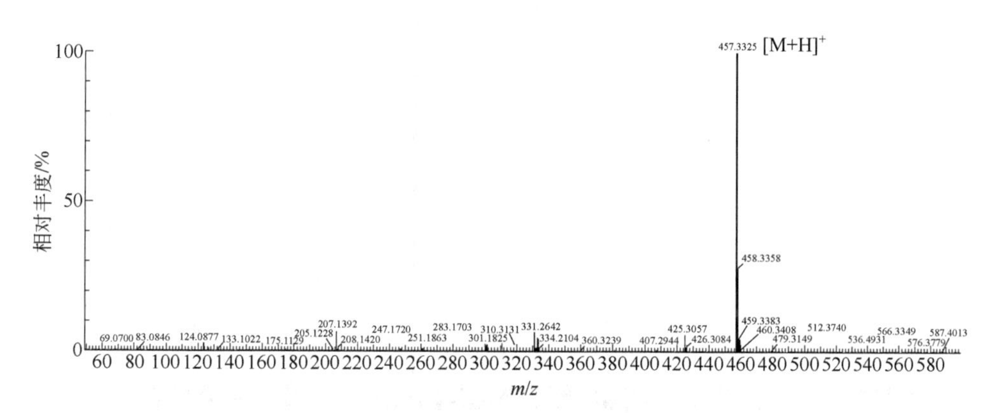

图 10-33　化合物 **10-4** 的 HR ESI-MS 谱

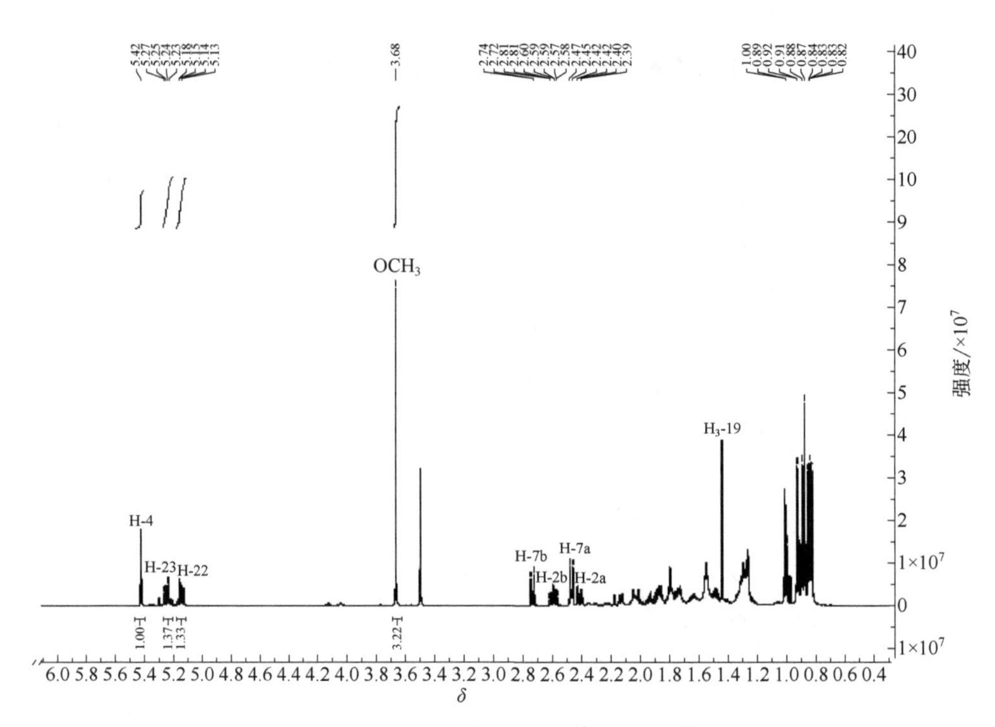

图 10-34　化合物 **10-4** 的 ^{1}H-NMR 谱

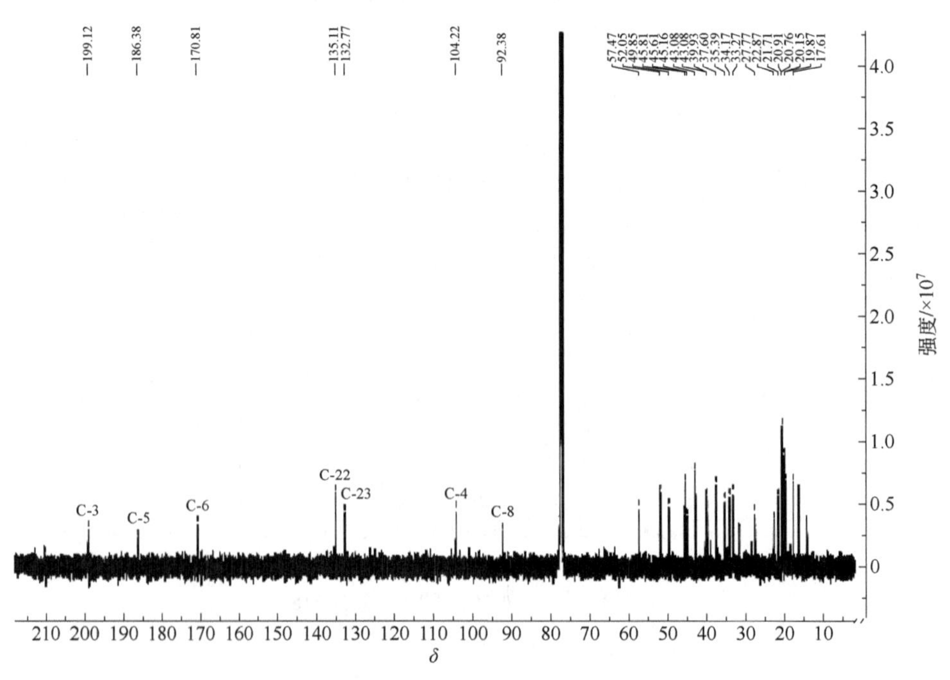

图 10-35　化合物 **10-4** 的 ^{13}C-NMR 谱

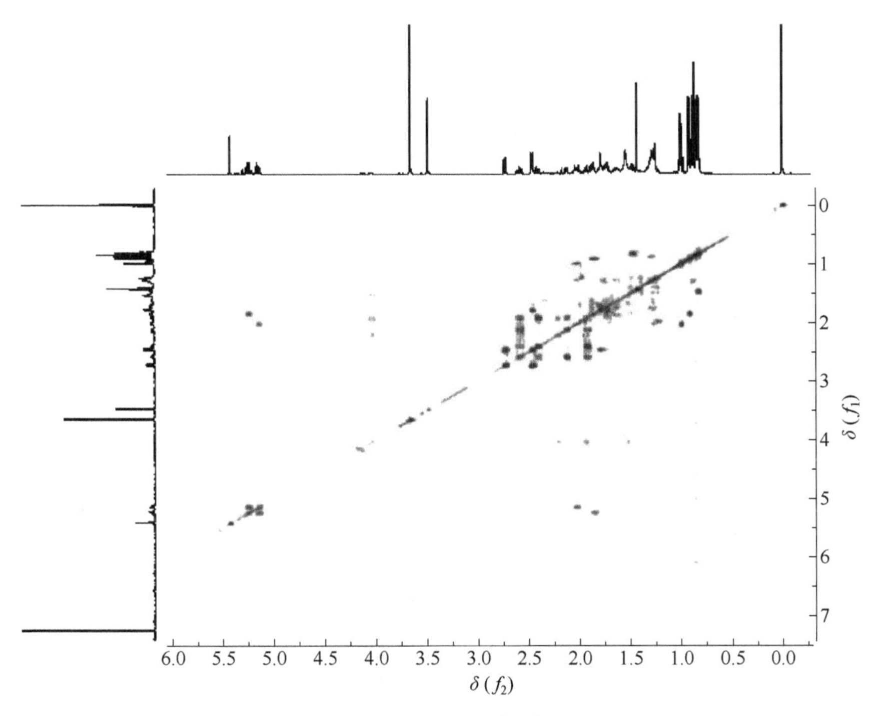

图 10-36　化合物 **10-4** 的 ^{1}H-^{1}H COSY 谱

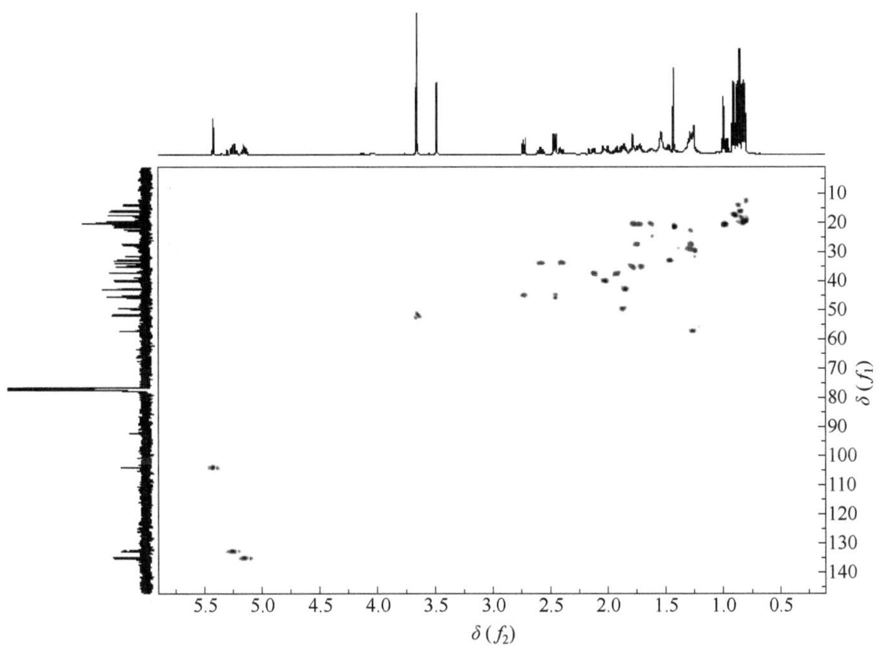

图 10-37　化合物 **10-4** 的 HSQC 谱

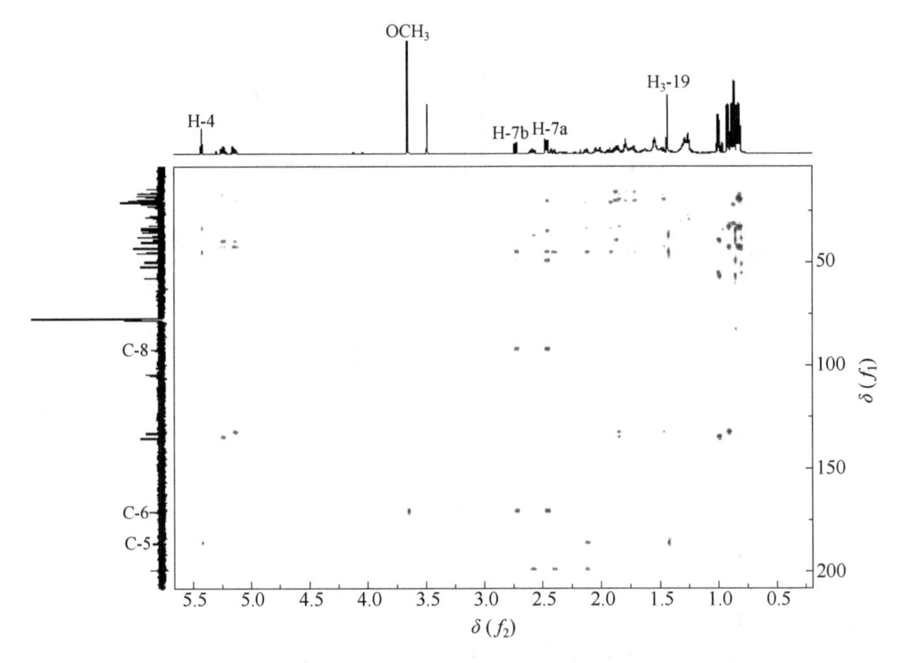

图 10-38　化合物 **10-4** 的 HMBC 谱

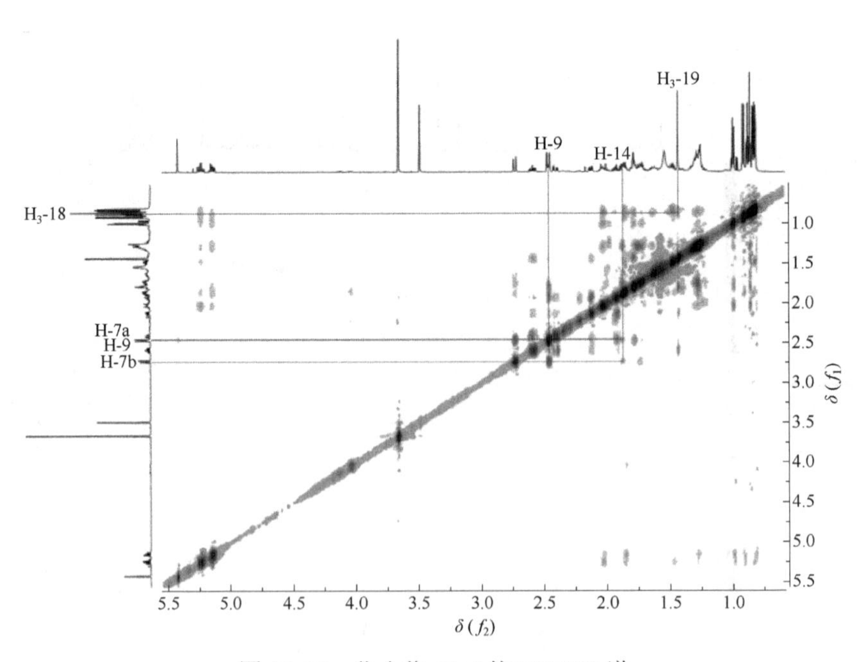

图 10-39　化合物 **10-4** 的 NOESY 谱

【例 10-5】spiroseoflosterol[7]

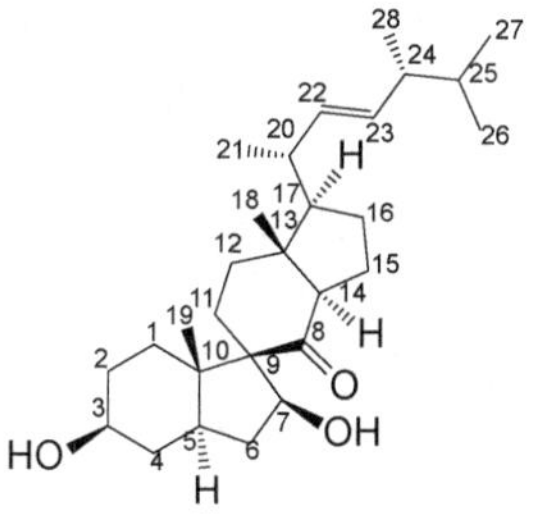

10-5

无色针状结晶，易溶于甲醇。$[\alpha]_D^{27}=-131.5°$（$c=0.02$, MeOH）。

HR ESI-MS *m/z*：469.3079，对应 $[M+K]^+$(计算值：469.3079)，推断此化合物的分子式为 $C_{28}H_{46}O_3$，不饱和度为 6。

IR (KBr) 光谱显示结构中存在醇羟基 (—OH) 3437 cm^{-1} (宽峰)，羰基 (C═O) 1702 cm^{-1}，双键 (C═C) 1637 cm^{-1}，以及饱和烷烃基团 ($—CH_3$) 2958 cm^{-1}、1298 cm^{-1} 等基团的特征吸收峰。

^{1}H-NMR（表 10-5）显示存在两个连氧次甲基质子信号：δ_H 3.46 (tt, J = 10.5 Hz、4.9 Hz, H-3) 和 4.43 (dd, J = 7.9 Hz、4.3 Hz, H-7)；两个反式烯烃质子信号：δ_H 5.19 (dd, J = 15.3 Hz、8.4 Hz, H-22) 和 5.25 (dd, J = 15.3 Hz、7.8 Hz, H-23)；两个连氧次甲基质子信号：δ_H 3.46 (tt, J = 10.5 Hz、4.9 Hz, H-3) 和 4.43 (dd, J = 7.9 Hz、4.3 Hz, H-7)；六个甲基质子信号：δ_H 0.61 (3H, s, H-18)、1.25 (3H, s, H-19)、1.04 (3H, d, J = 6.6 Hz, H-21)、0.83 (3H, d, J = 6.7 Hz, H-26)、0.85 (3H, d, J = 6.7 Hz, H-27) 和 0.93 (3H, d, J = 6.8 Hz, H-28)；十六个饱和烷烃质子信号：δ_H 1.63 (m, H-1a)、1.41 (dd, J = 12.9 Hz、4.1 Hz, H-1b)、1.86 (m, H-2a)、1.55 (m, H-2b)、1.74 (m, H-4a)、1.45 (m, H-4b)、2.20 (dt, J = 13.2 Hz、7.8 Hz, H-6a)、1.34 (m, H-6b)、1.70 (m, H-11a)、1.62 (m, H-11b)、1.93 (ddd, J = 13.0 Hz、4.7 Hz、2.6 Hz, H-12a)、1.81 (dd, J = 13.0 Hz、4.0 Hz, H-12b)、1.69 (m, H-15a)、1.34 (m, H-15b)、1.75 (m, H-16a) 和 1.33 (m, 16b)；五个次甲基质子信号：δ_H 2.98 (dd, J = 11.8 Hz、6.9 Hz, H-14)、1.51 (m, H-17)、2.02 (m, H-20)、1.84 (m, H-24) 和 1.45 (m, H-25)。

^{13}C-NMR（表 10-5）显示结构中存在二十八个碳信号，包括六个甲基碳信号：δ_C 12.8 (C-18)、16.3 (C-19)、21.3 (C-21)、20.1 (C-26)、20.5(C-27) 和 18.2(C-28)；八个亚甲基碳信号：δ_C 31.5(C-1)、31.2 (C-2)、34.9 (C-4)、39.9 (C-6)、31.2 (C-11)、37.6 (C-12)、19.8(C-15) 和 29.7(C-16)；六个次甲基碳信号：δ_C 41.9 (C-5)、63.3 (C-14)、58.4 (C-17)、41.4 (C-20)、44.4 (C-24) 和 34.4 (C-25)；三个季碳信号：δ_C 67.2

(C-9)、45.0 (C-10) 和 52.5 (C-13)；两个连氧次甲基碳信号：δ_C 72.0 (C-3) 和 77.3 (C-7)；两个烯烃碳信号：δ_C 136.6 (C-22) 和 133.6 (C-23)；一个酮羰基碳信号：δ_C 214.1 (C-8)。氢碳直接相关信号通过二维 HSQC 谱确定，骨架上的氢氢相关连接通过二维 ^1H-^1H COSY 谱获得，与文献报道的麦角甾烷型甾体结构骨架类似。

表 10-5　化合物 **10-5** 的 NMR 数据（800 MHz, MeOH-d_4）

位置	δ_C	类型	δ_H (*J*/Hz)
1	31.5	CH_2	1.63, m; 1.41, dd (12.9, 4.1)
2	31.2	CH_2	1.86, m; 1.55, m
3	72.0	CH	3.46, tt (10.5, 4.9)
4	34.9	CH_2	1.74, m; 1.45, m
5	41.9	CH	1.61, m
6	39.9	CH_2	2.20, dt (13.2, 7.8);1.34, m
7	77.3	CH	4.43, dd (7.9, 4.3)
8	214.1	C	
9	67.2	C	
10	45.0	C	
11	31.2	CH_2	1.70, m; 1.62, m
12	37.6	CH_2	1.93, ddd (13.0, 4.7, 2.6);1.81, dd (13.0, 4.0)
13	52.5	C	
14	63.3	CH	2.98, dd (11.8, 6.9)
15	19.8	CH_2	1.69, m; 1.34, m
16	29.7	CH_2	1.75, m; 1.33, m
17	58.4	CH	1.51, m
18	12.8	CH_3	0.61, s
19	16.3	CH_3	1.25, s
20	41.4	CH	2.02, m
21	21.3	CH_3	1.04, d (6.6)
22	136.6	CH	5.19, dd (15.3, 8.4)
23	133.6	CH	5.25, dd (15.3, 7.8)
24	44.4	CH	1.84, m
25	34.4	CH	1.45, m
26	20.1	CH_3	0.83, d (6.7)
27	20.5	CH_3	0.85, d (6.7)
28	18.2	CH_3	0.93, d (6.8)

HMBC 显示（图 10-40），δ_H 1.25 (3H, s, H-19) 与 δ_C 31.5 (C-1)、41.9 (C-5)、45.0 (C-10) 相关，δ_H 0.61 (3H, s, H-18) 与 δ_C 52.5 (C-13)、63.3 (C-14)、58.4 (C-17)

相关，确证了麦角甾烷型甾体骨架 A 和 D 环及 C-17 位侧链结构；δ_H 1.70 (m, H-11a)、1.62 (m, H-11b) 与 δ_C 45.0 (C-10)、77.3 (C-7)、214.1 (C-8) 相关，δ_H 4.43 (dd, J = 7.9 Hz、4.3 Hz, H-7) 与 δ_C 214.1 (C-8)、45.0 (C-10)、31.2 (C-11) 相关，δ_H 2.20 (dt, J = 13.2 Hz、7.8 Hz, H-6a)、1.34 (m, H-6b)、1.93 (ddd, J = 13.0 Hz、4.7 Hz、2.6 Hz, H-12a)、1.81 (dd, J = 13.0 Hz、4.0 Hz, H-12b)、2.98 (dd, J = 11.8 Hz、6.9 Hz, H-14)、1.25 (3H, s, H-19) 均与 δ_C 67.2 (C-9) 相关，提示 B 和 C 环组成螺环[4.5]系统。

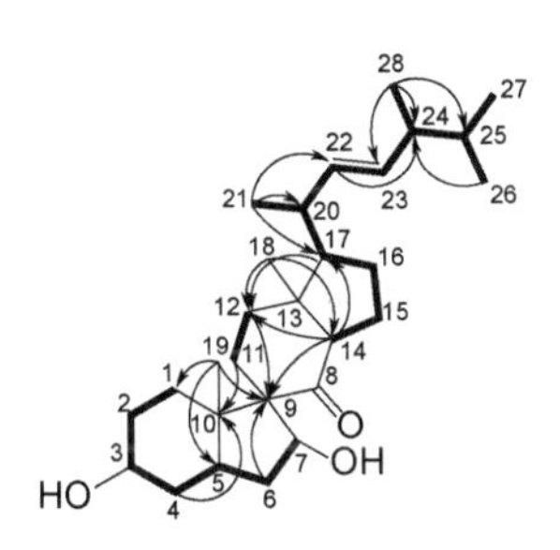

图 10-40 化合物 **10-5** 的主要 ^1H-^1H COSY 相关（粗键）和主要 HMBC 相关（箭头）

ROESY 谱显示，δ_H 3.46 (tt, J = 10.5 Hz、4.9 Hz, H-3) 与 δ_H 1.61 (m, H-5)、4.43 (dd, J = 7.9 Hz、4.3 Hz, H-7) 有 NOE 效应，提示 H-3、H-5、H-7 为 α-构型；δ_H 2.98 (dd, J = 11.8 Hz、6.9 Hz, H-14) 与 δ_H 1.51 (m, H-17) 有 NOE 效应，δ_H 0.61 (3H, s, H-18) 与 δ_H 2.02 (m, H-20) 有 NOE 效应，提示 H-14、H-17、H-18、H-20 为 β-构型。

X 射线单晶衍射分析及 ECD 谱结果表明化合物 **10-5** 的绝对构型为 (3*S*,5*R*,7*S*,9*R*,10*S*,13*R*,14*R*,17*R*,20*R*,24*R*)。

附：化合物 10-5 的更多波谱图见图 10-41～图 10-49。

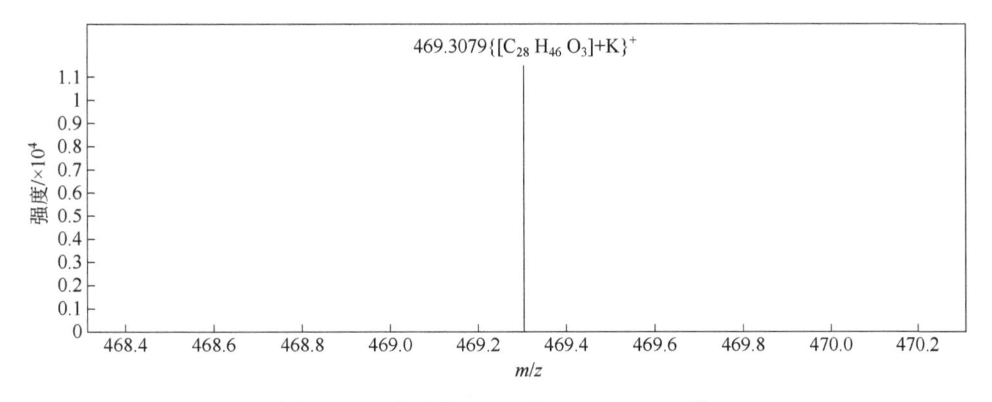

图 10-41 化合物 **10-5** 的 HR ESI-MS 谱

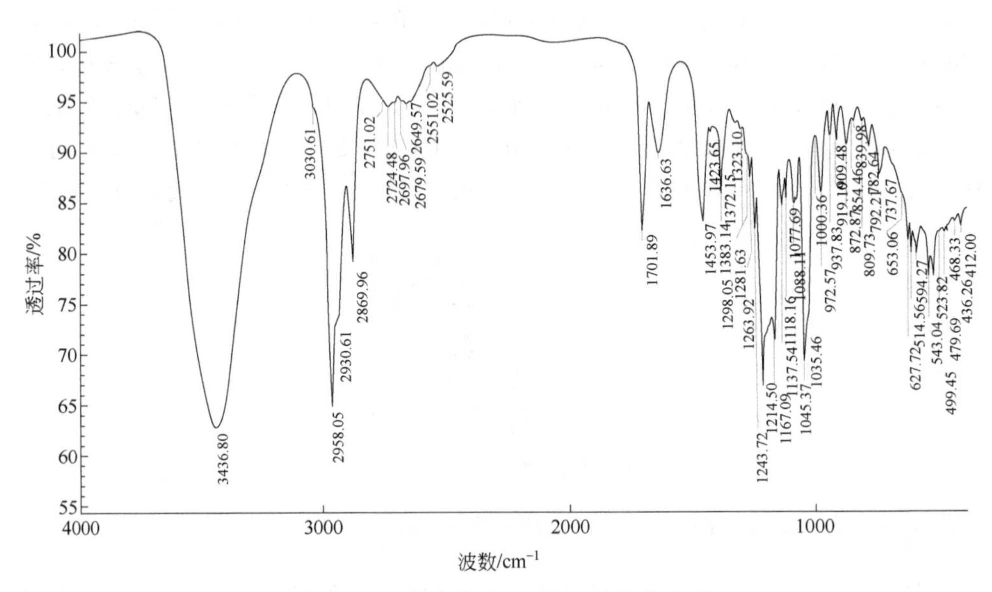

图 10-42　化合物 **10-5** 的红外吸收光谱

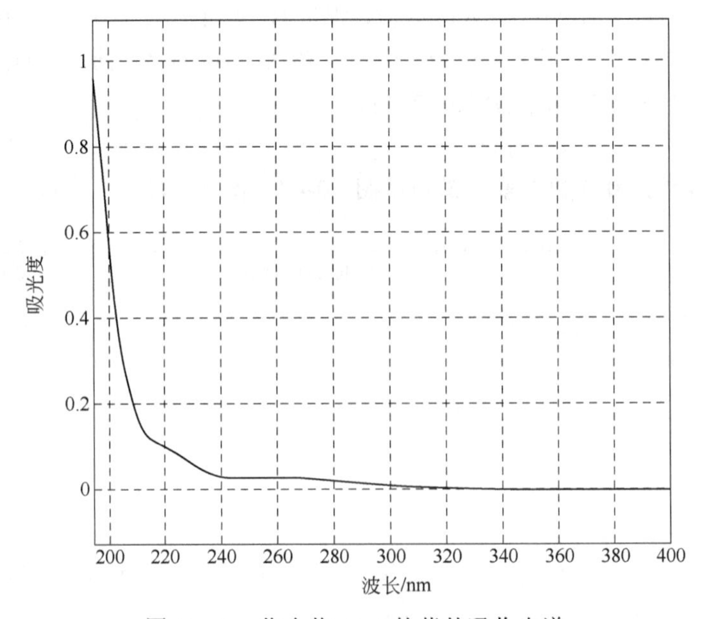

图 10-43　化合物 **10-5** 的紫外吸收光谱

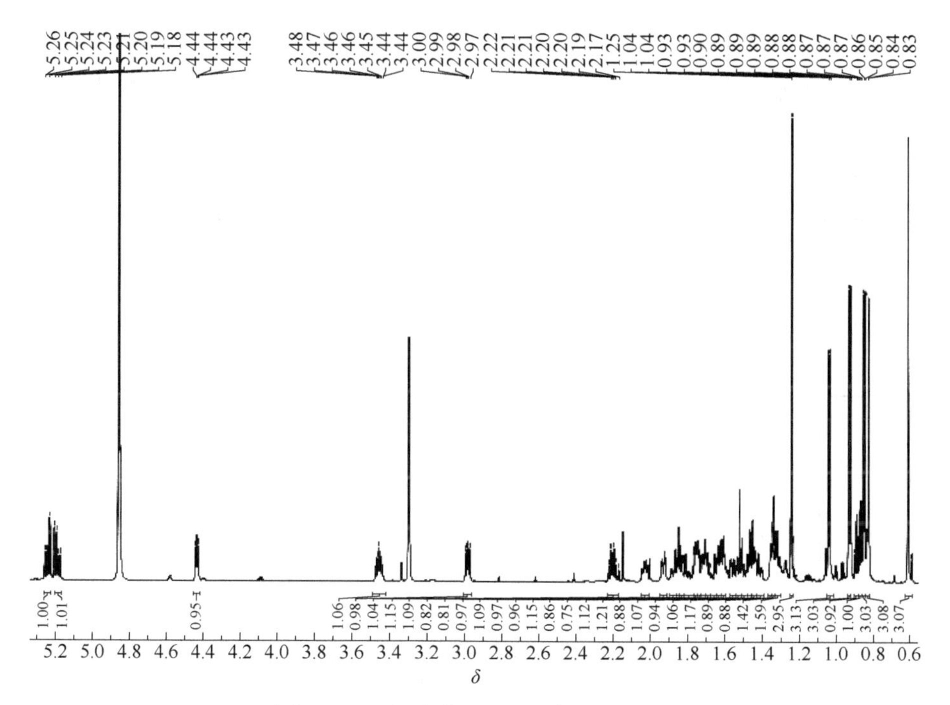

图 10-44　化合物 **10-5** 的 ^{1}H-NMR 谱

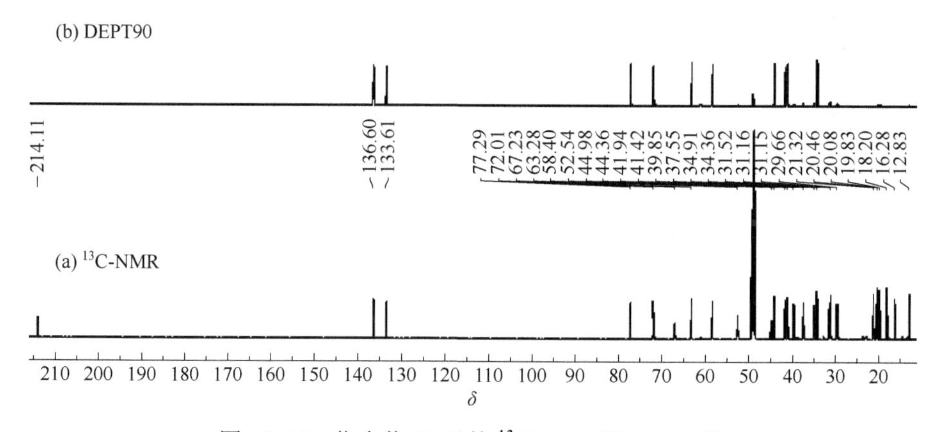

图 10-45　化合物 **10-5** 的 ^{13}C-NMR 和 DEPT 谱

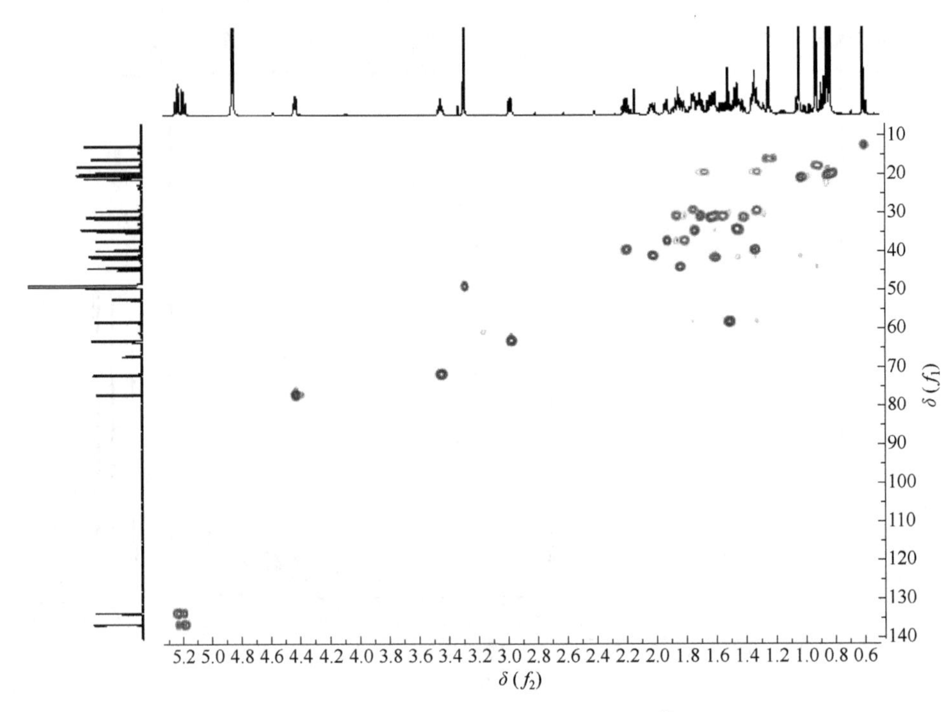

图 10-46 化合物 **10-5** 的 HSQC 谱

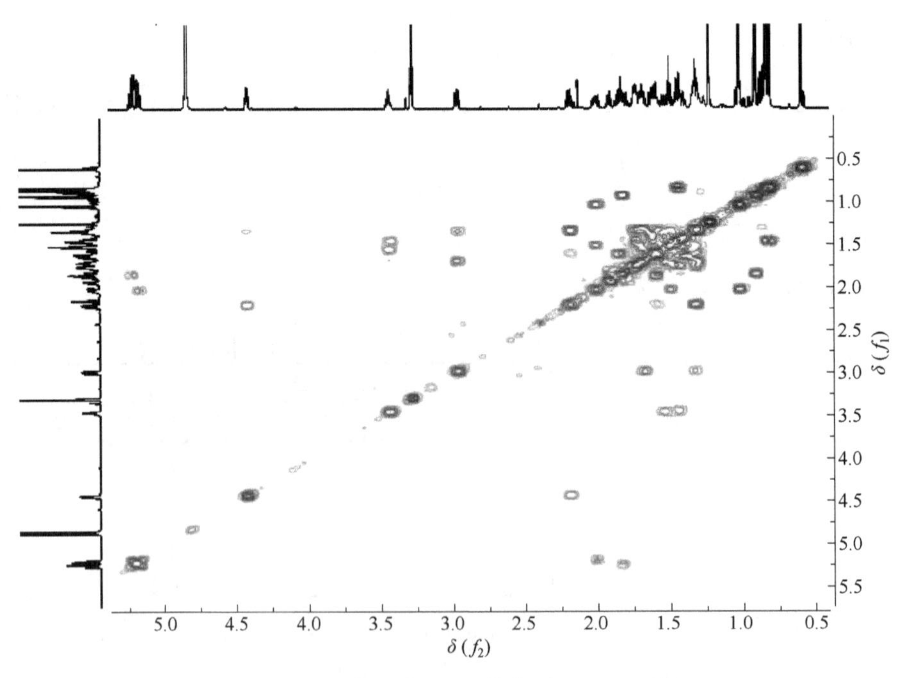

图 10-47 化合物 **10-5** 的 ^{1}H-^{1}H COSY 谱

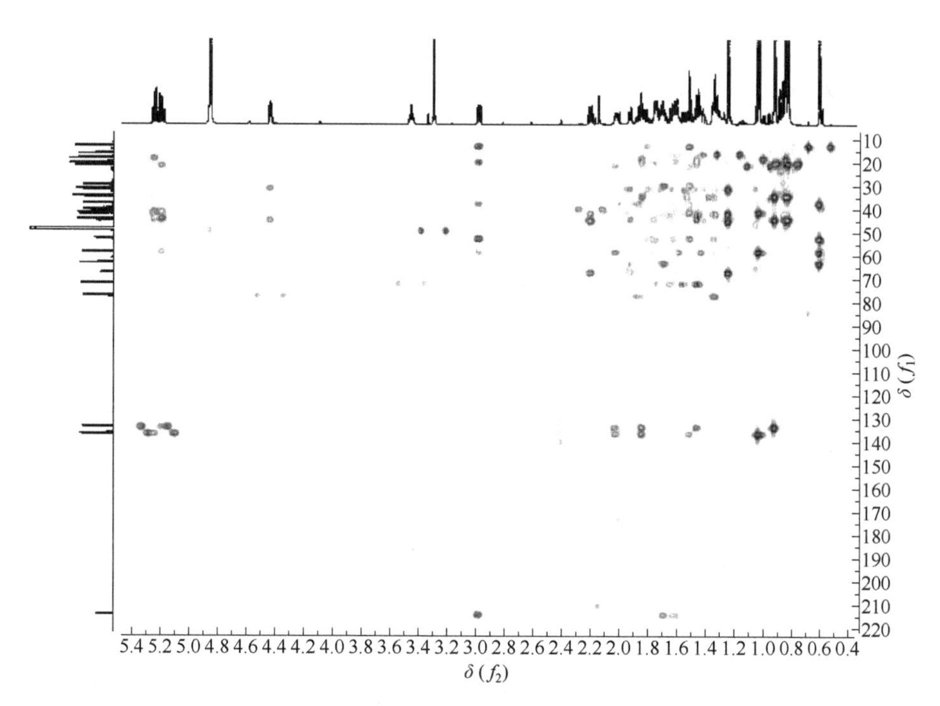

图 10-48 化合物 **10-5** 的 HMBC 谱

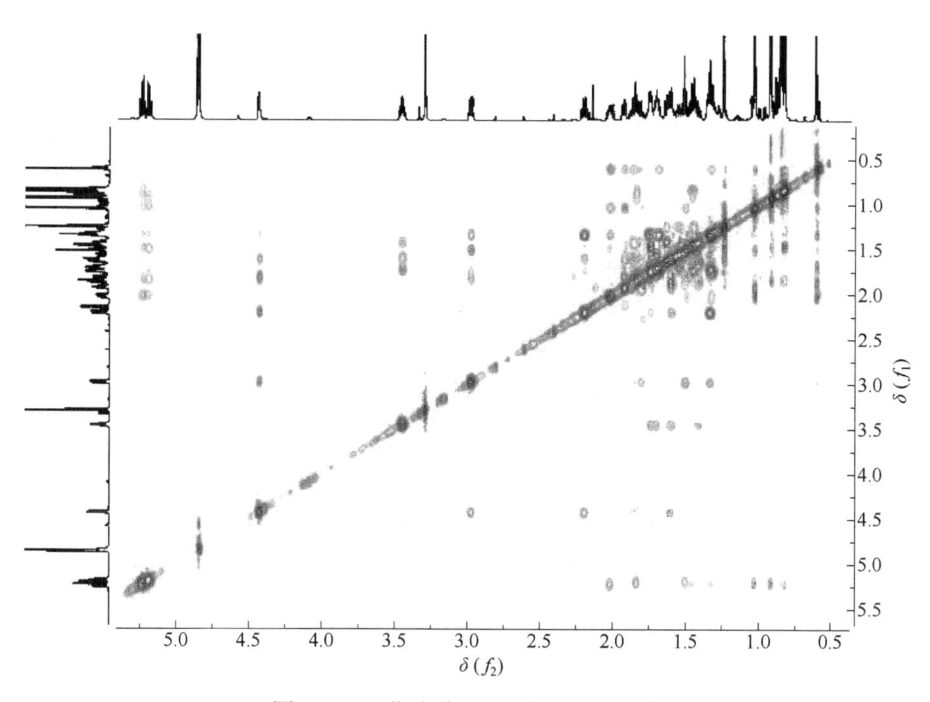

图 10-49 化合物 **10-5** 的 ROESY 谱

【例 10-6】solanine A[8]

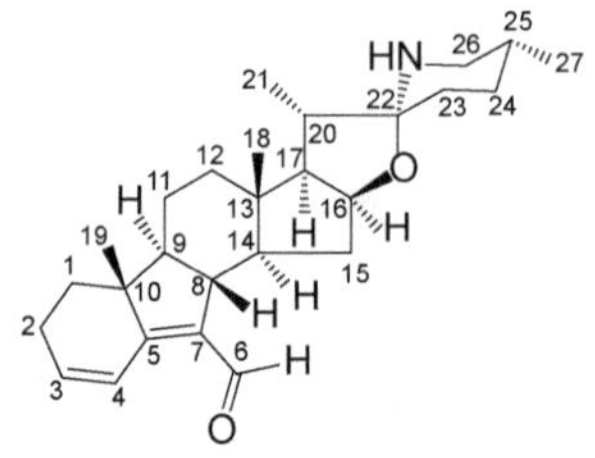

10-6

无色晶体，易溶于丙酮。$[\alpha]_D^{20} = -92°$（$c = 0.10$, MeOH）。

HR ESI-MS m/z：410.3051，对应 $[M+H]^+$（计算值：410.3059），推断此化合物的分子式为 $C_{27}H_{39}NO_2$，不饱和度为 9。

IR 光谱显示结构中存在 1667 cm^{-1} (C═O)、1609 cm^{-1} (C═C)、饱和烷烃基团 2924 cm^{-1} (—CH_3) 等特征吸收峰。

^{1}H-NMR（表 10-6）显示存在两个烯烃质子信号：δ_H 6.22 (m, H-3)、6.90 (dd, J =10.0 Hz、1.6 Hz, H-4)；一个醛基质子信号：δ_H 10.0 (s, H-6)；一个连氧次甲基质子信号：δ_H 4.26 (q, J = 7.4 Hz, H-16)；四个甲基质子信号：δ_H 0.91 (3H, s, H-19)、0.92 (3H, s, H-18)、0.83 (3H, d, J = 6.1 Hz, H-27)、0.96 (3H, d, J = 7.1 Hz, H-21)；十个亚甲基质子信号：δ_H 1.88 (dd, J = 12.8 Hz、4.8 Hz, H-1a)、1.47 (m, H-1b)、2.29 (2H, dt, J = 19.6 Hz、5.4 Hz, H-2)、1.45 (2H, m, H-11)、1.16 (m, H-12a)、1.79 (dt, J = 12.6 Hz、2.8 Hz, H-12b)、2.38 (2H, m, H-15)、1.64 (2H, m, H-23)、1.54 (2H, m, H-24)、2.63 (2H, m, H-26)；六个次甲基质子信号：δ_H 2.85 (t, J = 10.7 Hz, H-8)、1.22 (m, H-9)、1.43 (m, H-14)、1.73 (m, H-17)、1.94 (dq, J = 7.1 Hz, H-20)、1.52 (m, H-25)。

^{13}C-NMR（表 10-6）显示结构中存在二十七个碳信号，包括四个甲基碳信号：δ_C 14.8 (C-18)、17.0 (C-19)、15.3 (C-21)、19.3 (C-27)；八个亚甲基碳信号：δ_C 34.2 (C-1)、23.9 (C-2)、20.5 (C-11)、40.0 (C-12)、34.7 (C-15)、34.0 (C-23)、30.3 (C-24)、47.7 (C-26)；六个次甲基碳信号：δ_C 44.5 (C-8)、59.7 (C-9)、53.9 (C-14)、62.3 (C-17)、41.1 (C-20)、31.5 (C-25)；两个季碳信号：δ_C 44.6 (C-10)、43.6 (C-13)；一个连氧次甲基碳信号：δ_C 78.8 (C-16)；一个连氧季碳信号：δ_C 98.0 (C-22)；四个烯碳信号：δ_C 138.4 (C-3)、120.5 (C-4)、163.6 (C-5)、135.4 (C-7)；一个醛基碳信号：δ_C 188.9 (C-6)。氢碳直接相关信号通过二维 HSQC 谱确定，骨架上的氢氢相关连接通过二维 ^{1}H-^{1}H COSY 谱获得，根据所得数据推测化合物 **10-6** 为甾体生物碱。

HMBC 显示（图 10-50），δ_H 6.22 (m, H-3) 与 δ_C 34.2 (C-1)、163.6 (C-5) 相关，δ_H 6.90 (dd,J = 10.0 Hz、1.6 Hz, H-4) 与 δ_C 23.9 (C-2)、44.6 (C-10) 相关，提示 C-3、

C-4 位存在双键；δ_H 10.0 (s, H-6) 与 δ_C 135.4 (C-7)、163.6 (C-5)、44.5 (C-8) 相关，提示 C-5、C-7 位存在双键，醛基连在 C-7 位上。

表 10-6 化合物 **10-6** 的 NMR 数据（400 MHz, $CDCl_3$）

位置	δ_C	类型	δ_H (J/Hz)
1	34.2	CH_2	1.88, dd (12.8, 4.8); 1.47, m
2	23.9	CH_2	2.29, dt (19.6, 5.4)
3	138.4	CH	6.22, m
4	120.5	CH	6.90, dd (10.0, 1.6)
5	163.6	C	
6	188.9	CH	10.0, s
7	135.4	C	
8	44.5	CH	2.85, t (10.7)
9	59.7	CH	1.22, m
10	44.6	C	
11	20.5	CH_2	1.45, m
12	40.0	CH_2	1.16, m; 1.79, dt (12.6, 2.8)
13	43.6	C	
14	53.9	CH	1.43, m
15	34.7	CH_2	2.38, m
16	78.8	CH	4.26, q (7.4)
17	62.3	CH	1.73, m
18	14.8	CH_3	0.92, s
19	17.0	CH_3	0.91, s
20	41.1	CH	1.94, dq (7.1)
21	15.3	CH_3	0.96, d (7.1)
22	98.0	C	
23	34.0	CH_2	1.64, m
24	30.3	CH_2	1.54, m
25	31.5	CH	1.52, m
26	47.7	CH_2	2.63, m
27	19.3	CH_3	0.83, d (6.1)

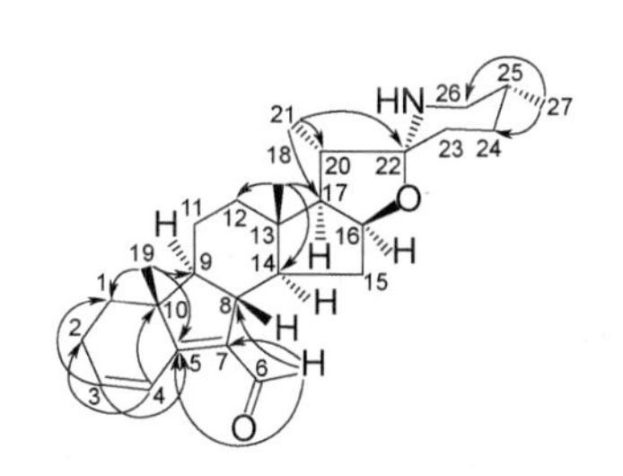

图 10-50 化合物 **10-6** 的主要 HMBC 相关（箭头）

NOESY 显示，δ_H 2.85 (t, J = 10.7 Hz, H-8) 与 δ_H 0.91 (3H, s, H-19)、0.92 (3H, s, H-18) 有 NOE 效应，提示 H-19、H-8、H-18 为 β-构型；δ_H 1.43 (m, H-14) 与 δ_H 1.22 (m, H-9)、δ_H 4.26 (q, J = 7.4 Hz, H-16)、δ_H 1.73 (m, H-17) 有 NOE 相应，δ_H 4.26 (q, J = 7.4 Hz, H-16)、δ_H 1.73 (m, H-17) 均与 δ_H 0.96 (3H, d, J = 7.1 Hz, H-21) 有 NOE 效应，提示 H-21、H-16、H-17、H-14、H-9 为 α-构型。

X 射线单晶衍射分析结果表明化合物 **10-6** 的绝对构型为 (8*S*, 9*R*, 10*S*, 13*S*, 14*R*, 16*R*, 17*R*, 20*R*, 22*R*, 25*R*)。

附：化合物 10-6 的更多波谱图见图 10-51～图 10-57。

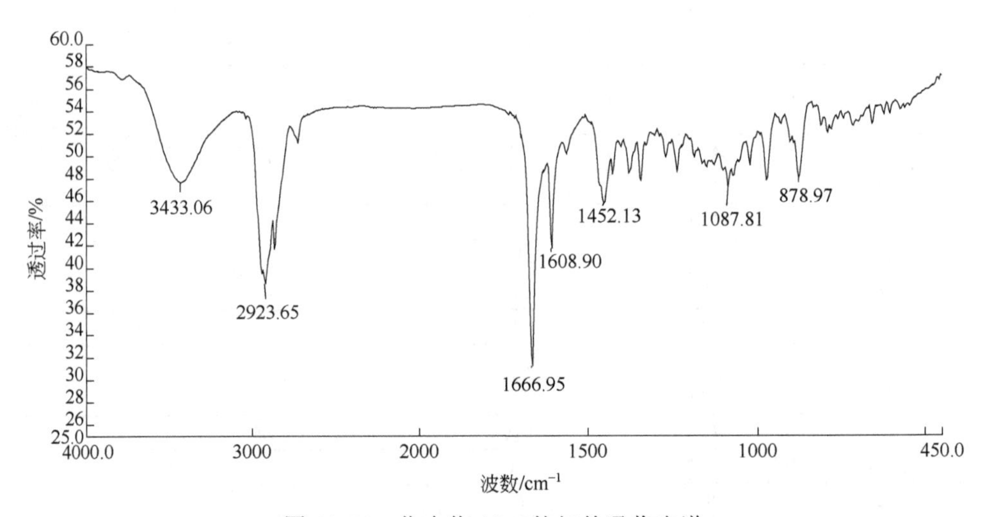

图 10-51　化合物 **10-6** 的红外吸收光谱

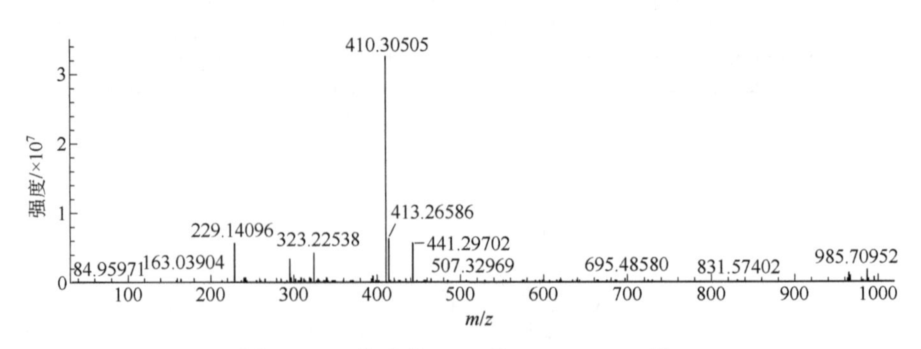

图 10-52　化合物 **10-6** 的 HR ESI-MS 谱

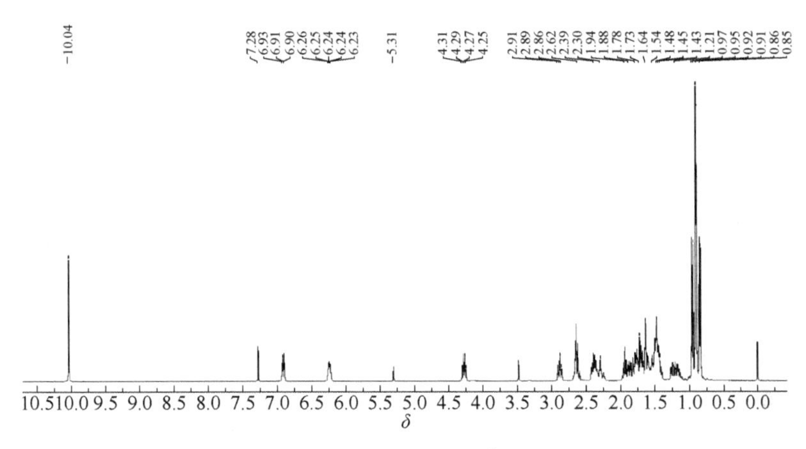

图 10-53　化合物 **10-6** 的 ^{1}H-NMR 谱

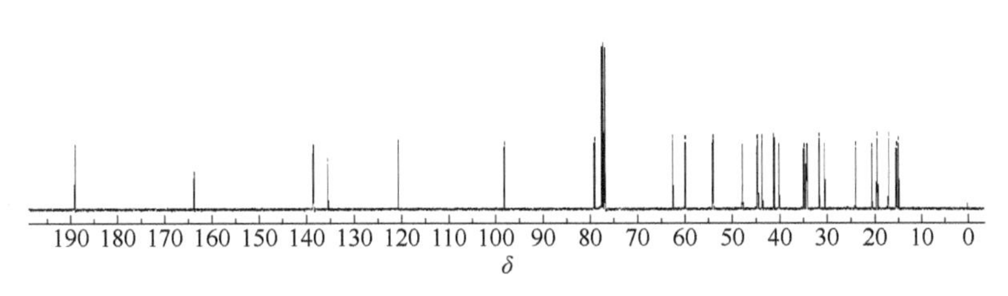

图 10-54　化合物 **10-6** 的 ^{13}C-NMR 谱

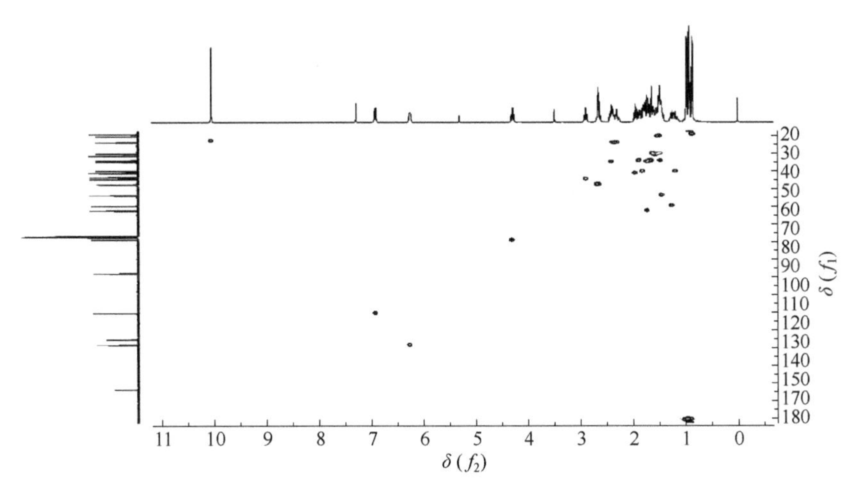

图 10-55　化合物 **10-6** 的 HSQC 谱

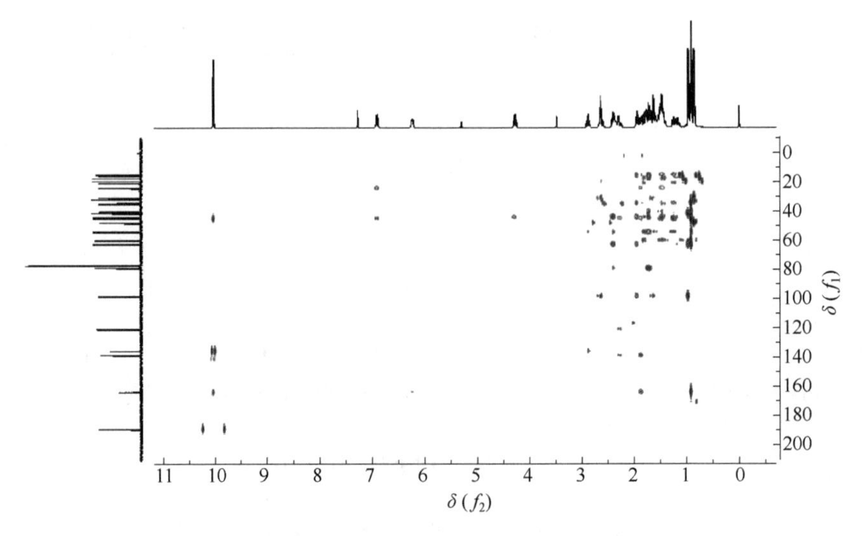

图 10-56　化合物 **10-6** 的 HMBC 谱

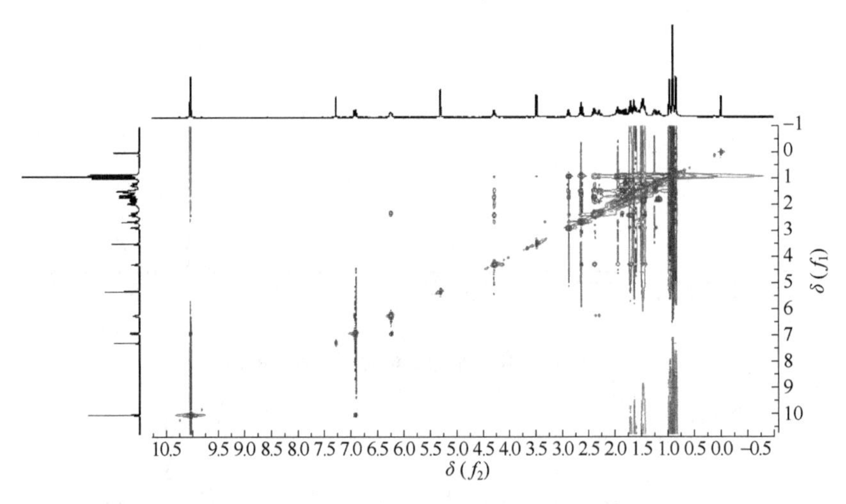

图 10-57　化合物 **10-6** 的 NOESY 谱

【例 10-7】bufogargarizin C[9]

10-7

白色粉末，易溶于甲醇。$[\alpha]_D^{25} = +20.0°$（c = 0.1, MeOH）。

HR ESI-MS m/z：363.1959，对应 $[M+H]^+$（计算值：363.1955），推断此化合物的分子式为 $C_{24}H_{26}O_3$，不饱和度为 12。

IR (KBr) 光谱显示结构中存在酯羰基 (C═O) 1715 cm^{-1}，烯烃双键 (C═C) 1666 cm^{-1}，饱和烷烃基团 2927 cm^{-1}、1383 cm^{-1} (—CH_3)，2858 cm^{-1} (—CH—) 的特征吸收峰。

UV (MeOH) 光谱显示 λ_{max} (lg ε) 为 300 nm (3.80)，提示此化合物存在 2*H*-吡喃-2-酮结构。

^{1}H-NMR（表 10-7）显示存在典型的 2*H*-吡喃-2-酮结构质子信号：δ_H 6.34 (d, J = 9.6 Hz, H-23)、7.30 (br s, H-21) 和 7.34 (dd, J = 9.6 Hz、2.6 Hz, H-22)；两个烯烃质子信号：δ_H 6.89 (d, J = 7.8 Hz, H-6) 和 6.97 (d, J = 7.8 Hz, H-7)；两个连氧次甲基质子信号：δ_H 4.73 (m, H-3) 和 5.23 (d, J = 5.9 Hz, H-1)；一个角甲基质子信号：δ_H 0.78 (m, H-18)；十四个亚甲基质子信号：δ_H 1.71 (m, H-2a)、2.18 (ov, H-2b)、2.44 (d, J = 16.5 Hz, H-4a)、3.31 (dd, J = 16.5 Hz、5.5 Hz, H-4b)、2.49 (dt, J = 16.8 Hz、5.5 Hz, H-11a)、2.73 (m, H-11b)、1.67 (m, H-12a)、1.60 (ov, H-12b)、1.60 (ov, H-15a)、2.33 (m, H-15b)、1.75 (m, H-16a)、2.03 (m, H-16b)、1.94 (d, J = 15.9 Hz, H-19a) 和 2.18 (ov, H-19b)；两个次甲基质子信号：δ_H 2.77 (m, H-14) 和 2.60 (dd, J = 9.5 Hz、7.5 Hz, H-17)。

^{13}C-NMR（表 10-7）显示结构中存在二十四个碳信号，包括一个甲基碳信号：δ_C 23.4 (C-18)；七个亚甲基碳信号：δ_C 29.2 (C-2)、36.5 (C-4)、22.0 (C-11)、33.7 (C-12)、34.3 (C-15)、29.2 (C-16) 和 35.2 (C-19)；两个次甲基碳信号：δ_C 50.5 (C-14) 和 49.4 (C-17)；一个季碳信号：δ_C 42.1 (C-13)；两个连氧次甲基碳信号：δ_C 73.4 (C-1) 和 73.7 (C-3)；十个烯烃碳信号：δ_C 128.5 (C-5)、127.2 (C-6)、127.8 (C-7)、137.0 (C-8)、129.7 (C-9)、138.6 (C-10)、120.4 (C-20)、148.3 (C-21)、145.1 (C-22) 和 115.8 (C-23)；一个酯羰基碳信号：δ_C 161.9 (C-24)。

氢碳直接相关信号通过二维 HSQC 谱确定，骨架上的氢氢相关连接通过二维 ^{1}H-^{1}H COSY 谱获得，对比已报道文献数据，提示化合物 **10-7** 为蟾蜍二烯内酯结构。

^{1}H-^{1}H COSY 谱显示，δ_H 5.23 (d, J = 5.9 Hz, H-1) 与 δ_H 1.71 (m, H-2a) 相关，δ_H 1.71 (m, H-2a) 与 δ_H 4.73 (m, H-3) 相关，δ_H 4.73 (m, H-3) 与 δ_H 2.44 (d, J = 16.5 Hz, H-4a)、3.31 (dd, J = 16.5 Hz、5.5 Hz, H-4b) 均相关，结合不饱和度及 ^{13}C-NMR 数据，推测 δ_H 5.23 (d, J = 5.9 Hz, H-1)、δ_H 4.73 (m, H-3) 对应碳原子以氧桥相连。

HMBC 显示（图 10-58），δ_H 2.60 (dd, J = 9.5 Hz、7.5 Hz, H-17) 与 δ_C 148.3 (C-21)、145.1 (C-22) 相关，提示 2*H*-吡喃-2-酮结构连接于 C-17 位；δ_H 0.78 (3H, s, H-18) 与 δ_C 33.7 (C-12)、42.1 (C-13)、50.0 (C-14)、49.4 (C-17) 相关，提示角甲

基连接于 C-13 位；δ_H 5.23 (d, J = 5.9 Hz, H-1) 与 δ_C 128.5 (C-5)、138.6 (C-10) 相关，δ_H 6.97 (d, J = 7.8 Hz, H-7) 与 δ_C 128.5 (C-5) 相关，δ_H 1.94 (d, J = 15.9 Hz, H-19a) 与 δ_C 73.4 (C-1) 相关，提示 A/B 环重排，且 B 环为庚三烯环；δ_H 2.77 (m, H-14) 与 δ_C 127.8 (C-7)、137.0 (C-8)、129.7 (C-9) 相关，δ_H 2.49 (dt, J = 16.8 Hz、5.5 Hz, H-11a)、2.73 (m, H-11b)、1.67 (m, H-12a)均与 δ_C 129.7 (C-9) 相关，提示 B/C 环以 C-8、C-9 位双键相连。

表 10-7　化合物 10-7 的 NMR 数据（400 MHz, $CDCl_3$）

位置	δ_C	类型	δ_H (J/Hz)
1	73.4	CH	5.23, d (5.9)
2	29.2	CH_2	1.71, m; 2.18, ov
3	73.7	CH	4.73, m
4	36.5	CH_2	2.44, d (16.5); 3.31, dd (16.5, 5.5)
5	128.5	C	
6	127.2	CH	6.89, d (7.8)
7	127.8	CH	6.97, d (7.8)
8	137.0	C	
9	129.7	C	
10	138.6	C	
11	22.0	CH_2	2.49, dt (16.8, 5.5); 2.73, m
12	33.7	CH_2	1.67, m; 1.60, ov
13	42.1	C	
14	50.0	CH	2.77, m
15	34.3	CH_2	1.60, ov; 2.33, m
16	29.2	CH_2	1.75, m; 2.03, m
17	49.4	CH	2.60, dd (9.5, 7.5)
18	23.4	CH_3	0.78, s
19	35.2	CH_2	1.94, d (15.9); 2.18, ov
20	120.4	C	
21	148.3	CH	7.30, br s
22	145.1	CH	7.34, dd (9.6, 2.6)
23	115.8	CH	6.34, d (9.6)
24	161.9	C	

ROESY 谱显示，δ_H 0.78 (3H, s, H-18) 与 δ_H 2.77 (m, H-14)、7.30 (br s, H-21) 有 NOE 效应，提示 H-14、H-18 及 C-17 内酯环均为 β-构型。根据对比已报道类似蟾蜍二烯内酯结构化合物数据及考虑生物合成途径，推测 C-13、C-14、C-17 绝对构型为 (13S, 14S, 17S)。

采用衍生化法测 ECD 谱，显示该化合物实验值与 (1*R*, 3*R*, 13*S*, 14*S*, 17*S*) 构型理论值吻合，因此该化合物的绝对构型为 (1*R*, 3*R*, 13*S*, 14*S*, 17*S*)。

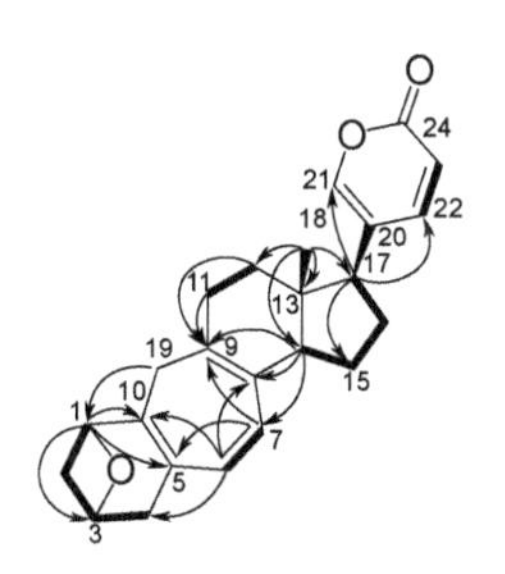

图 10-58　化合物 **10-7** 的主要 ^1H-^1H COSY 相关（粗键）和 HMBC 相关（箭头）

附：化合物 10-7 的更多波谱图见图 10-59～图 10-67。

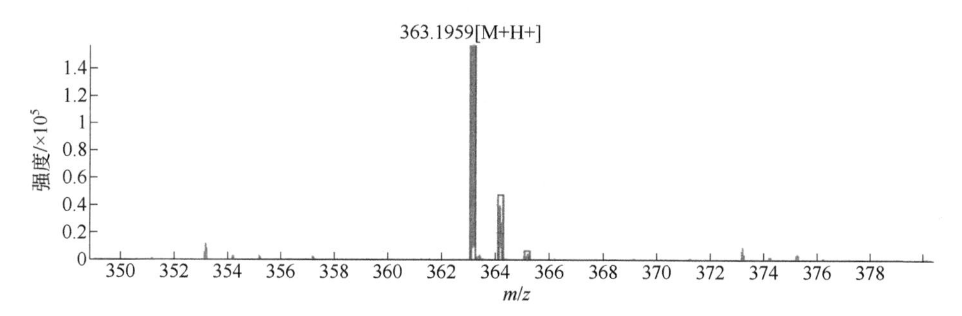

图 10-59　化合物 **10-7** 的 HR ESI-MS 谱

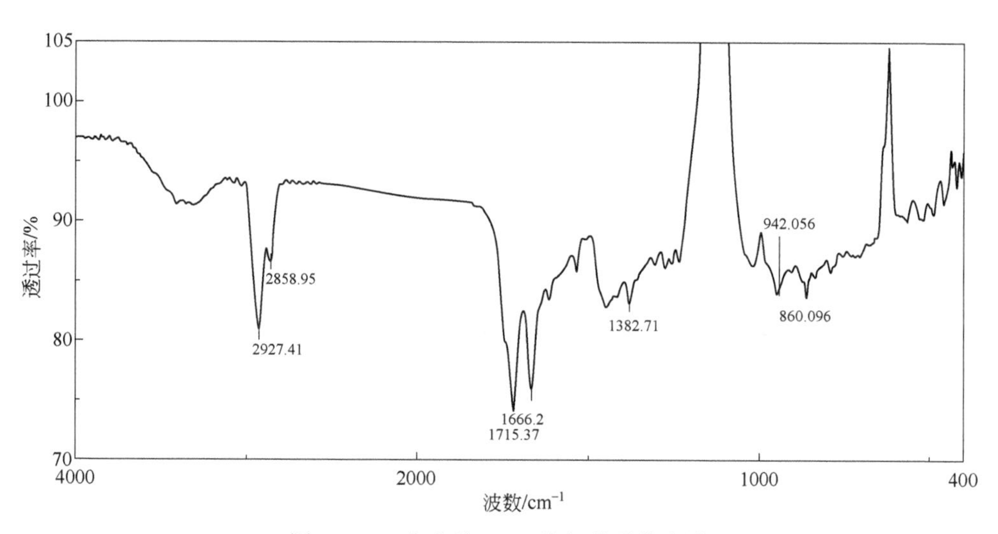

图 10-60　化合物 **10-7** 的红外吸收光谱

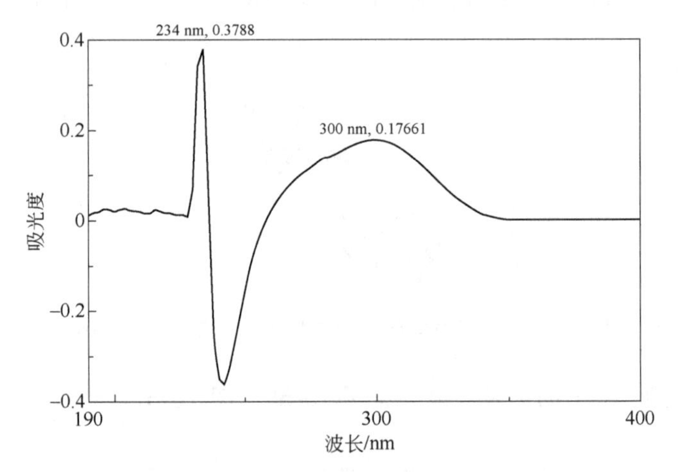

图 10-61　化合物 **10-7** 的紫外吸收光谱

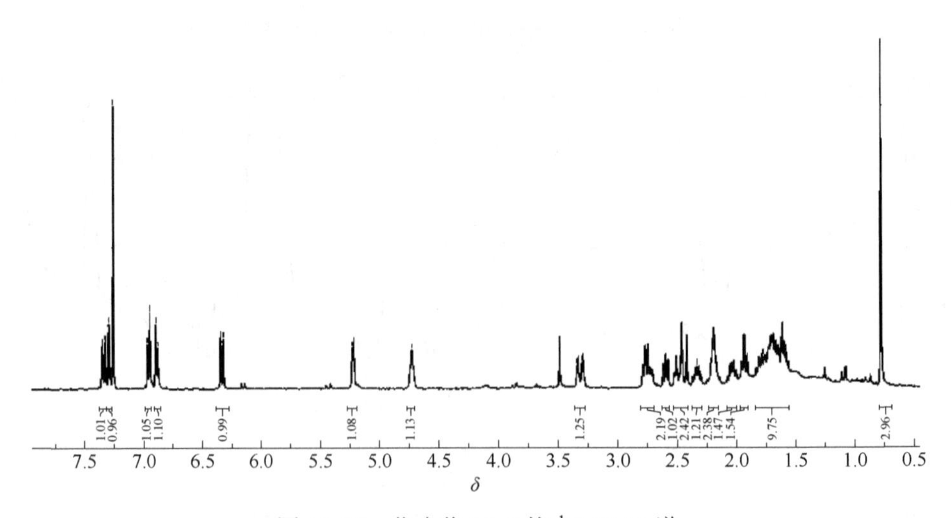

图 10-62　化合物 **10-7** 的 ^{1}H-NMR 谱

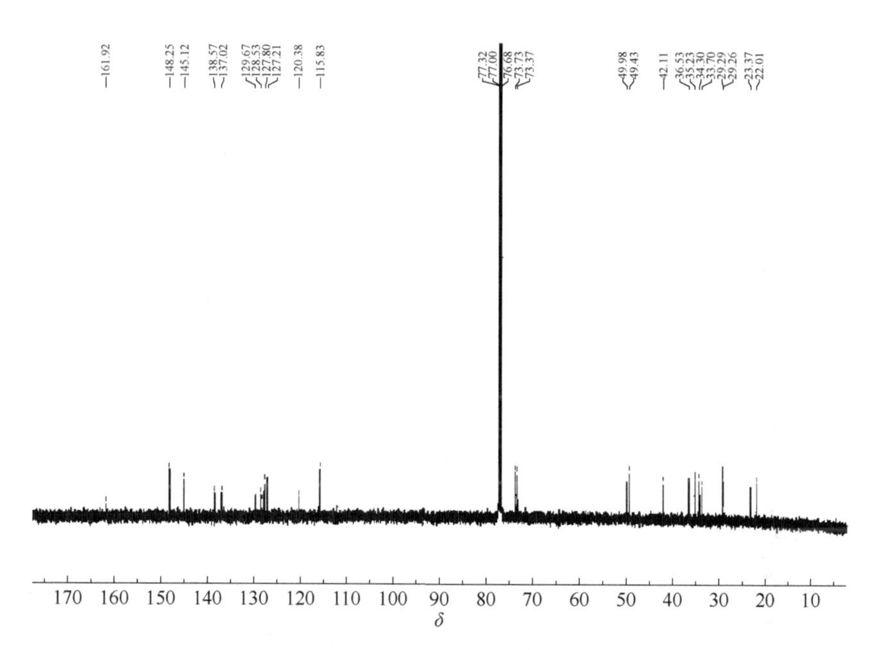

图 10-63 化合物 **10-7** 的 ^{13}C-NMR 谱

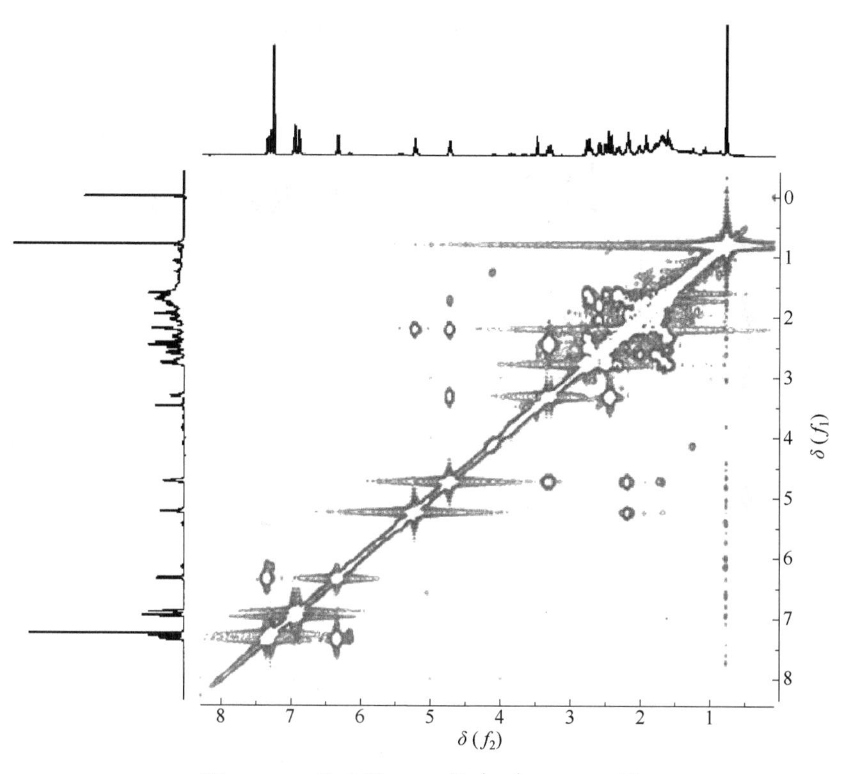

图 10-64 化合物 **10-7** 的 ^{1}H-^{1}H COSY 谱

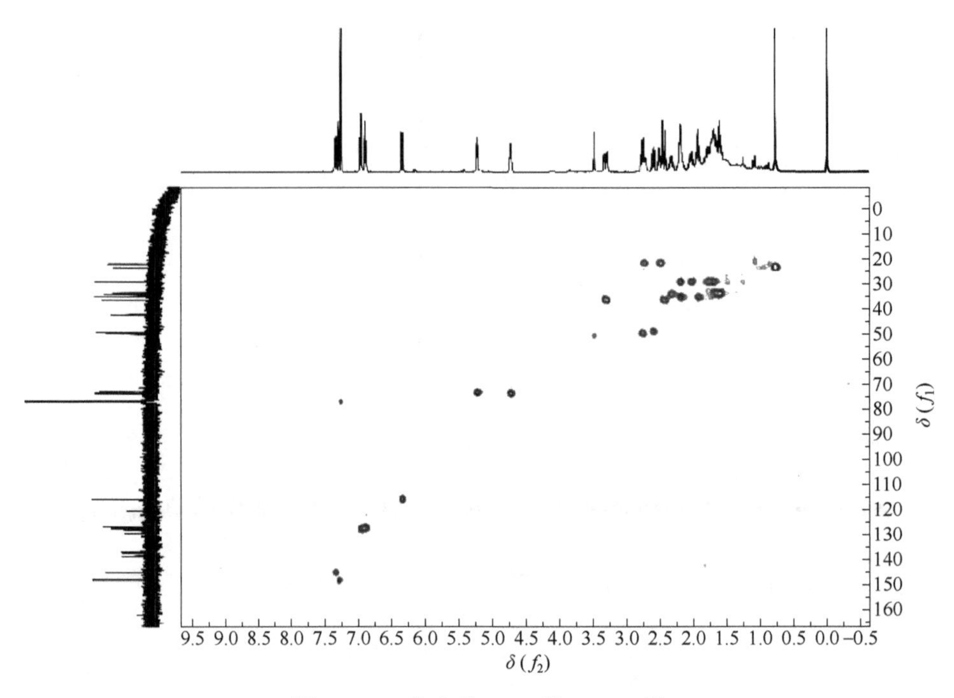

图 10-65　化合物 **10-7** 的 HSQC 谱

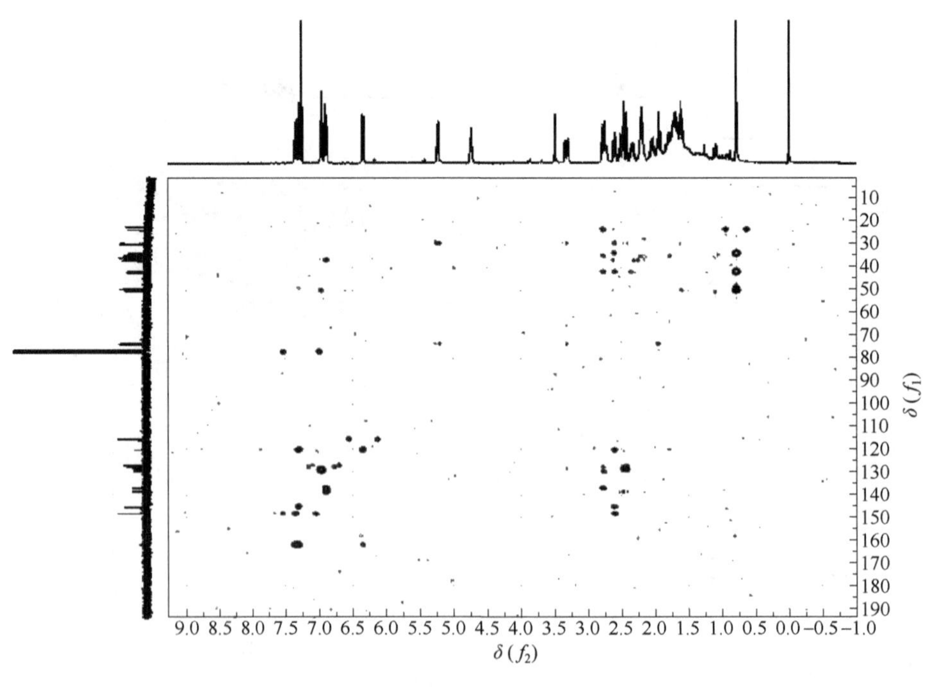

图 10-66　化合物 **10-7** 的 HMBC 谱

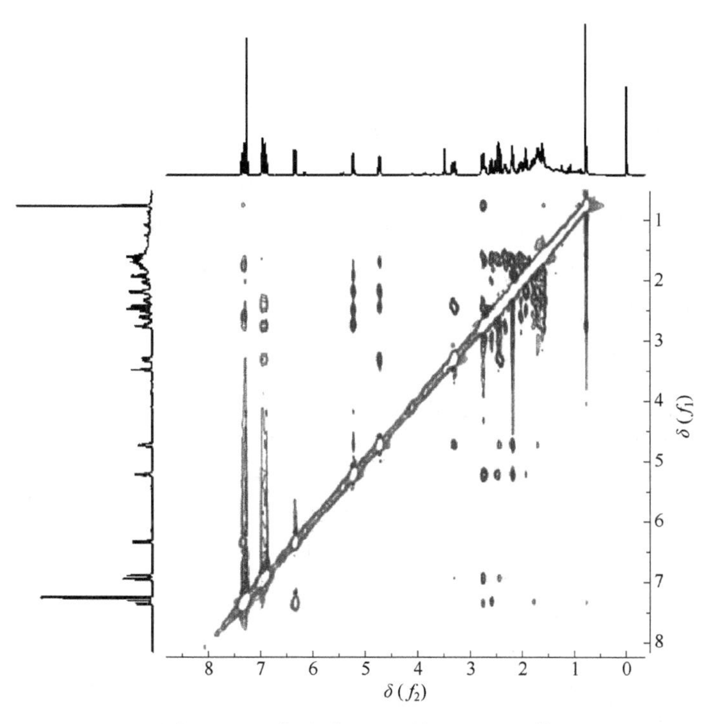

图 10-67 化合物 **10-7** 的 ROESY 谱

【例 10-8】jervine-3-yl formate[10]

10-8

白色粉末，易溶于甲醇。$[\alpha]_D^{24} = -151°$（c = 0.5, MeOH）。

HR EI-MS m/z：454.2954 $[M+H]^+$（计算值：454.2957），推断此化合物的分子式为 $C_{28}H_{39}NO_4$，不饱和度为 10。

IR (KBr) 光谱显示结构中存在甲酸酯羰基 1708 cm^{-1} (C═O)，烯烃双键 (C═C) 1632 cm^{-1}，饱和烷烃基团 2935 cm^{-1}、1270 cm^{-1} ($—CH_3$) 和 1404 cm^{-1} ($—CH_2—$) 等特征吸收峰。

^{1}H-NMR（表 10-8）显示存在两个连氮亚甲基质子信号：δ_H 3.22 (dd, J = 12.7 Hz、3.9 Hz、H-26a)、2.60 (d, J = 13.9 Hz, H-26b)；一个烯烃质子信号：δ_H 5.90 (d, J = 5.1 Hz, H-6)；一个甲酸基团质子信号：δ_H 8.06 (s, H-1′)；两个连氧次甲基质子信号：δ_H 4.67

(sep, J = 5.4 Hz, H-3)、3.57 (td, J = 10.6 Hz、3.6 Hz, H-23)；一个连氮次甲基质子信号：δ_H 3.03 (t, J = 9.6 Hz, H-22)；四个甲基质子信号：δ_H 2.12 (3H, s, H-18)、1.06 (3H, s, H-19)、1.05 (3H, d, J = 6.6 Hz, H-21)、1.05 (3H, d, J = 6.6 Hz, H-27)；十一个亚甲基质子信号：δ_H 1.26 (td, J = 11.9 Hz、4.3 Hz, H-1a)、2.21 (dt, J = 11.5 Hz、3.3 Hz, H-1b)、1.92 (2H, s, H-2)、2.33 (m, H-4a)、2.45 (dd, J = 11.0 Hz、3.7 Hz, H-4b)、1.96 (2H, m, H-7)、1.98 (m, H-15a)、1.31 (m, H-15b)、1.63 (2H, m, H-16)、1.26 (m, H-24a)、2.54 (m, H-24b)；五个次甲基质子信号：δ_H 1.53 (m, H-8)、1.79 (m, H-9)、2.06 (m, H-14)、2.68 (m, H-20)、1.87 (m, H-25)。

表 10-8　化合物 **10-8** 的 NMR 数据（400 MHz, MeOH-d_4）

位置	δ_C	类型	δ_H (J/Hz)
1	38.4	CH_2	1.26, td (11.9, 4.3); 2.21, dt (11.5, 3.3)
2	28.3	CH_2	1.92, s
3	74.8	CH	4.67, sep (5.4)
4	38.2	CH_2	2.33, m; 2.45, dd (11.0, 3.7)
5	142.1	C	
6	123.6	CH	5.9, d (5.1)
7	31.5	CH_2	1.96, m
8	39.6	CH	1.53, m
9	63.4	CH	1.79, m
10	38.5	C	
11	208.1	C	
12	139.1	C	
13	145.6	C	
14	45.5	CH	2.06, m
15	25.3	CH_2	1.98, m; 1.31, m
16	31.5	CH_2	1.63, m
17	87.4	C	
18	12.2	CH_3	2.12, s
19	18.5	CH_3	1.06, s
20	40.1	CH	2.68, m
21	10.9	CH_3	1.05, d (6.6)
22	65.4	CH	3.03, t (9.6)
23	75.0	CH	3.57, td (10.6, 3.6)
24	37.8	CH_2	1.26, m; 2.54, m
25	30.2	CH	1.87, m
26	53.1	CH_2	3.22, dd (12.7, 3.9); 2.60, d (13.9)
27	18.6	CH_3	1.05, d (6.6)
1′	162.4	C	8.06, s

^{13}C-NMR（表 10-8）显示结构中存在二十八个碳信号，包括四个甲基碳信号：δ_C 12.2 (C-18)、18.5 (C-19)、10.9 (C-21) 和 18.6 (C-27)；七个亚甲基碳信号：δ_C 38.4 (C-1)、28.3 (C-2)、38.2 (C-4)、31.5 (C-7)、25.3 (C-15)、31.5 (C-16) 和 37.8 (C-24)；五个次甲基碳信号：δ_C 39.6 (C-8)、63.4 (C-9)、45.5 (C-14)、40.1 (C-20) 和 30.2 (C-25)；两个季碳信号：δ_C 142.1 (C-5) 和 38.5 (C-10)；一个连氮亚甲基碳信号：δ_C 53.1 (C-26)；两个连氧次甲基碳信号：δ_C 74.8 (C-3) 和 75.0 (C-23)；一个连氮次甲基碳信号：δ_C 65.4 (C-22)；一个连氧季碳信号：δ_C 87.4 (C-17)；四个烯碳信号：δ_C 142.1 (C-5)、123.6 (C-6)、139.1 (C-12) 和 145.6 (C-13)；两个羰基碳信号：δ_C 208.1 (C-11) 和 162.4 (C-1′)。

氢碳相关信号均是通过二维 HMQC 谱确定，对比文献数据提示该化合物为甾体生物碱蒜藜芦碱骨架。

HMBC 显示（图 10-68），δ_H 8.06 (s, H-1′) 与 δ_C 74.8 (C-3) 相关，提示甲酸酯基团连接于 C-3 位；δ_H 1.06 (3H, s, H-19) 与 δ_C 38.4 (C-1)、142.1 (C-5)、63.4 (C-9) 相关，提示 B 环 C-5、C-6 位为双键；δ_H 2.12 (3H, s, H-18) 与 δ_C 139.1 (C-12)、145.6 (C-13)、87.4 (C-17) 相关，提示 D 环 C-12、C-13 位为双键，C-13 位连有甲基；δ_H 1.05 (3H,d, J = 6.6 Hz, H-21) 与 δ_C 87.4 (C-17)、65.4 (C-22) 相关，δ_H 3.57 (td, J = 10.6 Hz、3.6 Hz, H-23) 与 δ_C 40.1 (C-20)、65.4 (C-22)、37.8 (C-24) 相关，提示 C-17 与 C-23 间有氧桥连接，且侧链 F 环为哌啶环，进一步提示该化合物为 C-3 位甲酸酯基取代的蒜藜芦碱结构。

NOESY 谱显示，δ_H 1.06 (3H, s, H-19) 与 δ_H 1.53 (m, H-8) 有 NOE 效应，提示 H-19 与 H-8 为 β-构型；δ_H 1.79 (m, H-9) 与 δ_H 2.06 (m, H-14) 有 NOE 效应，δ_H 4.67 (sep, J = 5.4 Hz, H-3) 与 δ_H 1.26 (td, J = 11.9 Hz、4.3 Hz, H-1a) 有 NOE 效应，δ_H 3.57 (td, J = 10.6 Hz、3.6 Hz, H-23) 与 δ_H 1.87 (m, H-25) 有 NOE 效应，提示 H-9、H-14、H-3、H-23 与 H-25 为 α-构型；δ_H 1.63 (2H, m, H-16) 与 δ_H 1.05 (3H, d, J = 6.6 Hz, H-21) 有 NOE 效应，δ_H 2.12 (3H, s, H-18) 与 δ_H 3.03 (t, J = 9.6 Hz, H-22) 有 NOE 效应，结合已报道的同类甾体骨架天然产物数据，确定该化合物的绝对构型为 (3R, 8R, 9S, 10R, 14S, 17R, 20R, 22R, 23S, 25R)。

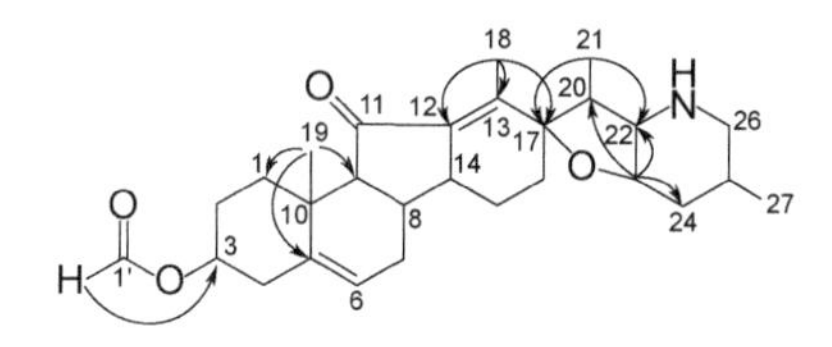

图 10-68 化合物 **10-8** 的主要 HMBC 相关（箭头）

附：化合物 **10-8** 的更多波谱图见图 10-69～图 10-76。

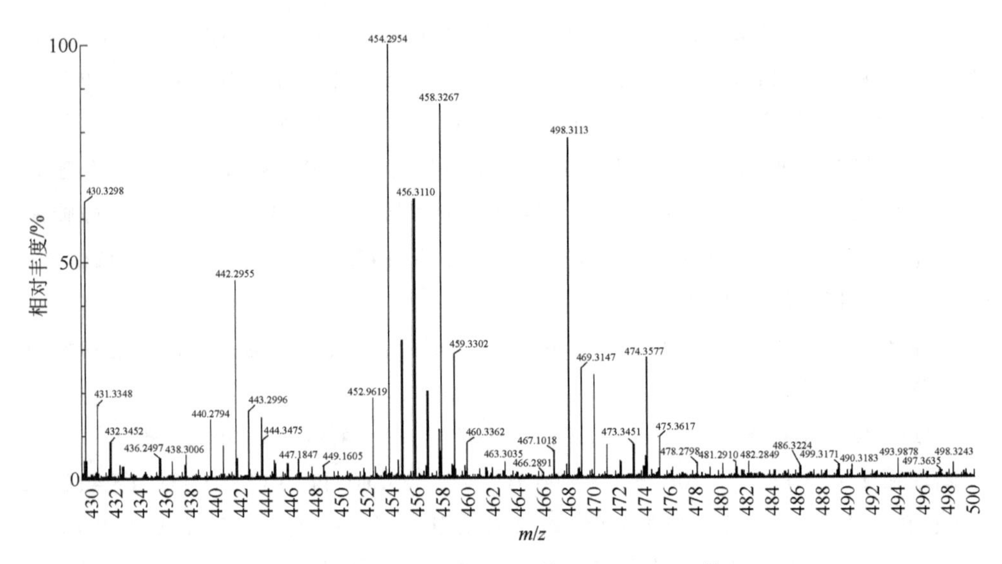

图 10-69　化合物 **10-8** 的 HR ESI-MS 谱

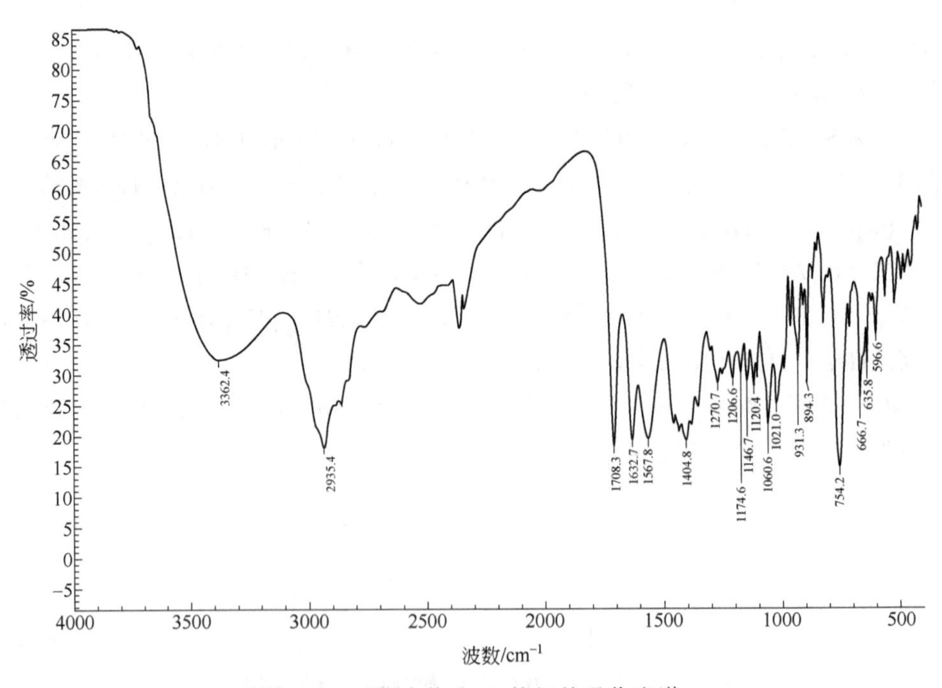

图 10-70　化合物 **10-8** 的红外吸收光谱

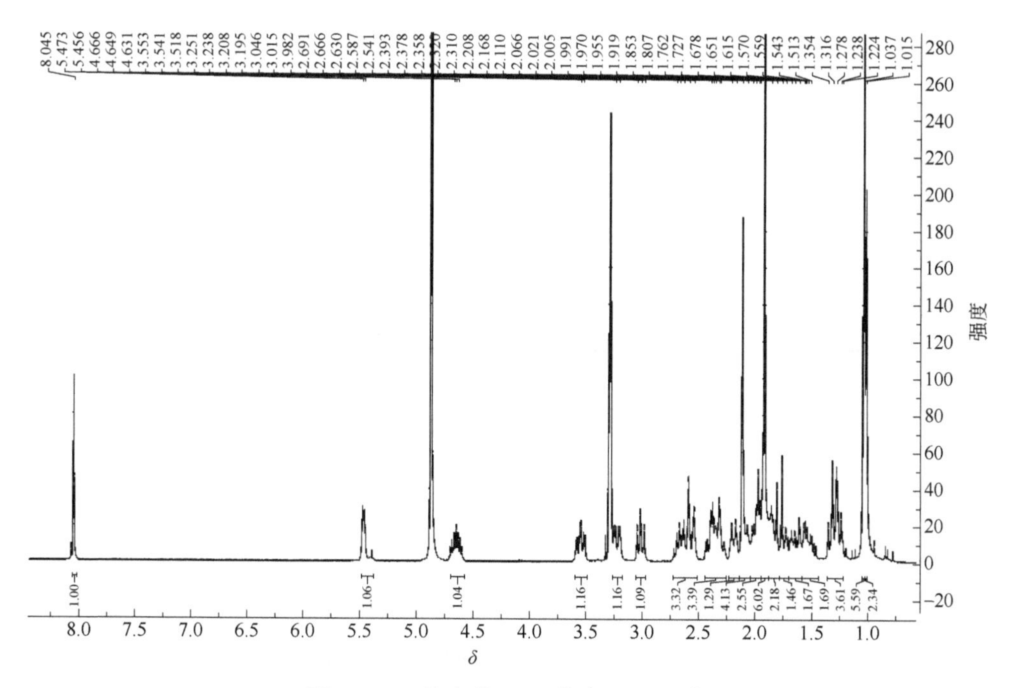

图 10-71　化合物 **10-8** 的 ^{1}H-NMR 谱

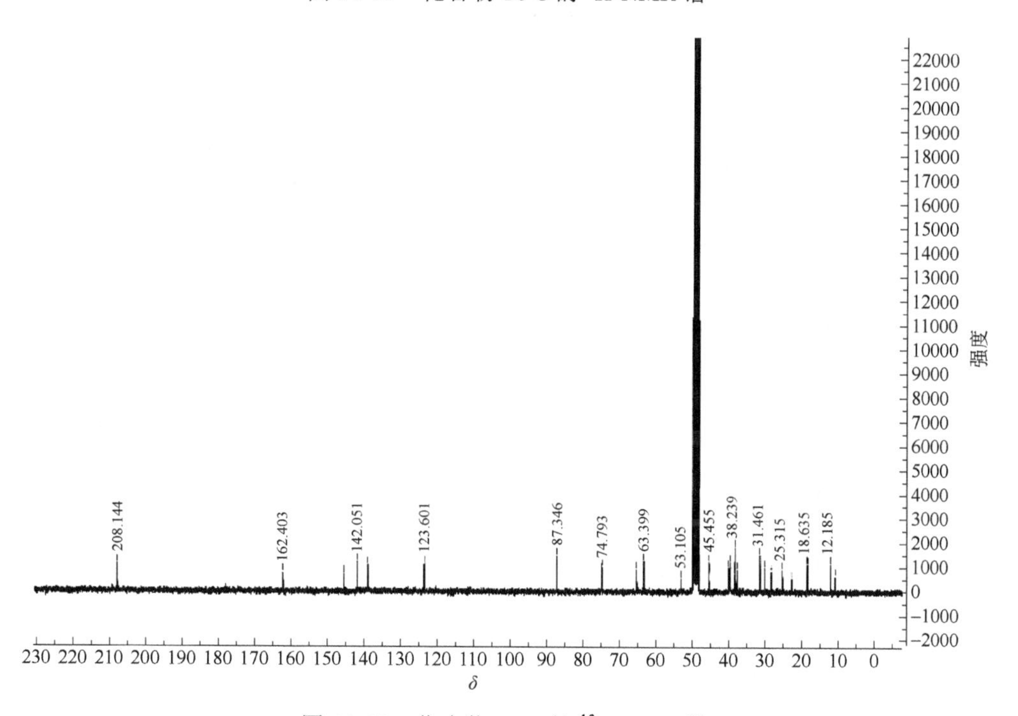

图 10-72　化合物 **10-8** 的 ^{13}C-NMR 谱

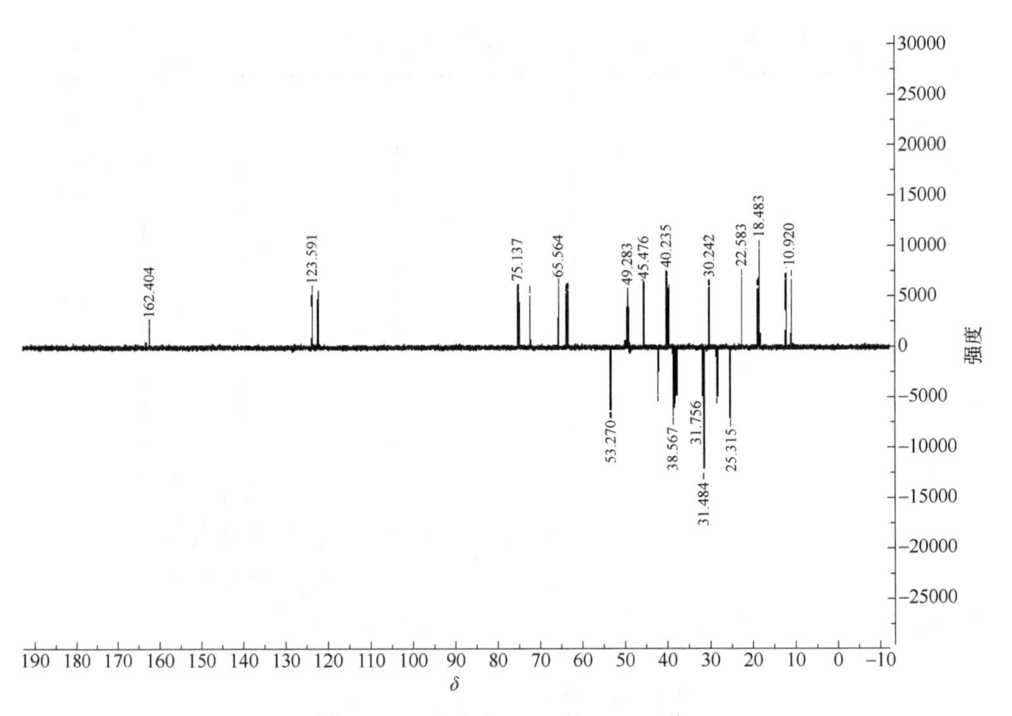

图 10-73 化合物 **10-8** 的 DEPT 谱

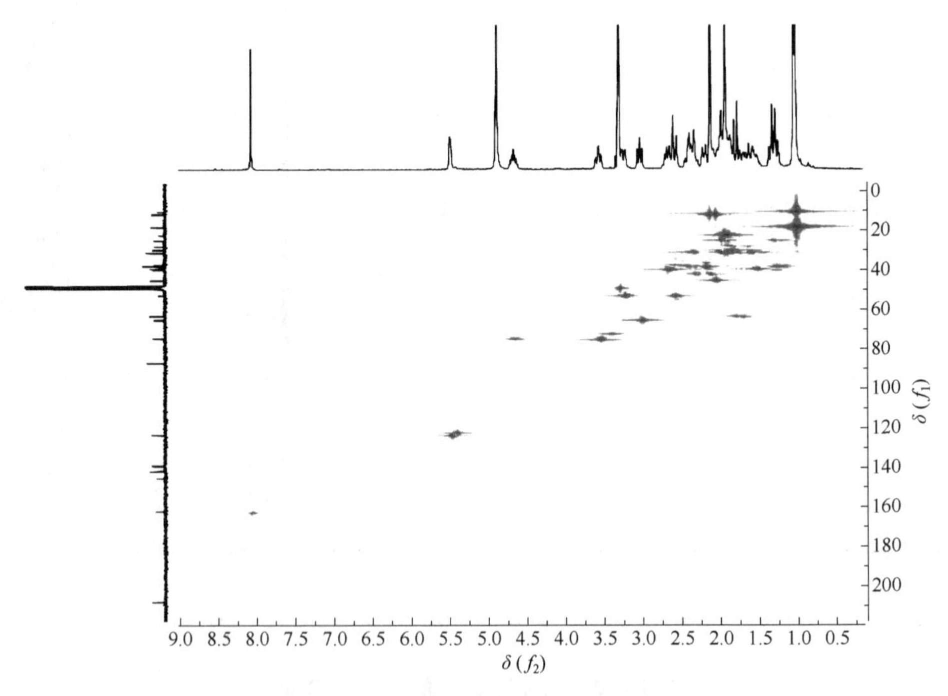

图 10-74 化合物 **10-8** 的 HMQC 谱

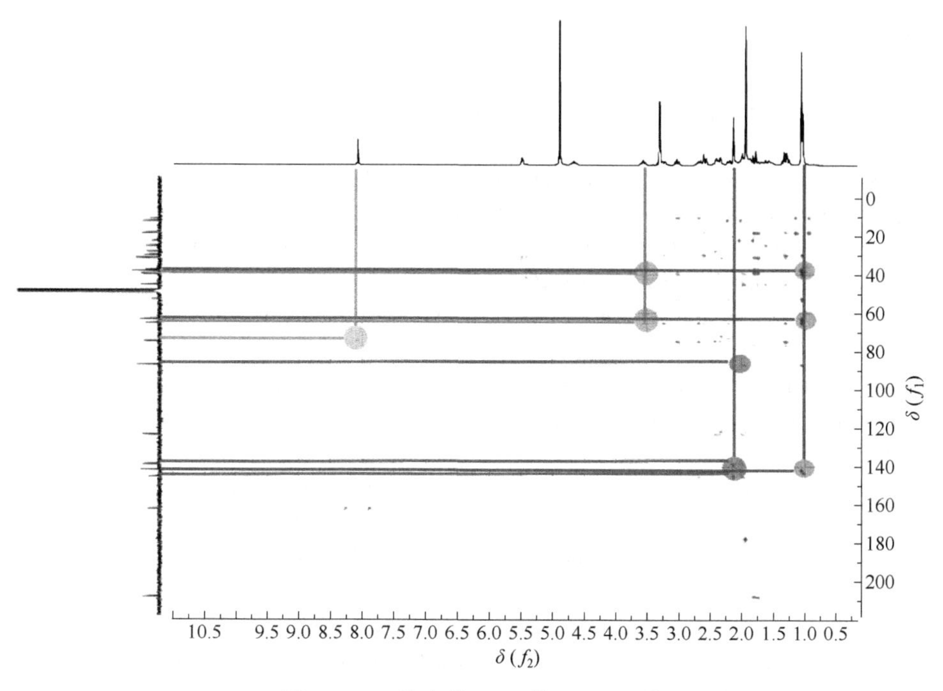

图 10-75 化合物 **10-8** 的 HMBC 谱

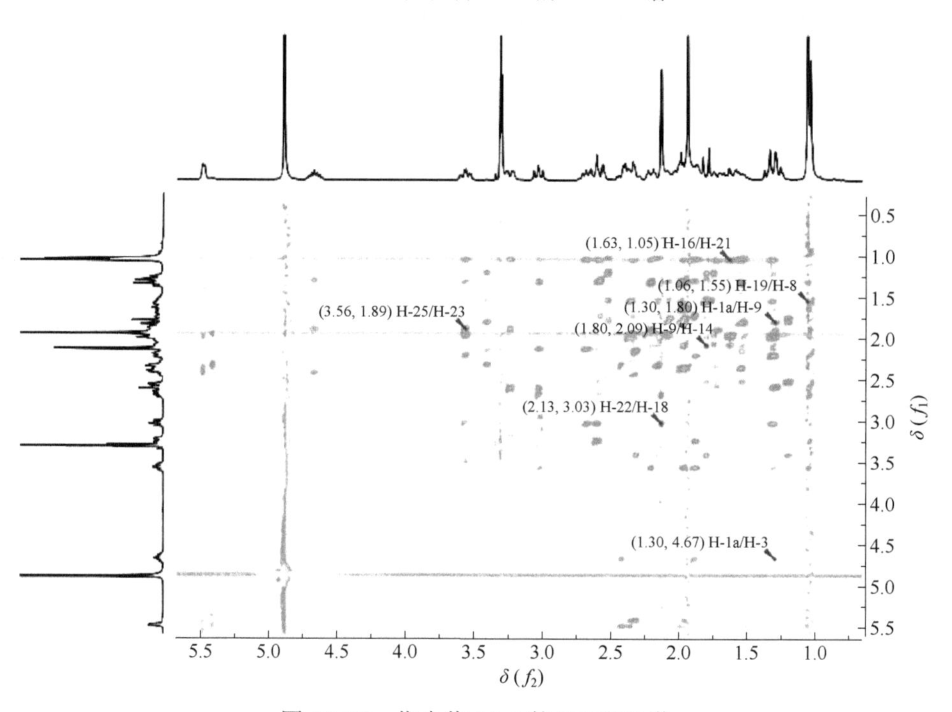

图 10-76 化合物 **10-8** 的 NOESY 谱

参 考 文 献

[1] 吴立军. 天然药物化学[M]. 北京：人民卫生出版社, 2014.

[2] 杨峻山，马国需. 分析化学手册//7B.碳-13 核磁共振波谱分析[M]. 北京：化学工业出版社, 2016.

[3] Liu X Z, Tian W J, Wang G H, et al. Stigmastane-type steroids with unique conjugated $\Delta^{7,9(11)}$ diene and highly oxygenated side chains from the twigs of *Vernonia amygdalina*[J]. Phytochemistry, 2019, 158:67-76.

[4] Yuan F Y, Wang X L, Wang T, et al. Cytotoxic pregnane steroidal glycosides from *Chonemorpha megacalyx*[J]. Journal of Natural Products, 2019, 82(6): 1542-1549.

[5] Li J, Tang H, Kurtan T, et al. Swinhoeisterols from the south China sea sponge *Theonella swinhoei*[J]. Journal of Natural Products, 2018, 81(7): 1645-1650.

[6] Lee S, Lee D, Ryoo R, et al. Calvatianone, a sterol possessing a 6/5/6/5-fused ring system witha contracted tetrahydrofuran B-ring, from the fruiting bodies of *Calvatia nipponica*[J]. Journal of Natural Products, 2020, 83(9): 2737-2742.

[7] Su L H, Geng C A, Li T Z , et al. Spiroseoflosterol, a rearranged ergostane-steroid from the fruitingbodies of *Butyriboletus roseoflavus*[J]. Journal of Natural Products, 2020, 83(5): 1706-1710.

[8] Gu X Y, Shen X F, Wang L, et al. Bioactive steroidal alkaloids from the fruits of *Solanum nigrum*[J]. Phytochemistry, 2018, 147: 125-131.

[9] Tian H Y, Ruan L J, Yu T, et al. Bufospirostenin A and bufogargarizin C, steroids with rearrangedskeletons from the toad *Bufo bufo gargarizans*[J]. Journal of Natural Products, 2017, 80: 1182-1186.

[10] Kang C H, Han J H, Oh J, et al. Steroidal alkaloids from *Veratrum nigrum* enhance glucose uptakein skeletal muscle cells [J]. Journal of Natural Products, 2015, 78(4): 803-810.

第 11 章 混源萜类化合物结构解析

混源萜（meroterpenoids）指结构中含有萜类结构单元和生源上来源于非萜途径结构单元的一类天然产物，广泛分布在植物、微生物和海洋无脊椎动物中[1-3]。由于其复杂多样的结构、良好的药理活性和复杂的生物合成起源，长期以来该类化合物一直是天然产物发现、有机合成、药物开发和生物合成等领域的研究热点[2]。

混源萜类化合物根据非萜部分的生物合成来源不同，可以分为三类：莽草酸途径来源的混源萜、聚酮途径来源的混源萜和氨基酸等其他途径来源的混源萜[2]。其中聚酮途径来源的混源萜是最主要的一类，是混源萜相关综述的主要关注对象。混源萜还可以根据萜类部分异戊烯基单元的个数，分为混源半萜、混源单萜、混源倍半萜、混源二萜以及混源二倍半萜等。

混源萜类化合物结构类型复杂多样，至今未有文献对其波谱特征进行总结。其萜类部分的波谱特征可以参考总结的萜类化合物的波谱特征，本章着重对其非萜部分的波谱特征进行总结。非萜部分常见的结构片段如图 11-1 所示，一般包括聚酮途径来源的 4-羟基-5,6-二甲基-2-吡喃酮前体，莽草酸途径来源的对羟基苯甲

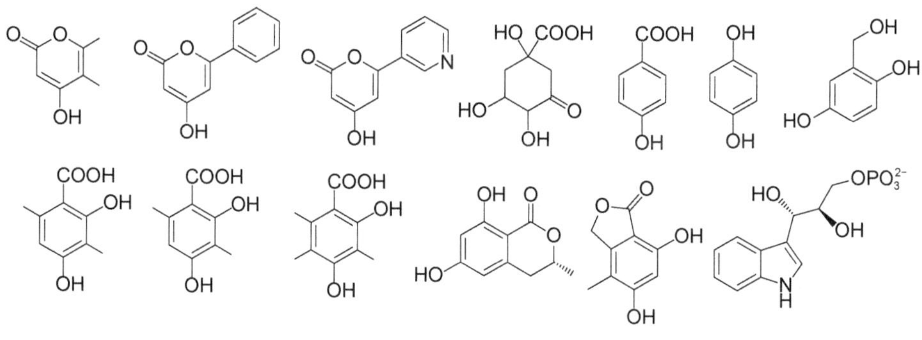

图 11-1 常见的混源萜非萜部分的生物合成前体结构

酸、对苯二酚或对苯二醌等前体，氨基酸途径来源的吲哚-3-甘油磷酸酯前体，等等[4]。

聚酮途径来源的混源萜较其他两种类型混源萜数目更多，研究更为深入，甚至最早的研究认为混源萜就是聚酮混源萜。该类型化合物结构中常存在间苯二酚、间苯三酚或吡喃酮结构片段。聚酮混源萜化合物聚酮部分一般由偶数个碳组成。在此，主要总结一下 4-羟基-5,6-二甲基-2-吡喃酮片段的波谱特征[5,6]。C-5 位和 C-6 位甲基在氢谱中呈现两个单峰，化学位移分别位于 δ 1.82～1.97 和 δ 2.14～2.26。C-5 位和 C-6 位甲基在碳谱中的化学位移值分别为 δ 8.6～9.2 和 δ 16.8～19.6。吡喃酮环的内酯羰基碳的化学位移为 δ 156.2～164.5；连羟基碳的化学位移为 δ 162.2～171.7；吡喃酮环 C-2 位的化学位移为 δ 96.7～101.5。

莽草酸途径来源的混源萜结构中常存在对苯二酚（醌）、对羟基苯甲酸、对羟基苯甲醇、对羟基苯甲醛等。该类化合物 UV 光谱在 210～220 nm 处常见苯环的特征吸收峰[7,8]。IR 光谱在 2500～3500 cm^{-1} 处常见羧基或羟基的吸收峰。芳烃质子在氢谱中的化学位移值为 δ 6.5～8.5。碳谱中连酚羟基碳的化学位移一般位于 δ 147.1～153.0；酮羰基碳的化学位移一般位于 δ 182.2～184.2 之间；其余不饱和芳香碳的化学位移在 δ 100.0～140.0 之间[7,8]。

氨基酸途径来源的混源萜结构中常含有吲哚环结构片段。含吲哚环片段的混源萜化合物 UV 光谱在 229 nm 和 280 nm 处有最大吸收[9]，其红外光谱一般在 3397 cm^{-1}、1454 cm^{-1}、1099 cm^{-1} 和 750 cm^{-1} 处有吸收峰。吲哚部分的氨基活泼氢的化学位移位于 δ 10.46～10.73；苯环片段氢质子的化学位移一般位于 δ 6.88～7.26；吲哚环结构部分的不饱和碳的化学位移一般位于 δ 111.6～152.7。

【例 11-1】fischernolide A[10]

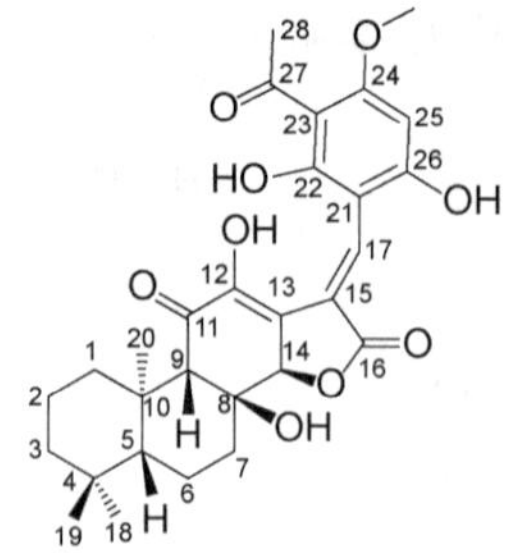

11-1

黄色晶体，易溶于甲醇，$[\alpha]_D^{25} = +175.28°$（$c$ = 0.09, MeOH）。

HR ESI-MS m/z：527.2275，对应 $[M+H]^+$（计算值：527.2276），推断此化合物的分子式为 $C_{29}H_{34}O_9$，不饱和度为 13。

IR (KBr) 光谱显示结构中存在羟基 (—OH) 3439 cm^{-1}，共轭羰基 (C═O) 1637 cm^{-1}，以及苯环 1597 cm^{-1}、1467 cm^{-1} (═CH_2) 的特征吸收峰。

UV (MeOH) 光谱显示 λ_{max} (lgε) 为 209 nm (4.41)、290 nm (4.60)、404 nm (4.42)，表明此化合物存在共轭体系。

^{1}H-NMR（表 11-1）结合 HSQC 谱显示存在两个烯氢质子信号：δ_H 7.54 (1H, s, H-17) 和 6.10 (1H, s, H-25)；五个甲基质子信号，其中包括：一个乙酰甲基质子信号 δ_H 2.55 (s, H-28)，一个甲氧基质子信号 δ_H 3.87 (s)，三个末端甲基质子信号 δ_H 0.90 (s, H-18)、0.80 (s, H-19) 和 1.00 (s, H-20)。

^{13}C-NMR（表 11-1）结合 DEPT 谱显示结构中存在二十九个碳信号，包括一个连氧甲基碳信号：δ_C 55.9 (—OMe)；一个乙酰甲基碳信号：δ_C 32.7 (C-28)；三个末端甲基碳信号：δ_C 33.3 (C-18)、21.4 (C-19) 和 15.4 (C-20)；五个亚甲基碳信号：δ_C 40.0 (C-1)、17.9 (C-2)、41.1 (C-3)、18.8 (C-6) 和 36.7 (C-7)；五个次甲基碳信号：δ_C 54.2 (C-5)、73.2 (C-8)、68.0 (C-9)、127.8 (C-17) 和 90.2 (C-25)；两个酮羰基季碳信号：δ_C 194.0 (C-11)、202.6 (C-27)；一个酯羰基碳信号：δ_C 170.6 (C-16)；五个连氧季碳信号：δ_C 143.3 (C-12)、54.2 (C-5)、166.0 (C-22)、164.3 (C-24)、164.3 (C-26)；四个烯烃季碳信号：δ_C 123.4 (C-13)、121.3 (C-15)、106.2 (C-23)、103.5 (C-21)；两个脂肪季碳信号：δ_C 33.1 (C-4)、38.6 (C-10)。

HMBC 显示（图 11-2），δ_H 6.10 (s, H-25) 与 δ_C 103.5 (C-21)、164.3 (C-24) 相关；δ_H 2.55 (s, H-28) 与 δ_C 106.2 (C-23)、202.6 (C-27) 相关；δ_H 3.87 (s, —OMe) 与 δ_C 164.3 (C-24) 相关，提示结构中存在一个间苯三酚结构单元（Ⅰ）且乙酰基和甲氧基分别取代在 C-23 位和 C-24 位。结合化合物 **11-1** 的分子量，该化合物结构中从未归属的二十个碳信号可能组成二萜结构单元（Ⅱ）。HMBC 显示 δ_H 2.15 (s,H-9) 与 δ_C 73.2(C-8)、194.0 (C-11)、143.3 (C-12)、76.8 (C-14) 相关，δ_H 5.46 (s, H-14) 与 δ_C 73.2 (C-8)、143.3 (C-12)、123.4 (C-13) 相关，提示结构中存在一个 α,β-不饱和-γ-酮单元且在 C 环的 C-12 位有羟基取代。δ_H 7.54 (s, H-17) 与 123.4 (C-13)、170.6 (C-16) 和 164.3 (C-26) 的 HMBC 相关性表明两个单元（Ⅰ和Ⅱ）通过 C-17 和 C-21 的碳碳单键相连。考虑到上述结构信息已占所有 13 个不饱和度中的 12 个，剩余的一个不饱和度可归因于另一个 α-呋喃酮（环 D）。

NOESY 谱显示，δ_H 0.95 (m,H-5) 和 2.15 (s, H-9) 有 NOE 效应，表明 H-5 和 H-9 是共面的，位于 β 位。δ_H 1.00 (s, H-20) 和 5.46 (s, H-14) 有 NOE 效应，则表明 H-20 和 H-14 位于 α 位，并提示 8-OH 空间上位于 β 位。因为若 8-OH 的空间取向为 α 位，H-14 和 H-20 之间的空间距离太大而无法产生 NOE 效应。

最终，通过 X 射线单晶衍射实验确定该化合物的绝对构型为 (5*R*, 8*S*, 9*S*, 10*R*, 14*R*)，且 C-15 与 C-17 之间的双键构型为 *E* 式。

表 11-1　化合物 **11-1** 的 NMR 数据（400 MHz, DMSO-d_6）

位置	δ_C	类型	δ_H (*J*/Hz)
1	40.0	CH_2	1.51, ov
2	17.9	CH_2	1.38, m; 1.15, ov
3	41.1	CH_2	1.35, ov;1.16,ov
4	33.1	C	
5	54.2	CH	0.95, m
6	18.8	CH_2	1.51, ov; 1.15, ov
7	36.7	CH_2	2.25, d (12.9); 1.35, ov
8	73.2	C	
9	68.0	CH	2.15, s
10	38.6	C	
11	194.0	C	
12	143.3	C	
13	123.4	C	
14	76.8	CH	5.46, s
15	121.3	C	
16	170.6	C	
17	127.8	CH	7.54, s
18	33.3	C	0.90, s
19	21.4	CH	0.80, s
20	15.4	CH	1.00, s
21	103.5	C	
22	166.0	C	
23	106.2	C	
24	164.3	C	
25	90.2	C	6.10, s
26	164.3	C	
27	202.6	C	
28	32.7	CH_3	2.55, s
—OCH_3	55.9		3.87, s
8-OH			5.03, s
12-OH			
14-OH			
22-OH			15.00, s

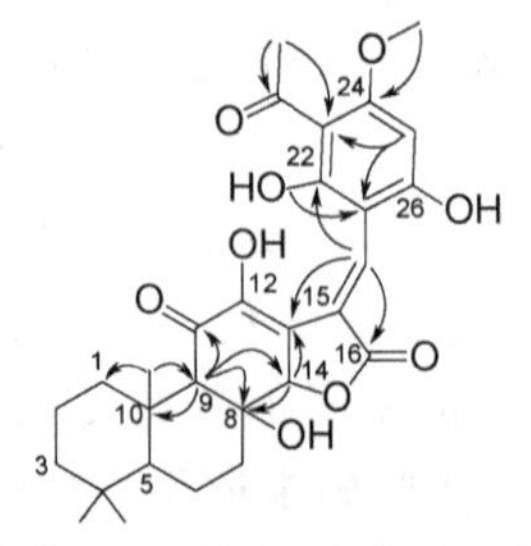

图 11-2　化合物 **11-1** 的主要 HMBC 相关（箭头）

附：化合物 11-1 的更多波谱图见图 11-3～图 11-12。

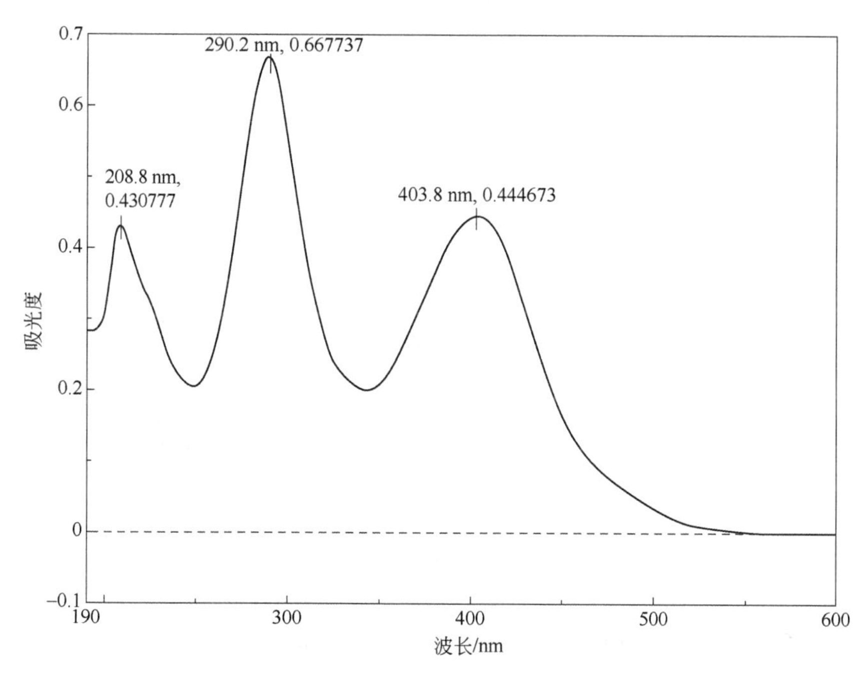

图 11-3　化合物 **11-1** 的紫外吸收光谱

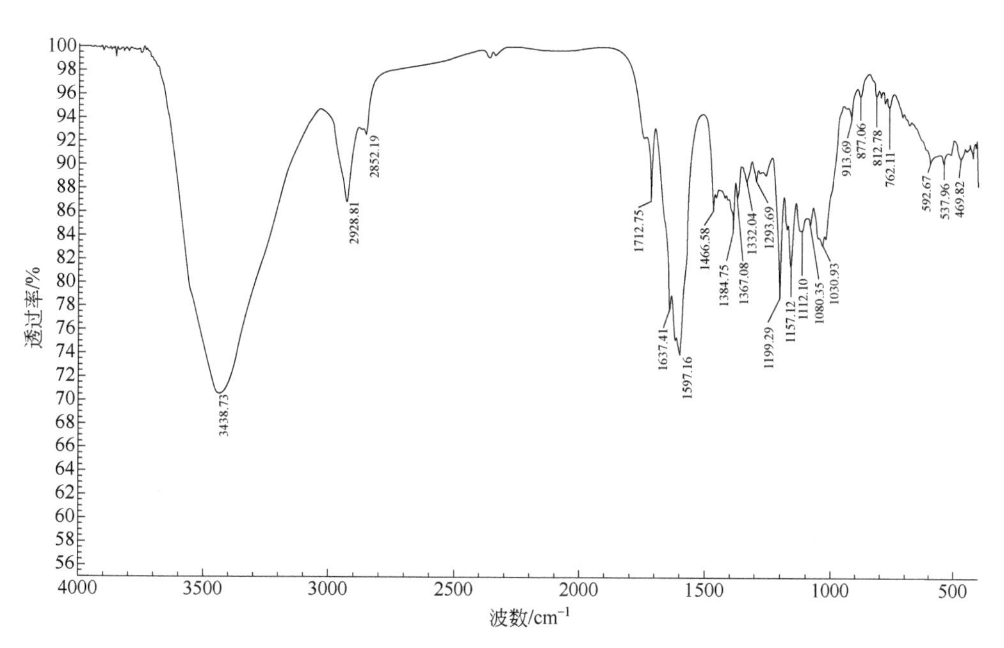

图 11-4　化合物 **11-1** 的红外吸收光谱

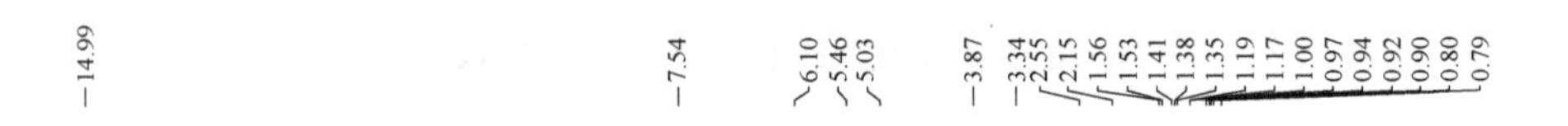

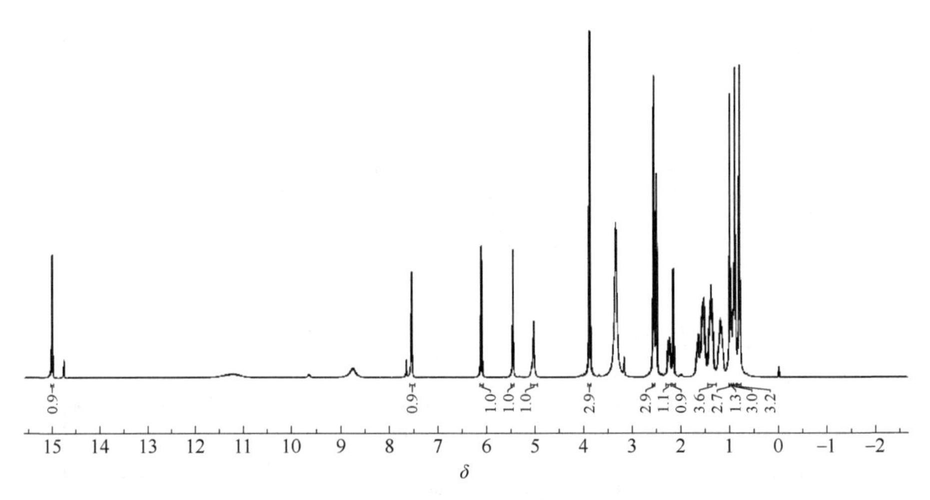

图 11-5　化合物 **11-1** 的 ^{1}H-NMR 谱

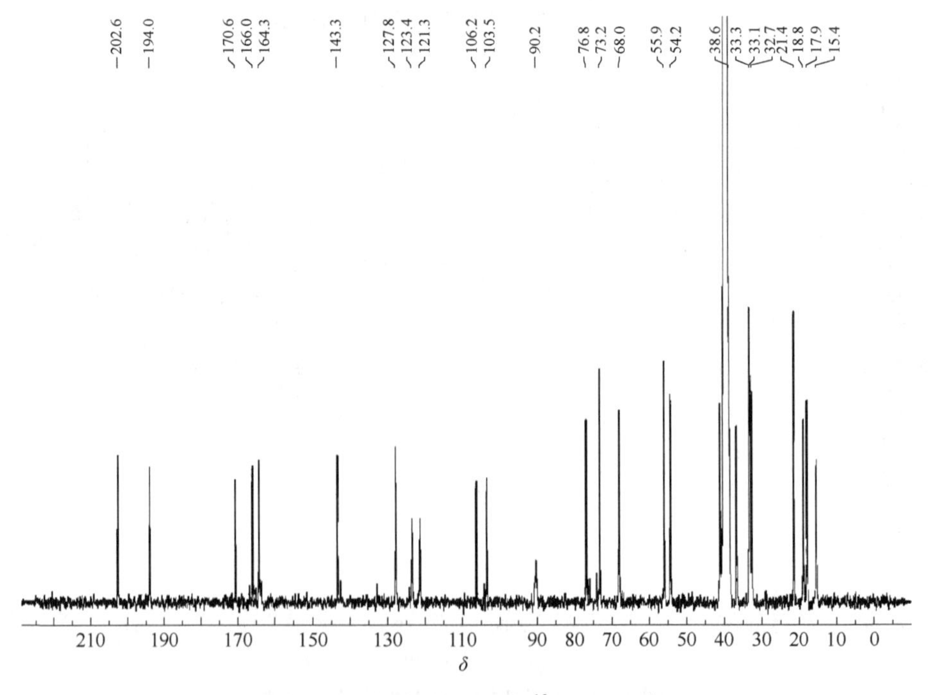

图 11-6　化合物 **11-1** 的 ^{13}C-NMR 谱

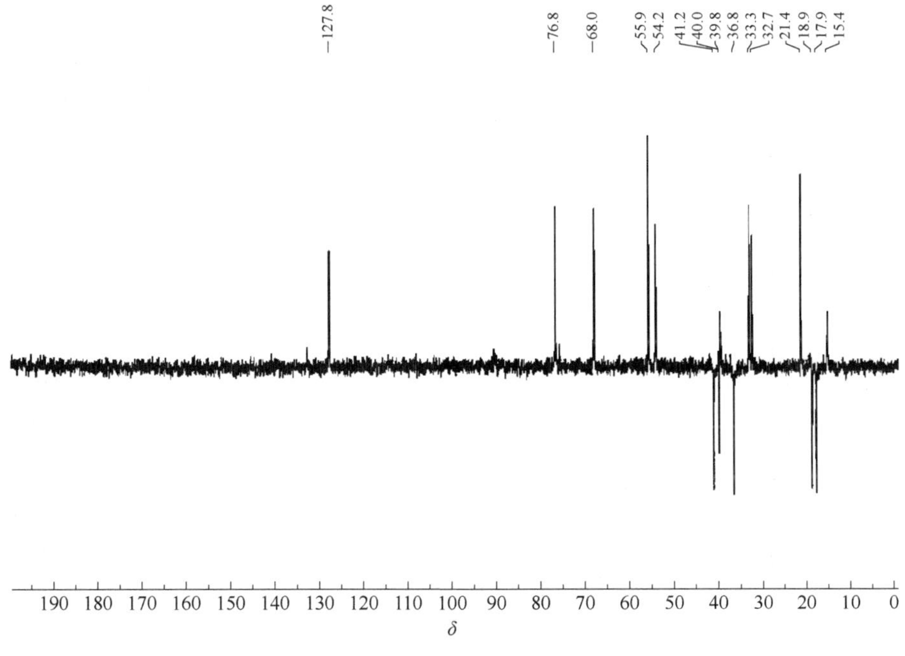

图 11-7 化合物 **11-1** 的 DEPT135 谱

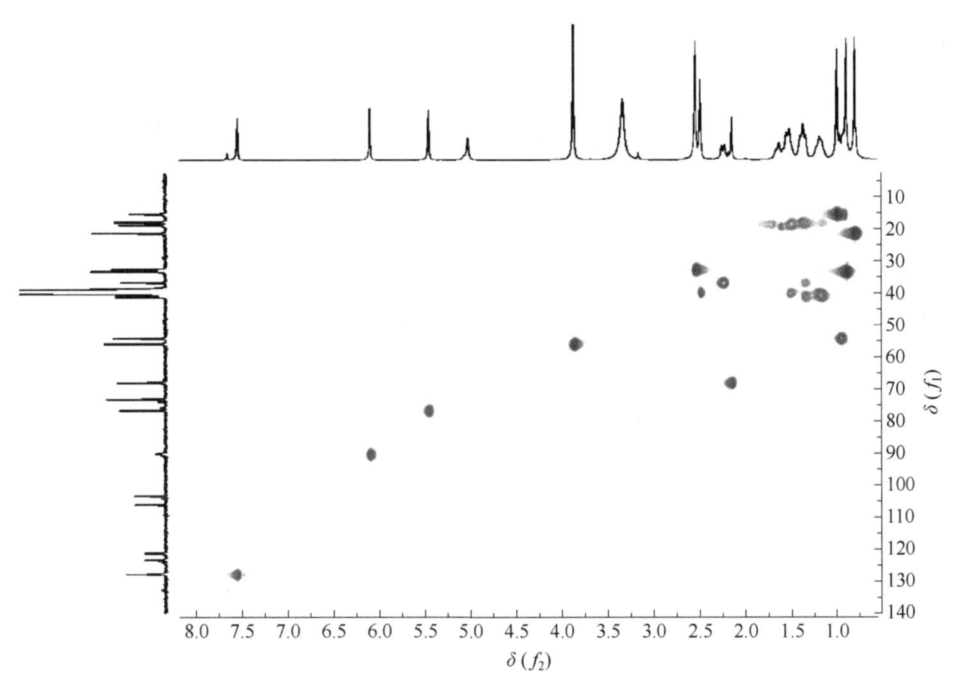

图 11-8 化合物 **11-1** 的 HSQC 谱

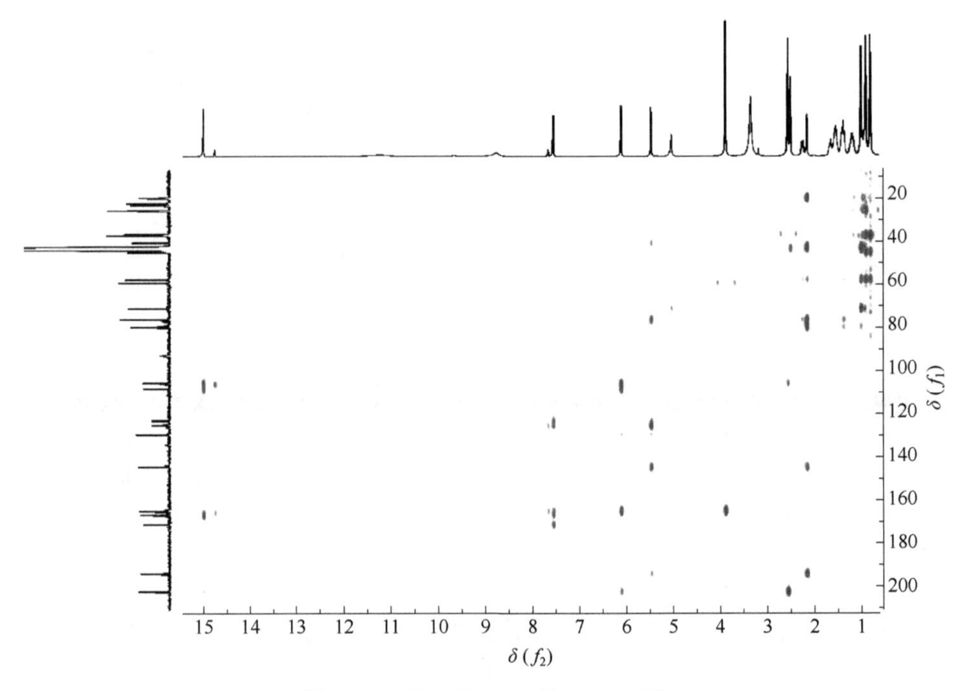

图 11-9　化合物 **11-1** 的 HMBC 谱

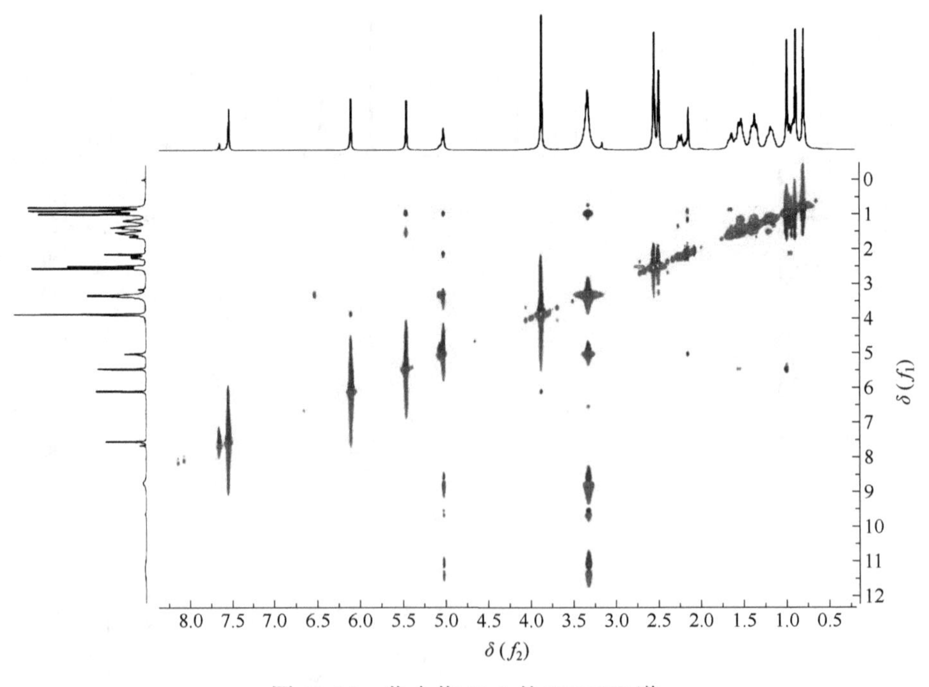

图 11-10　化合物 **11-1** 的 NOESY 谱

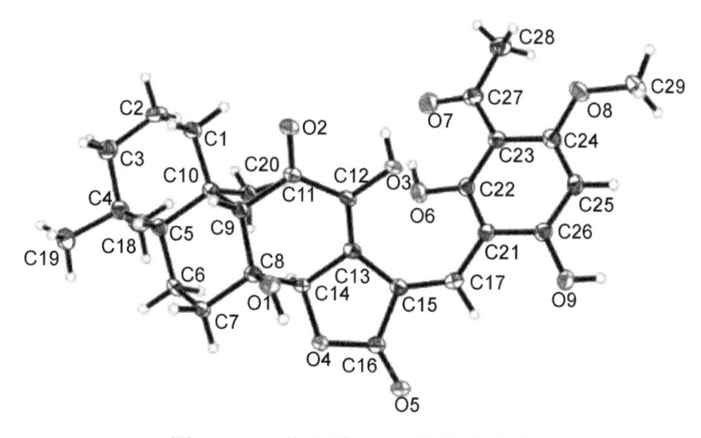

图 11-11 化合物 **11-1** 的单晶结构

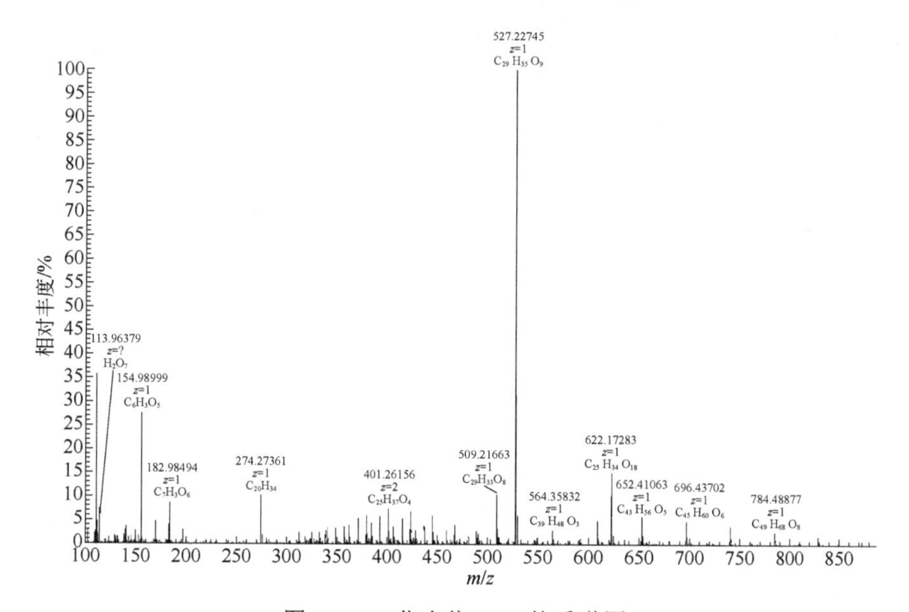

图 11-12 化合物 **11-1** 的质谱图

【例 11-2】asperversin A[11]

11-2

白色无定形粉末，易溶于甲醇，$[\alpha]_D^{25} = +46.7°$（$c = 0.34$, MeOH）。

HR ESI-MS m/z：449.2173 $[M+H]^+$ (计算值：449.2175)，推断此化合物的分子式为 $C_{24}H_{32}O_8$，不饱和度为 9。

IR (KBr) 光谱显示结构中存在酯基 (—COO—) 1741 cm^{-1} 和共轭酯基 (C═O) 1703 cm^{-1} 的特征吸收峰。

^{1}H-NMR（表 11-2）显示存在一个烯烃质子信号：δ_H 5.91 (d, J = 1.0 Hz, H-15)；一个甲氧基质子信号：δ_H 3.70 (s, 3-OCH_3)；六个甲基质子信号：δ_H 2.20 (d, J = 1.0 Hz, H-17)、2.07 (s, H-23)、1.43 (s, H-18)、1.31 (s, H-19)、1.26 (s, H-20) 和 1.18 (s, H-21)。

表 11-2　化合物 **11-2** 的 NMR 数据（400 MHz, CD_3OD）

位置	δ_C	类型	δ_H (J/Hz)
1	84.0	CH	3.98, dd (9.6, 2.3)
2	37.3	CH_2	2.46, dd (15.7, 9.6); 2.68, m
3	173.6	C	
4	79.7	C	
5	61.4	CH	2.13, d (2.3)
6	68.3	CH	5.48, dd (4.5, 2.3)
7	45.3	CH_2	2.11, m; 2.35, m
8	81.5	C	
9	48.1	CH	1.97, dd (12.6, 5.2)
10	46.5	C	
11	19.4	CH_2	2.33, m; 2.41, m
12	98.5	C	
13	167.1	C	
14	162.2	CH	
15	102.2	CH	5.91, d (1.0)
16	165.1	C	
17	19.5	CH_3	2.20, d (1.0)
18	23.0	CH_3	1.43, s
19	12.4	CH_3	1.31, s
20	30.5	CH_3	1.26, s
21	25.5	CH_3	1.18, s
22	171.6	C	
23	21.3	CH_3	2.07, s
3-OCH_3	52.3		3.70, s

^{13}C-NMR 谱结合 DEPT 谱显示存在二十四个碳信号，包括三个羰基碳信号：δ_C 173.6 (C-3)、171.6 (C-22) 和 167.1 (C-13)；四个烯烃碳信号：δ_C 165.1 (C-16)、162.2 (C-14)、102.2 (C-15) 和 98.5 (C-12)；三个脂肪族季碳（其中两个连氧季碳）

信号：δ_C 165.1 (C-16)、81.5 (C-8) 和 46.5 (C-10)；四个次甲基（其中两个含氧次甲基）碳信号：δ_C 84.0 (C-1)、68.3 (C-6)、61.5 (C-5) 和 48.1 (C-9)；三个亚甲基碳信号：δ_C 37.3 (C-2)、45.3 (C-7) 和 46.5 (C-10)；六个甲基碳信号：δ_C 19.5 (C-17)、23.0 (C-18)、12.4 (C-19)、30.5 (C-20)、25.5 (C-21) 和 21.3 (C-23)；一个甲氧基碳信号：δ_C 52.3 (3-OCH_3)。通过比较该化合物的 ^{1}H-NMR 和 ^{13}C-NMR 数据，与已知化合物 asperdemin 结构相似。不同之处是该化合物结构中多了一个甲氧基（δ_H 3.70, δ_C 52.3）和乙酰氧基（δ_H 2.07, δ_C 21.3, δ_C 171.6）。

如图 11-13 相关性分析，HMBC 谱显示 δ_H 5.48 (dd, J=4.5 Hz、2.3 Hz, H-6) 与 δ_C 171.6 (C-22) 相关，表明乙酰氧基连接在 C-6 位。^{1}H-^{1}H COSY 谱显示 δ_H 3.98 (dd, J = 9.6 Hz、2.3 Hz, H-1) 与 δ_H 2.46 (dd, J = 15.7 Hz、9.6 Hz) (H-2a)、δ_H 2.68 (m, H-2b) 相关；HMBC 谱显示 δ_H 3.98 (dd, J = 9.6 Hz、2.3 Hz, H-1) 与 δ_C 173.6 (C-3) 相关，δ_H 2.46 (dd, J= 15.7 Hz、9.6 Hz)，(H-2a)、δ_H 2.68 (m, H-2b) 与 δ_C 173.6 (C-3) 相关，δ_H 3.70 (s, 3-OCH_3) 与 δ_C 173.6 (C-3) 相关，以上相关信息表明结构中存在一个甲酯基，而不是 asperdemin 结构中的七元内酯。在 HMBC 谱中未观察到 C-1 和 C-4 的连接信息，但在 DMSO-D6 中的 1D-NMR 和 2D-NMR 数据，以及 C-1 (δ_C 84.0) 和 C-4 (δ_C 79.7) 的化学位移，表明 C-1 位没有羟基，C-1 和 C-4 通过醚键相连接形成四氢呋喃环。

图 11-13　化合物 **11-2** 的主要 ^{1}H-^{1}H COSY 相关（粗键）和 HMBC 相关（箭头）

该化合物的相对构型是通过 NOESY 谱进行确定的。CH_3-19 的空间位置与已知化合物 asperdemin 的相一致，位于 β 位。NOESY 谱显示 δ_H 1.43 (s, H-18) 与 δ_H 2.41 (m, H-11b) 有 NOE 效应，δ_H 2.41 (m, H-11b) 与 1.31 (s, H-19) 有 NOE 效应，表明 H-18、H-11b、H-19 是共平面的且在空间上位于 β 位。H-9 的空间位置与已知化合物 asperdemin 的相一致，位于 α 位。NOESY 谱显示 δ_H 3.98 (dd, J = 9.6 Hz、2.3 Hz, H-1) 与 δ_H 1.97 (dd, J = 12.6 Hz、5.2 Hz, H-9) 有 NOE 效应，δ_H 1.97 (dd, J = 12.6 Hz、5.2 Hz, H-9) 与 δ_H 2.13 (d, J = 2.3 Hz, H-5) 有 NOE 效应，δ_H 3.98 (dd, J = 9.6 Hz、2.3 Hz, H-1) 与 δ_H 2.13 (d, J = 2.3 Hz, H-5) 有 NOE 效应，以上数据表明这些质子位于 α 位。根据 H-5 与 H-6 的自旋耦合常数为 2.3 Hz，表明 H-6 位于 e 键上。

ECD 谱显示该化合物实验值与相应的计算构型 **A** (1*S*, 5*S*, 6*R*, 8*R*, 9*R*, 10*R*) 结果吻合，与计算构型 **B** (1*R*, 5*R*, 6*S*, 8*S*, 9*S*, 10*S*) 结果相反，均在 205 nm 附近显示强的正 Cotton 效应，因此该化合物的绝对构型为 (1*S*, 5*S*, 6*R*, 8*R*, 9*R*, 10*R*)。

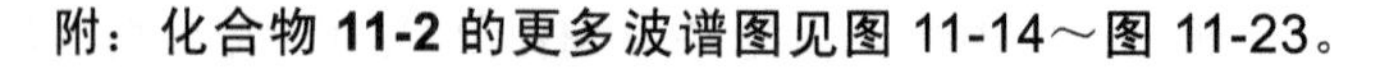

附：化合物 11-2 的更多波谱图见图 11-14～图 11-23。

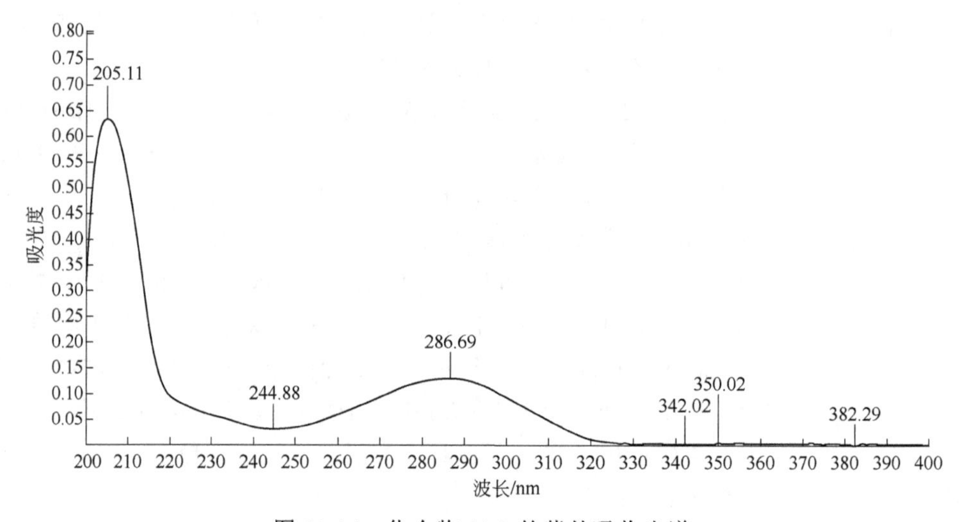

图 11-14　化合物 **11-2** 的紫外吸收光谱

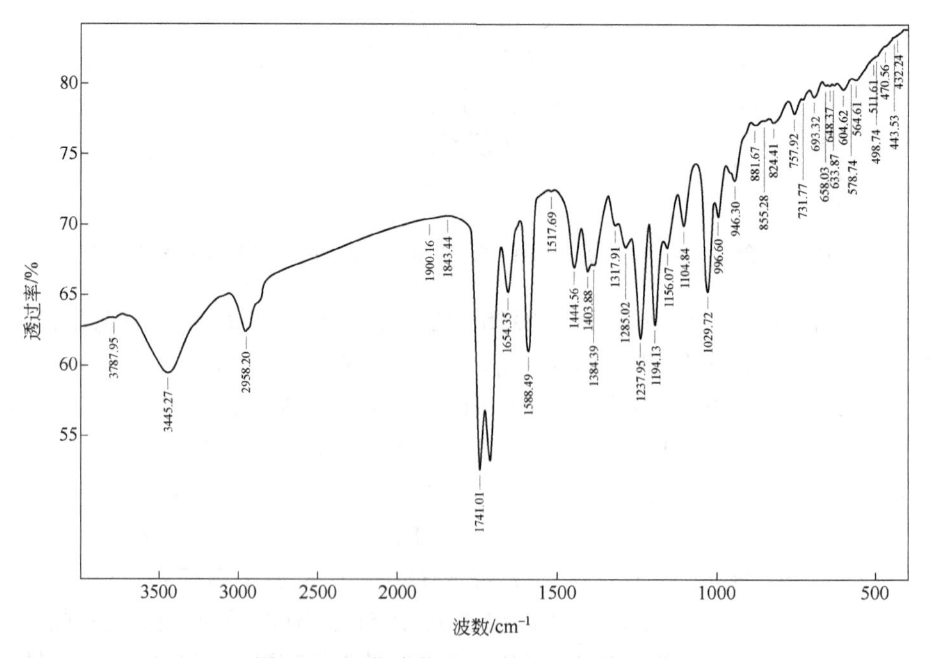

图 11-15　化合物 **11-2** 的红外吸收光谱

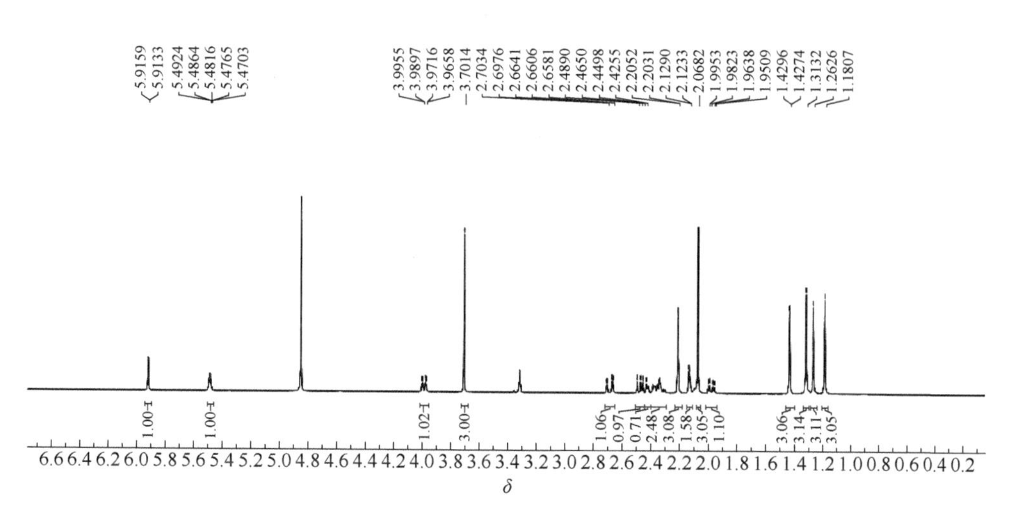

图 11-16 化合物 **11-2** 的 ^{1}H-NMR 谱

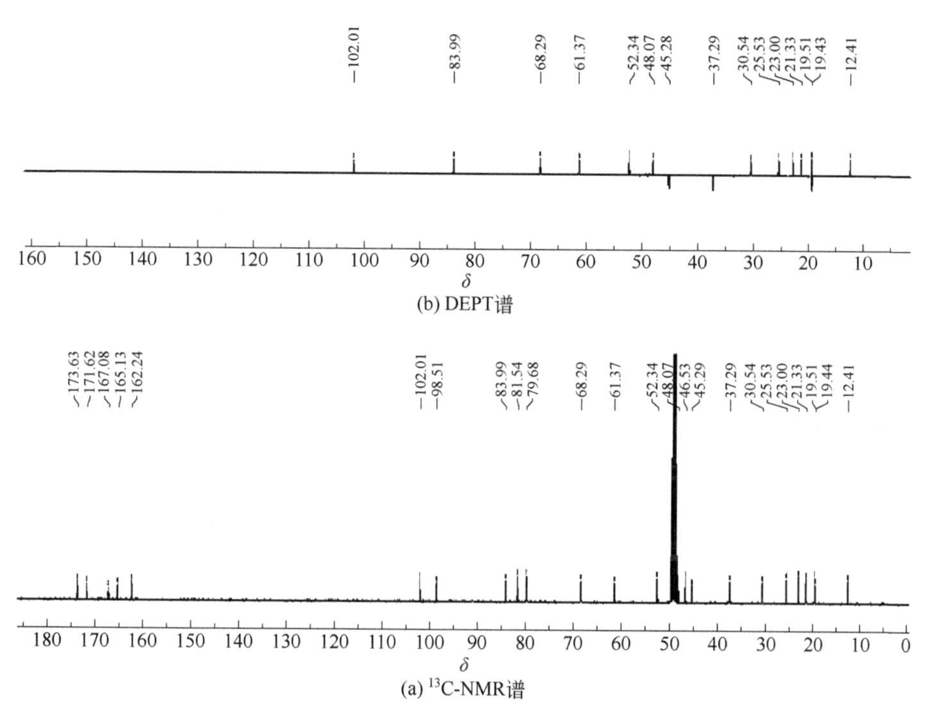

(b) DEPT谱

(a) ^{13}C-NMR谱

图 11-17 化合物 **11-2** 的 ^{13}C-NMR 谱和 DEPT 谱

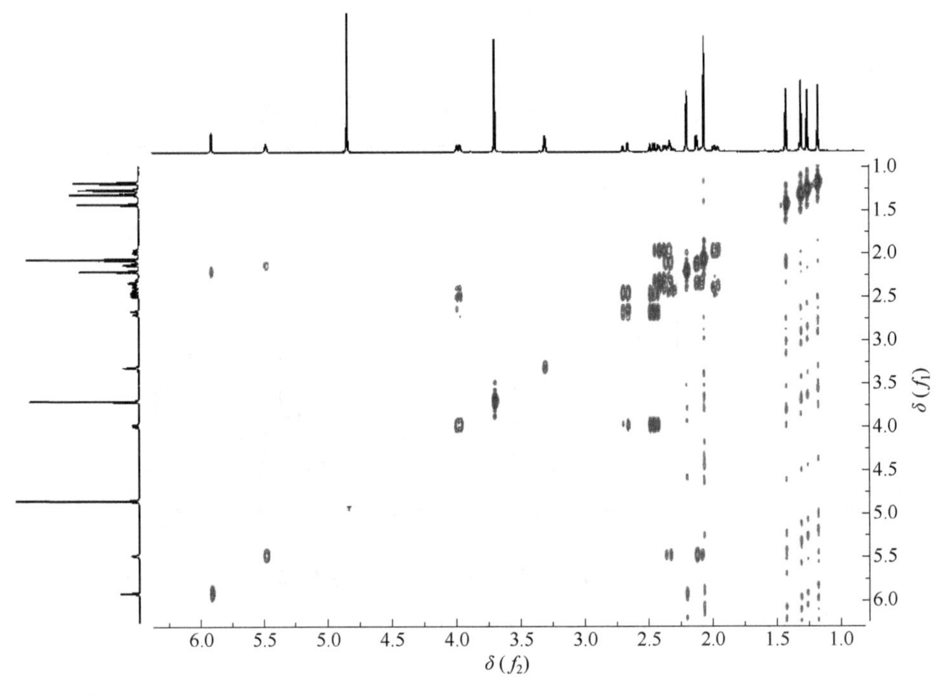

图 11-18 化合物 **11-2** 的 ^{1}H-^{1}H COSY 谱

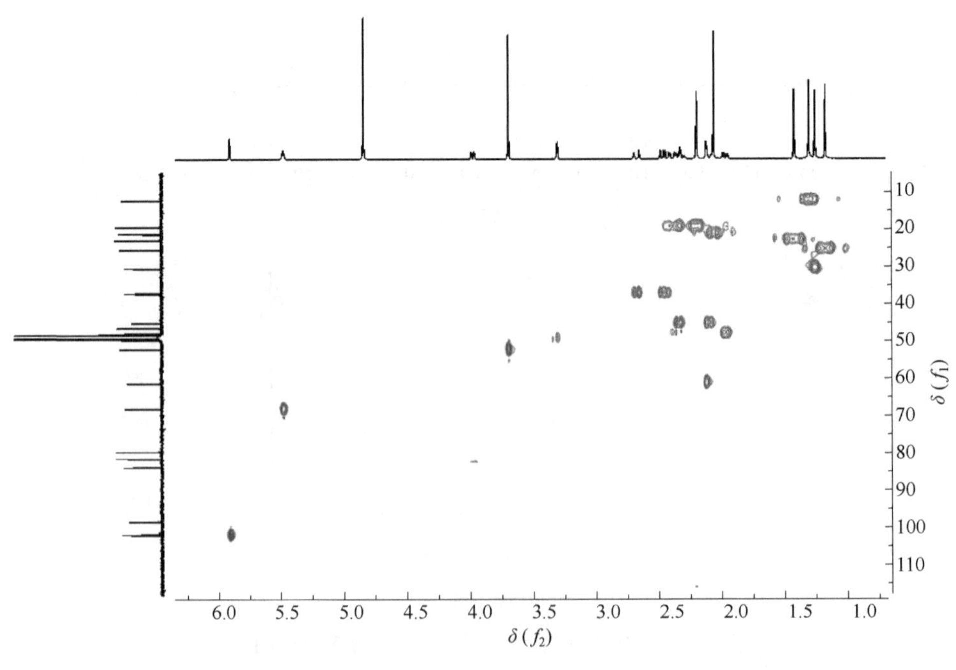

图 11-19 化合物 **11-2** 的 HSQC 谱

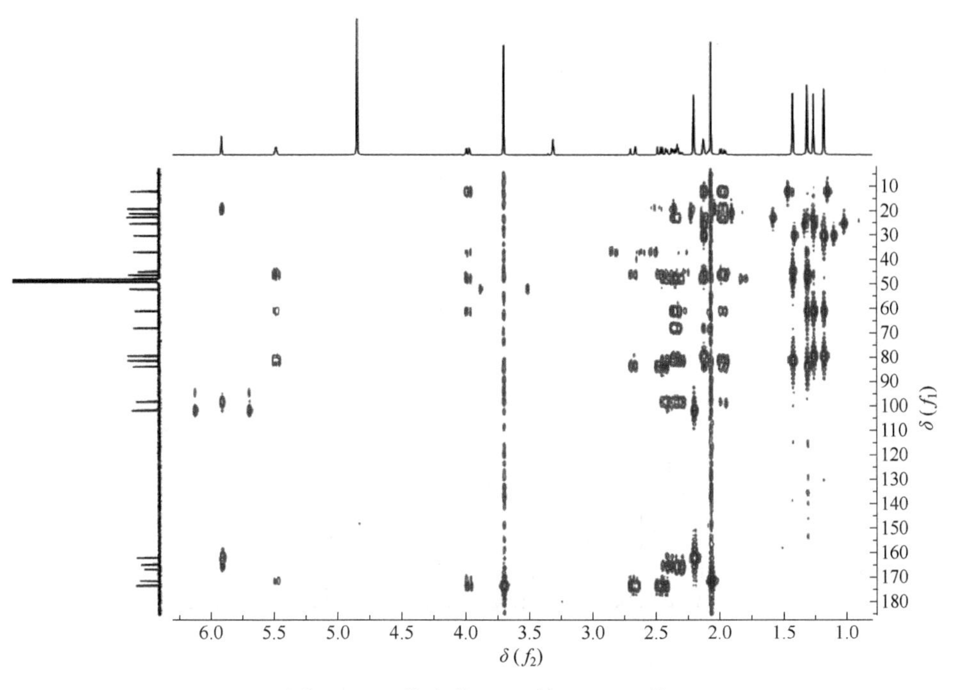

图 11-20 化合物 **11-2** 的 HMBC 谱

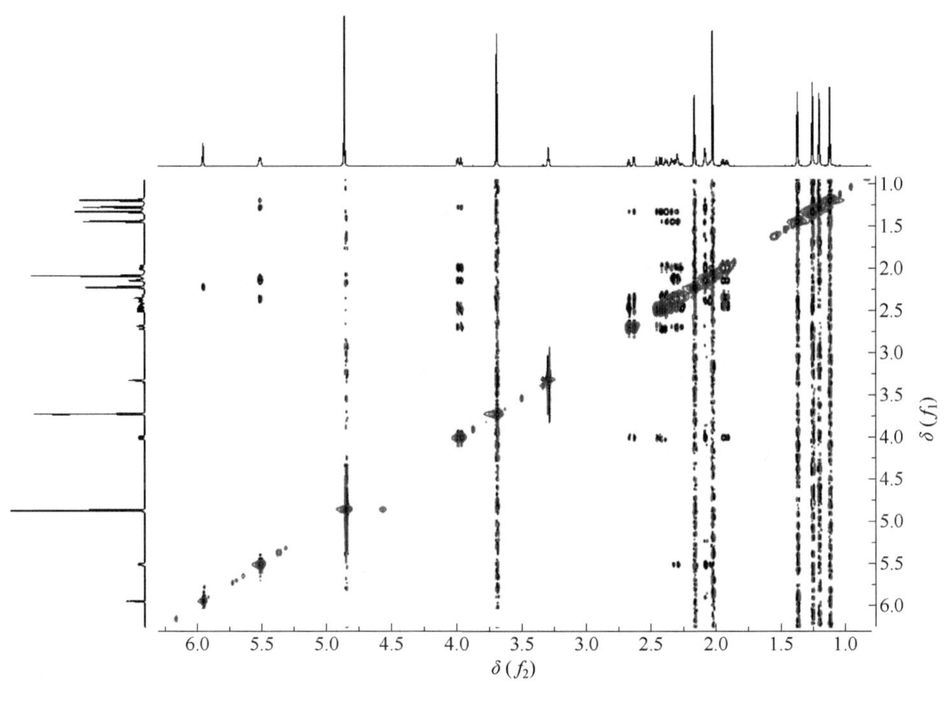

图 11-21 化合物 **11-2** 的 NOESY 谱

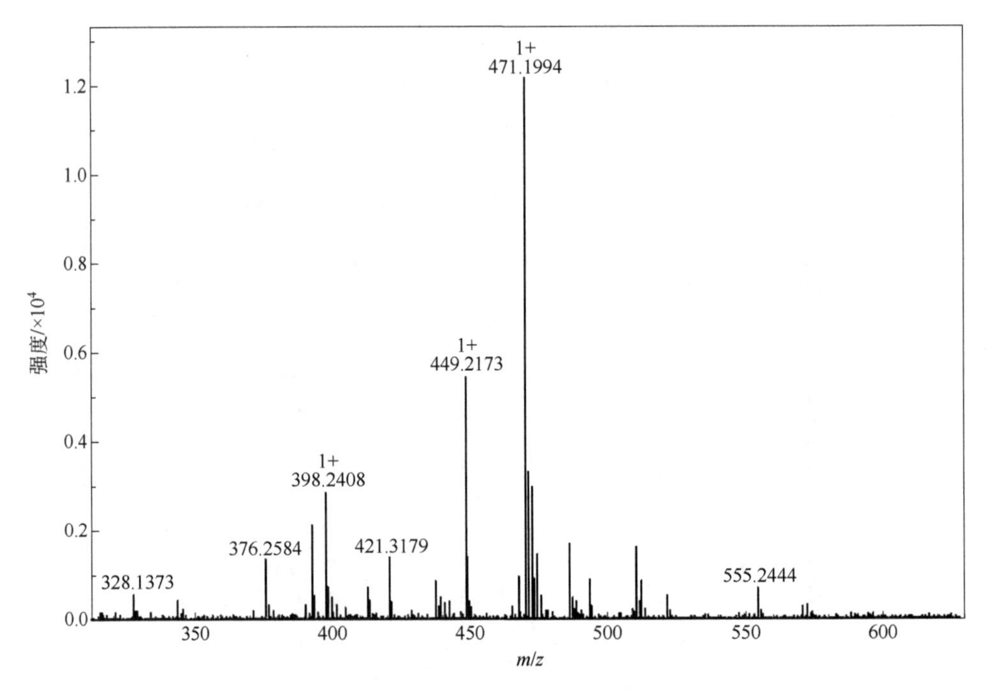

图 11-22　化合物 **11-2** 的质谱图

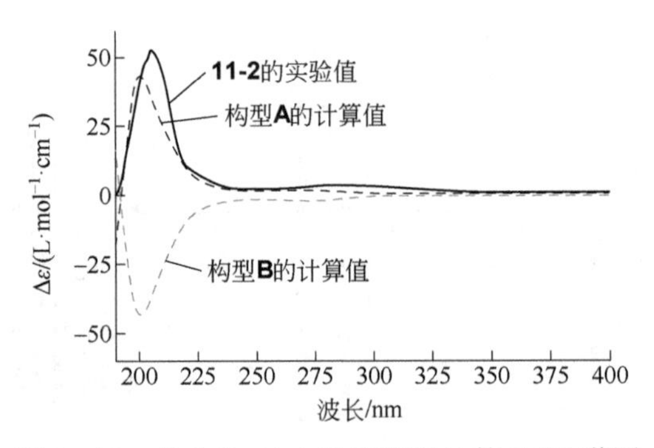

图 11-23　化合物 **11-2** 的实验和计算 ECD 谱图

【例 11-3】clavipine A[7]

11-3

紫色粉末状，易溶于氯仿、甲醇。$[\alpha]_D^{25} = +40.8°$（$c = 0.05$, MeOH）。

HR ESI-MS m/z：376.1153，对应 $[M+Na]^+$（计算值：376.1161），推断此化合物的分子式为 $C_{20}H_{19}NO_5$，不饱和度为 12。

IR (KBr) 光谱显示结构中存在氨基 (—NH—) 3355 cm^{-1} 和羰基 (C═O) 1779 cm^{-1}、1661 cm^{-1} 的特征吸收峰。

^{1}H-NMR（表 11-3）显示存在三个烯氢质子信号：δ_H 5.30 (t, J = 7.2 Hz, H-11)、6.78 (d, J = 12.0 Hz, H-17)、6.04 (m, H-18)；1 个甲基质子信号：δ_H 1.52 (s, H-15)；1 个仲氨质子信号：δ_H 6.46 (br s, —NH—)。

^{13}C-NMR 谱数据（表 11-3）显示结构中存在二十个碳信号，包括一组四取代的对苯二醌碳信号：δ_C 183.0 (C-1)、182.2 (C-4)、152.4 (C-5)、142.9 (C-3)、133.2 (C-14)、110.6 (C-2)；四个双键碳信号：δ_C 135.8 (C-12)、131.7 (C-18)、123.6 (C-11)、122.8 (C-17)；一个酯羰基碳信号：δ_C 171.7 (C-16)；一个甲基碳信号：δ_C 23.2 (C-15)；五个亚甲基碳信号：δ_C 45.2 (C-20)、33.4 (C-19)、27.6 (C-13)、24.8 (C-9)、22.9 (C-10)；两个连氧次甲基碳信号：δ_C 72.1 (C-6)、62.9 (C-7)；一个连氧季碳信号：δ_C 60.8(C-8)。其中，两个连氧碳信号：δ_C 62.9 (C-7) 和 60.8 (C-8) 化学位移相近，推测其结构中应该存在一个环氧基团。

表 11-3 化合物 11-3 的 NMR 数据（600 MHz, $CDCl_3$）

位置	δ_C	类型	δ_H (J/Hz)
1	183.0	CH	
2	110.6	CH_2	
3	142.9	C	
4	182.2	C	
5	152.4	CH	
6	72.1	CH	6.08, s
7	62.9	CH_2	3.96, s
8	60.8	C	
9	24.8	CH	1.26, m; 2.69, d (12.0)
10	22.9	C	2.22, m; 2.40, m
11	123.6	CH_2	5.30, t (7.2)
12	135.8	C	
13	27.6	C	2.85, d (13.8); 3.85, d (13.8)
14	133.2	CH	
15	23.2	CH	1.52, s
16	171.7	C	
17	122.8	CH	6.78, d (12.0)
18	131.7	CH	6.04, m
19	33.4	CH	2.62, m
20	45.2	CH	3.55, m
—NH—			6.46, br s

^{1}H-^{1}H COSY 谱显示，δ_H 3.55 (m, H-20) 与 δ_H 2.62 (m, H-19)、δ_H 6.46 (br s, —NH—) 相关，δ_H 2.62 (m, H-19) 与 δ_H 3.55 (m, H-20)、δ_H 6.04 (m, H-18) 相关，δ_H 6.78 (d, J = 12.0 Hz H-17) 与 6.04 (m, H-18) 相关，以上相关信息表明结构中存在—CH═CH—$(CH_2)_2$—NH—片段。δ_H 5.30 (t, J = 7.2 Hz, H-11) 与 δ_H 2.40 (m, H-10a)、δ_H 2.22 (m, H-10b) 相关，以及 δ_H 2.40 (m, H-10a) 与 δ_H 1.26 (m, H-9b)、δ_H 2.69 (d, J = 12.0 Hz, H-9a) 相关，表明结构中存在═CH—$(CH_2)_2$—片段。相关性见图 11-24。

HMBC 谱显示，δ_H 6.46 (br s, —NH—) 与 δ_C 182.2 (C-4) 相关；δ_H 6.78 (d, J=12.0 Hz, H-17) 与 δ_C 183.0 (C-1)、δ_C 33.4 (C-19) 相关；δ_H 6.04 (m, H-18) 与 δ_C 110.6 (C-2)、δ_C 33.4 (C-19)、δ_C 45.2 (C-20) 相关，表明结构中存在一个七元杂环且氮取代在对苯二醌的 C-3 位。δ_H 6.08 (s, H-6) 与 δ_C 182.2 (C-4)、152.4 (C-5)、62.9 (C-7)、60.8 (C-8)、171.7 (C-16) 相关；δ_H 3.96 (s, H-7) 与 δ_C 72.1 (C-6)、171.7 (C-16) 相关，表明结构中存在一个五元 α,β-环氧内酯单元并取代在对苯二醌的 C-5 位。δ_H 2.85 (d, J =13.8 Hz, H-13b) 与 δ_C 183.0 (C-1)、123.6 (C-11)、135.8 (C-12)、133.2 (C-14)、23.2 (C-15) 相关，表明结构中存在—$CH_2C(CH_3)$═CH—$(CH_2)_2$—片段且其取代在对苯二醌的 C-14 位上。综合 NMR 信息和化合物不饱和度，确定其平面结构。

氢谱显示该结构中两个相邻的质子 δ_H 6.08 (s, H-6) 和 δ_H 3.96 (s, H-7)之间没有邻位耦合，进而说明这两个质子形成大约 90°的二面角。因此，五元 α,β-环氧内酯环的绝对构型为 (6*R*, 7*R*, 8*R*) 或 (6*S*, 7*S*, 8*S*)。NOESY 谱显示 δ_H 5.30 (t, J = 7.2 Hz, H-11) 与 δ_H 1.52 (s, H-15) 有 NOE 效应，说明 C-11、C-12 双键的构型为 *Z* 式；δ_H 3.96 (s, H-7) 与 δ_H 1.26 (m, H-9b)、δ_H 5.30 (t, J = 7.2 Hz, H-11)、δ_H 2.85 (t, J = 13.8 Hz, H-13b)、δ_H 1.52 (s, H-15)有 NOE 效应，表明十元环内存在质子之间产生的非键跨环相互作用；δ_H 1.26 (m, H-9b) 与 δ_H 5.30 (t, J = 7.2 Hz, H-11)、δ_H 3.96 (s, H-7a) 有 NOE 效应，δ_H 2.40 (m, H-10a) 与 δ_H 2.69(d, J = 12.0 Hz, H-9a)、δ_H 2.85(d, J = 13.8 Hz, H-13b) 有 NOE 效应，表明这些质子在十元环上空间距离相近。

通过密度泛函理论（DFT）计算 CD，然后比较实验光谱与计算的 ECD 光谱，该化合物 (6*R*, 7*R*, 8*R*) 构型的计算 ECD 光谱与实验 ECD 光谱拟合匹配得更好。最终通过 X 射线单晶衍射（铜靶）实验，获得该化合物的 X 射线单晶衍射数据，进而确定该化合物 C-6、C-7、C-8 位的立体绝对构型为 (6*R*, 7*R*, 8*R*)。

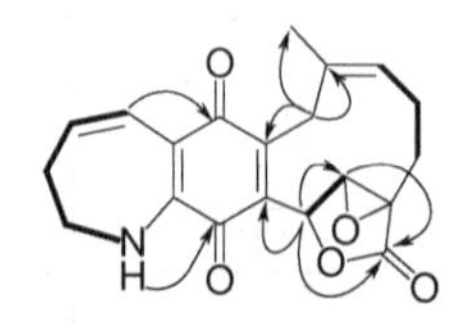

图 11-24 化合物 **11-3** 的主要 ^{1}H-^{1}H COSY 相关（粗键）和 HMBC 相关（箭头）

附：化合物 11-3 的更多波谱图见图 11-25～图 11-35。

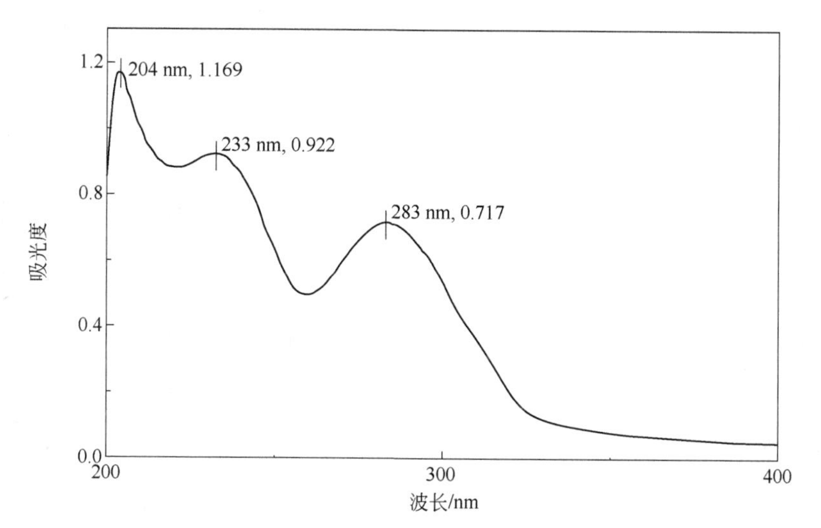

图 11-25　化合物 **11-3** 的紫外吸收光谱

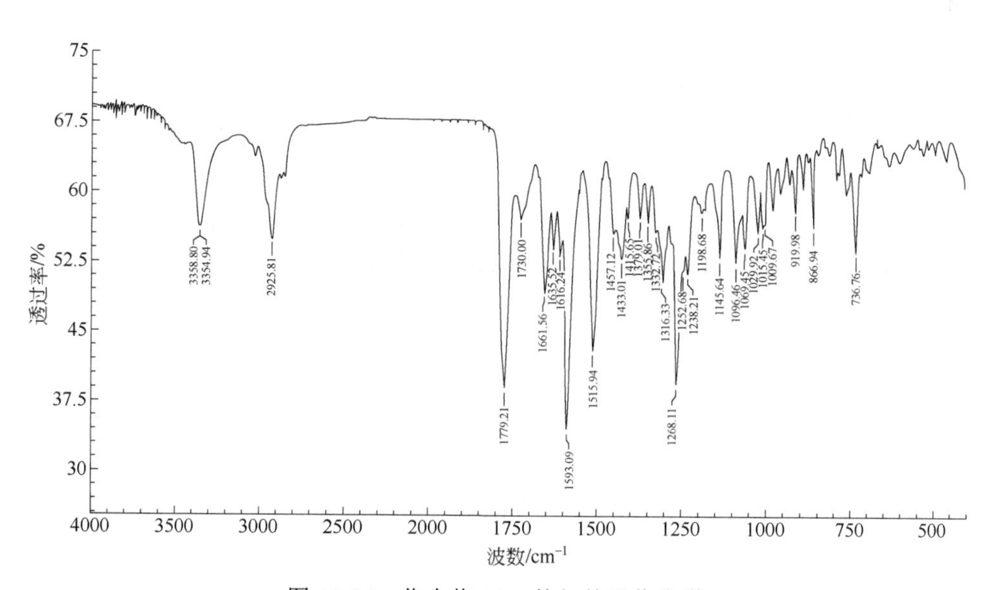

图 11-26　化合物 **11-3** 的红外吸收光谱

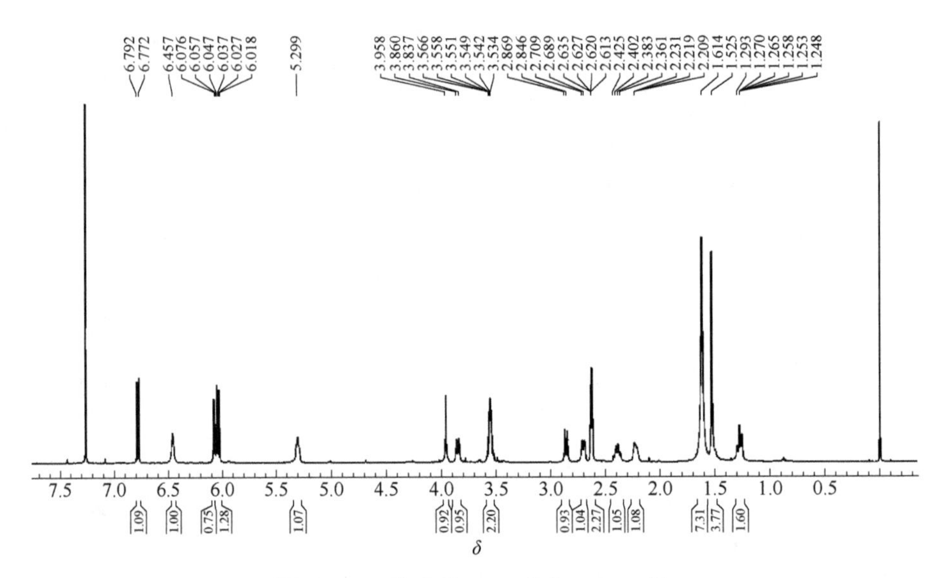

图 11-27　化合物 **11-3** 的 ^{1}H-NMR 谱

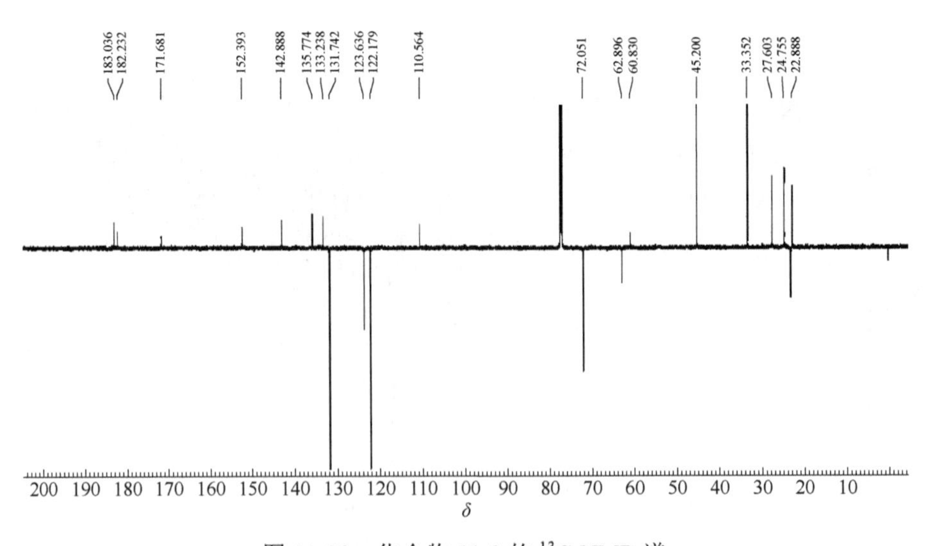

图 11-28　化合物 **11-3** 的 ^{13}C-NMR 谱

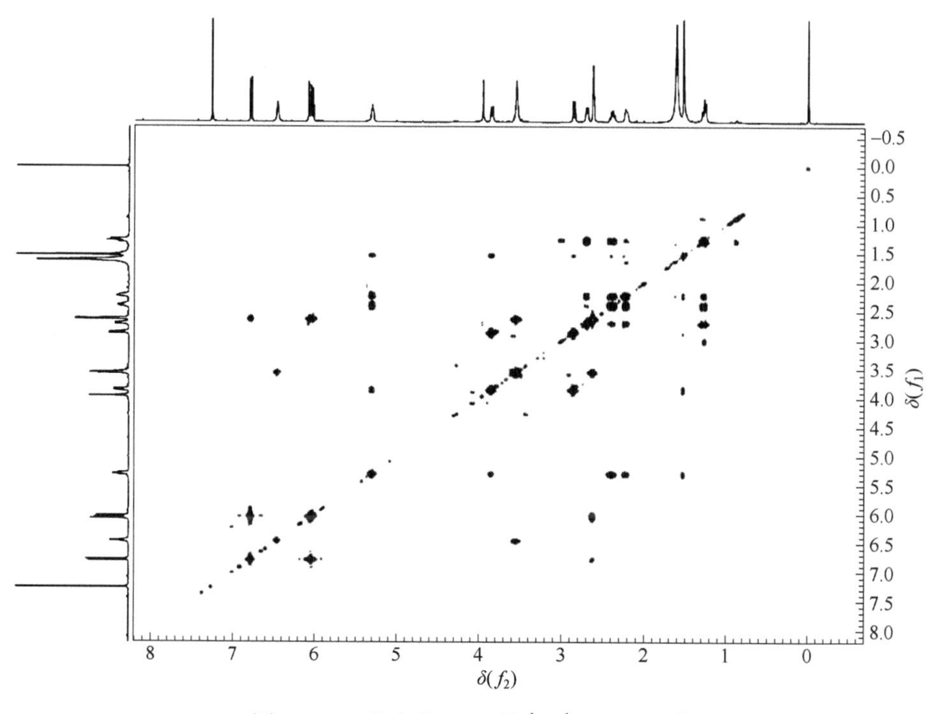

图 11-29 化合物 **11-3** 的 ^{1}H-^{1}H COSY 谱

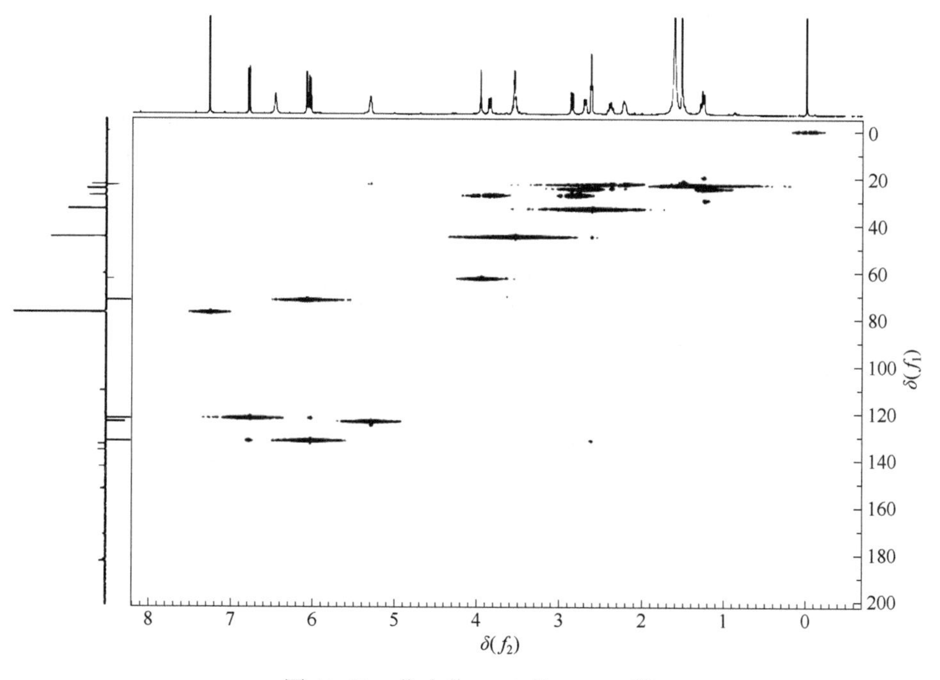

图 11-30 化合物 **11-3** 的 HSQC 谱

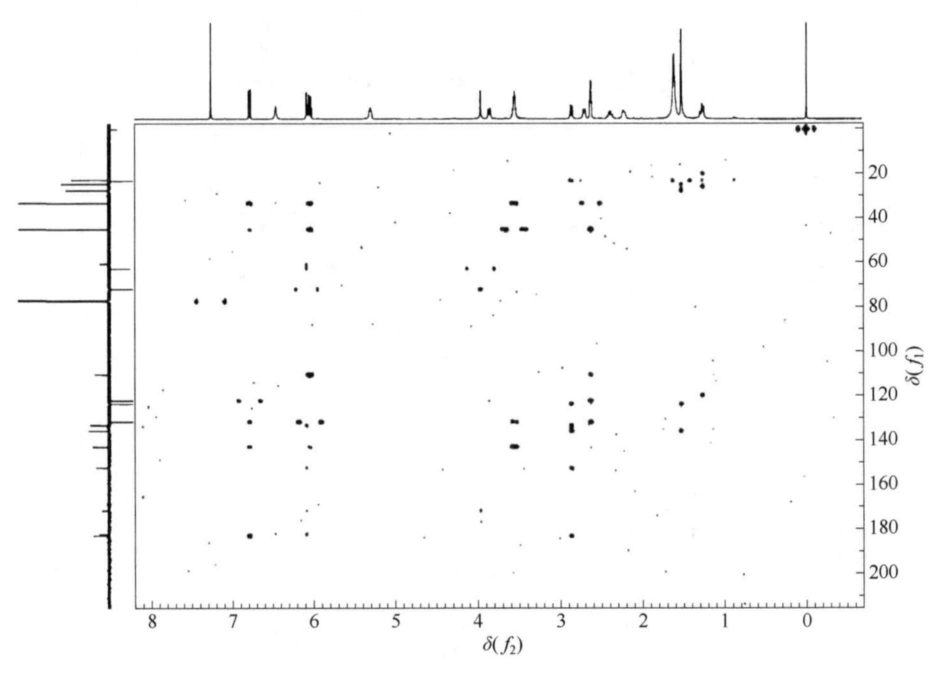

图 11-31　化合物 **11-3** 的 HMBC 谱

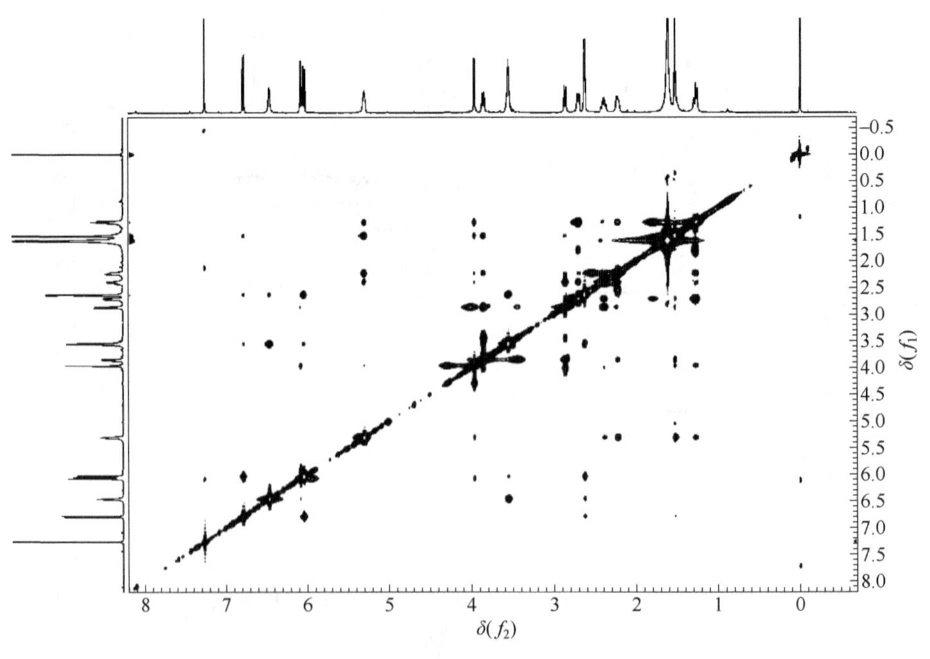

图 11-32　化合物 **11-3** 的 NOESY 谱

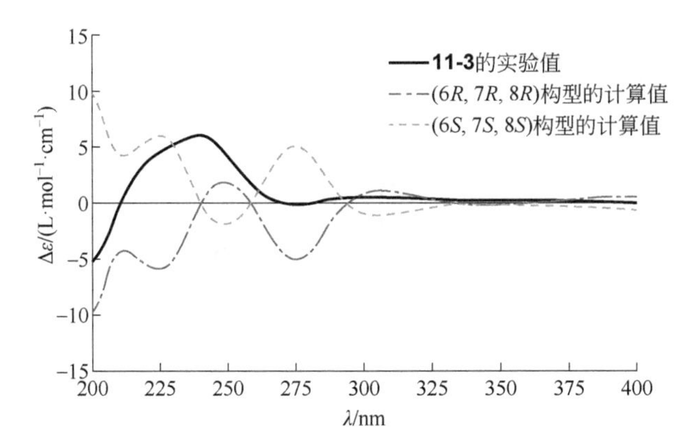

图 11-33 化合物 **11-3** 的实验和计算 ECD 图

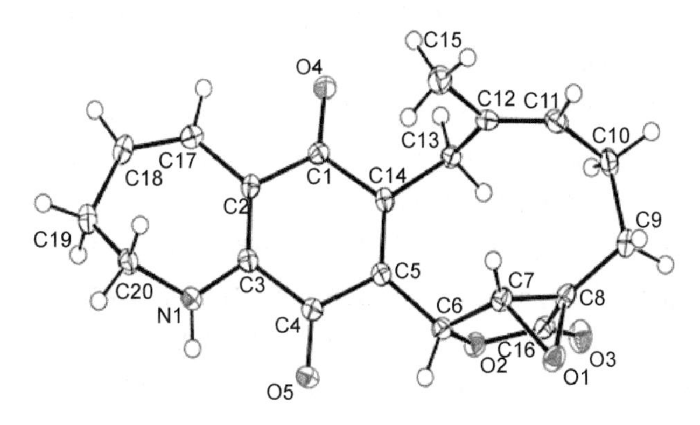

图 11-34 化合物 **11-3** 的单晶图

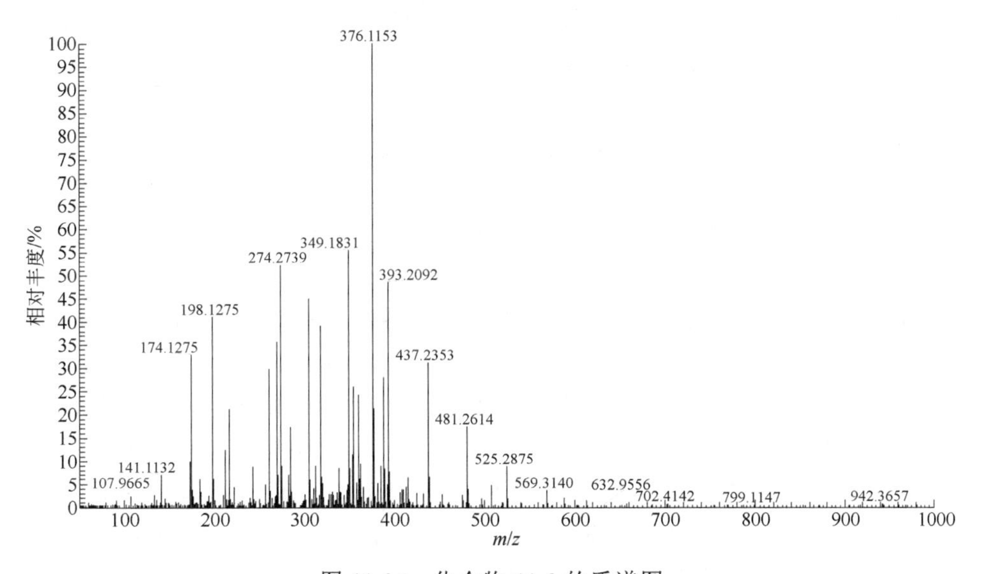

图 11-35 化合物 **11-3** 的质谱图

【例 11-4】guadial A[12]

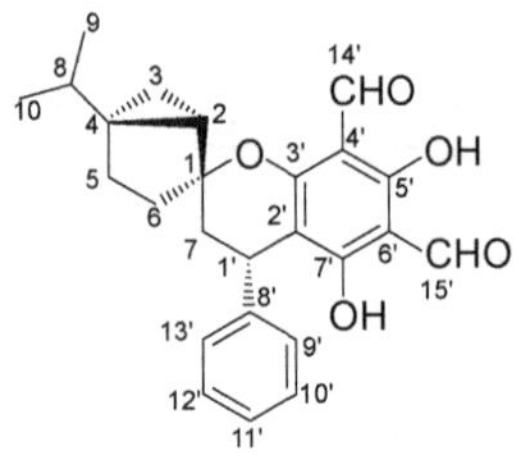

11-4

无色油状，易溶于氯仿。$[\alpha]_D^{25} = +14.3°$（$c = 0.35$, $CHCl_3$）。

HR ESI-MS *m/z*：429.1671，对应 $[M+Na]^+$ (计算值：426.1673)，推断此化合物的分子式为 $C_{25}H_{26}O_5$，不饱和度为 13。

IR (KBr) 光谱显示结构中存在羟基 (—OH) 3500 cm^{-1}、醛基 (—CHO) 2927 cm^{-1} 和苯环 1632 cm^{-1}、1436 cm^{-1}、697 cm^{-1} 的特征吸收峰。

UV 光谱显示在 284 nm 和 302 nm 处有最大吸收。

^{1}H-NMR（表 11-4）显示存在五个芳香质子信号：δ_H 7.15 (2H, br d, J= 7.0 Hz, H-9′、H-13′)、δ_H 7.29 (2H, br d, J= 7.0 Hz, H-10′、H-12′)、δ_H 7.21 (1H, t, J= 7.0 Hz, H-11′)；三个异丙基质子信号：δ_H 1.37 (m, H-8)、δ_H 0.97 (d, J = 6.8 Hz, H-9)、δ_H 0.91 (d, J = 6.8 Hz, H-10)；两个醛基质子信号：δ_H 10.10 (s,H-14′)、δ_H 10.13 (s,H-15′)；两个羟基质子信号：δ_H 13.53 (s, 5′-OH)、δ_H 13.17 (s, 7′-OH)。

^{13}C-NMR 谱数据（表 11-4）显示结构中存在二十五个碳信号，包括十二个芳香碳信号：δ_C 103.7 (C-2′)、165.9 (C-3′)、104.6 (C-4′)、168.6 (C-5′)、104.3 (C-6′)、169.9 (C-7′)、144.7 (C-8′)、126.8 (C-9′)、128.7 (C-10′)、126.5 (C-11′)、128.7 (C-12′)、126.8 (C-13′)；两个季碳信号：δ_C 88.9 (C-1)、34.6 (C-4)；三个次甲基碳信号：δ_C 35.1 (C-1′)、28.3 (C-2)、32.6 (C-8)；四个亚甲基碳信号：δ_C 12.2 (C-3)、24.5 (C-5)、33.6 (C-6)、42.3 (C-7)；两个甲基碳信号：δ_C 19.8 (C-9)、19.7 (C-10)；两个醛基碳信号：δ_C 192.5 (C-14′)、191.8 (C-15′)。

^{1}H-^{1}H COSY 谱显示 δ_H 1.37 (m, H-8) 与 δ_H 0.97 (d, J = 6.8 Hz, H-9)、δ_H 0.91 (d, J = 6.8 Hz, H-10) 相关；δ_H 7.29 (2H, br d, J = 7.0 Hz, H-10′、H-12′) 与 δ_H 7.15 (2H, br d, J = 7.0 Hz, H-9′、H-13′)、δ_H 7.21 (1H, t, J = 7.0 Hz, H-11′) 相关；δ_H 1.35 (dd, J = 3.6 Hz、7.8 Hz, H-2) 与 δ_H 0.82 (dd, J = 3.6 Hz、5.2 Hz, H-3a)、δ_H 0.45 (dd, J = 5.2 Hz、7.8 Hz, H-3b) 相关；δ_H 1.67 (m, H-5) 与 δ_H 1.70 (m, H-6a)、δ_H 1.64 (m, H-6b) 相关；δ_H 4.21 (dd, J = 7.3 Hz、9.5 Hz, H-1′) 与 δ_H 2.01 (dd, J = 9.5 Hz、14.3 Hz, H-7a)、δ_H 2.34 (dd, J = 7.3 Hz、14.3 Hz, H-7b) 相关；以上相关信息表明结构中存在

五个自旋耦合系统，如图 11-36 所示，包括一个异丙基基团和一个单取代的苯环。

表 11-4 化合物 11-4 的 NMR 数据（500 MHz, $CDCl_3$）

位置	δ_C	类型	δ_H (J/Hz)
1	88.9	C	
2	28.3	CH	1.35, dd (3.6, 7.8)
3	12.2	CH_2	0.82, dd (3.6, 5.2); 0.45, dd (5.2, 7.8)
4	34.6	C	
5	24.5	CH_2	1.67, m
6	33.6	CH_2	1.70, m; 1.64, m
7	42.3	CH_2	2.01, dd (9.5, 14.3); 2.34, dd (7.3, 14.3)
8	32.6	CH	1.37, m
9	19.8	CH_3	0.97, d (6.8)
10	19.7	CH_3	0.91, d (6.8)
1′	35.1	CH	4.21, dd (7.3, 9.5)
2′	103.7	C	
3′	165.9	C	
4′	104.6	C	
5′	168.6	C	
6′	104.3	C	
7′	169.9	C	
8′	144.7	C	
9′	126.8	CH	7.15, br d (7.0)
10′	128.7	CH	7.29, br d (7.0)
11′	126.5	CH	7.21, t (7.0)
12′	128.7	CH	7.29, br d (7.0)
13′	126.8	CH	7.15, br d (7.0)
14′	192.5	CH	10.10, s
15′	191.8	CH	10.13, s
5′-OH			13.53, s
7′-OH			13.17, s

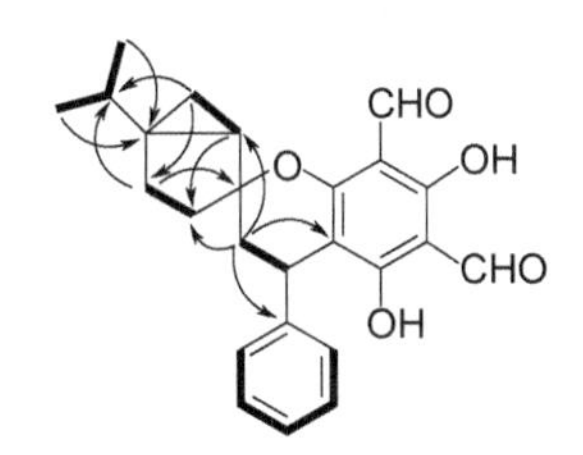

图 11-36 化合物 **11-4** 的主要 ^1H-^1H COSY 相关（粗键）和 HMBC 相关（箭头）

HMBC 谱显示，δ_H 0.97 (d, J = 6.8 Hz, H-9)、δ_H 0.91 (d, J = 6.8 Hz, H-10) 与 δ_C 34.6 (C-4) 相关；δ_H 1.35 (dd, J = 3.6 Hz、7.8 Hz, H-2)、δ_H 2.01 (dd, J = 9.5 Hz、14.3 Hz, H-7a) 及 δ_H 2.34 (dd, J = 7.3 Hz、14.3 Hz, H-7b) 与 δ_C 33.6 (C-6) 相关；δ_H 0.82

(dd, J = 3.6 Hz、5.2 Hz, H-3a)、δ_H 0.45 (dd, J = 5.2 Hz、7.8 Hz, H-3b) 与 δ_C 24.5 (C-5)、δ_C 32.6 (C-8) 相关；δ_H 1.67 (m, H-5) 与 δ_C 32.6 (C-8) 相关；以上相关信息表明结构中存在具有 3/5 双环系统和 C-4 异丙基的单萜部分。此外，δ_H 1.67 (m, H-5) 与 δ_C 88.9 (C-1) 相关；δ_H 2.01 (dd, J = 9.5 Hz、14.3 Hz, H-7a)、δ_H 2.34 (dd, J = 7.3Hz, 14.3 Hz, H-7b) 与 δ_C 28.3 (C-2)、δ_C 33.6 (C-6) 相关，表明结构中存在氧杂-螺环[5.5]片段。根据分子式信息及 C-1 (δ_C 88.9) 和 C-3′ (δ_C 165.9) 的化学位移信息，推测 C-1 和 C-3′之间是通过氧原子连接。将该化合物的 NMR 数据与 euglobal-Ⅰb 的 NMR 数据进行比较，发现它们的结构非常相似，只是 euglobal-Ⅰb 中 C-1′位的异丙基被单取代的苯环取代。

ROESY 谱显示，δ_H 0.82 (dd, J = 3.6 Hz、5.2 Hz, H-3a) 与 δ_H 1.70 (m, H-6a) 有 NOE 效应；δ_H 0.45 (dd, J = 5.2 Hz、7.8 Hz, H-3b) 与 δ_H 1.37 (m, H-8)有 NOE 效应；δ_H 1.35 (dd, J = 3.6 Hz、7.8 Hz, H-2) 与 δ_H 4.21 (dd, J = 7.3 Hz、9.5 Hz, H-1′) 有 NOE 效应；δ_H 2.01 (dd, J = 9.5 Hz、14.3 Hz, H-7a) 与 δ_H 1.64 (m, H-6b) 有 NOE 效应；δ_H 2.34 (dd, J = 7.3 Hz、14.3 Hz, H-7b) 与 δ_H 1.35 (dd, J = 3.6 Hz、7.8 Hz, H-2) 有 NOE 效应；以上信息表明这些质子分别共平面。

通过量子计算 CD 来确定该化合物的绝对构型。将该化合物构型分别为 (1*S*, 2*S*, 4*R*, 1′*S*) 和 (1*R*, 2*R*, 4*S*, 1′*R*) 的计算 CD 光谱与实验光谱进行了比较（图 11-45）。结果表明，(1*S*, 2*S*, 4*R*, 1′*S*) 构型的计算 CD 光谱与实验值一致。因此，该化合物的绝对构型确定为 (1*S*, 2*S*, 4*R*, 1′*S*)。

附：化合物 11-4 的更多波谱图见图 11-37～图 11-46。

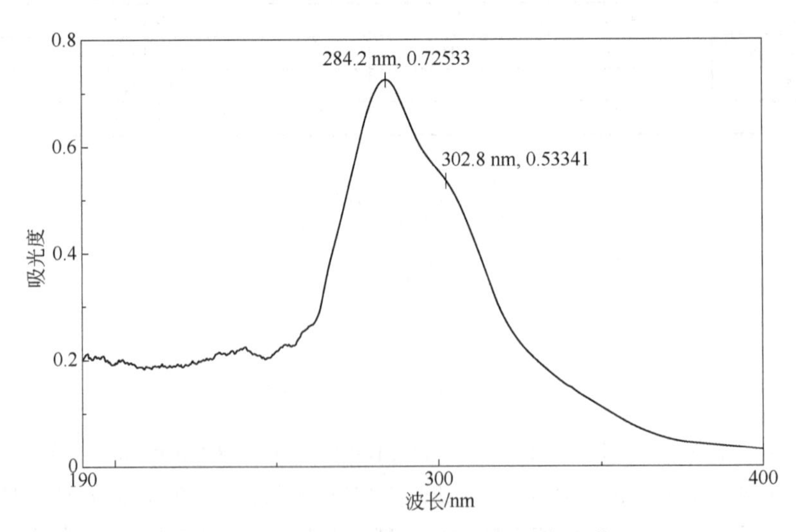

图 11-37 化合物 **11-4** 的紫外吸收光谱

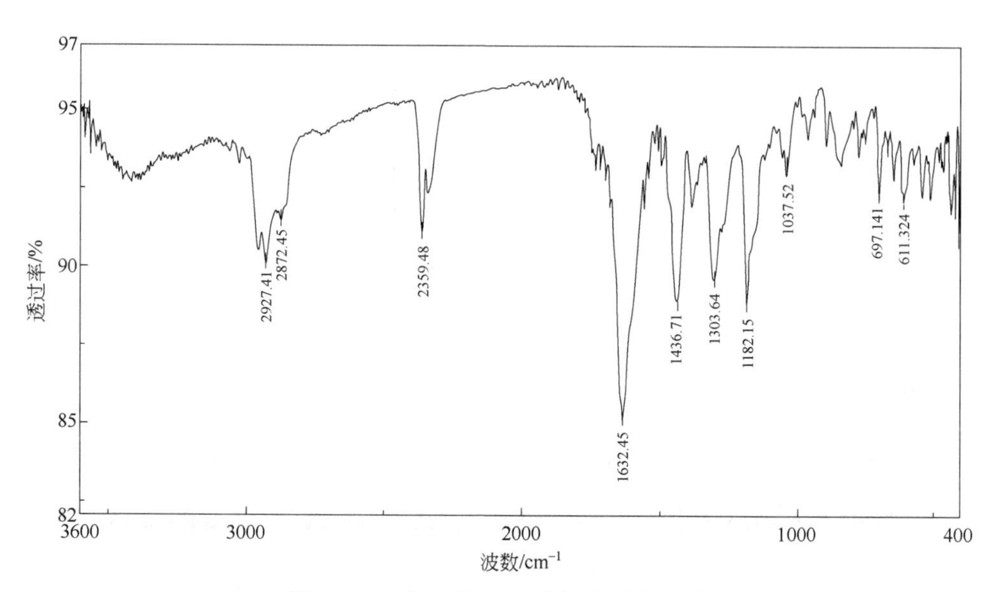

图 11-38 化合物 **11-4** 的红外吸收光谱

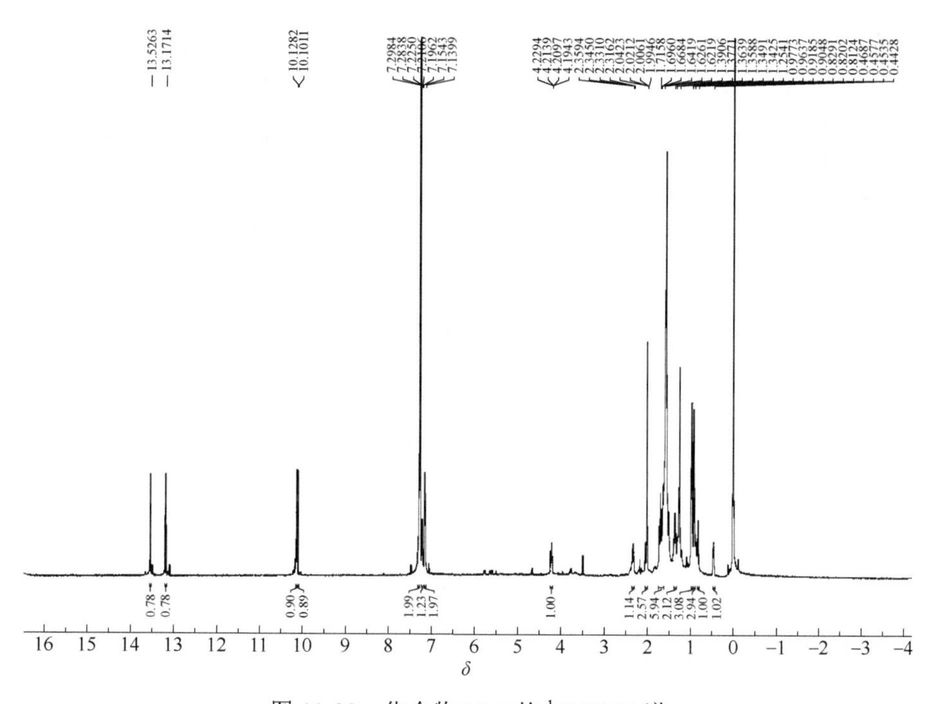

图 11-39 化合物 **11-4** 的 ^{1}H-NMR 谱

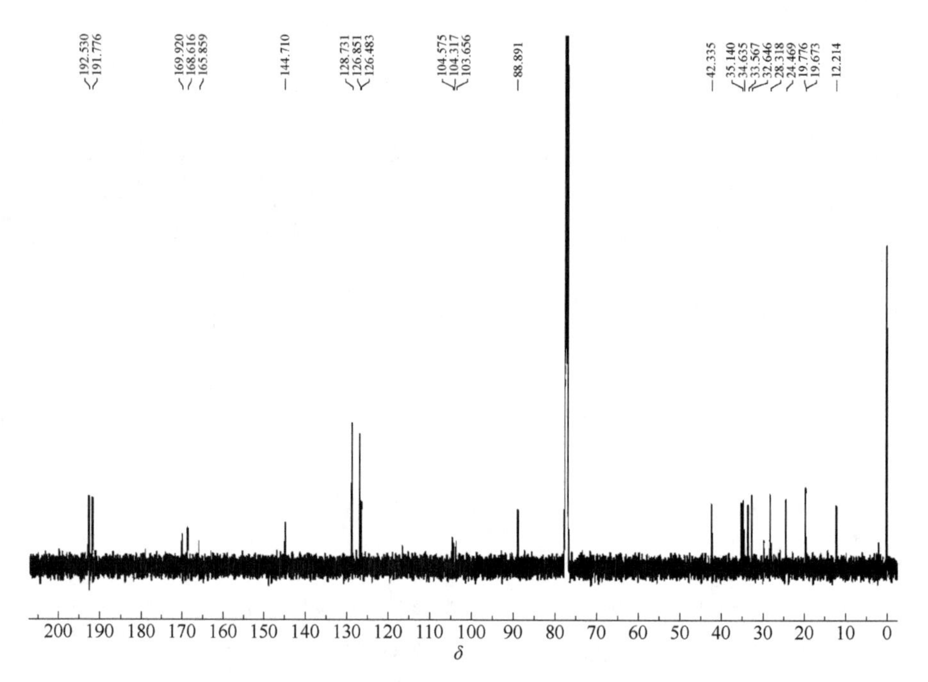

图 11-40　化合物 **11-4** 的 ^{13}C-NMR 谱

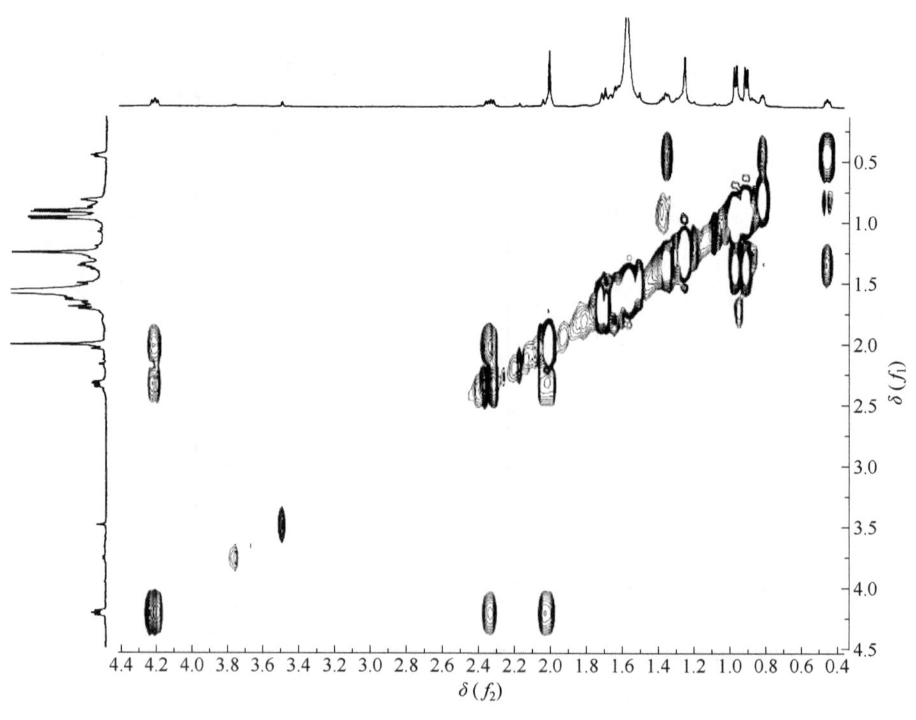

图 11-41　化合物 **11-4** 的 ^{1}H-^{1}H COSY 谱

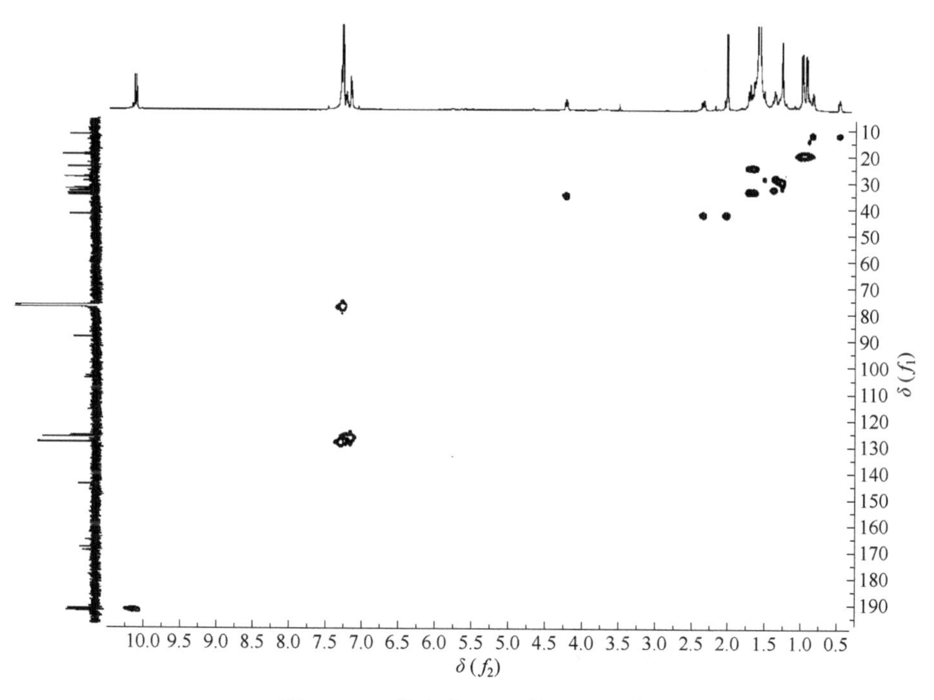

图 11-42　化合物 **11-4** 的 HSQC 谱

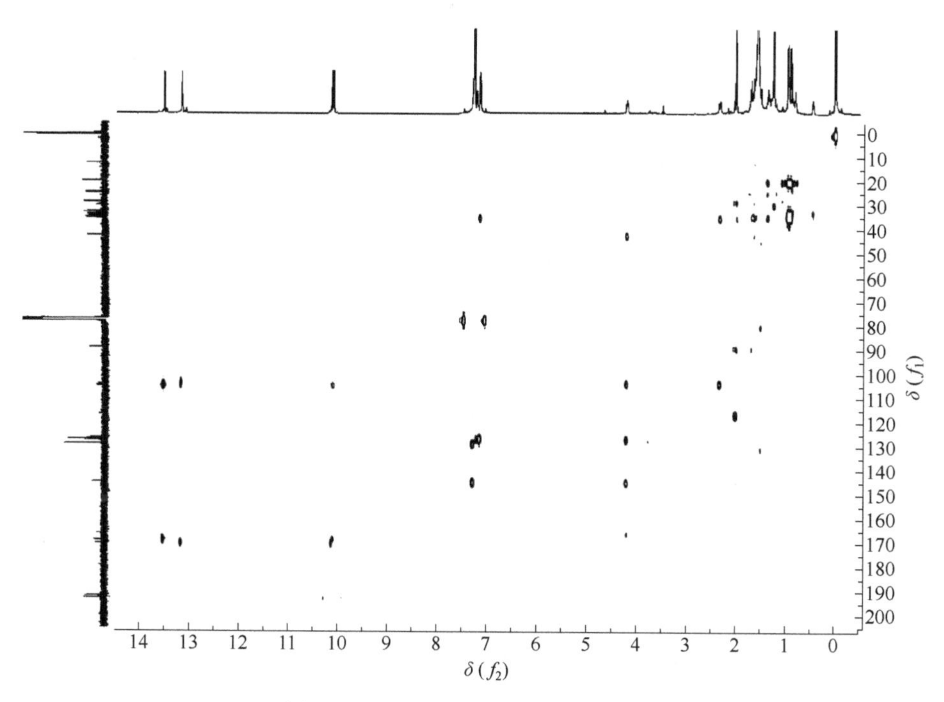

图 11-43　化合物 **11-4** 的 HMBC 谱

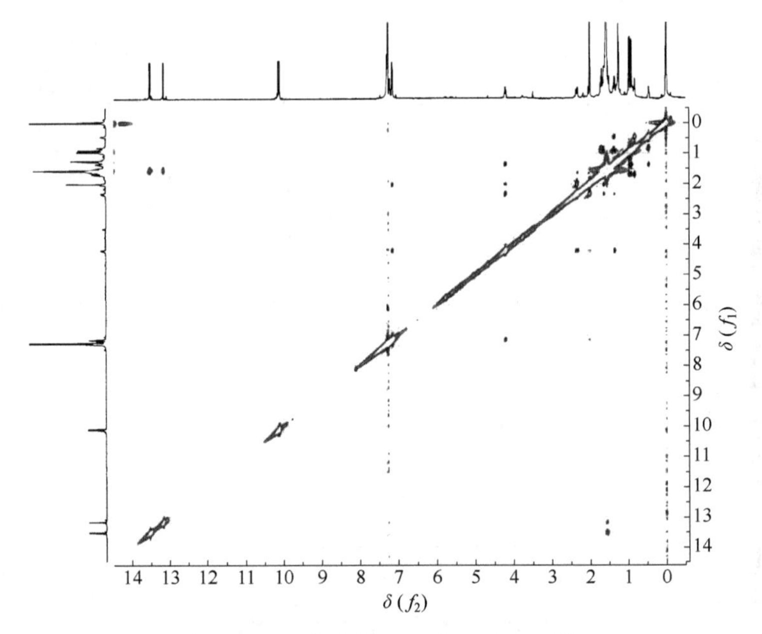

图 11-44　化合物 **11-4** 的 ROESY 谱

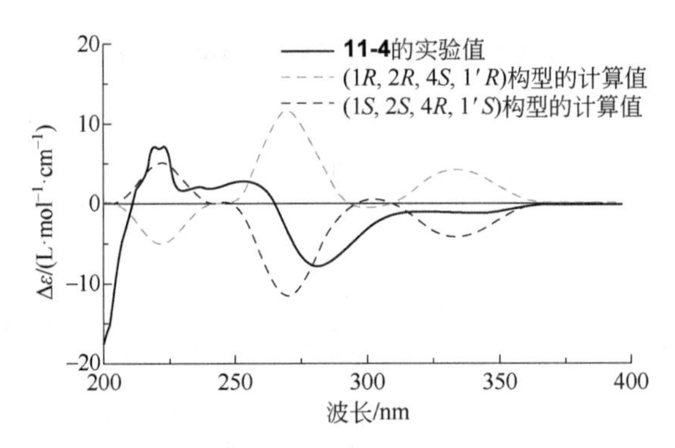

图 11-45　化合物 **11-4** 的实验与计算 ECD 图

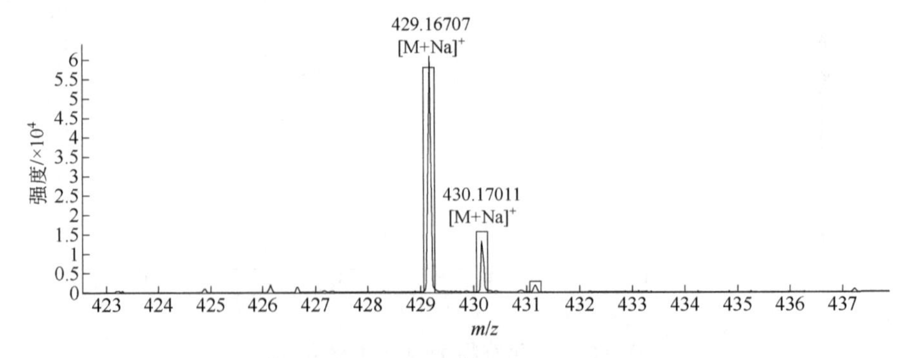

图 11-46　化合物 **11-4** 质谱图

【例 11-5】frutescone H[13]

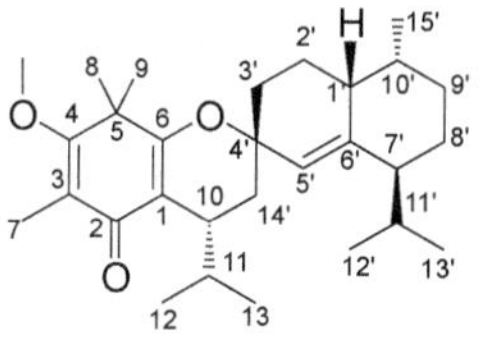

11-5

无色针晶，易溶于甲醇。$[\alpha]_D^{20}$ = +224°（c = 0.1, MeOH）。

HR ESI-MS m/z：441.3369，对应 $[M+H]^+$（计算值：441.3363），推断此化合物的分子式为 $C_{29}H_{44}O_3$，不饱和度为 8。

IR (KBr) 光谱显示结构中存在羰基基团 (C═O) 1665 cm^{-1}、不饱和双键官能团 (C═C) 1616 cm^{-1} 的特征吸收峰。

UV 光谱显示在 204 nm、249 nm 和 296 nm 处有最大吸收。

^{1}H-NMR（表 11-5）显示存在一个烯烃质子信号：δ_H 5.37 (br s,H-5′)；7 个甲基质子信号：δ_H 1.35 (s, H-8)、δ_H 1.28 (s, H-9)、δ_H 0.92 (d, J= 7.0 Hz, H-12)、δ_H 0.58 (d, J= 7.0 Hz, H-13)、δ_H 0.94 (d, J= 6.6 Hz,H-12′)、δ_H 0.74 (d, J= 6.6 Hz, H-13′)、δ_H 0.90 (d, J= 7.3 Hz, H-15′)；一个乙烯甲基质子信号：δ_H 1.87 (s, H-7)；一个甲氧基质子信号：δ_H 3.83 (s, —OCH_3)。

^{13}C-NMR 谱数据（表 11-5）显示结构中存在二十九个碳信号，包括八个甲基碳信号：δ_C 9.9 (C-7)、24.4 (C-8)、24.3 (C-9)、20.7 (C-12)、15.5 (C-13)、21.5 (C-12′)、21.9 (C-13′)、14.5 (C-15′)；一个甲氧基碳信号：δ_C 61.8 (—OCH_3)；五个亚甲基碳信号：δ_C 22.5 (C-2′)、29.1 (C-3′)、22.4 (C-8′)、29.2 (C-9′)、33.1 (C-14′)；七个次甲基碳信号：δ_C 32.7 (C-10)、26.2 (C-11)、37.8 (C-1′)、127.9 (C-5′)、50.9 (C-7′)、33.5 (C-10′)、27.2 (C-11′)；四个季碳信号：δ_C 111.2 (C-1)、117.8 (C-3)、43.0 (C-5)、145.7 (C-6′)；三个连氧季碳信号：δ_C 171.9 (C-4)、170.7 (C-6)、76.1 (C-4′)；一个羰基碳信号：δ_C 188.2 (C-2)。

如图 11-47 相关性分析，^{1}H-^{1}H COSY 谱显示，δ_H 2.91 (dt, J= 11.3 Hz、4.0 Hz, H-11) 与 δ_H 0.92 (d, J= 7.0 Hz, H-12)、δ_H 0.58 (d, J = 7.0 Hz, H-13) 和 δ_H 2.72 (m, H-10) 相关；δ_H 2.72 (m, H-10) 与 δ_H 1.89、1.60 (ov, H-14′) 相关，表明结构中存在一个异丁基结构片段。HMBC 谱显示，δ_H 3.83 (s, —OCH_3) 与 δ_C 171.9 (C-4) 相关；δ_H 1.87 (s, H-7) 与 δ_C 188.2 (C-2)、117.8 (C-3)、171.9 (C-4) 相关；δ_H 1.35 (s, H-8)、δ_H 1.28 (s, H-9) 与 δ_C 171.9 (C-4)、170.7 (C-6) 相关；δ_H 0.92 (d, J= 7.0 Hz, H-12)、δ_H 0.58 (d, J = 7.0 Hz, H-13) 与 δ_C 32.7 (C-10) 相关；δ_H 2.72 (m, H-10)、δ_H

1.89、1.60 (ov, H-14′) 与 δ_C 111.2 (C-1) 相关；以上信息表明结构中存在一个异丁基间苯三酚烯酮型的结构片段。

表 11-5　化合物 **11-5** 的 NMR 数据（300 MHz, CDCl）

位置	δ_C	类型	δ_H (J/Hz)
1	111.2	C	
2	188.2	C	
3	117.8	C	
4	171.9	C	
5	43.0	C	
6	170.7	C	
7	9.9	CH_3	1.87, s
8	24.4	CH_3	1.35, s
9	24.3	CH_3	1.28, s
10	32.7	CH	2.72, m
11	26.2	CH	2.91, dt (11.3, 4.0)
12	20.7	CH_3	0.92, d (7.0)
13	15.5	CH_3	0.58, d (7.0)
1′	37.8	CH	2.23, m
2′	22.5	CH_2	1.68, ov; 1.45, ov
3′	29.1	CH_2	1.87, ov; 1.20, ov
4′	76.1	C	
5′	127.9	CH	5.37, br s
6′	145.7	C	
7′	50.9	CH	1.68, ov
8′	22.4	CH_2	1.45, ov
9′	29.2	CH_2	1.87, ov; 1.37, ov
10′	33.5	CH	1.96, ov
11′	27.2	CH	1.82, ov
12′	21.5	CH_3	0.94, d (6.6)
13′	21.9	CH_3	0.74, d (6.6)
14′	33.1	CH_2	1.89, ov; 1.60, ov
15′	14.5	CH_3	0.90, d (7.3)
—OCH_3	61.8		3.83, s

HMBC 谱显示，δ_H 0.90 (d, J = 7.3 Hz, H-15′) 与 δ_C 37.8 (C-1′)、29.2 (C-9′) 相关；δ_H 0.94 (d, J = 6.6 Hz, H-12′)、δ_H 0.74 (d, J = 6.6 Hz, H-13′) 与 δ_C 50.9 (C-7′) 相关；δ_H 5.37 (br s,H-5′) 与 δ_C 37.8 (C-1′)、29.1 (C-3′)、50.9 (C-7′) 相关；δ_H 1.68、1.45 (ov, H-2′) 与 δ_C 76.1 (C-4′) 相关；以上相关信息表明该化合物结构中存在一个双环倍半萜结构片段。此外，HMBC 谱显示 δ_H 5.37 (br s, H-5′) 与 δ_C 76.1 (C-4′)、

33.1 (C-14′) 相关，表明异丁基间苯三酚片段与倍半萜结构片段之间形成一个氧杂-螺环[5.5]环系。

ROESY 谱显示，δ_H 2.72 (m, H-10) 与 δ_H 1.87 (ov, H-3′a)有 NOE 效应；δ_H 1.87 (ov, H-3′a) 与 δ_H 1.89 (ov, H-14′a) 有 NOE 效应，表明这三个质子共平面，指定其空间取向为 β 位。δ_H 2.23 (m, H-1′) 与 δ_H 1.87 (ov, H-3′a)、1.82 (ov,H-11′)、0.74 (d, J = 6.6 Hz, H-13′) 有 NOE 效应，表明 H-1′和 C-7′异丙基是共界面的，空间上位于 β 位，而 H-7′则位于 α 位。δ_H 0.90 (d, J = 7.3 Hz, H-15′) 与 δ_H 1.68 (ov, H-7′) 有 NOE 效应，表明 H-15′空间上位于 α 位。通过 X 射线单晶衍射（铜靶）实验最终确定了该化合物的绝对构型为 (10R, 1′R, 4′S, 7′S, 10′R)。

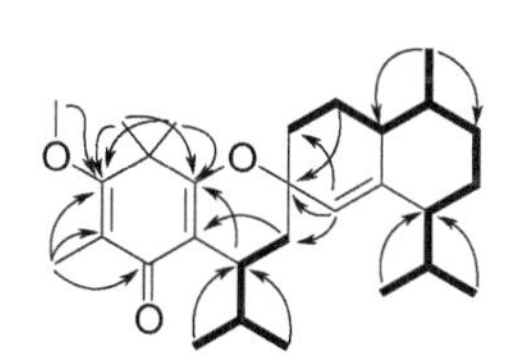

图 11-47 化合物 **11-5** 的主要 ^{1}H-^{1}H COSY 相关（粗键）和 HMBC 相关（箭头）

附：化合物 11-5 的更多波谱图见图 11-48～图 11-58。

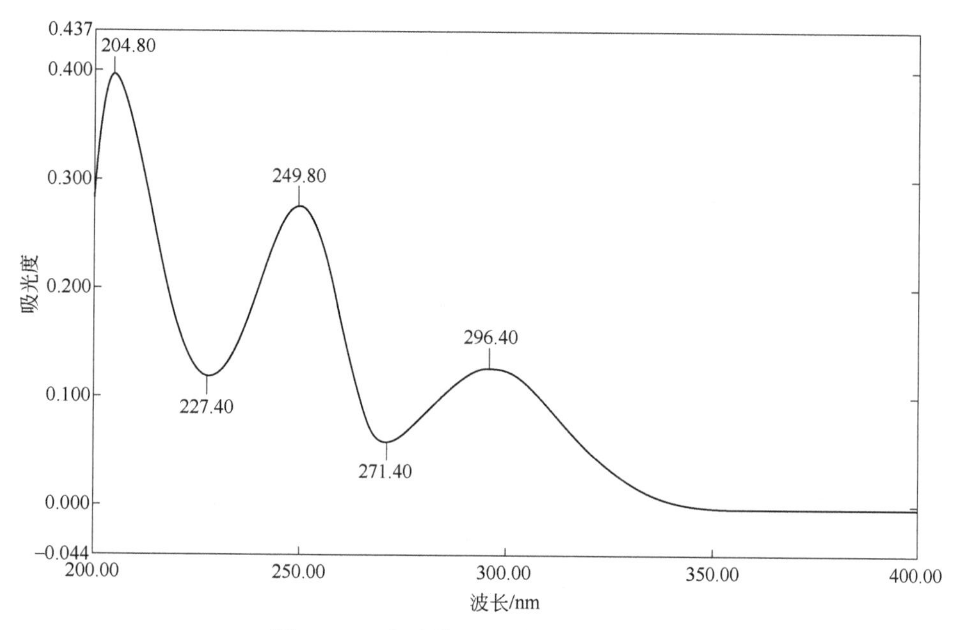

图 11-48 化合物 **11-5** 的紫外吸收光谱

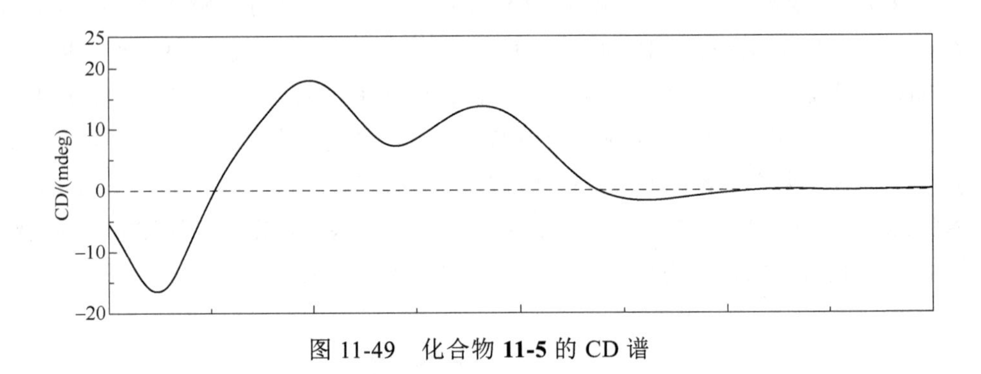

图 11-49　化合物 **11-5** 的 CD 谱

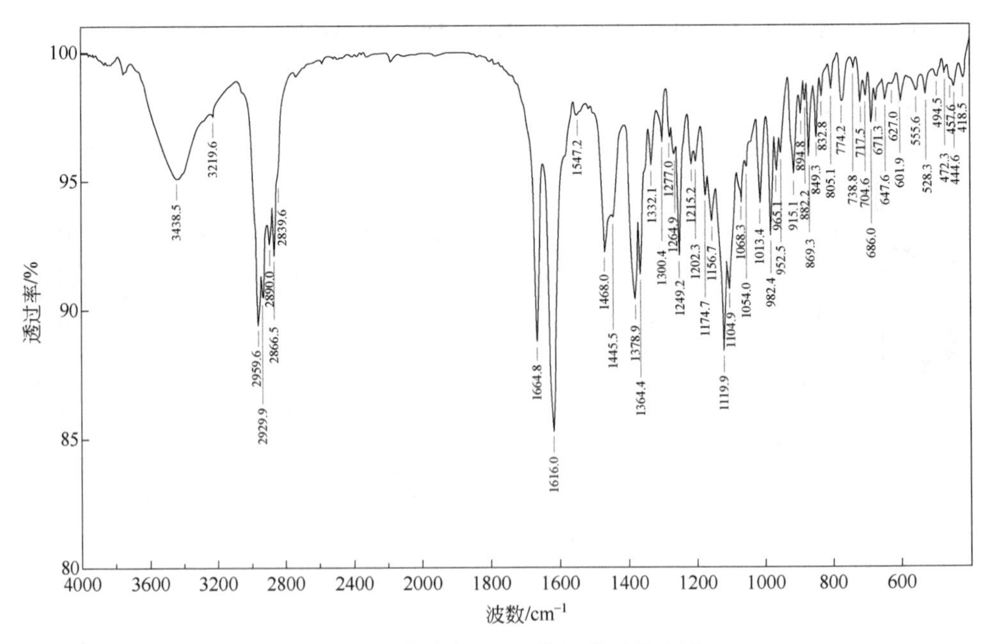

图 11-50　化合物 **11-5** 的红外吸收光谱

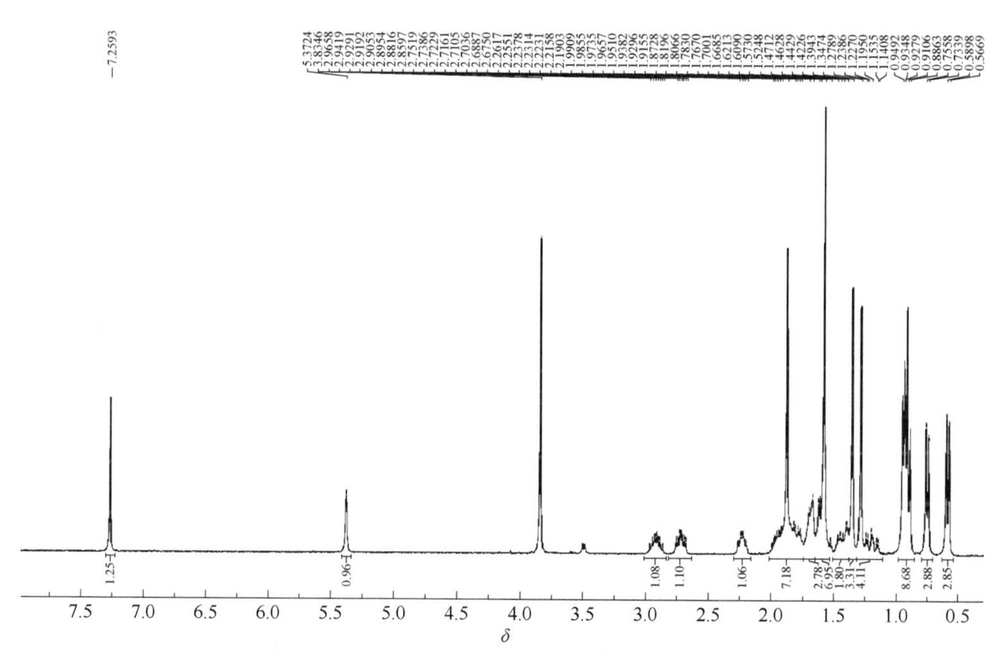

图 11-51　化合物 **11-5** 的 ^{1}H-NMR 谱

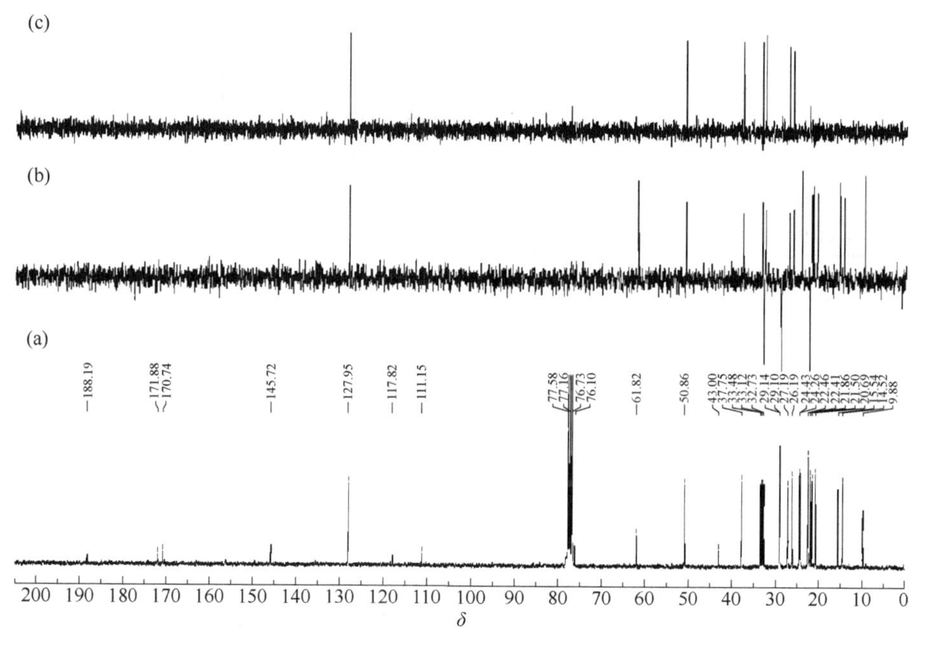

图 11-52　化合物 **11-5** 的 ^{13}C-NMR 谱和 DEPT 谱

（a）C^{13}-NMR 谱；（b）DEPT135 谱；（c）DEPT90 谱

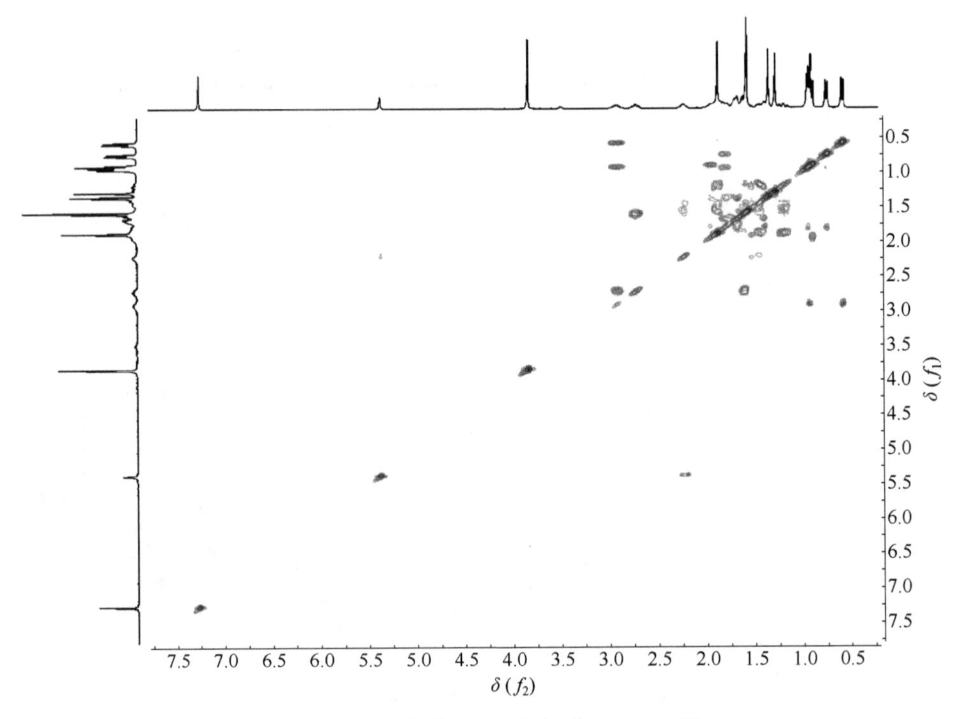

图 11-53　化合物 **11-5** 的 ^1H-^1H COSY 谱

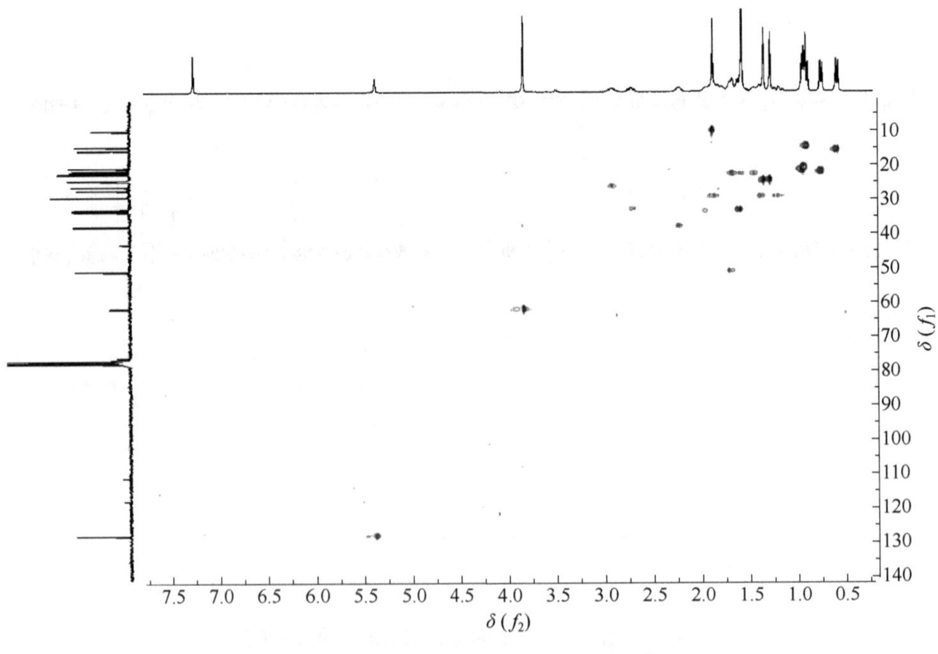

图 11-54　化合物 **11-5** 的 HSQC 谱

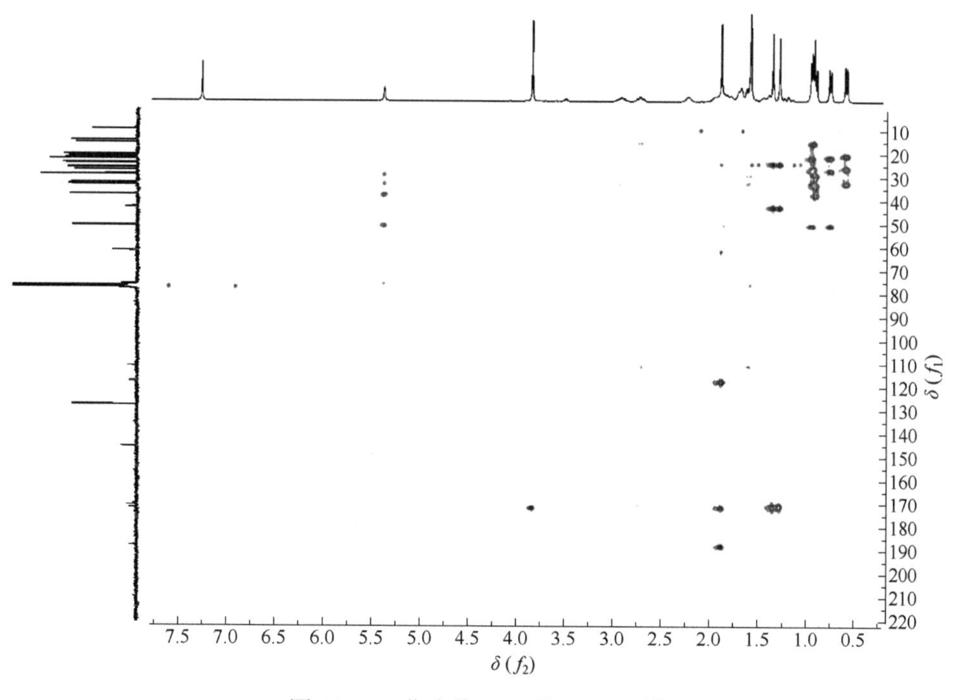

图 11-55 化合物 **11-5** 的 HMBC 谱

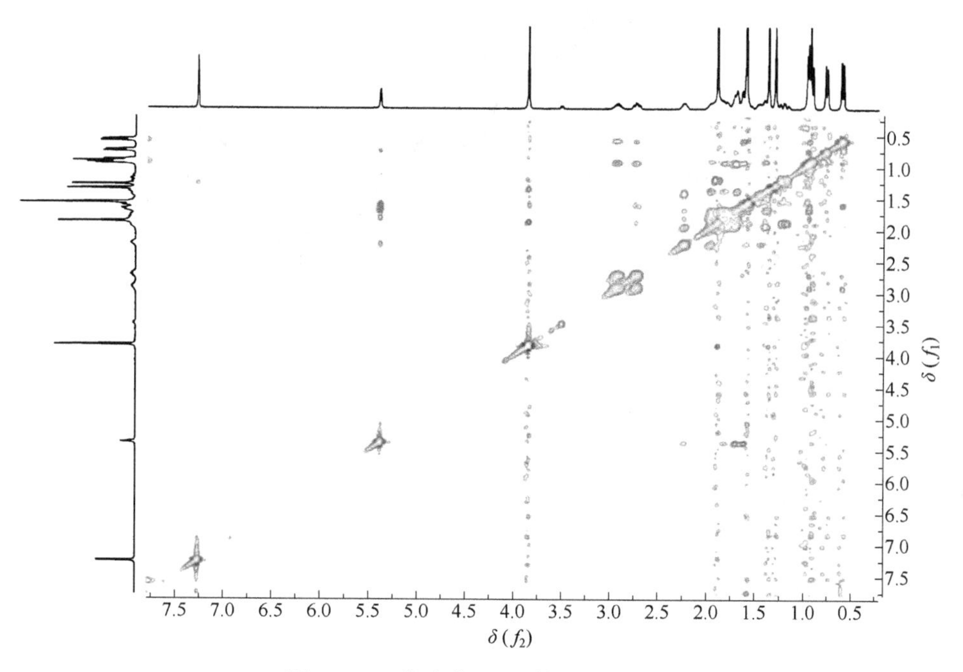

图 11-56 化合物 **11-5** 的 ROESY 谱

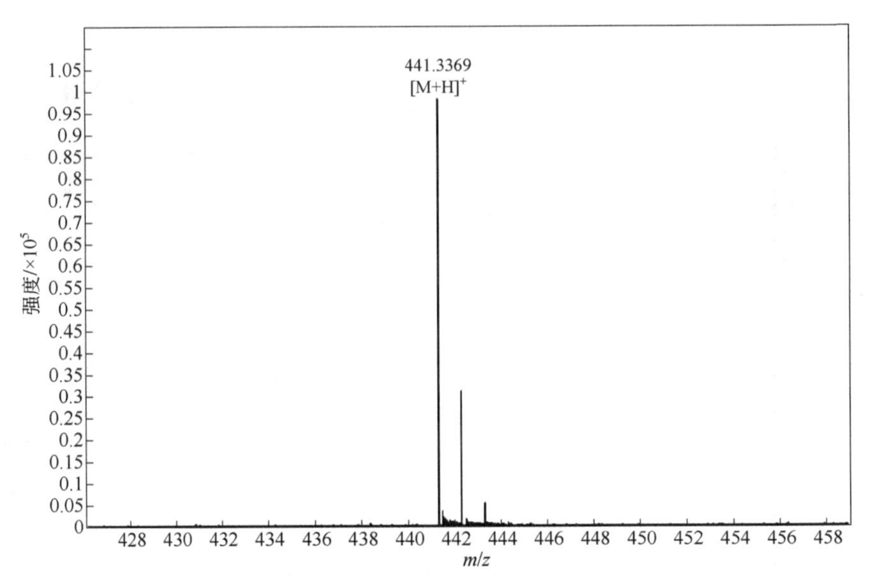

图 11-57 化合物 **11-5** 的质谱图

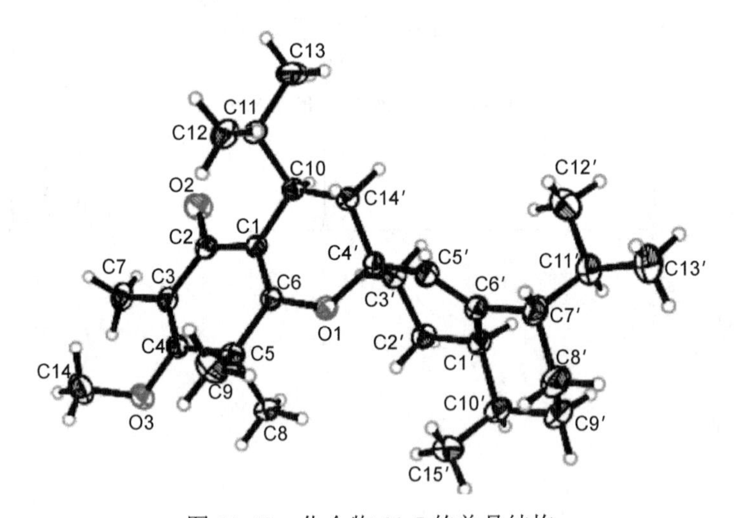

图 11-58 化合物 **11-5** 的单晶结构

【例 11-6】clavipol A[8]

11-6

无色油状，易溶于氯仿、甲醇。$[\alpha]_D^{25}$ = +18.6°（c = 0.11, MeOH）。

HR ESI-MS（负离子模式）给出其准分子离子峰 $[M-H]^-$，m/z：259.1329（理论值：259.1340），推断该化合物的分子式为 $C_{16}H_{20}O_3$，不饱和度为 7。

IR 光谱显示结构中存在羟基 (—OH) 3417 cm^{-1} 的特征吸收峰。

^{1}H-NMR（表 11-6）显示结构中存在三个 ABX 苯环系统质子信号：δ_H 7.23 (d, J=3.0 Hz, H-14)、6.60 (d, J = 8.4 Hz, H-3)、6.56 (dd, J = 3.0 Hz、8.4 Hz, H-2)；两个烯氢质子信号：δ_H 5.74 (t, J = 7.2 Hz, H-7)、5.56 (d, J = 10.2 Hz, H-11)；两个甲基质子信号：δ_H 1.56 (s, H-15)，1.24 (s, H-16)。

表 11-6　化合物 11-6 的 NMR 数据（600 MHz, $CDCl_3$）

位置	δ_C	类型	δ_H (J/Hz)
1	151.6	C	
2	115.3	CH	6.56, dd (3.0, 8.4)
3	115.8	CH	6.60, d (8.4)
4	147.1	C	
5	127.4	C	
6	25.7	CH_2	3.04, dd (8.4, 16.8); 3.34, dd (7.2, 16.8)
7	126.6	CH	5.74, t (7.2)
8	135.7	C	
9	48.6	CH_2	2.36, t (12.0); 2.71, dd (4.2, 12.0)
10	66.0	CH	4.68, m
11	135.4	CH	5.56, d (10.2)
12	136.5	C	
13	76.2	CH_2	4.46, d (12.6); 4.64, d (12.6)
14	117.8	CH	7.23, d (3.0)
15	13.4	CH	1.56, s
16	16.1	CH	1.24,s

结合 HSQC 谱分析，^{13}C-NMR（表 11-6）显示有十六个碳信号，包括一组苯环碳信号：δ_C 151.6 (C-1)、115.3 (C-2)、115.8 (C-3)、147.1 (C-4)、127.4 (C-5)、117.8 (C-14)；五个双键碳信号：δ_C 126.6 (C-7)、135.7 (C-8)、135.4 (C-11)、136.5 (C-12)；两个甲基碳信号：δ_C 13.4 (C-15)、16.1 (C-16)；三个亚甲基碳信号：δ_C 25.7 (C-6)、48.6 (C-9)、76.2 (C-13)；一个连氧次甲基碳信号：δ_C 66.0 (C-10)。结合以上信息，推测该化合物为香叶基取代对苯二酚的衍生物。

^{1}H-^{1}H COSY 谱显示，δ_H 3.34 (dd, J = 7.2 Hz、16.8 Hz, H-6a) 与 δ_H 5.74 (t, J =

7.2 Hz, H-7) 相关，δ_H 2.71 (dd, J = 4.2 Hz、12.0 Hz, H-9a) 与 δ_H 4.68 (m, H-10)、δ_H 5.56 (d, J = 10.2 Hz, H-11) 相关（见图 11-59），表明该化合物结构中存在两个独立的质子自旋系统：—CH_2—CH═和—CH_2—CH(OH)—CH═。

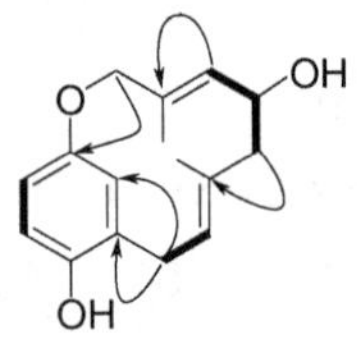

图 11-59　化合物 **11-6** 的主要 ^{1}H-^{1}H COSY 相关（粗键）和 HMBC 相关（箭头）

HMBC 谱显示，δ_H 3.04 (dd, J = 8.4 Hz、16.8 Hz, H-6b) 与 δ_C 147.1 (C-4)、127.4 (C-5)、126.6 (C-7)、117.8 (C-14) 相关；δ_H 2.36 (t, J = 12.0 Hz, H-9b) 与 135.7 (C-8)、13.4 (C-15) 相关；δ_H 4.64 (d, J = 12.6 Hz, H-13a)、4.46 (d, J = 12.6 Hz, H-13b) 与 δ_C 135.4 (C-11)、136.5 (C-12)、76.2 (C-13)、13.4 (C-15) 相关（见图 11-59），结合萜类化合物的生源合成途径，表明该化合物是一个具有十二元醚环结构片段的混源单萜。通过查阅文献，确定该化合物属于 ansa 型单萜-苯类化合物。

ROESY 谱显示，δ_H 4.68 (m, H-10) 和 δ_H 1.56 (s, H-15)、1.24 (s, H-16) 有 NOE 效应，表明 H-10 与 H-15、H-16 位于同侧。ECD 谱显示该化合物实验值与 (10*S*) 构型计算结果吻合，均在 213 nm 附近显示正 Cotton 效应，因此确定该化合物的绝对构型定为 (10*S*)。

附：化合物 11-6 的更多波谱图见图 11-60～图 11-69。

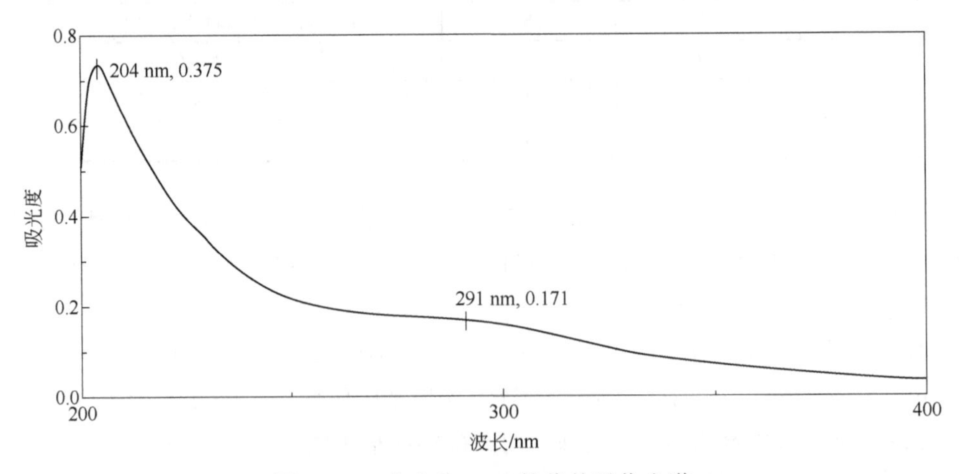

图 11-60　化合物 **11-6** 的紫外吸收光谱

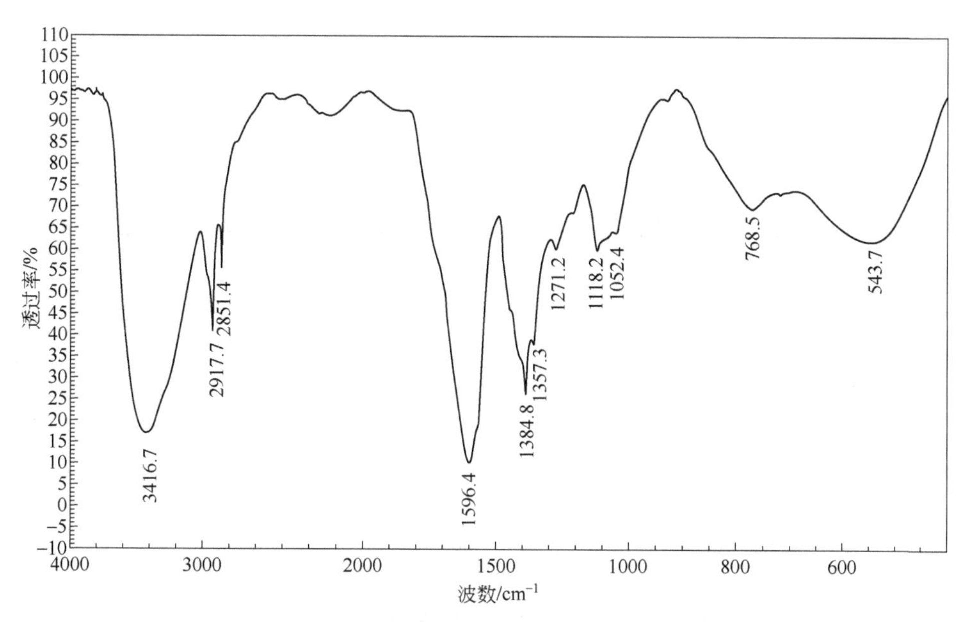

图 11-61 化合物 **11-6** 的红外吸收光谱

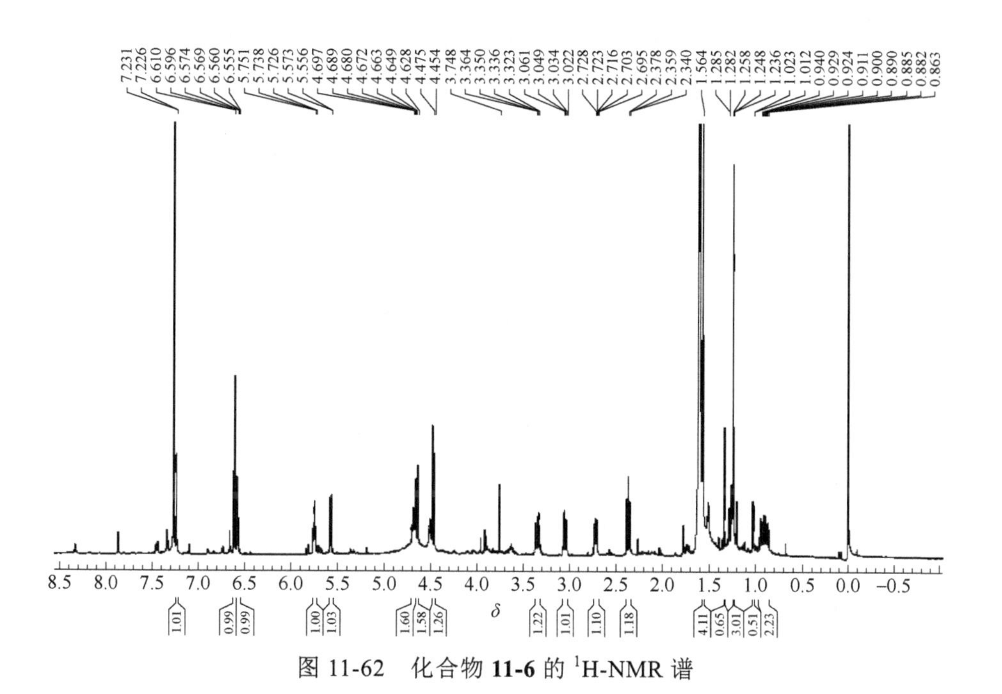

图 11-62 化合物 **11-6** 的 ^{1}H-NMR 谱

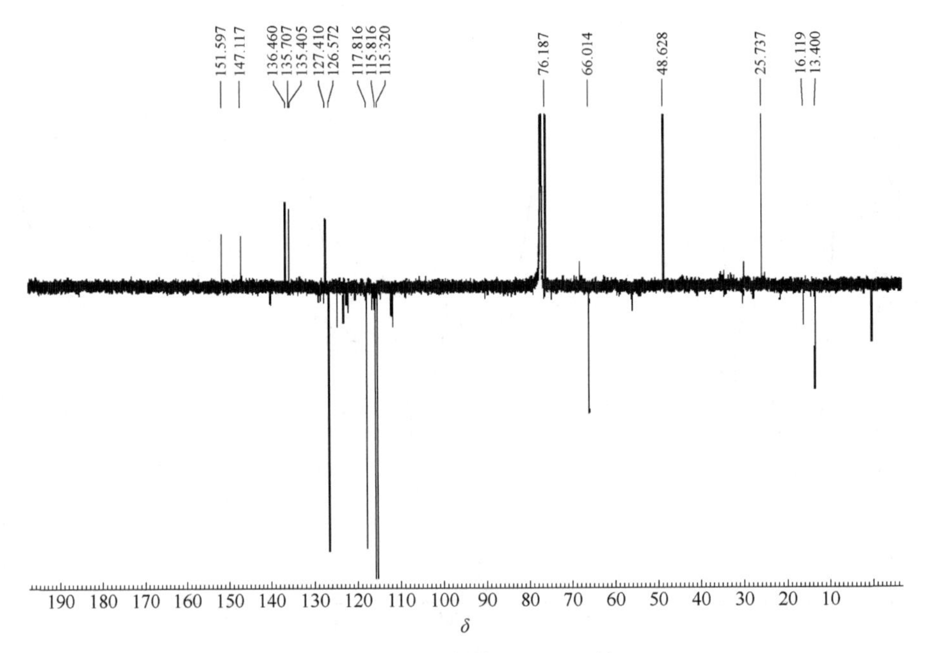

图 11-63　化合物 **11-6** 的 ^{13}C-NMR（^{13}C-APT）谱

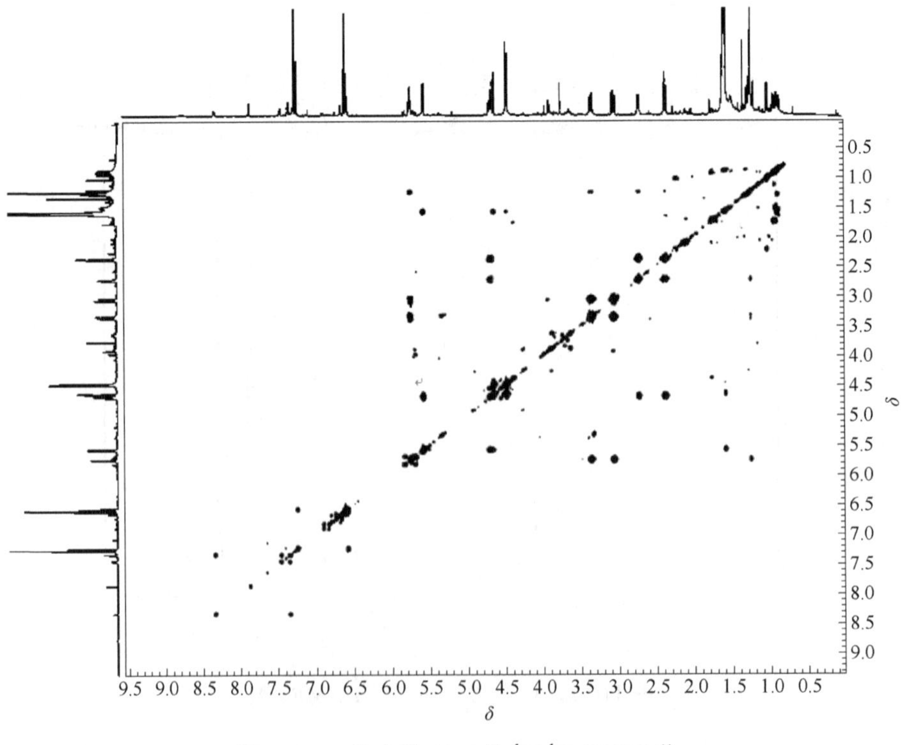

图 11-64　化合物 **11-6** 的 ^{1}H-^{1}H COSY 谱

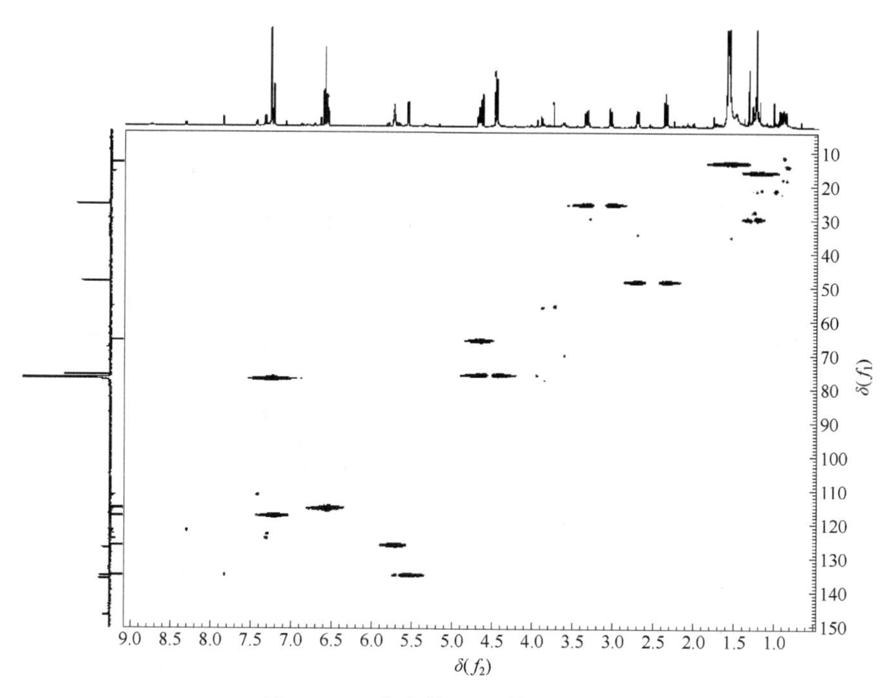

图 11-65　化合物 **11-6** 的 HSQC 谱

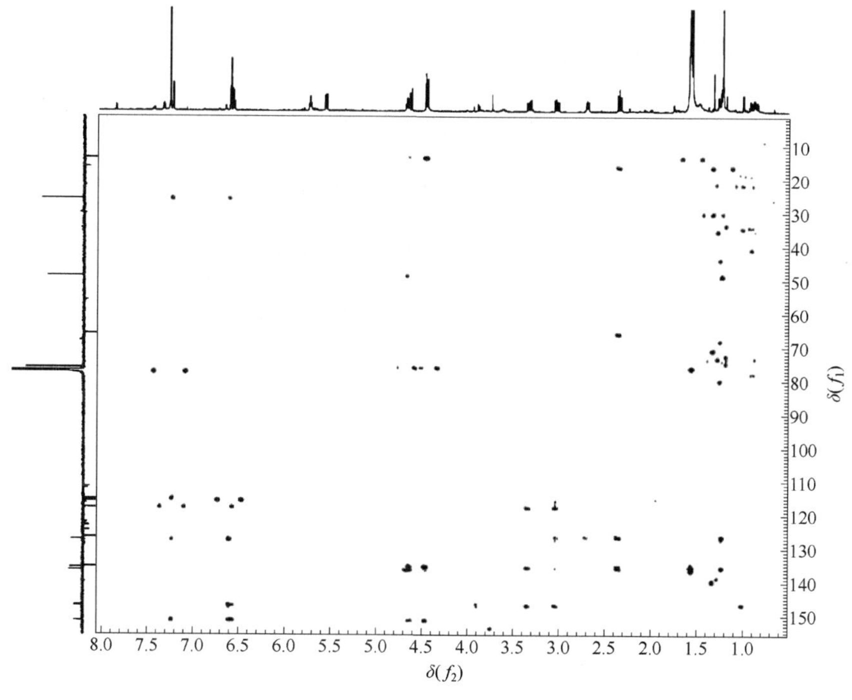

图 11-66　化合物 **11-6** 的 HMBC 谱

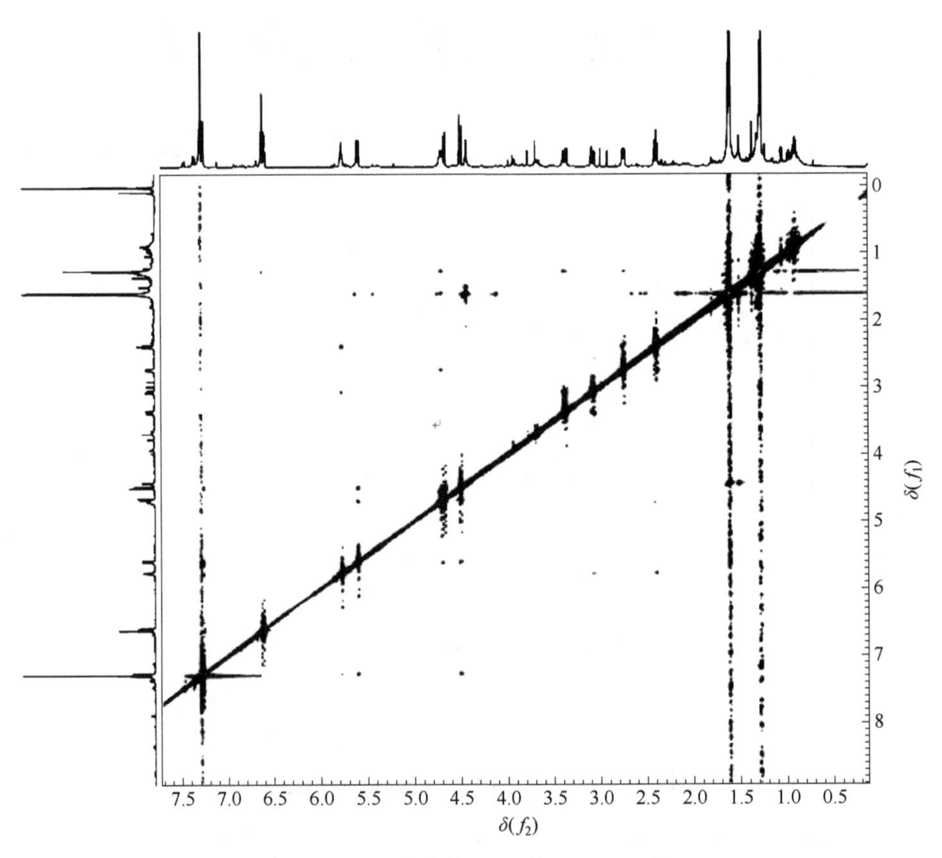

图 11-67　化合物 **11-6** 的 ROESY 谱

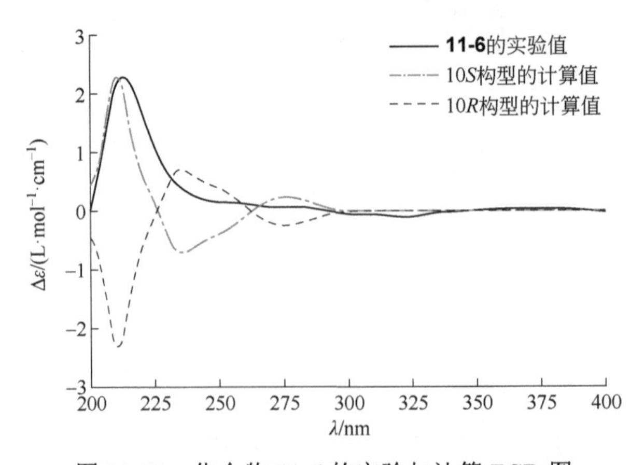

图 11-68　化合物 **11-6** 的实验与计算 ECD 图

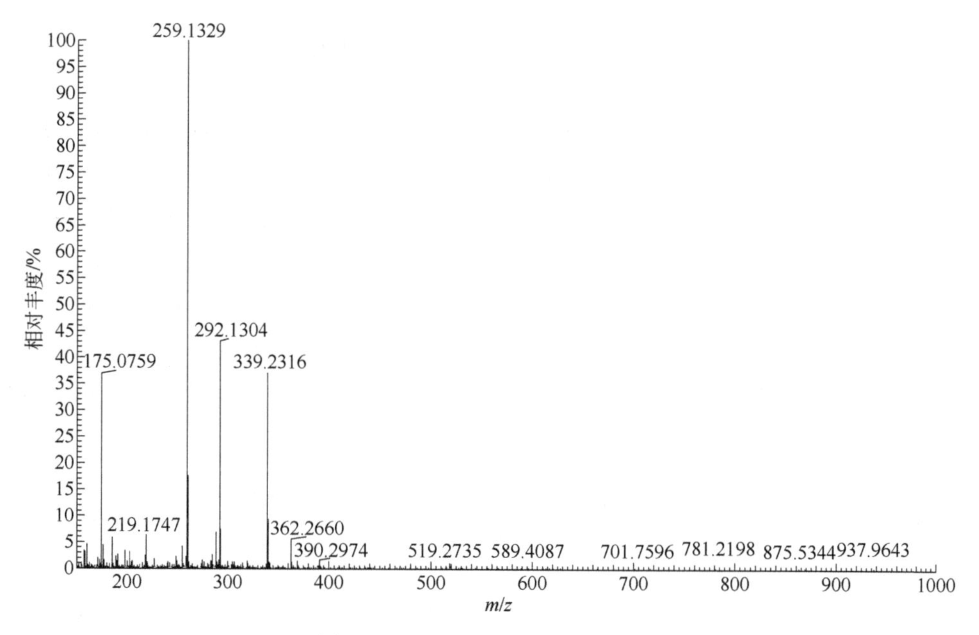

图 11-69 化合物 **11-6** 的质谱图

【例 11-7】yaminterritrem B[14]

11-7

白色无定形粉末，易溶于氯仿、甲醇。$[\alpha]_D^{25} = +0.25°$（$c = 0.4$, $CHCl_3$）。

HR ESI-MS（正离子模式）给出其准分子离子峰 $[M+H]^+$，*m/z*：469.2203（理论值：469.2226），推断该化合物的分子式为 $C_{27}H_{32}O_7$，不饱和度为 12。

IR 光谱显示结构中存在羟基 (—OH) 3365 cm^{-1} 和不饱和酮羰基 (C═O) 1647 cm^{-1} 的特征吸收峰。

紫外吸收光谱显示在 217 nm、242 nm 和 306 nm 处有最大吸收。

^{1}H-NMR（表 11-7）显示结构中存在两个 1,4-二取代的苯环质子信号：δ_H 7.65 (2H, dd, *J*=7.2 Hz、2.5 Hz, H-2′、H-6′)、6.93 (2H, dd, *J* = 7.2 Hz、2.5 Hz, H-3′、H-5′)；一个烯氢质子信号：δ_H 6.55 (s, H-18)；三个甲基质子信号：δ_H 1.28 (s, H-12)、1.10

(s, H-13)、1.14 (s, H-14)；一个甲氧基质子信号：δ_H 3.83 (s, —OCH_3)。

^{13}C-NMR 谱（表 11-7）结合 DEPT 谱显示共有二十七个碳信号，包括一个羰基碳信号：δ_C 180.8 (C-17)；五个芳香季碳信号：δ_C 123.4 (C-1′)、162.1 (C-4′)、99.6 (C-16)、159.7 (C-19)、162.8 (C-20)；四个芳香次甲基碳信号：δ_C 127.4 (C-2′)、114.5 (C-3′)、114.5 (C-5′)、127.4 (C-6′)；一个烯烃次甲基碳信号：δ_C 107.5 (C-18)；三个连氧季碳信号：δ_C 98.3 (C-3)、74.9 (C-5)、84.0 (C-8)；一个连氧次甲基碳信号：δ_C 66.8 (C-15)；两个季碳信号：δ_C 46.5 (C-4)、40.5 (C-10)；一个次甲基碳信号：δ_C 42.2 (C-9)；五个亚甲基碳信号：δ_C 28.9 (C-1)、29.6 (C-2)、28.4 (C-6)、33.5 (C-7)、16.3 (C-11)；一个甲氧基碳信号：δ_C 55.6 (—OCH_3)；三个甲基碳信号：δ_C 19.9 (C-12)、19.6 (C-13)、21.3 (C-14)。

表 11-7　化合物 **11-7** 的 NMR 数据（500 MHz, $CDCl_3$）

位置	δ_C	类型	δ_H (*J*/Hz)
1	28.9	CH_2	2.07, dd (9.2, 5.2); 1.84, dd (9.2, 9.2)
2	29.6	CH_2	2.32, ddd (9.2, 9.2, 5.2); 1.92, dd (9.2, 9.2)
3	98.3	C	
4	46.5	C	
5	74.9	C	
6	28.4	CH_2	2.13, dd (11.6, 2.4); 1.69, dt (11.6, 2.4)
7	33.5	CH_2	2.22, m; 1.91, d (9.6)
8	84.0	C	
9	42.2	CH	2.20, m
10	40.5	C	
11	16.3	CH_2	2.64, m; 2.20, m
12	19.9	CH_3	1.28, s
13	19.6	CH_3	1.10, s
14	21.3	CH_3	1.14, s
15	66.8	CH_2	4.04, d (7.6); 3.98, d (7.6)
16	99.6	C	
17	180.8	C	
18	107.5	CH	6.55, s
19	159.7	C	
20	162.8	C	
1′	123.4	C	
2′, 6′	127.4	CH	7.65, dd (7.2, 2.5)
3′, 5′	114.5	CH	6.93, dd (7.2, 2.5)
4′	162.1	C	
—OCH_3	55.6		3.83, s

^{1}H-^{1}H COSY 相关（图 11-70）显示，δ_H 2.07 (dd, J = 5.2 Hz、9.2 Hz, H-1a)、δ_H 1.84 (dd, J = 9.2 Hz、9.2 Hz, H-1b) 与 δ_H 2.32 (ddd, J = 5.2 Hz、9.2 Hz, 9.2 Hz, H-2a)、δ_H 1.92 (dd, J = 9.2 Hz, 9.2 Hz, H-2b) 相关；δ_H 2.13 (dd, J = 11.6 Hz、2.4 Hz, H-6a)、δ_H 1.69 (dt, J = 11.6 Hz、2.4 Hz, H-6b) 与 δ_H 2.22 (m, H-7a)、δ_H 1.91 (d, J = 9.6 Hz, H-7b) 相关；δ_H 2.20 (m, H-9) 与 δ_H 2.64 (m, H-11a)、δ_H 2.20 (m, H-11b) 相关。

HMBC 谱显示，δ_H 6.55 (s, H-18) 与 δ_C 99.6 (C-16)、159.7 (C-19) 相关，表明结构中存在一个吡喃-4-酮结构片段。δ_H 3.83 (s, —OCH_3) 与 δ_C 162.1 (C-4′) 相关，表明甲氧基取代在 1,4-二取代苯环的 C-4′位。δ_H 7.65 (2H, dd, J = 7.2 Hz、2.5 Hz, H-2′、H-6′) 与 δ_C 159.7 (C-19) 相关，表明甲氧基取代的苯环连接在吡喃环的 C-19 位。剩余十五个碳信号推测为倍半萜结构片段信号。HMBC 谱显示，δ_H 2.32 (ddd, J = 5.2 Hz、9.2 Hz、9.2 Hz, H-2a)、δ_H 1.92 (dd, J = 9.2 Hz、9.2 Hz, H-2b) 与 δ_C 98.3 (C-3)、46.5 (C-4) 相关；δ_H 2.07 (dd, J = 5.2 Hz、9.2 Hz, H-1a)、δ_H 1.84 (dd, J = 9.2 Hz, 9.2 Hz, H-1b) 与 δ_C 29.6 (C-2)、δ_C 98.3 (C-3)、40.5 (C-10)、66.8 (C-15) 相关；δ_H 2.13 (dd, J = 11.6 Hz、2.4 Hz, H-6a)、δ_H 1.69 (dt, J=11.6 Hz、2.4 Hz, H-6b) 与 δ_C 74.9 (C-5)、33.5 (C-7)、84.0 (C-8)、40.5 (C-10) 相关；δ_H 2.22 (m, H-7a)、δ_H 1.91 (d, J=9.6 Hz, H-7b) 与 δ_C 74.9 (C-5)、28.4 (C-6)、84.0 (C-8)、42.2 (C-9)、19.9 (C-12) 相关；δ_H 2.20 (m, H-9) 与 δ_C 16.3 (C-11)、19.9 (C-12)、99.6 (C-16) 相关；δ_H 2.64 (m, H-11a)、δ_H 2.20 (m, H-11b) 与 δ_C 99.6 (C-16)、162.8 (C-20) 相关；δ_H 1.10 (s, H-13)、δ_H 1.14 (s, H-14) 与 δ_C 98.3 (C-3)、46.5 (C-4) 相关；以上相关信息（见图 11-70）表明倍半萜部分与吡喃环部分稠合成四环体系。δ_H 4.04(d, J=7.6 Hz, H-15a)、δ_H 3.98 (d, J=7.6 Hz, H-15b) 与 δ_C 28.9 (C-1)、98.3 (C-3)、42.2 (C-9)、40.5 (C-10) 相关，表明 C-15 和 C-3 是通过氧原子进行连接的。综合该化合物的 2D-NMR 信息，最终确定其平面结构。

NOESY 谱显示 δ_H 2.20 (m, H-11b) 与 δ_H 3.98 (d, J = 7.6 Hz, H-15b) 有 NOE 效应；δ_H 1.28 (s, H-12) 与 δ_H 3.98 (d, J = 7.6 Hz, H-15b) 有 NOE 效应；δ_H 1.14 (s, H-14) 和 δ_H 3.98 (d, J = 7.6 Hz, H-15b) 有 NOE 效应；表明 C-12 位的甲基与 C-15 位的亚甲基空间方向相同。

通过 X 射线单晶衍射（铜靶）实验最终确定了该化合物的绝对构型为 (3S, 5R, 8R, 10R)。

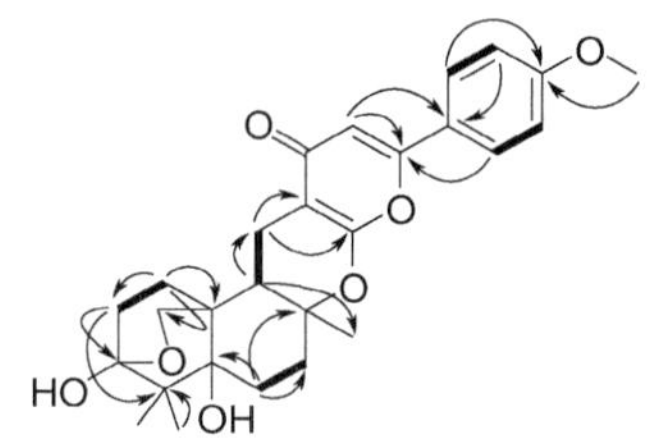

图 11-70 化合物 **11-7** 的主要 ^{1}H-^{1}H COSY 相关（粗键）和 HMBC 相关（箭头）

附：化合物 **11-7** 的更多波谱图见图 11-71～图 11-80。

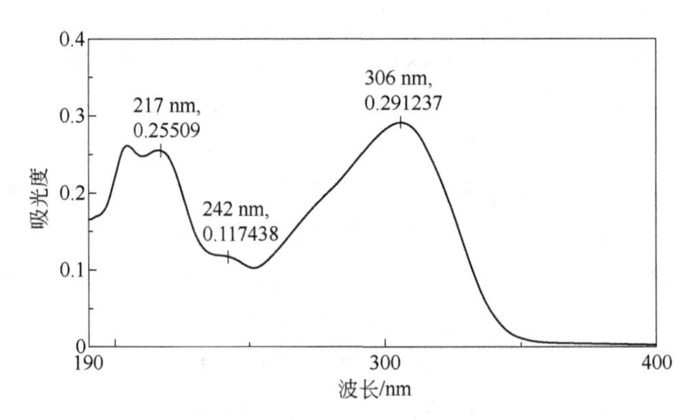

图 11-71　化合物 **11-7** 的紫外吸收光谱

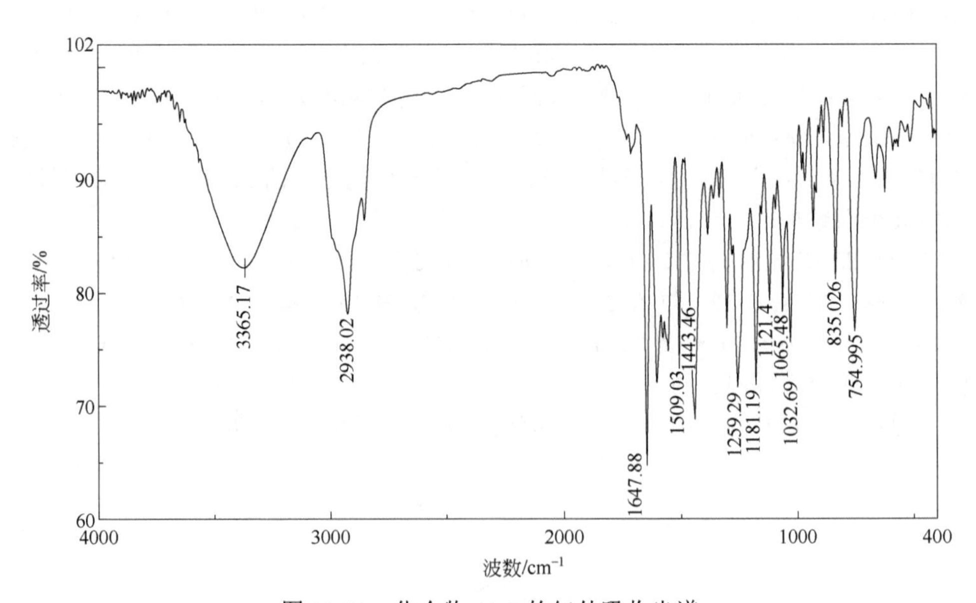

图 11-72　化合物 **11-7** 的红外吸收光谱

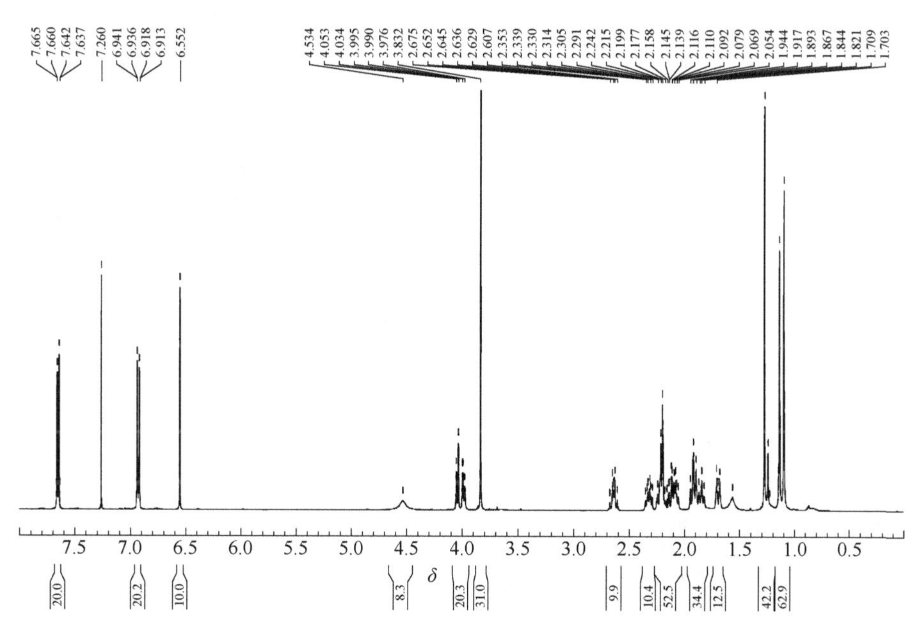

图 11-73 化合物 **11-7** 的 ^{1}H-NMR 谱

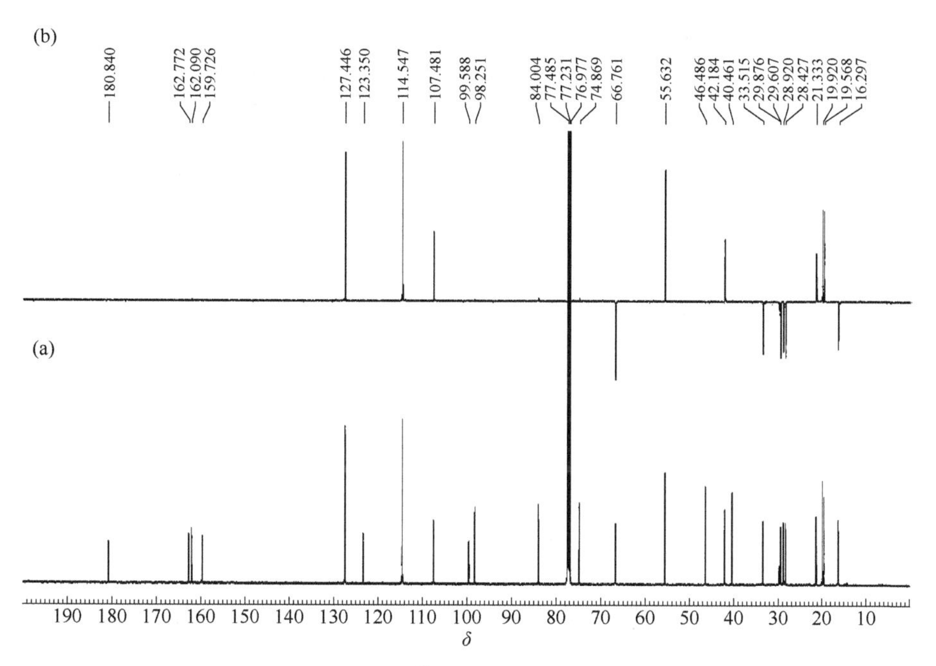

图 11-74 化合物 **11-7** 的 ^{13}C-NMR（a）和 DEPT135 谱（b）

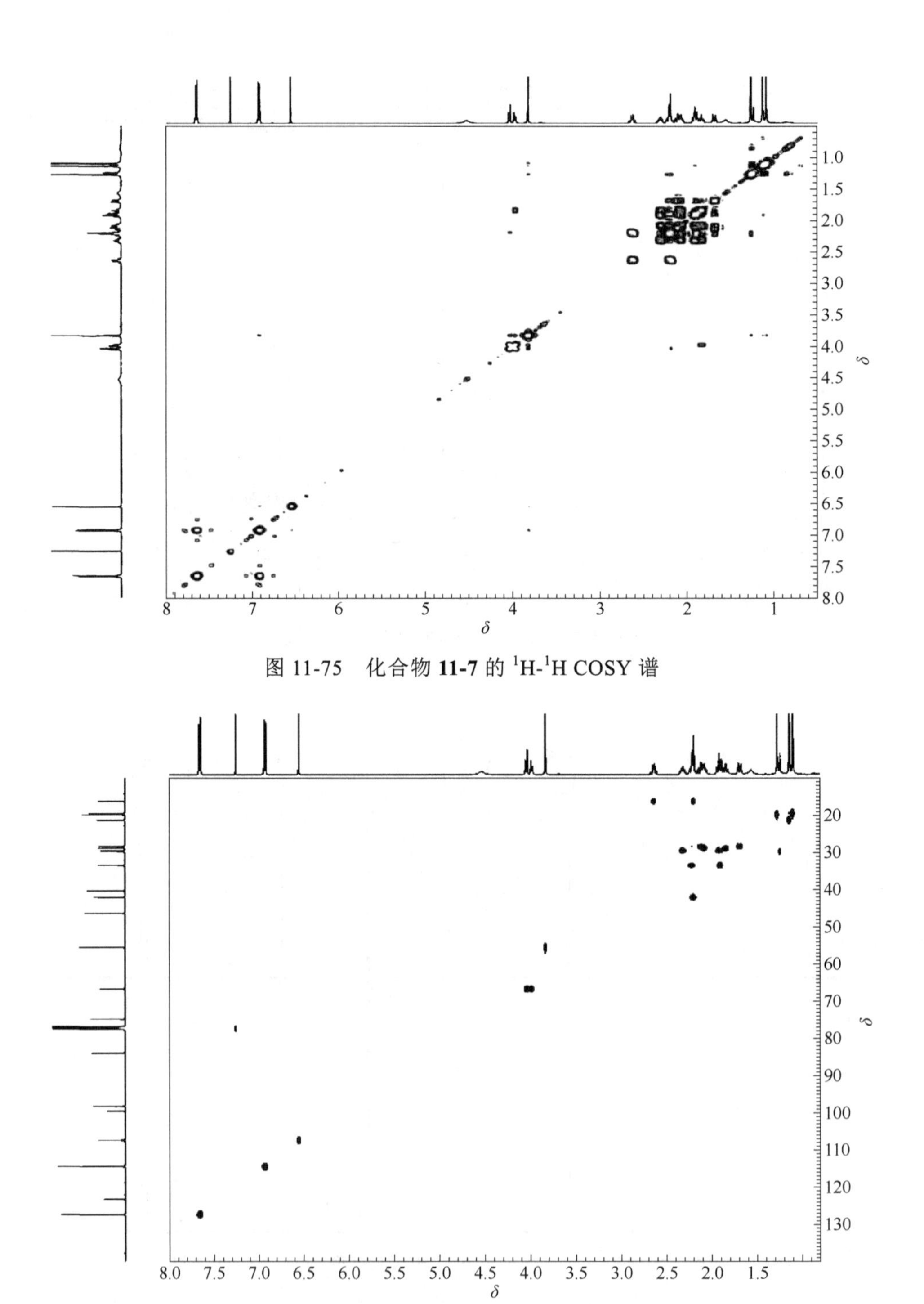

图 11-75　化合物 **11-7** 的 ^{1}H-^{1}H COSY 谱

图 11-76　化合物 **11-7** 的 HSQC 谱

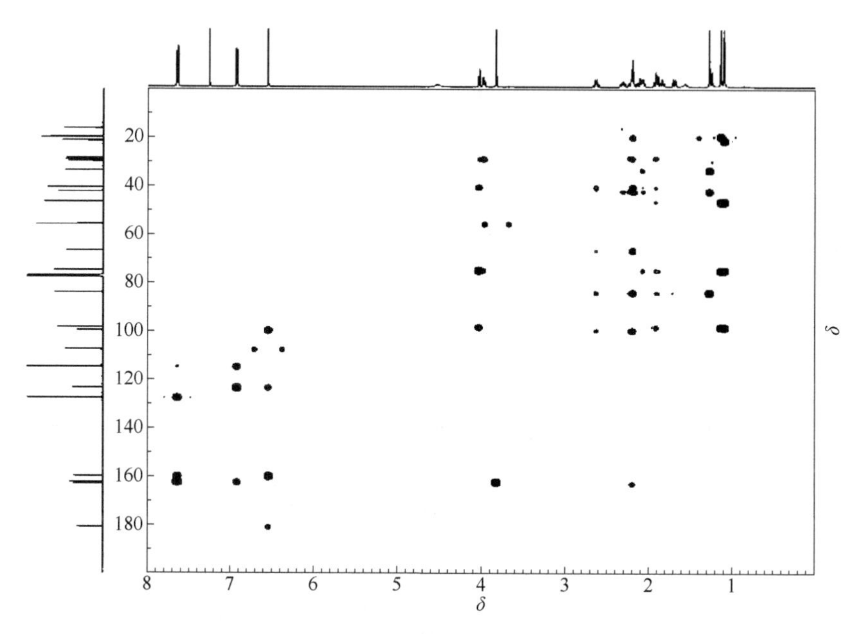

图 11-77 化合物 **11-7** 的 HMBC 谱

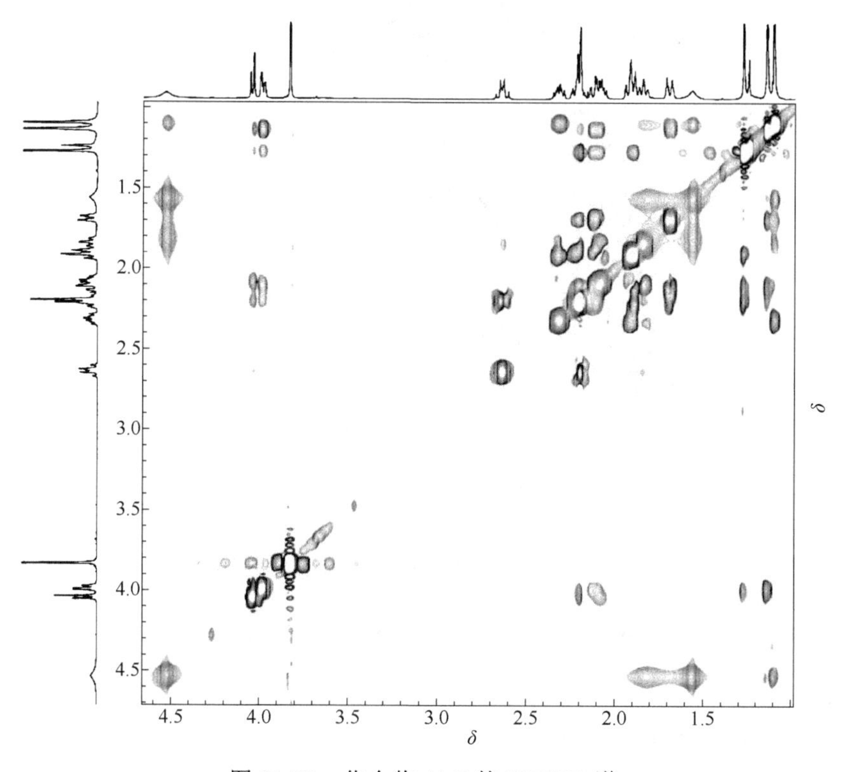

图 11-78 化合物 **11-7** 的 NOESY 谱

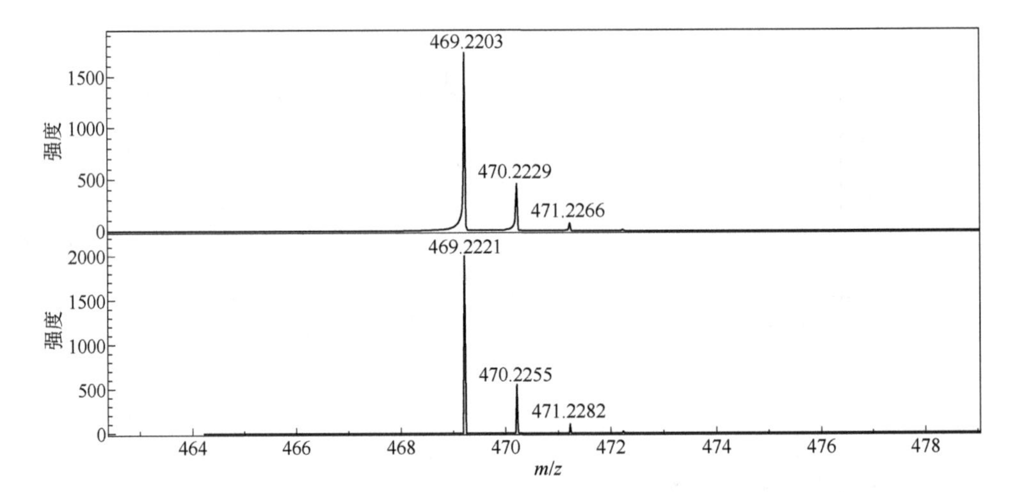

图 11-79　化合物 **11-7** 的质谱图

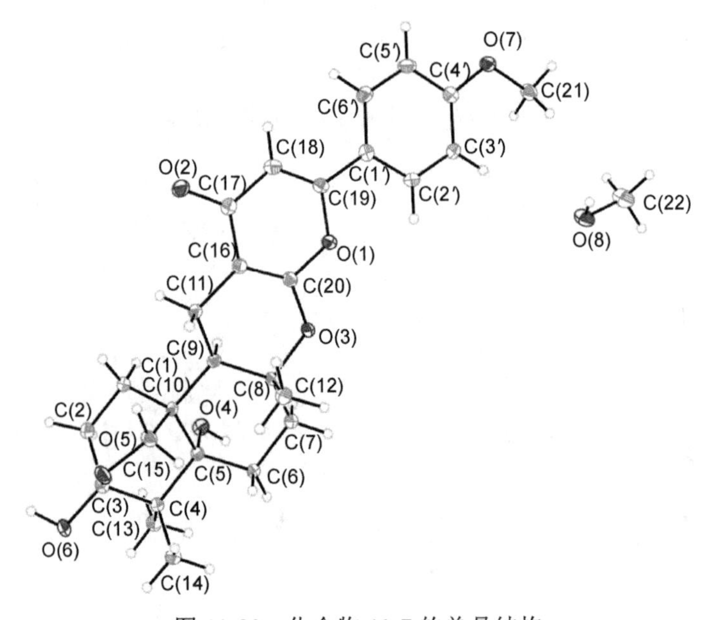

图 11-80　化合物 **11-7** 的单晶结构

参考文献

[1] Cornforth J W. Terpenoid biosynthesis [J]. Chemistry in Britain, 1968, 4(3): 102-106.

[2] Geris R, Simpson T J. Meroterpenoids produced by fungi [J]. Natural Product Report, 2009, 26(8), 1063-1094.

[3] 张国建. 两株海洋真菌来源的混源萜类次级代谢产物研究 [D]. 青岛: 中国海洋大学, 2011.

[4] Zhao M, Tang Y, Xie J, et al. Meroterpenoids produced by fungi：Occurrence, structural diversity, biological

activities, and their molecular targets[J]. European Journal of Medicinal Chemistry, 2021, 209:112860.

[5] Chen H Y, Liu T K, Yang J, et al. Emerones A-C: three novel merosesquiterpenoids with unprecedented skeletons from *Emericella* sp. XL029[J]. Organic & Biomolecular Chemistry, 2019, 17: 8450-8455.

[6] Wang Y, Qi S, Zhan Y, et al. Aspertetranones A-D, putative meroterpenoids from the marine algal-associated fungus *Aspergillus* sp. ZL0-1b14[J]. Journal of Natural Products, 2015, 78(10): 2405-2410.

[7] Sun Z, Zhu N, Zhou M, et al. Clavipines A-C, antiproliferative meroterpenoids with a fused azepine skeleton from the basidiomycete *Clitocybe clavipes*[J]. Organic Chemistry Frontiers, 2019, 6(22): 3759-3765.

[8] Sun Z , Xu X , Liang H , et al. Five new meroterpenoids from the fruiting bodies of the basidiomycete *Clitocybe clavipes* with cytotoxic activity[J]. Molecules, 2019, 24(22): 4015.

[9] Fan Y, Wang Y, Liu P, et al. Indole-Diterpenoids with anti-H1N1 activity from the aciduric fungus *Penicillium camemberti* OUCMDZ-1492[J]. Journal of Natural Products, 2013, 76(7): 1328-1336.

[10] Zhang J, He J, Cheng Y C, et al. Fischernolides A-D, four novel diterpene-based meroterpenoid scaffolds with antitumor activities from *Euphorbia fischeriana*[J]. Organic Chemistry Frontiers, 2019, 6: 2312-2318.

[11] Li H, Sun W, Deng M, et al. Asperversins A and B, two novel meroterpenoids with an unusual 5/6/6/6 ring from the marine-derived fungus *Aspergillus versicolor*[J]. Marine Drugs, 2018, 16(6): 177.

[12] Shao M, Wang Y, Jian Y Q, et al. Guadial A and Psiguadials C and D, three unusual meroterpenoids from *Psidium guajava*[J]. Organic Letters, 2012, 14(20): 5262-5265.

[13] Hou J Q, Guo C, Zhao J J, et al. Anti-inflammatory meroterpenoids from *Baeckea frutescens*[J]. Journal of Natural Products, 2017, 80: 2204-2214.

[14] Liaw C C, Yang Y L, Lin C K, et al. New Meroterpenoids from *Aspergillus terreus* with inhibition of cyclooxygenase-2 expression[J]. Organic Letters, 2015, 17: 2330-2333.